普通高等学校“十三五”省级规划教材

水质工程生物学

主　编　胡小兵　范廷玉　周　来

副主编　黄　健　钟梅英　张　明

主　审　耿金菊

合肥工業大學出版社

本书编写组

主　编　胡小兵　范廷玉　周　来

副主编　黄　健　钟梅英　张　明

参　编　（按姓氏笔画排序）

王兴明　江用彬　任梦娇　李　燕

张　华　沈翼军　沈冬梅　周扬屏

聂　勇　蒋荷琴　彭永丽

前　言

本教材紧紧围绕高等学校给排水科学与工程专业指导委员会制定的“水处理生物学”课程大纲要求，在《环境工程生物学》(安徽省高校“十一五”规划教材)的基础上修订、编写而成。党的十九大以后，我国进入了全面建设中国特色社会主义的新时代，要在21世纪中叶建成富强民主文明和谐美丽的社会主义现代化强国，对水环境与水资源的保护以及水质健康提出了更高的要求。近年来，生物学方法也从传统的污水处理、水质检测延伸到水质工程的各个方面，特别是给水中的微污染水处理、污染水体修复与大江大河大保护等领域，在水资源的合理利用和良性循环中发挥着巨大作用。鉴于此，结合实际工程与社会发展，我们将教材内容进行扩展，并定名为《水质工程生物学》。

本次修订基本上保持了原版的篇章顺序，在章节内容与文字方面做了一些删除与增补，进行了较大的修订。本次修订专注于水质工程方面生物学内容，删除了原版中生物学涉及的环境工程其他领域内容，如第9章废渣与废气的生物处理。考虑知识体系的完整性，将部分章节内容进行整合，如把第4章的环境工程中的植物与动物合并到第2章，把第11章污水生态处理方法合并到原第11章，形成现在的第9章。在增加污水处理机理研究常用的分子生物学内容的基础上，将第12章名称修改为生物技术在水质工程中的应用，在废水资源化一节中，增加了对微生物燃料电池的介绍。结合工程实践的需要，增加了“给水中有害生物控制”内容，增加了附录“水质工程中常见的微生物”形态图。对实验部分进行了调整，形成微生物实验的基本操作方法、水质工程生物学实验两章内容，条理更加清晰，便于教学使用。

此外，在每个章节之前增加了本章内容提要、思考题。让读者在了解该章节主要内容的基础上，带着问题去阅读。对教材内容重新进行了细致的审核、修改，更新了部分参考文献，修订了英文词汇表，尽量使教材内容更加系统、完善，突出教材理论联系实际的特色，为本专业的相关科学研究与工程实践需要奠定基础。

本次修订由安徽工业大学(胡小兵、钟梅英、江用彬、沈翼军、聂勇、周扬屏、蒋荷琴、李燕)、中国矿业大学(周来)、安徽理工大学(范廷玉、王兴明)、安徽建筑大学(黄健、张华)、安徽工程大学(张明)、皖西学院(沈冬梅)、马鞍山学院(彭永丽、任梦娇)等高校富有水质工程生物学教学经验的老师共同修编而成。研究生张琳、汪坤、王振振、陈红伟、李晶晶、胡江楠、周佳颖等在材料收集与文字校对方面也做了一些工作。

本次修订教材由南京大学耿金菊教授审定。

本书在修订、编写过程中参考了大量的教材、专著、研究论文、网络资源等相关资料,在文中难以一一注明,在此对这些资料的作者表示衷心的感谢。感谢合肥工业大学出版社张择瑞主任及编辑的辛苦劳动,感谢安徽工业大学建工学院张新喜教授、马江雅主任等给予的大力支持与帮助。

本课程涉及学科多、内容覆盖面宽、跨度大,加之编者的水平所限,书中缺点与不足在所难免,恳请广大读者批评指正。

编　者

2021年12月于马鞍山

目　录

第1篇　水质工程生物学基础

第2篇　水质工程生态学

第 4 篇　水质工程生物学实验

第 1 篇

水质工程生物学基础

第1章　概　述

✣ 内容提要

本章主要介绍水质工程生物学的概念、水质工程生物学与其他课程(如普通生物学、水质工程学等)的关系,明确课程性质、内容与任务,简介水质工程学中涉及的生物学类群(尤其是微生物)及其特点,分析生物学在水质工程中的重要作用。

✣ 思考题

(1)什么是水质工程生物学,包括哪些内容?

(2)生物命名的双名法主要规定有什么?

(3)水质工程所涉及的生物有哪些类群?

(4)什么是微生物,它的基本特点与共性各有哪些?对水质工程有哪些有利或不利影响?这些特点对水处理有什么作用?

(5)生物可以分成植物、动物和微生物(microorganism)三大类,这种说法是否正确?

(6)水质工程所涉及的生物之间是什么关系?

(7)水质工程生物学在给排水科学与工程专业中有什么作用?

1.1　水质工程生物学对象与内容

专业内容随着科技的进步、社会的需求在不断增加,尤其是污染治理由点源向面源的扩展,使得给排水科学与工程专业从传统的水资源采集与处理、污水处理与排放这条主线延伸到水资源保护与水体修复等领域。在专业的知识体系中,很多内容均涉及生物学(biology),这些围绕水质工程学与生物学相关的知识内容也从水处理生物学(biology for water treatment)延展形成了水质工程生物学(biology for water quality engineering)。该课程的研究对象是水质工程学中的水环境修复与监测、有害生物控制、用水水质净化、污水处理、水质监测等所涉及的生物学(尤其是微生物)问题,主要集中在与水环境中的污染物迁移、分解及转化过程,特别是水质工程实践中密切相关的微生物、大型植物与小型动物等生物。因此,水质工程生物学主要是研究与水质工程相关的生物形态、结构、生理与功能,以及它们在物质的自然循环中、水质净化中、环境修复中的作用,同时关注有害生物对水体环境、水质的危害及其控制方法。

水质工程生物学是一门边缘、交叉学科,它是将微生物学、植物学、动物学、生态学与水质工程学等领域的内容有机地结合起来所形成的综合性学科。在普通生物学的基础上,从生态系统的角度分析水质工程中的各种生物作用。其中微生物是水质工程的主要生物类群，细菌等原核微生物在水质工程中的污染物净化过程中起着分解者的关键作用，是水质工程生物学研究的重点；而大型水生植物主要是在污水生态处理、水环境生态修复中担当生产者，具有综合作用；小型水生动物作用主要体现在维护水体生态平衡、保持水体水质方面。

水质工程生物学主要内容包括：

(1)水质工程中所涉及的生物类群，主要是微生物(microbe，microorganism)的形态结构、营养与呼吸的生理特性、生长繁殖、遗传变异等基本生物学内容。

(2)水质工程中的生物之间(微生物间、微生物与动植物间)的相互关系、各种环境条件对生物的影响、生物在水体生态系统中作用等生态学内容。

(3)微生物在自然物质(碳素、氮素、矿质元素等)循环转化中的作用，对有机污染物的分解转化规律。

(4)有害生物对水质的影响及其控制，阐述病原微生物对水质的污染及控制方法，分析藻类过度繁殖造成的水体富营养化及控制方法，叙述有害生物对水环境生态系统的破坏及对策。

(5)微污染水源水的给水处理生物方法，给水病原菌的消毒方法，给水处理与使用中的有害藻类控制。

(6)污水生物处理的原理及生物特点，主要介绍有机污(废)水的好氧、厌氧生物处理和生态处理的原理及特点，水环境的生态修复。

(7)生物在水质分析及水环境监测中的作用，包括饮用水中的生物学指标检测，有毒有害物质的生物学检测方法，水环境的生物检测等。

(8)微生物学实验、水质工程生物学实验。

1.2 水质工程生物学作用

水质工程生物学的任务就是充分利用有益微生物资源为人类造福，防止、抵制、消除微生物的有害活动，化害为利。生物学围绕水资源循环利用和保护的各个方面在水质工程中发挥着重要的作用(图1-1)，概括起来，主要有以下五个方面：

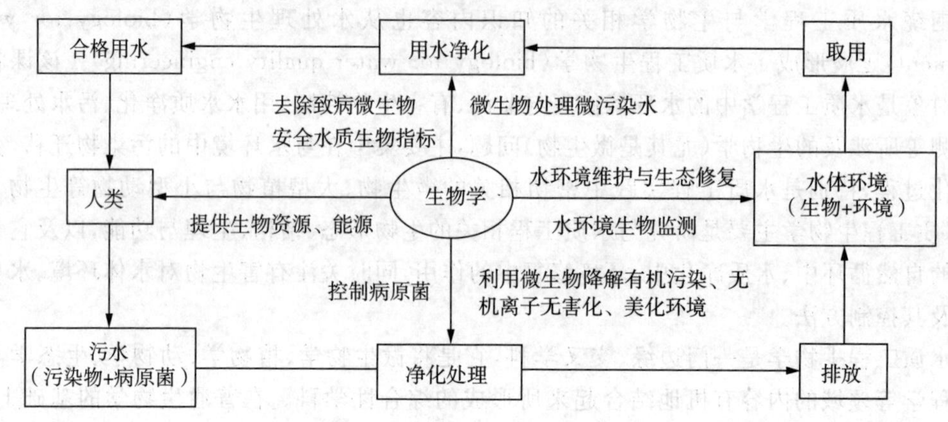

图1-1 生物学在水质工程中的作用

(1)作为饮用水安全中的生物指标。水质达标合格的饮用水,是人体健康的保证。而水质是否合格,则要通过水质中的指标分析确定。是否含有使人致病的微生物?通过生物学指标分析可以进行判别。如何测定水质指标细菌总数、大肠杆菌数?水质工程生物学在阐明它们的控制原理与技术的基础上给出了具体的测定方法。

(2)水质净化的承担者。污水(废水)的成分复杂,处理方法很多,其中生物处理法占据重要地位。生物处理法主要对污水中的有机污染物进行有效降解。它与物理处理法、化学处理法相比,具有经济、高效、无害化、环境美化的特点。近年来,针对饮用水的微污染水源,也采用生物法进行水质净化,提高饮用水水质。

(3)水环境生态修复主要贡献者。在水环境的污染治理与污染环境修复中,改善条件充分利用水体的微生物进行有机污染的降解,利用植物的物理、化学作用截留污染物,利用植物的吸收作用去除水中的 N、P 污染,控制藻类生长,抑制水体富营养化。水生动植物能使水体生态系统长期稳定,节约能源与资源,更好地保护环境。

(4)作为水体环境的监测对象。水体水质的好坏必须进行长期的监测,而监测主要通过能反映水体环境的检测指标(检测对象)完成。检测指标通常包括物理指标、化学指标与生物指标。而生物指标检测鉴定,不仅方法简单、快速,还可综合地反映水体水质与环境。

(5)水体生态环境与水质良好的维护者。一个水体(河流或湖泊),只有建立了微生物、大型植物、小型水生动物所构成的完整的生态系统,并保持良好的生态平衡,才能维护水体生态环境与水质长期良好与稳定。

1.3　生物分类和命名

自然界中生物种类繁多,地球上有记载的植物大约有 50 万种,动物约有 150 万种。多种多样的生物不仅维持了自然界的持续发展,而且是人类赖以生存和发展的基本条件。这些生物形态多样、个体大小相差悬殊,小到几个纳米,大到数十米。为了便于研究,需要对如此众多的生物进行科学的分类。

生物学家以客观存在的生物属性为依据,将生物分门别类。根据生物之间相同(或相异)的程度以及亲缘关系的远近,可以将生物划分为界(kingdom)、门(phylum)、纲(class)、目(order)、科(family)、属(genus)、种(species)。有时还有一些辅助等级超(super -)、亚(sub -),以前缀形式加在主要分类等级术语前。在亚纲、亚目之下有时还分别设置次纲(infraclass)和次目(infraorder)等。有时种以下还要进行更细致的区分,如植物还有变种(variety)。

关于生物的分类,目前国际上还没有统一的认识。1866 年,E. H. Haeckel 提出三界系统:原生生物界、植物界和动物界;1938 年 H. F. Copeland 又提出四界系统:原核生物界、原始有核界、后生植物界和后生动物界;1969 年 R. H. Whittaker 提出了五界系统:原核生物界、原生生物界、植物界、真菌界和动物界;1977 年我国学者在 R. H. Whittaker 五界系统的基础上,把病毒独立出来,划为一界,成为六界分类系统。本教材不深究这些生物学的分类方法,主要根据水质工程的实际需要和习惯,对相关生物种类进行阐述。

目前都采用瑞典博物学家林奈(Linnaeus,1707—1778)创立的双命名法进行物种命名。

双名法规定,每种生物的学名由两个拉丁词组成,前一词为该种的属名,常用名词(斜体),第一个字母大写;第二个词为种名,常用形容词(斜体),表示该物种的主要特征或产地,第一个字母小写。双名后面可附定名人的姓氏或其缩写(正体)。如:*Escherichia coliform*(大肠杆菌)、*Vorticella vernalis*(春钟虫)、*Philodina erythrophthalma*(红眼旋轮虫)、*Phragmites communis*(芦苇)、*Pomacea canaliculata*(福寿螺)。如果只能鉴别到属不能确定种名,则命名为:属名+sp.(正体),如诺卡氏菌属的一个未知种命名为 *Nocardia* sp. 。

1.4 水质工程生物学主要类群

早期的水质工程、环境工程中主要利用微生物进行污染物的降解,而没有考虑动、植物。但在自然水体环境中存在着大量的动、植物,它们在自然水体环境的系统稳定、水体自净中起着重要的作用。由于污染治理范围的扩大(点源扩大到面源),水环境治理的需要,动、植物的作用被引入到水质工程中,扩大了水质研究与水质工程领域。因此,这些动植物的形态、生理特征与作用也属于本学科的研究范畴。

根据生物自身的大小、形态和生理特性,结合水质工程实际和习惯(而不是按照生物学的系统分类方法),将与水质工程有关的生物种类分为微生物、大型水生植物和小型水生动物等。下面简单介绍不同生物的基本特点。

1.4.1 微生物

1)常见微生物及其特点

微生物是肉眼看不见或看不清楚的微小生物的总称,不是生物学上的概念。水质工程中常见的微生物分类如图 1-2 所示。

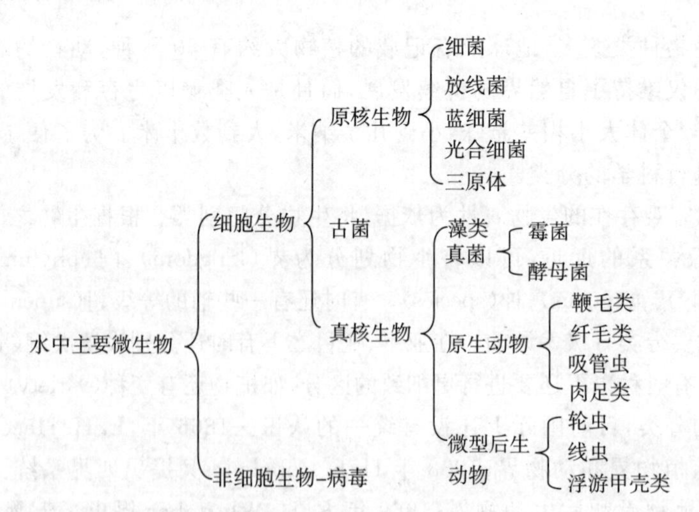

图 1-2 水质工程中常见的微生物分类

在上述微生物中,大部分是单细胞生物。在生物学系统分类中,藻类(algae)属于植物学的范畴,原生动物(protozoa)和后生动物(metazoa)则属于无脊椎动物(invertebrate)范畴。一些个体较大的藻类、原生动物和后生动物,严格地讲,不属于微生物的范畴。在本书,基于水质工程实践的实际需要，将微藻、原生动物和微型后生动物列入微生物的范畴。

微生物不同于一般的植物与动物，具有个体微小、结构简单、进化地位低等基本特点。此外，还具有以下共性：

(1)体积小，表面积大。绝大多数微生物大小为微米(μm)级，病毒为纳米(nm)级。直径1 μm的球菌，如果排成1 cm长，它们的总表面积高达10^6 m^2。

(2)吸收多，转化快。乳酸发酵菌在1 h内可以分解其自身重量1000～10000倍的乳糖，产生乳酸；1 kg酵母一天可以发酵几千千克的糖生成酒精。

(3)生长旺，繁殖快。大多数微生物在几十分钟内可繁殖一代，即由一个分裂为两个。如果条件适宜，经过10 h就可繁殖为数亿个。大肠杆菌每次分裂需要12.5～20 min，大肠杆菌分裂24 h，后代数为(4.7223665×10^{15})个，总质量可达地球的2000倍。

(4)易变异、适应性强。虽然单个微生物变异频率不高，但由于其数量巨大，群体产生的变异多。易变异使微生物在不同条件下发生不同变化，能较好地适应外界环境条件的变化。利用微生物易变异的特点，在水处理时，可进行微生物菌种的驯化、育种与筛选。

(5)种类多，分布广。微生物易变异，产生的种类繁多，现有10余万种。不同的微生物对营养物质的要求也不同，可利用自然界中的各种有机物和无机物作为营养，将各种有机物分解成无机物(所谓无机化或矿化)，或将各种无机物合成复杂的碳水化合物(carbohydrate)、蛋白质(protein)等有机物。所以微生物在自然界物质转化和污染物分解过程中起着重要的作用。

微生物适应能力强，这是其分布广的一个重要原因。微生物个体小而轻，可随着灰尘四处飞扬，因此广泛分布于土壤、水和空气等自然环境中。土壤中含有微生物所需要的营养物质，所以土壤中微生物的种类和数量很多。在高空的粉尘中，在几千米的深海沟中都可以发现微生物的身影。

2)微生物作用

藻类、光合细菌可以将无机物质合成有机物，是生态系统中的生产者；细菌、真菌等可以将有机物质分解为无机物质而归还环境，是生态系统中的分解者，在自然界物质循环和转化中有巨大的作用，是整个生物圈的维持生态平衡不可缺少的部分。

微生物在人类的生产、生活与社会的发展中起着重要作用，被广泛地应用于各个领域。微生物的代谢产物是一种重要的物质资源。近代，将微生物应用于发酵工业，生产出乙醇、丙酸、乳酸、氨基酸(主要是味精)、抗生素、酶制剂；一些微生物的代谢产物作为天然的微生物杀虫剂广泛应用于植物害虫的生物防治、农业有机肥料(固氮菌肥，磷、钾细菌肥料)、石油发酵(脱蜡和脱硫)及矿业(探油、回收重金属和稀有金属)等。

少数微生物对人类的健康是有害的。病原微生物(如细菌、病毒、霉菌、变形虫等的某些种)以水为媒介引起人的各种疾病，如肝炎、霍乱、肠道病毒等。黄曲霉能产生致癌的黄曲霉毒素。枯青霉和黄绿青霉等能产生致癌的黄变米毒素。硫细菌和铁细菌能引起混凝土管道和金属管道腐蚀。蓝藻、绿藻、甲藻、金藻中的某些种能引起湖泊“水华”和海洋的“赤潮”的水体富营养化现象，破坏水体平衡，使水体水质恶化。但绝大多数微生物对人体是无害的，甚至是有益的。人体的外表(如皮肤)、内表面(如肠道)生活着许多有益的菌群，能产生天然的抗生素抑制有害微生物，它们也可以产生或吸收一些氨基酸、维生素等营养物质。

随着工业生产的发展，含各种污染物的生活污水、工业废水源源不断地排入水体和土壤，引起环境微生物的种群和群落的变更交替，并诱变出许多能分解有机污染物的微生物新品种，使微生物资源变得更加丰富多彩，为人类提供了更广的用途。当今不仅城市生活污水、医院污水等采用生物方法处理，而且各种有机工业废水（屠宰、食品、乳品、化肥、印染、煤气、焦化、造纸、石油提炼、石油化工、化纤、制药等产生的废水）、污水处理厂产生的市政污泥均可采用生物法处理，其中最主要的就是利用微生物的分解作用。

总而言之，微生物对人类生存和社会发展的作用大于对人类的危害。可以说，没有微生物就没有今天的人类社会，就没有现代的文明。

1.4.2 大型水生植物

大型水生植物（macrophyte）是除藻类以外的所有水生植物类群，相比于微型藻类，它们的形态很大，故被称为大型水生植物。水生植物是污水生态处理与水环境修复中的主要类群，根据它们的生活类型，可分为挺水植物、漂浮植物、浮叶植物和沉水植物四大类型，也有人把漂浮植物、浮叶植物合称为浮水植物。

水生植物作为水生生态系统的重要组成部分，具有重要的环境生态功能。对于水体（特别是浅水水体），大型水生植物形成的植被具有维持水生生态系统健康、控制水体富营养化、改善水环境质量的作用。

为寻找高效低耗的水污染控制技术，发挥自然的生态净化作用，大型水生植物从 20 世纪 70 年代开始受到人们的关注，且以自然水生植物的作用为基础，逐渐发展出了多种以大型水生植物为主体的污水生态处理与水体环境修复的工程技术，如氧化塘、人工湿地与土地处理、人工浮岛等，在工程中应用越来越多。

1.4.3 小型水生动物

水质工程生物学中的小型水生动物（small aquatic animal），主要是水体中的微型动物，是生态系统的重要环节，具有重要的生态功能，与环境过程，特别是环境水质净化、污染物生态修复等过程有着密切的关系。小型水生动物中的底栖动物寿命较长，能长期监测水体的污染物，对水体内源污染控制有重要作用。它们的作用在近年来得到了较多的关注。

大型动物，虽然在自然生态系统平衡中起着重要作用，但是，目前在水质工程中的直接作用较小，不在本教材所讨论的范围之内。

Reading Material

Biological Wastewater Treatment

Biological wastewater treatment is designed to degrade pollutants dissolved in effluents by the action of microorganisms. The microorganisms utilize these substances to live and reproduce. Pollutants are used as nutrients. A prerequisite for such degradation activity, however, is that the pollutants are soluble in water and nontoxic. Degradation process can take place either in the presence of oxygen(aerobic treatment)or in the absence of oxygen (anaerobic treatment). Both these naturally occurring principles of effluent treatment give rise to fundamental differences in the technical and economic processes involved.

The basic function of wastewater treatment is to speed up the natural processes by which water is purified. There are two basic stages in the treatment of wastes, primary and secondary, which are outlined here. In the primary stage, solids are allowed to settle and removed from wastewater. The secondary stage uses biological processes to further purify wastewater. Sometimes, these stages are combined into one operation.

In biological wastewater treatment, organic material is oxidized by microbial communities maintained in either a *suspended growth* or an *attached growth* reactor. Both types of reactors make use of mixed cultures, that is, cultures including a number of microbial species. Such systems are self-optimizing in that the most competitive organisms for a particular set of environmental conditions dominate the culture. If the environmental conditions change(e. g. ,if temperature rises or falls), the population make-up will shift in species dominance. Bacteria are the dominant group of microorganisms involved in biological wastewater treatment. Higher organisms, such as protozoa, fungi, and invertebrates are present as components of the community but have mostly indirect impacts on the process performance.

The preferred process combination for each individual case depends on the grade-specific quality of the effluent that is to be treated. Experience shows that multistage processes based on an aerobic-aerobic or anaerobic-aerobic processing principle enable significantly more reliable operation of the plant. The same effect can be achieved through a cascade system, which allows a graduation of the loading conditions. Among the German pulp and paper mills with onsite wastewater treatment plants, 60% have only aerobic treatment(operated as one- or two-stage processes) for their effluents, whereas 40% have an additional anaerobic stage.

Anaerobic processes are employed for treatment of more highly polluted effluents such as effluents from recovered paper converting mills. Anaerobic microorganisms conduct their metabolism only in the absence of oxygen. Anaerobic processes are characterized by a small amount of excess sludge produced and low energy requirements. As biogas is produced during the degradation process, anaerobic processes produce an excess of energy. Biogas is a mixture of its principal components, methane and carbon dioxide, with traces of hydrogen sulfide, nitrogen, and oxygen. Biogas is energetically utilized mainly in internal combustion engines or boilers. In its function as a regenerative energy carrier, biogas replaces fossil fuels in the generation of process steam, heat, and electricity. The composition and quality of biogas depend on both effluent properties and process conditions such as temperature, retention time, and volume load.

Before discharge into surface waters, anaerobically treated effluents have to undergo aerobic posttreatment, because - according to the current state of the art - fully biological degradation of paper-mill effluents is not feasible.

Aerobic microorganisms require oxygen to support their metabolic activity. In effluent treatment, oxygen is supplied to the effluent in the form of air by special aeration equipment. Bacteria use dissolved oxygen to convert organic components into carbon dioxide and biomass. In addition, aerobic microorganisms convert ammonified organic nitrogen compounds and oxidize ammonium and nitrite to form nitrate (nitrification). The key factors for the success of an aerobic process are an adequate amount of nutrients in relation to the amount of biomass, a certain temperature and pH regime, and the absence of toxic substances. Aerobic processes are characterized by high volumes of excess sludge and higher energy demands compared to anaerobic processes. Furthermore, these reactors typically have large space requirements.

Aerobic treatment allows fully biological degradation of paper-mill effluents. The BOD_5 efficiency achievable with well-operated activated sludge processes is typically within the range of 90% - 98%. The drawbacks of aerobic treatment technology include the relatively high operating costs due to the aeration of the effluent. On the other hand, aerobically operated plants exhibit higher plant stability and are less sensitive to fluctuations in effluent and plant parameters.

第2章　水质工程中常见的生物

✣ 内容提要

本章阐述水质工程学中所涉及的生物学分类、类型及其特点，重点介绍污水处理中有机物分解的主要承担者细菌的个体形态特征、特殊结构、群体的菌落特征等，同时阐述在污水处理微观生态系统中起到重要作用的真核微生物，特别是原生动物的形态特征，常见致病菌病毒的结构。对在维护水体生态、水体水质中发挥作用的大型水生植物与小型水生动物的生态类型及其特点也做了介绍。

✣ 思考题

(1)水质工程生物学中涉及的不同生物类型各有什么特点？

(2)原核生物(procaryote)和真核生物(eucaryote)有何主要异同？请列表比较。

(3)细菌的形态主要有哪几种？丝状菌在污水处理系统中有何特殊作用？

(4)细菌个体特殊结构分别有哪些？这些特殊结构对细菌的生存有何作用？

(5)比较 G^+ 和 G^- 的细胞壁(cell wall)组成，描述它们染色(dyeing)过程和结果有何不同。所有的微生物都可以分成 G^+ 和 G^- 吗？

(6)什么是荚膜(capsule)和芽孢(spore)？它们有何不同？

(7)放线菌(actinomycete)的菌丝有几种类型？各起什么作用？

(8)蓝细菌(cyanobacteria)与光合细菌(photosynthetic bacteria,PSB)有哪些异同？

(9)藻类对生活生产、环境是有益的还是有害的，请具体分析。

(10)比较真菌与放线菌结构有何区别？

(11)酵母菌(yeast)以什么生殖为主？什么叫假菌丝？

(12)什么是菌落(colony)，它有哪些特征？列表比较细菌、放线菌、酵母菌、霉菌菌落的特征异同。

(13)图示原生动物(protozoa)模式结构，并说明“它是最简单、最低等的动物，而不是植物”的理由。

(14)原生动物分为哪4大类型？各有什么主要特征？

(15)微型后生动物(mini-metazoa)可分成3大类型，每种类型有什么明显特点？

(16)病毒(virus)有何特点？简述它的繁殖过程与培养。

(17)什么是温和性噬菌体？它与溶原性细菌有什么关系？

(18)新冠肺炎(COVID-19)、SARS、禽流感(bird flu)和甲型H1N1流感分别是何种类型病毒引起的疾病？

(19)大型水生植物的生态类型有哪些？各有什么特点？

(20)小型水生动物的生态类型有哪些？各有什么特点？

2.1 原核生物

2.1.1 细菌

细菌(bacteria)是环境中最“常见”的一类微生物，是原核生物(procaryote)的重要类群。细菌是单细胞、没有真正细胞核的微小原核生物。细菌个体很小(单位为 μm)，一滴水里，可以含有成千上万个细菌。要观察细菌形状，必须借助显微镜放大才能看见。细菌本身是无色半透明的，显微镜的光能穿透，看起来模糊不清。为了清楚地观察细菌，使用各种染色法，把细菌染成红色、紫色或蓝色，在显微镜下，细菌的轮廓就很清楚，容易辨认。细菌为异养微生物，自己不能合成生长所需的营养物质，必须依靠现成的有机物才能存活。

1)细菌形态与大小

从菌体外形来分，细菌可分为四大类型(图 2-1)：球菌(coccus)、杆菌(bacillus)、螺旋菌(spirillum)和丝状细菌(filamentous bacteria)，细菌的形态是微生物菌种鉴别的依据之一。

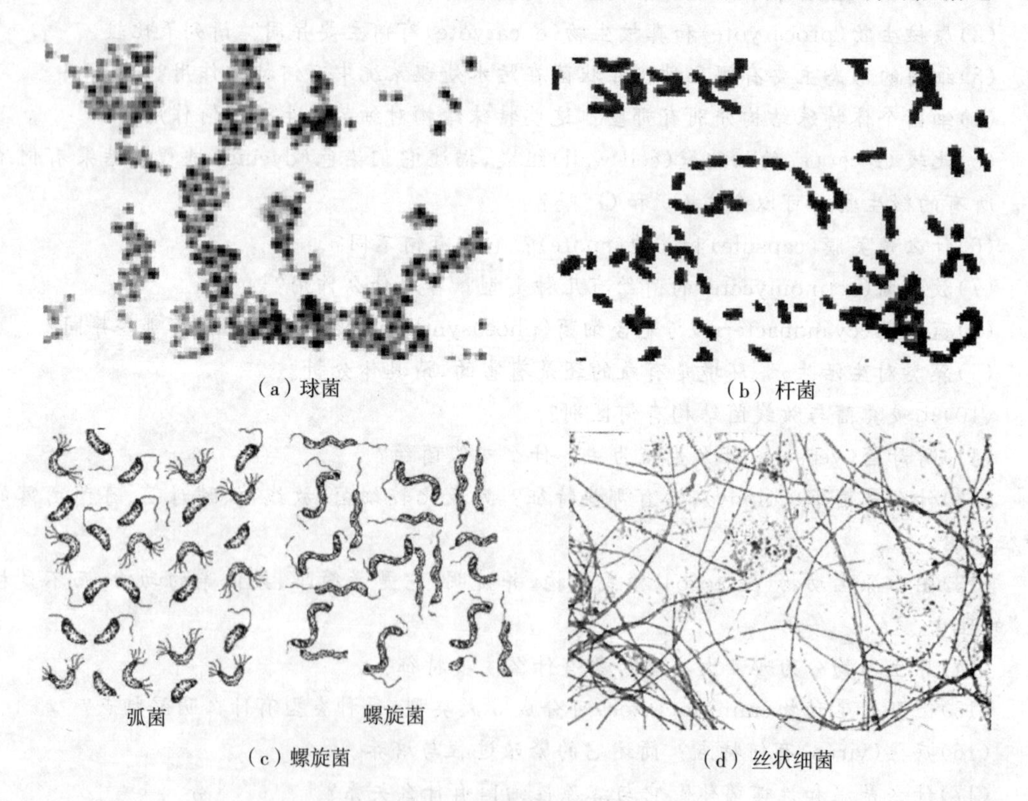

图 2-1 细菌各种形态

(1)球菌按其排列形式，又可分为多种。细菌分裂后各自分散单独存在的，称单球菌(monococcus)；成双存在的，称双球菌(diplococcus)；成串状的，称链球菌(streptococcus)；四个联在一起的，称四联球菌(tetrads)；八个叠在一起的，称八叠球菌(sarcina)；积聚成葡萄状的，称葡萄球菌(*Staphylococcus*)。肺炎球菌(*Pneumococcus*)、粪肠球菌(*Enterococcus faecalis*)、尿小球菌(*Urine micrococcus*)、产甲烷八叠球菌(*Sarcina ventriculi*)等都是球状细菌。球菌的大小用其菌体直径度量，球菌直径一般为 0.5～2 μm。

(2)杆菌又有短杆菌、长杆菌与链杆菌之分。枯草芽孢杆菌(*Bacillus subtilis*)、大肠杆菌(*Escherichia coliform*)、伤寒杆菌(*Typhoid bacillus*)、假单胞菌(*Pseudomonas*)和布氏产甲烷杆菌(*Methanobacterium bryantii*)都是杆菌。杆菌一般长 1～5 μm，菌体直径 0.5～1 μm。

(3)螺旋菌形态为螺旋状，不同种类螺旋菌长度(两端之间的距离)、螺距、宽度(一个螺旋投影的直径)、螺旋数量均不同。螺旋菌长度为 5～15 μm，宽度为 0.5～5 μm。只有一个弯曲的螺旋状细菌为弧菌(vibrion)，如霍乱弧菌(*Vibrio cholerae*)、纤维弧菌(*Cellvibrio japonicus*)等。

(4)丝状细菌常见于水处理的活性污泥或生物膜中，主要有铁细菌、硫细菌和球衣细菌等。

① 铁细菌：一般都是自养的丝状细菌，铁细菌能生活在含氧少但溶有较多铁质和二氧化碳的水中。它们能将其细胞内所吸收的亚铁氧化为高铁，从而获得能量：

$$4FeCO_3 + O_2 + 6H_2O \longrightarrow 4Fe(OH)_3 + 4CO_2 + 167.5\ kJ \tag{2-1}$$

在水中常见的铁细菌有多孢泉发菌(*Crenothrix polyspora*)、赭色纤发菌(*Leptothrix ochracea*)和含铁嘉利翁氏菌(*Gallionella ferruginea*)(图 2-2)等。

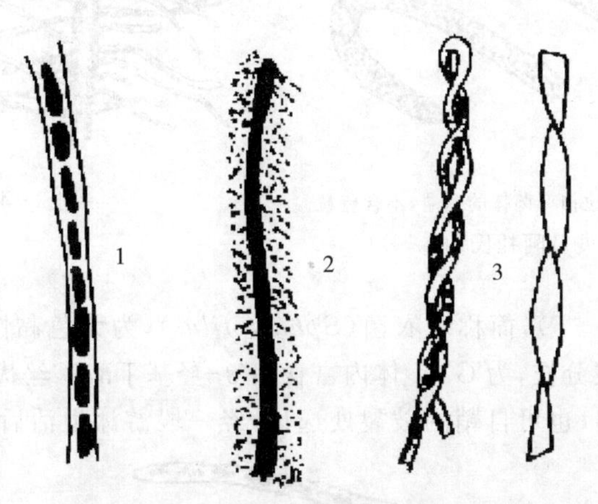

1—多孢泉发菌；2—赭色纤发菌；3—含铁嘉利翁氏菌

图 2-2　铁细菌

多孢泉发菌的丝状体不分枝，附着在坚固的基质上。顶端薄而无色，基部厚并被铁质所包围，外面的鞘清楚可见。细胞有圆筒形、球形，产生球形的分生孢子。赭色纤发菌在地面水中广泛分布，为鞘丝状体，黄色或褐色，被 $Fe(OH)_3$ 所包围。含铁嘉利翁氏菌为有柄细菌，绞绳状对生分枝，未见鞘存在。因为还没有发现其他细菌有这种形状，所以这种扭曲的丝状体很容易鉴定。当卷曲的环被附着的铁所包围时，其丝状体就像一串念珠。该菌也广泛地分布于自然界中。

② 硫黄细菌：是自养丝状细菌，能从氧化硫化氢、硫黄和其他硫化物为硫酸过程中获得能量，将生成的能量用于同化 CO_2，合成有机成分。

$$2H_2S+O_2 \longrightarrow 2H_2O+2S+343\ kJ \tag{2-2}$$

$$2S+3O_2+2H_2O \longrightarrow 2H_2SO_4+494\ kJ \tag{2-3}$$

$$CO_2+H_2O \longrightarrow [CH_2O]+O_2 \tag{2-4}$$

如果环境中硫化氢充足，则形成硫黄的作用大于硫黄被氧化的作用，在菌体内累积很多硫粒。当硫化氢缺少时，硫黄被氧化速度大于硫黄形成速度，这时体内硫粒逐渐消失。完全消失后，硫黄细菌死亡，或进入休眠状态，停止生长。

在水处理中常见的硫黄细菌有贝日阿托氏菌（*Beggiatoa*）和发硫菌（*Thiothrix*）等。贝日阿托氏菌（图 2-3）是一类漂浮在池沼上的硫黄细菌，其丝状体是由一串细胞相联接并为共同的衣鞘包围所形成，其细胞内一般含有很多硫黄颗粒（简称硫颗，sulfur granules）。丝状体不分枝，单个分散，不固着于其他物体上生长，能进行匍匐运动，或呈直线或呈曲线，并经常改变行动方向。

发硫细菌（图 2-4）也是一种不分枝的丝状细菌，可固着在其他物体上生长。

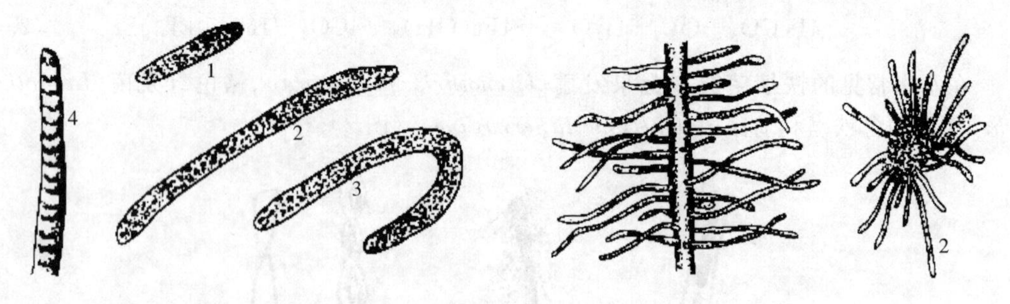

1、2、3—体内含有明显硫粒；4—菌体的一端，不含硫粒。

图 2-3　贝日阿托氏菌

图 2-4　发硫菌

③ 球衣细菌（图 2-5），简称球衣菌（*Sphaerotilus*），为无色黏性丝状体，有鞘，结构均匀，呈假分枝，有的无假分枝，为 G^-。体内富含聚 β-羟基丁酸。丝状体发育到一定阶段，鞘内细胞从鞘的一端游出，也可自鞘的破裂处逸出，经一段游泳生活后，附着在另一个球衣菌

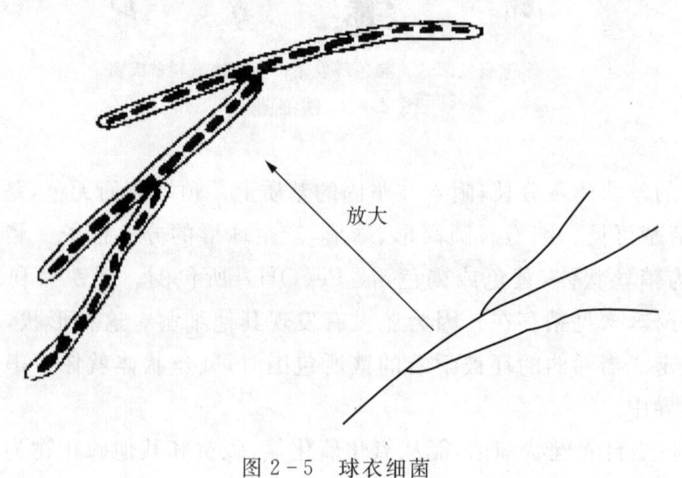

图 2-5　球衣细菌

的菌丝体上或基质上发育成新的丝状体，多个相连形成假分枝，它实际上是多个细菌的相互附着，而不是一个真正的分枝体个体。

球衣细菌是好氧细菌，其生长适宜的 pH 为 6～8，适宜生长温度为 30 ℃左右，在15 ℃以下生长不良。球衣细菌对碳素的要求较高，反应灵敏，大量的碳水化合物能加速球衣细菌繁殖。球衣细菌对某些杀虫剂，如液氯、漂白粉等的抵抗力较弱。

球衣细菌分解有机物的能力很强，活性污泥中存在一定数量球衣细菌有利于废水中有机物的去除。但球衣细菌等丝状细菌大量繁殖后会使污泥结构极度松散，使污泥因浮力增加而上浮，引起所谓的“污泥膨胀”，从而影响出水水质。

2)细菌细胞结构

尽管细菌微小，但是它们的细胞内部构造却相当复杂。细菌构造可分为基本结构(不变结构)和特殊结构两种，基本结构是所有细菌都有的，特殊结构只为一部分细菌所具有，它们具有一些特殊功能。细菌细胞的典型结构模式图如图 2-6 所示。

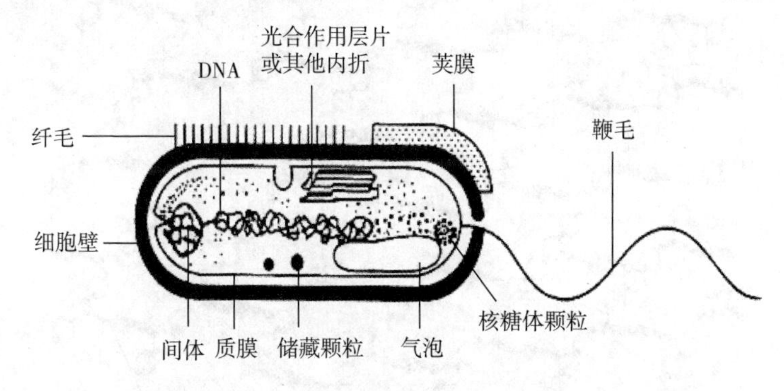

图 2-6　细菌细胞的典型结构模式图

(1)基本结构

细菌基本结构包括细胞壁和原生质体两部分。原生质体位于细胞壁内，包括细胞膜(细胞质膜)、细胞质、拟核和内含物。

① 细胞壁(cell wall)

细胞壁是包围在细菌细胞最外面的一层富有弹性的结构，占细胞干物质的 10%～25%。它是细胞中很重要的结构单元，是细菌分类中最重要的依据之一。1884 年丹麦病理学家 Christian Gram 提出了一个染色方法，后被称为革兰氏染色法(gram staining)，用于细菌的形态观察和分类。其染色操作过程为先结晶紫初染，再碘液媒染，然后体积分数为 95%的酒精脱色，最后用蕃红或沙黄复染。染色结果有两种：一种是经过染色后细菌细胞仍然保留初染结晶紫的蓝紫色，即结果 A；另一种是经过染色后细菌细胞脱去了初染结晶紫的颜色，而带上了复染蕃红或沙黄的红色，即结果 B。根据染色结果，把细菌分成两大类：结果 A 对应的细菌为革兰氏阳性菌(G^+)，结果 B 对应的细菌为革兰氏阴性菌(G^-)，这是两类细菌细胞壁结构不同而导致的结果(图 2-7)。

革兰氏阳性菌(G^+)的细胞壁较厚，为 20～80 nm，单层，其组分比较均匀一致，由大量的肽聚糖(peptidoglycan)和一定数量的磷壁酸(teichoic acid)组成，脂类组分很少。肽聚糖是由 *N*-乙酰葡萄糖胺(*N*-acetyl glucosamine)和 *N*-乙酰胞壁酸(*N*-acetyl muramic acid)

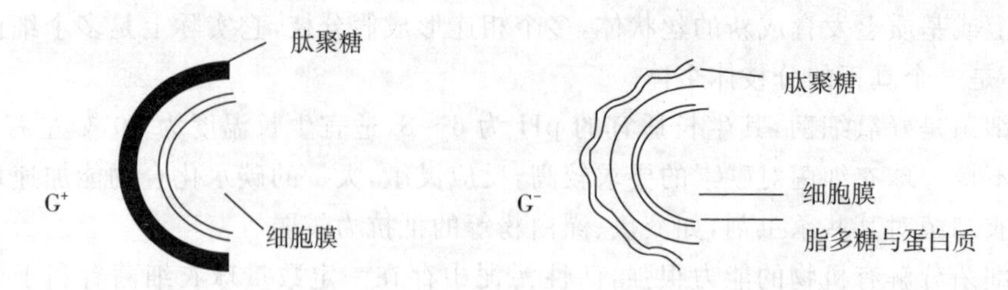

图 2-7　革兰氏阳性菌(G^+)和革兰氏阴性菌(G^-)

这 2 个双糖单位互相交替连接起来的有机大分子，N-乙酰胞壁酸又连接 4 个氨基酸(amino acid)，形成短肽(oligopeptide)，短肽间又由 5 个氨基酸组成的肽链相连形成寡肽。在短肽中除了生物体普遍具有的 L 型氨基酸外，还含有特征性的 D 型氨基酸。寡肽和大分子化合物有规律地组织起来的多层网状结构就是完整的细菌细胞壁(图 2-8)。

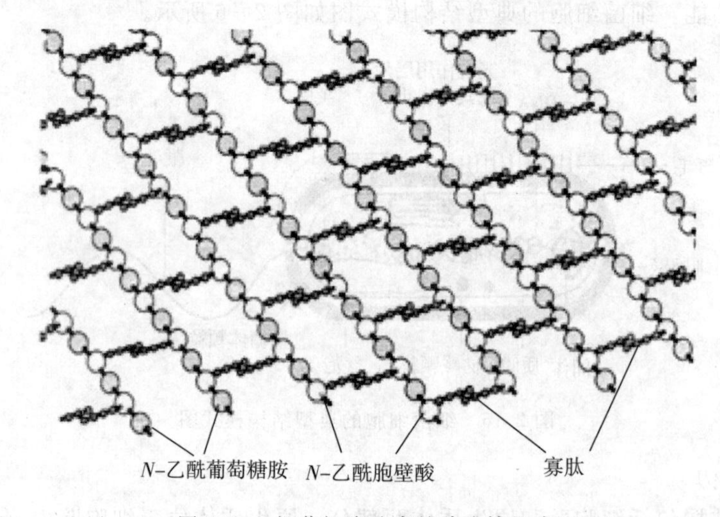

图 2-8　细菌细胞壁中的肽聚糖组成

革兰氏阴性菌(G^-)的细胞壁分为两层：外壁层(ektexine)和内壁层。外壁层组分主要是脂多糖(lipopolysaccharide)和脂蛋白(lipoprotein)，较厚(8～10 nm)。脂类占整个细胞壁的比例为 40%。这与 G^+ 明显不同。内壁层主要结构组分是肽聚糖，较薄，只有 2～3 nm。肽聚糖的结构模式与 G^+ 相同。G^+ 和 G^- 的细胞壁之间存在着很大差异导致染色反应与染色结果不同。

革兰氏染色差异的机理如下：通过初染和媒染后，在细菌细胞的细胞壁及细胞膜上结合了不溶于水的结晶紫与碘的蓝紫色大分子复合物。G^+ 胞壁较厚、肽聚糖含量较高和分子交联度较紧密，故在酒精脱色时，肽聚糖网孔会因脱水而发生明显收缩，又因为它不含脂类，酒精脱色时，不能在细胞壁上溶出大的空洞或缝隙，已经附于细胞壁上的结晶紫与碘复合物被阻留在细胞壁上，不能脱去。复染时，也染不上蕃红或沙黄的红色，因此，染色最终结果呈现出蓝紫色。相反，G^- 的细胞壁较薄、肽聚糖位于内壁层且含量低和交联松散，与酒精反应后其肽聚糖不易收缩，外层中的脂类含量高，所以酒精处理时，细胞壁上就会溶出较大的空洞或缝隙，结晶紫和碘的复合物就很易被溶出细胞壁，脱去了原来初染的蓝紫色。当用蕃红或沙黄复染时，细胞就会带上复染染料的红色，染色结果为红色(图 2-9)。

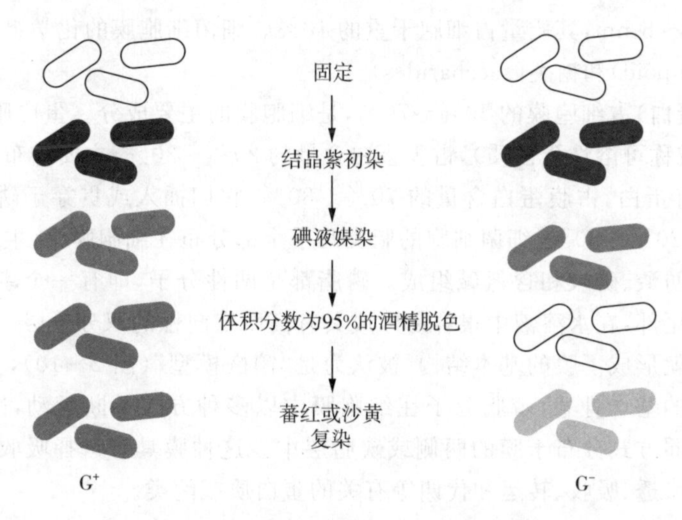

图 2－9　细菌革兰氏染色过程及结果

不管是 G^+ 和 G^-，其细胞壁中均含有肽聚糖及 D－型氨基酸，这是细菌细胞壁的一大特征，G^+ 和 G^- 细胞壁异同的比较见表 2－1 所列。但原始性状较多的古细菌不仅形态与细菌不同，细胞壁结构也不同，如产甲烷细菌，它们的细胞壁中没有胞壁酸，D－型氨基酸，不形成肽聚糖结构。

表 2－1　G^+ 和 G^- 细胞壁异同的比较

性质		G^+	G^-	
结构	层次	单层	内壁层	外壁层
	厚度/nm	20～80	2～3	8～10
	肽聚糖结构	多层，75％亚单位交联，网格紧密坚固	单层，305 亚单位交联，网格较疏松	
	结合细胞膜程度	不紧密	紧密	
组成	肽聚糖	占细胞壁的 40％～90％	5％～10％	无
	磷壁酸	有或无	无	无
	多糖	有	无	无
	蛋白质	有或无	无	有
	脂蛋白	无	有或无	无
	脂多糖	无	无	11％～22％
对青霉素		敏感	不敏感	—

细胞壁在细胞生命活动中的生理作用主要有：使细胞具有固定的外观形状，提高细胞机械强度，保护细胞；作为鞭毛的力学支点，使鞭毛能运动；细胞壁上的小孔，阻拦大分子有害物质（某些抗生素、水解酶）进入；细胞壁的差别使细菌具有抗原特性、致病性等。

② 细胞膜（cell membrane）

细胞膜又称为细胞质膜（cytoplasmic membrane），是一层紧贴着细胞壁而包围着细胞质的薄膜，厚为7～8 nm，其质量占细胞干重的10%。细菌细胞膜的化学组成主要是蛋白质(protein)、脂类(lipoid)和糖类(saccharides)。

蛋白质(膜蛋白)占细胞膜的50%～70%，是细胞膜的主要成分。蛋白质分为两大类：一类是外周蛋白(或称可溶性蛋白质)，占膜蛋白含量的20%～30%，主要分布在膜内外两侧表面；另一类是固有蛋白，占膜蛋白含量的70%～80%，它们插入或贯穿于磷脂双分子层中。脂类占细胞膜的20%～30%，细菌细胞的脂类几乎全部分布在细胞膜中，主要是极性的甘油磷脂，由甘油、脂肪酸、磷酸和含氮碱组成。磷脂都是两性分子，即有一个亲水(hydrophile)的头部和疏水的尾部，在水溶液中很容易形成具有高度定向性的双分子层。

脂类与蛋白就形成了膜的基本结构，被认为是"镶嵌模型"(图2-10)，主要特点是磷脂双分子层组成膜的基本骨架，磷脂分子在细胞膜中以多种方式不断运动，因而膜具有流动性。膜蛋白以不同方式分布于膜的两侧或磷脂层中。这种膜具有选择吸收的半渗透性，膜上有许多与物质渗透、吸收、转运和代谢等有关的蛋白质或酶类。

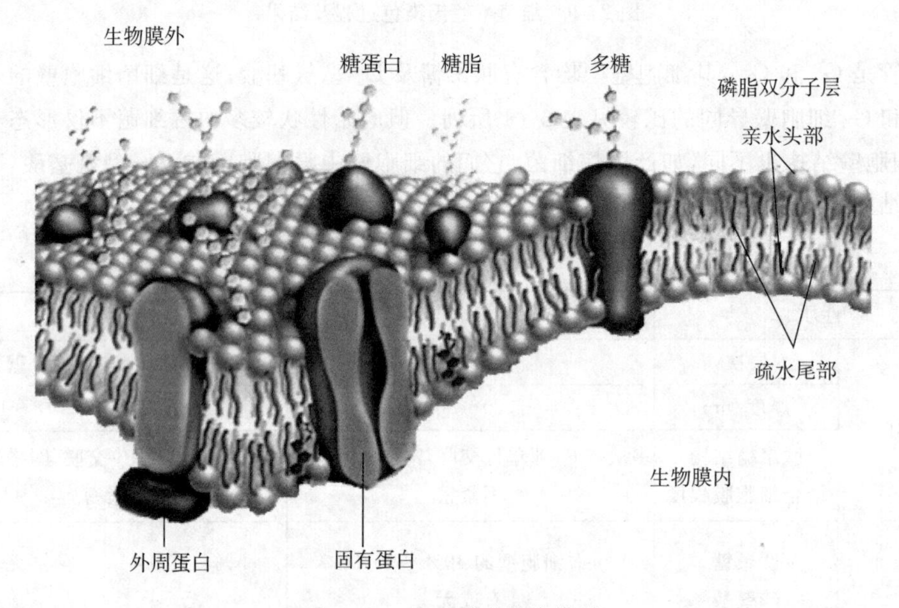

图2-10　细胞膜的镶嵌模型

细胞膜的主要功能：控制细胞内外物质(营养物质和代谢废物)的运送、交换；维持细胞内正常渗透压；为合成细胞壁组分和荚膜的场所，是鞭毛的着生和生长点；是进行氧化磷酸化或光合磷酸化的产能基地；传递信息。膜上的某些特殊蛋白质能接受光、电及化学物质等产生的信号，并发生构象变化，引起细胞内的代谢变化。

③ 细胞质(cytoplasm)

细胞质是细胞膜以内除拟核以外的所有物质，是无色透明而黏稠的胶体，主要成分是水、蛋白质、核酸和脂类等，还有少量的盐和糖类。细胞质内具有各种酶系统，能不断地进行新陈代谢活动。由于富含核糖核酸(RNA)，所以是嗜碱性的，即与碱性染料结合能力较强。幼龄菌的细胞质非常稠密、均匀、很容易染色。成熟细胞的细胞质内含有不少颗粒状的贮藏物质，又由于细菌的生命活动产生了许多空泡，染色能力较差，着色不均匀，因此，细菌个体是处于幼龄阶段还是处于衰老阶段，可通过观察其染色是否均匀来判断。

④ 拟核(nucleoid)

细菌的核质是分散的且没有固定形态，它们集中几乎所有与遗传变异有密切关系的核酸，因此是决定生物遗传性的主要部分。但细菌的核非常简单，没有核膜(karyotheca)包围，也没有核仁(nucleolus)，它只是一团裸露的且高度折叠缠绕的DNA分子，这样的核称为拟核，属于原核生物。细菌拟核中只有一个环状染色体，含有携带遗传信息的脱氧核糖核酸(DNA)。细菌的DNA因为含有磷酸基，所以带有负电荷。这些负电荷被Mg^{2+}以及有机碱(如精胺、亚精胺和腐胺等)中和。而真核微生物(eucaryotic microbes)的DNA所带的负电荷则被碱性蛋白质(如组蛋白、鱼蛋白等)中和。所以细菌细胞核中无组蛋白，这是原核生物和真核生物的一个显著区别。

细菌中还存在一种独立于染色体外的、能进行自我复制并稳定遗传的、被称为质粒(plasmid)的小环状DNA分子(图2-11)。每个细菌体内可有几个质粒。质粒对细菌的生存不起决定作用，它的消失不影响细菌的生存。但质粒的存在可使细菌具有某些特殊性状，如致育性、产生抗生素、抗药性、降解某些化学物质等。

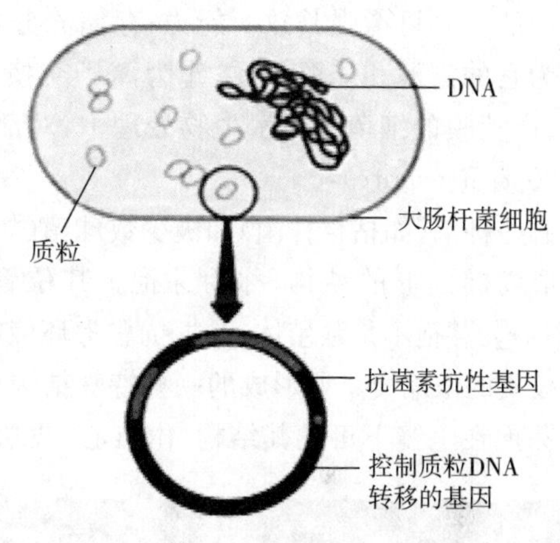

图2-11　细菌中的质粒

⑤ 内含物(inclusions)

内含物是细菌用来贮备物质的颗粒。内含物的种类和量随细菌种类和培养条件的不同而不同。往往在某些物质过剩时，细菌就将其转化成贮藏物质，当营养缺乏时，它们又被分解利用。常见的内含物颗粒有以下几种：

a. 异染颗粒(metachromatic granules)。用蓝色染料(如甲苯胺蓝和甲烯)染色后不呈蓝色而呈紫红色，故称异染颗粒。其化学组分是多聚偏磷酸盐，是磷源和能源的贮藏物。聚磷菌(PAOs)中含有异染颗粒。聚磷菌在好氧条件下，可利用有机物分解产生的大量能量，“过度摄取”周围溶液中的磷酸盐并转化为多聚偏磷酸盐，以异染颗粒的方式贮存于细胞内。

b. 聚β-羟基丁酸盐(poly-β-hydroxy butyrate，PHB)。它是细菌所特有的一种碳源和能源贮藏物，是有机物在厌氧代谢过程中形成的代谢产物，是β-羟基丁酸的直链聚合物。在厌氧条件下，它将细胞内贮存的异染颗粒分解，把磷释放出来，并释放出能量，促进细菌的生长和代谢，使有机物分解并转化为PHB颗粒贮存于细胞内。

c. 肝糖粒(glycogen granule)和淀粉粒(amyloid)。它们都是碳源贮藏物，肝糖颗粒较小，如用稀碘液染色则呈红褐色，可在光学显微镜下观察到。有些细菌只贮存肝糖，有些细菌二者都贮存。

d. 硫粒(sulfur granule)。它是贮藏元素硫的颗粒物，许多硫细菌都能在细胞内积累硫粒，如活性污泥中常见的贝氏硫细菌(*Beggiatoa*)和发硫细菌(*Thiothrix*)都能通过氧化硫化氢形成硫粒在细胞内贮存。

e. 气泡(gas vacuoles)。它由包囊状蛋白质膜构成，其中充满气体。它可以调节细胞相对密度,使其漂浮在最适合水层。许多光能营养型、没有鞭毛的水生细菌中存在气泡。

(2)特殊结构

① 荚膜(capsule)与黏液层(slime layer)

细菌向细胞壁外分泌形成厚薄不一的黏性多糖类物质,比较薄时称为黏液层;厚度、硬度与强度较大时,称为荚膜。黏液层比较疏松、没有明显形状,容易溶解;荚膜与细胞壁结合紧密,一般厚大于 200 nm,其硬度虽然比黏液层大,但硬度和弹性远远小于细胞壁。荚膜和黏液层的主要成分除了多糖类物质,有的也含有多肽或蛋白。

产荚膜的细菌菌落表面透明光滑,称为光滑型(S 型)细菌,肺炎球菌、炭疽杆菌等都能生成荚膜。不产荚膜的细菌菌落表面粗糙,称为粗糙型(R 型)细菌。

细菌荚膜的功能主要有:保护作用,能保护细胞免受干燥,阻止噬菌体吸附与裂解;某些病原菌的荚膜可增强其致病能力;存储养分,当营养缺乏时,细菌可以利用荚膜、黏液层的多糖作为它的碳源和能源物质;作为离子交换系统,选择性地吸收金属离子,免受重金属离子伤害;产荚膜的细菌在污水生物处理中,对活性污泥的形成与沉降性能有重要作用。

② 芽孢(spore)

有些杆菌(如枯草杆菌)和极少数球菌(如尿八叠球菌),在生活史的一定阶段,菌体内能形成圆形或椭圆形的结构,称为芽孢。其位置可能在菌体的中央,也可能在菌体的一端[图 2-12(a)]。芽孢不是繁殖体,是抵抗恶劣环境的一个休眠体。它是在一定的环境条件下由细胞质和核质的浓缩凝集所形成的一种特殊结构。一旦遇到适宜条件可发芽形成新的营养体。

芽孢在电镜下可见其结构,由核心、皮层、外膜(芽孢衣)和孢外壁所组成[图 2-12(b)]。

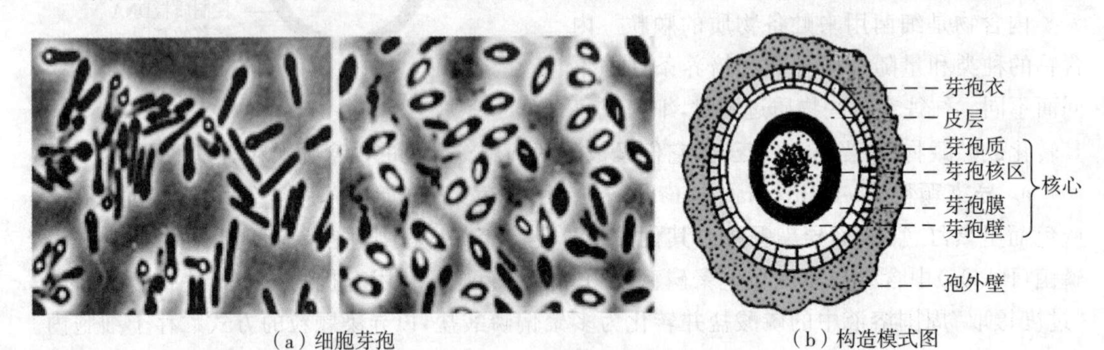

(a) 细胞芽孢　　(b) 构造模式图

图 2-12　细菌芽孢及构造的模式图

芽孢的位置、大小也因菌种不同而不同,所以芽孢是鉴别菌种的形态特征之一。在杆菌中凡能形成芽孢的都叫作芽孢杆菌。能形成芽孢的细菌一般是 G^{+}。

芽孢壁厚,水分少(一般在 40%左右),远低于营养细胞;含有特殊的抗热性物质(2,6-吡啶二羧酸)和耐热性酶;能够抵抗极不适宜的环境。普通细菌在 70~80 ℃煮 10 min 就会死亡,而肉毒梭状芽孢杆菌的芽孢在沸水可存活 6 h,在 120~140 ℃时还能生存几小时。芽孢的休眠力是十分惊人的,一般的芽孢在普通的条件下活力可保存几年至几十年。对于芽孢的这一特性给自来水处理所带来的不利影响,应予充分注意,尤其是饮用水(drinking water)的灭菌,只有当芽孢死亡后,灭菌才是彻底的。

有些种,如苏云金芽孢杆菌(*Bacillus thuringiensis*)在形成芽孢时,还形成一颗菱形的碱性蛋白晶体(伴胞晶体),它对鳞翅目的昆虫是有毒性的,所以可以用来生产微生物农药。

③ 鞭毛(flagella)

鞭毛是由细胞质的细胞膜向外凸起,穿过细胞壁,伸出细菌体外的细长、毛发状结构体。鞭毛不是一切细菌所共有的,一般的球菌都无鞭毛。大部分杆菌和所有的螺旋菌则具有鞭毛。鞭毛是细菌的运动器官,具有鞭毛的细菌能真正运动,无鞭毛的细菌在液体中只能做分子运动。有鞭毛细菌的运动速度每秒可达到自身长度的 10 倍或数十倍。细菌的运动使它能进行趋避运动,以求生存或更好生长。趋避运动分为化学趋避运动和光趋避运动两种。但是,目前对细菌是如何控制它的鞭毛运动的机理还是不得而知。

鞭毛很细,直径为 10～20 nm,最长可达 70 μm,借助电子显微镜才能观察到,用特殊的鞭毛染色法,将染料沉积在鞭毛上面加粗后,在普通光学显微镜下可见。其在菌体上的位置和数目随菌种的不同而不同(图 2－13),有的在细菌的一端只有一根,如霍乱弧菌;有的细菌两端各有一根;有的成束;有的则布满菌体周围,如伤寒杆菌、大肠杆菌。

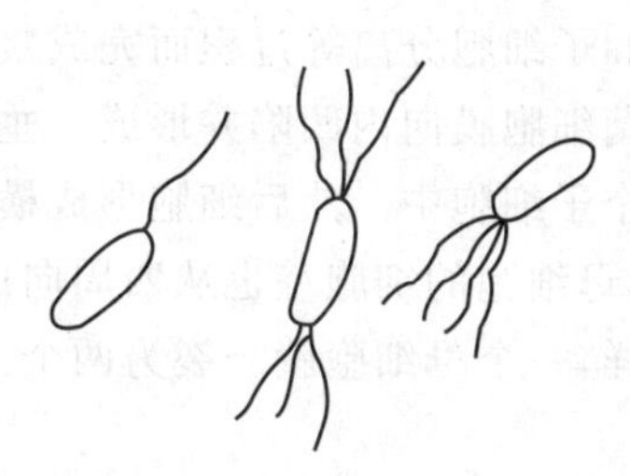

图 2－13　几种类型的鞭毛着生方式

鞭毛主要成分是蛋白质,有的还含有极少量的多糖和类脂,鞭毛蛋白质占细胞蛋白质的 2%,它是一种抗原物质。完整鞭毛由三部分组成:基体、鞭毛钩和鞭毛丝(图 2－14)。基体是指鞭毛与细胞壁、细胞膜相结合的结构体,鞭毛钩是鞭毛丝基部弯曲的筒状部分,鞭毛丝是由鞭毛蛋白组成的、伸展在细胞外面的细丝状结构,是运动的主体。

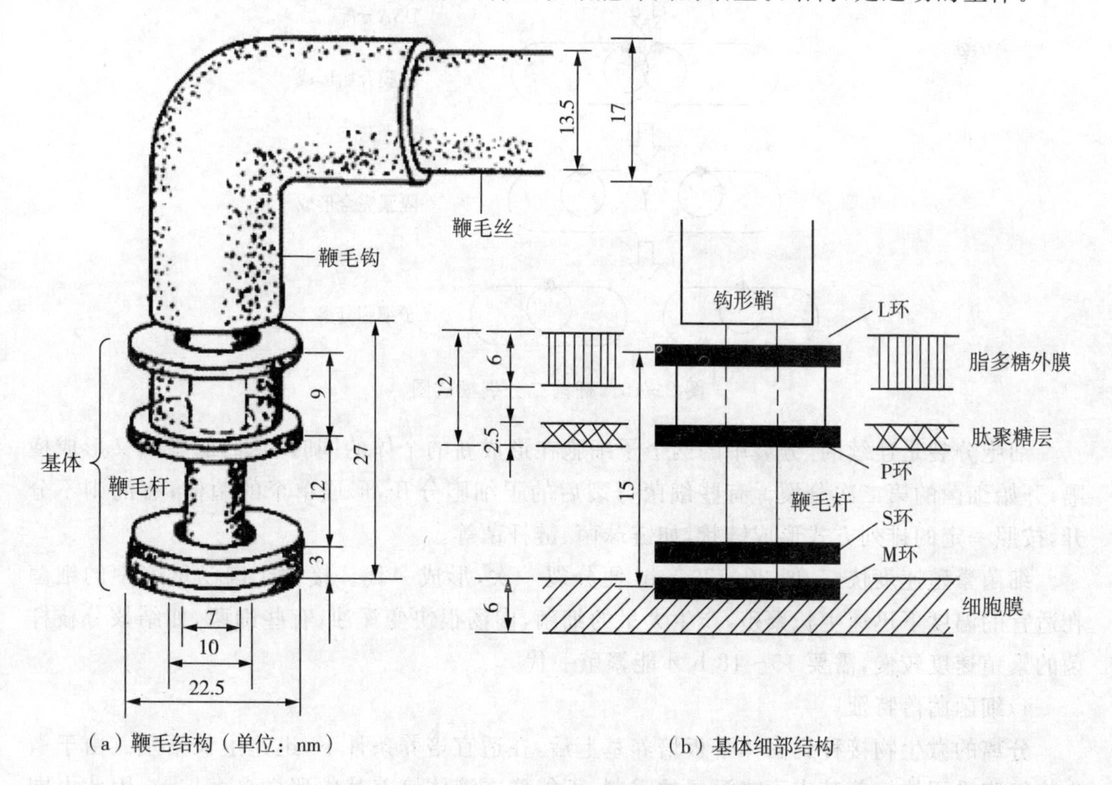

图 2－14　革兰氏阴性细菌鞭毛的构造图

④ 纤毛(pili)

许多细菌中还存在着一些比鞭毛更细、较短而直硬的丝状体，称为纤毛(也称为菌毛或伞毛)，直径为3～7 nm。纤毛不是细菌的运动器官，但可以增强细菌的吸附能力。有的纤毛在细菌结合时，进行遗传物质传递作用，这类纤毛称为性纤毛。

3)细菌繁殖

细菌在适宜的条件下不断长大，细胞体积、重量不断增大，当其达到成熟阶段后，细胞进行分裂，开始繁殖。细菌的繁殖方式主要是裂殖(fission)。

裂殖是无性二分裂，即细菌生长到一定时期，直接经过核物质与细胞质分裂、横隔壁形成和子细胞分离等过程而完成繁殖的方式。首先DNA复制并向细胞两端移动，与此同时，细菌细胞膜向内凹陷并形成一垂直于细胞长轴的细胞质隔膜，使细胞质和核质均匀分配到两个子细胞中。然后细胞形成横隔壁，在细胞膜不断内陷形成两个子细胞各自细胞膜的同时，母细胞的细胞壁也从四周向中心逐渐延伸，并逐渐形成两个子细胞各自完整的细胞壁。这样，一个母细胞就分裂为两个大小相等、结构一样的子细胞(图2-15)。

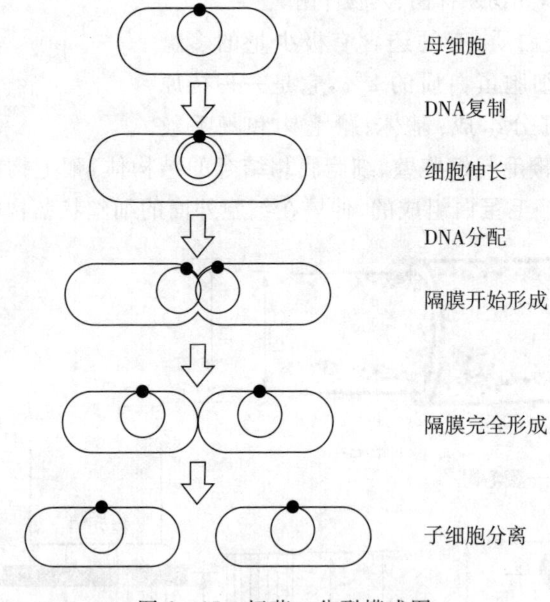

图2-15　杆菌二分裂模式图

细胞分裂是连续的，分裂中的两个子细胞在形成新的个体的同时，它们的中间又形成横隔，开始细菌的第二次分裂。有些细菌分裂后的子细胞分开，形成单个的菌体，有的则不分开，按照一定的排列方式形成链状，如链球菌、链杆菌等。

细菌繁殖速度快，一般20～30 min便分裂一次，形成一代。接种于肉汤培养中的细菌在适宜的温度下迅速生长繁殖，产生大量的细菌，肉汤很快变浑浊；有些细菌，如结核分枝杆菌的繁殖速度较慢，需要15～18 h才能繁殖一代。

4)细菌菌落特征

分离的微生物接种到固体平板培养基上后，在适宜培养条件下，迅速生长繁殖。由于微生物细胞受固体培养基表面或深层的限制，不能像在液体培养基中那样自由扩散，因此由同一微生物个体繁殖的菌体后代在固体培养基表面上常常聚集在一起，形成了肉眼可见的微生物集落，即为菌落(bacterial colony)。如果接种培养的微生物不是纯种，则菌落中就含有多种微生物。每种微生物在一定条件下形成的菌落均具自己的特征：不同的菌落大小、形状(露滴状、圆形、菜花样、不规则等)、突起或扁平、凹陷、边缘(光滑、波形、锯齿状、卷发状等)、颜色(红色、灰白色、黑色、绿色、无色、黄色等)、表面(光滑、粗糙等)、透明度(不透明、半透明、透明等)、黏度与硬度等。根据细菌菌落表面特征的不同，可将菌落分为 3 个类型：①光滑型菌落(S 型菌落)：菌落表面光滑、湿润、边缘整齐，新分离的细菌大多呈光滑型菌落。②粗糙型菌落(R 型菌落)：菌落表面粗糙、干燥、呈皱纹或颗粒状，边缘大多不整齐。R 型菌落多为 S 型细菌变异失去菌体表面多糖或蛋白质而形成的 R 型细菌的菌落。R 型细菌抗原不完整，毒力和抗吞噬能力都比 S 型细菌弱。但也有少数细菌新分离的 R 型菌株毒性强，如炭疽杆菌、结核分枝杆菌等。③黏液型菌落(M 型菌落)：菌落黏稠、有光泽、似水珠样。M 型菌落多见于厚荚膜或丰富黏液层的细菌、结核杆菌中。

微生物菌落特征是微生物菌种鉴定的重要依据之一，在细菌分类学上具有重大意义。

菌落的细胞结构，如细菌荚膜的存在与否和菌落形态等有直接关系。肺炎链球菌具有荚膜的菌株就形成光滑型菌落，其表面光滑黏稠；不具荚膜的菌株形成的菌落为粗糙型，菌落表面干燥、有皱褶。菌落形状和大小也受到周围菌落的影响，菌落靠得太近，由于营养物质有限，有害代谢物的分泌和积累，生长受到抑制。所以在平板分离菌种时，常可看到平板上互相靠近的菌落都较小，而那些分散开的菌落均较大。即使在同一菌落中，由于各个微生物细胞所处的空间位置不同，摄取的营养物、氧气等也不相同，所以在生理上、形态上也或多或少会有所差异。

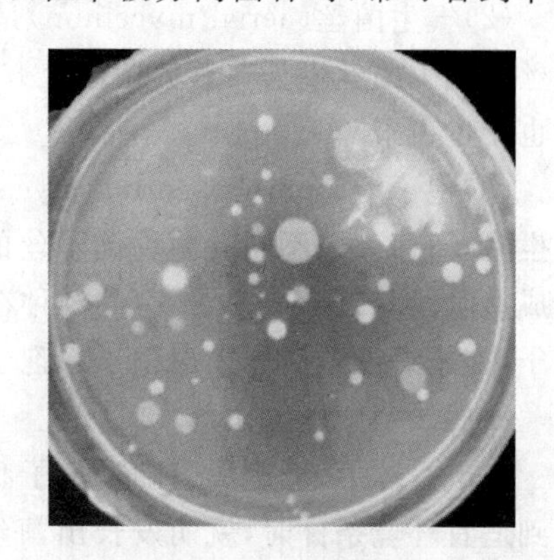

图 2 - 16　细菌菌落

细菌菌落(图 2 - 16)圆形，较小，直径一般为 1～3 mm，菌落的剖面也表现不同形态，有扁平、隆起、乳头状、草帽状等。菌落表面湿润、光滑、较透明、黏稠、质地均匀、易挑取，菌落正反面或边缘与中央颜色一致，这是由于一个菌落内的细菌没有形态、功能上的分化，细胞间充满了毛细管状的水分，表现出相同的颜色。菌落颜色多样，常见的有白色、红色、黄色等。一般有臭味。

2.1.2　放线菌

放线菌(actinomycete)是一类形态丝状、以孢子繁殖的原核生物，单细胞、具有细长分枝，因其菌体呈放射状而得名。放线菌细胞结构与细菌十分相似，没有完整的细胞核，没有核膜与核仁的分化，但比细菌的进化高级。

1)放线菌形态结构

大部分放线菌的菌丝体由不同长短的纤细菌丝组成。菌丝直径与细菌的大小较接近，一般为 0.5～1 μm，最大不超过 1.5 μm。菌丝很长，达 50～600 μm；主要特征是内部相通，一般无隔膜。菌丝分基内菌丝、气生菌丝和孢子丝(图 2 - 17)。

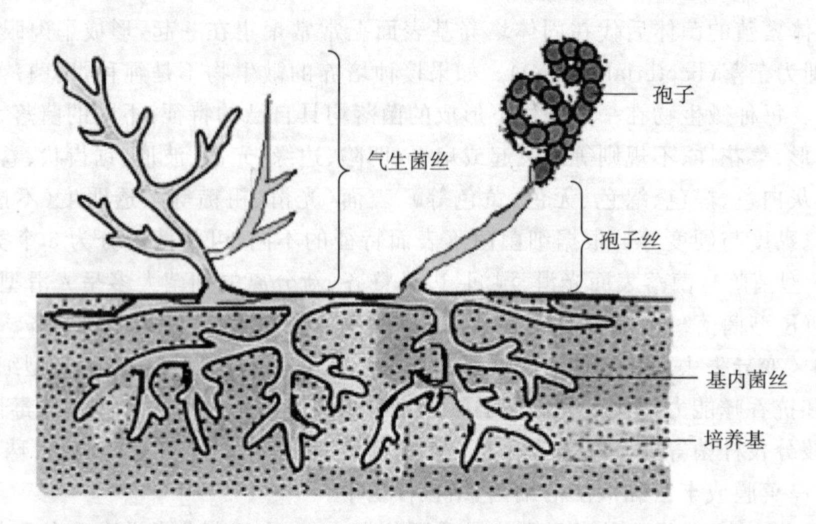

图 2-17　放线菌菌丝形态

(1)基内菌丝(substrate mycelium)是伸入营养物质内或漫生于营养物表面吸取养料的菌丝,又称为营养菌丝(vegetative mycelium)。有的种类营养菌丝无色素,有的产生不同颜色的色素。色素也是菌种鉴别的重要依据。

(2)气生菌丝(aerial mycelium)是由基内菌丝生长到一定程度后,伸向空中生长而成的菌丝。气生菌丝生长在营养菌丝上方,可覆盖整个菌落表面。菌丝呈直线形或弯曲生长,有的也产生色素。

(3)孢子丝(spore-bearing mycelium)是气生菌丝的顶端形成的能产生分生孢子(或称气生孢子)菌丝。不同的菌种孢子丝的形状与在气生菌丝上的排列方式不同。孢子丝生长到成熟阶段就能形成孢子,有的菌种在孢子丝上形成孢子囊(sporangium),在孢子囊内形成孢子,孢子囊成熟后释放出孢子。孢子对不良的外界环境有较强的抵抗力。

2)放线菌繁殖与菌落

孢子呈球形、椭圆形、杆状、瓜子状等,有多种颜色。成熟的孢子在环境中传播,当孢子遇到适宜环境条件时,就萌发长出菌丝,菌丝生长分枝再分枝,最后形成网状的菌丝体。放线菌菌丝断裂成的菌丝片段也能繁殖。基内菌丝又生长产生气生菌丝、孢子丝与孢子,完成一个生命周期,周而复始,生生不息。

放线菌容易在培养基上生长,在固体培养基上形成菌落。放线菌菌落(图 2-18)质地致密、干燥、不透明,当大量孢子覆盖于菌落表面时,呈粉末状或皱褶状,有的则呈紧密干硬的圆形,有些属的菌落呈糊状。菌落大小变化较大,大的可达 1 cm。不同放线菌菌落颜色不同,有无色、白色、黑色、红色、褐色、灰色、黄色、绿色等。菌落正面和背面的颜色往往不同,正面是孢子的颜色,背面是营养菌丝及它所分泌的色素的颜色。常具有土腥味。菌落不易用接种环挑起,或者被成片挑起。

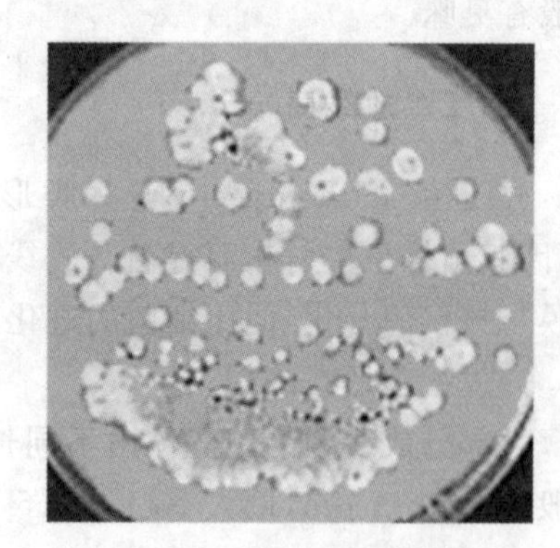

图 2-18　放线菌菌落形态

3)放线菌生长特性

大多数放线菌是异养菌,腐生性,也有寄生性的,有些寄生种能使动植物致病。它们对营养的要求各不相同。有的能利用简单有机物,有的能利用复杂有机物。大多数放线菌是好氧性的,只有少数菌是微好氧菌、厌氧菌。一般生长需要中性偏碱环境,最适宜的 pH 为 7～8。最适宜的温度为 25～30 ℃,高温放线菌的生长范围可达 50～65 ℃。放线菌菌丝体抗干燥能力强,菌种放在一定条件的干燥器中能存活大约一年半。放线菌不少菌种能产生抗生素,如氯霉素、链霉素、土霉素等,它们能抑制细菌的代谢。

4)放线菌中的代表属

(1)诺卡氏菌属(*Nocardia*),菌丝体具有长菌丝,剧烈弯曲如树根状或不弯曲。培养 15 h至 4 d,菌丝体产生横膈膜,分枝菌丝体突然全部断裂成长短近于一致的杆状体、球状体或带杈的杆状体。每个杆状体内至少有一个核,因此,可以复制并形成新的多核菌丝体。此属中多数菌无气生菌丝,只有营养菌丝,以横隔分裂方式形成孢子。少数种在营养菌丝表面覆盖极薄的一层气生菌丝枝,即子实体或孢子丝。孢子丝呈直线形、个别种呈钩状或螺旋状,具横膈膜。以横隔分裂形成孢子,孢子杆状、柱形两端截平或椭圆形。

此属多为好气性腐生菌,少数为厌气性寄生菌。能同化各种碳水化合物,有的能利用碳氢化合物、纤维素等。诺卡氏菌主要分布于土壤中,现已报道的有 100 余种,能产生 30 多种抗生素,如对结核分枝杆菌有特效的利福霉素,对引起植物白叶枯病的细菌、原虫、病毒有作用的间型霉素等。诺卡氏菌可用于石油脱蜡、烃类发酵以及污水处理中分解腈类化合物。

(2)链霉菌属(*Streptomyces*),是最高等的放线菌。有发育良好的分枝菌丝,菌丝无隔膜,分化为营养菌丝、气生菌丝、孢子丝。营养菌丝色浅,较细,具有吸收营养和排泄代谢废物的功能;气生菌丝颜色较深,直径较粗,成熟分化成孢子丝,形态多样(直线形、波曲状、螺旋状、轮生状等),孢子丝再形成大量的分生孢子。孢子丝与孢子的形态、颜色因种而异,是种类的主要识别特征之一。已报道的链霉菌属有千余种,主要分布于土壤中。链霉菌属产生了放线菌的 90%抗生素,如链霉素、四环霉素、维利霉素等。

(3)放线菌属(*Actinomyces*),为 G^+,菌丝细长无分隔,有分枝,直径 0.5～0.8 μm。只有营养菌丝,没有气生菌丝、孢子丝,不形成孢子,以裂殖方式繁殖。为厌氧菌或兼性厌氧菌,大多有致病性。常见的有衣氏放线菌、牛型放线菌、内氏放线菌、黏液放线菌等。

2.1.3　蓝细菌

1)蓝细菌特征

蓝细菌(cyanobacteria)是一类进化历史悠久、革兰氏阴性、无鞭毛、含叶绿素(不形成细胞器叶绿体,区别于真核的藻类)能进行产氧性光合作用的、大型单细胞原核微生物,因此,也有人把它称为产氧光合细菌(oxyenic phototrophic bacteria,OPB)。其细胞中除含有叶绿素等色素外,还含有较多的藻蓝素,藻体呈蓝绿色,有时呈黄褐色甚至红色,因此,又曾被命名为蓝藻(blue algae)。

2)蓝细菌形态结构

蓝细菌直径通常为 3～10 μm,最大的可达 60 μm,如巨颤蓝细菌(*Oscillatoria princeps*)。蓝细菌细胞形态可分为单细胞和丝状体两大类(图 2-19),单细胞类群多呈球状、椭圆状和杆状,单生或团聚体,如黏杆蓝细菌和皮果蓝细菌等属。丝状体蓝细菌是由许多细胞排列而成的群体，有的有异形胞，如鱼腥蓝细菌属(*Anabaena*)；有的有分支，如费氏蓝细菌属(*Fischerella*)。

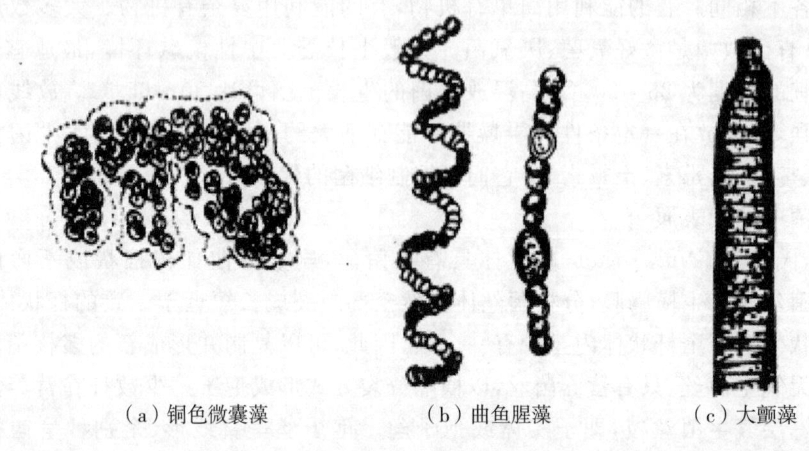

(a) 铜色微囊藻　(b) 曲鱼腥藻　(c) 大颤藻

图 2-19　几种蓝藻

蓝细菌细胞构造与 G^- 相似。细胞壁有内外两层，外层为脂多糖层，内层为肽聚糖层。许多种能向细胞壁外分泌胶黏物质，将许多细胞或丝状体结合在一起，形成黏质糖被或鞘。大多数蓝细菌无鞭毛，但可以“滑行”。

蓝细菌光合作用部位称为光合片层，数量很多，以平行或卷曲方式贴近地分布在细胞膜附近，其中含有叶绿素和藻胆素(一类辅助光合色素)。蓝细菌细胞内含有糖原、聚磷酸盐以及蓝细菌肽等贮藏物以及能固定的羧酶体，少数水生种类还有气泡。

蓝细菌的细胞有几种特化形式，较重要的有 4 种：异形胞、静息孢子、链丝段和内孢子。①异形胞(heterocyst)是存在于丝状体蓝细菌中的较营养细胞稍大、色浅、壁厚的特化细胞，位于细胞链中间或顶端，数目少而不定。异形胞是固氮蓝细菌的固氮部位，不产生氧气，形成一个厌氧环境，使固氮酶免受氧气伤害而保持活性。营养细胞的光合产物与异形胞的固氮产物，可通过胞间连丝进行物质交换。②静息孢子(akinete)是一种着生于丝状体细胞链中间或末端的形大、色深、壁厚的休眠细胞，胞内有贮藏性物质，具有抗干旱或冷冻的能力。③链丝段(hormogon)又称藻殖段，是长细胞断裂而成的短链段，具有繁殖功能。④内生孢子(endospore)是少数蓝细菌种类在细胞内形成许多球形或三角形的内生孢子，成熟后可释放，具有繁殖功能。

3)蓝细菌繁殖

蓝细菌通过无性方式繁殖。单细胞类群以裂殖方式繁殖，包括二分裂或多分裂。丝状体类群可通过单平面或多平面裂殖方式加长丝状体，还常通过链丝段(由丝状体断裂而成的短链段)繁殖。少数类群以内孢子方式繁殖。在干燥、低温和长期黑暗等条件下，可形成休眠状态的静息孢子，在适宜条件下可继续生长。

4)蓝细菌分布

蓝细菌能适应的温度范围很广，能在高达 85 ℃的温泉中大量繁殖，也能在多年不融化的冰上生长，但适宜的是较温暖的地区或一年中温暖的季节。在污水中或潮湿土地上常见的有污泥颤藻(*Oscillatoria limosa*)和大颤藻(*O. princeps*)。

蓝细菌分布极广，普遍生长在淡水、海水和土壤中，并且在极端环境(如盐湖、贫瘠的土壤、岩石表面或风化壳中以及植物树干等)中也能生长,故有"先锋生物"的美称。一些蓝细菌还能与真菌、苔蕨类、苏铁类植物、珊瑚甚至一些无脊椎动物共生。如地衣即是真菌与蓝藻共生的特殊低等植物。在水池、湖泊中生长茂盛时,能使水色变蓝或其他颜色。湖泊中常见的蓝细菌有铜绿微囊藻(*Microcystis aeruginosa*)、曲鱼腥藻(*Anabaena contorta*)等。

5)蓝细菌危害与作用

有些蓝细菌大量繁殖时,产生各种各样的生物毒素,如神经毒素(neurotoxin)、肝毒素(hepatotoxin)、细胞毒素(cytotoxin)及内毒素(endotoxin)等,对人体及动物的健康或安全构成严重危险;有些蓝细菌能发出草腥味或霉味,影响水质;某些蓝细菌属种在水体中大量繁殖会引起海湾的"赤潮"和湖泊的"水华",严重时会引起水生动物大量死亡,导致水质恶化,从而引起一系列环境问题。

蓝细菌是第一个产氧的光合生物,将无氧的大气变成有氧的空气。蓝细菌许多类群具有固定空气中氮的能力,已发现的固氮蓝细菌多达 120 多种。蓝细菌与水体环境质量关系密切,在氮、磷丰富的水体中生长旺盛,可作为水体富营养化的指示生物;蓝细菌在污水处理、水体自净中起积极作用。

2.1.4　光合细菌

1)光合细菌及其分类

光合细菌(photosynthetic bacteria,PSB)是具有原始光能合成体系的原核生物的总称。光合细菌属 G^-,是细菌中最为复杂的菌群之一。它们以光作为能源、能在厌氧光照或好氧黑暗条件下利用自然界中的有机物、硫化物、氨等作为供氢体进行光合作用,不能利用水中的氢合成有机物质,光合作用不产生氧气,因此,又被称为不产氧光合细菌(anoxygenic phototrophic bacteria,APB)。

光合细菌菌体形态多样,有球形、椭圆形、半环形,也有杆状和螺旋状,有些菌种的细胞形态还会随培养条件和生长阶段的不同而发生变化。光合细菌的种类较多,根据它所具有的光合色素体系和光合作用中是否能以硫为电子供体将其划分为 4 个科:红螺菌科或称红色无硫菌科(Athiorhodaceae)、红硫菌科(Thiorhodaceae)、绿硫菌科(Chlorobiaceae)、绿屈挠菌科(Chloroflexaceae)。

光合细菌包括 22 个属,61 个种。如红螺菌科包含褐螺菌属(*Phaeospirillum*)、玫瑰螺菌属(*Roseospira*)。近年来不断有新种发现。一个国际科学家小组于 2005 年 6 月报道了在太平洋海面下 2400 m 处生活的一种绿硫菌属的细菌,依靠海底热泉泉眼中极其微弱的光进行光合作用。他们认为,这种细菌不仅改变了人们对地球生命的认识,也可能成为寻找外星生命的线索。

与生产应用关系密切的光合细菌主要是红螺菌科的一些属、种,如荚膜红假单胞菌(*Rhodopseudomonas capsulatus*)、球形红假单胞菌(*Rps. globiformis*)、沼泽红假单胞菌(*Rps. palustris*)、嗜硫红假单胞菌(*Rps. sulfidophilus*)、深红红螺菌(*Rhodospirillum rubrum*)、黄褐红螺菌(*Rhodospirillum fulvum*)等。

2)光合细菌生理特性

光合细菌体内含有大量的蛋白质、辅酶 Q 和完全的 B 族维生素(尤其是 B_{12}、叶酸和生物素)等,还含有菌绿素与类胡萝卜素,随种类和数量的不同,菌体呈不同颜色。光合细菌在

10～45 ℃均可生长繁殖，最佳温度为 25～28 ℃。绝大多数光合细菌的最佳 pH 为 7～8.5。

钠、钾、钙、钴、镁和铁等是光合细菌代谢中的必需元素。光合细菌是代谢类型复杂、生理功能最为广泛的微生物类群。各种光合细菌获取能量和利用有机质的能力不同，代谢途径随环境变化可以发生改变。光合细菌营养类型包括：光能自养型、光能异养型及兼性营养型；呼吸类型包括好氧型、厌氧型和兼性厌氧型。光能自养菌主要有以 H_2S 为光合作用供氢体的紫硫细菌（*Chromatium*）和绿硫细菌（*Chlorobium*），光能异养菌主要有以各种有机物为供氢体和主要碳源的紫色非硫细菌（*Purple non-sulfur bacteria*）。

3）光合细菌分布与作用

光合细菌广泛存在于自然界的水田、湖泊、江河、海洋、土壤、活性污泥、下水道等环境中，尤其是缺氧的海水或淡水中。它们是自然界中的原始生产者，并在自然界碳素循环和物质循环中起重要作用。

近年来，光合细菌在生物与环境领域受到越来越多的关注。APB 能以污水中有机酸、醇类等有机化合物为光合作用的碳源与供氢体，将这些有机化合物分解，进行污水净化。APB 在去除有机物的同时，还具有较好的脱氮、除磷效果。同时，硫细菌还可将污水中有毒的 H_2S 等硫化物氧化为单质硫，再通过沉淀而去除。APB 处理污水已成功地应用于啤酒废水、屠宰废水等污水处理中。在利用光合细菌处理废水，还可生产单细胞蛋白（single cell protein，SCP）用作饲料和食品添加剂，并且获得新能源“氢”，因此，APB 在环境领域具有广阔的应用前景。

2.1.5 三原体

三原体是指环境中立克次氏体（rickettsia）、衣原体（chlamydia）与支原体（mycoplasma）。这三类生物个体结构介于细菌与病毒之间，自身代谢能力差，是寄生于其他生物细胞内的小型原核微生物。三原体与细菌、病毒的特点比较见表 2-2。

表 2-2 三原体与细菌、病毒的特点比较

特征	细菌	立克次氏体	衣原体	支原体	病毒
细胞结构	有	有	有	有	无
细胞壁	有	有（含肽聚糖）	有（无肽聚糖）	无	无
细胞膜	有	有（无甾醇）	有（无甾醇）	有（含甾醇）	无
核酸类型	DNA/RNA	DNA/RNA	DNA/RNA	DNA/RNA	DNA/RNA
核糖体	有	有	有	有	无
大分子有机物合成能力	有	有	无	有	无
产生 ATP 系统	有	有（不完整）	无	有	无
作用与危害	生态系统分解者，维护生态平衡；病原菌传播疾病	为人体伤寒等传染病病原体	寄生于哺乳动物和鸟类，引起沙眼和鹦鹉热等病	肺炎支原体、溶脲原体、生殖器支原体等致病	基因工程中作为载体，是多种疾病的病原体

1)支原体

支原体为自由生活的最小原核微生物。为 G^-,细胞很小,直径一般为 0.1～0.3 μm。形态多样,环状、杆状、螺旋形、颗粒状,还能形成丝状与分枝状。细胞膜含甾醇,比其他原核生物细胞膜更坚韧;无细胞壁,形态易变,对渗透压较敏感,抵抗力较弱,对热、干燥敏感,对75%乙醇等溶液敏感,对抑制细胞壁合成的抗生素不敏感。多数种类能以糖原为能源,在有氧或无氧条件下代谢产能。以二分裂和出芽等方式繁殖,能在含血清、酵母膏和甾醇等营养丰富的培养基上生长,菌落小,在培养基表面呈特有的油煎蛋状。支原体广泛存在于污水、温泉、人和动物体内,大多不致病。

2)立克次氏体

立克次氏体为 G^-,细胞较大,直径为 0.2～0.6 μm。细胞形态多样,有球状、双球状、杆状、丝状。在真核生物(虱、蚤等节肢动物和人、鼠等脊椎动物)细胞内专性寄生。存在不完整的产能代谢途径,不能利用葡萄糖或有机酸,只能利用谷氨酸和谷氨酰胺产能;对四环素和青霉素等抗生素药剂、热敏感,56 ℃以上 30 min 即死亡。二分裂方式繁殖,可在鸡胚、敏感动物组织培养物上进行培养。

3)衣原体

衣原体为 G^-病原体,是一类在脊椎动物细胞内专性寄生、有独特发育周期的原核细胞微生物。以基体的形态存在于寄主细胞外,侵入细胞后变成网纹体,球形,直径为 0.5～0.6 μm。个体小于细菌但大于病毒,多呈球状、堆状。它没有合成高能化合物 ATP、GTP 的能力,必须由宿主细胞提供,为能量寄生物。衣原体以二分裂方式繁殖,对抑制细菌的抗生素和药物过敏;只能用鸡胚卵黄囊膜、小白鼠腹腔细胞组织等活体进行培养。

2.1.6 古菌

1)古菌基本特征

(1)古菌特点

1977 年,美国微生物学家 Carl Woese 和 George Fox 发现一些极端环境下的微生物在16SrRNA 的系统发生树上和原核生物[真细菌(Eubacteria)]存在显著区别,为区别于真细菌,将这类原核生物定名为古细菌(Archaebacteria),与真细菌构成两亚界。而 Carl Woese进一步研究发现它们是两类完全不同的生物,于是重新将其命名为古菌(Archaea),和细菌(Bacteria)、真核生物(Eukarya)一起构成了生物的三域系统。

古菌(又称古细菌、古生菌)的细胞形态各种各样,有球形、杆状、螺旋状、叶状、方形、耳垂形、盘状、不规则形状;有的很薄、扁平;有的由精确的方角和垂直的边构成直角几何形态;有的以单个细胞存在,直径一般为 0.1～15 μm;有的呈丝状体或团聚体,丝状体长度可达200 μm。

古菌与细菌有很多相似之处,如都没有细胞核、与其他膜结合的细胞器。古菌细胞结构与细菌又有不同之处。古菌细胞膜含有分枝碳氢链与 D 型磷酸甘油,以醚键相连接形成磷脂和糖脂的衍生物。而细菌及真核生物细胞膜则含有不分枝脂肪酸与 L 型磷酸甘油,以酯键相连接形成甘油脂肪酸酯。细菌细胞壁的主要成分是肽聚糖,古菌细胞壁不含肽聚糖,而含假肽聚糖、糖蛋白或蛋白质。革兰氏阳性古菌细胞壁含有各种复杂的多聚体,如产甲烷菌含假肽聚糖，甲烷八叠球菌含复杂聚多糖。G^-古菌没有外膜，含蛋白质或糖蛋白亚基。如甲烷叶菌属、盐杆菌属和极端嗜热的硫化叶菌属等细胞壁含糖蛋白；甲烷球菌属、极端嗜热的脱硫球菌属有蛋白质壁。

古菌染色体 DNA 与细菌相似，呈闭合环状，基因也组织成操纵子（原核生物基因表达和调控的基本结构单位），但在 DNA 复制、转录、翻译等方面，古菌却具有明显的真核特征：采用非甲酰化甲硫氨酰 tRNA 作为起始 tRNA，启动子、转录因子、延伸因子、DNA 聚合酶、RNA 聚合酶等均与真核生物相似。

古菌在代谢过程中，有许多特殊的辅酶。古菌具有多种代谢类型，有异养型、自养型和不完全光合作用型。多数为严格厌氧、兼性厌氧，也有的为专性好氧。尽管古菌不能像其他利用光能的生物一样利用电子链传导实现光合作用，但盐杆菌可以利用光能制造 ATP。

(2)繁殖方式

古菌采用二分裂、分裂和出芽方式进行无性繁殖，细胞染色体复制并分离后，细胞开始一分为二，形成新的子代个体。和真核生物一样，古菌染色体也可在 DNA 聚合酶作用下进行多个位点（复制起点）复制。但古菌用于控制细胞分裂的蛋白和分隔两个子细胞的隔膜部分，与细菌的二分裂相似。目前未发现古菌有孢子生殖。一些嗜卤盐菌可进行类似于细胞分化的表型转换，并生长成为不同形态，出现具有可防止渗透压休克的厚细胞壁，使嗜卤盐菌可以在低盐度水中存活，具有类似于细菌特殊结构芽孢的功能，有助于古菌在新的环境下生存或度过不良环境。

(3)分类

《伯杰氏系统细菌学手册（第二版）》中，将原核生物的古菌域，根据 16SrRNA 序列分析，分为泉古菌门（Crenarchaeota）、广古菌门（Euryarchaeota）、初古菌门（Korarchaeota）、纳古菌门（Nanoarchaeota）。按照古菌的生活习性和生理特性，古菌可分为三大类型：产甲烷菌、嗜盐古菌、嗜热古菌。

(4)生活习性

大多数古菌生活在极端环境中，是极端微生物（extremophiles）。有的古菌生活在高盐分的湖水中，有的可生活在强酸或强碱性水中，有的生活在极热、极酸和绝对厌氧的环境中，有的生存在极冷的环境中。一些古菌生存在极高温度（100 ℃以上）的间歇泉或者海底热喷泉黑烟囱中。热网菌（*Pyrodictium*）能在高达 113 ℃环境下生长，这是目前发现的生长温度最高的生物。因此，古菌代表着地球上生命的极限，确定了生物圈的范围。古菌还广泛分布于各种温和的自然环境中，土壤、海水、沼泽地中均生活着古菌。很多产甲烷古菌生存在动物（如反刍动物、白蚁或者人类）的消化道中。古菌通常对其他生物无害，未知有致病古菌。

2)水环境中的古菌

(1)产甲烷菌

产甲烷菌（methanogenic archaea）是一类能将无机或有机化合物厌氧发酵转化成 CH_4 和 CO_2 的专性厌氧古菌。属于古菌域、广域古菌界、宽广古生菌门。产甲烷菌是重要的环境微生物，在自然界碳素循环中起重要作用。

在《伯杰系统细菌学手册（第九版）》中按照系统发育的方法，将产甲烷菌分为 5 目：甲烷杆菌目（Methanobacteriales）、甲烷球菌目（Methanococcales）、甲烷八叠球菌目（Methanosarcinales)、甲烷微菌目(Methanomicrobiales)和甲烷火菌目(Methanopyrales),每个目包含多个科属,现已命名的有12科、31属。近年来,更多种类的产甲烷菌菌株被鉴定出来,分类被扩增到4纲、7目、14科、35属。

产甲烷菌形态多样,主要有球形、杆状、长丝状、螺旋状等(图2-20)。产甲烷菌的细胞结构:细胞封套(包括细胞壁、表面层、鞘和荚膜)、细胞质膜、原生质和核质。产甲烷菌与细菌的胞壁质在化学结构上有区别,其化学组成上含有假胞壁质。产甲烷菌细胞膜化学组成主要成分为植烷醇基甘油醚,而其他生物质膜的主要成分是软脂酸甘油酯。产甲烷菌有G^+和G^-,它们的细胞壁结构和化学组分有所不同。

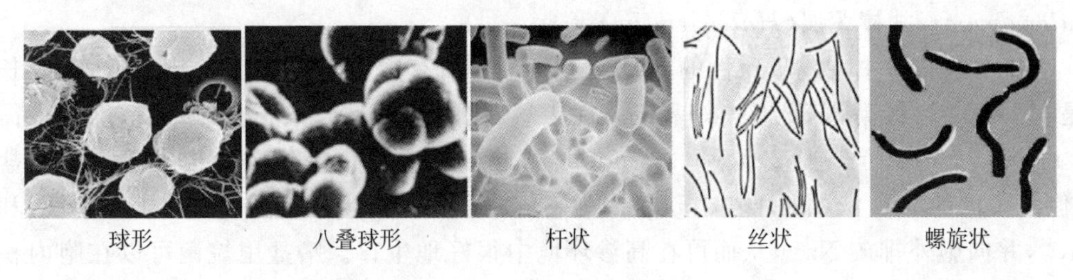

图2-20 常见产甲烷菌形态

产甲烷菌主要利用H_2/CO_2、甲酸、甲醇、甲胺和乙酸等小分子有机物为能源和碳源物质,不具备分解高分子有机物的能力。按照对温度的适应,产甲烷菌分为低温菌(20~25 ℃)、中温菌(30~45 ℃)和高温菌(45~75 ℃)。产甲烷菌为厌氧菌,要求的氧化还原电位低,如中温消化的甲烷菌要求环境中氧化还原电位应低于-350 mV,高温消化的甲烷菌则应低于-600 mV。大多数中温甲烷菌的最适pH为6.8~7.2。

利用有机废物进行沼气发酵、污泥厌氧消化、有机污水厌氧处理过程中均存在产甲烷菌,它们将水解酸化形成的有机酸等小分子物质转化为甲烷,产生清洁能源。

(2)硫酸盐还原菌

硫酸盐还原菌(sulfate-reducing bacteria,SRB)是一类以乳酸或丙酮酸等有机物为电子供体,在厌氧状态下,把硫酸盐、亚硫酸盐、硫代硫酸盐等还原为单质硫或H_2S而获得能量的古菌总称。SRB广泛存在于土壤、海水、河水、地下管道以及油气井等缺氧环境中。

SRB为G^-,无芽孢,大多数有单极生鞭毛,摇摆式或螺旋式运动。细胞形态有卵圆形、短棒状、杆状、弧杆状等,大小为0.1~3.0 μm。目前硫酸盐还原菌已有12个属,近40个种。参加污水处理的主要有脱硫弧菌属(*Desulfovibrio*)、脱硫单胞菌属(*Desulfomonas*)、脱硫叶菌属(*Desulfobulbus*)、脱硫肠状菌属(*Desulfotomaculum*)、脱硫菌属(*Desulfobacter*)、脱硫球菌属(*Desulfococcus*)和脱硫八叠球菌属(*Desulfosarcina*)。

SRB大部分为中温或低温型,最适宜生长温度是20~30 ℃,可以在50~60 ℃的高温度下存活。pH一般为6~9。

脱硫弧菌属中的SRB能在厌氧条件下大量繁殖,使管道设施发生局部腐蚀,即出现微生物腐蚀(microbial induced corrosion,简称为MIC),使管道穿孔,给地下管线、海底电缆、工业注水系统等工业设施带来严重危害。

SRB可以将生物积累的有机硫化物分解还原成无机硫化物,返还自然环境;将有机或无机硫还原成H_2S,归还大气,完成硫的自然循环。SRB在厌氧环境下可产生大量的S^{2-},它们可以和水体或废水中的重金属结合形成不溶性的沉淀,从而降低或去除水体或废水中的重金属。SRB还可以将重金属还原,减低毒性,如将六价铬还原成三价铬。

(2)嗜盐古菌

嗜盐古菌(Haloarchaea)是栖息在高盐环境,如晒盐场、天然盐湖或高盐腌制食物上的一类古菌。细胞形态有链状、杆状、球形、三角形、多角形等。极生鞭毛,G^-。

嗜盐古菌属于古菌域广古菌门(Euryarchaeota)的嗜盐甲烷古菌类群、嗜盐古菌类群,主要有极端嗜盐杆菌属(*Halobacterium*)、嗜盐碱杆菌属(*Natronobacterium*)、嗜盐碱球菌属(*Natronococcus*)、盐小盒杆菌属(*Haloarcula*)、盐富菌属(*Haloferax*)、盐红菌属(*Halorubrum*)、盐棒菌属(*Halobaculum*)等。

嗜盐古菌有嗜中性或嗜碱性的,pH 为 5.5～8.8;有嗜中温或轻度嗜热,最适宜生长温度是 37～40 ℃,最高达 55 ℃。好氧或兼性厌氧,化能营养。培养液中 NaCl 浓度至少需要 1.5 mol/L,有时甚至需要 2.5～5.28 mol/L 才能生长良好。嗜盐菌生长虽然需要高盐环境,但细胞内的 Na^+ 浓度并不高。这是因为它们将获得的能量传递给 H^+ 质子泵,吸收和浓缩 K^+,并向胞外排放 Na^+,从而可在高渗环境中很好地生存。嗜盐甲烷菌可以在胞内积累大量的小分子极性物质,如甘油、单糖、氨基酸等,在嗜盐菌的胞内构成渗透调节物质,有助于细胞从高盐环境中获取水分。

嗜盐古菌作为高盐环境中的特有类群,驱动高盐生态系统的生物地球化学循环,是盐环境保护与利用的指示生物。据报道,耐盐菌(halotolerant bacteria)投到活性污泥中,可提高含盐废水的 COD 去除率。盐生盐杆菌(*Halobacterium*)可以降解废水中的苯酚。

(3)嗜热古菌

嗜热古菌(Thermophilic archaea)是指最适宜生长温度在 45 ℃以上,pH 在 3.0 以下的环境中生长的古菌。嗜热微生物不仅能耐受高温,且能在高温下生长繁殖。嗜热菌包括一般嗜热菌(45～60 ℃)、中等嗜热菌(60～80 ℃)和极端嗜热菌(大于 80 ℃)三类。极端嗜热菌可在高温(90～110 ℃)、强酸(pH 为 1～3)环境中生长。极端嗜热菌中的热网菌(*Pyrodictium*)能在113 ℃高温下生长,有的极端嗜热菌种类生存温度可达 120 ℃。嗜热古菌是 G^-、不规则的类球形,主要生活在热泉、堆肥、火山口、深海火山喷口附近等高温环境中,能氧化亚铁、元素硫、还原态无机硫化物和硫矿物。

嗜热古菌随温度的升高,细胞膜上类异戊烯二脂组成以醚键连接甘油的双层类脂发生结构重排,使膜成为两面都是亲水基的单层脂,避免了双层膜在高温下变性分开,保持了完整的疏水内层结构;高温下,膜中的环己烷型脂肪酸环化,促使二醚磷脂向四醚磷脂转变,巩固膜的稳定性;膜中不饱和脂肪酸含量降低,长链饱和脂肪酸和分支脂肪酸含量升高,形成更多的疏水键,增加了膜的稳定性。嗜热古菌的耐热性与普通芽孢细菌不同,芽孢细菌在高温下形成芽孢抵抗逆境,待环境条件恢复,芽孢萌发成营养体。

嗜热古菌主要有嗜热铁质菌属(*Ferroplasma*)、古球菌属(*Archaeoglobus*)、甲烷杆菌属(*Methanobacterium*)、热棒菌属(*Pyrobaculum*)等。

嗜热古菌大多数为专性厌氧菌,有化能自养、化能异养、兼性化能自养三种营养类型。兼性化能自养型能从无机物的氧化中获得能量,供自身的生长需要。铁质菌属的嗜酸热硫化叶菌(*Sulfolobus acidocaldarius*)在最适生长温度 50～75 ℃、pH 小于 5 的酸性环境下,具有很强的亚铁氧化能力，可以将 Fe^{2+} 氧化为 Fe^{3+}。嗜热古菌可用于有机废物（包括市政污泥）处理的堆肥，极端耐酸嗜热菌可用于浸出和回收矿石中的有用金属和去除煤中的无机硫化合物和有机硫化合物。

2.2　真核微生物

2.2.1　真核微生物概述

真核微生物（eukaryotic microbes）是细胞核具有核膜，能进行有丝分裂，细胞质中存在线粒体、叶绿体等细胞器的微小生物。真核微生物是真核生物（eukaryote）中的微生物，具有真核生物的基本特点。真核细胞已进化出有核膜包裹着的完整细胞核，其中存在构造精巧的染色体，它的双链 DNA 长链与组蛋白及其他蛋白密切结合，完善地执行生物的遗传功能。真核生物还进化出许多由膜包围着的细胞器，如内质网、高尔基体、溶酶体、微体、线粒体和叶绿体等，这些细胞器能独立完成各自的生理功能。真核生物细胞与原核生物细胞相比，个体形态更大、结构更为复杂、细胞器功能更为专一（表 2－3）。藻类、真菌、原生动物、微型后生动物等均属于真核微生物。

1）细胞特点

真核细胞显著特征是有明显的细胞核，还有一些由膜包裹的细胞器（图 2－21）。有细胞壁的真核细胞内部为由细胞质膜包裹着的原生质体，其中有细胞质和细胞核。真核微生物的细胞特点，概括起来主要有以下三点：①细胞核发育完全（有核膜将细胞核和细胞质分开，两者有明显界限），DNA 与组蛋白结合；②细胞质内有高度分化的细胞器，如线粒体、中心体、高尔基体、内质网、溶酶体和叶绿体；③细胞进行有丝分裂。

表 2－3　真核微生物与原核微生物的比较

比较项目	真核微生物	原核微生物
细胞大小	较大（10～100 μm）	较小（1～10 μm）
细胞壁	细胞壁主要成分是纤维素和果胶	细胞壁不含纤维素，主要成分是肽聚糖
细胞膜	无光合和呼吸组分	有光合和呼吸组分
细胞核	有完整的细胞核，组成为核膜、核仁、有染色质（体）	无完整的细胞核（拟核），无核膜、核仁、染色质（体），核物质多为环状
细胞器	有核糖体（80S）、线粒体、内质网、高尔基体等多种细胞器	只有一种细胞器——核糖体（70S）
细胞质	无内含物、液泡	有内含物、液泡等
代谢类型	同化作用有异养型、自养型，自养的光合作用部位是叶绿体；异化作用有厌氧型、需氧型，有氧呼吸主要部位是线粒体	同化作用多为异养型，少数为自养型（光合自养、化能自养型），异化作用有厌氧型、需氧型。光合作用部位为光合片层上，有氧呼吸的主要部位在细胞膜上

（续表）

比较项目		真核微生物	原核微生物
增殖方式		有性生殖、无性生殖	无性生殖（多为分裂生殖）
遗传方面	DNA 分布	细胞核 DNA 控制生物遗传，线粒体和叶绿体 DNA 控制细胞质遗传	拟核 DNA 控制遗传与主要性状，质粒 DNA 控制抗药性、固氮、抗生素生成等性状
	基因结构	编码区是不连续的、间隔的，有内含子和外显子	编码区是连续的，无内含子和外显子
	基因表达	转录的信使 RNA 需加工（将内含子转录出的部分切掉，外显子转录出的部分拼接起来）；转录和翻译不在同一时间、同一地点（先在细胞核内转录，后在细胞质的核糖体翻译）	转录产生的信使 RNA 不需要加工；转录和翻译通常在同一时间、同一地点进行（在转录未完成时，翻译就开始进行）
	遵循遗传规律	细胞核遗传遵循基因分离定律和自由组合定律，细胞质遗传不遵循基因分离定律和自由组合定律	不遵循基因分离定律和自由组合定律
	可遗传变异来源	基因突变、基因重组、染色体变异	基因突变、基因重组

2）真核微生物细胞结构

（1）细胞膜（cell membrane）或质膜（plasma membrane）是包围在细胞表面的薄膜。细胞膜被称为单位膜（unit membrane），厚度一般为 7～10 nm，主要由蛋白质和脂类构成。内外致密的两层为蛋白质，中间层由 2 层磷脂分子组成，蛋白质排列不规则，在磷脂双分子层的内外表面以不同的深度伸进脂类双分子层中，有的贯穿内外膜。质膜是由球形蛋白分子和连续的脂类双分子层构成的流体。细胞膜的主要作用：①维持细胞内环境稳定；②有选择地从周围环境吸收养分，并将代谢产物排出细胞外；③细胞膜上各种蛋白质（特别是酶）对多种物质出入细胞膜起着关键性作用；④细胞膜有信息传递、代谢调控、细胞识别与免疫等作用。

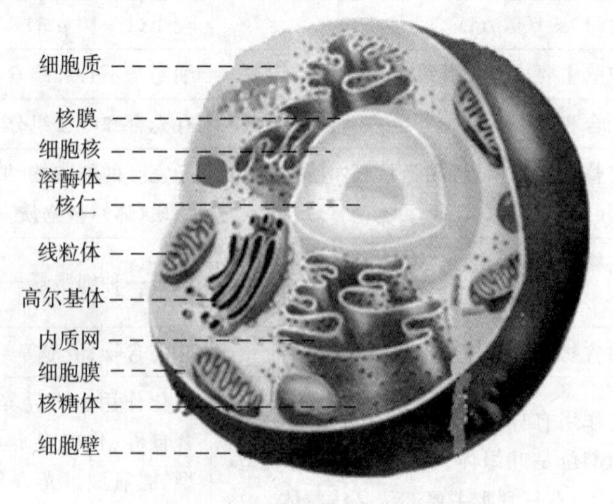

图 2－21　真核微生物细胞结构模式图

植物性的真核微生物（如藻类）的细胞膜外面有细胞壁，具有细胞形态保持、细胞保护的作用。

（2）细胞质（cytoplasm）是细胞膜以内、细胞核以外的组成部分，呈半透明、均质、黏稠态，由细胞质基质（cytoplasmic matrix）与其中的细胞器、内含物组成。均质、半透明的胶体物质为细胞质基质；在细胞质中可见不同大小的折光颗粒为细胞器和内含物。细胞器（organelle）是“细胞器官”，简称“胞器”，是细胞生命活动不可缺少、具有一定形态结构的功能单位。内含物（inclusions）是细胞代谢产物或是进入细胞内的外来物，不具代谢活性。

真核细胞发达的细胞内膜围合形成了许多功能区成为细胞器（核膜、内质网、高尔基体、线粒体、叶绿体、溶酶体等）。它们在结构上形成了一个连续体系，称为内膜系统（endomembrane system）。内膜系统将细胞质区隔化，不仅使细胞内表面积增加了数十倍，而且使各种生化反应互不干扰、各自有条不紊地进行，使细胞代谢能力大大提高。

细胞质中重要的细胞器如下：

① 内质网与核糖体。内质网（endoplasmic reticulum，ER）是由膜形成的一些小管、小囊和膜层（扁平的囊）结构。普遍存在于动植物细胞中（哺乳动物的红血细胞除外），形状差异较大，细胞成熟时，内质网形态稳定。根据形态，内质网可分为粗糙型（rough ER）和光滑型（smooth ER）两种类型。粗糙型内质网膜的外面附有核糖体（ribosome）颗粒。粗糙型内质网常呈扁平囊状，有时也膨大成网内池（cisterna），又与核膜相连。光滑型内质网膜上无颗粒，膜系常呈管状，小管彼此连接成网。两种类型内质网在一个细胞内常是彼此连接，形成完整的内质网系统，提供大量的膜表面积，为酶的分布和细胞生命代谢活动提供场所。粗糙型内质网不仅能合成蛋白质，也参加蛋白质的修饰、加工和运输。光滑型内质网与脂类物质合成、糖原和其他糖类代谢有关，也参与细胞内物质运输。

核糖体为椭球形的粒状小体，无膜结构，主要由组蛋白质（histone）（40%）和 rRNA（60%）构成。核糖体蛋白体由 2 个亚单位构成，相互吻合构成直径约 20 nm 的完整单位。核糖体含有丰富的核糖核酸和蛋白质，是蛋白质合成的主要部位。

② 高尔基体（golgi body）为网状结构的细胞器，在无脊椎动物细胞中呈现分散的圆形或凹盘形。高尔基器为膜结构，是由一些表面光滑的大扁囊和小囊构成，囊内有液状内含物。5～8 个大扁囊平行重叠在一起，小囊分散于大扁囊周围。高尔基体的作用是参与细胞分泌过程，将内质网核糖体合成的多种蛋白质、内质网合成的一部分脂类进行加工、分类和包装，送到细胞的特定部位；高尔基体能使蛋白质与糖或脂结合成糖蛋白或脂蛋白，转运出细胞，供细胞外使用。此外，高尔基体还参加溶酶体的形成。

③ 溶酶体（lysosome）是一些颗粒状结构的细胞器，表面围有一单层膜（一个单位膜），其大小、形态变化很大，大小为 0.25～0.8 μm。溶酶体主要有溶解和消化的作用，含有多种水解酶，如酸性磷酸酶，能把一些大分子有机物（如蛋白质、核酸、多糖、脂类等）分解为较小分子，为细胞内物质合成或线粒体氧化供能需要。当细胞突然缺乏氧气或受某种毒素作用时，溶酶体膜可在细胞内破裂，释放出酶，细胞自溶，可清除不需要的甚至是对机体有害的细胞（如癌细胞等）。

④ 线粒体（mitochondria）是线状、小杆状或颗粒状结构的细胞器（图 2 - 22）。线粒体表面由双层膜构成，内膜向内形成一些隔，称为线粒体嵴（cristae），它的存在增大了线粒体内

膜的表面积。线粒体内膜包裹的内部空间为线粒体基质，其中含有线粒体、RNA 和核糖体（线粒体核糖体），还含有参与三羧酸循环、脂肪酸氧化、氨基酸降解等生化反应的酶等众多蛋白质。线粒体是细胞呼吸中心，是细胞产能的主要机构，是细胞的“动力工厂”。能将营养物质（如葡萄糖、脂肪酸、氨基酸等）氧化产生能量，储存在 ATP（腺苷三磷酸）的高能磷酸键上，供给细胞其他生理活动需要。

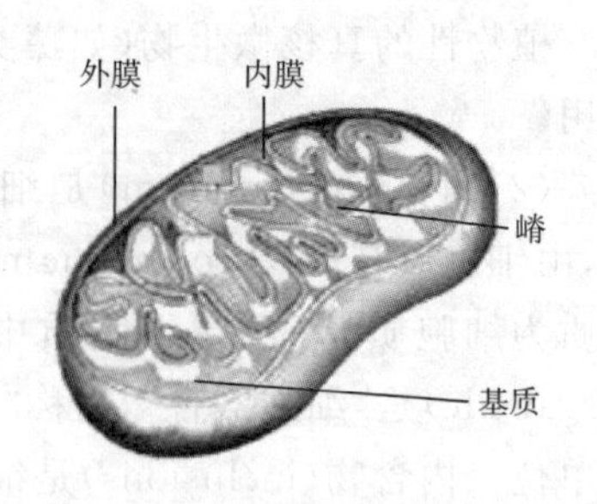

图 2-22 真核微生物线粒体模式图

⑤ 中心粒（centriole）是一个柱状体结构细胞器，位于间期细胞核附近或有丝分裂细胞的纺锤体极区中心。长度为 0.3～0.5 μm，直径约为 0.15 μm。电子显微镜下，中心粒是由 9 组小管状亚单位组成，每个亚单位由 3 个微管构成。中心粒通常是成对存在，2 个中心粒呈直角形排列。中心粒存在于绝大多数动物（无纤毛或鞭毛原生动物除外）和低等植物（藻类、藓类和蕨类）等的细胞中。动物细胞的中心粒与纺锤体的形成、染色体后期运动、分裂沟形成密切相关。中心粒最重要的作用是作为鞭毛和纤毛的基底小体原基和毛基体的原基。

⑥ 叶绿体（chloroplast）是高等植物和一些藻类所特有的进行光合作用的细胞器，是能量转换器。高等植物的叶绿体为椭圆形（图 2-23）。叶绿体由外被（chloroplast envelope）、类囊体（thylakoid）和基质（stroma）三部分组成，外被为双层膜（外膜、内膜）结构，内有片层膜（类囊体膜）。其中由膜彼此分开为三个腔（膜间隙、基质和类囊体腔）。在藻类中，叶绿体形状多样，有网状、带状、裂片状和星形等。叶绿体含有绿色色素，主要为叶绿素 a、叶绿素 b，是绿色植物进行光合作用的场所，存在于高等植物叶肉、幼茎的一些细胞内，藻类细胞中也含有。

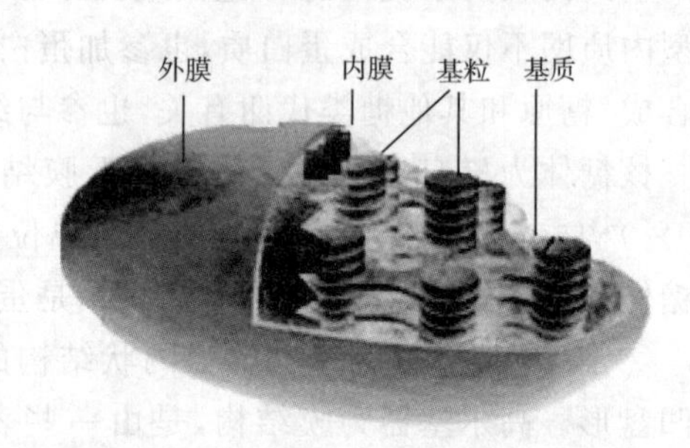

图 2-23 真核微生物叶绿体模式图

在细胞质内除上述结构外，还有微丝（microfilament）和微管（microtubule）等结构，它们的主要功能不只是对细胞起骨架支持作用，也维持细胞的形状。有些真核微生物，如原生、微型后生动物的个体上还长有运动器官鞭毛、纤毛等。

（3）细胞核（nucleus）是细胞遗传物质所在部分。细胞核形状多种多样，常为球形、椭圆形，也有其他形态。通常每一个细胞有一个核，也有双核或多核的。核外面包围一层极薄的核膜（nuclear membrane），胞核膜里面有 1～2 个核仁（nucleolus）。经固定、染色后，一般可分辨出核膜、核仁、核基质（或称核骨架，nuclear matrix）和染色质（chromosome）。核膜是由双层膜（2 个单位膜）构成，外层与粗糙型内质网相连。核膜上有许多孔，称为核孔（nuclear pore），是由内、外层的单位膜融合而成，对控制核内外物质的出入、维持核内环境的恒定有重要作用。核仁是由核仁丝（nucleolonema）、颗粒和基质构成，核仁丝与颗粒是由核糖核酸和蛋白质结合而成，基质主要由蛋白质组成，没有界膜包围。核仁主要功能是合成核糖体 RNA（rRNA），并能和蛋白质组合成核糖体亚单位。染色质能用碱性染料染色，是由 DNA

和组蛋白结合而成的丝状结构——染色质丝(chromatin filament)。染色质丝在间期核内是分散的,因此在光学显微镜下一般看不见丝状结构。

细胞核可保存遗传物质,将遗传物质从细胞(或个体)一代一代传下去,控制生化合成和细胞代谢,决定细胞或机体的性状表现。细胞核和细胞质相互作用、相互依存而表现出细胞统一的生命过程。细胞核控制细胞质,细胞质对细胞分化、发育和遗传起到重要作用。

2.2.2　藻类

1)形态与结构

藻类(algae)是没有根、茎、叶、花、果实分化的一大类群低等植物,能进行光合作用。藻类是单细胞或多细胞的真核微生物,细胞与组织进化地位低。

藻类形态多种多样,有单球形、多球链状、杆状、舟形、薄板状、丝状等;有单细胞的,也有多细胞的。大小相差很大,大至长 60 m 的大型褐藻,小至长 1 μm 的单细胞鞭毛藻。海带、紫菜等个体较大的属于植物研究范畴,个体微小的只有借助显微镜才能观察到的显微藻类属于微生物研究范畴。

一些藻类有细胞核,有具膜的液泡和细胞器(如线粒体),多数有细胞壁。单细胞藻类一般能运动,运动器官为鞭毛,藻类体内都有叶绿体(如叶绿素、类胡萝卜素、藻胆蛋白等),但不同的藻类所含的色素不同。

2)生理

藻类能进行光合作用,为光能自养或兼性光能自养生物。在有光照时,能利用光能,吸收 CO_2 合成细胞物质,同时放出 O_2。除了利用 CO_2 外,还需要其他无机营养物质,如 N、P、S、Mg 等来合成藻体蛋白。藻类为需氧型生物,在夜间无阳光时通过呼吸作用取得能量,吸收 O_2 同时放出 CO_2。因此,在藻类很多的池塘中,白天水中的溶解氧(DO)往往很高,甚至过饱和,夜间 DO 会急骤下降,因为只有呼吸作用,没有光合作用。地球上的光合作用 90% 由藻类完成,因此藻类在地球生物化学循环中起重要作用。

藻类在 pH 为 4~10 可生长,适宜的 pH 为 6~8。藻类多为水生植物类型,在陆地上亦广泛分布,土壤中的藻类主要有硅藻、绿藻和黄藻,是构成土壤生物群落的重要组成。

3)分类

藻类种类很多,按照其形态构造、色素组成等特点,可分为绿藻门(Chlorophyta)、硅藻门(Bacillariophyta)、甲藻门(Pyrrophyta)、褐藻门(Phaeophyta)、红藻门(Rhodophyta)、金藻门(Chrysophyta)、黄藻门(Xanthophyta)、裸藻门(Euglenophyta)与轮藻门(Charophyta)等。

4)水中常见类型

(1)绿藻(green alga)

绿藻是一种单细胞或多细胞的绿色植物(图 2-24)。有些绿藻的个体较大,如水绵、水网藻等;有些则很小,必须用显微镜才能看到,如小球藻(*Chlorella*)、蛋白核小球藻(*Chlorella pyrenoidosa*)。绿藻细胞中的色素以叶绿素为主,并含有叶黄素和胡萝卜素。有的绿藻有鱼腥或青草的气味。运动个体多具有 2 条、4 条或多条等长、顶生的鞭毛。有多种繁殖方式,有些种类在生活史中有世代交替现象。绿藻的大部分种类适宜在微碱性环境中生长。常见的绿藻有单细胞的小球藻、衣藻(*Chlamydomonas*),多细胞的栅藻(*Scenedesmus*)、空球藻(*Eudorina*)等。多细胞成丝状的水绵属(*Spirogyra*)和刚毛藻属(*Cladophora*)等都是淡水中常见的种类。大部分绿藻在春夏之交和秋季生长得最旺盛。绿藻是引起水体富营养化的主要藻类之一。

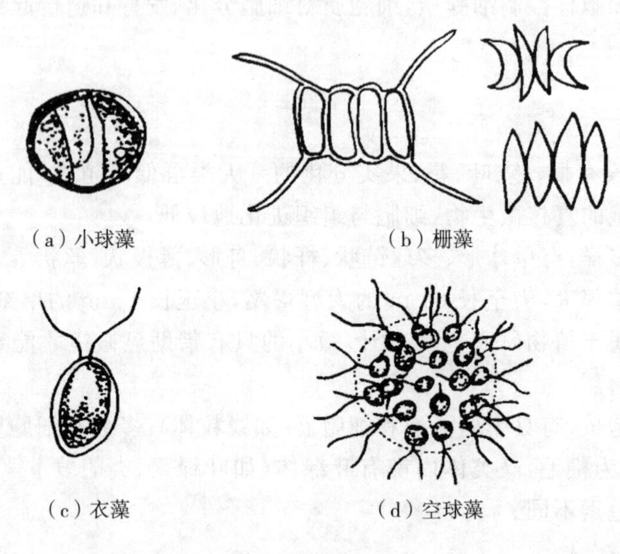

图 2-24　四种绿藻

(2)硅藻(diatom)

硅藻为单细胞或多细胞的群体,细胞形态多样(图 2-25)。细胞内含有叶黄素、胡萝卜素和叶绿素等。主要特点是细胞壁形成一个由两片(上盒、下盒)合成的硅藻壳体,其中含有果胶质和大量的硅质,而不含纤维素。盒上有各种花纹,是种类鉴别的依据之一。

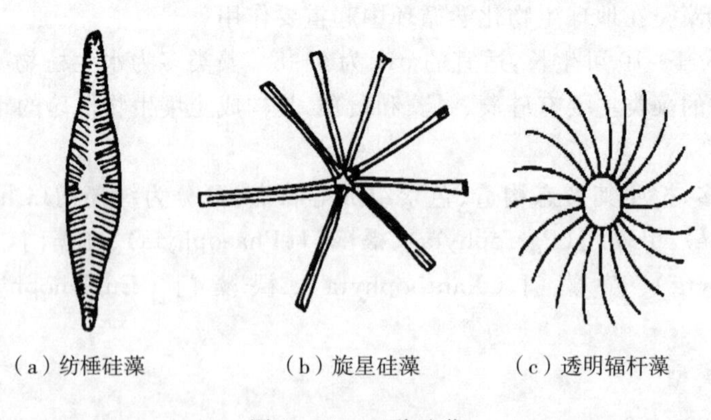

图 2-25　三种硅藻

硅藻适宜在较低温度中生长,在春秋两季和冬初生长最快。硅藻一般产生香气,也有种类产生鱼腥味。硅藻可借助细胞分裂进行无性繁殖,经数代后也能通过配子接合或自配形成复大孢子,进行有性生殖(图 2-26)。

硅藻主要存在于水体中,水中常见的硅藻有舟形藻(*Navicula* sp.)、丝状硅藻(*Melosira*

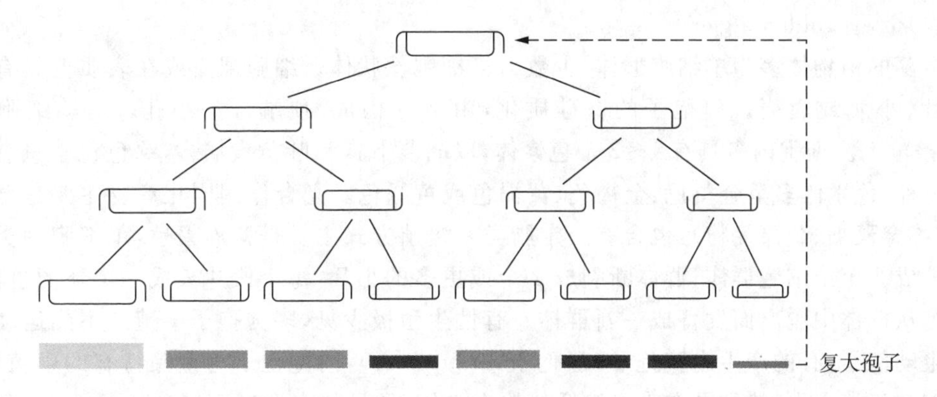

图2-26　硅藻的复大孢子

sp.)、旋星硅藻(*Asterionella* sp.)、隔板硅藻(*Tabellaria* sp.)和斜生栅藻(*Scenedesmus obliquus*)等。有些硅藻是环境的盐分、酸碱度、腐殖质的指示生物。

(3)甲藻(dinoflagellate)

甲藻植物体多数是单细胞,少数为群体或丝状体。除少数种类裸露无壁外,多具有由纤维素构成的细胞壁。甲藻细胞壁是由许多具有花纹的甲片相连而成的壳,分上壳和下壳两部分,在两部分之间有一横沟,还有与横沟垂直的纵沟。在两沟交汇之处生出横、直不等长的2条鞭毛。含色素体1个或多个,呈黄绿色或棕黄色,除含叶绿素a、叶绿素c外,还含有胡萝卜素和叶黄素(lutein)。繁殖方式主要是细胞分裂,或是在母细胞内产生无性孢子,孢子生殖,有性生殖只在少数属、种中发现。多产于海洋,浮游生活,有时在海岸线附近大量繁殖,形成赤潮,有些种类也常在池塘、湖泊中大量出现。海产种类光合产物多为脂类,淡水产的多为淀粉。常见的有多甲藻属(*Peridinium*)和角甲藻属(*Ceratium*)(图2-27)。

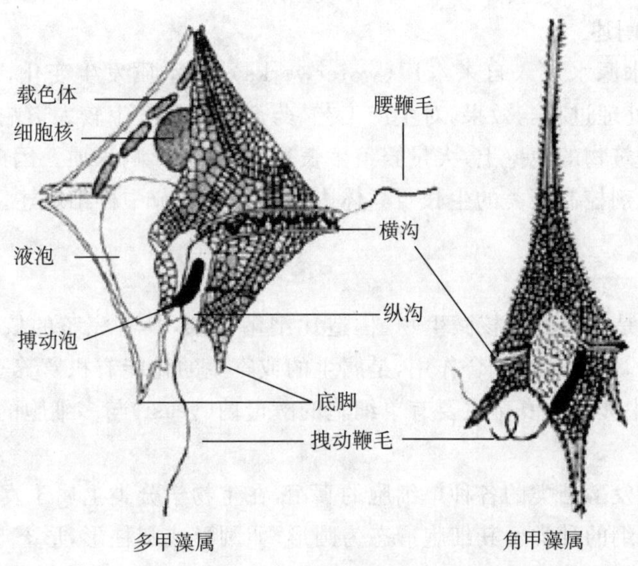

图2-27　甲藻

(4)金藻(golden algae)

金藻的植物体多为单细胞群体,少数为多细胞丝状体。细胞裸露或在表质上具有硅质化鳞片、小刺或囊壳。静孢子的壁硅质化,由 2 片构成,顶端开一小孔。运动细胞多具 1~2 条鞭毛。细胞内多具有 1~2 个色素体,以胡萝卜素和叶黄素居多,绿色色素只有叶绿素 a 一种,色素体多呈金黄色、金褐色、黄褐色或黄绿色。光合作用同化产物主要是金藻多糖(或称金藻糖、金藻淀粉),也含有一定脂类。繁殖方式主要是营养繁殖,单细胞种类细胞纵裂分成 2 个子细胞群体;群体断裂成 2 个或更多的小片,每个段片长成一个新的群体,或以细胞从群体中脱离而发育成一新群体。有性生殖极少见,多为孢子生殖。不能运动的种类产生动孢子,有的产生内壁孢子(静孢子,statospore),内壁孢子为金藻特有的生殖细胞。金藻多产于淡水中,特别是在水温较低的软水水体,常见的有合尾藻属(*Synura*)、鱼磷藻属(*Mallomonas*)和钟罩藻属(*Dinobryon*)。

另外,水环境中还有褐藻、红藻等,这些与水质工程关系较小,这里不再一一介绍。

5)藻类与水体水质

在水生生态系统中,藻类是重要的初级生产者,是水生生态系统食物链中的一个关键环节,如存在于水体上层的浮游藻类是浮游动物的食物。而在海洋中,藻类是主要的生产者,它是海洋生物的重要有机营养的来源,也为海洋细菌的生长提供了丰富的有机物。

此外,藻类进行光合作用时,释放出大量的氧,为水中生物的生长提供了良好的氧环境。研究表明,在夏天阳光照射下,在藻类生长旺盛的水体中溶解氧可达到饱和状态,藻类对补充水体中溶解氧的作用远大于水体自然空气的复氧作用。在污水生态处理中,利用藻类与细菌的共同作用原理,形成了氧化塘(稳定塘)处理工艺。

由于生活中使用大量洗涤剂,工农业生产排放的废水中常含有较多的 P、N,使受纳水体中的藻类大量繁殖,产生富营养化污染,造成多种危害。如在夜间或藻类死亡后消耗大量氧气,危及水生生物的生存。严重时,甚至使湖泊变为沼泽。关于水体富营养化的内容,将在 7.3 节中进行详细阐述。

此外,含藻的水源水进入自来水厂(waterworks)后,水质发生变化,出现臭味,影响混凝、干扰过滤等水处理过程与效果,对生产工艺、药剂消耗量产生较大影响。夏天,藻类还容易附着在水处理构筑物的池壁上,大量繁殖生长形成黏泥,影响水质。因此,工业治水时,常采用杀藻剂或杀生剂控制藻类的生长。具体内容将在 8.3 节中详细叙述。

2.2.3 真菌

真菌(fungus)是低等的真核微生物,构造比细菌复杂,具有完整的核结构,是真正的细胞核。没有叶绿素,不能进行光合作用,是腐生的或寄生的化能有机营养型微生物。真菌种类繁多,水质工程中涉及的真菌主要有单细胞的酵母菌(yeast)与多细胞的霉菌(mildew)。

1)酵母菌

酵母菌是指能发酵糖类的各种单细胞的真菌,在生物学分类上属于真菌的子囊菌纲、担子菌纲与半子囊菌纲的种类。其细胞形态为圆形、卵圆形或圆柱形,形态与原核微生物的球形细菌相似,但显著不同(表 2-4)。酵母菌内含有细胞核,核呈圆形或卵形,直径约 1 μm,外围有明显的细胞壁。细胞内还有膜结构的细胞器,如线粒体、内质网等。成熟的细胞中还常含有较大的液泡。酵母菌细胞一般长5～30 μm，宽1～5 μm，其菌体比细菌大几倍至几十倍。在光学显微镜下清晰可见，采用微测微尺可以方便地测量其大小。酵母菌的单细胞个体与其子细胞个体常常相互连接成多个细胞组成的竹节状的菌丝体，也称为假菌丝（图2-28）。

表2-4　酵母菌与细菌的比较

比较项目	细菌	酵母菌
形态	球形、杆状、螺旋状和丝状	卵圆形、圆形、圆柱形或假丝状
大小	0.5～2.0 μm	直径1～5 μm，长约5～30 μm
细胞结构	细胞壁主要成分是肽聚糖；只有一种细胞器核糖体；细胞核没有核膜、核仁、染色质（体），但有核物质，为拟核；部分细菌有芽孢、鞭毛、荚膜、黏液层、衣鞘及光合作用片	细胞壁的主要成分是葡聚糖、甘露聚糖、蛋白质及脂质；有核糖体、线粒体、内质网、高尔基体等多种细胞器；细胞核为真核，有核膜、核仁、染色体
生殖方式	无性生殖	无性生殖、有性生殖

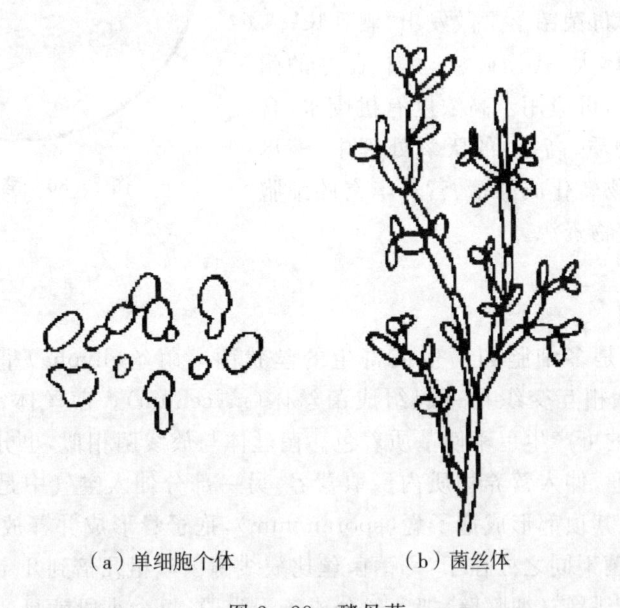

（a）单细胞个体　　（b）菌丝体

图2-28　酵母菌

酵母菌的生殖方式有无性生殖与有性生殖两类。大多数酵母菌是以出芽的方式进行无性繁殖，称为芽殖（budding reproduction）。芽殖即先在细胞一端长出突起，接着细胞核分裂出一部分并进入突起部分。突起部分逐渐长大成芽体。由于细胞壁的收缩，芽体与母细胞相隔离。成长的芽体可能暂时与母细胞联合在一起（图2-29），也可能立即与母细胞分离。

少数酵母菌以裂殖、无性孢子（节孢子、厚垣孢子）的方式进行繁殖。有些酵母具有有性生殖，它们以子囊孢子（ascospore）进行繁殖。

酵母菌为异养型微生物，在中性偏酸（pH为4.5～6.5）的条件下能较好生长，生长较

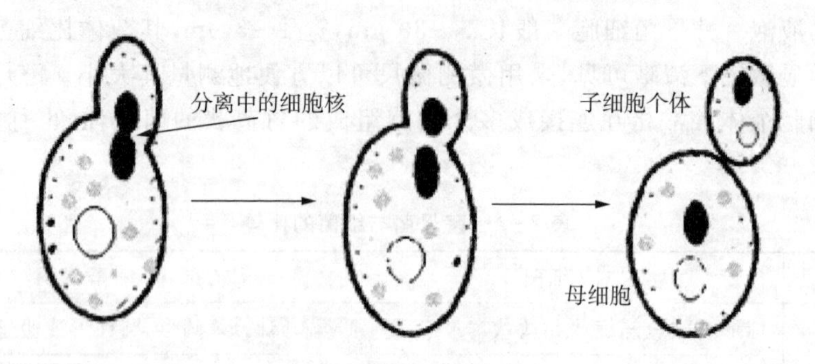

图 2-29　酵母的芽殖过程

快。在营养充分、环境条件良好时，有些酵母在1.5～2 h内就可以繁殖一代。酵母菌菌落(图 2-30)与细菌菌落形态相似，但比细菌菌落大和厚。一般为圆形、表面湿润、光滑、有光泽、有一定的透明度、黏性、容易挑起，质地均匀，大而凸起，多为白色，少数红色，个别黑色。培养时间较长的菌落呈皱缩状，较干燥。酵母菌菌落常散发出"酒香味"。

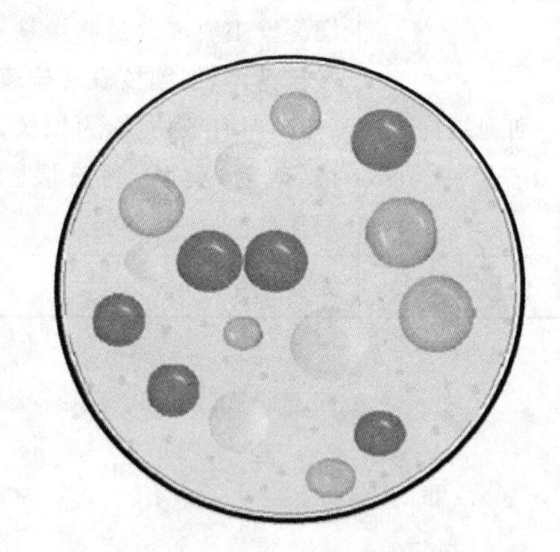

图 2-30　酵母菌菌落

酵母菌细胞个体大，代谢旺盛，具有良好的耐酸、耐渗透压等特点，可应用于高浓度有机废水(含有毒物质、难降解物质、高盐)的厌氧处理中，酵母菌能将大部分有机物转化成酒精、营养丰富的细胞蛋白，为人类提供生物资源。

2)霉菌

(1)形态与生理

环境中的霉菌是多细胞的腐生或寄生的丝状菌。菌丝(hypha)呈长管状，宽度 2～10 μm，分枝状、丝状相互交织在一起组成菌丝体(mycelium)。菌丝体常呈白色、褐色、灰色，或鲜艳颜色，有的可产生色素使基质着色。菌丝体与放线菌相似，也分为两部分，一部分是营养菌丝基内菌丝，伸入营养物质内摄取营养；另一部分伸入空气中是气生菌丝，气生菌丝上长出孢子丝，在其顶部形成孢子囊(sporangium)，孢子囊形成并释放孢囊孢子(sporangiospore)。与放线菌不同之处在于：霉菌菌丝比放线菌菌丝粗几倍到几十倍，大多数霉菌菌丝的内部有隔膜。当隔膜(细胞壁)把菌丝分成若干小段，每个小段就是一个细胞，个体为有隔单核菌丝，为多细胞菌丝体，如青霉(*Penicillium*)、曲霉(*Aspergillus*)等。当菌丝内部的隔膜分成的每个小段中含有多个细胞核时，菌丝为有隔多核菌丝。少数霉菌由一个细胞组成没有隔膜的菌丝，为单细胞菌丝体，如毛霉(*Mucor*)、根霉(*Rhizopus*)等。有的霉菌只进行细胞核分裂，不形成隔膜，成为无隔多核菌丝(图 2-31)。霉菌的细胞壁与细菌不同，主要由几丁质或纤维素组成。除少数水生低等真菌含纤维素外，大部分霉菌细胞壁由几丁质组成。

霉菌的繁殖能力很强，而且方式多样，有无性繁殖和有性繁殖两大类。无性繁殖是许多霉菌的主要繁殖方式，产生孢囊孢子、分生孢子(图 2-32)、节孢子和厚垣孢子等无性孢子。

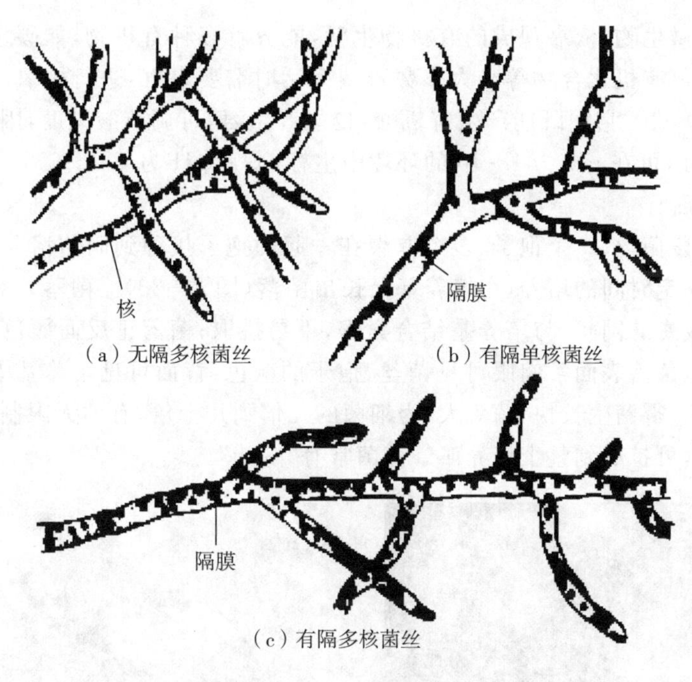

图 2-31　霉菌菌丝

霉菌的无性孢子数量多,体积小而轻,因此可随气流或水流到处散布。当它们扩散的环境温度、水分、养分等条件适宜时,这些孢子便萌发,长成菌丝。有些霉菌在菌丝生长后期以有性繁殖方式形成有性孢子(子囊孢子、结合孢子等),有性孢子相互结合,进行繁殖。

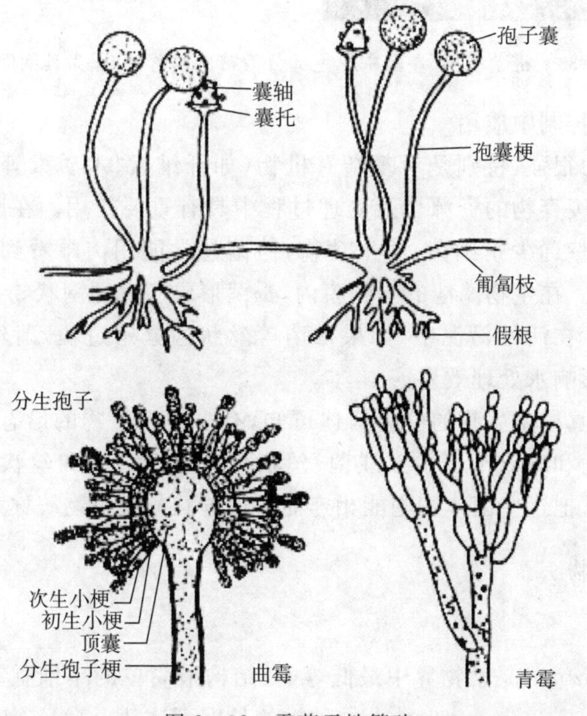

图 2-32　霉菌无性繁殖

霉菌是异养微生物，依靠现成的有机物生活，能分解多种有机物，如碳水化合物、脂肪、蛋白质及其他含氮有机化合物等。大多数霉菌生活时需要氧气，进行好氧呼吸。适宜的生活温度为 20～30 ℃。它们既能产生有机酸，也能产生氨，可调节酸碱度，因此，某些种类对 pH 的适应性很强，可在 pH 为 1～10 的环境中生存，适宜 pH 为 4.5～6.5。

(2)菌落特征

将霉菌的一段菌丝、一个孢子、多个取聚在一起的孢子接种到固体培养基上，在一定温度条件下，经过一定时间的培养，在培养基上长出菌落(图 2-33)。菌落外观干燥，不透明，呈绒毛状、絮状或蜘蛛网状，与培养基结合紧密，不易挑取；菌落正反面颜色、边缘与中心的颜色常常不一致，菌落表面常肉眼可见菌丝、孢子的颜色，背面可见培养基中的沉淀的色素颜色。颜色多样。霉菌生长快，菌落大，为细菌的几倍到几十倍，有的无限制地扩展，在固体培养基表面蔓延，可扩展到整个培养皿。霉菌常有“霉味”。

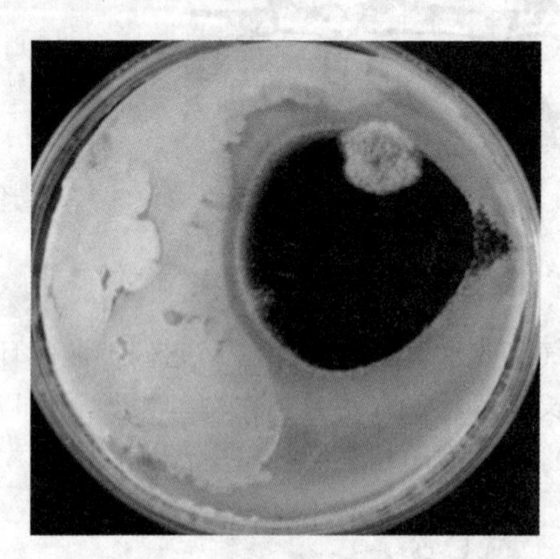
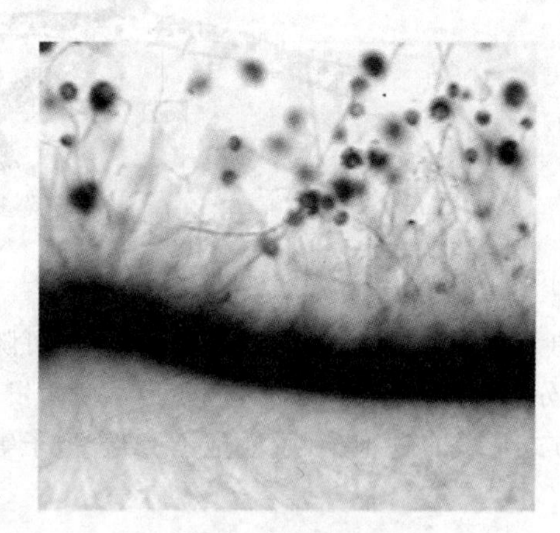

图 2-33　霉菌菌落(左图中黑色部分为霉菌菌落，右图为其剖面放大)

(3)在水污染物控制中应用

霉菌的代谢能力很强，特别是对复杂有机物(如纤维素、木质素等)具有很强的分解能力，所以霉菌在固体废弃物的资源化及处理过程中具有重要作用。在废水生物处理构筑物内，真菌的种类和数量远少于细菌、原生动物，但菌丝常能用肉眼看到，形如灰白色的棉花丝，黏着在水池内壁。在生物滤池的生物膜内，霉菌形成广大的网状物，可能起着聚集、强化生物膜结构的作用。在活性污泥中，如果霉菌等丝状菌繁殖过快，菌丝体会使污泥密度变小，引起污泥膨胀，影响水处理效果。

由原核微生物、真核微生物的分类描述可知，有多种微生物的形态为丝状，主要有丝状细菌(铁细菌、硫细菌和球衣细菌)、放线菌、丝状真菌(如霉菌)和丝状藻类(如蓝细菌)等。工程上，为了方便，常把这些菌体细胞能相连而形成丝状的微生物统称为丝状菌。

2.2.4 原生动物

1)形态生理

原生动物(protozoan)是动物界中最低等的、结构最简单的单细胞动物。它们的个体都很小，长度一般为 100～300 μm，少数大的种类的长度可达几个毫米，如天蓝喇叭虫(*Stentor coeruleus*);而个体很小的种类的长度则只有几个微米。每个细胞常只有一个细胞核,少数种类也有两个或多个细胞核。原生动物在形态上虽然只有一个细胞,但在生理上却是一个完善的有机体,能和多细胞动物一样行使营养、呼吸、排泄、生殖等机能。其细胞体内各部分有不同的分工,形成机能不同的"胞器"(organelle)(图 2-34),分别完成不同的生理功能。

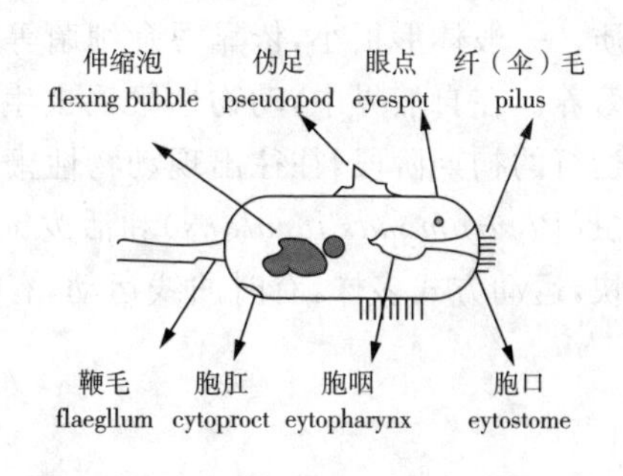

图 2-34 原生动物模式图

(1)运动胞器。运动胞器主要包括伪足(pseudopod)、鞭毛(flagellum)和纤毛(pilus)等。如鞭毛虫类以鞭毛为运动胞器,通过鞭毛的摆动而在水体中四处活动,有利于捕食。

(2)消化、营养胞器。水中原生动物的营养方式有以下三类:①植物性营养,这类原生动物和植物一样,在有阳光的条件下,可利用二氧化碳和水合成碳水化合物。但只有少数的原生动物采取这种营养方式,如植物性鞭毛虫。②动物性营养:以吞食细菌、真菌、藻类或有机颗粒为主,大部分原生动物采取这种营养方式。③腐生性营养:以死的机体、腐烂的物质为主。有些原生动物的营养类型在不同的环境下可以发生变化,如采用植物性营养方式的原生动物在不能进行光合作用时,也可以吞食有机物质进行动物性营养方式,取得营养物质与能量。主要胞器有胞口、胞咽。

(3)排泄胞器。大多数原生动物都有专门的排泄胞器——伸缩泡。伸缩泡一伸一缩,可将体内多余的水分及积累在细胞内的代谢产物收集起来,通过胞肛排出体外,以免代谢产物积累产生有害作用。

(4)感觉胞器。一般地,原生动物的行动胞器同时也是感觉胞器。个别的原生动物利用"眼点"这个专门的感觉器官去感触环境,通过对光的感知调节自己的运动。

原生动物(包括微型后生动物)在不良环境中,可收缩成一个球形或椭圆形、具有胞壳保护的休眠体即胞囊(cyst),如图 2-35 所示,以抵抗不良环境(水干枯、水温和 pH 过高或过低,DO 不足,缺乏食物或排泄物积累过多等)影响。当环境条件适宜后,又恢复原形,或重新长出新细胞。原生动物的繁殖方式有无性和有性两种。

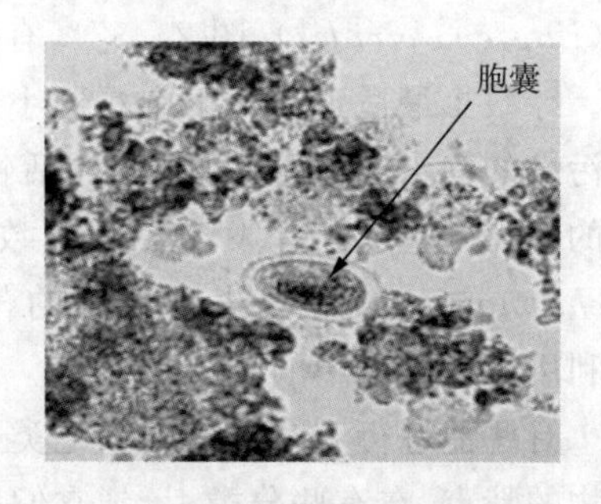

图 2-35 原生动物胞囊

2)主要类型

水处理中常见的原生动物有四类:鞭毛虫类、纤毛虫类、肉足虫类和吸管虫类。每类的特征分别介绍如下:

(1)鞭毛类

鞭毛类原生动物因具有 1 根或多根鞭毛而被称为鞭毛虫(flagellate),属于鞭毛纲(Mastigophora)原生动物。它们体表有 1 层坚硬的角质(cumin)膜,保持身体不变形。鞭毛长度大致与其体长相等或更长些。鞭毛虫又分为植物性鞭毛虫和动物性鞭毛虫。

植物性鞭毛虫,多数有绿的色素体,只进行植物性营养。有少数无色的植物性鞭毛虫没有绿色色素体,但具有植物性鞭毛虫所特有的某些物质,如坚硬的表膜和副淀粉粒等,形体一般都很小,也能进行动物性营养。

动物性鞭毛虫,体内无绿色的色素体,也没有表膜、副淀粉粒等植物性鞭毛虫所特有的物质。一般体形很小,依靠吞食细菌等微生物和其他固体食物生存,有些还兼有动物式腐生性营养。在自然界中,动物性鞭毛虫生活在腐化有机物较多的水体内。在废水处理厂曝气池运行的初期阶段,往往出现动物性鞭毛虫。常见的动物性鞭毛虫有梨波豆虫(*Bodo*)、跳侧滴虫(*Pleuromonas jaculans*)和活泼锥滴虫等(图 2-36)。它们的个体较小,在水体中运动较快,运动方式多样,有时曲线运动,有时在水中旋转。活体的鞭毛不易观察到。

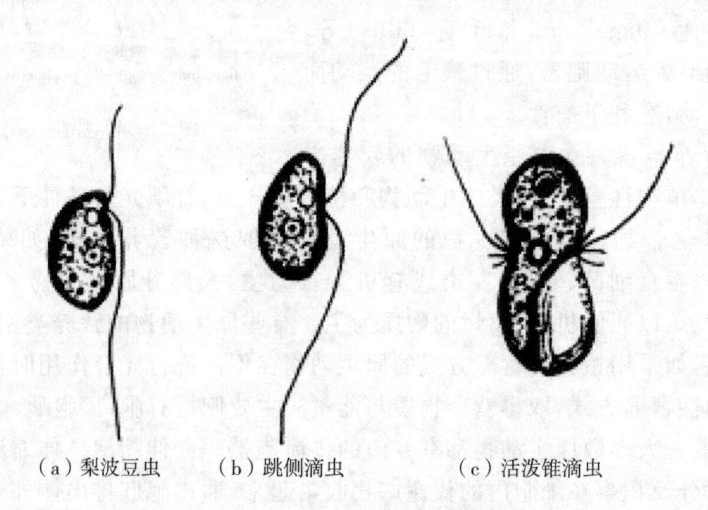

(a) 梨波豆虫　(b) 跳侧滴虫　(c) 活泼锥滴虫

图 2-36　动物性鞭毛虫

在自然界中绿色的鞭毛虫种类较多,在污水处理的活性污泥中,无色的植物性鞭毛虫较多。常见的植物性鞭毛虫为绿眼虫(*Euglena viridis*)(图 2-37),有时也能进行植物式腐生性营养。绿眼虫最适合生存于中污性小水体,在生活污水中较多,在寡污性的静水或流水中极少,在活性污泥中和生物滤池表层滤料的生物膜上均有发现,但为数不多。杆囊虫(*Peranema frichophorum*)也是腐生性营养的鞭毛虫,其鞭毛比绿眼虫粗,能利用溶解于水中的有机物。

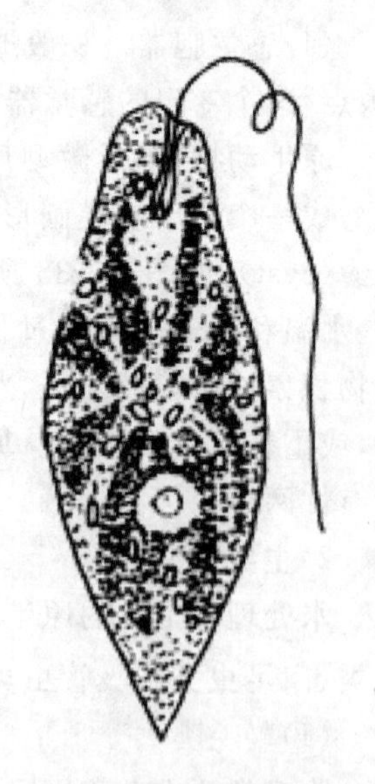

图 2-37　绿眼虫

有些能进行光合作用的鞭毛类原生动物,它们同时具有动、植物的特点,在有些分类上,把它们归于藻类植物。

(2)纤毛类

纤毛类原生动物属于纤毛纲(Ciliata),周身表面或部分表面具有纤毛而被称为纤毛虫(infusorian),纤毛可作为行动或摄食的工具。纤毛比鞭毛要细、短得多,数量也远比鞭毛虫体上的鞭毛多。纤毛虫是原生动物中构造最复杂的,不仅有比较明显的胞口,还有口围、口前庭和胞咽等进行吞食和消化的细胞器官。它的细胞核有大核(营养核)和小核(生殖核)两种,通常大核只有一个,小核有一个或多个。

从运动方式上,纤毛类可分为游泳型和固着型 2 种。游泳型纤毛虫在水中可自由运动。

在废水生物处理中，常见的游泳型纤毛虫有草履虫(*Paramecium caudatum*)、肾形虫属(*Colpoda*)、豆形虫属(*Colpidium*)、漫游虫属(*Lionotus*)、裂口虫属(*Amphileptus*)、楯纤虫属(*Aspidisca*)等(图2-38)。

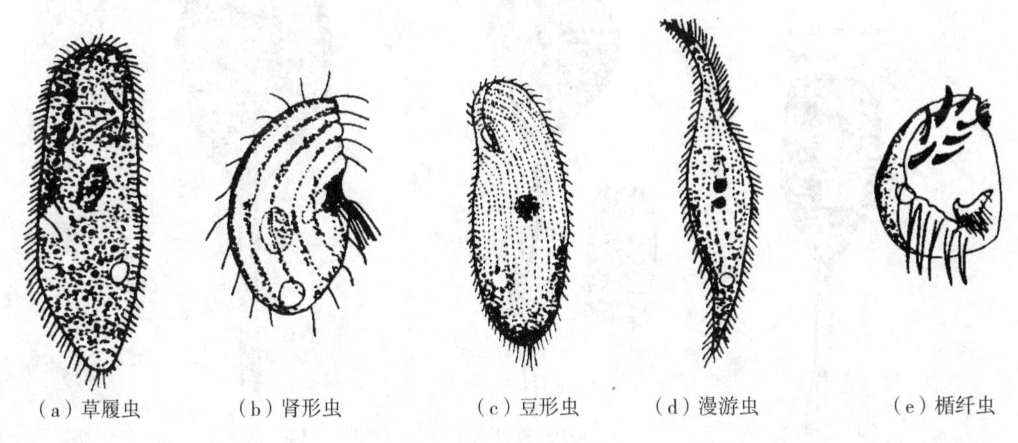

(a) 草履虫　(b) 肾形虫　(c) 豆形虫　(d) 漫游虫　(e) 楯纤虫

图2-38　游泳型纤毛虫

固着型纤毛虫通过自己的柄状结构固着在其他物体上生活，如钟虫属(*Vorticella*)、累枝虫属(*Epistylis*)等，它们可形成群体形态。常见的固着型纤毛虫主要是钟虫类，它们因外形像古钟而得名。钟虫前端有环形纤毛丛构成的纤毛带，形成似波动膜的构造。纤毛摆动时使水形成漩涡，把水中的细菌、有机颗粒引进胞口。食物在虫体内形成食物泡。当泡内食物逐渐被消化和吸收后，食物泡亦消失，剩下的残渣和水分渗入较大的伸缩泡中。伸缩泡逐渐胀大，到一定程度即收缩，把泡内废物通过胞肛排出体外。伸缩泡只有一个，而食物泡的个数则随钟虫活力的旺盛程度而增减。

大多数钟虫在后端有尾柄，它们靠尾柄附着在其他物体(如活性污泥、生物滤池的生物膜)上，尾柄中富有肌丝，尾柄带动虫体可以突然弹出，然后由尾柄慢慢收回到附着物附近。钟虫也可以尾柄固着点为圆心，左右摆动。有时有尾柄的钟虫也可离开原来的附着物，靠前端纤毛的摆动而移到另一固体物质上。少数钟虫无尾柄，可在水中自由游动。

大多数钟虫类进行无性生殖，由母体不等分裂，大的仔体留在柄上，小的仔体脱离母体成为幼期游泳体，此时，尚未形成尾柄，靠后端纤毛带摆动而自由游动。在适当条件下，游泳体以反口端固着在其他物体上，长出柄，反口纤毛环退化而发育为成体。

水体中常见的单个个体的钟虫类有小口钟虫(*Vorticella microstoma*)、沟钟虫(*Vorticella convallaria*)、领钟虫(*Vorticella acquilata*)等(图2-39)。

钟虫类固着型纤毛虫的群体类型，主要有等枝虫(累枝虫)和盖纤虫(盖虫，*Opercularia*)等。常见的等枝虫有瓶累枝虫(*Epistylis urceolata*)，常见的盖纤虫有集盖虫(*Opercularia coarctata*)、彩盖虫(*Opercularia phryganeae*)(图2-40)。等枝虫的各个钟形体的尾柄一般互相连接呈等枝状，也有不分枝而个体单独生活的。盖纤虫虫体的尾柄在顶端互相连接，虫口波动膜处生有“小柄”。集盖虫虫体一般为卵圆形或近似犁形，中部显著地膨大，前端口围远小于最宽阔的中部，尾柄细而柔弱，群体不大，个体常不超过16个。彩盖虫的虫体伸直时近似纺锤形，体长约为体宽的3倍，收缩时类似卵圆形，尾柄较粗而坚实，群

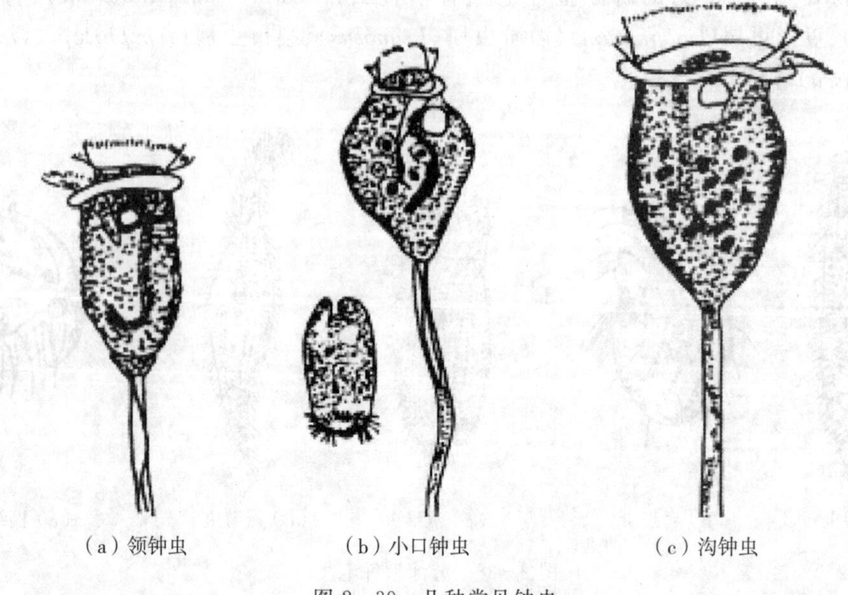

图 2-39 几种常见钟虫

体较小，一般由 2～8 个个体组成。与普通钟虫不同，等枝虫和盖纤虫的尾柄内都没有肌丝，所以尾柄不能伸缩，当受到刺激后只有虫体收缩。

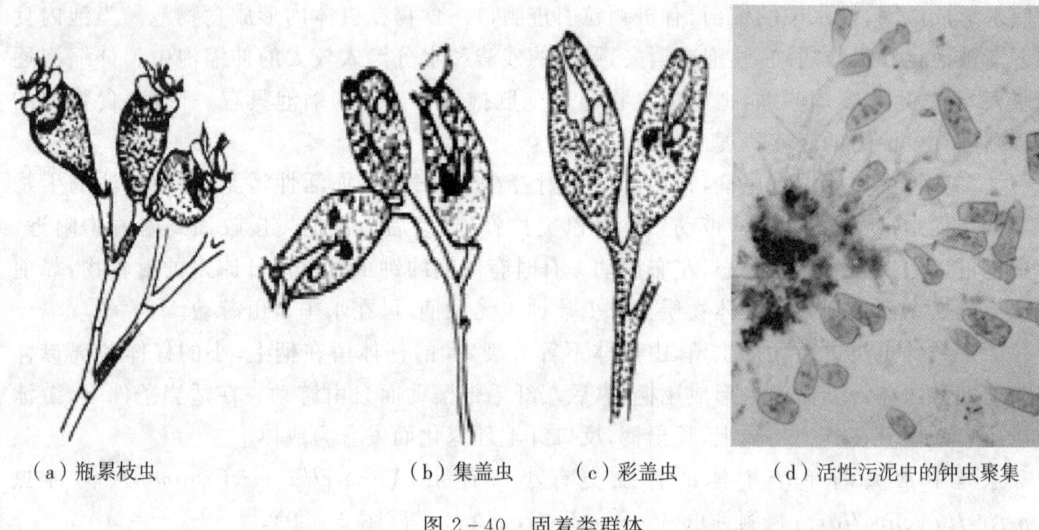

图 2-40 固着类群体

纤毛虫喜吃细菌及有机颗粒，竞争能力也较强，所以与废水生物处理的关系较为密切。

(3)肉足类

肉足纲(Sarcodina)原生动物大多数没有固定形状，少数种类为球形。细胞质可伸缩变动而形成伪足，作为运动和摄食的胞器。绝大部分肉足类都是动物性营养，没有专门的胞口，完全靠伪足摄食，以细菌、藻类、有机颗粒和比它自身小的原生动物为食物。

肉足虫根据形态可分为两类：①可以任意改变形状的肉足类为根足变形虫，一般叫作变形虫(amoeba);②体形不变的肉足类,呈球形,它的伪足呈针状,如辐射变形虫(*Amoeba radiosa*)和太阳虫(*Actinophrys*)等(图 2-41)。

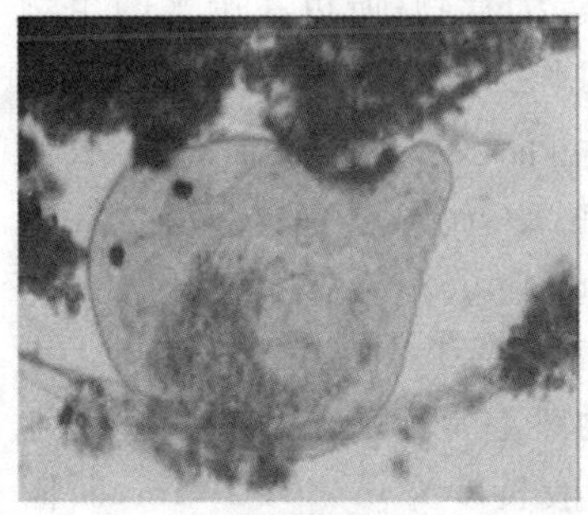

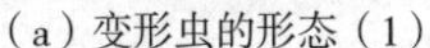

(a) 变形虫的形态 (1)

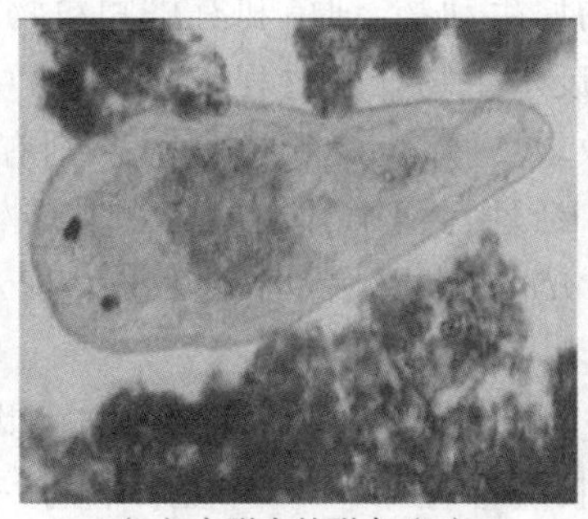

(b) 变形虫的形态 (2)

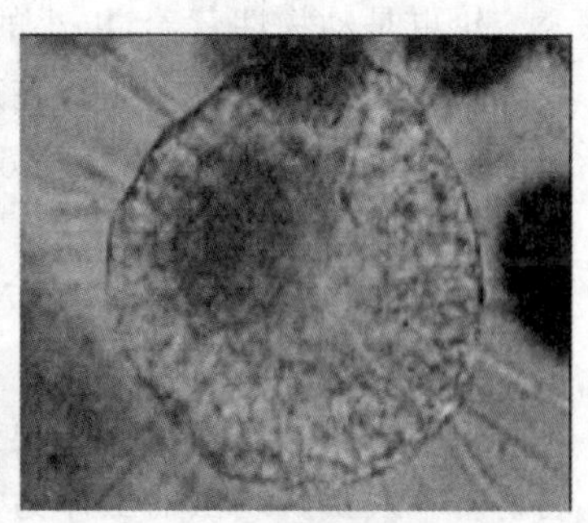

(c) 太阳虫

图 2-41　肉足类原生动物

在自然界,肉足类广泛分布于土壤和水体中。污染河流是肉足虫适宜的生活环境,水体中肉足虫种类较多。在污水与废水处理构筑物中,一般当污泥性状不好时,容易出现变形虫。

(4)吸管虫类

吸管虫纲(Suctoria)原生动物,因成虫(imago)具有吸管,而被称为吸管虫(sucker)。其生活史分幼体和成体两个阶段,幼体(游泳体)全身或部分被有纤毛,可自由游动。因吸管虫在幼虫时也具有纤毛,也有学者将其归入纤毛虫类。吸管虫的成体为圆球形、倒圆锥形或三角形等,虫体长约 200 μm,没有胞口,身体的一端长有长柄,固着在固体物上(图 2-42)。成体纤毛退化,长出用以摄食的触手状吸管,吸管分布于全身或局部。有的吸管膨大,有的修尖。不同于太阳虫的可变形伪足,吸管有固定的形态来诱捕食物。猎物一经捉住,触手吸管末端分泌毒素将猎物麻痹,再分泌溶解酶将猎物表膜溶解穿孔,接着触手吸管收缩、吸吮,将猎物体内的原生质源源不断地通过吸管腔输送到吸管虫的体内。吸管虫以内出芽或外出芽方式产生幼体。在自然界分布广泛。

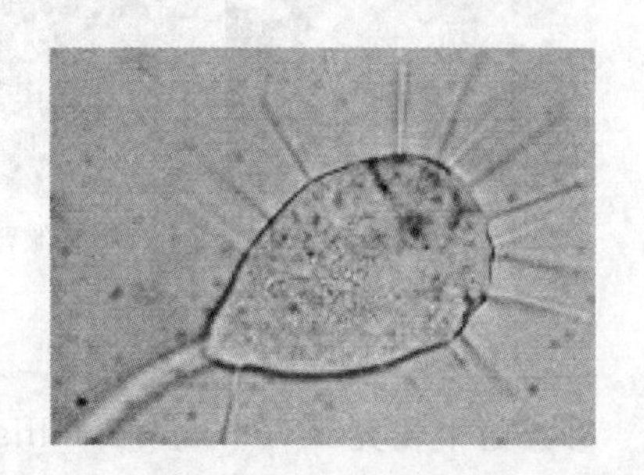

图 2-42　吸管虫

2.2.5　微型后生动物

微型后生动物为多细胞、体型较小的动物性微生物,有些肉眼可观察到。在水处理中常见的后生动物主要是无脊椎动物,包括轮虫、线虫、浮游甲壳类动物和昆虫及其幼虫等。

1)轮虫(rotifer)

轮虫是多细胞动物中比较简单的一种。其身体前端有一个头冠,头冠上有一列、二列或多列纤毛形成纤毛环。纤毛环能旋转,以带动轮虫前端处水体的流动,并将细菌和有机颗粒等引入口部,纤毛环还是轮虫的行动工具。轮虫就是因其纤毛环摆动时形状如旋转的轮盘而得名。轮虫有透明的壳,两侧对称。身体成节状,体后多数有尾状物。有些轮虫的前端与尾部都能收缩与伸展。轮虫在水中可自由运动，运动方式多种，如有些轮虫蛞蝓状运动。

轮虫是动物性营养，以小的原生动物、细菌和有机颗粒物等为食物，所以在废水的生物处理中有一定的净化作用。在废水生物处理过程中，轮虫也可作为指示生物。当活性污泥中出现轮虫时，往往表明处理效果良好，但如果数量太多，则有可能破坏微型生态系统，破坏污泥结构，使污泥松散而上浮。活性污泥中常见的轮虫有转轮虫(*Rotaria rotatoria*)、红眼旋轮虫(*Philodina erythrophthalma*)、褶皱臂尾轮虫(Brachionus plicatilis)等(图 2-43)。

2)线虫(eelworm)

水中有机淤泥和生物黏膜上、污水处理的活性污泥与生物膜上常生活着一些微型后生动物——线虫。线虫的虫体为长线形(图 2-44)，在水中的一般长度为 0.25～2 mm，断面为圆形，肉眼可见。有些线虫是寄生性的，在水体与废水处理中见到的是独立生活的。线虫可吸收消化其他微生物不易降解的固体有机物，因此，也有一定的有机物降解能力，但当废水处理中出现线虫时，往往反映活性污泥不太正常。

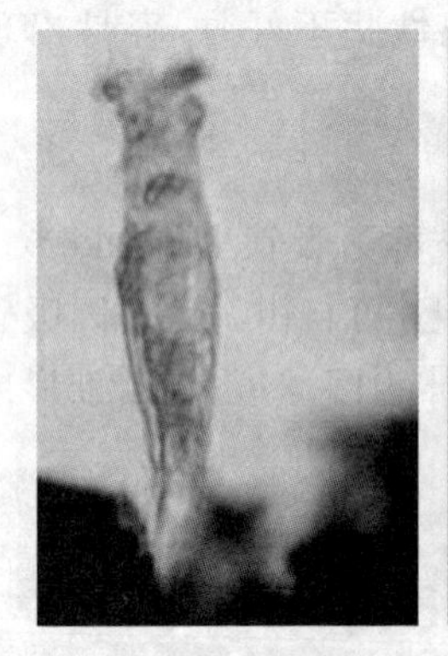

(a) 红眼旋轮虫

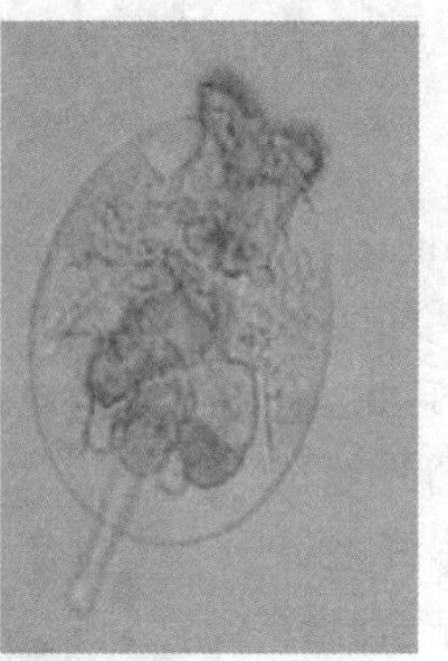

(b) 褶皱臂尾轮虫

图 2-43 轮虫代表

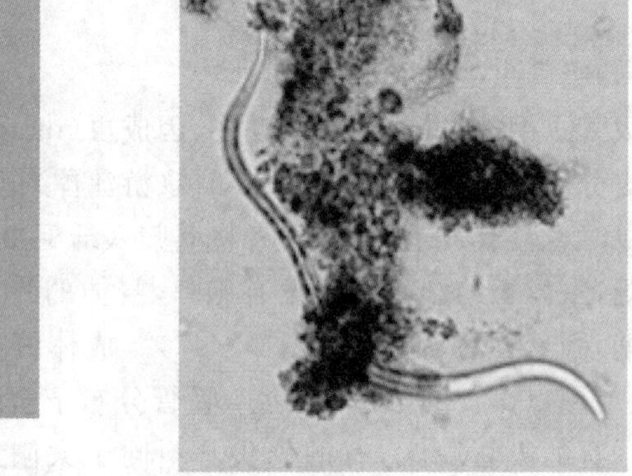

图 2-44 活性污泥中的线虫

3)浮游甲壳类(swimming shellfish)

水体中最常见的甲壳类动物就是虾类，但在水处理构筑物中遇到的多为微型甲壳类动物，其主要特点是具有坚硬的甲壳。在水体中主要是一些水蚤类，它们也是水生生态系统中的消费者，以细菌和藻类为食料。同时它们自己又是一些大型动物(如鱼类)的食物。在水质工程中常见的甲壳类动物有水蚤(*Daphnia*)和剑水蚤(*Cyclops*)(图 2-45)。它们若大量繁殖，可能影响水厂滤池的正常运行。氧化塘出水中往往含有较多藻类，可以利用甲壳类动物去净化氧化塘处理出水，提高出水水质。

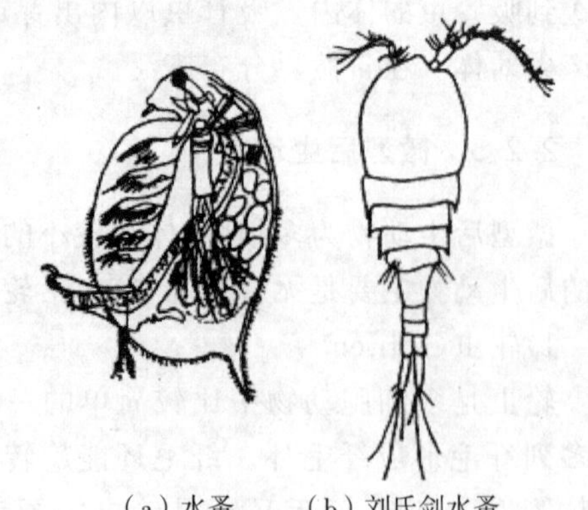

(a) 水蚤　(b) 刘氏剑水蚤

图 2-45 甲壳类动物

在研究中，人们通常将原生动物与微型后生动物合称为微型动物(microfauna)。

2.3　非细胞型微生物

2.3.1　病毒形态与大小

病毒(virus)是非细胞型微生物,不同于其他微生物,它没有完整的细胞结构,没有合成蛋白质的机构——核糖体,没有生命活动的酶系统,故没有独立的代谢能力,只能依靠寄主生存和繁殖。

病毒的组成成分只有核酸和蛋白质。每种病毒只含一种核酸,或为核糖核酸(RNA),或为脱氧核糖核酸(DNA)。核酸有双股的,也有单股的,线状或环状。蛋白质组成病毒的衣壳(capsid),围绕在核酸外部,保护内部的核酸,决定病毒感染的特异性。内部的核酸与外部的蛋白质衣壳组成病毒粒子(virion)。

有些动物病毒的衣壳外面还有一层薄膜,称为囊膜(envelope)。囊膜由蛋白质、多糖类等物质组成。没有囊膜的病毒为裸露的病毒颗粒。大多数可由水传染疾病的病毒都没有囊膜。破坏病毒的囊膜往往也会破坏它的传染性能。病毒能生长繁殖,并有一定的遗传性和变异性。

各种病毒形状不一(图2-46),有的是球形(如脊髓灰质炎病毒、SARS病毒、AIDS病毒等),有的是椭圆形,有的是杆状(如烟草花叶病毒),还有的呈六面体(如甲肝病毒)。噬菌体大部分都是蝌蚪状的,头部为对称的二十面体,还具有螺旋对称的尾,尾的长短不等,有的尾部僵硬。有的噬菌体具有能收缩的尾鞘,如大肠杆菌T偶数噬菌体。

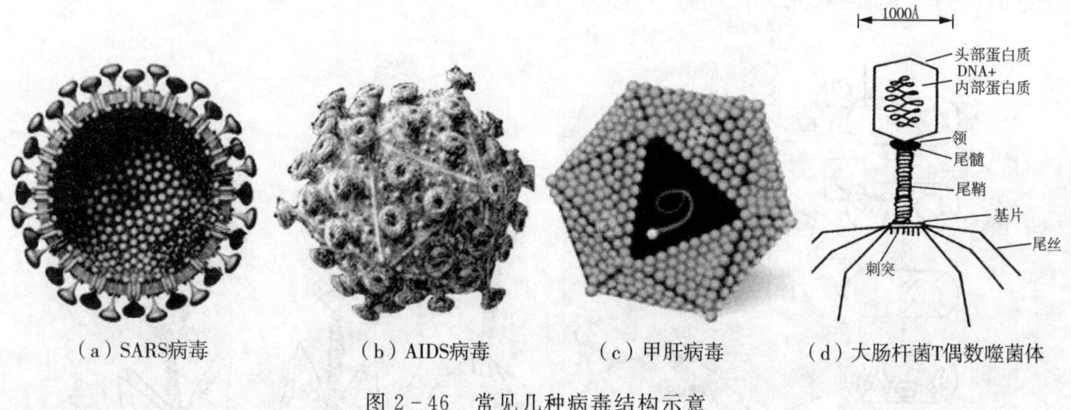

(a) SARS病毒　(b) AIDS病毒　(c) 甲肝病毒　(d) 大肠杆菌T偶数噬菌体

图2-46　常见几种病毒结构示意

病毒的个体都很小,一般无法用普通光学显微镜(只能辨别0.2 μm以上的物体)辨认。这种无法用光学显微镜辨认的微生物常称为超显微微生物,通过使用电子显微镜观察病毒则可以看得较清楚。病毒大小也相差悬殊,大的直径超过200 nm,如天花病毒的直径为225 nm;而小的病毒,如口蹄疫病毒,直径仅有10 nm左右。

病毒是寄生性的,寄生在人、动物、植物及微生物等的活细胞内。寄生在动物体内的为动物病毒,寄生于植物体内的为植物病毒,寄生在细菌或放线菌等原核微生物细胞内的为细菌病毒,又称噬菌体(bacteriophage,phage)。

传染病(如天花、肝炎、小儿麻痹等)都是由病毒引起的。可引起小儿麻痹症的脊髓灰质炎病毒和传染性肝炎病毒可随患者粪便排出。脊髓灰质炎病毒可因直接接触患者或因食物和水而传播。虽然病毒性肝炎主要是因与患者接触而传染,但也发生过由于饮水而传播并爆发肝炎的例子。2020 年初开始在全世界爆发的新型冠状病毒肺炎(COVID-19),截至 2021 年 7 月 25 日,引起了 1.932 亿的人感染,死亡人数超过 410 万。有很多研究表明,在污水中也存在新型冠状病毒。故在进行水处理时,应注意防止传染性病毒对水的污染作用。

2.3.2 病毒繁殖

噬菌体的寄生性具有高度的专一性,即一种噬菌体只能侵染某一种细菌。因此可以利用已知的噬菌体来鉴定细菌的种类。噬菌体的平均大小为 30～100 nm。当它侵入细菌的细胞后迅速繁殖,引起细菌细胞的裂解和死亡。

1)病毒繁殖过程

病毒缺乏完整的酶系统,不能单独进行物质代谢,必须利用宿主细胞提供合成的原料、能量与场所,而且只能在易感的活细胞中才能繁殖。病毒不是二分裂繁殖,而是以复制方式繁殖。繁殖过程分为吸附、侵入与脱壳、复制与合成、装配与释放 4 个步骤。下面以大肠杆菌 T 偶数噬菌体为例,阐述病毒的繁殖过程(图 2-47)。

(1)吸附。病毒与易感细胞接触时,病毒表面与细胞膜表面有特异的受体相互结合而使病毒吸附于细胞表面,非易感细胞没有这种受体,故病毒不能吸附。

(2)侵入和脱壳。大肠杆菌 T 偶数噬菌体尾部末端附着在大肠杆菌的细胞壁上,分泌一种能水解细胞壁的酶,使细菌细胞壁产生一个小孔,噬菌体的尾鞘收缩,头部的 DNA 注入宿主细胞内,蛋白质的衣壳留在细胞外,称为脱壳。

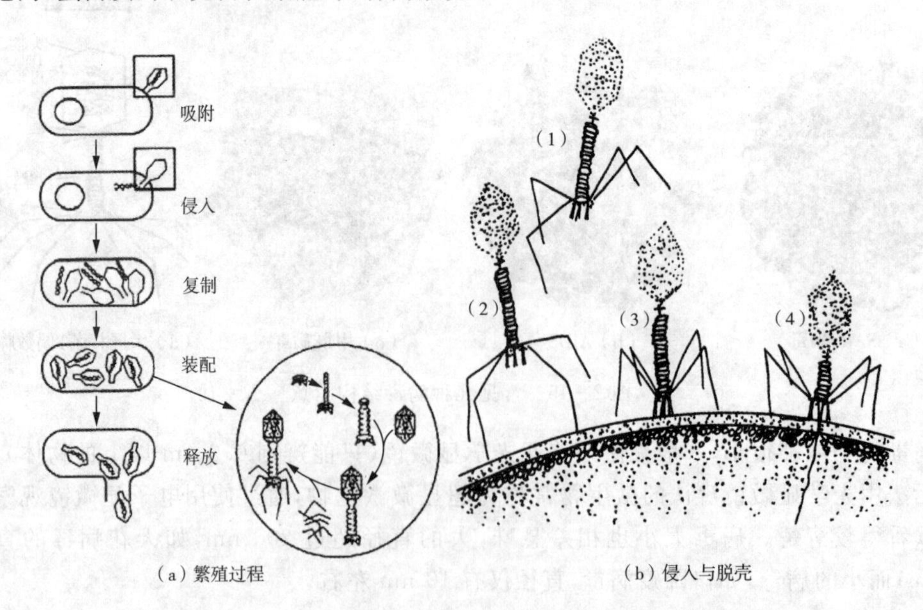

(1)—未附着噬菌体;(2)—尾丝附着于细胞壁上;(3)—尾针固定分泌水解酶;(4)—尾鞘收缩注入 DNA。

图 2-47 大肠杆菌 T 偶数噬菌体在大肠杆菌中的繁殖

(3)复制与合成。侵入宿主细胞的噬菌体 DNA,迅速利用宿主细胞的代谢机构和原料,大量复制与合成新噬菌体的核酸、蛋白质。

(4)装配和释放。当噬菌体的 DNA 和蛋白质分子复制与合成到一定数量后,装配成子代新的大肠杆菌 T 偶数噬菌体。此时溶解宿主细胞壁的溶菌酶迅速增加,促使宿主细胞裂解,噬菌体被释放出来,又侵入周围的新细胞,如此反复进行。往往进入宿主细胞的 1 个噬菌体增殖后可释放 10～1000 个新的噬菌体。

病毒借助寄主细胞繁殖的全过程如图 2-48 所示。

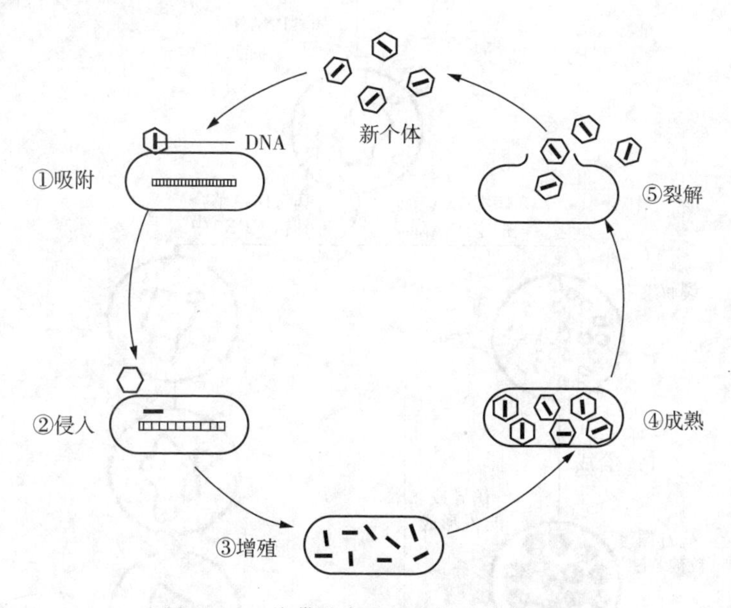

图 2-48　病借助寄主细胞繁殖的全过程

像大肠杆菌 T 偶数噬菌体这样,侵入细菌等寄主细胞后很快繁殖而使寄主细胞裂解的噬菌体,称为烈性噬菌体。被侵染的细菌,称为敏感细菌。固体培养基上的细菌,由于噬菌体侵染后出现的透明空斑,叫作蚀菌斑(plaque)或空斑。不同噬菌体的蚀菌斑不同,有圆形、椭圆形等不同形状,可作为鉴别噬菌体的依据之一。

2)温和噬菌体和溶源性细菌

有些噬菌体侵入宿主细胞后,没有立即繁殖,而是将其核酸整合到宿主细胞的核酸上同步复制,并随宿主细胞分裂而带到子代宿主细胞内,宿主细胞不裂解,这种现象称为溶源现象(lysogeny),这些噬菌体称为温和噬菌体(gentle phage),被温和噬菌体侵染的细菌,称为溶源性细菌(lysogenic cell)。

溶源性细菌的特点:①溶源性是可遗传的,即溶源性细胞的子代也是溶源性的。②溶源性细胞具有免疫能力,一旦宿主细胞被感染后,成为溶源性细胞,就不会被再次感染,这种现象类似于人类的接种防疫。③溶源性可丧失,在细胞分裂中有时也可失去噬菌体的核酸成为非溶源性细菌,但出现概率很低,为 0.1%～0.0001%。④细胞中噬菌体的核酸可自发脱离细菌的核酸,而成为烈性病毒,导致细胞裂解、释放成熟的噬菌体。当有物理、化学因素诱导,可使整个群体细胞裂解,并释放出大量的噬菌体。

因此,溶源性细胞被感染后,或是进行复制并释放成熟病毒(裂解);或是病毒 DNA 整合进宿主DNA(溶源化),并在一定条件下,溶源性细胞再被诱导而产生成熟病毒并且裂解。溶源性细菌感染温和性噬菌体的2种结果如图2-49所示。

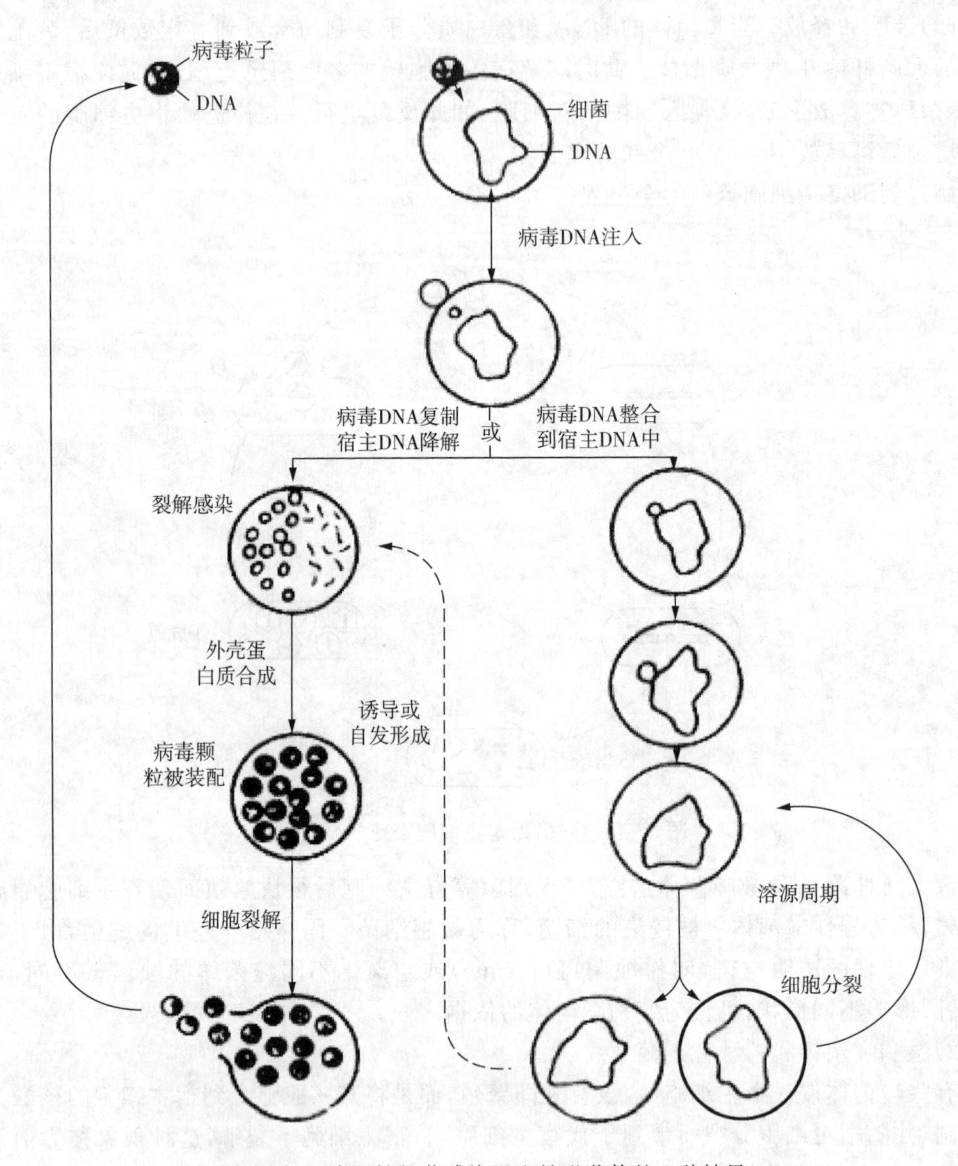

图2-49　溶源性细菌感染温和性噬菌体的2种结果

2.4　大型水生植物与小型水生动物

目前在水质工程中,尤其是污水生态处理及水体修复过程中,均以植物为核心,涉及的植物主要包括不同生态类型的大型水生植物、少数陆生植物。在水体修复及维护水体水质长期稳定方面,小型水生动物,尤其是两栖动物也起到重要作用。

2.4.1 大型水生植物

1)大型水生植物特点

(1)大型水生植物分类

大型水生植物(macrophyte)是指植物体的一部分或全部永久地或至少一年中数月沉没于水中或漂浮在水面上的高等植物类群。这是根据生态学上植物的生活型进行的分类,而不是植物学的分类。不同类群植物通过长期适应水环境而形成的趋同性生态适应类型,包含了多个植物门类。通常意义上的大型水生植物包括种子植物、蕨类植物、苔藓植物中的水生类群和藻类植物中以假根着生的大型藻类。

大型水生植物通常分为四种生活型(life form):挺水植物(emergent macrophyte)、漂浮植物(floating macrophyte)、浮叶植物(floating - leave macrophyte)和沉水植物(submerged macrophyte)。

① 挺水植物是以根或地下茎生于水体底泥中,植物体上部挺出水面的类群。这类植物体形比较高大,为了支撑上部的植物体,往往具有庞大的根系,并能借助中空的茎或叶柄向根和根状茎输送氧气。挺水植物大多是多年生植物,它们到了冬天时,地上部分都会枯死,地下部分仍是存活的,到第二年春天,又重新发芽长出新植株。常见的种类有芦苇、香蒲、灯芯草等。

② 漂浮植物指植物体完全漂浮在水面上的植物类群,为了适应水上漂浮生活,它们的根系大多退化成悬垂状,叶或茎具有发达的通气组织,一些种类还发育出专门的贮气结构(如凤眼莲膨大成葫芦状的叶柄),这些为整个植株漂浮在水面上提供了浮力,保障了它们在水面环境中的生存。常见的种类有浮萍、凤眼莲、满江红、槐叶苹等。

③ 浮叶植物为根或茎扎在底泥中,叶漂浮在水面的类群。植物体内多贮藏有较多气体,使叶片或植物体能平稳地漂浮在水面上,气孔多生于叶片上表面。为适应风浪,通常具有柔韧细长的叶柄或茎,水面上茎节间缩短,浮水叶密集于茎的顶端,叶柄具气囊。常见的种类有菱、杏菜等。

④ 沉水植物是指整个植物体完全沉于水面以下,根扎于底泥中或漂浮在水中的类群,是严格意义上完全适应水生的高等植物类群。由于沉没于水中,阳光的吸收和气体的交换是影响其生长的较大限制因素。该类植物体的通气组织特别发达,气腔大而多,有利于气体交换;叶片也多细裂成丝状或条带状,以增加吸收阳光的表面积,减少被水流冲破的风险;植物体呈绿色或褐色,以吸收射入水中较微弱的光线。常见的种类有狐尾藻、眼子菜、黑藻等。

除了水生植物以外,在水环境生态修复中还会用到耐水湿植物、陆生植物。

(2)大型水生植物的特点

大型水生植物具有很强的繁殖能力,不但能以种子进行有性繁殖,而且还能以分枝或地下茎进行营养繁殖,如浮萍类可以靠叶状体出芽产生新的叶状体,菹草、金鱼藻等则靠断裂的分枝产生新植株,而芦苇等能借助泥中的根状茎产生新植株。随着水的流动,种子、果实或可繁殖的营养体也随着传播,这些繁殖体在不利的环境条件下(如寒冷、干涸)可沉入水底泥中,待条件适宜时重新萌发生长。由于水环境相比陆地环境稳定得多,生长在其中的大型水生植物受气温、干湿条件变化的影响也比较小,再加上较强的繁殖能力,许多水生植物如芦苇、浮萍、睡莲、狐尾藻等可广泛分布于世界各地的水体中。

大型水生植物主要生长在水流比较平缓的水体，如湖泊或水流平缓的河湾地带，也有个别种类可适应瀑布、激流等湍急的水体，如飞瀑草。大型水生植物生长的水深在 10 m 以内，不同生态类型植物在水中的分布主要是受水深的限制，从岸边向深水区分布的位置依次为挺水植物、浮叶植物、沉水植物(图 2－50)。

挺水植物分布的水深一般在 1 m 左右，可短期耐受 3 m 以上的水深，但不能忍受长期的淹没。一些挺水植物能适应短期的干旱，如在干涸的河床中经常可以见到成片的芦苇生长。挺水植物借助地下根茎强大的营养繁殖能力，往往在岸边形成挺水植物群落带。

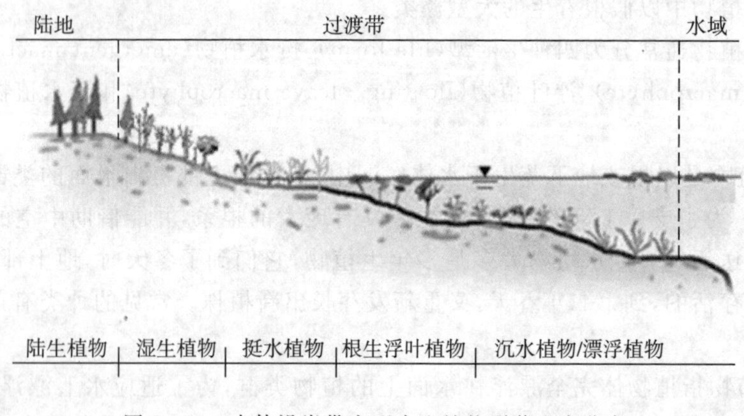

图 2－50 水体沿岸带大型水生植物群落生态分布

挺水植物带的存在可有效地防治水体的面源污染，因为密集的根系可以拦截陆地冲刷下来的泥沙、有机质以及地表径流中携带的氮、磷等营养物质。在滇池和太湖等一些富营养化严重的湖泊，都通过重建或恢复以挺水植物为主的湖滨带来防治面源污染。但是挺水植物的不断发育也有可能导致浅水湖泊的沼泽化，根系的拦截作用使泥沙等陆源固体物质不断积累，挺水植物富含纤维的植株死亡后不能很快被分解，其残体会不断积累，致使水底垫高，水域变浅，生长区域逐渐向远岸一侧扩展，原来生长的沿岸带逐渐变浅形成沼泽。在我国自然水体常见的挺水植物群落主要有芦苇群落、香蒲群落以及菰(茭白)群落等。

浮叶植物一般分布在挺水植物远岸一侧，水深小于 5 m 的亚沿岸地带。它们对水位的波动有一定的适应能力，可耐受短期的淹没。一些种类兼具挺水植物和沉水植物的某些性质，即水位较低时枝叶可挺出水面，水位较高时植株可完全淹没在水面以下生长。浮叶植物通常以单种群落的形式在水体中形成连续的条带状。在我国常见的浮叶植物群落主要有杏菜群落、菱群落和金银莲花群落等。

沉水植物茎叶全部沉没在水下，对深水环境的适应性强，通常可在水深 6 m 以内生长，一些种类的生理下限可达 10～12 m。沉水植物可在浮叶植物带深水一侧形成沉水植物群落，也可以伴生在挺水植物和浮叶植物群落之中。我国常见的沉水植物群落主要有狐尾藻群落、金鱼藻群落和黑藻群落等。

漂浮植物在水中分布主要是受风浪的影响，通常生长在水面比较平静的湖湾，或由挺水植物、浮叶植物群落围成的稳定水面中。

2)常见生态类型与种类

(1)挺水植物

芦苇、香蒲、菖蒲和菰是在我国南北常见的挺水植物，它们为多年生高大禾草，多以根状茎进行旺盛地营养繁殖，经常在岸边形成密集的单种群落，构成挺水植物带。

① 芦苇

芦苇(*Phragmites communis*)属于禾本科(Gramineae)芦苇属(*Phragmites*)植物。芦苇地上茎秆直立，中空圆柱形，高1～3 m，直径2～10 mm，叶生于茎秆上，为带状披针形叶片，叶基部较宽，顶端逐渐变尖，长15～50 cm，宽1～3 cm，地下具有粗壮的匍根状茎。芦苇为圆锥花序型，生于直立茎顶端，长可达45 cm，两性花，颖果，长圆形，通常在7—11月开花结果。为多年生植物，冬天地上部分死亡，来年又重新萌发生长。

芦苇生于湖泊、河岸旁、河溪边、湿地等多水地区，在条件适宜的环境中常形成成片的芦苇塘、芦苇荡。水下土层深厚、土质较肥、含有机质较多的黏壤土或壤土最适宜芦苇的生长，这类土壤一般都分布在静水沼泽和浅水湖荡地区，如我国河北保定的白洋淀、新疆的博斯腾湖。芦苇生长旺盛阶段最大耐水深度达1～3 m，但也能在湿润而无水层的土壤上良好生长。

芦苇可起到保护坪堤、挡浪防洪的作用。芦苇是自然湿地的重要种类，芦苇荡还是鸟类的栖息场所，芦苇滩的浅水处也是一些水生动物的活动场所，其中贮藏着丰富的生物多样性。目前，芦苇已成为污水处理人工湿地、水体修复常用的水生植物。

② 菖蒲

菖蒲(*Acorus calamus*)属于天南星科(Araceae)菖蒲属(*Acorus*)植物，又名臭菖蒲、水臭蒲、泥菖蒲等。主要种类有黄菖蒲(图2-51)、长苞菖蒲、石菖蒲等。

图2-51　黄菖蒲

菖蒲只有粗壮、横卧的地下根，无直立茎，剑形叶自根状茎顶端直立，丛生，叶中肋明显地向两面突起，叶长可达90 cm以上，宽1～3 cm，为肉穗花序，花序柄生于根状茎顶端，直立或斜向上，花为两性花。整个植株具有芳香气味。为多年生植物。

菖蒲通常生于池塘浅水处、山谷湿地或河滩湿地，耐贫瘠，现主要用于人工湿地、生态塘的污水处理中。

③ 香蒲

香蒲为香蒲科(Typhaceae)香蒲属(*Typha*)种类的统称，也称为蒲草或蒲菜(图2-52)，因有着呈蜡烛状穗状花序，又被称为水烛。香蒲植物约18种，我国常见的有东方香蒲(*T. orientalist*)、宽叶香蒲(*T. Latifolia*)、达香蒲(*T. davidiana*)、小香蒲(*T. minima*)、狭叶香蒲(*T. angustifolia*)、长苞香蒲(*T. angustata*)和普通香蒲(*T. przewalskii*)。

图2-52　香蒲

香蒲多年生、水生或沼生草本植物，根状茎乳白色，地上茎杆为实心圆柱形，直立，高 0.5～2 m，叶片带状，长 0.5～1 m，宽 1～2 cm，叶生于直立茎上，基部呈长鞘状抱茎，地下部分具有白色横生的根状茎，为肉穗花序，圆柱状似蜡烛生于茎秆顶端，花单性，雄花序生于上部，雌花序生于下部，雌雄花序是否相连以及雌花序是否有苞片是区分不同种类的主要特征。香蒲喜高温多湿气候，生长适宜温度为 15～30 ℃。

香蒲生于湖泊、池塘、沟渠、沼泽及河流缓流带。叶绿、穗奇，常用于点缀园林水池、湖畔，构筑水景，也用于人工湿地的污水处理中。

④ 菰

菰(*Zizania latifolia*)属于禾本科(Gramineae)菰属(*Zizania*)植物。菰地上茎直立，茎秆高 1～2 m，叶生于直立茎上，扁平带状，长 0.3～1 m，宽 2～5 cm。菰地下根状茎细长，但须根粗壮，为圆锥花序，生于茎秆顶端，花单性，雌花序位于花序上部，雄花序位于下部。

菰多生于湖面、池沼边缘，适应水深 1～1.5 m，底质为厚层泥沙或淤泥的地域，常和芦苇、香蒲成带状混生。菰属喜温性植物，生长适宜温度为 10～25 ℃，不耐寒冷和高温干旱。其茎秆基部被真菌黑粉菌寄生后变肥大而柔嫩，可供食用，即通常所说的茭白、茭笋，是一种较为常见的水生蔬菜，我国南方地区常有人工栽培，在亚洲温带、日本、俄罗斯及欧洲有分布。全草为优良的饲料，菰群水体为鱼类的越冬场所。也是固堤造陆的先锋植物。

⑤ 莲

莲(*Nelumbo nucifera*)的地下茎与根生长于泥土中，由地上茎将叶子与花托出水面。由于花具有很强的观赏性，同时果实莲子、根茎藕具有较高的食用价值，已经转变为经济作物，湖泊、水塘中见到的大片莲群落往往是人工种植培养的。它们可吸收底泥中大量营养物质，是控制水体富营养化的植物之一。目前莲的品种有花莲、籽莲和藕莲三大类型，500 多个品系。

此外，我国常见的挺水植物种类还有灯芯草(*Junci medulla*)、水葱(*Scirpus tabernaemontani*)、千屈菜(*Lythrum salicaria*)、慈姑(*Sagittaria sagittifolia* L.)、泽泻(*Rhizoma alismatis*)、水蓼(*Persicaria hydropiper*)、风车草(*Clinopodium urticifolium*)、香根草(*Chrysopogon zizanioides*)等，但这些种类自然条件下往往零星生长，很少能形成挺水植物带中的单种群落。

(2)浮叶植物

菱、杏菜、金银莲花是在我国常见的浮叶植物，它们多生长于淡水池塘或湖泊处，往往可在池塘、湖泊挺水植物带的远岸一侧形成成片的浮叶植物带。以种子繁殖，冬季来临之前将种子散落在底泥中，来年春天萌发。

① 菱

菱为菱科(Trapaceae)菱属(*Trapa*)种类的统称，因叶片菱形而得名。菱属植物均为一年生草本，根生于底泥中，茎细长抽出水面。植株有沉水叶和浮水叶两种，沉水叶对生于茎上，羽状分裂，裂片细丝状，外形像根；浮水叶三角状菱形或菱形。其水面上茎节间缩短，叶密聚于茎顶端，叶柄上具有气囊，上部叶的叶柄较短，下部叶柄较长，使得各叶片镶嵌展开于水面上，成盘状，故也称为菱盘。花单生于叶腋处，两性花，花冠白色。坚果，有刺状角 2～4 枚，菱的果实富含淀粉可生食或熟食。我国菱属有 11 个种，根据果实的形状而加以区分，最常见是野菱(*T. incisa*)。一些果实较大，口感好的种类已变为人工栽培的经济作物，如著名的太湖红菱。

② 荇菜

荇菜(*Nymphoides peltata*)，属于龙胆科(Gentinaceae)荇菜属(*Nymphoides*)植物(图2-53)。

荇菜根生于底泥中，茎细长，飘荡于水下，叶互生于茎上，叶片心状椭圆形，类似革质，较厚，长可达15 cm，宽可达12 cm，顶端圆形，基部深裂至叶柄着生处，边缘有小三角齿或成微波状，上面光滑，下面带紫色有腺点，叶柄较长，可达10 cm。伞形生于叶腋处，花冠为黄色，较大，直径3～3.5 cm。一般于3—5月返青，5—10月开花结果，9—10月果实成熟，降霜节气水上部分枯死。

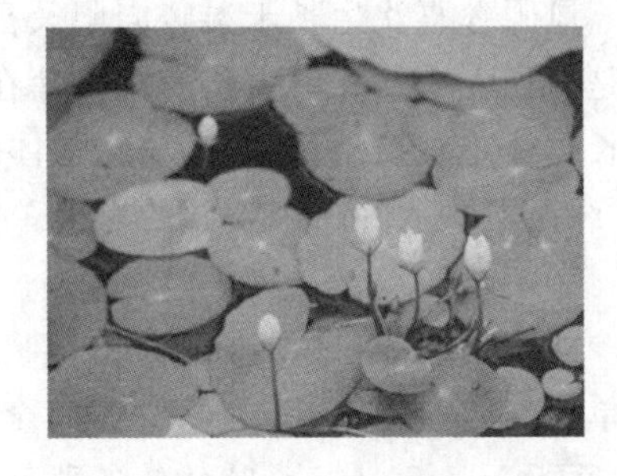

图2-53　荇菜

荇菜生于池沼、湖泊、沟渠、稻田、河流或河口水深为20～100 cm的平稳水域中。其根和横走根、茎生长于底泥中，茎枝悬于水中，生出大量不定根，叶和花飘浮水面。通常群生，呈单优势群落。荇菜适合生长于多腐殖质的微酸性至中性的底泥和富营养的水域中。花大而美丽，花期长，可作为水体美化、净化植物。

③ 金银莲花

金银莲花(*Nymphoides indica*)，属于龙胆科(Gentinaceae)莕菜属(*Nymphoide*)植物。金银莲花为多年生水生草本，主要性状与荇菜相似，但叶较大，长可达22 cm，宽可达20 cm，而叶柄较短，仅几毫米，花为白色，较小，直径不超过2 cm。蒴果椭圆形，花果期8—10月。金银莲花是公园常见的水生花卉，夏秋时节，白色小花星星点点，能洒满整个水面。

此外，我国常见的浮叶植物种类还有睡莲、空心菜、药菜、水皮莲等，但这些种类在自然条件下往往零星生长，很少能够形成浮水植物带。其中，睡莲由于花的观赏性，已转变为以人工栽培为主的花卉，在许多景观水体有成片的培育；而空心菜和药菜有食用价值，已经转变为广泛栽培的蔬菜，常在土壤中种植。

(3)漂浮植物

漂浮植物主要通过营养繁殖分生新的植株，在适宜的环境条件下，植株的生长代谢非常迅速，一个个体在几天时间内就可分生出一个新的个体。在春夏季，它们快速生长往往可以完全覆盖一些静水水面，在水面形成密集的"绿色覆盖层"。为水面提供绿荫、美景。它们既能吸收水里的矿物质，又能遮蔽射入水中的阳光，抑制水体中藻类的生长。

① 凤眼莲

凤眼莲(*Eichhornia crassipes*)，属于雨久花科(Pontederiaceae)凤眼莲属(*Eichhornia*)植物，俗名很多，如水葫芦、水风信子、水荷花、假水仙、水凤仙、水荷花、大水萍、水浮莲、洋雨久花等(图2-54)。

图2-54　凤眼莲

凤眼莲为多年生浮水草本植物，植株较高大，高10～50 cm，须根发达，悬垂水中，叶丛生在缩短茎基部，叶片卵形、光滑，叶柄中下部有膨胀成葫芦状的气囊，因而得名"水葫芦"。花茎单生，穗状花序蓝紫色。果实成熟后落入水底，来年种子可萌发生长。其无性繁殖能力非常强，在生长季节可靠腋芽几天内发育出新植株，是公认的生长最快的植物之一。凤眼莲具有很强的空间争夺能力，一旦入侵池塘甚至缓流的城市河流，很快独占水面。

凤眼莲喜欢生长于温暖向阳及富含养分的水域中，在25～35 ℃下生长最快，每年9、10月是生长旺季。旺盛生长的凤眼莲在一公顷水面能挤满200万株，重达300多吨，当其快速生长时很难被控制，非常容易在水体表面大规模爆发，阻塞河道，破坏水生生态系统，被称之为“绿魔”，列入“入侵植物”的黑名单中。

② 浮萍

浮萍为浮萍科(Lemnaceae)植物的简称，共有4个属约40个种。浮萍是世界上最小最简单的高等植物之一，整个植株完全退化为一个呈圆形或椭圆形的叶状体，厚度仅几个毫米，面积10～50 mm^2，叶状体的背部着生有短小的根，长1～10 cm，而有些种类的根则完全退化。

浮萍主要是通过类似于酵母出芽生殖的营养繁殖方式产生后代和扩大种群。浮萍在我国主要有3属4个种类：浮萍属的小浮萍（*Lemna minor*）和细脉浮萍（*Lemna aequinoctialis*）、紫萍属的紫背浮萍（*Spirodela polyrrhiza*）、无根萍属的无根萍(*Wolffia arrhiza*)。常见浮萍的比较见表2-5所列。

表2-5　常见浮萍的比较

1	小浮萍	叶状体椭圆形，长2～6 mm，宽2～4 mm，叶片深绿，叶脉5条较明显，根1条较短	分布在我国中温带地区
2	细脉浮萍	叶状体椭圆形，长2～7 mm，宽2～3 mm，叶片深绿，叶脉3条，不明显，根1条较长	分布在我国暖温带和亚热带地区
3	紫背浮萍	倒卵形或椭圆形，长5～9 mm，宽4～7 mm，两头圆钝，上部绿色下部紫红色，根丛生多条	广泛分布于我国各地
4	无根萍	叶状体椭圆或卵圆，直径仅1 mm左右，面积非常小，背部无根	多分布于长江以南地区

浮萍喜温气候和潮湿环境，忌严寒。浮萍个体较小，对水的波动非常敏感，水面的水平流速超过0.1 m/s时，浮萍在水面上形成的垫层就能被搅动吹散，因此浮萍多生长在水流相对平缓的沟渠、湖湾处，宜于水田、池沼、湖泊栽培。

③ 满江红

满江红(*Azolla imbricate*)，属于满江红科(Azollaceae)满江红属(*Azolla*)植物，又称为红萍、绿萍。满江红通常横卧于水面上，茎比较短小并有数个分枝，叶极小，长1 mm，上面红紫色或蓝绿色，无叶柄，每个叶片分裂成上下重叠的2个裂片，裂隙中有固氮蓝藻共生，因此经常被栽培在水池或稻田中起固氮增肥作用。

我国常见的漂浮植物还有槐叶萍、水鳖等，通常零星生长，成片群落较少见。

(4)沉水植物

黑藻、金鱼藻、苦草和狐尾藻是我国常见的沉水植物，茂盛生长时，密集枝叶可形成“水下森林”或“水底草坪”的景观。常见沉水植物的特点见表2-6所列。沉水植物在水产养殖构建良好水环境方面具有重要作用。

表 2-6　常见沉水植物的特点

黑藻 (*Hydrilla verticillata*)	黑藻属于水鳖科(Hydrocharitaceae)水鳖属(*Hydrilla*)植物，又称水王荪	黑藻为多年生草本植物，根扎于底泥中，茎直立伸长，分枝较少；叶 4～8 枚轮生于直立茎上，叶片带状披针形，长 1～2 cm，宽 1～5 cm，叶边缘有小齿，花绿色，生于叶腋，较小，很难被发现；主要靠分枝进行营养繁殖，常见于静水中，不耐水流冲击
金鱼藻 (*Ceratophyllum demersum*)	金鱼藻属于金鱼藻科(Ceratophyllaceae)金鱼藻属(*Ceratophyllum*)植物	金鱼藻为多年生草本植物，根扎于底泥中，茎平滑细长，有疏生的短枝；叶轮生于茎上，每 5～10 枚或更多枚叶集成一轮，叶长 2～12 cm，1～2 回叉状分枝，边缘散生刺状细锯齿，无叶柄；花比较小，单生于叶腋，不明显；主要靠分枝进行营养繁殖，常见于静水中，茎叶易受水流冲击而折断
苦草 (*Vallisneria asiatica*)	苦草属于水鳖科(Hydrocharitaceae)苦草属(*Vallisneria*)植物，又称扁担草	苦草为多年生草本植物，具有纤细的地下根状匍匐茎，无直立茎；叶基生于匍匐茎上，长线形或细带形，直立于水中，可随水流飘动，长短因水的深浅而不同，长可达 2 m，宽 3～8 mm，顶端多为钝形；花比较小，但具有较长花柄，可伸出水面；具有一定的抗水流冲击能力，可在流水中生长
狐尾藻 (*Myriophyllum spicatum*)	狐尾藻属于小二仙草科(Haloragidaceae)狐尾藻属(*Myriophyllum*)植物，又称聚藻	狐尾藻为多年生草本植物，多生于静水中；具有根状茎和直立茎，直立茎圆形，较粗壮，长 1 m 左右；叶 4 枚轮生于直立茎上，丝状全裂，裂片 10～15 对，长 1～1.5 cm；穗状花序，生于茎顶端并挺出水面，长 5 cm，小花黄色不明显

(5)耐水湿植物

耐水湿植物(喜湿植物)生长在水池或小溪边沿，湿润的土壤里，即生长于水陆交界的环境中，但不是真正的水生植物，只是喜欢生长于有水的地方。它们的根部不能浸没在水中，但只有在长期保持湿润的情况下，才能旺盛生长。常见的植物有蒲苇、芦竹、芦荻等。

① 蒲苇

蒲苇(*Cortaderia selloana*)(图 2-55)是禾本科蒲苇属植物。多年生，秆高大粗壮，丛生，高 2～3 m。茎极狭，长约 1 m，宽约 2 cm，下垂，边缘具细齿，呈灰绿色，被短毛。雌雄异株，叶多聚生于基部，叶舌为一圈密生柔毛，毛长 2～4 mm；叶片质硬，狭窄，簇生于秆基，长达 1～3 m，边缘具锯齿状粗糙。圆锥花序大型稠密，长 50～100 cm，花序银白色至粉红色，花期 9—10 月。雌花序较宽大，雌花穗银白色，具光泽，小穗轴节处密生绢丝状毛，小穗由 2～3 花组成。雄花序较狭窄，雄穗为宽塔形，疏弱，雄小穗无毛。

图 2-55　蒲苇

蒲苇性强健，耐寒，喜温暖、阳光充足及湿润气候。分布在我国华北、华中、华南、华东及东北地区。

② 芦竹

芦竹(*Arundo donax*)(图 2-56)属于禾本科芦竹属植物,多年生,具发达根状茎。秆粗大直立,高 3～6 m,直径 1～3.5 cm,坚韧,具多节,常生分枝。叶鞘长于节间,无毛或颈部具长柔毛;叶舌截平,先端具短纤毛;叶片扁平,长 30～50 cm,宽 3～5 cm,表面与边缘微粗糙,基部白色,抱茎。圆锥花序极大型,长 30～90 cm,宽 3～6 cm,分枝稠密,斜升;背面中部以下密生长柔毛,两侧上部具短柔毛,颖果细小黑色。花果期 9—12 月。

图 2-56　芦竹

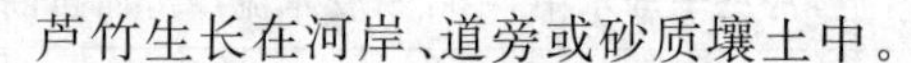

芦竹生长在河岸、道旁或砂质壤土中。

③ 芦荻

芦荻(*Arundo donax*)为禾本科、多年生草本植物(图 2-57),高 1～3 m。茎直立,有结,类似竹子,单叶交替,披针形,先端渐尖,基部有鞘、扣,绿色。圆锥花序大,长 30～60 cm,小穗通常包含 2～4 朵小花,紫色,花期 9—12 月。

芦荻喜光,喜温,抗寒,防潮,耐旱。经常生长在河流、池塘和湖泊中。

图 2-57　芦荻

④ 芒草

芒草(*Miscanthus* sp.)为各种芒属植物的统称,属禾本科,为多年生草本植物。寿命 18 年,现有 15～20 个种。草本,直立,粗壮,分枝(图 2-58)。茎实心,高 1～2 m,四棱形,具浅槽,密被白色贴生短柔毛。叶阔卵圆形,长 4～9 cm,宽 2.5～6.5 cm,先端极尖或短渐尖,基部截状阔楔形,边缘有不规则的牙齿,草质,上面橄榄绿色。轮伞花序在主茎及侧枝的顶部排列成稠密的或间断的直径约 2.5 cm 的穗状花序,苞片线形。花萼钟形,长约 6 mm,外面被长硬毛及混生的腺柔毛。花冠淡紫色,长约 1.3 cm,外面无毛,内面在冠筒中部有斜向间断小疏柔毛环,雄蕊伸出,前对稍长或有时后对较长,花丝扁平。花柱丝状,无毛。小坚果黑色,具光泽,近圆球形,直径约 1.5 mm。花期 8—9 月,果期 9—11 月。

图 2-58　芒草

芒草生长在热带、南亚热带地区的林缘、路旁、水边等荒地上。

此外,还有一些陆生植物也被用于水质工程的污水生态处理(土地处理、人工湿地、人工浮岛/浮床)、污染环境生态恢复与修复中。它们一般都有较强的吸收能力,如吸收土壤中的重金属离子,为有降解能力的微生物提供良好的生态环境。

陆生植物种类很多,形态多样。从形态上讲,有乔木、灌木、草本植物等,可利用它们的立体组合进行破坏环境的生态修复;从植物的使用范畴来讲,有农作物(如污水土地灌溉中的各种粮食作物与蔬菜等),肥料植物(如苜蓿、紫芸茵等),花卉植物(如美人蕉、鸢尾等)。由于所涉及的范围很广,这里不一一介绍。

2.4.2 小型水生动物

水生动物种类也很丰富,包括一些大型动物、小型动物与微型动物。一些大型动物,如脊椎动物的鱼类,是水体生态系统的一个营养级,在维护系统的平衡中起着重要作用,但在水质工程中不是重点,这里不进行介绍。水生动物中的微型动物,包括许多原生动物与微型后生动物,已在2.2节中叙述。与水体水质密切相关的一些小型水生动物,按照在水体中的存在位置与状态,可分为三大类群,即自游动物(或游泳动物)、浮游动物和底栖动物(或水底动物)。但有时,底栖生物和浮游生物、自游生物在某种情况下很难分清楚,如甲壳类的蟹是底栖动物,但其幼体是在水中漂流的。

由于底栖生物是一个很大的生物类群,有许多特殊的生物学特征,其种类和生活方式都远比浮游生物和自游生物复杂,它们在水体物质循环及水质维护、水体水质与水环境监测中发挥着十分重要的作用,下面重点讨论底栖生物的一些特性。

1)分类与基本特性

底栖生物(benthonic organism)由栖息在水域底部和不能长时间在水中游动的各类生物组成,是水生生物中的一个重要生态类型。根据生物类别,可分为底栖植物(benthonic plant)、底栖动物(benthonic animal)与底栖微生物。底栖动物包括腔肠动物(coelenterate)、海绵动物(spongia)、扁形动物(platyhelminth)、线形动物(nemathelminthes)、环节动物(annelids)、节足动物(arthropods)等。

底栖动物的生活习性与运动方式包括爬行、匍匐、附着、攀缘、穴居等。多数底栖生物不能远距离移动,可很好地指示水体区域环境污染特性。

近代研究常根据筛网孔径的大小将底栖动物划分为不同类型:不能通过500 μm孔径筛网的动物称为大型底栖动物(macrofauna),能通过500 μm孔径筛网但不能通过42 μm孔径筛网的动物为小型底栖动物(meiofauna),能通过42 μm孔径筛网的动物为微型底栖动物(microbenthos)。这种分类方法是为了研究的方便,与分类地位和生态习性无关。20世纪60年代以后,对生存于沿岸或水下沉积物颗粒间的大量体径为0.4～1 mm的小型底栖动物(也称间隙动物)和体径小于0.4 mm的微型底栖生物的调查研究受到较多重视。微型底栖动物主要是原生动物等,它们的数量远远超过大型底栖生物,虽然个体很小,但其生物量却几乎与大型动物相等,在物质转化及食物链方面作用重要。

2)生活类型

根据生活方式类型,底栖动物可分为固着动物(sessile benthos)、穴居动物(burrowing benthos)、攀爬动物(climbing benthos)和钻蚀动物(boring benthos)等。

(1)固着动物

固着动物为在水底表面或其突出物上终生固着或临时固着生活的底栖动物。淡水中终生固着的种类比海洋少得多,但有共同点,其幼体多营浮游生活,成体固着。较低等的种类主要包括海绵动物和刺胞动物(cnidaria),较高等的永久固着动物在淡水中仅有淡水壳菜(*Limnoperna lacustris*),成体以足丝固着于坚硬的底质上。由于长期营固着生活,这类动物身体的构造通常都较简单，除感觉器官（如触手、触丝）相对发达外，一些器官有退化现象。固着动物常形成群体，过度滋生时可造成不利影响，如淡水壳莱常损害水工建筑或堵塞工厂供水管道。临时固着的动物则种类甚多，在流水环境中相当普遍，其固着方式多样，如蛭类用吸盘固定等。

（2）穴居动物

穴居动物通常将身体的全部或大部分埋藏于疏松的底质中。如淡水中的一些线虫、颤蚓科寡毛类、双壳类软体动物以及摇蚊类幼虫等，它们有多种穴居生活适应方式：①多数种类都具有细长的体形，这使其易于在底质中穿行。②为解决底质中氧气（有时包括食物）供应不足的问题，它们常有部分身体露出于底质外。如颤蚓类常将尾部露出并不断摇摆以制造水流进而获得氧气；淡水蛏则有很长的进出水管，以便从水体中获得氧气及悬浮食物颗粒；尾鳃蚓（*Branchiura*）则在尾部各节有成对的指状鳃，以提高气体交换效率；许多蚌类具有肌肉发达的斧足，可以在湖底开凿穴道，更好地适应环境。图 2-59 为常见的几种穴居动物。

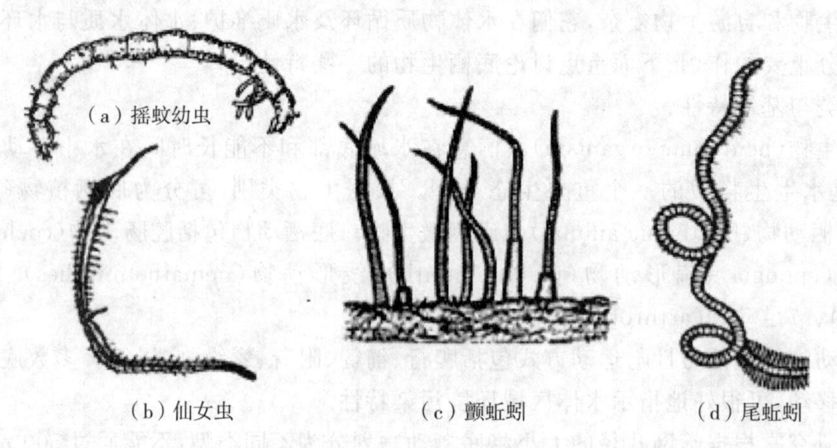

图 2-59　常见的几种穴居动物

穴居动物分布在淤泥为主的底质中，有时可分布在很深的地方，如颤蚓类在日本琵琶湖南部可钻至湖底以下 0.9 m。因此采集底栖动物样品时采泥器应能达到一定的深度。就疏松湖底而言，至少应穿透 20 cm 底质才有可能采到该处 90%的生物。

（3）攀爬动物

攀爬动物指爬行于底质表面和攀缘于水底突出物（包括水草）上的动物。它们的组成非常复杂，不但体型差异很大，运动能力和方式也不相同。一般而言，在底质表面爬行的类群个体都较大，常有较厚重的贝壳或被甲，常见的如腹足类的环棱螺（*Bellamya*）、圆田螺（*Cipangopaludina*）以及甲壳类的各种蟹类和螯虾（*Astacus*）等。昆虫中亦有较多爬行种类，如蜻蜓幼虫和半翅目的田鳖（*Lethocerus indicus*）、红娘华科（Nepidae）的一些种类等。在突出物和植物上攀缘的种类大都体形较小，贝壳亦相对较单薄，常见的如淡水线虫及寡毛纲中的一些种类，软体动物则以螺科（Hydrobiidae）种类为主。

攀爬动物中有不少种类有营造负管或负囊的习性，负管由砂粒或植物种子构成，并随虫体而移动。有负管的种类以毛翅目幼虫为多，管盘虫（*Aulophorus*）亦常见。有厚重负管的种类多只在泥表爬行，而负管轻巧的种类则常见于水生植物上。这一类群的活动能力一般都不大。攀爬动物中还有活动能力相当强的种类，如龙虱和一些虾类，不但善于主动游泳，而且活动范围很广。

3)摄食和生殖

根据摄食对象和方法的差异，底栖动物分为收集者(collectors)、撕食者(shredders)、刮食者(scrapers)、捕食者(predators)和滤食者(filter - collectors)。

底栖动物的收集者主要取食水底的各种有机颗粒物，如颤蚓等；撕食者主要以各种凋落物和粗大(粒径大于1 mm)有机颗粒为食，如蟹类；刮食者主要以各种营固着生活的生物类群为食，如着生藻类等；捕食者为直接吞食或刺食猎物的生物，如广翅目的一些种类；滤食者以水流中的细小(粒径小于1 mm)有机颗粒物为食，如双壳类动物。

底栖动物主要进行无性生殖，其无性生殖有以下3种类型：

(1)断裂生殖(fragmentation)。由虫体自切为若干段，每段再生出新的头部和尾部，形成完整的成体，这种现象以寡毛类的带丝蚓(*Lumbriculus*)最为常见。

(2)出芽生殖。由体壁向外凸出形成芽体，芽体在一个个体上可能同时出现2～3个，芽体发育成新的个体。这类生殖在淡水中仅见于水螅(*Hydra*)。

(3)芽裂生殖(bud - fission)。这类生殖为在身体的某个部位出现组织增生并形成芽裂。通常在中部的某一体节形成芽区(budding zone)，在该区增生若干新节，前面若干新节形成母体尾部，而后面新节则发育为幼体的头部，待幼体成熟后脱离母体。这类生殖常见于扁形动物及低等环节动物中，如扁形动物单肠目的微口虫(*Microstomum*)以及寡毛类仙女虫科的许多种类。

底栖动物的不少种类则只进行有性生殖。有性生殖在底栖动物中是普遍现象，不论是雌雄同体还是雌雄异体，生殖时都须经过异体受精，形成受精卵并发育成幼体。不少种类能分泌膜状物将或多或少的受精卵包裹起来，以利幼体在其中孵化，这个构造通称卵茧(cocoon)，又称卵袋。

底栖动物幼体发育可分为直接发育和间接发育2种方式。直接发育是幼体孵化后，形态即与成体无大差异；间接发育是幼体形态与成体不同，须经简单或复杂的变态阶段，如昆虫的发育。水生昆虫变态主要有2类：① 完全变态(complete metamorphosis)，发育过程包括卵、幼虫、蛹、成虫4个阶段，常见于鞘翅目和双翅目。②不完全变态(incomplete metamorphosis)，变态过程无蛹期，幼虫常有气管鳃和翅芽，通称稚虫(naiad)，常见于蜻蜓、蜉蝣等目。

4)水环境中的分布及其功能

(1)分布

底栖生物的生存、分布和数量主要与水温、盐度、营养条件密切相关，且还受水体沉积物理化性质影响。多数底栖动物在生活史中都有二个浮游幼体阶段。幼体漂浮在水层中生活，能随水流动，向远处扩散，但绝大多数幼体对底质都要求甚严。例如固着生活的藤壶(*Acorn barnacle*)，底质内生活的蚬、蛤类，它们只在适宜的底质上生活。这种特点在一定程度上限制了某些底栖动物的分布范围。

底栖生物的栖息活动和分布受沉积作用(deposition)的影响很大。河口区沉积过程活跃，在一定程度上影响底栖动物的定着、栖息和活动。在沉积速率较高的粗颗粒区域，底栖动物的生物量和密度很低，常常难以发现。但在粗颗粒沉积少而有机物含量较高、营养条件好的区域，常常有大量底栖生物分布，从而形成特殊的生物群落。

(2)功能

① 底栖生物，尤其是大量食沉积物的底栖动物，如棘皮动物的海参类的生命活动常干扰破坏自然情况下水体沉积物的层理结构，形成生物扰动还改变沉积物的性质。

② 底栖动物寿命较长，迁移能力有限，且包括敏感种和耐污种，其种类与多样性可作为长期监测水体质量的指示生物，故常被称为"水下哨兵"。

③ 底栖生物链是水体生态环境健康的标志之一，底栖生物对水体内源污染控制极其重要，底栖生物链的建立能有效降低内源污染释放总量和速度。近年来，底栖生物在污染水体生物修复中的作用得到了较多关注。

此外，一些陆生的小型动物，也在污水处理中得到应用。如蚯蚓喜欢潮湿、阴暗环境，喜欢吞食高肥力的有机腐殖质，被用于生物滤池中进行生活污水生物膜法处理，用于生活污水处理产生的剩余污泥的处理。随着技术的进步，会有更多的陆生动物被用于水质工程中。

Reading Material

Bacterial Movement and Chemotaxis(趋化性)

1. Flagellum

Many bacteria use a special structure, the flagellum, for motility. The bacterial flagellum is a long thin(20 nm)structure that is free at one end and attached to the cell at the other end. Flagella are composed of helically arranged protein subunits; the protein is called flagellin. The portion of the flagellum embedded in the membrane is surrounded by two pairs of rings (basal body), the outer pair of rings is associated with the lipopolysaccharide(LPS) and peptidoglycan layers of the cell wall, and the inner pair of rings is located within or just above the plasma membrane. In Gram-negative bacteria, the outer pair of rings associated are attached to the LPS and peptidoglycan layers of the cell wall, and the inner pair of rings is located within or just above the plasma membrane. In Gram-positive bacteria, which lack the outer LPS layer, only one pair of rings is present.

The position and number of flagella are often used as characteristics for classification. Polar flagella are positioned at one or both ends of the cell. Where flagella are found at various sites around the cell these are termed peritrichous, and where several are located at one end of the cell they are termed lophotrichous.

2. Bacterial movement

Flagella are rigid structures which do not flex but rotate. The rotary motion of the flagellum is driven by the basal body, which acts like a motor. The rings within the structure are thought to act together in generating rotational movement and the driving force. Dissipation of the proton gradient releases energy which causes rotation of the flagellum. The direction of flagellar rotation determines the type of movement. Bacteria with a single flagellum move forward during counterclockwise rotation and tumble when the flagellum rotates clockwise. Flagella of peritrichous organisms behave as a single bundle of flagella during counterclockwise rotation and thus move forwards; however, during clockwise rotation the flagella act independently and the organism tumbles.

The direction of flagellar rotation determines the type of movement. Bacteria with a single flagellum move forward during counterclockwise rotation and tumble when the flagellum rotates clockwise. Where there are more than one flagellum, they behave as a single bundle during counterclockwise rotation and thus move forward; however, during clockwise rotation the flagella act independently and the organism tumbles.

3. Chemotaxis

Chemotaxis is the movement of an organism towards or away from a chemical. Positive chemotaxis is movement towards a chemical(attractant); negative chemotaxis is movement away from a chemical(repellent). Bacterial movement is controlled by the presence of these compounds such that where there is no gradient of attractant or repellent in the environment, the organism moves in a random way. However, in the presence of a concentration gradient, the net movement of the bacterium is in one direction. Bacteria detect the presence of a gradient through the action of membrane-bound chemoreceptors.

Chemotaxis is thus a response to chemicals in the environment and requires that the cell has some form of sensory system. Bacterial movement can be divided into runs where the organism moves in one direction (caused by counterclockwise flagellar rotation) and ′twiddles′ where the organism randomly tumbles (caused by clockwise rotation of the flagella). Where there is no gradient of attractant or repellent the organism moves in a random way with a large number of twiddles; however, in the presence of a gradient, the runs become longer and twiddles less frequent as the organism experiences higher concentrations of attractant or repellent. The link between flagella movement and concentration of attractant or repellent involves the action of chemoreceptors which are proteins located in the periplasm. Although a chemoreceptor is fairly specific for the compound which it combines with, this specificity is not absolute. For example, the galactose chemoreceptor also recognizes glucose and fructose, and the mannose chemoreceptor also recognizes glucose. Methyl-accepting chemotaxis proteins (MCPs/ also called transducers) are involved in translating the chemotactic signals from chemoreceptors to the flagellar motor.

第3章 微生物的代谢生理与遗传

✣ 内容提要

本章首先介绍了微生物代谢过程起关键作用的酶的结构与功能，阐述微生物生长代谢需要的营养物质种类、作用以及被吸收进入生物体内的方式，重点论述微生物的呼吸与产能作用、微生物的生长规律，阐明其遗传变异方式，为水质工程学的微生物培养与驯化奠定基础知识。

✣ 思考题

(1)什么是酶？酶的结构与催化特性有哪些？

(2)酶活性及其影响因素有哪些？

(3)微生物生长需要哪些营养？

(4)什么是培养基(culture medium)？根据化学组分，培养基可分为哪几种类型，各有什么特点？

(5)城镇污水、工业废水能否满足微生物对营养的需求？如果不能满足，该如何处理？

(6)营养物质的吸收与运输的主要途径是什么？

(7)微生物的呼吸方式主要有哪几种？各对环境条件有何要求？

(8)不同基质的呼吸作用通过哪个途径相互联系在一起，这对物质的代谢有何重要意义？

(9)根据微生物的呼吸方式，可将微生物分为哪些类型？在污水处理工艺中应该如何满足其要求？

(10)微生物生长的规律如何，在污水处理中有何作用？

(11)试以大肠杆菌降解乳糖为例，说明基因控制的操纵子学说的原理。

(12)基因突变的主要特点是什么？

(13)请分析微生物的遗传作用在水质工程学中有何作用？

(14)与高等生物相比，微生物的变异是容易还是困难，为什么？这个特点有利于水处理吗？

(15)从微生物生长的营养与条件方面考虑，如何保存菌种？

3.1 酶及其作用

3.1.1 酶概念与特性

1)酶

催化剂是在化学中，能改变化学反应的速度而其本身在反应前后没有发生变化的物质。

如盐酸为催化剂可大大促进“蔗糖⟶葡萄糖+果糖”的反应速度。催化剂加速反应速度的现象称为催化作用。化学催化作用往往要求一定条件。

在生物体内不断地进行着大量而复杂的生物化学反应，这些反应要求以极快的速度进行，而且须十分精确才能适应生物体生理活动的要求。另外，生物体内的条件是温和的。为了满足生物体内生物化学反应的要求，必须由特别的催化剂——酶(enzyme)来催化。酶是生物体内合成的一种具有催化性能的蛋白质或部分遗传物质，是生物催化剂。

2)酶的催化特性

(1)酶积极参与生化反应，改变反应速度，但不能改变反应平衡点。这是催化剂的一般特征。

(2)酶的催化作用具有专一性。一般地，一种酶只能催化一种或一类反应，而不能催化所有类型的生化反应。如淀粉水解酶只能催化淀粉水解，而不能催化蛋白质或脂类水解

(3)酶的催化作用条件温和，在生物体内的常温、中性的环境条件下就可以完成酶所催化的反应，而在生物体外的化学反应，往往需要高温高压，或强酸碱性的条件。

(4)酶对环境条件极为敏感，只要环境条件发生细微的变化，酶的活性就容易受到影响。

(5)酶具有极高的催化效率。

3.1.2　酶的组成与结构

1)酶组成

酶的组成主要有2种类型：

(1)单成分酶：只有蛋白质成分；

(2)全酶：由蛋白质和非蛋白成分(辅基、辅酶)组成。非蛋白成分的辅基可以是有机物、金属离子。有机物包括磷酸腺苷及其他核苷酸类(包括AMP、ADP、ATP、GTP、UTP、CTP等)，常见的辅酶(coenzyme)有辅酶A(CoA或CoASH)、辅酶Ⅰ(NAD)和辅酶Ⅱ(NADP)、FMN(黄素单核苷酸)和FAD(黄素腺嘌呤二核苷酸)、辅酶Q(CoQ)等。

2)酶蛋白结构

酶蛋白也是由氨基酸(amino acid，AA)组成的。在生物体中的蛋白质，大多数由20种氨基酸组成。酶蛋白组成中的20种氨基酸见表3-1所列。

表3-1　酶蛋白组成中的20种氨基酸

Ala(丙氨酸)	Arg(精氨酸)	Asn(天冬酰胺)	Asp(天冬氨酸)
Cys(半胱氨酸)	Gln(谷氨酰胺)	Glu(谷氨酸)	Gly(甘氨酸)
His(组氨酸)	Ile(异亮氨酸)	Leu(亮氨酸)	Lys(赖氨酸)
Met(蛋氨酸)	Phe(苯丙氨酸)	Pro(脯氨酸)	Ser(丝氨酸)
Thr(苏氨酸)	Trp(色氨酸)	Tyr(酪氨酸)	Val(缬氨酸)

一级结构的长链之间的AA通过肽键(—NH—CO—)连接成多肽链。多肽链之间或一条多肽链卷曲、螺旋后相邻的基团之间通过氢键、盐键、酯键、疏水键、范德华引力及金属键

等相连接，逐步形成螺旋状二级结构、固定形态的三级结构、具有生理功能的蛋白质四级结构。酶蛋白的结构如图 3－1 所示。

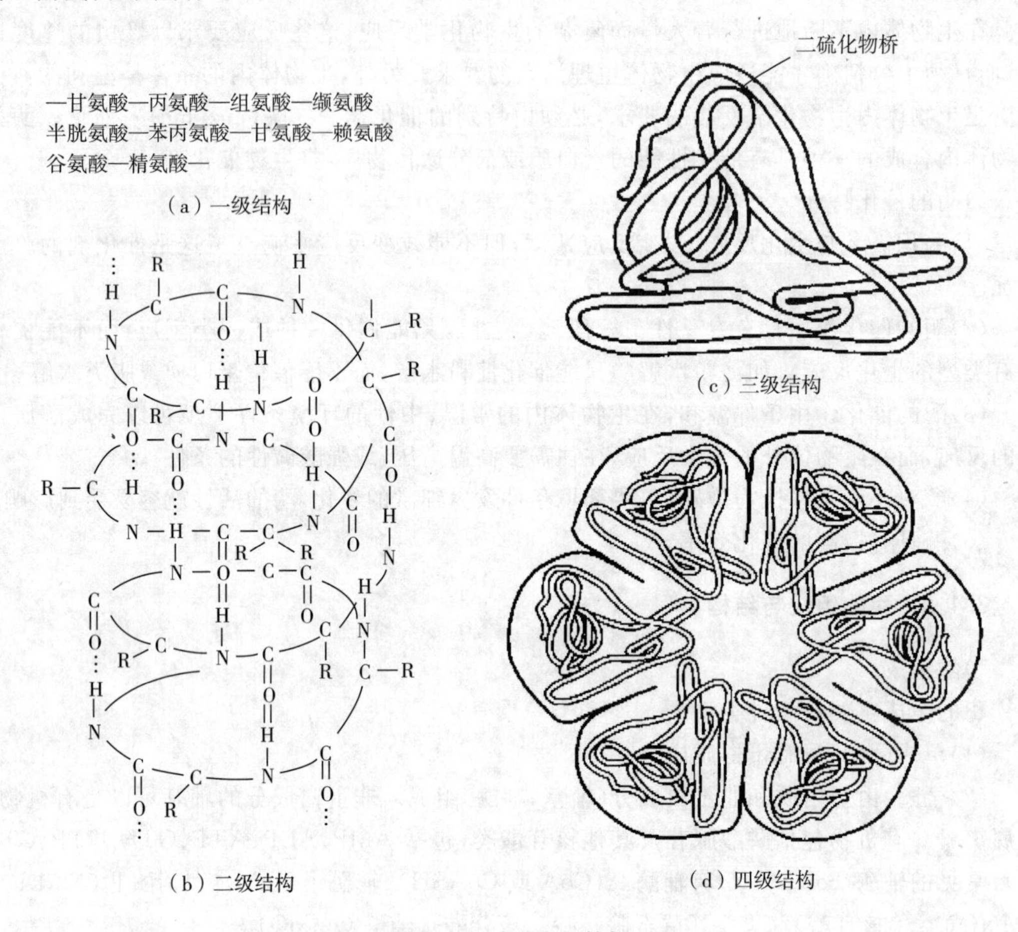

（a）一级结构　（b）二级结构　（c）三级结构　（d）四级结构

图 3－1　酶蛋白的结构

3）酶的活性中心

酶蛋白分子中与底物结合，并起催化作用的小部分氨基酸微区，为酶的活性中心。活性中心可分为结合部位和催化部位。

如果酶蛋白发生变性，构成酶活性中心的众多基团互相分开，酶与底物无法结合，酶促反应也就无法进行。

对于反应物而言，酶就是一个巨大的加工厂，反应物只有穿过酶蛋白的重重结构进入到内部与活性中心结合，才能被酶催化，发生生化反应。在水处理中，大分子有机污染物进入活性中心较小分子有机物进入活性中心困难，因此，分解也较难。

3.1.3　酶的分类与命名

根据不同的分类标准，形成了多种分法：

第 1 种，按照酶所催化的化学反应类型，可把酶分为 6 大类，这是国际标准的系统分类法。

第1类，氧化还原酶(oxidoreductase)。其为催化氧化还原反应的酶，可以再分为氧化酶和脱氢酶。

$$AH_2+B \underset{\text{还原酶}}{\overset{\text{脱氢酶}}{\rightleftharpoons}} A+BH_2 \qquad (3-1)$$

第2类，转移酶(transferase)。其催化底物(生化反应的反应物，即酶的作用对象)的基团转移到另一有机物上，反应方程式如下：

$$A-R+B \longrightarrow A+B-R \qquad (3-2)$$

式中，R可以是氨基、醛基、酮基、磷酸基等。

第3类，水解酶(hydrolase)。其催化有机物大分子和水分子反应变成小分子，反应方程式如下：

$$A-B+HOH \longrightarrow AOH+BH \qquad (3-3)$$

第4类，裂解酶(lyase)。其催化有机物裂解成短链的小分子物质，反应方程式如下：

$$AB \longrightarrow A+B \qquad (3-4)$$

第5类，异构酶(isomerase)。其催化同分异构体之间的转化，反应方程式如下：

$$A \longrightarrow A' \qquad (3-5)$$

第6类，合成酶(synthase)。其催化底物的合成反应，需要能量，反应方程式如下：

$$A+B+n\ ATP \longrightarrow AB+n\ ADP+n\text{Pi} \qquad (3-6)$$

六大类的每大类又可分为若干亚类和亚亚类，并采取四位编号的系统进行编号。每种酶都有一个四位数字的号码，每个酶用4个圆点隔开的数字编号，编号前冠以EC(enzyme commission)，其中第一位数代表大类；第二、三位数分别代表亚类和亚亚类，由前三位数就可确定反应的性质；第四位数则是酶在该亚亚类中的顺序。如乙醇脱氧酶的编号为EC1.1.1.1，其中4个数字分别表示氧化还原酶、电子供体是醇、电子受体是NAD^+、序列号是1。

第2种，按酶的作用底物不同，可把酶分为淀粉酶、蛋白酶、脂肪酶、纤维素酶、核糖核苷酶等，这是习惯分类法。

第3种，按酶的作用部位，可把酶分为胞外酶(extracellular enzyme)和胞内酶(endoenzyme)。胞外酶是能被分泌到细胞外的、作用于细胞外非溶解性物质的酶，它们可以将纤维素、淀粉、蛋白质等胞外大分子有机物分解成小分子，便于吸收进细胞内部。胞内酶是在细胞内起作用的酶，主要催化细胞内的合成与呼吸代谢。

第4种，按照酶在生物体内存在状况，可把酶分为固有酶和诱导酶。固有酶也称为组成酶(constitutive enzyme),无论培养基中有无它的底物,这种酶都能形成。诱导酶(induced enzyme),也称为适应酶(adaptive enzyme),只有在培养基中存在其底物时才能形成。如大肠杆菌(*E. coliform*)中利用乳糖的酶就是适应酶。

在实际应用中,通常是将酶的第 1 种和第 2 种分类方法结合起来使用,即"催化反应类型+作用底物"来命名酶,如把能将淀粉进行水解的酶命名为"淀粉水解酶"。

3.1.4 酶活性及其影响因素

1)酶活性

酶活性(enzyme activity)是指酶催化化学反应的能力,与酶的含量有关。一般都是根据酶的催化效果来测定酶的含量,也就是测定酶所催化的反应速度。

反应速度是指在单位时间内底物的消失量或产物的生成量。酶催化的反应速度越快,则酶的活性越高。

2)衡量酶的数量指标

(1)酶活力

在温度 25 ℃、最适 pH、最适的缓冲溶液和最佳底物浓度等条件下,每分钟能使1 μmol 底物转化的酶量为一个酶活力单位(IU 或 U)。

(2)比活力

在固定条件下,每 1 毫克酶蛋白或每 1 毫升酶液所具有的酶活力。

3)酶反应机理(反应动力学)

对于酶促反应,Michaelis & Menten 提出了中间反应学说,认为酶(E)促进底物(S)反应由 2 个步骤构成,即先生成酶中间复合体(ES),然后再生成产物(P)。

$$E+S \underset{k_2}{\overset{k_1}{\rightleftharpoons}} ES \xrightarrow{k_3} E+P \tag{3-7}$$

式中,k_1、k_2、k_3 为每步反应的速度常数。

依据上述中间反应,根据质量作用定律,导出酶促反应速度方程式(米-门公式):

$$v=v_{max}S/(k_m+S) \tag{3-8}$$

式中,v 为反应速度;v_{max} 为最大反应速度;S 为底物浓度;k_m 为米氏常数。

米氏常数的含义:$k_m=(k_2+k_3)/k_1$ 表示酶与底物的反应完全程度,k_m 越小表明酶与底物的反应越趋于完全,k_m 越大表明酶与底物的反应越不完全;当 $v=v_{max}/2$ 时,$k_m=S$,故它是反应速度为最大反应速度一半时的底物浓度。

k_m 是酶的特征常数,与酶的种类和性质有关,而与酶浓度无关。

4)影响酶活性因素

(1)酶浓度对酶促反应的影响

当底物分子浓度足够时,酶分子越多,底物转化的速度越快(图 3-2)。

(2)底物浓度对酶促反应的影响

若酶浓度为定值,底物起始浓度较低时,酶促反应速度与底物浓度成正比,即随底物浓度的增加而增加。当所有的酶与底物结合生成中间产物(ES)后,即使再增加底物浓度,ES浓度也不会增加,酶促反应速度也不增加。

在底物浓度相同的条件下,酶促反应速度与酶的初始浓度成正比(图3-3)。

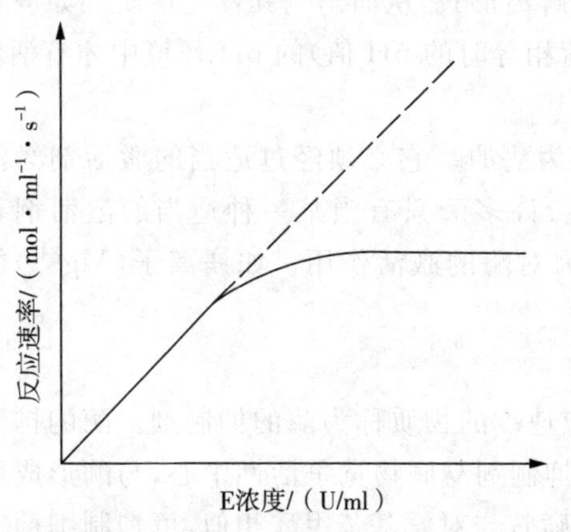

图3-2　酶浓度对酶促反应速度的影响

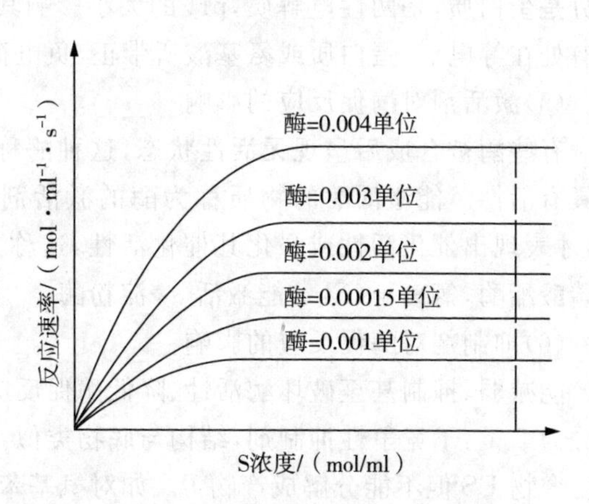

图3-3　底物浓度对酶促反应的影响

(3)温度对酶促反应的影响

微生物的温度适宜范围为25～60 ℃,各种酶在适宜温度范围内,酶活性强,酶促反应速度大,并随温度的升高酶活性增强。一般用温度系数Q_{10}来表示温度对酶促反应的影响。

$$Q_{10}=\frac{v_{T+10}}{v_T} \tag{3-9}$$

式中,v_T、v_{T+10}分别为T℃、$(T+10)$℃时的反应速度。Q_{10}通常在1.4～2.0。

温度过高(约60 ℃)会破坏酶蛋白结构,造成变性;温度过低(约4 ℃)会使酶作用降低或停止,但可以恢复。

(4)pH对酶促反应的影响

pH对酶的影响存在三基点:最高、最适、最低。酶在最适pH范围内表现出高活性,大于或小于最适pH,都会降低酶活性。不同的酶的最适范围不同(图3-4)。

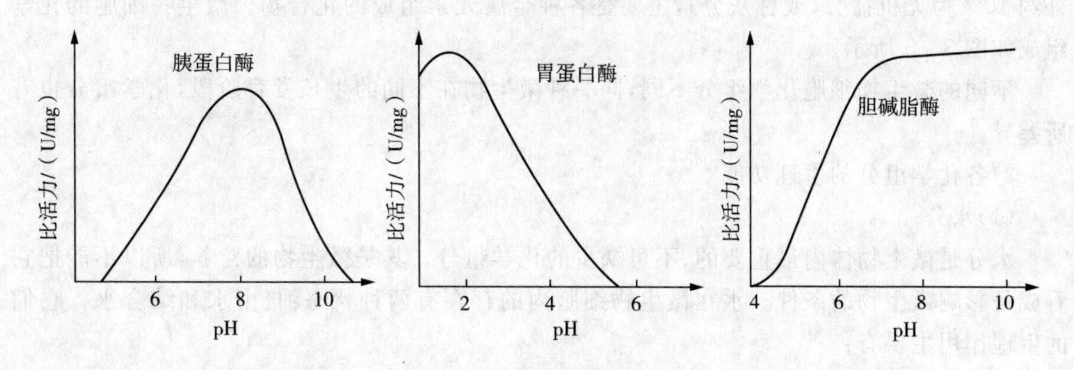

图3-4　pH对酶活性的影响

pH 对酶活性的影响主要表现在两个方面：

① 改变底物分子和酶分子的带电状态，从而影响酶和底物的结合；

② 过高、过低的 pH 都会影响酶的稳定性，进而使酶遭到不可逆的破坏。因为酶的基本成分是蛋白质，是两性电解质，pH 的大小影响其解离形式，从而影响其催化性质。如蔗糖酶只有处在等电点(蛋白质或氨基酸所带正、负电荷相等时的 pH 值)的 pH 环境中才有活性。

(5)激活剂对酶促反应的影响

有些酶被合成后呈现无活性状态，这种酶称为酶原。它必须经过适当的激活剂激活后才具有活性。能激活酶的物质称为酶的激活剂。许多酶只有当某一种适当的激活剂存在时，才表现出催化活性或强化其催化活性，这称为对酶的激活作用。如镁离子(Mg^{2+})能激活磷酸酯酶，氯离子(Cl^-)能激活 α-淀粉酶。

(6)抑制剂对酶促反应的影响

能减弱、抑制甚至破坏酶活性、降低酶促反应速度的物质称为酶的抑制剂。酶的抑制剂可分为 2 类：①竞争性抑制剂，结构与底物类似，抑制剂与底物竞争活性中心，与酶形成可逆的复合物 ES 但不能分解成产物 P。如对氨基苯磺胺与对氨基苯甲酸相似，可抑制细菌二氢叶酸合成酶，抑制细菌生长繁殖。②非竞争抑制剂，与酶活性中心以外的基团(如巯基)结合，破坏酶的空间构象。如亮氨酸是精氨酸酶的非竞争抑制剂。

3.2 微生物营养

微生物只有从环境中吸收了营养，并进行代谢，才能很好地生长、繁殖。微生物营养是指吸取的生长所需的各种物质。营养是代谢的基础，代谢是生命活动的表现。微生物细胞的化学组成、营养类型和代谢遗传特性等决定了微生物对营养物质的吸收种类与方式。

3.2.1 微生物细胞化学组分及生理功能

1)化学组分

微生物细胞中最重要的、含量最大的组分是水，约占细胞总重量的 70%～90%，其他 10%～30%为干物质。干物质中有机物占 90%左右，其主要化学元素是 C、H、O、N、P、S；另外约 10%为无机盐分(或称灰分)，主要是各种金属元素组成的化合物。微生物细胞的化学组成如图 3-5 所示。

不同的微生物细胞化学组分不同，同一种微生物在不同的生长发育阶段，化学组分也有所差异。

2)各化学组分的生理功能

(1)水分

水分是微生物体内最重要的、不可缺少的化学组分。其是微生物的营养，所以不能把它看成是影响微生物的条件。水在微生物细胞内的存在有两种状态：自由水和结合水。它们的生理作用主要有：

① 溶剂作用。微生物体内的所有物质都必须以水为溶剂，溶解于水后，才能参与各种生化反应，进行生理代谢。

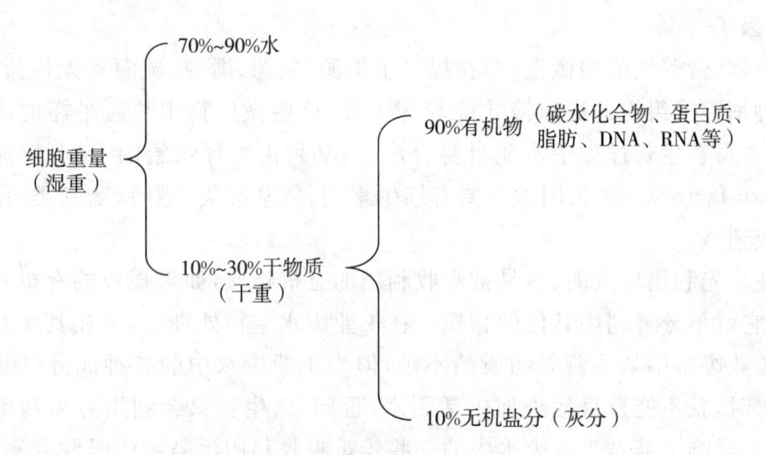

图 3-5　微生物细胞的化学组成

② 物质运输载体。营养物质必须先溶解于水中形成溶液，才能被输送到身体各个部位或细胞的不同区域。

③ 作为反应物。水参与微生物体内的各种生化反应，如各种大分子有机物的水解反应，都必须有水作为反应物。

④ 调节作用。在一定范围内维持和调节温度、细胞或身体的渗透压。

(2)碳源

能提供细胞组分或代谢产物中碳素来源的各种营养物质称为碳源(carbon source)。碳源分为有机碳源和无机碳源两类，有机碳包括各种糖类、蛋白质、脂肪、烃类化合物、醇、有机酸等，无机碳主要有 CO_2、CO_3^{2-} 或 HCO_3^-。碳源的作用是提供细胞组成有机物的骨架和代谢物质中碳素的来源以及生命活动所需要的能量。自养微生物以简单的无机碳化合物为碳源，而异养微生物则以有机化合物为碳源。

(3)氮源

能为微生物生长提供细胞组分中氮素来源的各种物质称为氮源(nitrogen source)。氮源也可分为两大类：有机氮源(蛋白质、蛋白胨、肽、嘌呤、嘧啶、氨基酸等)和无机氮源(如氮气、氨、亚硝酸盐、硝酸盐等)。氮源的作用是提供细胞新陈代谢中所需的氮素合成材料，在一定情况下，它也可为细胞提供生命活动所需的能量。

(4)无机盐

微生物生长过程中还需要一些无机盐(inorganic compounds)，它们主要是细胞内存在的一些金属离子盐类。根据含量的多少可以分成微量金属元素和大量金属元素，前者如Zn、Ni、Co、Mo、Mn 等，后者如 P、S、K、Mg、Na、Fe 等。无机盐在细胞中的主要作用有：

① 构成细胞的组成成分，如 H_3PO_4 是核酸物质 DNA 和 RNA 的重要组成成分，还是生物体能量载体的组成成分，如 ATP 中有三个高能磷酸键；

② 酶的组成成分与酶的激活剂，如 S 是蛋白质和氨基酸的—SH 成分，Mg^{2+}、K^+ 是酶的激活剂；

③ 维持微生物内的适宜渗透压，如 Na^+、K^+、Cl^- 等；

④ 自养型微生物的能源。自养型微生物能从氧化还原无机物中获得能量。

(5)生长因子

某些微生物(营养缺陷型微生物)在提供了碳源、氮源、磷源、硫源和无机盐等组分外，还必须加入某种细胞或组织的提取液才能较好生长，这些微生物生长所必需的微量的特殊物质，是微生物本身在生长过程中不能自身合成的，必须由外界供给的，这个特殊物质称为生长因子(growth factor)。生长因子主要有维生素类、氨基酸类、嘌呤、嘧啶类，作用主要是构成酶的辅酶或辅基。

微生物往往先利用现成的、容易被吸收利用的有机物质，如果现成的有机物质量已满足微生物需要，它就不分解利用其他的物质。在工业废水生物处理中，常在其中补加一些生活污水以补充工业废水中某些营养物质的不足，但当工业废水中的各种成分已基本满足微生物的营养要求时，就不能盲目地添加生活污水，否则，微生物只会利用容易利用的生活污水中有机物，反而影响了其对工业废水中的一些较难吸收利用污染物的吸收降解去除，从而影响到工业废水的净化效率。

3)培养基

(1)培养基含义

培养微生物就要使用培养基。培养基(culture medium)是根据微生物营养需要而人工配制的适合不同微生物生长繁殖或积累代谢产物的营养载体。

培养基种类很多，组分和形态各异，应用很广。常用的微生物培养基营养成分组成见表3-2所列。

表3-2　常用的微生物培养基营养成分组成

微生物	培养基	培养基成分(单位/%)				pH
		碳源	氮源	无机盐	生长因子	
细菌	肉汁培养基	牛肉膏(0.5)	蛋白胨(1.0)	NaCl(0.5)	牛肉膏中已有	7.2
	疱肉培养基	葡萄糖(2.0)	蛋白胨(1.0)	NaCl(0.5)	牛肉浸出液(45.5)	自然7.0～7.2
放线菌	淀粉培养基	可溶性淀粉(2.0)	KNO_3(0.1)	K_2HPO_4(0.05) NaCl(0.05) $MgSO_4 \cdot 7H_2O$(0.05) $FeSO_4 \cdot 7H_2O$(0.001)	—	7.0～7.2
	蔗糖硝酸盐培养基	蔗糖(3.0)	$NaNO_3$(0.2)	K_2HPO_4(0.1) $MgSO_4 \cdot 7H_2O$(0.05) $FeSO_4 \cdot 7H_2O$(0.001)	—	7.0～7.3
酵母膏	麦芽汁培养基	麦芽汁内已含各种成分				自然
	My培养基	葡萄糖(1.0)	蛋白胨(0.5)	—	酵母膏(0.3) 麦芽汁(0.3)	自然
霉菌	察氏培养基	蔗糖或葡萄糖(3.0)	$NaNO_3$(0.3)	K_2HPO_4(0.05) KCl(0.05) $MgSO_4 \cdot 7H_2O$(0.05) $FeSO_4 \cdot 7H_2O$(0.001)	—	6.0

(2)培养基分类

① 培养基组分

根据化学组分的不同,培养基可分成3类:天然培养基、合成培养基和半合成培养基。

天然培养基(complex medium)是指利用动物、植物或微生物体或其提取液制成的培养基,培养基中营养物质多种多样,确切化学组分和准确的含量未知。天然培养基的优点是取材方便,营养丰富,种类多样,配制容易;缺点是组分不清楚,故配制的不同批次的培养基容易造成成分不稳定,对试验结果带来不利影响。合成培养基是用确定组分、准确含量的纯化学试剂配制而成的培养基,它的特点正好与天然培养基相反,合成培养基的优点是成分精确,重复性好,利于保持培养基组分的一致;缺点是价格较贵,配制过程繁杂。合成培养基多用于微生物的营养、代谢、生理生化、遗传育种等要求较高的研究。既含有天然组分又含有纯化学试剂的培养基叫作半合成培养基,如培养真菌的“马铃薯+蔗糖”培养基。半合成培养基的特点和制备价格介于天然培养基和合成培养基之间,适合不同的培养需要。

② 物理状态

依据培养基物理状态的不同,培养基可分为固体培养基、半固体培养基和液体培养基三大类。

按照配方配制而成的呈液体状态的培养基称为液体培养基,它是常用的一种形态。水处理中废水可以看作是一种广义的液体培养基,它为处理污水的微生物提供营养物质。在液体培养基中加入0.5%～1.0%的琼脂作为凝固剂后,培养基状态处于固体和液体之间,为半固体培养基,它主要用途是做微生物运动特性的观察。在液体培养基中加入2%左右的琼脂凝固剂时,培养基的外观呈固体状,此时为固体培养基。由天然固体状基质直接制成的培养基,如马铃薯片、大米、米糠、木屑、纤维等属于固体培养基。固体培养基主要用于普通的微生物学研究,如酿造或食用菌培养等。

③ 培养基用途

根据培养基用途的不同,培养基可分成以下3类:鉴别培养基、选择性培养基和加富培养基。

鉴别培养基是根据对化学和物理因素的反应特性而设计的可借助肉眼直接判断微生物的培养基。水处理中常用的伊红美蓝(eosin methylene blue,EMB)培养基就是典型的鉴别培养基。选择性培养基是按照某种或某些微生物的特殊营养要求而专门设计的培养基。其作用是使分离样品中的待选择的目的微生物得以快速生长,由劣势菌变为优势菌,从而提高分离效果。如果要从环境中分离出降解半纤维素的细菌,则只投加半纤维素作为选择性培养基进行培养,在这样的培养基中,只有能够分解半纤维素的细菌才能生长,从而分离得到可分解半纤维素的细菌。加富培养基(enrichment medium)是根据细菌的营养要求,促进细菌生长而特地投加多种营养物质,使培养基成分营养丰富的基质。加富培养基多用于细菌分离前的富集扩大培养。

(3)培养基的配制方法

培养基的配制步骤主要有:①根据所要培养的微生物类别,选择培养基的配方;②按照配方,量取适量水分,称取各营养组分、无机盐等加入水中,加入凝固剂;③加热溶解各种营养成分,配成溶液;④调节pH,加入生长因子或指示剂等;⑤装入锥形瓶中,放入高压蒸汽锅中灭菌;⑥冷却放置备用。

3.2.2 微生物的营养类型

微生物种类繁多,各种微生物要求的营养物质也不相同,自然界中的所有物质几乎都可以被这种或那种微生物所利用,甚至一些有毒害的物质(如氰、酚等),也能成为某些微生物的营养物质。

根据所需碳源的不同,可把微生物分成两大类型:自养型和异养型。能以简单的含碳化合物为碳源,在完全含无机物的环境中生长繁殖的微生物,叫作自养菌(或称无机营养型微生物)。它们以二氧化碳或碳酸盐为碳源,铵盐或硝酸盐为氮源,进行微生物的生长合成代谢。它们生命活动所需的能量来自无机物或阳光。而只能以现存的有机物质为碳源的微生物称为异养菌(或称有机营养型细菌),它们主要以有机碳化物(如碳水化合物、脂类、有机酸等)作为碳素养料的来源,并利用这类物质分解过程中产生的能量作为进行生命活动所必需的能源。自然界中,绝大部分微生物都是异养菌。

微生物所需能量来源也有两类:光能营养(从太阳光中获得能量)和化能营养(从分解有机物或转化无机物中获得能量)。结合碳源的分类,微生物的营养类型可以分成四类:光能自养、化能自养、化能异养和光能异养。

1)光能自养(photoautotroph)

光能自养型微生物都含有光合色素,能进行光合作用。例如,光合微生物含有菌绿素能利用光能把二氧化碳合成细胞所需的有机物质。这种微生物进行光合作用与绿色植物在水的光解中获得氢的方式不同,如绿硫菌的光合作用要有硫化氢存在,并从硫化氢中获得氢以还原二氧化碳。下面是光合微生物与绿色植物藻类光合作用的比较。

光合微生物(绿硫菌):

$$CO_2 + 2H_2S \xrightarrow[\text{菌绿素}]{\text{光能}} [CH_2O] + H_2O + S_2 \tag{3-10}$$

绿色植物藻类:

$$CO_2 + H_2O \xrightarrow[\text{叶绿素}]{\text{光能}} [CH_2O] + O_2 \tag{3-11}$$

2)化能自养(chemoautotroph)

化能自养型微生物生长需要无机物,如硝化细菌、铁细菌、某些硫细菌等,能氧化一定的无机化合物,利用其所产生的化合能为能源,将二氧化碳还原为有机碳化物。例如,硝化微生物中的亚硝酸菌可完成下列反应:

$$2NH_3 + 2O_2 \longrightarrow 2HNO_2 + 4H + 619.6\ \text{kJ} \tag{3-12}$$

$$CO_2 + 4H \longrightarrow [CH_2O] + H_2O \tag{3-13}$$

化能自养型微生物为专性好氧菌,一种微生物只能氧化某一种特定的无机物,如上述的亚硝酸菌就只能氧化铵盐。在自然界中化能自养型微生物的分布较光能自养型微生物普遍,它们在自然界的物质循环中起重要作用,对于自然界中氮、硫、磷、铁等物质的转化具有重大的作用。

3)化能异养(chemoheterotrophy)

化能异养是微生物最普遍的代谢方式,大部分微生物都以这种营养方式生活和生长,这种营养类型的微生物利用有机物作为生长所需的碳源和能源。在异养微生物中,有很多从死的有机残体中获得养料而生活(腐生微生物),仅少数生活在活的生物体中(寄生微生物)。腐生微生物在自然界的物质转化中起着决定性作用,而很多寄生微生物则是人和动植物的病原微生物。在两种类型间还存在着中间类型,即兼性腐生或兼性寄生,这种类型的微生物既可腐生又可寄生。

4)光能异养(photoheterotroph)

属于光能异养型的微生物很少,如红螺菌中的一些微生物以这种方式生长。这种营养类型很特殊,它不能以 CO_2 作为碳源,但能利用有机物(如异丙醇)作为供氢体,利用光能将 CO_2 还原成细胞物质。一般来说,光能异养型微生物生长时大多需要生长因子。

一种微生物通常以一种方式生长。但有些微生物随着生长条件的改变,其营养类型也会由一种向另外一种改变。微生物营养类型的划分是研究微生物生长的一个重要内容。在应用微生物进行水和废水处理的过程中,应充分注意微生物的营养类型和营养需求,通过控制运行条件,尽可能地提供和满足微生物所需的各种营养物质,最大限度地培养微生物种类和数量,以期实现最佳的工艺处理效能。

3.2.3　营养物质的吸收和运输

营养物质的吸收和运输对微生物来说,是很重要的一个代谢环节,只有当微生物所需要的营养物质进入细胞体内后,才能参与微生物的生化代谢反应。然而,细胞膜是半渗透性的,各种营养物质并不能自由地进出微生物细胞,它们必须借助于微生物的物质吸收和运输途径才能进入细胞内部。营养物质的吸收和运输主要有下述四种途径。

1)被动扩散(passive diffusion)

被动扩散是营养物质的简单扩散过程,也是最简单的物质运输方式。被动扩散的特点是物质的转运顺着浓度差进行,运输过程不需要消耗能量,物质的分子结构不发生变化。微生物吸收水分、气体和一些小分子有机物时,运用这种方式进行吸收和运输。扩散速度主要取决于细胞内外营养物质的浓度差,效率较低,因此,它不是主要吸收途径。

2)促进扩散(facilitated diffusion)

促进扩散的特点基本与被动扩散相似,也是顺着浓度差进行扩散,不需要消耗能量,但是它需要借助细胞膜上的一种专一性载体蛋白才能完成。因此它对转运的物质有选择性,如氨基酸、单糖、维生素、无机盐等都是通过这种形式进行吸收和运输。影响物质转运的因素,除了细胞内外的浓度差外,还有营养物与载体蛋白的亲合力大小。

3)主动运输(active transport)

主动运输是微生物吸收营养物质的最主要形式,为借助生化酶通过细胞膜进入细胞的过程。其吸收和运输过程需要消耗一定的能量(通常是 ATP 形式),可以逆浓度差进行,从低浓度的细胞外环境中吸收营养物质,而使细胞内的浓度达到饱和。主动运输需要特异载体蛋白的参与,通过它们的构象及亲合力的改变完成物质的吸收和运输。绝大部分营养物质都是通过这种方式进行吸收的，如氨基酸、糖、无机离子、有机酸等。

4）基团转位（group translocation）

基团转位是主要存在于厌氧菌和兼性厌氧菌内的一种主动运输方式。基团转位与主动运输非常相似，所不同的是基团转位过程中被吸收的营养物质与载体蛋白之间发生化学反应，因此物质结构有所改变。一般是营养物质与高能磷酸结合，进入细胞。高能磷酸来源于微生物体内代谢所产生的含有高能键的代谢物、糖酵解产物、磷酸烯醇式丙酮酸等（图3-6）。

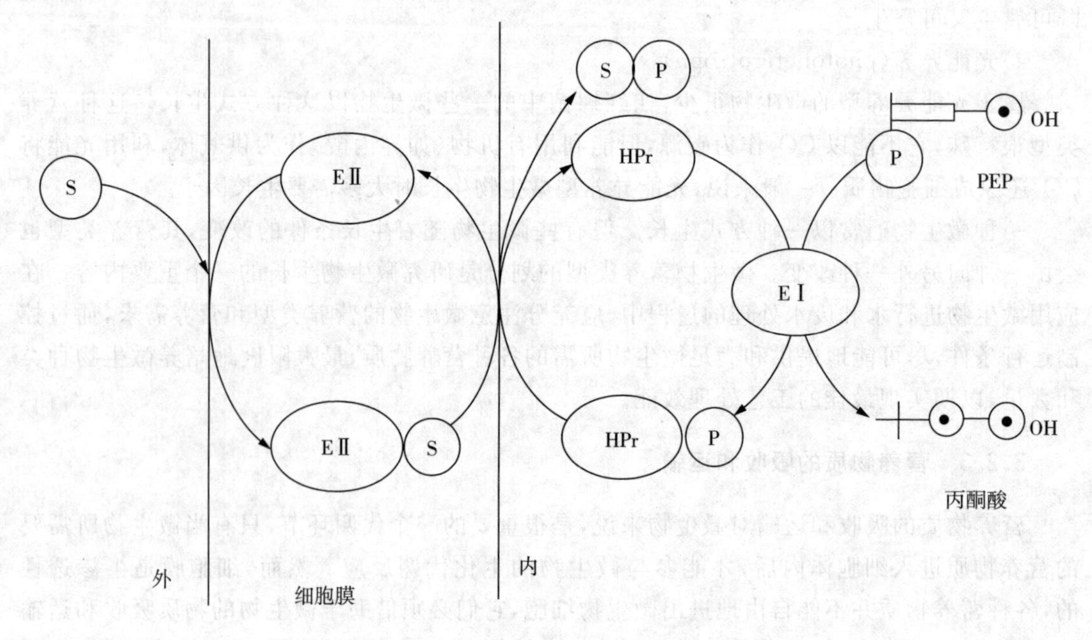

图3-6 *E. coli* 对糖的基因转位模式图

（注：S为糖，P为磷酸，EⅠ为酶Ⅰ，EⅡ为酶Ⅱ，HPr为热稳定蛋白，PEP为磷酸烯醇式丙酮酸）

四种营养物质运输和吸收方式的比较见表3-3所列。

表3-3 四种营养物质运输和吸收方式的比较

比较项目	被动扩散	促进扩散	主动运输	基团转位
特异载体蛋白	无	有	有	有
运输速度	慢	快	快	快
溶质运输方向	由浓到稀	由浓到稀	由稀到浓	由稀到浓
平衡时内外浓度	内外相等	内外相等	内部浓度高得多	内部浓度高得多
运输物质	无特异性	有特异性	有特异性	有特异性
能量消耗	不需要	不需要	需要	需要
运输前后溶质分子	不变	不变	不变	改变
载体饱和效应	无	有	有	有

（续表）

比较项目	被动扩散	促进扩散	主动运输	基团转位
与溶质类似物	无竞争性	有竞争性	有竞争性	有竞争性
运输抑制剂	无	有	有	有
运输对象举例	H_2O、CO_2、O_2、甘油、乙醇、少数氨基酸、盐类、代谢抑制剂	SO_4^{2-}、PO_4^{3-}、糖（真核生物）	氨基酸、乳糖等糖类，Na^+、Ca^{2+}等无机离子	葡萄糖、果糖、甘露糖、嘌呤、核苷、脂肪酸等

3.3 微生物的呼吸与产能

新陈代谢是维持生命的各种活动（如运动、生长、繁殖等）过程中生物化学变化（包括物质的分解、合成）的总称。微生物要维持自身的生命必须进行新陈代谢，微生物的新陈代谢包括两个作用——同化作用和异化作用（dissimilation），同化作用又称为合成代谢，异化作用又称为分解代谢。微生物不断地从外界环境摄取其生长与繁殖所必需的营养物质，进行合成代谢，同时又不断地把吸收和合成的有机物进行分解，并将自身产生的代谢产物（废物）排泄到外界环境中。

异化作用、同化作用两种代谢，是相辅相成的，异化作用为同化作用提供物质基础及能量来源，同化作用又为异化作用提供基质。

3.3.1 微生物呼吸作用的内涵

从呼吸现象分析，可以明确呼吸作用的主要内涵有：①通过呼吸作用使复杂的有机物变成 CO_2、H_2O 和其他简单的物质。②呼吸作用过程发生能量的转换。一部分能量供给合成作用，一部分能量供维持生命活动，还有一部分能量变成热能释放出来。③在呼吸作用的一系列化学变化中，产生了许多中间产物。这些中间产物一部分继续分解，一部分作为合成微生物机体物质的原料。④呼吸作用过程吸收和同化各种营养物质。

因此，微生物的呼吸作用是异化作用，是分解有机物，释放能量的过程。高等动物的呼吸作用是吸进氧气，氧化体内有机物产生 CO_2、H_2O，并放出热能。有的微生物的呼吸作用与高等动物的呼吸作用相同，需要氧进行好氧（需氧）呼吸，但有的微生物在没有氧气的情况下也能进行厌氧呼吸。

3.3.2 微生物的呼吸类型

根据与氧气的关系，微生物的呼吸作用分为好氧呼吸和厌氧呼吸两大类。由于呼吸类型的不同，微生物也分为好氧菌（需氧菌或好气菌，aerobes）、厌氧菌（anaerobes）和兼性菌（amphimicrobes）三类。好氧菌生活时需要氧气，没有氧气就无法生存。它们在有氧的条件下，可以将有机物分解成 CO_2 和 H_2O。这种方式的有物质分解过程称为好氧分解

(图 3－7)。厌氧菌只有在没有氧气的环境中才能生长，氧气对它有毒害作用。它们在无氧条件下，可以将复杂的有机物分解成较简单的有机物和 CO_2，这个过程称为厌氧分解(图 3－8)。兼性菌既可在有氧环境中生活，也可在无氧环境中生长。自然界中，大部分微生物都是兼性菌。

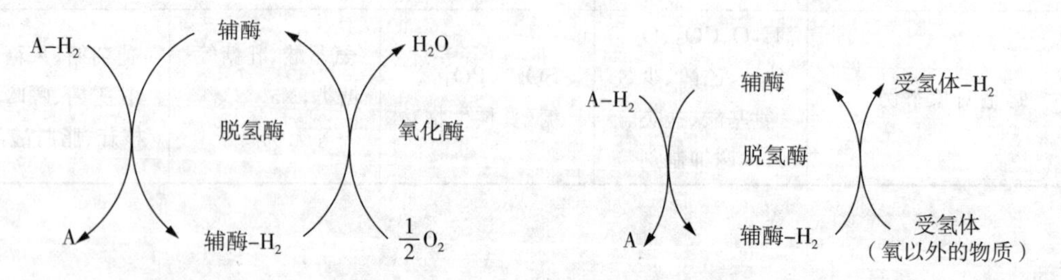

图 3－7　好氧呼吸反应示意图(A－H_2 为基质)　　图 3－8　厌氧呼吸反应示意图(A－H_2 为基质)

当水中溶解氧(dissolved oxygen，DO)高于 0.2～0.3 mg/L 时，兼性菌利用氧气进行新陈代谢；而当溶解氧低于 0.2～0.3 mg/L 时，它们就不需要氧气，进行厌氧呼吸。此外，有些好氧微生物，如好氧的球衣菌、真菌等，能在微氧环境中生长。因此，在微氧环境中占优势的常是真菌、球衣菌等好氧微生物。在活性污泥中，当溶解氧较低时，球衣菌就会过快地生长。

1)好氧微生物呼吸作用

好氧呼吸(aerobic respiration)是当营养物质进入好氧微生物细胞后，通过一系列氧化还原反应获得能量的过程。这个过程是在氧化酶、脱氢酶、细胞色素(cytochrome)/电子递体和氧气参加下进行的。首先是营养物质(基质)中的氢被脱氢酶脱下，从基质中脱下的电子交给辅酶或辅基，再通过电子呼吸链(或称电子传递链)的传递与氧结合。氧化酶活化分子氧并与电子结合成水。因此好氧呼吸的最终电子受体是游离的氧。在这个过程中放出能量。

不同的好氧微生物在呼吸过程中，呼吸基质不同，所产生的氧化产物也不同。如好氧的异养微生物以葡萄糖作为基质彻底氧化时，最后形成 CO_2、H_2O，并放出大量能量。

葡萄糖(glucose)是微生物吸收利用的常见营养物质，在代谢过程中具有非常重要的作用。好氧分解过程可分为两个阶段(图 3－9、图 3－10)：

第一阶段，通过糖酵解途径(glycolytic pathway)，也称 EMP 途径(Embden、Meyerhof、Parnas 三人姓氏的简写，这三个生物学家几乎同时发现这个过程)，即由 1 个六碳糖变成 2 个三碳的丙酮酸(pyruvic acid)。

第二阶段，经三羧酸循环[TCA，三种碳原子形式(C_3、C_4、C_5)的有机酸]，丙酮酸被彻底氧化分解变成 CO_2 和 H_2O(图 3－9、图 3－10)。

EMP 途径中只发生一步脱氢氧化反应，共产生 2 分子 $NADH+H^+$，其余能量通过底物水平磷酸化生成 ATP，共形成 4 个 ATP。若以葡萄糖作为起始物，活化过程中要消耗 2 个 ATP，因此 1 分子葡萄糖净产生 2 个 ATP。丙酮酸经 TCA 循环彻底分解为 CO_2，在这一氧化过程中发生多步脱氢反应，脱下的氢和电子再经电子呼吸链的传递最终与分子氧结合生成水，同时产生大量 ATP。因此，好氧呼吸中有机物的最终氧化分解并提供大量能量的是 TCA 循环。

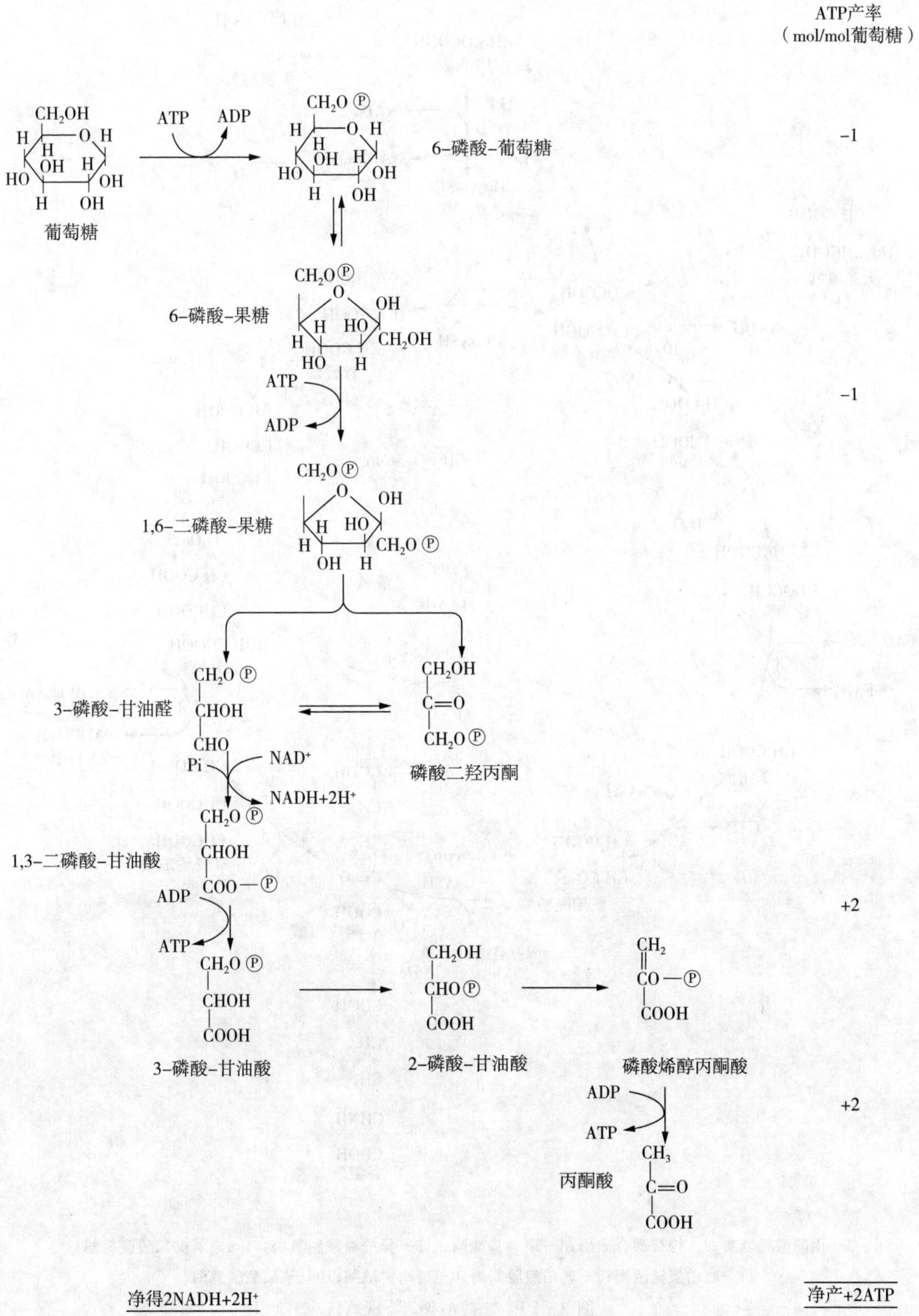

ATP产率（mol/mol葡萄糖）

葡萄糖 —(ATP → ADP)→ 6-磷酸-葡萄糖　　−1

⇅

6-磷酸-果糖

—(ATP → ADP)→　　−1

1,6-二磷酸-果糖

3-磷酸-甘油醛 ⇌ 磷酸二羟丙酮

3-磷酸-甘油醛：CH_2OⓅ—CHOH—CHO

磷酸二羟丙酮：CH_2OH—C=O—CH_2OⓅ

—(Pi，NAD^+ → $NADH+2H^+$)→

1,3-二磷酸-甘油酸：CH_2OⓅ—CHOH—COO—Ⓟ

—(ADP → ATP)→　　+2

3-磷酸-甘油酸：CH_2OⓅ—CHOH—COOH → 2-磷酸-甘油酸：CH_2OH—CHOⓅ—COOH → 磷酸烯醇丙酮酸：CH_2=CO—Ⓟ—COOH

—(ADP → ATP)→　　+2

丙酮酸：CH_3—C=O—COOH

净得$2NADH+2H^+$　　　　净产+2ATP

图 3-9　EMP 途径的反应过程

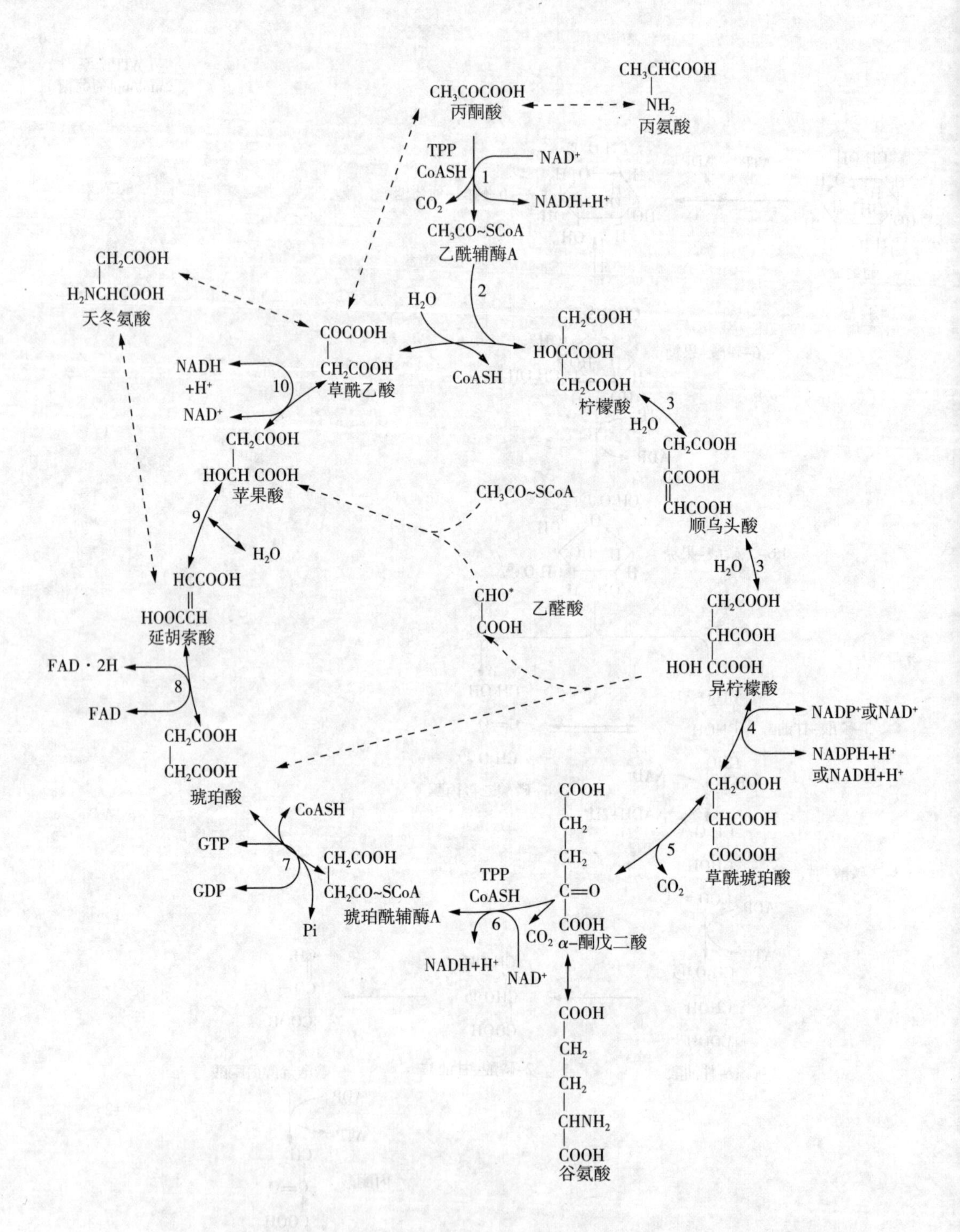

1—丙酮酸脱氢酶；2—柠檬酸合成酶；3—顺乌头酸酶；4、5—异柠檬酸脱氢酶；6—α—酮戊二酸脱氢酶；7—琥珀酸硫激酶；8—琥珀酸脱氢酶；9—延胡索酸酶；10—苹果酸脱氢酶。

图 3-10 三羧酸循环(TCA)

注：中间虚线线条所示为乙醛酸循环途径。

葡萄糖好氧呼吸的总反应式如下：

$$C_6H_{12}O_6+6O_2 \longrightarrow 6CO_2+6H_2O+2872\ kJ \tag{3-14}$$

好氧性的自养微生物，如铁细菌、硫细菌等，在呼吸过程中可以氧化硫化氢、铁等，并从中获得能量。

$$H_2S+2O_2 \longrightarrow H_2SO_4+\text{能量} \tag{3-15}$$

$$4Fe(OH)_2+2O_2+2H_2 \longrightarrow 4Fe(OH)_3+\text{能量} \tag{3-16}$$

$$4NH_3+9O_2 \longrightarrow 4NO_3^-+6H_2O \tag{3-17}$$

2)厌氧微生物呼吸作用

厌氧呼吸(anaerobic respiration)是在无氧条件下进行的有机物氧化、释放能量的过程。厌氧微生物只具有脱氢酶系统，没有氧化酶系统。在呼吸过程中，基质中的氢被脱氢酶活化并脱下，从基质中脱下来的氢，经过辅酶传递给氧以外的有机物或无机物，使其还原。在一种物质被氧化、一种物质被还原的过程中，释放出能量。

厌氧呼吸可分为无氧呼吸(分子外无氧呼吸)与发酵(分子内无氧呼吸)两种类型。

(1)无氧呼吸

不以分子氧为受氢体，而以某些无机氧化物作为氢及电子受体，通过氧化磷酸化产生ATP的呼吸类型为分子外无氧呼吸。某些微生物在无氧时，由于它们具有特殊的氧化酶，能使某些无机氧化物如硝酸盐、亚硝酸盐、硫酸盐等中的氧活化而作为电子受体，接受基质中被脱下的电子。如反硝化细菌可以利用硝酸中的氧作为受氢体。反应式如下：

$$C_6H_{12}O_6+6H_2O \longrightarrow 6CO_2+24H^+ \tag{3-18}$$

$$24H^++4NO_3^- \longrightarrow 12H_2O+2N_2 \tag{3-19}$$

总反应式如下：

$$C_6H_{12}O_6+4NO_3^- \longrightarrow 6CO_2+2N_2+6H_2O+1758\ kJ \tag{3-20}$$

产甲烷细菌以二氧化碳为受氢体，生成甲烷(methane)，反应式如下：

$$CO_2+4H_2 \longrightarrow CH_4+2H_2O+135.6\ kJ \tag{3-21}$$

乙酸营养型产甲烷细菌还可以利用乙酸生成甲烷。产甲烷细菌的分子外无氧呼吸加上其他细菌的分子内无氧呼吸是废水厌氧生物处理的微生物学生化基础。

(2)发酵(fermentation)

在厌氧呼吸过程中，大多数情况是分子内基质失去氢被氧化，其产物接受氢被还原，所以称为分子内呼吸。其代谢反应就是前面所述的EMP途径。在整个过程中基质氧化不彻底，在其最终代谢产物中有的还可以燃烧，还含有一定的能量，故释放出的能量较少。

在无氧情况下，乳酸菌利用糖生成乳酸是典型的分子内无氧呼吸，其作用过程如下：

$$C_6H_{12}O_6 \longrightarrow 2CH_3CHOHCOOH+94\ kJ \tag{3-22}$$

在这个反应中，产物是乳酸，氧化不彻底，释放的能量少。所以，厌氧微生物在进行生命活动的过程中,为了满足能量的需要,消耗的基质要比好氧微生物多。但它们在厌氧呼吸过程中能积累大量中间产物,可以为人类提供各种代谢产品。

厌氧微生物对氧气很敏感,当有氧存在时,它们就无法生长。这是因为在有氧存在的环境中,由脱氢酶活化的氢能与氧结合成过氧化氢,但厌氧微生物缺乏分解过氧化氢的酶,所形成的过氧化氢逐渐在细胞体内累积起来,过氧化氢在细胞体内的浓度提高,会对细胞内的组织发生毒害作用,进而导致细菌的死亡。

3)兼性细菌呼吸作用

兼性细菌(兼性微生物)在有氧和无氧条件下都能生活,在有氧时与好氧微生物一样进行好氧呼吸,在无氧时进行厌氧呼吸,但释放的能量较少。因此,适应呼吸能力较强。

例如,酵母菌在有氧条件下的葡萄糖分解作用的反应式如下:

$$C_6H_{12}O_6 + 6O_2 \longrightarrow 6CO_2 + 6H_2O + 2872\ kJ \tag{3-23}$$

酵母菌在无氧条件下的葡萄糖分解作用的反应式如下

$$C_6H_{12}O_6 \longrightarrow 2C_2H_5OH + 2CO_2 + 109\ kJ \tag{3-24}$$

酵母菌是真核微生物,能进行多种呼吸代谢作用,因此有较强的环境生存能力。

综上所述,根据微生物与氧气关系的不同,微生物可分为好氧、厌氧和兼性三个基本类型。从呼吸机理来看,只有好氧呼吸和厌氧呼吸两种类型。好氧呼吸在基质氧化过程中以氧作为脱下的氢的受体;厌氧呼吸在基质氧化过程中脱下的氢是以氧以外的物质作为受氢体。这两个作用可用图 3-11 表示。

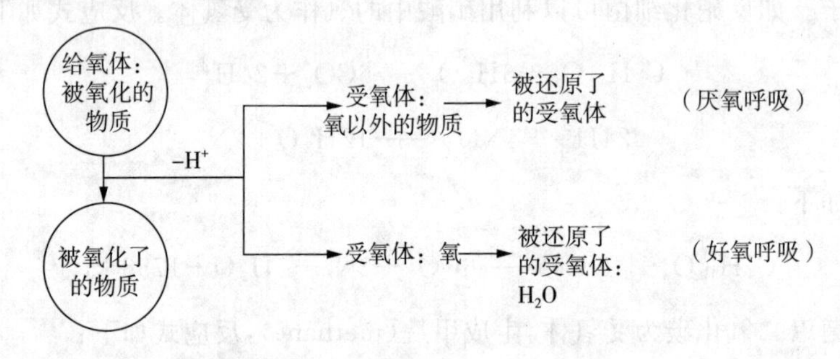

图 3-11 好氧呼吸与厌氧呼吸

3.3.3 呼吸代谢产物

微生物从环境中吸收了营养物质,在细胞中酶的作用下发生了变化,一部分营养物质被同化为细胞物质或贮存在体内,另一部分营养物质被分解,使细菌获得了能量,同时将一些无用的、多余的物质或有害的物质排放到体外环境中去。这些代谢产物大致有以下几种。

1)分解产物

复杂的有机物质,如蛋白质、纤维素等需先经胞外酶分解为较简单的物质后才能被吸收利用。但经酶分解出来的物质有时在被微生物吸收利用后还有剩余,剩余的分解产物来源于基质,如蛋白胨、氨基酸、纤维二糖等。

另外,还有气态的分解产物,如二氧化碳、氢、甲烷、硫化氢、氨及一些挥发酸等。它们是糖类、蛋白质和脂类的分解产物。

2)有机代谢产物

微生物产生的有机代谢产物有两类:简单的有机代谢产物和复杂的有机代谢产物。简单的有机代谢产物有糖类、酮类、有机酸类和胺类物质等,它们又是许多微生物的碳源和能源。复杂的有机代谢产物有维生素、抗生素、毒素及色素等,它们在微生物体内产生的情况还不是很清楚。维生素是微生物生长所需要的,但有些微生物所制造出来的却远远超过它所需要的,因此就大量地排到体外而累积起来供给环境中其他的生物。

3)无机代谢产物

有不少自养微生物可以在它们生长过程中产生硫黄、硫酸、氢、亚硝酸盐、硝酸盐和硫酸盐等无机盐产物。

3.3.4　能量代谢

微生物进行生命活动需要的能量来源为光合作用和呼吸作用。光能营养微生物利用光能,化能营养微生物则利用氧化吸收的物质所产生的化学能;对于大多数异养微生物,能量是通过体内酶催化分解、氧化各种营养物质取得的。微生物体内各种物质的合成过程是需能反应,而微生物呼吸过程中分解、氧化各种营养物都是放能反应。这里主要讨论呼吸作用的产能代谢。

1)能量形式

微生物在呼吸过程中,氧化各种物质时产生的能量虽然不能全部被微生物利用,但它们的利用率相当高(40%～60%),远高于一般的机器设备。主要原因是微生物体内有一套完善的能量转移系统,即在微生物体内有一种联结放能反应和需能反应的物质,其中常见的是含有高能磷酸化合物的腺三磷(即三磷酸腺苷,adenosine triphosphate,ATP)。微生物在呼吸过程中氧化营养物质所产生的能量先以腺三磷的形式贮存于细胞内。然后利用所合成的腺三磷分解转化成腺二磷(即二磷酸腺苷,adenosine diphosphate,ADP)时所放出的能量从事各种生理活动。腺二磷获得营养物质被氧化分解所释放的能量后,又形成腺三磷。所以ATP是微生物体内一种重要的能量形式,是一种通用能量,起到"国际货币"作用,在需要时,可以变成各种各样的能量,如运动时,变成动能;合成物质时,变成生物化学能等。

2)能量生成途径

(1)底物水平磷酸化(substrate-level phosphorylation)

底物水平磷酸化是指微生物氧化底物生成含高能键的化合物,高能键所储存的能量通过相应酶的作用直接偶联ATP的生成,如以下反应式:

$$\text{乙酰磷酸}+\text{ADP}\xrightarrow{\text{乙酸激酶}}\text{乙酸}+\text{ATP} \tag{3-25}$$

这种类型的主要特点:氧化过程中脱下的电子或氢不经电子传递链,而是通过酶促反应直接交给底物本身的氧化产物,同时将所释放的能量交给ADP,合成ATP。

这种类型的能量生成途径主要发生于厌氧的发酵作用中。

(2)氧化磷酸化(oxidative phosphorylation)

氧化磷酸化,又称为电子传递水平磷酸化,指的是脱下的氢生成NADH和$FADH_2$,它们和电子通过位于线粒体内或细胞膜上电子呼吸链，将电子传递给受氢体，同时，偶联生成ATP。这种方式是微生物产生ATP的主要途径。

电子呼吸链的组成如图3-12所示。一般来说，1个"$NADH+H^+$"可生成3个ATP，而1个黄素蛋白($FADH_2$)可生成2个ATP。

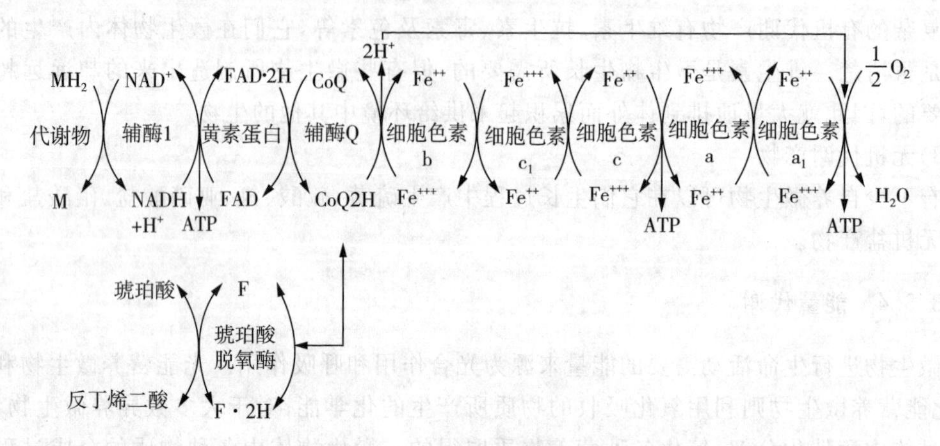

图3-12 电子呼吸链的组成

异养微生物新陈代谢呼吸过程中所释放的能量，除用于合成细胞物质和维持生命活动外，还有一部分以热的方式散失掉。

而化能自养微生物(如藻类)则是通过光合磷酸化形成ATP. 产生能量。

总之，在好氧呼吸过程中，ATP的形成途径主要是通过氧化磷酸化。在分子内无氧呼吸中主要是底物水平磷酸化，分子外无氧呼吸的途径目前尚不清楚，还有待进一步研究。

3.4 微生物生长

3.4.1 微生物生长与培养

细菌吸收营养物质以后，在酶的催化下进行各种新陈代谢反应，同化作用大于异化作用，细胞质的量不断增加，表现在细胞自身体积或重量的不断增加。

细菌也有年轻、年老之分，即所谓的菌龄。细菌是以分裂法进行繁殖的，一般繁殖一代的时间很短，所以一大群细菌是世代同堂，无法区分每个细菌的年老年轻。因此细菌的所谓年龄是指一群细菌在一定的环境条件下生长而表现出来的群体特征。

微生物的培养有分批培养与连续培养之分，下面分别阐述。

1)分批培养

将少量细菌接种于一定量的液体培养基内，在适宜的温度下培养，最后一次收获细体，为间歇培养或分批培养(batch culture)。以活细菌个数或细菌重量为纵坐标，培养时间为横坐标，绘制的曲线则称为细菌的生长曲线。一般说，细菌重量的变化比个数的变化更能在本质上反映出生长的过程，因为细菌个数的变化只反映了细菌分裂的数目，而重量则包括细菌个数的增加和每个菌体的增长。

(1)生长曲线(growth curve)

① 按活细菌重量绘制的生长曲线,如图 3-13 所示。整个曲线可分为三个阶段(或 3 个时期):生长率上升阶段(对数生长阶段),生长率下降阶段及内源呼吸阶段。

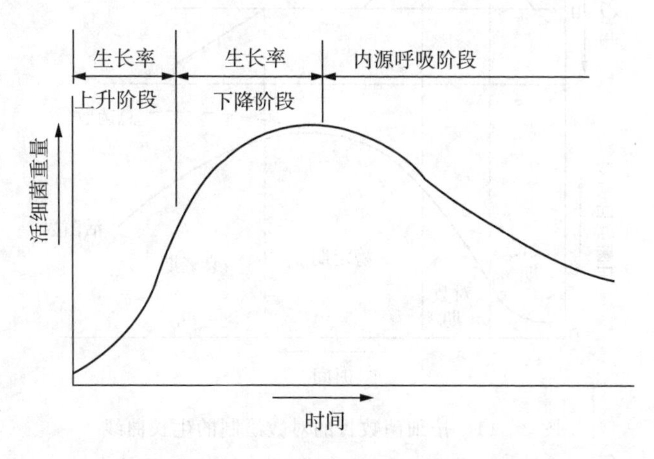

图 3-13　按活菌重量绘制的生长曲线

在生长率上升阶段初期,细菌适应新的环境,一般不进行分裂,故细菌数不增加,但菌体则在逐渐增大,以后很快地进入迅速繁殖的阶段。在生长率上升阶段,食料(营养物)的供应超过细菌的需要,细菌的生长不受食料数量的限制,生长快速,到这一阶段的后期,生长率达到最高,这时它们分解培养基中有机物的速率也最高。试验说明,在这一阶段中细菌数目的对数同培养的时间呈直线关系,所以又称对数生长阶段。经过一定时间后,由于食料的减少(食料逐渐被细菌吸收)和对细菌有毒的代谢产物的积累,环境逐渐变得不利于细菌的生长,因而生长率进入下降阶段。此时的细菌生长率主要不是受自身生理机能的限制,而是受食料不足的抑制作用。在内源代谢阶段,培养基中的食料已经很少,菌体内的贮藏物质,甚至体内的酶都被当作营养物质来利用。细菌这时所合成的新细胞质已不足以补充因内源呼吸而耗去的细胞质,在这一阶段由于细菌的死亡和内源呼吸消耗,细菌重量逐渐减少。

在以上 3 个阶段中,第一阶段是细菌的年轻阶段,第三个阶段是细菌的衰老阶段。在年轻阶段时整个群体都是年轻的,到了衰老阶段尽管也有新分裂的细菌,但仍然属于衰老的。

② 按细菌数目的对数绘制生长曲线,如图 3-14 所示。整个曲线可分为缓慢期、对数期、稳定期和衰老期四个阶段。在缓慢期细菌并不繁殖,数目不增加,但细胞生理活性很活跃,菌体体积增长很快,而在其后期只有个别菌体繁殖,故称这阶段为缓慢期。缓慢期的出现是为了调整代谢,当细胞接种到新的环境后,需要重新合成必需的酶、辅酶或某些中间代谢产物以适应新的环境。经过一段缓慢期后,细菌分裂速度迅速增加,进入对数期。在稳定期中,菌体生长繁殖速度逐渐下降,同时菌体死亡数目逐渐上升,最后达到新增殖的细菌数与死亡数基本相等。稳定期的活菌数保持相对稳定并处于最大值。稳定期的出现是由于食料的减少和有毒代谢产物的积累。在衰老期,细菌死亡速度大大增加,超过其繁殖速度,只有少数菌体能继续进行繁殖,进行内源呼吸,内源呼吸(endogenous respiration)是指在没有外源营养的条件下,生物氧化体内储存的营养甚至身体结构物质,获取能量的呼吸方式。活细菌曲线显著下降。生长迅速的细菌在 24 h 后,即达到衰老期。

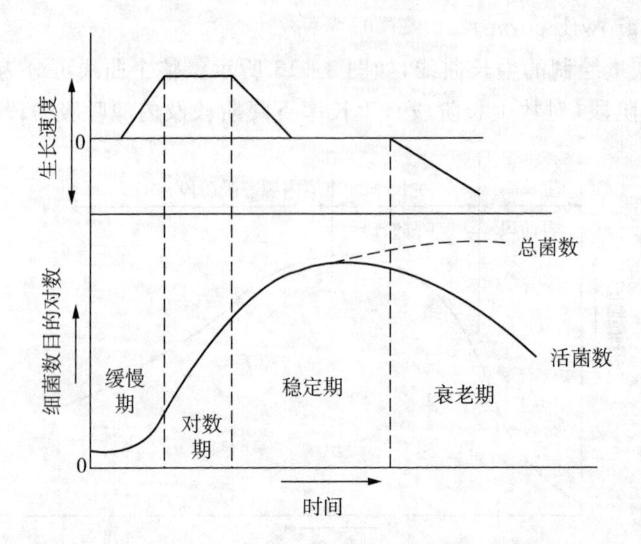

图 3-14　按细菌数目的对数绘制的生长曲线

世代时间对于纯培养的细菌来说是一个很重要的概念，它指的是细菌繁殖一代即个体数目增加一倍的时间。对数期的细菌细胞代谢活性最强，组成新细胞物质最快，细菌数目呈几何级数增加，代谢稳定。因此世代时间的测定必须以对数期的生长细胞作为对象。其测定计算方法如下：

设时间 t_0 时细菌浓度为 X_0，到时间 t 时细菌浓度为 X，其间细菌共繁殖分裂了 n 代，则有

$$X = X_0 \cdot 2^n \tag{3-26}$$

$$n = \frac{\lg X - \lg X_0}{\lg 2} = 3.31 \lg \frac{X}{X_0} \tag{3-27}$$

$$G = \frac{t - t_0}{n} \tag{3-28}$$

式中，G 为世代时间。

细菌的浓度 X_0、X 可通过生长测定方法得到，时间 t_0、t 是确定的，这样就可以测定计算得出细菌的世代时间。

细菌生长繁殖极快。多数种类的细菌 20～30 min 即可繁殖一代，最快的世代时间仅 9.8 min，少数种类的繁殖时间长达几十小时。好氧细菌比厌氧细菌的世代时间短，单细胞比多细胞微生物的世代时间短，原核比真核微生物的世代时间短。同一种细菌，世代时间受培养基组成和培养条件的影响，如培养温度、pH、营养物浓度和性质等。但是，在一定条件下，各种细菌的世代时间是一定的。

(2)生长曲线在污水处理中的运用

上述的生长曲线都是指纯种培养下的规律。废水中微生物的种类繁多，生长情况也复杂得多，在实际水处理中，反应器的运行多为连续进料方式，两者存在着很大的不同，细菌生长特性的表现也有很大差异。但是，间歇培养的许多概念对连续污水处理仍有重要意义。

缓慢期的出现是为了调整代谢，当细胞接种到新的环境后，需要重新合成必需的酶、辅酶或某些中间代谢产物以适应新的环境。在水处理中为了避免缓慢期的出现，可考虑采用处于对数生长期或代谢速率旺盛的污泥进行接种。另外增加接种量及采用同类型反应器的污泥接种也可达到缩短缓慢期的效果。

在废水生物处理过程中，如果维持微生物在生长率上升阶段（对数期）生长，则此时微生物繁殖很快，活力很强，处理废水的能力必然较高；但此时的处理效果并不一定最好，因为微生物活力强大就不易凝聚和沉淀，并且要使微生物生长在对数期，则需有充分的食料，也就是说，废水中的有机物必须有较高的浓度，在这种情形下，相对地说，处理过的废水所含有机物浓度也是比较高的，所以利用此阶段进行废水的生物处理实际上很难得到较好的出水。稳定期的细菌生长速率下降，细胞内开始积累贮藏物和异染颗粒、肝糖等，芽孢细菌也在此阶段形成芽孢，若产生抗生素的放线菌也在此时期大量形成。处于稳定期的污泥代谢活性和絮凝沉降性能均较好，传统活性污泥法普遍运行在这一阶段。衰老期只出现在某些特殊的水处理中，如延时曝气及污泥消化。在活性污泥法的推流式曝气池进口附近，食料与微生物之比一般总是比较高，随着水流向出口处流动，此值将逐渐减小。

2)连续培养

分批培养时，由于营养物质的不断消耗与有害代谢产物的不断累积，微生物不能保持连续的对数生长速率。为了获得较好的培养效率，需进行连续培养（continuous culture）。连续培养的特点是一边连续进料，补充新鲜营养物质，另一边又连续出料，以同样的速度排出培养物。它又分为两种：恒化连续培养和恒浊连续培养。

(1)恒化连续培养。固定恒定的进料流速，又以同样的速率排出老培养液，进水组分及反应器中营养物浓度基本不变，微生物的生长速度也保持不变。这种方式往往有一种限制性营养生长因子控制生长。这种方式与水处理装置的运行方式比较相似。

(2)恒浊连续培养。培养基提供足够量的营养元素，细菌保持最大速率生长。采用浊度计自动测量培养液中细胞的浊度，通过控制进料流速使装置内细菌浊度保持恒定，保持理论上的对数生长期，可获得大量菌体或与菌体代谢相平衡的代谢产物。这种方式往往用于细菌的生理生化研究。

3.4.2　微生物繁殖和菌落特征

细菌虽然很小，但是和其他生命有机体一样具有生长和繁殖的能力。微生物细胞质量的增加和个体体积增大称为生长。细菌细胞个体数目增加，称为繁殖（multiplication）。细菌的繁殖较简单，一般都是二分裂法，即细菌直接分裂，一分为二。细菌没有有性生殖。生长是繁殖的基础，繁殖是生长的结果。

由于细菌很小，单个细菌的生长和繁殖不能用肉眼直接观察到，通常采用群体生长的结果特征来描述。把细菌接种到固体培养基中，一个细菌经过迅速生长、繁殖形成很多菌体聚集在一起的肉眼可见的菌落（bacterial colony）。

菌落的外观特性主要与细菌自身的遗传生长特性有关，一定培养条件下它们表现出特定的特征，细菌菌落主要形态特征如图 3－15 所示。不同细菌种类的菌落是不相同的，即每种细菌都有自己的典型菌落。

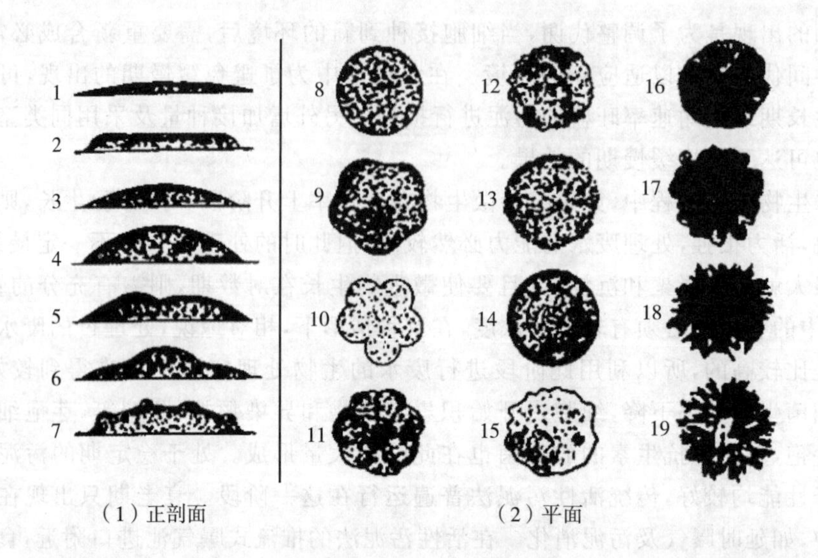

1—扁平；2—隆起；3—低凸起；4—高凸起；5—脐状；6—草帽状；7—表面结构、边缘乳头状；
8—圆形、边缘完整；9—不规则、边缘波浪；10—不规则、颗粒状、边缘叶状；11—规则、放射状、边缘呈叶状；
12—规则、边缘呈扇边状；13—规则、边缘呈齿状；14—规则、有同心环、边缘完整；15—不规则、似毛毯状；
16—规则、似菌丝状；17—不规则、卷头状、边缘波状；18—不规则，呈丝状；19—不规则、根状。

图 3-15　细菌菌落主要形态特征

3.4.3　微生物生长测定方法

1）细菌总数测定

细菌总数测定法是常用的微生物生长测定方法，其特点是测定过程快速，但不能区分细菌的死活。根据细菌总数测定法原理的不同，又可分成以下几种类型。

（1）显微镜计数法

① 计数器测定法。采用特殊的细菌或血球计数器进行测定。取一定体积的待测细菌样品放于计数器的测定小室，测出其中的细菌数目，根据测定小室体积，就可计算出细菌含量。

② 涂片染色法。将已知体积的待测样品，均匀地涂布在载玻片的已知面积内，经固定染色后进行镜检计数，记录细菌数目。

（2）比浊计数法

比浊计数法主要用于悬浮细胞的快速测定，类似于水质分析中的浊度测定。细菌细胞是不透光的，光束通过悬浮液时会引起光的散射或吸收，降低透光度，在一定范围内透光度与溶液的混浊度即细胞浓度成正比，根据吸光度的大小，就可以测定细菌浓度。采用这种方法时，为了得到实际的细胞绝对含量，通常需将已知细胞浓度的样品按上述测定程序制成标准曲线，然后根据透光度或光密度值从标准曲线中直接查得细菌含量。该测定法的特点是简单、快速。

2）活菌计数法

活菌计数法是测定样品中活的细菌的数量，测定结果中不含死的细菌数目，主要有以下几种方法。

(1)平板计数法

平板计数法(plate-count method)是采用最广的一种活菌计数法。平板计数法的操作如下:将待测细菌样品先进行10倍梯度稀释,然后取相应稀释度的样品涂布到平板中,或与未经融化的固体培养基混合、摇匀,培养一定时间后观察并计数生长的细菌数,最终根据细菌数和取样量计算出细菌浓度。一般计数平板的细菌生长菌落数以30~300个为宜。菌落数太多,计数时费时费力,菌落可能会连在一起,不便计数;菌落数太少,则计数结果误差太大。饮用水中的细菌总数常采用此法测定。

(2)液体计数法

液体计数法的操作为:先将待测细菌样品进行10倍梯度稀释,然后取相应稀释度的样品分别接种到3管或5管为一组的数组液体培养基中,培养一定时间后,观察各管及各组中的细菌是否生长,记录结果,再查对现有的最可能数(most probable number,MPN)表,得出细菌的最终含量。因此,这种方法又叫最可能数法(MPN法)。饮用水中大肠杆菌采用此法测定。

(3)薄膜培养计数法

薄膜培养计数法的操作为:将待测样品通过带有许多小孔但又不让细菌流出的微孔滤膜,借助膜的作用将细菌截留和浓缩,再将膜放于固体培养基表面培养,然后类似平板计数那样计算结果。这种方法的要求是样品中不得含有过多的悬浮性固体或小颗粒,以防止对小孔的堵塞。对于某些细菌含量较低的测定样品(如空气或饮用水),可采用薄膜计数法。

细菌要经过培养后,才能计数,所以测定时间较长,但测定的活体细胞更能反映微生物的生长状况。各种活菌计数法有一个共同的要求,即测定的样品中细菌必须呈均匀分散的悬浮状态。对于本身为絮体或颗粒状的细菌样品,如好氧生物处理的活性污泥和生物膜,在测定计数之前要采取预处理方法(如匀浆器捣碎等)进行强化分散后,才能准确测定。

3)生物量(biomass)的测定方法

细菌细胞尽管很微小,但是仍然具有一定的体积和重量,因此借助群体生长后的细胞重量,采用测定重量的方法直接来表示细菌生长的多少或快慢。

(1)测定细胞干重

可采用离心法或过滤法测定细胞干重。待测细菌样品,用离心机收集浓缩细菌细胞,或用滤纸、滤膜过滤截取细菌细胞,然后在105~110 ℃下进行干燥,称取干燥后的重量,以此代表细菌生物量。根据研究,细菌的干重为湿重的10%~20%。原核细菌的单个细胞重量为10^{-15}~10^{-11} g,真核单细胞微生物的单个细胞重量为10^{-11}~10^{-7} g。

水处理中构筑物内细菌生长量通常采用这种细胞干重测定法。在活性污泥法中采用的指标是混合液悬浮固体(MLSS或MLVSS)。

(2)测定细胞含氮量

细菌细胞蛋白质中氮的含量比较稳定,一般在15%~17%,平均为16%。通过测定凯氏氮(KN)而得出蛋白质含量,反映细菌的生物量。

(3)测定DNA含量

不同的细菌细胞的DNA含量是不同的,但同一种细菌所含有的DNA含量却是基本相同的。利用这一特性,可以通过测定DNA的含量来表示细菌的生物量或生长量。

3.5 微生物遗传与变异

微生物的遗传性(heredity)是指每种微生物所具备的亲代性状在子代重现,使其子代的性状与亲代基本上一致的现象,即微生物把遗传信息稳定地传给下一代的特性。例如,大肠杆菌是短杆菌,生活条件要求 pH 为 7.2,在 37 ℃条件下,能把乳糖进行发酵,产酸、产气。大肠杆菌的亲代将这些特性传给子代,这就是大肠杆菌的遗传性。

微生物遗传是在微生物的系统发育过程中逐渐形成的。系统发育愈久的微生物,其遗传的保守程度就愈大,愈不容易受外界环境条件的影响。不同种的微生物遗传保守程度不同,菌龄不同的同种微生物遗传保守程度也不同。一般地,老龄菌遗传保守程度比幼龄菌大,高等生物遗传保守程度比低等生物大。

任何一种生物的亲代和子代以及个体之间,在形态结构和生理机能方面都有所差异,当这一现象是由遗传信息改变而造成的,并且这些差异能稳定传递下去,就发生了变异(variation)。由于微生物繁殖迅速、体积小、与外界环境联系密切,所以环境条件在短时期内能对菌体产生多次影响,微生物受到物理、化学因素影响后,就会较容易地在机体内产生适应新环境的酶(诱导酶),从而改变原有的特性,产生变异。

遗传与变异是生物最基本的属性,两者相辅相成,相互依存,遗传中有变异,变异中有遗传,遗传是相对的,变异是绝对的,有些变异了的形态或性状,又会以相对稳定的形式遗传下去,但是并非一切变异都具有遗传性。微生物的遗传变异性是比较普遍的,常见的变异现象有个体形态的变异、菌落形态(光滑型、粗糙型)的变异、毒力的变异、生理生化特性的变异及代谢产物的变异等。

利用微生物容易变异的特点,可以定向培育。在污水生物处理中,经常通过这种定向培育来对污泥进行驯化。如利用生活污水活性污泥接种,加速培养工业废水活性污泥。在工业废水生物处理中,常利用微生物对营养要求、温度、pH 以及耐毒能力的变异,改善处理方法。例如,在含酚废水的生物处理过程中,可以通过逐渐提高进水的含酚量,增强微生物氧化酚的能力,则可在一定程度上提高进水浓度,而不影响或维持满意的处理效果。对一些特殊污染物质的降解,可通过驯化与筛选,培育出特定降解菌。

3.5.1 微生物的遗传

1)微生物遗传的物质基础

遗传必须有物质基础,一切生物遗传变异的物质基础是核酸。绝大多数微生物中的遗传物质是脱氧核糖核酸(desoxyribonucleic acid,DNA),还有一些微生物不含有 DNA,只含有核糖核酸(ribonucleic acid,RNA)。

(1)核酸的结构

核酸是一种多聚核苷酸(polynucleotide),核酸的化学组成如图 3-16 所示。

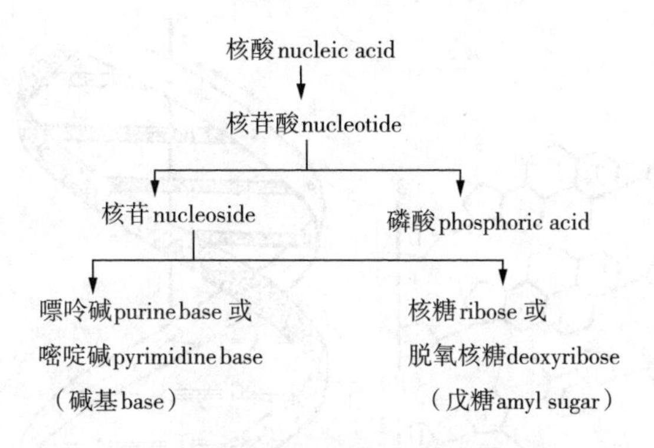

图3-16　核酸的化学组成

根据核苷的戊糖和碱基的差异，核苷酸分为DNA和RNA，DNA和RNA的组分比较见表3-4所列。

表3-4　DNA与RNA的组分比较

组分	DNA	RNA
磷酸	H_3PO_4	H_3PO_4
戊糖	D-2-脱氧核糖	D-核糖
碱基	腺嘌呤(adenosine,A)	腺嘌呤(adenosine,A)
	鸟嘌呤(guanosine,G)	鸟嘌呤(guanosine,G)
	胞嘧啶(cytimidine,C)	胞嘧啶(cytimidine,C)
	胸腺嘧啶(thymidine,T)	尿嘧啶(uracil,U)

(2)DNA的双螺旋结构

1953年，沃森(Walson)和克里克(Crick)通过X射线衍射法观察DNA结构，提出了DNA双螺旋结构模型(图3-17)。

① 由两条多核苷酸链组成的分子。各向相反的方向极化，由弱的氢键把成对的互补碱基结合在一起(以点线代表)。

② DNA双螺旋结构。两条走向相反的多核苷酸链，以右手方向沿同一轴心平行盘绕成双螺旋，螺旋直径为2 nm。DNA两条单链的相对位置上的碱基有严格的配对关系，一条单链上的嘌呤，在另一条链上相对位置的一定是嘧啶。两条链通过碱基对的氢键相连。A与T之间有2个氢键，G与C之间有3个氢键(RNA链中A与U之间为2个氢键，G与C之间为3个氢键)。这种碱基相配的关系称为碱基互补或碱基配对。一个DNA分子可含几十万或几百万个碱基对，两个相邻的碱基对之间的距离为0.34 nm，每个螺旋的距离为3.4 nm。

(3)RNA的3种类型

① 信使RNA(mRNA)，它是以DNA的一条单链为模板，在RNA聚合酶的催化下，按碱基互补原则转录合成的长链，传达DNA的遗传信息，最后翻译成蛋白质，故称信使RNA。

② 转运RNA(tRNA)，存在于细胞质里，在蛋白质合成过程中起转移运输氨基酸的作

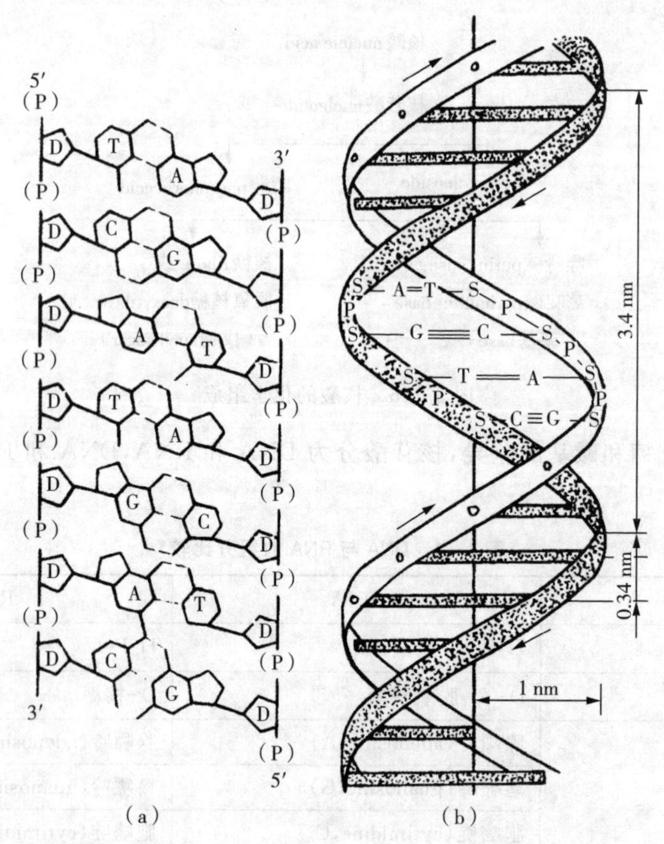

D—脱氧核糖；P—磷酸；A—腺嘌呤；G—鸟嘌呤；C—胞嘧啶；T—胸腺嘧啶。

图 3-17　DNA 的结构图(a 为二维平面结构，b 为三维空间结构)

用(图 3-18)，是一种三叶草结构，其 CCA 末端与所转运的氨基酸结合，反密码环与 mRNA 配对结合。

③ 核糖体 RNA，它的主要成分是核糖体核酸(rRNA)和蛋白质。一个核糖体包含大小两个亚基，它是蛋白质合成的主要场所。原核微生物中的核糖体为 70S，由 50S 与 30S 的 2 个亚单位组成。

(4)微生物中的 DNA

DNA 几乎全部集中在染色体上，每种生物的染色体数目是一定的。染色体上含有大量的不同基因，基因数目从几个到几百甚至几千个不等，染色体是生物遗传信息的主要载体。

① 原核微生物中的 DNA

原核微生物中的 DNA 处于没有核膜的拟核区，不与蛋白质结合，而是以单独裸露状态存在，通常也称染色体，绝大多数微生物的 DNA 是双链，环状或线状。只有少数微生物的 DNA 是单链。微生物的 DNA 拉直时比细胞长许多倍，如大肠杆菌的长度为 2 μm，其 DNA 长度为 1100～1400 μm，它在细胞中央，高度折叠形成具有空间结构的一个核区。由于含有磷酸根，而带有很高的负电荷。

② 真核微生物中的 DNA

真核微生物的 DNA 与蛋白质结合，主要存在于细胞核的染色体上，在普通显微镜下可

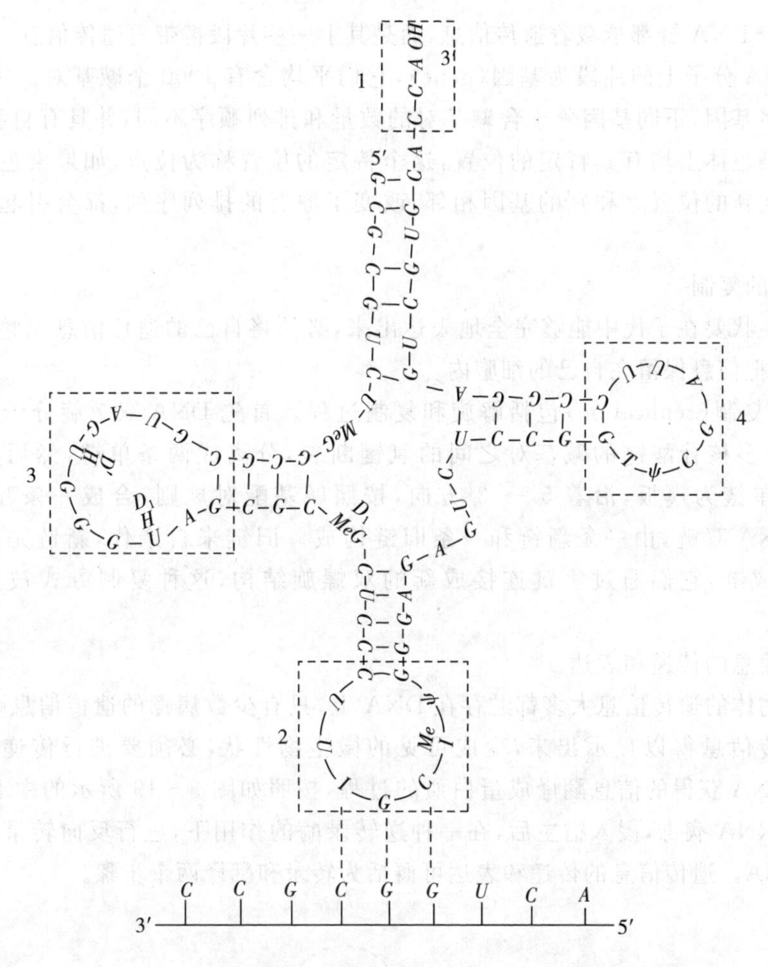

1—CCA 末端；2—反密码环；3—D 环；4—T 环。

图 3－18　大肠杆菌丙氨酸 tRNA 的三叶草结构

看到真核微生物染色体，外面包有核膜，构成真正的细胞核。真核微生物细胞核中 DNA 的量大于原核微生物核区中 DNA 的量。DNA 也存在于真核微生物的叶绿体、线粒体等细胞器中，但是量很少，一般不超过细胞核 DNA 的 1%，并且不与蛋白质相结合，是独立的。细胞器 DNA 的特征是数目多少不一，结构复杂多样，能自行自体复制，为生命活动不可缺少，消失不可再现。

③ 质粒

微生物细胞中，另有一类较小环状 DNA 分子独立存在于染色体外，也携带少数基因，称为质粒（plasmid）。在细胞分裂中也能进行复制，传给后代，并表现一定的遗传特性。质粒一般只存在于原核微生物与真核的酵母中。质粒存在与否不影响微生物细胞的生存，只与微生物的一些次要特性有关，当宿主细胞表现某种特性时才能被检出。丧失质粒仅丧失由其决定的某些特性。常见的质粒有 F 因子、R 因子、产细菌素因子及降解质粒等。有的质粒能通过细胞的相互接触而转移，使受体细胞获得该质粒决定的遗传性状。

④ 基因

不是整个DNA链都承载着遗传信息,而是其上一些片段携带着遗传信息。这些具有遗传功能的DNA分子上的片段为基因(gene),它们平均含有1000个碱基对。一个DNA分子中含有许多基因,不同基因分子含碱基对的数量和排列顺序不同,并具有自我复制能力。各种基因在染色体上均有其特定的位置,这个特定的位置称为位点,如果染色体上基因缺失、重复,或在新的位置上和别的基因相邻,改变了原有的排列序列,都会引起某些性状的变异。

2)DNA的复制

亲代的性状要在子代中能够完全地表达出来,必须将自己的遗传信息完整地传递给子代,同时又能把信息保留在自己的细胞内。

DNA的复制(replication)包括解旋和复制过程。首先DNA双螺旋分子在解旋酶的作用下,两条多核苷酸链的碱基对之间的氢键断裂,分离成两条单链,然后各自以原有的多核苷酸单链为模板,沿着5′→3′方向,按照碱基配对规则,合成一条互补的新链。复制后的DNA双链,由一条新链和一条旧链构成。旧链来自亲代,新链是与旧链的碱基互补的合成链,它们通过氢键连接成新的双螺旋结构,这种复制方式被称为半保留复制。

3)遗传信息的传递和表达

因为生物体的遗传信息大多都贮存在DNA上,只有少数病毒的遗传信息贮存在RNA上。要使遗传信息得以显示出来,变成可见的微生物性状,必须要进行传递与表达。从DNA到将RNA获得的信息翻译成蛋白质的过程,按照如图3-19所示的中心法则完成。一些致癌的RNA病毒,侵入宿主后,在一种逆转录酶的作用下,进行反向转录,以RNA为模板合成DNA。遗传信息的传递和表达可概括为转录和翻译两个步骤。

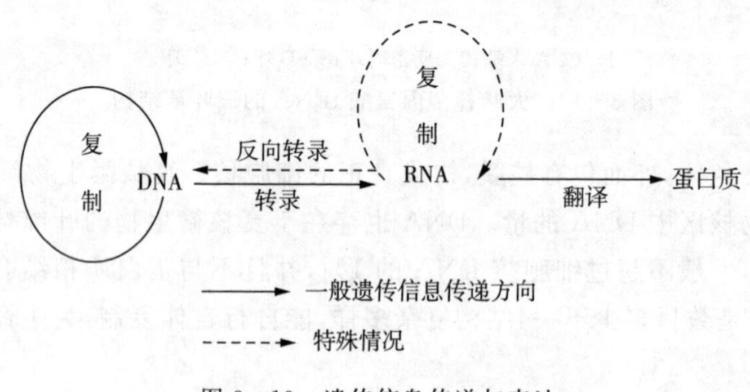

图3-19 遗传信息传递与表达

(1)转录(transcription)

转录是将DNA链所携带的遗传信息(基因)按碱基配对原则(和复制不同的是,碱基U替代T和A配对)转录到mRNA上,使mRNA携带有DNA链所包含的遗传信息。转录一般都会准确无误,不会发生错误。转录时,在酶的作用下,识别特定的碱基为起始位点,启动RNA的合成,转录到终止碱基序列时,终止转录,形成一条mRNA链。在转录时,也可以多点位启动转录,形成多条mRNA链,提高转录效率。真核微生物转录后的初始转录物,还必须经过加工后，才能成为成熟的 mRNA 信息链。

(2)翻译(translation)

按照 mRNA 链的遗传密码信息将氨基酸合成多肽链、蛋白质的过程称为翻译。翻译过程分为翻译起始、肽链的延长和翻译终止 3 个阶段。mRNA 包括四种碱基 A、G、C、U，而蛋白质中含有 20 种氨基酸，根据实验证明 3 个碱基序列决定一个氨基酸的遗传密码，共有 64 个密码，20 种氨基酸的遗传密码(genetic code)的编码字典见表 3-5 所列。其中 61 个密码分别代表 20 种氨基酸。每一种氨基酸，有 1 个到 6 个密码不等，另外 3 个密码 UAA、UAG、UGA 为肽链终止信号 O，不代表任何氨基酸。密码 AUG 代表蛋氨酸(也称甲硫氨酸)，也是肽链合成的起动信号。

表 3-5　20 种氨基酸的遗传密码的编码字典

第一碱基	第二碱基				第三碱基
	U	C	A	G	
U	苯丙氨酸	丝氨酸	酪氨酸	半胱氨酸	U
	苯丙氨酸	丝氨酸	酪氨酸	半胱氨酸	C
	亮氨酸	丝氨酸	O	O	A
	亮氨酸	丝氨酸	O	色氨酸	G
C	亮氨酸	脯氨酸	组氨酸	精氨酸	U
	亮氨酸	脯氨酸	组氨酸	精氨酸	C
	亮氨酸	脯氨酸	谷氨酰胺	精氨酸	A
	亮氨酸	脯氨酸	谷氨酰胺	精氨酸	G
A	异亮氨酸	苏氨酸	天冬酰胺	丝氨酸	U
	异亮氨酸	苏氨酸	天冬酰胺	丝氨酸	C
	异亮氨酸	苏氨酸	赖氨酸	精氨酸	A
	甲硫氨酸	苏氨酸	赖氨酸	精氨酸	G
G	缬氨酸	丙氨酸	天冬氨酸	甘氨酸	U
	缬氨酸	丙氨酸	天冬氨酸	甘氨酸	C
	缬氨酸	丙氨酸	谷氨酸	甘氨酸	A
	缬氨酸	丙氨酸	谷氨酸	甘氨酸	G

密码中有这样一个规律：一个密码的三个碱基中，前二个稳定，第三个可变。如 UCU、UCC、UCA 和 UCG，尽管第三个碱基不同，但它们都是编码丝氨酸。这样就有利于生物性状的稳定性，即只要密码的前二个碱基不变，即使第三个碱基由于偶然因素发生了变化，但不会改变编码的氨基酸。

mRNA 携带着由 DNA 转录来的遗传信息蕴藏在 mRNA 的 3 字密码上，密码的序列决定了蛋白质中氨基酸的序列。在蛋白质合成中，核糖体的小亚基主要识别 mRNA 的起始密码子 AUG,并搭到 mRNA 的链上移动,直到遇到 mRNA 的终止信号 UAA、UAG、UGA 时,终止氨基酸的合成。

tRNA 按 mRNA 密码的指示,依靠一种强特异性的氨基酰 tRNA 合成酶,将不同的氨基酸活化,活化后的氨基酸被特定的 tRNA 携带,按照 mRNA 上的碱基排列顺序结合到核糖体的大亚基上,缩合成肽链(图 3-20)。

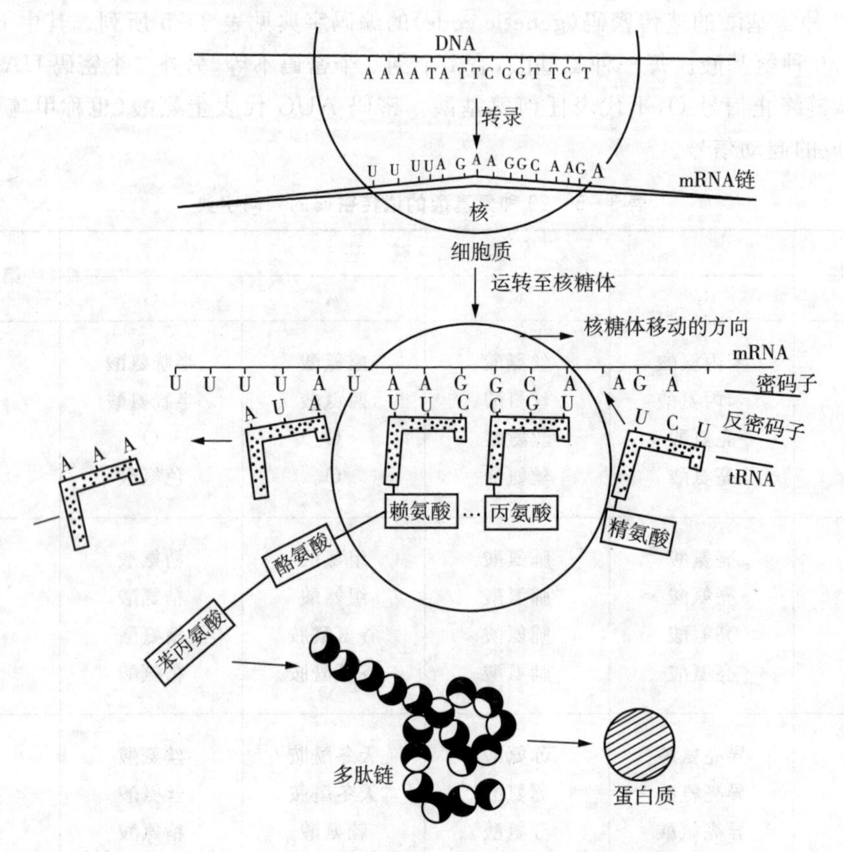

图 3-20 遗传信息的表达与特定蛋白质的合成

4)微生物基因表达的调控

1961 年,法国科学家 J. L. Monod 与 F. Jacob 在发表的《蛋白质合成中的遗传调节机制》一文中提出操纵子学说(operon theory),阐明了微生物基因表达的调控方式。它认为由于基因的功能差异,基因可分为结构基因(structural gene)、调节基因(regulator gene)和操纵基因(operator gene)。

(1)结构基因,决定某一种蛋白质分子结构的一段 DNA,可将携带的特定遗传信息转录给 mRNA,再以 mRNA 为模板合成特定氨基酸序列的蛋白质。

(2)操纵基因,操纵基因 O 位于结构基因的一端,与一系列结构基因形成一个操纵子。

(3)调节基因,调节基因合成阻遏蛋白,控制结构基因的活性。平时阻遏蛋白与操纵基因结合,结构基因无活性,不能合成酶或蛋白质,当有诱导物与阻遏蛋白结合时,操纵基因负责打开控制结构基因的开关,于是结构基因就能合成相应的酶或蛋白质。

大肠杆菌降解乳糖的酶由蛋白质 Z、蛋白质 Y 和蛋白质 A 所组成,分别受结构基因 z、结构基因 y 及结构基因 a 控制。当培养基中不存在乳糖时，调节基因 I 的阻遏蛋白(repressor protein，R)与操纵基因结合，结构基因就不能表达出来。当培养基中除乳糖外无其他碳源时，乳糖是诱导物，与调节基因 I 的阻遏蛋白结合，使阻遏蛋白丧失与操纵基因结合的能力，此时操纵基因“开动”，结构基因 z、结构基因 y 和结构基因 a 合成蛋白质 Z、蛋白质 Y 和蛋白质 A，从而形成分解乳糖的酶(图 3-21)。培养基中乳糖就被大肠杆菌分解利用，当乳糖全部被利用后，阻遏蛋白就与操纵基因结合，操纵基因“关闭”，停止酶的合成。遗传性状的表现是在基因控制下个体发育的结果，即从基因到表现型必须通过酶催化的代谢活力来实现，而酶的合成直接受基因控制，一个基因控制一种酶，即一种蛋白质的合成控制一个生化步骤，从而控制新陈代谢，决定遗传性状的表达。

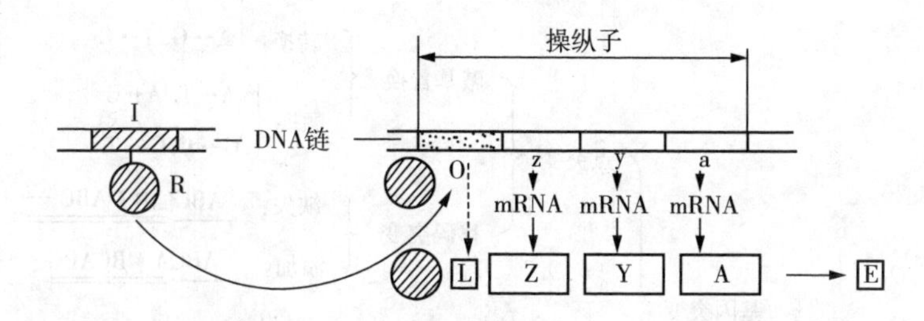

I—调节基因；O—操纵基因；z、y、a—结构基因；L—乳糖；Z、Y、A—蛋白质；R—阻遏蛋白。

图 3-21　大肠杆菌乳糖操纵子示意图

乳糖操纵子的上述调控方式称为负控制，也就是说，调节基因合成的阻遏蛋白与操纵基因结合，使操纵基因关闭，结构基因无法转录，酶合成停止。若诱导物与阻遏蛋白结合，则操纵基因被释放，操纵子开启，酶活性得到翻译和表达。据实验测定，大肠杆菌不接触乳糖时，每一细胞中大约有 5 个分子的 β-半乳糖苷酶(结构基因 z)，接触诱导物 2～3min 后就能测到酶的大量合成，直到达到每一细胞 5000 个酶分子。

乳糖操纵子还存在着正控制作用，即某种物质的存在使某种细胞功能能够实现，而这一组分的消失或失活使这一功能不能实现。这一现象最初是从葡萄糖和山梨糖共基质培养时发现的。大肠杆菌首先利用葡萄糖作为碳源生长，葡萄糖消耗完后，出现一个短短的生长停顿时期，然后才开始利用山梨糖作为碳源，这种现象称为二度生长。后来发现，不仅山梨糖这样，凡是必须通过诱导才能利用的糖(包括乳糖)和葡萄糖同时存在时都呈现这种二度生长现象。这种现象又称为葡萄糖效应。之后发现这实际上是葡萄糖的降解物在起作用，故又称为降解阻遏效应。经研究知道细胞中存在着一种 cAMP 受体蛋白(CAP)，cAMP 与 CAP 结合后作用于启动基因 P(位于操纵基因前面)，转录才能进行。大肠杆菌细胞中一般含有一定量的 cAMP，在含有葡萄糖的培养液中，葡萄糖的降解物抑制腺苷酸环化酶或者促进磷酸二酯酶的作用，cAMP 则大大降低。

乳糖操纵子中 CAP 的正控制和阻遏蛋白的负控制双重调控机制有利于大肠杆菌的生存。这是因为一方面乳糖不存在时没有必要合成分解乳糖的酶；另一方面葡萄糖代谢中的酶都是组成酶，所以葡萄糖和乳糖共存时分解乳糖的酶的诱导合成是不必要的，此时诱导合成分解乳糖的酶会在一定程度上造成资源能源的浪费，而葡萄糖的降解物可以阻遏分解乳糖的相关酶的合成，进而节约了资源能源，有利于微生物的生存。

3.5.2 微生物的变异

由于微生物的基因变化而引起的遗传性状的变化称为微生物的变异。变异主要有基因突变(gene mutation)和基因重组(genetic recombination)两大类型(图 3-22)。

1)基因突变

微生物群体中偶尔会出现个别在形态或生理方面有所不同的个体,个体的变异性能也能遗传,产生变株。这是由于某些原因引起了生物体内的 DNA 链上碱基的缺乏、置换或插入,改变了基因内部原有的碱基排列顺序,从而引起表现型突然发生了可遗传的变化。当子代突然表现和亲代显著不同的遗传表现型时,这样的变异称为突变。

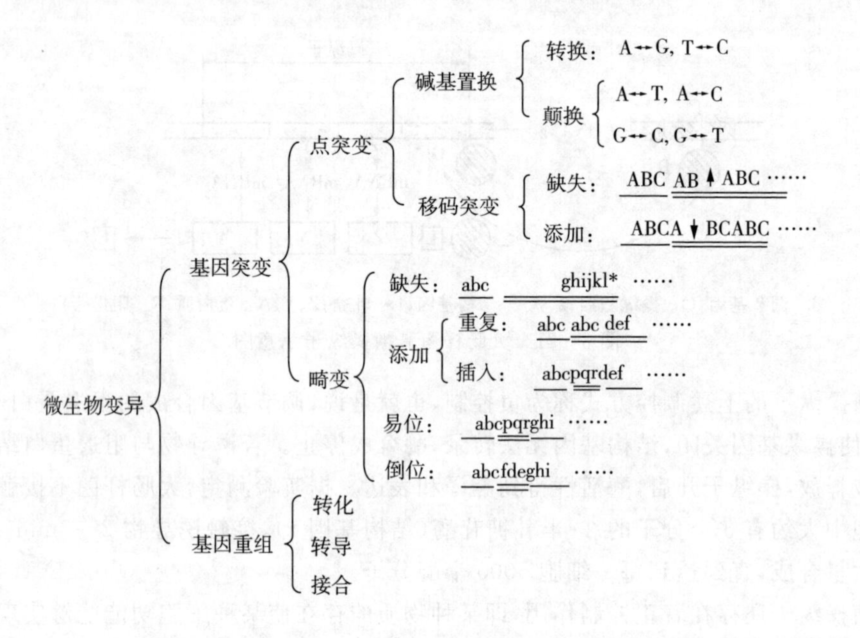

图 3-22 细菌变异的发生途径

(1)突变的主要特点

① 不定向性。微生物的生活条件对突变的发生并无明显的制约关系。突变可能会形成各种各样的性状,突变体发生后,能否生长、繁殖,则取决于生活条件是否能够满足突变体的要求。只有适合某种突变后性状的环境因素存在时,突变性状才能得以保存。

② 自发性。各种性状的突变可以在没有人为诱变因素下自发发生。

③ 诱变性。自发突变的发生频率很低,但是通过人为施加诱变剂处理后突变率可大大提高,一般可提高 $10\sim10^5$ 倍。

④ 稳定性。发生突变的新性状是稳定的、可遗传的。

⑤ 独立性。各基因性状的突变可以独立随机地发生。

⑥ 可逆性。突变可以由原始的野生型向突变型方向进行,一般称此为正向突变。反过来,突变也可以发生在突变型向野生型的转变,称为回复突变。

⑦ 稀有性。突变率是指每一细胞在每一世代中发生某一性状突变的概率,自发突变的

突变率非常低。

(2)突变的类型

① 根据突变发生机理,可将突变分为点突变和染色体畸变两类。前者指DNA中一个或数个碱基对发生改变引起的突变,后者指大段碱基对片段发生变化或损伤所引起的突变。点突变又分碱基置换和移码突变,前者指碱基对发生的改变,包括转换和颠换两种形式,转换是一种嘌呤被另一种嘌呤或一种嘧啶被另一种嘧啶所置换;颠换是一种嘌呤被另一种嘧啶或一种嘧啶被另一种嘌呤所置换。突变发生的具体途径与所采用的诱变剂及反应条件密切相关。

② 根据突变发生过程,可分为自发突变和诱发突变两类。

a. 自发突变。凡是在没有人为诱变条件作用下,由外界环境的自然作用(如辐射或微生物体内的生理和生化变化等)而发生的基因突变称为自发突变。微生物在生长繁殖过程中,个别基因自发突变的概率极低,如微生物的突变率是10^{-4}～10^{-10},即1万～100亿次繁殖中,才出现个别基因的突变体。遗传物质DNA是十分稳定的,但在一定的条件下也会发生改变,从野生型产生一些不同种的突变体,例如色素突变、细胞形态突变(丧失芽孢、荚膜或鞭毛的特性)、营养型突变(丧失合成某种营养物质的能力)、发酵突变、抗性突变(包括抗药性、抗噬菌体、抗染料、抗辐射等)和致病力突变等。

自发突变是在自然条件下无定向发生的,有时会对人类有益,有时对人类无益甚至有害。如果任其自然发展,往往导致菌种退化。所以保存在实验室中的菌种都要定期进行复壮,才能长期保存菌种的性状。

b. 诱发突变(诱变,induced mutation)。人为地利用物理化学因素,引起细胞DNA分子中碱基对发生变化叫作诱变。所利用的、能提高突变率的任何物理化学因素都可称为诱变剂。常用的诱变剂,物理的有紫外线、X射线、γ射线等;化学的有5-溴尿嘧啶、亚硝酸、吖啶类染料等。

在诱变剂作用下,微生物突变体可回复突变为野生表型。例如大肠杆菌组氨酸营养缺陷型(his^-)菌株在无组氨酸的培养上应当无菌落生长。当有致突变物存在时,营养缺陷型突变为有合成组氨酸能力的野生型菌株表型(his^+),长出少数菌落,即突变体(his^-)回复野生表型(his^+)。根据这一回复突变频率的大小来确定待测物质是否为致突变物质。

废水处理中,驯化活性污泥及生物膜的方法,一般是把培养、选择、淘汰结合在一起,在特定废水中有些菌种不能适应被淘汰,有的菌株能产生诱导酶来降解废水,并能在这种培养条件下生存而被保留下来,同时大量繁殖。针对某种废水可用人工诱变方法筛选大量具有很强分解能力及絮凝能力的菌株,并把它们做成干粉状变异菌成品,其中的微生物处于休眠状态。当工厂处理此类废水时,可把干粉状菌种置于30 ℃水中溶解30 min,使微生物恢复活性,不必再驯化,直接投入废水中,可以大大提高微生物的培养速度。

2)基因重组

两个不同性状的个体细胞,其中一个细胞(供体细胞,donor cell)的DNA与另一个细胞(受体细胞,acceptor cell)的DNA融合,使它们的基因重新组合排列,遗传给下一代,产生新品种或表达出新的遗传性状,这种变异为基因重组。基因重组,不发生任何碱基对结构上的变化,只是它们的重新组合。

重组后的生物体表现出新的遗传性状。微生物中基因重组的形式很多。在真核微生物中,基因重组是在二个配子相互融合的有性繁殖的过程中发生的,故称为杂交(hybridization)。在原核微生物中通常只是部分遗传物质的转移和重组。微生物基因重组的主要途径有以下几种。

(1)接合

细胞的接合(conjugation)是遗传物质通过细胞与细胞的直接接触而进行的转移和重组。1946 年美国科学家 Lederberg 和 Tatum 采用大肠杆菌的两类营养缺陷型[不具备合成生长素(如维生素或氨基酸)能力的微生物称为营养缺陷型(auxotroph),培养时必须人工供给此类生长素才能生长;将原来有合成生长素能力的微生物称为野生型;能合成某生长素用"+"表示,不能合成某生长素用"−"表示]做试验。其中一类大肠杆菌没有合成生物素(B)和甲硫氨酸(M)的能力,但能合成苏氨酸(T)和亮氨酸(L),基因型为 $B^-M^-T^+L^+$。另一类大肠杆菌没有合成苏氨酸(T)和亮氨酸(L)的能力,但能合成生物素(B)和甲硫氨酸(M),基因型为 $B^+M^+T^-L^-$。分别从两个菌株取 10^4 个幼龄细胞混合,涂在不含上述四种成分的培养基上,结果长出一些菌落。

经过分析,基因型为 $B^+M^+T^+M^+$ 野生型菌株,这是两类营养缺陷型菌株通过交配进行了基因重组的结果。为了排除转化作用,设计了一种 U 形管(图 3-23),管的中间装有超微烧结玻璃过滤板,把管两端隔开,每端各接种一种营养缺陷型的大肠杆菌,由于被中间滤板隔开,细胞无法直接接触,游离的 DNA 片段可以通过,使两端溶液来回流动。经过一段时间培养,从 U 形管两端取出微生物,分别涂于不含上述四种成分的培养基上,培养后均无菌落生长,证明接合重组细菌必须直接接触遗传物质才能转移,排除了转化现象。从电镜照片可看到大肠杆菌的接合实际上是通过性纤毛进行的,性纤毛是中空的,遗传物质可以通过性纤毛转移。带有 F 因子的大肠杆菌有性纤毛。如图 3-24 所示,一个具有 F 因子的大肠杆菌(用 F^+ 表示),当与不具有 F 因子的大肠杆菌(用 F^- 表示)接合时,F^+ 菌株先自我复制一个 F 因子通过性纤毛进入 F^- 受体细胞,这样使原来不具有 F 因子的 F^- 菌株变成 F^+ 菌株了。

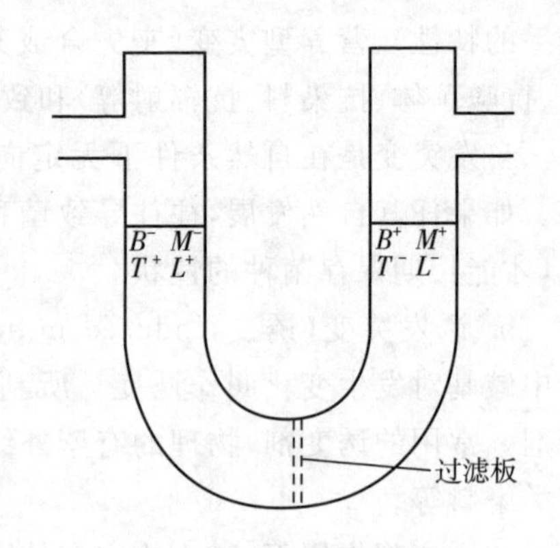

图 3-23 U 形管试验

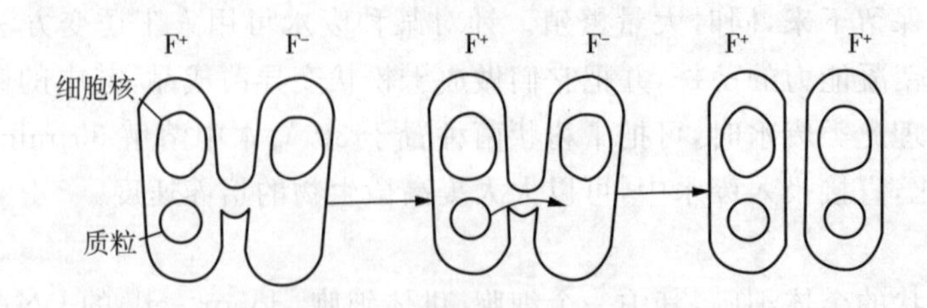

图 3-24 F-菌株的接合

除 F 因子外,还有 R 因子、产细菌素因子及降解质粒等可通过细胞接触而进行转移和重组。R 因子具有抗药性(如对抗生素及磺胺类药物的抗性)或抗某些重金属(如汞、镉、铅、铋等)离子能力。1955年首先在日本的志贺氏菌的一个菌株中发现,此菌株具有抗氯霉素、链霉素、四环素和磺胺类药物等多种抗性,随后其他国家又发现有抗药性的沙门氏伤寒杆菌。科学工作者发现人类和家畜肠道内都可能存在许多抗药性的大肠杆菌,并可能把抗药因子转移给病原细菌,如志贺氏痢疾杆菌和沙门氏伤寒杆菌。

(2)转化

转化(transformation)是供体细胞研碎物中的DNA片段直接吸收进入活的受体细胞的基因重组方式,受体细胞获得了供体细胞的部分遗传性状。

研究转化的常见例子是小白鼠对肺炎双球菌的感染。1928年英国细菌学家Griffth发现肺炎双球菌中SⅢ型菌株,菌落光滑,产生荚膜。当它感染人、小白鼠或家兔等时均可致病。其中RⅡ型菌株菌落粗糙,不产生荚膜物质,感染人、小白鼠或家兔均不致病。当将RⅡ型活菌注射小白鼠,小白鼠健康不致病,并可分离到RⅡ型肺炎双球菌菌落。将SⅢ型的肺炎双球菌加热杀死后注射小白鼠,小白鼠健康不致病,从健康的鼠体中分离不出肺炎球菌。但将加热杀死的SⅢ型细菌与RⅡ型活细菌混合后注射小白鼠,小白鼠死亡,并可从死鼠体内分离到SⅢ型活细菌。其后在体外进行转化试验。将死的SⅢ型细菌研碎,提取出其中的DNA与RⅡ型活菌混合培养,后代产生两种类型的菌落,大部分是RⅡ型细胞,但少数(百万分之一)是有毒的SⅢ型细胞,加DNA酶破坏SⅢ型DNA,可阻止转化作用。1944年Avery等证明所谓转化物质就是DNA,SⅢ型的DNA进入RⅡ型受体细胞内,发生了基因重组,使RⅡ型转化成SⅢ型。试验发现受体细胞必须处于感受态(competence)阶段,在感受态阶段的受体细胞叫感受态细胞。感受态细胞是由细胞的遗传性以及细胞的生理状态、菌龄和培养条件等决定的,如肺炎双球菌的感受态阶段处于对数生长期的中期。

转化因子是游离的DNA片段,在自然条件下,转化因子可由细菌细胞的解体产生。在实验室,可通过提取获得有转化能力的DNA片段,一般是双链DNA。单链DNA片段转化力很弱或没有转化能力。只有感受态细胞可以接受转化因子,转化频率很低,通常为0.1%～1%。

目前发现许多其他细菌、放线菌、真菌和高等动植物中也有转化现象。

(3)转导

转导(transduction)是遗传物质通过噬菌体的携带而转移的基因重组,是1951年Zinder和Lederberg在研究鼠沙门氏伤寒杆菌重组时发现的。把一个具有合成色氨酸(Try^+)能力而无合成组氨酸(his^-)的营养缺陷型LA-2供体,接种在U形管的左端;而在U形管的右端接种噬菌体溶源性的LT22-A的色氨酸营养缺陷型受体(Try^-,his^+)。U形管中间用超微烧结玻璃过滤板把两端隔开,管中溶液能通过过滤板来回流动,但阻止细菌通过或接触,即排除接合。经过一定时间培养后,在右端LT22-A受体细胞中获得色氨酸(Try^+)野生型的细菌。研究发现LA-2在培养过程释放温和噬菌体P-22,P-22通过滤板侵染供体LA-2,当LA-2裂解后,产生的P-22中,有极少数在成熟过程包裹了LA-2的DNA片段(含合成Try^+基因),并通过过滤板再度感染LT22-A,使LT22-A获得合成Try^+能力,由噬菌体携带来的DNA片段与受体细胞的基因重组,这个现象就是转导作用。

上述基因重组形式中,细菌接合必需两个细胞直接接触,而转化和转导无须细胞直接接触，转化没有噬菌体作媒介，转导必须通过噬菌体转移遗传物质。基因重组率均很低。

3)生物遗传工程

遗传工程是按照人们预先设计的生物蓝图，通过对遗传物质的直接操纵、改组、重建，实现对遗传性状的定向改造。目前采用的基本方法是把遗传物质从一种生物细胞中提取出来，再把它导入另一种生物细胞中，改变其遗传结构，使之产生符合人类需要的新遗传特性，定向地创造新生物类型。由于它采用了对遗传物质体外施工，类似工程设计那样，具有很高的预见性、精确性与严密性，因此称为遗传工程。

遗传工程从细胞水平、基因水平上进行研究，因此，遗传工程可分为细胞工程和基因工程。而目前研究的主要内容是基因工程(gene engineering)。

基因工程是在分子水平上剪接DNA片段，与同种、同属或异种，甚至异界的基因连接成为一个新的遗传整体，再感染受体细胞，复制出新的遗传特性的机体。具体操作过程简述如下：

(1)选择合适的供体细胞，将其DNA取出，选择性地获取目的基因的DNA片段。

(2)选择合适外切酶或限制性内切酶。它能专一地切断目的基因DNA分子的特定部位，并在切断处形成具有黏着活性的末端单链。使DNA分子在体外进行剪接、重组的“外科手术”有了可能性。目前，这类酶已陆续发现几十种，它们的切点各不相同，可以分别选用，并已制成商品出售。

(3)基因的运载。大部分DNA片段在细胞内无自发复制能力，要选择有自体复制的质粒(如R因子、降解质粒等)或病毒(如λ噬菌体，SV40病毒等)作为载体。从载体细胞取出质粒等载体的DNA，也用内切酶将其切断并形成黏性末端，为接受目的基因准备运载工具。

在DNA连接酶的作用下，将目的基因DNA黏性末端与载体DNA黏性末端黏着起来，相应的互补碱基对以氢键相连，形成一个新的重组载体DNA分子。

(4)基因的表达。将重组载体DNA分子加入受体细胞培养液中，受体细胞吸入载体，载体在细胞内复制，使受体细胞以及后代获得原供体细胞的基因和基因所表达的相应性状。

4)微生物遗传工程在水质工程中的应用

随着新的化学物质的不断发现或合成，难降解污染物的增多，废水处理情况日趋复杂。带有降解某些物质的质粒的微生物往往不一定能在某一废水环境中生存，而能在此种废水条件下生存的细菌又不一定具有降解其中某些物质的质粒，因而各国科学家试图利用遗传工程，把具有降解某些特殊物质的质粒剪切后，连接到受体细胞中，使之带有一种或多种功能用以处理废水，这种用人工方法选出的多质粒、多功能的新菌种称为“超级细菌”。这方面研究工作较多，目前已有较为成功的实例。

(1)超级细菌降解石油。20世纪70年代美国生物学家Chakrabary对海洋输油造成浮油污染，影响海洋生态等问题进行了研究。因为石油成分十分复杂，其中含有饱和、不饱和、直链、支链、芳香烃类等众多化学物质，不溶于水。而海水含盐量高，虽发现90多种微生物有不同程度降解烃类的能力，但不一定能在海水中大量繁殖生存，而且降解速率也较慢。将能降解脂(含质粒A)的一种假单胞菌作为受体细胞，分别将能降解芳烃(质粒B)、萜烃(质粒C)和多环芳烃(质粒D)的质粒，用遗传工程方法人工转入受体细胞，获得多质粒“超级细菌”，可除去原油中2/3的烃。浮油在一般条件下降解需要一年以上，用“超级细菌”只需几小时即可把浮油去除，速度快、效率高(图3-25)。

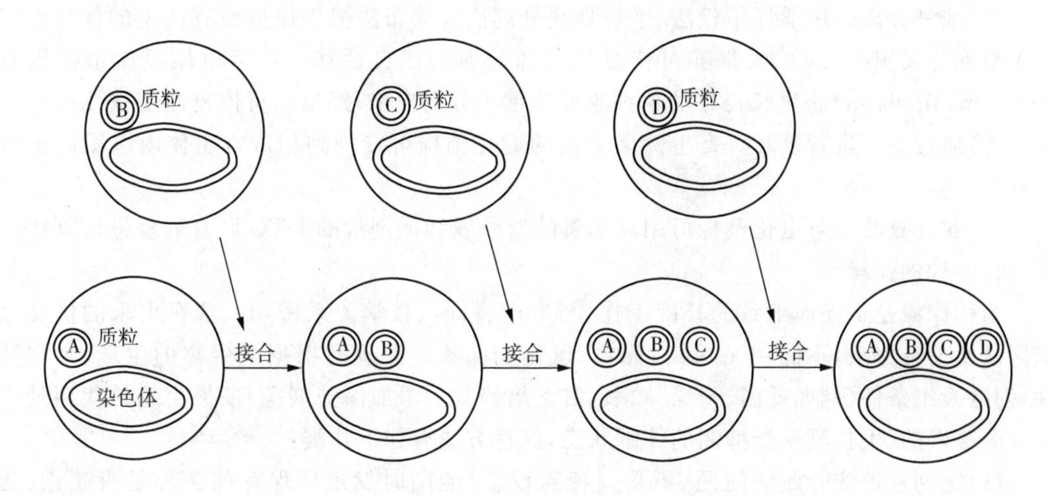

图 3-25　四种不同降解质粒接合在同一假单胞菌受体中

(2)染料降解质粒。1983 年瑞士科学家 Kulla 发现有两种假单胞菌分别具有降解纺织废水中两种染料的能力，一种是假单胞菌 K24，具有降解 1 号橙偶氮染料的质粒，另一种是假单胞菌 K46，具有降解 2 号橙偶氮染料的质粒，他把两个菌株的两种质粒接合到一个菌株内，可获得具有降解两种染料的新菌种。

(3)耐汞质粒。日本水俣事件及瑞典鸟类汞中毒事件后，日本和瑞典的很多研究人员对汞的自然界转化方面做了大量研究，提出了汞化合物的生物转化途径主要是某些微生物使水体汞元素甲基化形成甲基汞，使人及生物中毒。此外，还发现在自然界中存在一些耐汞的微生物，如嗜油假单胞菌，它们的耐汞基因在质粒上。而恶臭假单胞菌(*pseudomonas putida*)一般在汞浓度超过 2 μg/mL 时就会中毒死亡，采用了质粒转移技术，把嗜油假单胞菌的耐汞质粒(MER 质粒)转移到恶臭假单胞菌中，使其获得 MER 质粒后，则可在 50～70 μg/mL氯化汞中生长而不会中毒死亡。

3.5.3　菌种退化、复壮与保藏

1)菌种的退化和复壮

在各种微生物系统发育过程中，遗传性使各种微生物优良的遗传性状得到延续，遗传性又可发生变异，使微生物得到改变。但变异有正变(自发突变)和负变(菌种退化，bacterial degeneration)。菌种退化是指群体中退化细胞达到一定数量后表现出的菌种性能下降。为了使优良性状持久延续下去，必须做好复壮(bacterial rejuvenation)工作，即在各菌种的性状没有退化之前，定期进行纯种分离和性能测定。从污(废)水生物处理中筛选出来的菌种，复壮工作更为重要，因为保存菌种的培养基成分和废水成分不完全相同，容易使菌种退化。所以，需要定期用原来的废水培养菌种，恢复它分解废水的活力，并加以保存。频繁的移种和传代也易引起菌种退化，因为变异多半是通过繁殖产生的。

所以为了不使菌种变异，要选用合适的培养基和恰当的移种传代的间隔时间，严格控制菌种移植代数。可采用相应措施使退化菌株复壮，其方法如下：

(1)纯种分离。用稀释平板法、平板划线分离法或涂布法把仍保持原有典型的优良性状的单细胞分离出来,经扩大培养可恢复原菌株的典型优良性状。还可以用显微镜操纵器(micromanipulator)将生长良好的单细胞或单孢子分离出来,经培养可恢复原菌株性状;

(2)通过寄主进行复壮。寄生性微生物的退化菌株可接种到相应寄主体内以提高菌株的毒力。

(3)联合复壮。对退化菌株可用高剂量的紫外线和低剂量的DTG联合处理进行复壮。

2)菌种的保藏

菌种保藏是重要而细致的基础工作,与生产、科研、教学关系密切。选育出来的优良性状菌株要妥善保藏,不能使之污染、死亡、退化。保藏的原理是根据微生物的生理、生化特性,创造人工条件(例如低温、干燥、缺氧、贫乏培养基和添加保护剂等)使微生物的代谢处于极微弱缓慢的、生长繁殖受抑制的休眠状态,保存方法有如下几类:

(1)定期移植法。此法简便,不需要特殊设备,能随时发现所保存的菌种是否死亡、变异、退化和受杂菌污染。斜面培养、液体培养及穿刺培养均可。保存的温度和时间各菌种不同(表3-6)。

表3-6 微生物菌种保藏温度与时间

微生物	细菌	放线菌	酵母菌	霉菌
保藏温度/℃	4～6	4～6	4～6	4～6
移植周期/月	1	3	4～6	4

(2)干燥法。将菌种接种到适当的干燥载体上,例如,河沙、土壤、硅胶、滤纸及麸皮等。其中以砂土保藏法用得较普遍。通常放在干燥器内于常温或低温下保藏,芽孢杆菌、枝状芽孢杆菌、放线菌及霉菌均可用此法。

(3)隔绝空气法。该法是定期移植法的辅助法。它能抑制微生物代谢,推迟细胞老化,防止培养基水分散发,从而有延长微生物寿命的效果。例如,用液体石蜡封住半固体培养物,将待保存的斜面菌种用橡皮塞替代原有的棉塞塞紧,这样可使菌种保藏较长时间。

(4)蒸馏水悬浮法。这是一种最简单的保藏法,只要将菌种悬浮于无菌蒸馏水中,将容器封密。球衣菌可用此法保藏。

(5)综合法。利用低温、干燥、隔绝空气等综合作用,使微生物的代谢处于相对静止的状态,可对菌种保存较长的时间。此法是目前最好的保藏菌种法,先用保护剂制成细胞悬液(细菌的悬液含细胞数目以每毫升10^8～10^{10}个为宜)并分装于安瓿管内,将悬液冻结成冰(温度为－25～40 ℃)。大量制备时于－35 ℃预冻1 h,若每次只制备几管可用干冰、液氮预冻1～5 min即可,抽气进行真空干燥,控制真空泵的真空度为0.2～0.1 mm汞柱,样品水分大量升华,待样品水分升华95%以上时,目视冻干样品呈现酥丸状或松散的片状即可。当样品残留水分达1%～3%时,安瓿管可封口,置室温或低温保藏。

Reading Material

Bacteria in the Environment

Bacteria are found in environments ranging from hydrothermal vents where temperatures reach 100°C to polar regions. Bacteria perform many important tasks such as nutrient recycling and many-form important symbiotic associations with plants, increasing soil fertility and plant growth.

Microorganisms play a major role in biogeochemical cycling of carbon, nitrogen and sulfur. Carbon is present in many forms including cellulose, lignin and hydrocarbons. Degradation of these substrates is controlled by factors such as the structure of the individual components within the molecule, the environmental conditions and the microbial community present. The carbon cycle is divided into aerobic and anaerobic processes. Complex organic material is broken down by fermentation or under aerobic conditions by respiration, releasing methane (CH_4) and CO_2. The fixation of CO_2 by aerobic chemolithoautotrophs generates new biomass. The nitrogen cycle involves several distinct processes. Nitrification is the aerobic process of nitrite and nitrate formation from ammonium ions. The process of denitrification is a dissimilatory process (loss of nitrogen from the immediate environment) that produces nitrogen gas and nitrous oxide. Nitrogen assimilation occurs when inorganic nitrogen is used as a nutrient. Nitrogen fixation (incorporation of gaseous nitrogen products into biomass) can be carried out by aerobic or anaerobic bacteria. In the sulfur cycle, sulfide can be used by a variety of photosynthetic and chemolithoautotrophic organisms. Sulfate can undergo sulfate reduction by *Desulfovibrio*. Dissimilatory reduction occurs when sulfate is used as an external electron acceptor (anerobic respiration) to form sulfide. Sulfate can be used directly for amino acid and protein biosynthesis.

The relationship between microbial communities and plant roots is complex. The release of substrates by plants increases the soil microbial population in the surrounding region, and nitrogen fixation performed by bacteria increases ammonium ion availability for the plant. This area is called the rhizosphere and is very important in soils with low fertility. Rhizobium, a nitrogen fixing organism, forms symbiotic associations with legumes. This association requires that the bacteria infect plant root cells. Infections frequently stimulate root cell division, causing the formation of root nodules.

第 2 篇

水质工程生态学

第4章 水环境生态学

✤ 内容提要

本章在介绍生态学基本原理的基础上，分析水体生态系统的组成，阐明水生生物在维护水体生态中的作用。重点阐述影响微生物的主要环境因素，说明这些因素为什么影响，如何影响微生物。并进一步介绍利用有利影响促进微生物生长、不利影响抑制或杀死有害微生物的途径与方法。

✤ 思考题

(1)水体生态系统组成如何，各个营养级生物对维护水体水质有何功能？

(2)哪些环境因素会影响微生物的生存与生长、繁殖，极端环境又是如何影响的？

(3)灭菌(sterilization)与消毒(disinfection)有何区别，各举例说明。

(4)根据微生物的影响条件，分析消毒与灭菌有哪些可行的方法，其作用原理是什么？

(5)水处理构筑物、水体环境中，氧气含量是高好，还是低好？

(6)淡水水体中不同生存环境下的微生物有哪些特点？

(7)微生物在生态系统中起何作用？

(8)如何用试验证明"微生物无处不在、无时不在"？

(9)举例说明微生物之间的关系如何，并说明这些相互关系在水质工程中有何作用？

4.1 生态学基本原理

4.1.1 生态系统组成

生态学是研究生物与生物、生物与环境之间相互关系的一门学科，是从系统化的角度来研究生物与环境间的物流、能流及相互关系。根据不同的生命体层次，针对研究的对象不同，生态学可以分为个体生态学、种群生态学、群落生态学和生态系统生态学。

1)生态系统概念

生态系统(ecosystem)一词是由英国植物群落学家 A. G. Tansley 最早提出的。他认为有机体不能与它们的环境分开，在一定的空间范围内，所有动物、植物及周围物理环境之间的相互作用形成一个自然系统，这个系统就是生态系统。生态系统在地球表面有许多种类型，且大小不一。美国生态学家 E. P. Odum 认为：所谓生态系统，是指生物群落与生存环境之间以及生物群落内生物之间密切联系、相互作用，通过物质交换、能量转化和信息传递，成为占据一定空间，具有一定结构，执行一定功能的动态平衡体。它具有自我维持、修补和重建的能力。

一般认为，生态系统就是指在一定的时空范围内，由生物因素（动物、植物和微生物的个体、种群、群落）与环境因素（光、水、土壤、空气、温度、pH 等）通过能量流动和物质循环所组成的一个相互作用、相互影响的综合体，是占据一定空间的自然界客观存在的实体，是生命系统与环境系统在特定空间的组合。简单地说，生态系统就是在一定时间和空间范围内，由生物与它们的生境所组成的系统，其核心是生物群落。地球上有无数大大小小的生态系统，小到一滴水，大到整个生物圈（biosphere），生物圈是地球上最大的生态系统。

2）生态系统基本成分

生态系统的基本组成可以分成两大类：生物组分与环境组分。环境提供生态系统所需要的物质和能量，如太阳辐射、大气、水、CO_2、土壤及各种矿物。生物组分可以分成为生产者（producer）、消费者（consumer）及分解者（decomposer）。生态系统的基本结构与基本功能如图 4－1 所示。

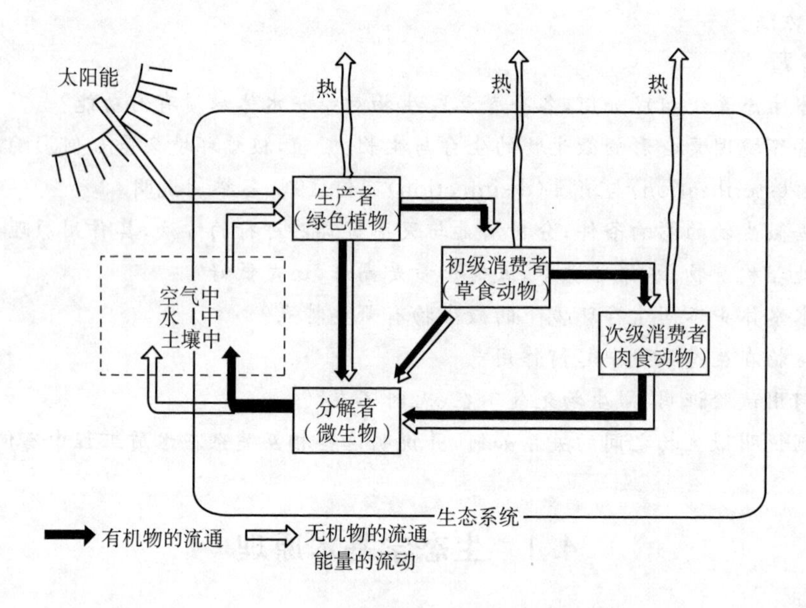

图 4－1　生态系统的基本结构与基本功能

（1）生产者主要是绿色植物，包括一些光合菌类和一些组成生态系统的自养生物。它们能进行光合作用，把大气中的 CO_2 和水合成有机物质，把太阳光能转变成化学潜能。它们为生态系统中一切生物提供了赖以生存的主要物质与能量来源，其生产力的大小决定了生态系统初级生产力的大小。

（2）消费者主要由各类动物组成，是以初级生产者产物为食物的异养生物。它们不能利用太阳能生产有机物，只能从植物所制造的现成有机物质中获得营养和能量，将初级生产转变为次级生产，它也是生态系统中生产力的构成因素。

（3）分解者又称为还原者，主要是细菌、真菌、以腐生生活为主的原生动物及其他小型有机体。他们把植物、动物体有机成分和储备的能量通过分解作用释放到无机环境中，供生产者再利用。

4.1.2 生态系统结构与功能

1)生态系统基本结构

生态系统结构,指生态系统的构成要素以及这些要素在时间上、空间上的配置和物质、能量在各要素间的转移、循环途径。一个生态系统结构包括系统的组成成分、组分在系统空间和时间上的配置以及组分间的联系特点和联系方式。基本结构可分成 4 个方面:

(1)生物种群结构。生物种群结构即生物(植物、动物、微生物)的组成结构及生物物种结构。例如,农田中的作物、杂草与土壤微生物,水体中的鱼类、植物、微生物等。

(2)生态系统空间结构。系统内生物的配置与环境组分相互搭配,形成生态系统的平面结构和垂直结构。平面结构是指生物在平面内的配置方式,如农作物、人工林、果园、牧场、水面形成农业生态系统平面结构层次。各层次内部也有平面结构,如农作物中的粮、棉、油、麻、糖等作物。垂直结构是指在一个生态系统区域内,生物种群在立面上的组合、生物与环境组分的合理搭配,并最大限度地利用光、水、热等自然资源,以提高生产力。

(3)生态系统时间结构。生态系统时间结构是指在生态区域与特定的环境条件下,各种生物种群生长发育及生物量的积累与当地自然资源协调、吻合状况,它是自然界中生物进化同环境因素协调一致的结果。

(4)生态系统营养结构。生态系统营养结构是生物之间借助能量流动、通过营养关系而联结起来的结构。多种生物营养关系联结成形成食物链和食物网。食物链结构是生态系统中最主要营养结构之一,建立合理有效的食物链结构,可以减少营养物质的耗损,提高能量、物质的转化利用率,提高系统的生产力和经济效率。

2)生态系统结构特点

生态系统具有一般系统所具有的共同性质,又具有自己的特点。

(1)组织成分。生态系统不仅包括有生命的植物、动物、微生物,还包括无机环境中作用于生物的物理化学成分。最本质的特点是只有在生命存在的情况下,才有生态系统的存在。

(2)生物发展规律。生物具有生长、发育、繁殖和衰亡特性,因而生态系统可区分为幼年期、成长期和成熟期等阶段,表现出明显的时间变化特征,有着自身发展演化规律。

(3)营养与代谢功能。生态系统具有代谢作用,通过生产者、大型消费者和小型消费者这三大功能类群参与物质循环和能量转化代谢过程。

(4)复杂动态平衡特征。生态系统中的生物存在着种内与种间的关系、生物与环境的关系,这些关系在不断发展变化,以维持其相对平衡。这种平衡处在不断变化之中,存在着正反馈与负反馈作用。任何自然力或人类活动干扰都会对系统某一环节或环境因子造成影响,影响系统的生态平衡,甚至导致生态系统的崩溃。

生态系统的结构直接影响系统的稳定性、系统的功能、转化效率与系统生产力。通常情况下,生物种群结构复杂、营养层次多、食物链长并联系成网的生态系统,稳定性较强;反之,结构单一的生态系统,即使有较高的生产力,稳定性也较差。

3)生态系统功能

生态系统是自然界的基本功能单元,其功能主要表现在生物生产、能量流动、物质循环和信息传递,这些功能通过生态系统的核心生物群落实现。在生物生产过程中,能量流动和物质循环两者缺一不可,紧密联系,相辅相成,共同进行。

(1)物质生产。这是生态系统的基本功能之一,植物、藻类及光合细菌等就利用太阳能,将 CO_2 和 H_2O 合成碳水化合物,进而合成蛋白质和脂肪,构成植物体。

(2)能量流动。植物、藻类和光合细菌等利用太阳能供给进行光合作用合成有机物,光能被转化为化学能而被贮存于植物体内,能量再通过食物链由一种生物体转移到另一生物体内。例如,植物→草食动物→肉食动物,植物(生产者)和动物(消费者)尸体被微生物分解,一部分能量在微生物中流动,另一部分能量以热能形式散发至自然界。能量流动渠道主要通过"食物链""食物网"实现。生态系统中能量流动的主要渠道通常有以下三种形式:

① 腐生食物链(saprophytic food chain)。由利用动物尸体的微生物组成,并通过腐烂分解将有机体还原成无机物的食物链,如污水处理中分解有机污染物的细菌、霉菌等。

② 捕食食物链(predation food chain)。如污水处理系统中的捕食食物链"细菌—植食性鞭毛虫—肉食性鞭毛虫—轮虫"。

③ 寄生食物链(parasitic food chain)。由大有机体到小有机体进行能量的流动,如"人体—蛔虫""细菌—噬菌体"。

在生态系统中食物链不是唯一的,某一消费者可有多种食物(生物),每种食物(或生物)又被许多生物所食,因此形成相互交错、彼此联系的网状结构,即食物网(food web)。

能量从一个营养级(如杂草)到另一个营养级(如昆虫)的流动过程中,有一部分被固定下来形成有机物的化学潜能,而另一部分通过多种途径被消耗,直到最后耗尽为止。平均每个营养级的能量转化效率为10%,这就是著名的"十分之一定律"。因此,营养级由低级到高级,依据个体数目、生物量与能量的分布形成了底宽而顶尖的金字塔形,即生态金字塔或能量金字塔。顺着营养级位序列(食物链)向上,能量急剧递减,生物量随之减少。

生态系统的食物链结构是生物在长期演化过程中形成的,如果在食物链中增加新环节或扩大已有环节,使各种生物更充分地、多层次地利用自然资源,一方面可以使有害生物得到抑制,增加系统的稳定性,另一方面可以使原来不能被利用的物质再转化,增加系统的生产量。

(3)物质循环。生态系统中生物从周围环境中吸收各种营养物质,主要有N、H、O、C等构成有机体的元素,Ca、Mg、P、K、Na、S等大量元素以及Cu、Zn、Mn、B、Mo、Co、Fe等微量元素,这些营养物在环境、生产者、消费者和分解者之间传递,未被利用及损失的物质又返回环境重新被植物所利用,在不断循环之中形成物质流。环境中 CO_2、H_2O 及无机盐通过植物吸收进入食物链,先转移给草食动物,再转给肉食动物,最后被微生物分解与转化回到环境中。回到环境的物质又一次被植物吸收利用,重新进入食物链,如此反复、无限循环。生态系统中物质循环主要有水循环、气相循环、沉积循环三种循环类型。

(4)信息传递。信息传递方式多种多样,有强有弱,把各组成联为一个统一整体。信息有物理信息,如声、光、颜色等;化学信息,如生物的酶、维生素、生长素、抗生素等。在同一种或不同种间还有行为信息,例如雄鸟发现敌情,急速起飞给正在孵卵的雌鸟报警。

4)生态平衡

生态系统是开放系统,当能量和物质的输入(被植物等固定)大于输出(消费和分解、人类收获等)则生物量增加,反之则生物量减少。如果输入和输出在较长时间趋于相等,生态系统的组成、结构和功能将长期处于稳定状态。虽然各生物群落有各自的生长、发育、繁殖及死亡,但动物、植物和微生物等群落的种群、数量、数量比均保持相对恒定。即使有外来干扰,生态系统能通过自行调节的能力恢复到原来的稳定状态(如土壤和水体的自净),这就是生态系统平衡,即生态平衡(ecological equilibrium)。生态平衡在生态系统内有两个方面稳定:一方面是生物种类(生物、植物、微生物)的组成和数量比例相对稳定;另一方面是非生物环境(空气、阳光、水、土壤、营养物质等)保持相对稳定。

然而,生态系统的自行调节能力是有限度的,超越了生态阈限,自行调节能力的降低或丧失就会导致一系列连锁反应:各生物群落的种类和数量减少,各生物群落间的数量比例失调,能量流动和物质循环发生障碍,整个生态系统失衡。破坏生态平衡的因素有自然因素和人为因素,且人为因素对生态失衡的作用更大。生态系统一旦失去平衡,会发生非常严重的连锁性后果。因此必须采取多种途径维护生态平衡,保持生态系统的稳定。

4.1.3　生态系统中微生物作用

微生物是生态系统的重要组成,对生态系统乃至整个生物圈的能量流动、物质循环发挥着不可替代的作用。具体地说,其作用有如下几点。

(1)有机物的主要分解者。细菌、真菌等微生物能分解生物圈中动物、植物和微生物的残体等复杂有机物,并转化为最简单的无机物,供初级生长者利用。毫不夸张地说,如果没有这些微生物分解者,就没有自然生态系统,也没有人类的发展。

(2)自然界物质循环的重要参加者。微生物参加了自然界大部分元素及其化合物(如C、N、O、S、P、Fe、H等)的转化与循环作用。在一些物质的循环过程中,微生物起主要作用。有些物质循环过程中只有依靠微生物才能完成,如纤维素的降解、特殊有机物的分解、生物固氮过程。微生物参加的这些物质循环、转化与分解,在保持生态平衡中起到重要作用。

(3)生态系统的初级生产者。光能自养菌(如藻类等)、化能自养菌(光合细菌等)是生态系统的初级生产者,可直接利用太阳光能、无机物中的化学能合成有机物。有机物中积累的营养与能量又在食物链、食物网中流动。

(4)能量的储存者、转化者。生态系统中大量的微生物,储存着大量的物质与能量。微生物在光合作用中将光能转化为化学能储存起来,分解有机物时又将化学能转化为其他能量而释放,因此,微生物是能量的转化者。

污水生物处理中,正是由于微生物具备其他生物没有的独特功能而成为最重要的生物类型,是水质工程学中重点研究对象。污水处理中的微型生态系统中,细菌等异养菌为有机污染物的分解者,同时又被其他微型动物所食,而成为食物链的第一营养级。

4.2　水体生态系统及其生物

4.2.1　水体生态系统

水体生态系统是由水生生物与水体环境构成,环境不同,水生生物类群不同,构成不同的水体生态系统。水体生态系统生物主要有两大类群：海洋生物(分布于港湾、海岸、海岸沼泽、海洋等)和淡水生物(主要分布于湖泊、池塘、小溪和河流)。

在不同水体以及同一水体中，各个部分条件并不完全一致，因此出现了多种多样的生活环境，与之相适应，形成了不同的生态类群，共同构成水生生态系统。如淡水水体生态系统(图 4－2)。

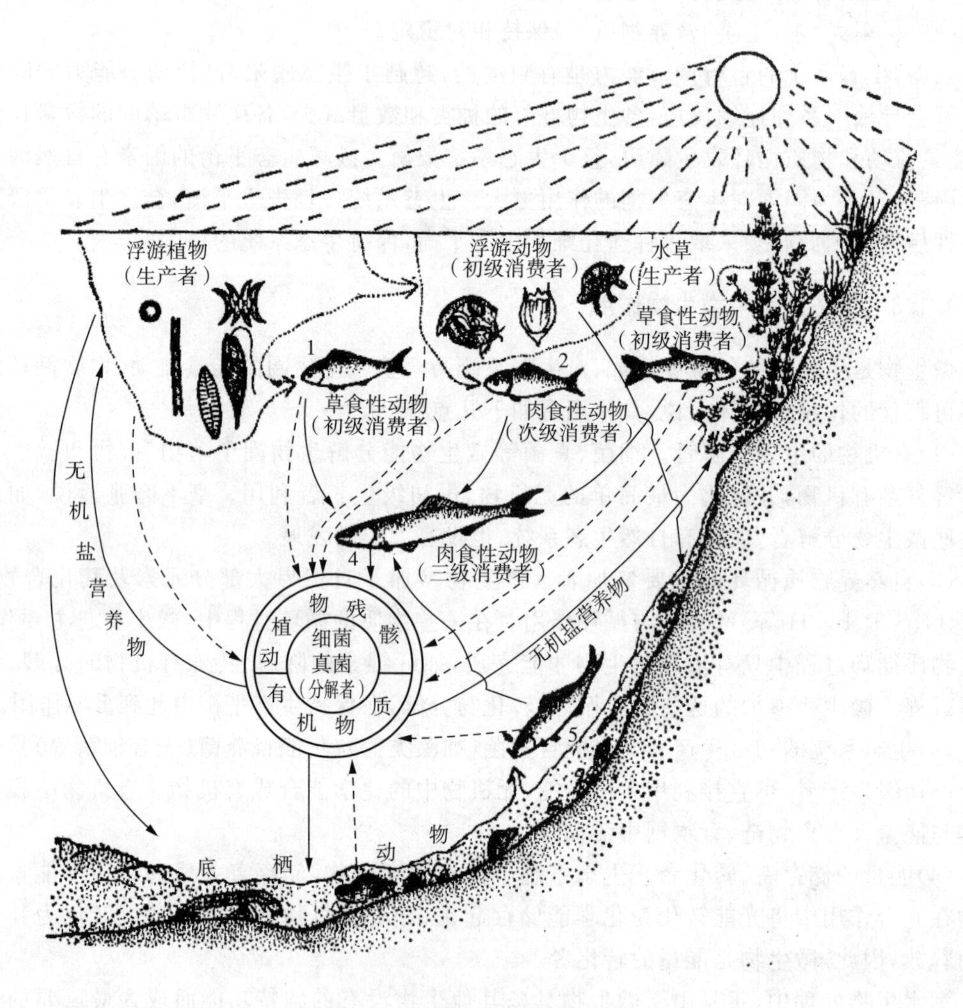

图 4－2　淡水水体生态系统

1)生产者

生产者主要有三类生物：①漂浮植物(floating plant)。淡水中常见的是漂浮植物，如浮萍、满江红等，其为能进行光合作用的自养生物。②浮游植物(phytoplankton)。有蓝细菌、光合细菌和藻类等许多种类，如硅藻、绿藻和甲藻等。③底栖植物(bottom－dwelling plant)。主要是水生的高等植物(挺水植物、沉水植物等)和附着生长的藻类，多分布于湖泊与沼泽中。以上三类生物都是水生生态系统食物链和食物网络中的生产者。

2)消费者

消费者主要有三类生物：①浮游动物(zooplankton)。它们生活在水表层区，大多数体形微小，肉眼看不见。它们不会游泳或游泳能力很弱，常常依靠水流、波浪或水循环流动，在水中被动地移动。浮游动物包括以浮游植物为食的、不能进行光合作用的初级消费者（草食动物）；以浮游动物为食的次级消费者。它们包括单细胞的原生动物和无脊椎动物，如枝角类、桡足类、轮虫。②自游动物（nekton）。它们是指在水中能够游泳的动物，都具有发达的运动器官和很强的游泳能力。它们往往能进行长距离的游泳或克服较急水流的阻力逆流而上，有些种类还可进行长距离的洄游或能适应较急的水体。自游动物是水体生态系统中最主要的消费者。它们的生物量比浮游生物小很多，但都具有较高的经济价值，也是重要水产资源。自游生物主要包括鱼类、两栖类、大型游泳昆虫等。③底栖动物（zoobenthos）。它们栖息固着或附着在水底或者生活在沉积物中，但又不能长时间在水中游动。底栖动物的种类很多，包括原生动物、海绵动物、腔肠动物、节肢动物、软体动物等。一般附着于一定的基质：蠕虫类埋藏于沙子地下，龙虾和螃蟹等可以在水体底部行走，它们中的一些生物可以通过过滤水来获得食物。

3）分解者

分解者主要是细菌，还有少量的水体真菌，它们可以将水体中的水生生物尸体中的有机物和代谢废物分解成简单的营养物质，归还给环境，供生产者使用，进行下一个生态系统的物质循环。这些分解者主要分布在以水底沉积物表面，数量最多。

4.2.2　水体生物群落

虽然海水生态系统与海水的水质相关，但目前主要是采用膜处理等技术进行海水淡化制取淡水用以补充陆地淡水资源的不足，其生态系统对水质工程影响较小，因此，这里主要介绍与水质工程密切相关的淡水生物群落（biology community）。

淡水生物群落包括湖泊、池塘、河流等群落，通常是互相隔离的。不同生态类群的淡水生物，在形态结构、生理功能、生态分布等方面都具有一定的特征，这是对不同环境条件的长期适应和自然选择的结果。淡水群落一般分为静水群落和流水群落两大类型。

1）静水生物群落

静水群落（lentic community）分为若干带。在沿岸带，阳光能穿透到底，常有有根植物生长，包括沉水植物、浮水植物、挺水植物等亚带，并逐渐过渡为陆生群落。离岸到远处的水体可分为上层湖沼带和下层深底带。湖沼带有阳光透入，能有效地进行光合作用，有丰富的浮游植物，如硅藻、绿藻和蓝藻。深底带由于没有光线，自养生物不能生存，消费者的食物依赖于沿岸带和湖沼带的有根植物和湖沼带的浮游植物。水体还有一些特殊的群落类型，如温泉、盐湖等的微生物群落，又有自己的种类组成与群落结构。

按照静水栖息地所存在的不同生境，静水生物群落可分为沿岸带群落、敞水带群落和深水带群落，这些群落的相对重要性主要取决于水体中生境的相对大小。

（1）沿岸带群落。沿岸带生产者主要包括底生植物、各种藻类以及漂浮植物。底生植物分布有明显的水平成带现象，从岸边到深处随着水深变化而出现三个不同的植物带：挺水植物带、浮叶与漂浮植物带、沉水植物带。底生植物分布主要取决于水层透明度，其生长情况常与浮游藻类的生长呈负相关。在富营养化水体中，由于蓝藻水华严重阻碍了光的透射，底生植物往往濒于灭绝。

沿岸带生态类群存在各级消费者。某些动物的水平成带分布，常与底生植物的分布相平行，但有很多种类几乎分布在整个沿岸带，动物的垂直成带现象比水平成带更为显著。沉水植物周围主要有螺类、某些昆虫幼虫、原生动物、轮虫、各种蠕虫、苔藓虫、水螅等。底栖动物中以多种昆虫幼虫、环节动物（寡毛类）和软体动物（螺、蚌）占优势。浮游动物主要有大型的枝角类、桡足类的某些种类、介形类和轮虫。自游生物主要有昆虫（幼虫和成虫）、两栖类（amphibian）（蛙）、爬行类（龟、蛇）和各种鱼类，其中鱼类是来往于沿岸带与敞水带间的动物，常以沿岸作为觅食和繁殖的场所。

（2）敞水带群落。敞水带的生产者包括浮游植物和一些浮游自养菌。浮游植物主要有甲藻、硅藻、绿藻和蓝藻，大多数种类的个体很小，但具有相当高的生产力。敞水带的消费者主要包括浮游动物和各种鱼类。敞水带的鱼类通常与沿岸带的相同，但大型水体中可能有某些鱼类局限于敞水带。这些鱼类常分布于不同水层，一般都有很大的活动范围。在我国人工经营的水体中，浮游生物食性的中上层鱼类（如鲢）成为优势种群。

（3）深水带群落。深水带不存在生产者，分解者种类也不多，其食物供应依赖于沿岸带和敞水带。群落主要成员是细菌和真菌，它们所提供的再生营养物通过水流和游泳动物带到其他区体。消费者主要有摇蚊幼虫、颤蚓等底栖动物。

2）流水生物群落

流水生态系统是指那些水流流动湍急和流动较大的江河、溪涧和水渠等。流水生态系统有 3 个主要特点：

① 水流不停。这是流水生态系统的基本特征。河流中不同部分和不同时间水流有很大的差异。河流的不同部分（上、下游等）也分布着不同的生物。

② 陆—水交换。河流的陆水连接面大，河流与周围的陆地有较多的联系。河流、溪涧等形成了一个较为开放的生态系统，成为联系陆地和海洋生态系统的纽带。

③ 氧气丰富。由于水经常处于流动状态，又因为河流深度小，和空气接触的面积大，空气充氧效率高，河流中经常含有丰富的氧气，满足河流生物对氧的较高需求。

流水中的生物群落，又可以根据水流速度分为急流和缓流两类。

（1）急流群落。急流生物群落是河流的典型生物代表，它们一般都具有流线型身体，以便在流水中产生最小的摩擦力；或者具有非常扁平的身体，使它们能在石下和缝隙中得到栖息。急流生物多附着在岩石表面或隐藏于石下，以防止被水冲走。有些鱼类（如大马哈鱼）能逆流而上。

急流生物群落有如下特殊的适应性。

① 持久地附着在固定的物体上。如附着的绿藻、刚毛藻、有壳和硅藻铺满河底的表面。少数动物固着生活，如淡水海绵以及把壳和石块黏在一起的石蚕。

② 具有钩和吸盘等附着器。钩和吸盘能使它们紧附在物体的表面，如双翅目的幼虫，不仅有吸盘，而且还有丝线缠住。

③ 黏着的下表面。如扁形动物、涡虫等动物能以黏着的下表面贴附在河底石块的表面。

④ 趋触性。有些河流动物具有使身体紧贴其他物体表面的行为。如河流中石蝇幼虫总是和树枝、石块或其他任何物体接触。如果没有可利用的物体，它们就彼此附着在一起。

（2）缓流群落。缓流水体的水底多污泥，底层易缺氧。游泳动物很多，底栖种类则多埋于底质之中获取营养，因为虽然有浮游植物和有根植物，但它们所制造的有机物大多被水流带走或沉积在河流周围。

4.2.3　水环境中微生物

自然水体生态环境比空气优越，但有机营养、气水环境不如土壤。水体中的溶解氧往往较少，不利好氧微生物生存生长；对于藻类而言，深水处光质与光量都有了较大的变化。由于雨水冲刷被带至水体的土壤中的各种有机物、无机物以及动、植物残体，排入的工业废水和生活污水，死亡的水生动、植物等都为水体中的微生物提供了丰富的有机营养，但营养过多，就会破坏水体生态环境。

1）水体中微生物来源

水体中细菌种类虽然比土壤中少一些，但仍然很多。据分析，细菌共有 47 科，水体中就占 39 科。水体中这些细菌的来源主要有以下几个方面：

（1）水体中固有。主要有荧光杆菌（*Pseudomonas fluorescens*）、产红色和产紫色的灵杆菌（*Bacterium prodigiosum*）、不产色的好氧芽孢杆菌、产色和不产色的球菌、丝状硫细菌、球衣菌及铁细菌等。

（2）来自土壤。主要是由雨水冲刷到水体中的微生物，主要有枯草杆菌（*Bacillus subtilis*）、巨大芽孢杆菌（*Bacillus megatherium*）、蕈状芽孢杆菌（*Bacillus fungoides*）、氨化细菌（ammonifying bacteria）、硝化细菌（nitrifying bacteria）、硫酸还原菌（sulphate reducing bacteria）、霉菌等。这是水体中微生物的主要来源。

（3）来自空气。被降水带入水体的微生物，初雨尘埃多，微生物也多。雪的表面积大，与尘埃接触面大，故含的微生物比雨水多。这个来源占水体微生物的比例较低。

（4）来自生产和生活。主要是各种工业废水、生活污水和牲畜的排泄物夹带进入水体的各种微生物，主要有产气荚膜杆菌（*Bacillus perfringens*）、肠杆菌群、肠球菌、各种腐生性细菌、厌氧梭状芽孢杆菌（*Clostridium*）、致病微生物，如霍乱弧菌（*Vibrio cholerae*）、伤寒杆菌（*Typhoid bacillus*）、痢疾杆菌（*Dysentery bacillus*）、立克次氏体、病毒、赤痢阿米巴等。

微生物在水体中的分布与数量受水体的类型、有机物的含量、微生物的抵抗作用、雨水冲刷、河水泛滥、工业废水和生活污水的排放量等因素影响。

2）水体微生物群落

（1）淡水微生物群落

河流、湖泊、小溪和池塘等水体中微生物的种类和土壤中的差不多，分布规律却和海洋相似。影响微生物群落的分布、种类和数量的因素有水体类型、受污（废）水污染程度、有机物含量、溶解氧量、水温、pH 及水深等。尽管水体类型不同，但水平分布的共同特点是沿岸水体有机物较多、微生物种类和数量多。淡水因土壤腐殖质和有机酸等流入或酸雨影响，水体的酸碱度大多呈弱酸性。淡水微生物要求 pH 为 6.5～7.5，pH 小于 4 或大于 9 时，微生物生长都受抑制。淡水微生物是中温性的。

湖泊形成初期，为贫营养湖，水中有机物少，湖底沉积物少，细菌数量少，生物生产力低，有机物分解微弱，耗氧量低，含大量溶解氧。随着河流不断向湖泊输送养料和泥沙、生物种类和数量增加、湖底沉积的有机物丰富、细菌数量增加、分解有机物速率提高、无机物增加、表水层阳光充足，使浮游藻类大量繁殖，生物生产力提高，成为富养湖。一般地，在环境良好、经济发达地区的湖泊均不同程度地富营养化。

没有受严重污染的河溪，含有机物少。常见细菌有柄细菌属(*Caulobacter*)、嘉氏铁柄细菌、赭色纤发菌、球衣菌、贝氏硫菌属、发硫菌属及假单胞菌属，还有藻类、原生动物、微型后生动物。地下水、自流井、山泉及温泉等经过厚土层过滤，有机物和微生物都少。石油岩石地下水有分解烃的细菌，含铁泉水有铁细菌，含硫温泉有硫黄细菌，它们是耐热和嗜热的种类，能在 70～80 ℃水中生长，有的甚至可在 90 ℃水中生长。

(2)海洋中微生物群落

海水盐分高、渗透压大，温度低、海面阳光照射强烈，深海处光线极暗，静水压力大。海洋分沿(近)海带和外(远)海带。海洋中的微生物有固有栖息者，也有许多是随河水、雨水及污水排入的。微生物群落分布和数量受海洋环境变化、土壤、河流及人类活动的影响。

海洋微生物群落水平分布，沿海带由于沿海城市人口密集、工厂多，污水和工业废水随河水流入。海港停泊的船只也排出许多污水和废物，故含有大量有机物。海面阳光充足，温度适宜，港口海水含菌 10 万个/mL。外海带人类活动少，海水有机物含量少，含菌 10～250 个/mL。海洋微生物的水平分布受内陆气候、雨量等影响外，还受潮汐影响。涨潮时，因海水稀释含菌量明显减少，退潮含菌量增加。

海洋微生物群落垂直分布，距海面 0～10 m 深度因受阳光照射含菌量较少，浮游藻类(绿藻、硅藻和甲藻等)较多，是海洋生产者，为浮游动物和鱼、虾提供饵料。5～10 m 以下至 25～50 m 的微生物数量较多，且随海水深度增加而增加；50 m 以下微生物的数量随海水深度增加而减少。在海底因沉积有很丰富有机物，微生物数量增多，但溶解氧缺乏。因此就某一区域微生物群落垂直分布而言，海面溶解氧量高，有藻类和好氧型异养菌，继之为兼性厌氧微生物，海底有兼性厌氧菌、厌氧异养菌及硫酸还原菌等。

常见海洋微生物有假单胞菌属(*Pseudomonas*)、弧菌属(*Vibrio*)、黄色杆菌属(*Xanthobacter*)、无色杆菌属(*Achromobacter*)及芽孢杆菌属(*Bacillus*)等。

海洋微生物按栖息地可分为底栖性细菌、浮游性细菌和附着性细菌。① 底栖性细菌。其因海底各处地质结构和有机物含量不同，水平分布也不同。岩礁海岸底部为产芽孢杆菌(*Bacillus cereus*)；沉积土有机物丰富，以腐败细菌为主，有硫细菌(thiobacteria)、硝化细菌；浅海海底沉积大量有机物和动、植物残体，缺乏溶解氧，多为厌氧腐败梭菌(*Clostridium septicum*)；在河口的入海处多有来自土壤的细菌。② 浮游性细菌。其有荧光假单胞菌(*Pseudomonas fluorescens*)、变形杆菌(*Proteusbacillus vulgaris*)、纤维弧菌(*Cellvibrio japonicus*)、螺旋菌(spirillum)及人和动物的肠道细菌。③ 附着性细菌。这类细菌附着在动、植物体上，是异养菌，例如发光细菌(luminous bacteria)和有色杆菌(*Chromobacter*)附着在鱼体上，纤维素分解菌和固氮菌附着在浮游植物和藻体上。

海洋微生物为适应高盐(浓度约 3%)环境而成为耐盐或嗜盐菌，耐盐菌在含盐 2.5%～4%的海水中生长最适，海水含盐超过 10%微生物生长受到抑制。嗜盐菌在含盐 12%的海水中生长良好，能在死海和咸水湖中生存，而在含盐 4%的海水中细胞破裂。海洋微生物还耐高静水压力，甚至嗜高静压力，如假单胞菌属的 *Pseudomonas tathocrus* 在 40 ℃时，要在 4.05×10^7～5.07×10^7 Pa 大气压力下才能生长繁殖，在 3.04×10^7 Pa 大气压力下不生长。

4.3　影响微生物的环境因素

微生物除了需要必需的营养物质外，还需要其他适宜的生活条件(如温度、酸碱度、水分、氧气等)，才能很好地生长繁殖。如果环境因素发生变化，这种平衡就会受到干扰，微生物就不能维持其正常的生命活动，或者死亡，或者发生变异。因此，必须知道哪些因素对微生物产生影响，这些因素为什么会有影响，又是如何影响的，微生物细胞物质组成平衡才能很好地培养有益微生物，控制有害微生物。

4.3.1　温度

温度对微生物有着广泛的影响。大多数微生物生长适宜的温度为 20～40 ℃，但有的微生物喜欢高温，适宜的繁殖温度为 50～60 ℃，少数嗜热微生物生长温度高达 100 ℃。按照对温度的不同适应，可将微生物(主要是细菌)分为低温型、中温型和高温型三类(表 4－1)，每种类型的微生物的生长都有一个最低、最适和最高温度。在最适温度范围内，微生物较快地生长与繁殖。当温度超过最低、最高温度极限时，微生物就会死亡。

表 4－1　微生物对温度的适应范围

微生物类型	生长温度 / ℃			微生物性质、主要存在场所
	最　低	最　适	最　高	
低温型	－5～0	10～20	25～30	水中、冷藏食品上
中温型	10～20	18～40	40～45	腐生、寄生细菌
高温型	25～45	50～60	70～85	堆肥、温泉、厌氧处理中

1)高温

只要加热超过细菌致死的最高温度，细菌就会死亡，温度愈高，死得愈快。有芽孢的细菌比没有芽孢的细菌对高温的忍耐能力强。许多没有芽孢的细菌在水中加热到 70 ℃经 10～15 min 就死亡，100 ℃时很快就死去；有芽孢的细菌细胞由于其含水量较少，在 100 ℃沸水中需煮几十分钟，有时甚至 1～2 h 才会死亡。高温杀死微生物的机理是细菌细胞的基本组成是蛋白质，蛋白质对高温有不耐热性，而且细菌营养与呼吸过程中必不可少的生物催化剂——酶蛋白质不耐热，一旦受到高温，其结构会因受到严重破坏而发生凝固，细菌无法代谢就会死亡。

因为高温可以杀死微生物，所以实验中，常采用高温法进行消毒与灭菌。消毒(disinfection)是指杀死微生物的营养体和部分生殖体，通常是指杀死有害的微生物，消毒是不彻底的。而灭菌(sterilization)是杀死所有的微生物及其孢子，灭菌是彻底地消灭所有的微生物。

干热情况下，细菌不容易被杀死。一般细菌在 100 ℃左右干热，要 1～2 h 才死去，而芽孢即使被加热到 140 ℃，还需 2～3 h 才能被杀死。湿热时，微生物容易死亡。这是因为蛋白质的含水量愈多，加热时愈容易凝固，而且湿热所用的水蒸气的传导力与穿透力都比较强，更容易破坏细菌蛋白质。用高压灭菌锅进行湿热灭菌时，只需 121 ℃维持 20～30 min；而用烘箱进行干热灭菌却要在 160～170 ℃维持 2 h。

2)低温

低温降低细菌的代谢活力，通常在5 ℃以下，细菌的代谢作用就大大受阻，变成休眠状态，只能维持生命而不发育，所以在实验室中常利用冰箱保存菌种，一般以4 ℃左右为保存菌种的适宜温度。冬天由于温度较低，污水处理的效果也有所降低。当低到零度，细菌不至于死亡，只有频繁地反复结冰和解冻，才会使细胞受到破坏而死亡。

温度影响微生物生长和污水处理效果。对于工业废水，如果温度过高，必须先冷却到微生物适宜温度，才能进行生化处理；如果水温达不到微生物的要求，需进行加热才能进行厌氧处理。

4.3.2 pH

各种细菌都有它们所适宜的pH范围。大多数细菌在pH为4～10能生存，在pH范围为中性(6～8)时，宜于繁殖。在酸性太强或碱性太强的环境里，它们一般不能生活。

工业废水的pH如太高或太低，应加以中和、调整到适宜范围后才能进行生物降解。在厌氧生物处理中，产酸微生物作用使污水中的pH降低，不适应其他降解菌(如产甲烷菌)的生长，所以在工程上，常常加入一些石灰来调节pH。

4.3.3 氧气和氧化还原电位

正如前面所述，根据在呼吸过程中对氧的需要，而把微生物分成三类：好氧微生物、厌氧微生物与兼性微生物。对于好氧微生物而言，生活中必须有氧的存在。在好氧污水处理构筑物中，溶解氧(DO)一般要求高于2 mg/L；而厌氧处理则必须杜绝DO的存在。

一般采用氧化还原电位(Eh)来综合反映环境的氧化还原状况。一般好氧细菌要求Eh为0.3～0.4 V，0.1 V以上均可生长；厌氧细菌需要Eh值在0.1 V以下才能生活；对于兼性细菌来说，Eh值在0.1 V以上，进行好氧呼吸，Eh值在0.1 V以下，进行无氧呼吸，在不同的氧化还原条件下，都能生长。

微生物在生长过程中可能改变周围环境中的氧化还原电位。如在生物氧化过程中，由于氧的消耗和还原性物质的生成，常使环境中电位降低。

一般情况下，在好氧生长处理工艺中活性污泥法系统中，Eh常为0.2 ～0.6 V；对于厌氧处理构筑物，如污泥消化池，Eh值常应保持在－0.1～0.2 V。

4.3.4 辐射

除了光合细菌等含有光合色素的微生物能利用光能外，一般细菌都不喜欢光线。许多微生物在日光直接照射下容易死亡，特别是病原微生物。可见光杀死微生物是因为光的氧化作用，当光线被细胞内色素吸收后，氧能引起某些酶或者细胞中敏感成分的失活。

日光中具有杀菌作用的主要成分是紫外线(ultraviolet radiation)。紫外线杀菌效力的大小与其光波长度和被吸收的量有关，波长为260 nm左右的紫外线杀菌力最强，这正是核酸吸收的光谱波长，因此，微生物可大量吸收紫外线。细菌细胞吸收紫外线后，核酸发生变化，DNA发生突变，常常形成胸腺嘧啶二聚体(T－T)，使DNA不能正常分离和复制而引起死亡。

一般细菌在紫外线下照射5 min即能被杀死，芽孢则需10 min。紫外线的杀菌力虽强，但穿透性很弱,因此只有表面杀菌能力。由于紫外线不能透过普通玻璃,所以一般紫外线常用在杀死空气中的微生物,如在无菌室或无菌箱中用得较多。紫外线杀菌后的物品,不能立即暴露在可见光中,否则紫外线照射后形成的胸腺嘧啶二聚体(T－T)会在可见光的照射下打开,发生光复活(photoreactivation)而恢复微生物的活力。

此外,电离辐射,如X、α、β、γ射线等短波长、能量大的辐射可使物质分子电离产生自由基,自由基可使细胞中敏感大分子失活,从而抑制或杀死微生物。

4.3.5 化学物质

某些化学物质对微生物生活的影响大。如强氧化剂可氧化细菌的细胞物质而使细菌的正常代谢受到阻碍,甚至死亡。因此,常用的消毒剂与杀菌剂是化学试剂。

1)无机化合物

(1)重金属离子。它们使细胞蛋白失活,或者与蛋白质的巯基(—SH)结合而使之失活,杀死微生物。Hg^{+}、Ag^{+}、Cu^{2+}等重金属离子的杀菌作用很强,常用的杀菌剂有硫酸铜、氯化汞。工业废水含有毒重金属比较多,为细菌的抑制剂或杀菌剂。

(2)卤族元素。卤族元素及其化合物都有杀菌能力,随着相对原子质量的增加,杀菌能力降低,即$F>Cl>Br>I$。氯是最常用的杀菌剂(bactericide),液氯与次氯酸钙与水反应生成新生态氧[O],它是强氧化剂(strong oxidant),可破坏细胞膜结构而杀死微生物。漂白粉和液氯常用于饮水或游泳池水的消毒。

(3)氧化剂。其可氧化细胞组分而使细菌失活死亡,常用的氧化剂有$KMnO_4$、H_2O_2、O_3等。如0.1%的高锰酸钾(potassium permanganate)溶液常用于公用茶具和水果的消毒。

2)有机化合物

通常,有机物是细菌营养物质,但有的有机物在一定浓度范围内对细菌是有毒害作用的。

(1)醇类。醇类可使细菌细胞脱水、蛋白质变性、溶解细胞膜类脂而杀死微生物。常用的是70%～75%的乙醇,杀菌力最强,这是因为高浓度酒精遇到细菌细胞时,会很快使细胞表面脱水而致硬化,阻止了酒精继续渗入细胞,蛋白质也不会凝固,因此纯酒精没有杀菌能力。

(2)酚类及其衍生物。它们可使细胞蛋白质变性(denaturalize),破坏细胞膜结构。常用的有苯酚(phenol)和甲酚(cresol methylphenol)。如石炭酸(苯酚)质量分数为0.1%时就大大抑制细菌生长,1%的石炭酸溶液在20 min内可以杀死细菌,3%～5%的石炭酸溶液几分钟就可杀死细菌。3%～6%的来苏儿溶液(甲酚和肥皂的混合物)用来消毒器械,2%的来苏儿溶液用于洗手。

(3)醛类。它们能与蛋白质中氨基酸的基团发生共价结合,从而使蛋白质变性而死亡。常用的有甲醛。如医学上用来保存标本的药剂福尔马林(formalin)就是质量分数为35%～40%的甲醛溶液。染料废水生化处理的微生物培养比较困难。

(4)染料。许多染料都有杀菌作用。一般碱性染料比酸性染料的杀菌力强,这是因为碱性染料的显色基团带正电,而一般细菌的细胞常带负电,碱性染料与细菌的蛋白质结合,所以起抑制作用。染料也要达到一定浓度时才对细菌具有抑制和杀死的作用。常用的皮肤消毒剂紫药水就是1%的龙胆紫溶液。染料废水生化处理的微生物培养比较困难。

4.3.6 渗透压

渗透压(permeation pressure)是指半透膜的选择性渗透造成的膜两边溶液的压力差。当不同浓度溶液用半透膜分隔时，溶液中的溶解质离子不能透过，而水分子可以自由地渗透，但从稀溶液中渗到浓溶液中的水分比从浓溶液中渗到稀溶液中的水分多，所以浓溶液一边的水面就逐渐升高。由于浓溶液一边液面升高产生了外加静压，使稀溶液中水分渗到浓溶液中的速度减慢。当液面升到一定高度后，两边水分子渗透速度相等，两边溶液达到了动态平衡，这时半透膜两边液面的高度差就是这个溶液的渗透压。渗透压主要由溶液的浓度差所决定，浓度差愈大，渗透压愈大。

细菌细胞的细胞膜是半透性的，在不同渗透压的溶液中呈现不同的生理反应。当细菌周围水溶液的渗透压同其细胞内液体的渗透压相等时，即在等渗溶液中，细菌生活得很好。细菌生活在高渗溶液中，细胞就会失水，发生质壁分离，影响细菌的生命活动，甚至死亡。因此，应用高渗透压溶液可以抑制腐败细菌生长。保藏食物，如用盐腌蔬菜，用糖腌蜜饯。细菌在低渗透压溶液中，就会大量地吸水，细胞膨胀，甚至破裂而死亡。因此，培养细菌时，除了注意其必需的无机盐的种类外，还要注意其浓度。在微生物实验室中稀释菌液，常用生理盐水(0.85%的 NaCl 溶液)维持细菌等微生物的正常生活。

有些工业废水，如制药废水、焦化废水等，其中含有较高的无机离子，而成为高渗溶液，不利于降解废水中有机污染物的细菌生存，因此，对高渗溶液废水处理时，进行活性污泥(细菌等微生物)的驯化时间较长。

4.3.7 水分与干燥

众所周知，水既是生物的营养，也是生存的必要条件，没有水一切生命都不能存在。细菌细胞中含有大量水分，可以说细菌基本上是生活在水中的生物，水在微生物的生活与存在中起着重要作用。因此环境过于干燥，细菌细胞就会失水，就不能生长，代谢停止甚至死亡。不同的细菌对干燥的抵抗力有强有弱。一般没有荚膜、芽孢的细菌对环境的干燥比较敏感。细菌的芽孢和其他微生物的休眠孢子的抗干燥能力很强，在干燥环境中可以保持几十年，遇到适宜的生活条件，仍会发芽繁殖。这一特性已用于微生物菌种的保藏。

4.4 微生物与动植物的相互关系

在自然界中，生物不仅与环境因素密切关系，而且生物之间也有密切关系。生物之间具有非常复杂而多样化的关系，彼此相互制约，相互影响，共同促进了整个生物界的发展和进化。这里主要介绍与水质工程相关的微生物之间及微生物与其他动植物之间的关系。

4.4.1 微生物之间相互关系

1)互生关系

两种生物生活在一起时，一方为另一方提供或创造有利的生活条件，或双方互为有利，这种关系称为互生关系(benefit syntrophism)。互生关系又分为偏利互生(commensalism syntrophism)、互惠互生(mutual syntrophism)两个类型。

互生关系在微生物之间广泛存在。如固氮菌具有固定空气中氮气(N_2)的能力,但不能利用纤维素作为碳源和能源,而纤维素分解菌分解纤维素,产生的有机酸对它本身的生长繁殖不利。当两者在一起生活时,固氮菌固定的氮为纤维素分解菌提供氮源,纤维素分解菌分解产物有机酸被固氮菌用作碳源和能源,同时为纤维素分解菌解毒,形成互惠互生关系。天然水体、土壤、污水生物处理中的氨化细菌、亚硝化细菌和硝化细菌间存在互生关系。氨化细菌分解含氮有机物产生氨,为亚硝化细菌提供营养,亚硝化细菌将氨转化为亚硝酸,为硝化细菌提供营养。亚硝酸对各种生物都有害,但硝化细菌可以将亚硝酸转化为硝酸,从而为其他微生物解毒,且生成的硝酸盐又可以被其他微生物和植物利用。

在废水生物处理过程中,微生物互生关系也是普遍的。如炼油厂废水中的硫黄细菌和食酚细菌是互生关系。废水中含有酚、H_2S、氨等,对一般微生物是有毒的,但处理系统中的硫黄细菌能将 H_2S 氧化分解成对一般细菌非但无毒,而且是细菌营养元素的 S 或 SO_4^{2-},为食酚细菌提供 S 素,使食酚细菌不至于中毒。系统中食酚细菌分解酚,为硫黄细菌解毒并提供碳源。氧化塘中的细菌与藻类间也是互生关系,细菌将废水中有机物分解为 CO_2、NH_3、H_2O、PO_4^{3-} 及 SO_4^{2-},并为藻类提供碳源、氮源、磷源和硫源。藻类得到上述营养,利用光能合成有机物组成自身细胞,同时放出氧气供细菌分解有机物所需。

2)共生关系

不能单独生活的两种微生物共同生活后,各自执行优势的生理功能,在营养上互为有利并组成共生体,不能分开独自生活,这种关系为共生关系(symbiosis)。地衣是藻类和真菌形成的一个共生体,藻类利用光能将 CO_2 和 H_2O 合成有机物供自身及真菌作为营养,真菌从基质吸收水分和无机盐供给藻类。根瘤菌和豆科植物根系共生是突出例子。但微生物之间的共生关系并不普遍。

3)拮抗关系

一种微生物在代谢过程中产生一些代谢产物对其他所有微生物生长不利,或者改变其他微生物的生长环境条件,或者抑制、杀死对方,或者一种微生物以另一种微生物为食料,微生物之间这种不利的关系就是拮抗关系(antagonism)。拮抗关系分为非特异性拮抗和特异性拮抗。

非特异性拮抗是指一种微生物对其他微生物(而不是一种或一类微生物)均产生不利作用。例如,乳酸菌产生乳酸使 pH 下降,抑制在低 pH 环境不能生长的所有腐败细菌。原生动物能不分种类地吞食细菌及其他微生物。

特异性拮抗是某种微生物产生抗菌性物质,对另一种(或另一类)微生物有专一的抑制或致死作用。例如青霉菌(*Penicillium*)产生青霉素(penicillin)对 G^+ 有致死作用,多黏芽孢杆菌产生多黏菌素(polymyxin)杀死 G^-。能产生抗菌性物质的微生物很多,拮抗关系普遍存在。

当天然水体被污染后,在对有机污染物质的净化过程中,各种微生物交替出现于水体,体现出微生物之间的拮抗关系(图 4-3)。当水体刚受到污染,细菌数目开始增多,但数量还不大,这时出现较多的鞭毛虫。新污染的水中则可发现一定数量的肉足虫。植物性鞭毛虫常与细菌争夺溶解的有机物,但是它们竞争不过细菌。动物性鞭毛虫较植物性鞭毛虫的条件优越,因为它们以细菌为食料。但是,动物性鞭毛虫掠食细菌能力又不如游泳型纤毛虫,因此它也只得让位给游泳型纤毛虫。游泳型纤毛虫的数目随着细菌数目的变化而变化。只要细菌数目多，游泳型纤毛虫就占优势。当水体中有机物逐渐被氧化分解，细菌数目逐渐减少，这时游泳型纤毛虫也逐渐减少，而让位给固着型纤毛虫，如各种钟虫。固着型纤毛虫只需要较低能量，所以它们可生存于细菌很少的环境中。水中细菌等物质愈来愈少，最后固着型纤毛虫也得不到必需的能量。这时，水中微型生物主要是轮虫等后生动物，以有机残渣、死的细菌等为食料。

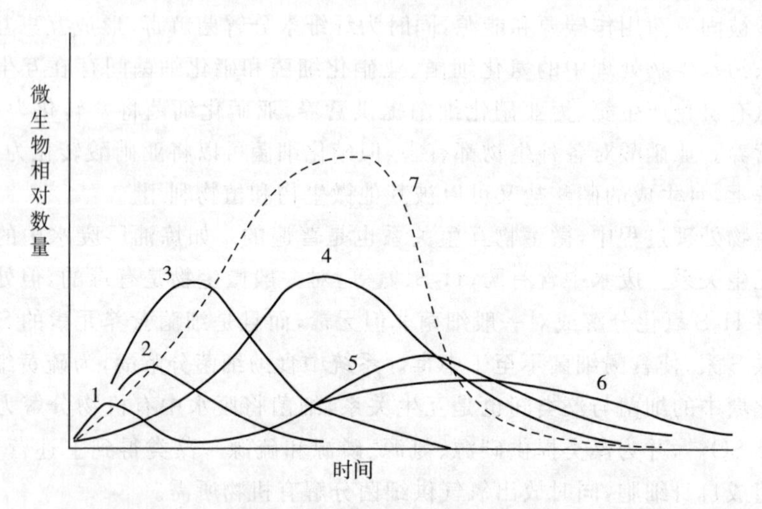

1—肉足虫；2—植物性鞭毛虫；3—动物性鞭毛虫；4—游泳型纤毛虫；5—固着型纤毛虫；6—轮虫；7—游离细菌。

图 4－3　污染水体净化中因拮抗而出现的微生物更替

在自然被污染水体的净化过程中出现的微生物交替现象，在废水生物处理构筑物中也会出现相似的规律。在生物处理系统中，动物性营养的原生动物主要以细菌和真菌等为食料，能吃掉一部分细菌等微生物和一些有机颗粒，并促进生物的凝聚作用，使出水更加澄清。这是拮抗作用所产生的有利一面。但细菌被过多吃掉或活性污泥结构被过度破坏，就会产生不利影响。

微生物之间（原生动物与细菌、原生动物与微型动物）存在的拮抗是无选择性的、非特异性的，是强吃弱，大吃小。

4）寄生关系

一种微生物（寄主）在另一种微生物（宿主，寄生菌）体内生活，从中摄取营养得以生长繁殖的关系为寄生关系（parasitism）。寄生的结果一般都会引起寄主的损伤或死亡。噬菌体可寄生于细菌、放线菌、真菌、藻类体内。细菌之间也存在寄生关系，例如，蛭弧菌属（*Bdellovibrio*）有些种可寄生在假单胞菌、大肠杆菌、球衣菌等菌体内。有的寄生菌不能离开寄主而生存，为专性寄生，有的寄生菌离开寄主后能营腐生生活，为兼性寄生。寄生关系在微生物之间不普遍。

4.4.2　微生物与植物的相互关系

1）互生关系

植物根系为微生物提供了良好的栖息场所，在其周围存在大量的各种微生物种群，根系微生物数量比根系外多几倍到几十倍，形成“根际微生物区”，产生根际（根圈）效应

(rhizosphere effect)。植物根系为微生物营造了良好的生长环境，代谢活动释放的无机和有机营养物质、死亡的根系及其脱落物，均为微生物所需的营养物质，可调节微生物种群比例与密度，影响其生长与繁殖。在土壤环境中，根系的穿插伸展，使土壤的通气和水分状况良好，为微生物提供水分与氧气。根系微生物将有机物分解为无机物，并产生维生素、氨基酸、生长因子等提供给植物，促进植物生长，根系微生物可产生拮抗物质以防止植物病害的发生。在污水生态处理与水体生态修复中均体现了微生物与植物的这种互生关系。

2)共生关系

植物与微生物之间可形成共生结构与生理关系，在自然环境中的共生关系主要有以下两类。

(1)根瘤菌与高等植物的共生

根瘤菌(*Rhizobium*)是运动性的革兰氏阴性杆菌，与豆科植物共生形成根瘤(root nodules)共生体，根瘤形成过程是根瘤菌与植物根系一系列复杂的相互作用的结果。根瘤是细菌与植物的彼此双赢结合体，根瘤菌固定大气中的气态氮形成氮化物，为植物提供氮素养料；豆科植物根的分泌物则刺激根瘤菌的生长，植物根系为根瘤菌的生长提供良好的环境条件。

(2)菌根菌与高等植物的共生

许多真菌能在一些植物根上发育，菌丝体包围在根面或侵入根内，形成了共生体，为菌根(mycorrhiza)。一些植物，例如兰科植物的种子若无菌根菌的共生就无法发育，杜鹃科植物的幼苗若无菌根菌的共生就不能存活。真菌从植物根系获得营养，也为植物提供营养，但不对植物造成伤害也不致病。菌根中的真菌还可延长植物根系寿命，提高植物从土壤中吸取营养的速率，抵御疾病，提高植物对毒物的耐受水平，提高抗逆水平。

3)寄生关系

真菌、细菌、病毒等植物病原微生物侵染、寄生、危害其宿主植物，使其受到伤害、甚至死亡的相互关系。植物疾病的发生和发展多与微生物有关，微生物以某种形式进入植物体内，并在其中生长繁殖，进而使植物出现疾病症状。很多病毒可引起植物病害，如烟草花叶病毒(tobacco mosaic virus)使受害烟草植株表现为花叶型、黄化型或各种畸形，甚至植物细胞和组织死亡。

植物病原细菌主要分布于支原体属(*Mycoplasma*)、螺原体属(*Spiroplasma*)、假单胞菌属(*Pseudomonas*)、黄单胞菌属(*Xanthomonas*)、土壤杆菌属(*Agrobacterium*)、棒状杆菌属(*Corynebacterium*)等。它们可导致植物病害，使植物徒长、枯萎、腐烂，产生疾病和菌瘿。植物的真菌病害是最常见，也是造成经济损失最大的病害。

4.4.3　微生物与动物的相互关系

动物病毒寄生在动物(包括人类)体内，产生疾病，损害动物的机体机能与健康；在动物肠胃中寄生的微生物往往是一些益生菌，有利于动物对食物的消化。在水体中，很多微生物是小型动物的食物，属于拮抗关系。深海中，发光细菌附着生长在鱼的身体上，它们之间属于互惠互生关系，鱼类为发光细菌提供生活场所与保护，发光细菌发出柔和的光引诱其他生物靠近，有利于鱼的捕食。发光细菌还为鱼提供清洁服务。

Reading Material

Energy Flow Though Ecosystems

1. Primary productivity

To get an idea of how energy flow is studied, a land ecosystem with multicellular plants is considered as the primary producers. The rate at which the ecosystem's primary producers capture and store a given amount of energy in a specified time interval is the primary productivity.

How much energy actually gets stored depends on how many plants are present and on the balance between photosynthesis and aerobic respiration in the plants.

Several other factors help determine the amount of net primary production, its seasonal patterns, and its distribution through the habitat. And they do so in ecosystems on land and in the seas. For example, the size and form of the primary producers affect how much they accomplish. So does availability of minerals, the range of temperatures, and the amount of sunlight and rainfall during a growing season. The harsher the environment is, the less new growth on the plants, and the lower the productivity.

2. Major pathways of energy flow

In what direction does energy flow through ecosystems on land? Plants fix only a small part of the energy from the sun. They store half of that in new tissues but lose the rest as metabolic heat. Other organisms tap into the energy stored in plant tissues, remains, or wastes. They, too, lose heat to the environment. All of these heat losses represent a one-way flow of energy out of the ecosystem.

Energy from a primary source flows in one direction through two kinds of food webs. In grazing food webs, the energy flows from plants to herbivores, and then through an assortment of carnivores. In detrital food webs, it flows mainly from plants through detritivores and decomposers. Usually the two kinds of food webs cross-connect, as when a herring gull of a grazing food web eats a crab of a detrital food web.

The amount of energy moving through food webs differs from one ecosystem to the next and often varies with the seasons. In most cases, however, most of the net primary production passes through detrital food webs. You may doubt this; after all, when cattle graze heavily on pasture plants, about half the net primary production enters a grazing food web. But cattle don't use all the stored energy. Quantities of undigested plant parts and feces become available for decomposers and detritivores. Also consider marshes. There, most of the stored energy is not used until parts of plants die and become available for detrital food webs.

3. Ecological pyramids

Often ecologists will represent the trophic structure of an ecosystem in the form of an ecological pyramid. In such pyramids, the primary producers form a base for successive tiers of consumers above them.

Some pyramids are based on biomass(the weight of all the members at each trophic level). For example, for Silver Springs, Florida, a small aquatic ecosystem, the pyramid of biomass (measured as grams/square meter during one specified interval) would look like this:

Some pyramids of biomass are "upside-down" with the smallest tier on the bottom.

Its biomass of fast-growing and rapidly reproducing phytoplankton may support a greater biomass of zoo-plankton in which individuals are bigger, grow more slowly, and consume less energy per unit of weight.

An energy pyramid is a more useful way to depict an ecosystem's trophic structure. Such pyramids show the energy losses at each transfer to a different trophic level in the ecosystem. As you will see from the next section, they provide a better picture of how energy flows in ever diminishing amounts through successive trophic levels of the ecosystem.

Energy flows into food webs of ecosystems are from an outside source (mainly the sun). Energy leaves ecosystems mainly by losses of metabolic heat, which each organism generates.

Gross primary productivity is the total rate of photosynthesis, in an ecosystem during a specified interval. Net primary productivity is the rate of energy storage in plant tissues in excess of the rate of aerobic respiration by primary producers. Heterotrophic consumption affects the rate of energy storage. Living tissues of photosynthesizes are the basis of grazing food webs. The remains of photosynthesizes and consumers are the basis of detrital food webs.

The loss of metabolic heat and the shunting of food energy into organic wastes mean that usable energy flowing through consumer trophic levels declines at each energy transfer.

第5章　物质自然循环中的微生物作用

✣ **内容提要**

本章主要介绍微生物参加的自然物质循环，包括碳素生物循环、氮素生物循环以及其他无机元素（硫、磷、铁）的生物循环，微生物在这些循环中的作用主要体现在对有机物的氧化分解、对无机物的转化，这为水处理中的污染物的分解与转化奠定理论基础。

✣ **思考题**

(1)异养生物对有机物的利用过程中，呼吸与降解的区别是什么？

(2)绘制生物碳循环“biological carbon cycle in nature”过程示意图，并简述其主要过程。

(3)什么是β-氧化，它的主要作用是什么？

(4)哪些含碳有机污染物通过怎样的转化才能经过β-氧化得到降解？

(5)简述生物氮循环“biological nitrogen cycle in nature”过程并画出示意图。

(6)通过怎样的途径可以去除污水中存在的有机氮（organic nitrogen）和氨态氮？各需要什么样的环境条件？

(7)自然界中的无机矿质循环（mineral cycle in nature）的主要途径有哪些？

(8)铁管（iron pipes）在哪些微生物共同作用下发生生物腐蚀？

(9)为什么污染物分子越大，结构越复杂，就越难分解？

在自然生态系统中，生物需从环境中吸收多种化学元素（即生物合成作用，biosynthesis），才能生长、发育和繁殖。生物合成作用主要是由有机物的生产者植物和自养型微生物（如藻类、光合细菌等）的光合作用完成。生物体组成有机物的化学元素，还需经微生物分解作用（decomposition）形成无机的矿质元素，归还到环境中，完成矿化作用（mineralization）。植物、动物和微生物均能完成矿化作用，其中微生物起主要作用。无机物质的有机化和有机物质的矿化作用，形成了一个自然的物质循环。促使物质循环的有物理作用、化学作用和生物作用，其中生物起主导作用，微生物在生物作用中占极重要的地位。现在，除了人烟稀少、无工业地区保留纯净的天然物质外，一般都或多或少存在人类产生的污染废物或毒物。所以，物质循环实际包括天然物质（碳、氮、硫、磷、铁、锰）循环和各种人类产生的有毒或无毒污染物的循环。

5.1　碳素生物循环

含碳素的物质有 CO_2、碳水化合物（如糖、淀粉、纤维素等）、脂肪、蛋白质等。碳循环以 CO_2 为中心，CO_2 被植物、藻类利用进行光合作用，合成为植物性碳，动物吃植物就将植物性碳转化为动物性碳，动物和人呼吸放出 CO_2，微生物厌氧、好氧分解有机物所产生的 CO_2 均回到大气，再一次被植物利用，形成生物参加的碳循环(carbon cycle)(图 5-1)。

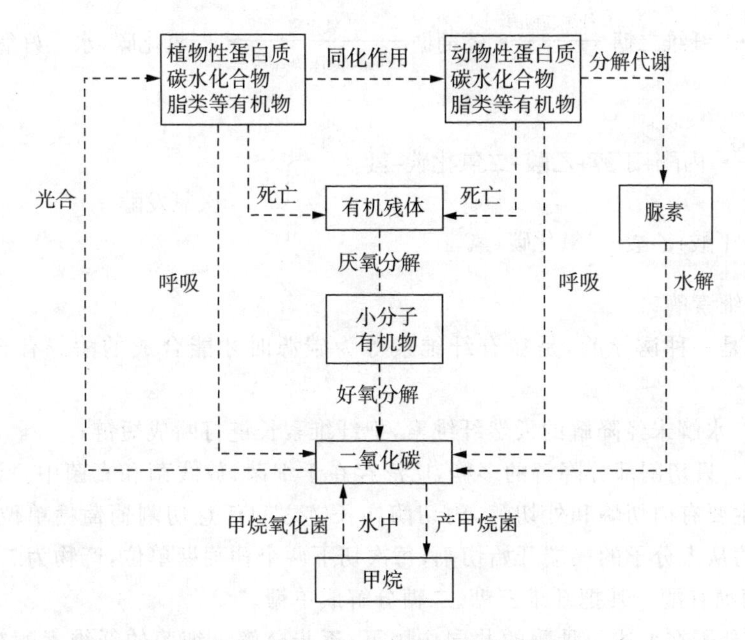

图 5-1　生物参加的碳素自然生物循环

在水生厌氧或缺氧生境中，产甲烷菌将 CO_2 转化为 CH_4，甲烷氧化菌将 CH_4 氧化成 CO_2。CO_2 是植物、藻类的唯一碳源，大气中的 CO_2 含量为 0.032%，其储藏量约有 6000 亿 t，全球(陆地、海洋、河流、湖泊)植物每年消耗大气中 CO_2 600 亿～700 亿 t，若没有补充，10 年就可将大气中 CO_2 用尽。然而，大气圈中 CO_2 浓度没有减少，反而逐步上升，造成温室效应(greenhouse effect)。这是因为动物呼吸、微生物分解有机物及石油、煤的燃烧，源源不断地向大气中释放 CO_2。大部分 CO_2 由微生物分解有机物时释放，这是自然循环必需的。为了降低温室效应，石油、煤等燃料的燃烧必须减少。节能减排已成为国家基本环保政策，减碳行动也将逐步成为绿色行动。根据碳素自然生物循环原理，充分利用生物质的碳素能源、最大限度地减少对化石能源的使用，是实现减碳、碳达峰、碳中和的重要途径之一。

在碳循环中，对于水质工程而言，有机物质的分解作用更为重要，因为工程中的污染物处理就是要把废水中的有机物质降解或转化为稳定的简单物质，从而减小或消除其对环境或人类的危害。因此，下面阐述主要有机物质的微生物分解作用。

5.1.1　纤维素分解

纤维素(fibrin，cellulose)是葡萄糖的高分子聚合物，每个纤维素分子含 1400～10000 个葡萄糖基，分子式为 $(C_6H_{10}O_5)_{1400\sim10000}$。它是植物细胞壁的主要成分，植物残体中，如树木、农作物和以这些为原料的工业废水中均含有大量纤维素。纤维素在环境中比较稳定，只有在微生物产生的纤维素酶的催化下才能被分解成简单的糖类。

1)纤维素分解途径

纤维素分解途径如下：

$$纤维素 \xrightarrow{纤维素酶} 纤维二糖 \xrightarrow{纤维二糖酶} 葡萄糖 \xrightarrow[脱氢酶/脱羧酶/细胞色素]{氧化酶} 二氧化碳+水 \quad 好氧分解 \tag{5-1}$$

$$\left.\begin{array}{l} 纤维素 \xrightarrow{丙酮-丁醇发酵} 丙酮+丁醇+乙酸+二氧化碳+氢 \\ 纤维素 \xrightarrow{丁酸发酵} 丁酸+乙酸+二氧化碳+氢 \end{array}\right\} 厌氧发酵 \tag{5-2}$$

2)纤维素酶

纤维素酶是一种诱导酶，是在有纤维素等为碳源时才能合成的酶。有3个类群的酶体系：

(1)C_1酶。水解未经降解的天然纤维素，把纤维素长链打断成短链；

(2)Cx酶。只切割部分降解的多糖，广泛存在于细菌、放线菌和真菌中。该酶有几种不同结构的酶，主要有内切酶和外切酶，内切酶在长链之间任意切割葡萄糖单位，一般产生纤维二糖，外切酶从大分子的一端开始切割，每次切下两个葡萄糖单位，产物为二糖；

(3)β葡萄糖苷酶。其把纤维三糖、二糖分解成单糖。

纤维素大分子在上述3种酶的共同作用下，逐步分解。细菌的纤维素酶结合在细胞质膜上，是表面酶，纤维素只有和细菌接触才能被分解。真菌和放线菌的纤维素酶是胞外酶。

3)分解纤维素的微生物

分解纤维素的微生物有细菌、放线菌和真菌。好氧纤维素分解菌中，粘细菌为多，有生孢食纤维菌、食纤维菌及维囊黏菌。它们都是G^-，生孢食纤维菌中球形生孢食纤维菌和椭圆形生孢食纤维菌较常见，前者产生黄色素，后者产生橙色素。粘细菌没有鞭毛，却能做"蠕动"运动，生活史复杂，能形成子实体。好氧纤维分解菌还有镰状纤维菌(*Cellfalcicula*)和纤维弧菌(*Cellvibrio*)。粘细菌和弧菌均能同化无机氮(主要是硝酸氮)，而对氨基酸、蛋白质及其他无机氮利用能力较低，有的能将硝酸盐还原为亚硝酸盐。在10～15 ℃便能分解纤维素，最高温度为40 ℃左右，最适温度为22～30 ℃。pH为4.5～5时不能生长，最适pH为7～7.5，最高pH可达8.5。厌氧的有产纤维二糖芽孢梭菌(*Clostridium cellobioparum*)，无芽孢厌氧分解菌及嗜热纤维芽孢梭菌(*Clostridium thermocellum*)，高温厌氧分解菌最适温度为55～65 ℃，最高温度为80 ℃，最适pH为7.4～7.6；中温性菌最适pH为7～7.4，在pH为8.4～9.7还能生长。均为专性厌氧，在氧化还原电位Eh为−100 mV以下才生长。

分解纤维素的霉菌中有青霉、曲霉、木霉和毛霉，真菌中有好热菌，放线菌中有链霉菌属等。

5.1.2 半纤维素的转化

半纤维素(hemicellulose)是植物组织中含量仅次于纤维素的物质，存在于植物细胞壁中。其组成中含聚戊糖(木糖和阿拉伯糖)、聚己糖(半乳糖、甘露糖)及聚糖醛酸(葡萄糖醛酸和半乳糖醛酸)。造纸废水和人造纤维废水中均含半纤维素。

半纤维素的分解过程大致如下：

$$半纤维素 \xrightarrow[H_2O]{聚糖酶} 单糖 + 糖醛酸 \begin{cases} \xrightarrow{好氧分解} CO_2 + H_2O & (5-3) \\ \xrightarrow{厌氧分解} 发酵的各种产物 & (5-4) \end{cases}$$

半纤维素被土壤微生物分解的速度比纤维素快，分解纤维素的微生物大多数能分解半纤维素。许多芽孢杆菌、假单胞菌、节细菌、放线菌以及霉菌中的根霉、曲霉、小克银汉霉(*Cunninghamella echinulate*)、青霉及镰刀霉(*Fusarium*)均能分解半纤维素。

5.1.3　果胶质的转化

果胶质(pectic substances)是由D-半乳糖醛酸以α-1,4糖苷键构成的直链高分子化合物。其羧基与甲基脂化可以形成甲基脂。果胶质存在植物的细胞壁和细胞间质中，造纸、制麻废水含有果胶质。果胶质的水解过程如下：

$$原果胶+H_2O \xrightarrow{原果胶酶} 可溶性果胶+聚戊糖 \qquad (5-5)$$

$$可溶性果胶+H_2O \xrightarrow{果胶甲酸酶} 果胶酸+甲醇 \qquad (5-6)$$

$$果胶酸+H_2O \xrightarrow{聚半乳糖酶} 乳糖醛酸 \qquad (5-7)$$

果胶、聚戊糖、乳糖醛酸等在好氧条件下被分解为CO_2、H_2O。在厌氧条件下进行丁酸发酵(butyric acid fermentation)，产物有丁酸、乙酸、醇类、CO_2和H_2。

分解果胶质的微生物有好氧菌，如枯草杆菌、多黏芽孢杆菌、浸软芽孢杆菌及不生芽孢的软腐欧氏杆菌。分解果胶质的厌氧菌有蚀果胶梭菌和费新尼亚浸麻梭菌。分解果胶质的主要是真菌，有青霉、曲霉、木霉、小克银汉霉、芽枝孢霉、根霉、毛霉，此外，还有放线菌的一些种类。

5.1.4　淀粉的转化

淀粉(starch，amylum)广泛存在植物种子(稻、麦、玉米)和果实中，它是细胞中碳水化合物最普遍的储藏形式。淀粉除食用外，工业上用于制糊精、麦芽糖、葡萄糖、酒精等，也用于调制印花浆、纺织品的上浆、纸张的上胶、药物片剂的压制等。因此，这些工业生产的废水，例如淀粉厂废水、酒厂废水、印染废水，及生活污水均含有淀粉。

淀粉为由葡萄糖缩水而成的多糖，分子式为$(C_6H_{10}O_5)_{1200}$。结构分直链淀粉和支链淀粉两类。直链淀粉由葡萄糖分子脱水缩合，以α-D-1,4葡萄糖苷键(简称α-1,4糖苷键)组成不分支的链状结构；支链淀粉由葡萄糖分子脱水缩合组成，以α-1,6糖苷键结合构成分支的链状结构(图5-2)。

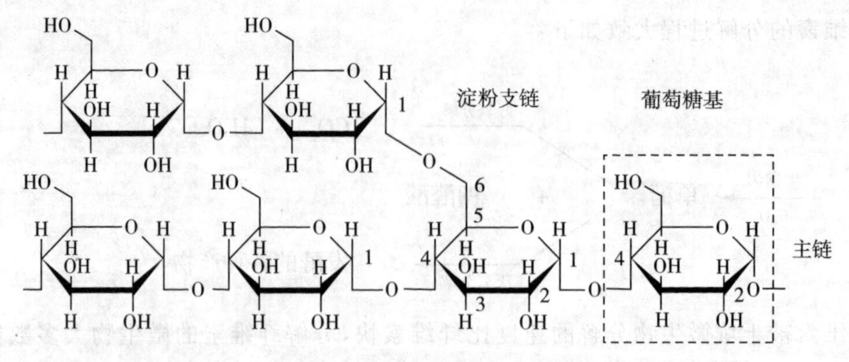

图 5-2　支链淀粉结构示意图

淀粉在微生物作用下的分解过程如下：

在好氧条件下，淀粉分解成葡萄糖，进而酵解成丙酮酸经三羧酸循环完全氧化为二氧化碳和水。在厌氧条件下，淀粉转化产生乙醇和二氧化碳。在专性厌氧菌作用下，淀粉进行丁醇或丁酸发酵，进行不彻底的分解。

$$\text{淀粉}\xrightarrow{\text{糊精酶}}\text{糊精糖}\xrightarrow{\text{麦芽糖苷酶}}\text{麦芽糖}\xrightarrow{\text{葡糖苷酶}}\text{葡萄糖}\longrightarrow CO_2+H_2O\ (\text{好氧分解}) \tag{5-8}$$

$$\text{葡萄糖}\longrightarrow CH_3CH_2OH+CO_2\ (\text{厌氧分解}) \tag{5-9}$$

$$\left.\begin{array}{l}\text{淀粉}\xrightarrow{\text{丙酮-丁醇发酵}}\text{丙酮}+\text{丁醇}+\text{乙酸}+\text{二氧化碳}+\text{氢}\\ \text{淀粉}\xrightarrow{\text{丁酸发酵}}\text{丁酸}+\text{乙酸}+\text{二氧化碳}+\text{氢}\end{array}\right\}\text{厌氧发酵} \tag{5-10}$$

参与淀粉分解各步骤的酶主要有以下几个：

(1)淀粉-1,4-糊精酶(α淀粉酶、液化型淀粉酶)，为内切酶，可以将α-D-1,4糖苷键切断形成糊精；

(2)淀粉-1,4-麦芽糖苷酶(β-淀粉酶)，为外切酶，可以从一端一次切下2个葡萄糖基，生成麦芽糖；

(3)淀粉-1,6-糊精酶(异淀粉酶、脱支酶)，可以将α-D-1,6糖苷键切断形成糊精；

(4)淀粉-$^{1,4}_{1,6}$-葡糖苷酶(葡精淀粉酶、γ-淀粉酶)，一次可以切下一个G。

(5)磷酸化酶，可以使淀粉中的葡萄糖分子一个一个分解下来。

枯草杆菌可将淀粉一直分解到二氧化碳和水。根霉和曲霉可以将淀粉转化为葡萄糖。酵母菌在根霉和曲霉作用下将淀粉糖化为葡萄糖后，接着将葡萄糖发酵为乙醇和二氧化碳。

5.1.5　脂肪的转化

脂肪是甘油(glycerinum)和高级脂肪酸(higher fatty acid)所形成的脂，其混合物存在于动、植物体内，是动物等的能量来源，是微生物的碳源和能源。毛纺厂、屠宰厂、油脂厂、制革厂排放的废水中含有大量脂肪。由饱和脂肪酸组成的甘油酯，在常温下呈固态，称为脂。由不饱和脂肪酸组成的甘油酯在常温下呈液态，称为油。脂肪主要有三棕榈精$C_3H_5(C_{15}H_{31}COO)_3$、三硬脂精$C_3H_5(C_{17}H_{35}COO)_3$、三醋精$C_3H_5(CH_3COO)_3$。组成脂肪的脂肪酸几乎都具偶数个碳原子。饱和脂肪酸有硬脂酸($C_{17}H_{35}COOH$)、棕榈酸(C_2H_5 $COOH$)、丁酸(C_3H_7COOH)、丙酸(C_2H_5COOH)和乙酸(CH_3COOH)。不饱和脂肪酸有油酸($C_{17}H_{33}COOH$)、亚油酸($C_{17}H_{31}COOH$)、亚麻酸($C_{17}H_{29}COOH$)。脂肪首先被微生物分解为甘油和脂肪酸,反应如下:

$$\begin{array}{l}H_2C—O—CO—R_1\\ \quad|\\ H_2C—O—CO—R_2\\ \quad|\\ H_2C—O—CO—R_3\end{array} + 3H_2O \longrightarrow \begin{array}{l}CH_2OH + R_1COOH\\ |\\ CH_2OH + R_2COOH\\ |\\ CH_2OH + R_3COOH\end{array} \qquad (5-11)$$

式中,R_1、R_2、R_3 为不同的烃基。

1)甘油的转化

$$\text{甘油} \xrightarrow[\text{ATP} \rightarrow \text{ADP}]{\text{甘油激酶}} \alpha\text{-磷酸甘油} \xrightarrow[\text{NAD}^+ \rightarrow \text{NADH}_2]{\text{磷酸甘油脱氢酶}} \text{磷酸二羟丙酮} \qquad (5-12)$$

磷酸二羟丙酮可经酵解成丙酮酸,再氧化脱羧成乙酰辅酶 A(乙酰 CoA),最后乙酰 CoA 进入三羧酸循环被完全氧化为二氧化碳和水。磷酸二羟丙酮也可沿酵解途径逆行生成 6-磷酸葡萄糖,进而生成葡萄糖和淀粉。

2)脂肪酸的 β-氧化

脂肪酸通常通过 β-氧化途径氧化。脂肪酸先是被脂酰硫激酶激活,然后在 α、β 碳原子上脱氢、加水、脱氢、再加水,最后在 α、β 碳位间的碳链断裂,生成 1mol 乙酰辅酶 A 和较原来少 2 个碳原子的脂肪酸。乙酰辅酶 A 进入三羧酸循环被完全氧化成二氧化碳和水。剩下的碳链较原来少 2 个碳原子的脂肪酸再重复一次 β-氧化,以至完全形成乙酰辅酶 A 而告终。β-氧化作用反应式基本过程如下:

$$RCH_2CH_2CH_2COOH \xrightarrow[\text{FAD} \rightarrow \text{FADH}_2]{} RCH_2CH{=}CHCOOH \xrightarrow[H_2O]{} RCH_2\overset{\displaystyle OH}{\overset{|}{C}H}—CH_2COOH \xrightarrow[\text{NAD} \rightarrow \text{ADH}_2]{}$$

$$RCH\overset{\displaystyle O}{\overset{\|}{C}}—CH_2COOH \xrightarrow[H_2O]{} RCH_2COOH + CH_2COOH \longrightarrow nCH_2CO\text{~}SCoA \qquad (5-13)$$

奇数碳原子脂肪酸的 β-氧化,产物除乙酰辅酶 A 外,还有丙酸。

脂肪酸完全氧化可产生大量能量。1 mol 脂酰辅酶 A 每经一次氧化作用,可以产生 1 mol乙酰辅酶 A、1 mol $FADH_2$ 及 1 mol $NADH_2$。

乙酰辅酶 A 经三羧酸循环氧化产生 12 mol ATP,$FADH_2$ 经呼吸链氧化产生 2 mol ATP,$NADH_2$ 经呼吸链氧化产生 3 mol ATP,总共产生 17 mol ATP,减去开始激活脂肪酸时消耗的 1 mol ATP,净得 16 mol ATP。

5.1.6 木质素的转化

木质素(lignins)是植物木质化组织的重要成分,造纸工业原料稻草秆、麦秆、芦苇和木材中均含有木质素,造纸废水中也含有大量木质素。木质素的化学结构不清楚,一般认为木质素是以苯环为核心带有丙烷支链的一种或多种芳香族化合物(如苯丙烷、松伯醇等)经氧化缩合而成。木质素用碱液加热处理后可形成香草醛(vanillin)、香草酸(vanillic acid)、酚、邻位羧基苯甲酸(*o*-hydroxybenzoic acid)、阿魏酸(ferulic acid)、丁香酸(syringic acid)和丁香醛(syringaldehyde)。

分解木质素的微生物主要是担子菌纲中的干朽菌(*Merulius*)、多孔菌(*Polyporus*)、伞菌(*Agaricus*)等的一些种,有厚孢毛霉(*Mucor chlamydosporus*)和松栓菌(*Trametes pini*)。假单胞菌的个别种也能分解木质素。木质素被微生物分解的速率缓慢,在好氧条件下分解木质素比在厌氧条件下快,真菌分解木质素比细菌快。

5.1.7 烃类物质转化

烃类(hydrocarbon)是常见的有机物,石油中含有烷烃(alkane)、环烷烃(cyclane)及芳香烃(aromatic hydrocarbon),它们存在于石油及其产品加工生产的废水中。

1)烷烃的转化

烷烃(通式 C_nH_{2n+2}),可被微生物逐步氧化成相应的醇、醛和酸,氧化的方式为末端氧化。然后经 β-氧化作用生成乙酰辅酶 A 进入 TCA 循环,最终被分解成二氧化碳和水。如下为甲烷的氧化过程:

$$CH_4 \longrightarrow CH_3OH \longrightarrow HCHO \longrightarrow HCOOH \longrightarrow CO_2 \tag{5-14}$$

总的反应式为

$$CH_4 + 2O_2 \longrightarrow CO_2 + 2H_2O + 887\ \text{kJ} \tag{5-15}$$

氧化烷烃的微生物有甲烷假单胞菌(*Pseudomonas methanica*)、分枝杆菌(*Mycobacterium* sp.),头孢霉、青霉能氧化甲烷、乙烷和丙烷。

2)芳香族化合物的转化

芳香族化合物都是六碳环(苯)的衍生物,芳香烃有酚、间甲酚、邻苯二酚、苯、二甲苯、异丙苯、异丙甲苯、萘、菲、蒽及 3,4-苯并芘等。炼油厂、焦化厂、化肥厂等的废水中均含有芳香烃。酚对人体、牲畜、水生生物以及微生物都有毒害作用,但在适当的条件下可以不同程度地被微生物分解。

芳香族化合物的分解比较复杂,其主要过程为:

$$\text{(1)芳香族化合物} \xrightarrow{\text{加氧酶}} \text{双酚化合物} \tag{5-16}$$

$$\text{(2)双酚化合物} \xrightarrow{\text{单/双加氧酶}} \text{有机酸} \tag{5-17}$$

$$\text{(3)有机酸} \longrightarrow \text{乙酸、琥珀酸、延胡索酸等} \longrightarrow \text{三羧酸循环} \tag{5-18}$$

武汉微生物研究所曾分离出两种分解酚能力强的细菌：食酚假单胞菌（*Pseudomonas phenolphagum*）和解酚假单胞菌（*Pseudomonas phenolicum*）。前者在 20 h 内可以分解浓度为 0.1%的酚，后者稍差。两者都能在 0.2%的酚溶液中生长。

目前已经发现，在污水、粪便和土壤中存在着能分解酚类物质的细菌，主要有荧光假单胞菌（*Pseudomonas fluorescen*）、铜绿假单胞菌（*Pseudomonas aeruginosa*）、甲苯杆菌（*Pseudomonas phenolphagum*）和解酚假单胞菌（*Pseudomonas phenolicum*）。甲苯杆菌能分解苯、甲苯、二甲苯和乙苯，分枝杆菌、芽孢杆菌及诺卡氏菌能分解酚和间二酚。分解萘的细菌有铜绿假单胞菌、诺卡氏菌、球形小球菌、无色杆菌及分枝杆菌等。分解菲的细菌有菲芽孢杆菌、菲芽孢杆菌巴库变种、菲芽孢杆菌古里变种。荧光假单胞菌和铜绿色假单胞菌、小球菌及大肠埃希氏菌能分解苯并(α)芘。

5.2　氮素生物循环

自然界氮素蕴藏量丰富，以三种形态存在：分子氮，占大气的 78%；有机氮化合物（蛋白质、核酸等）；无机氮化合物（氨氮、硝酸氮和亚硝酸氮）。尽管分子氮和有机氮数量多，但植物不能直接利用，植物只能利用无机氮。在微生物、植物和动物三者的协同作用下，将三种形态的氮互相转化，构成氮循环，其中微生物起着重要作用。大气中的分子氮被根瘤菌固定后就可供给豆科植物利用，还可被固氮菌和固氮蓝藻固定成氨，氨被硝化细菌氧化成硝酸盐后植物就可吸收，并转化成植物性蛋白。植物被动物食用后植物性蛋白转化为动物蛋白。动、植物尸体及动物的排泄物又被氨化细菌转化成氨，氨又被硝化细菌氧化成硝酸盐被植物吸收。生物参加的氮素循环如图 5-3 所示。

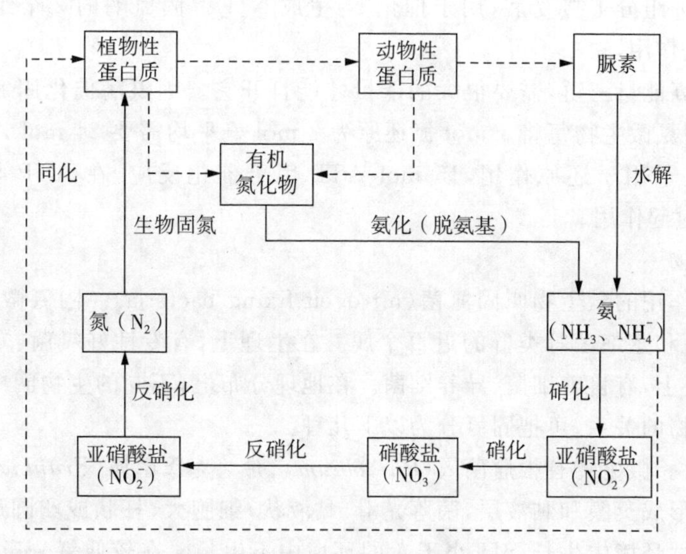

图 5-3　生物参加的氮素循环

氮素循环（nitrogen cycle）包括：固氮作用（nitrogen fixation）、氨化作用（ammoniation）、硝化作用（nitrification）、反硝化作用（denitrification）、同化作用（assimilation）。其中前 4 个

作用是主要过程,下面分别进行论述。

5.2.1 固氮作用

空气中氮气蕴藏量大,约占空气体积的78%。但植物和大多数微生物不能直接利用,只有少数微生物能利用。通过微生物的作用把分子氮转化为氨,进而合成为有机氮化物,这个过程叫生物固氮作用(biological nitrogen fixation)。

1)固氮过程

各类固氮微生物进行固氮的基本反应式相同,即

$$N_2+6e+6H^+ +15ATP\xrightarrow{\text{固氮酶}}2NH_3+15ADP+15Pi \qquad (5-19)$$

反应中的 H^+、电子由固氮微生物分解各种糖、醇、有机酸等碳源产生。好氧固氮菌则是通过好氧呼吸由三羧酸循环产生 ATP,厌氧固氮菌是通过发酵碳水化合物至丙酮酸,由丙酮酸磷酸解过程中合成 ATP,它们为固氮提供高能量。而当有 NH_3、尿素和硝酸盐供给时,就不发生固氮作用。由氮转化氨是在固氮酶催化下进行的:

$$\text{酶}\backsim N\equiv N\xrightarrow{+2e,+2H^+}\text{酶}\backsim \overset{H}{\overset{|}{N}}=\overset{H}{\overset{|}{N}}\longrightarrow \text{酶}\backsim \underset{H}{\underset{|}{\overset{H}{\overset{|}{N}}}}-\underset{H}{\underset{|}{\overset{H}{\overset{|}{N}}}}\longrightarrow 2HH_3 \qquad (5-20)$$

催化完成固氮作用的固氮酶由组分Ⅰ和组分Ⅱ两个组分构成。组分Ⅰ相对分子量较大,有钼铁元素为辅基,又称为钼铁蛋白;组分Ⅱ相对分子量较小,含有铁元素,又称为铁蛋白。组分Ⅱ的生理作用是接受能量(ATP)和还原力($NADPH_2$、$FADH_2$、$FMNH_2$),然后把它们传给组分Ⅰ。组分Ⅰ接受后,用于催化 N_2 生成 NH_3。固氮酶的 2 个组分必须同时存在,才能完成固氮作用,缺一不可。

分子氮具有高能量三键,需要很大的能量才能打开它。固氮酶催化固氮反应时需要能量和电子,不同固氮微生物每将 1 mol 氮还原为 2 mol 氨平均需要 24 mol ATP,其中9 mol ATP 提供 3 对电子用于还原作用,15 mol ATP 用于催化反应,在 ATP 与 Mg^{2+} 结合成 MgATP 复合物时起作用。

2)固氮微生物

能进行固氮作用的微生物叫固氮菌(nitrogen-fixing bacteria)。固氮微生物种类很多,包括细菌、放线菌和蓝细菌等类群的近百个属。在生理上,有专性好氧菌、专性厌氧菌和兼性菌;在营养类型上,有自养细菌、异养细菌。在地理分布上,不同的生物圈中都存在。根据固氮微生物与植物的关系,可把固氮分为以下几种。

(1)共生固氮。微生物有根瘤菌属(*Rhizobium*)、弗兰克氏菌属(*Frankia*)等,为好氧菌。在含糖培养基中形成荚膜和黏液层,菌落光滑、黏液状,细胞大,杆状或卵圆形,有鞭毛,G^-。适于中性和偏碱性环境中生长,pH 小于 6 的环境中不生长。在较低氧分压下固氮效果好。厌氧的巴氏固氮梭菌(*Clostridium pasteurianum*)能固氮,每消耗 1 g 糖固定 2~3 mg 氮。固氮蓝藻中的鱼腥藻属(*Anabaena*)、念珠藻属(*Nostoc*)也是共生固氮,前者在蕨类植物子叶内共生,后者在地衣中与细菌共生。

(2)联合固氮。联合固氮作用是指固氮微生物生长在其他生物体内(如植物的叶面、根系表面或动物肠道内),进行固氮。如固氮螺菌属(*Azospirillum*)生活在植物根圈内。但微生物不与植物形成共生体,这与共生固氮不同。

(3)自生固氮。固氮微生物独自可完成固氮作用。蓝细菌是主要的自生固氮微生物。固氮蓝藻多见于有异形胞的固氮丝状蓝藻,例如鱼腥藻属(*Anabaena*)、念珠藻属(*Nostoc*)、柱孢藻属(*Cylindrospermum*)、单歧藻属(*Tolypothrix*)、颤藻属(*Oscillatoria*)、拟鱼腥藻属(*Anabaenopsis*)、眉藻属(*Calothrix*)、织线藻属(*Plectonema*)和席藻属(*Phormidium*)等。

光合细菌,例如红螺菌(*Rhodospirillum*)、小着色菌(*Coromatium minus*)及绿菌属(*Chlorobium*)等在光照下厌氧生活时也能固氮。硫酸还原菌也有固氮作用。

3)固氮条件

固氮酶对 O_2 敏感,从好氧固氮菌体内分离的固氮酶,一遇氧就发生不可逆性失活。好氧固氮菌生长需要氧,固氮却不需氧。好氧固氮菌为了在生长过程中同时固氮,它们在长期的进化中形成了保护固氮酶的防氧机制,使固氮作用正常进行。

5.2.2　氨化作用

1)蛋白质水解

有机氮化物(蛋白质与核酸)在微生物作用下,发生分解生成氨的过程,称为氨化作用。

土壤中由于动、植物残体的腐败而含有蛋白质和氨基酸(amino acid);生活污水、屠宰废水、罐头食品加工废水、乳品加工废水、制革废水等也含蛋白质和氨基酸。蛋白质分子量大,不能直接进入微生物细胞,在细胞外被蛋白酶(protease)水解成小分子肽(peptide)和氨基酸后才能透过细胞,被微生物利用。蛋白质水解过程如下:

$$\text{蛋白质} \xrightarrow{\text{水解蛋白酶(胞外酶)}} \text{胨} \longrightarrow \text{肽} \xrightarrow{\text{肽酶(胞内酶)}} \text{氨基酸} \tag{5-21}$$

分解蛋白质的微生物种类很多,有好氧细菌,如枯草芽孢杆菌、巨大芽孢杆菌(*Bacillus megatherium*)、蕈状芽孢杆菌(*Bacillus mycoides*)、蜡状芽孢杆菌(*Bacillus cereus*)及马铃薯芽孢杆菌;兼性厌氧菌,如变形杆菌、假单胞菌;厌氧菌,如有腐败梭状芽孢杆菌(*Clostridium difficile*)、生孢梭状芽孢杆菌;致病的链球菌和葡萄球菌,真菌的曲霉、毛霉和木霉等,放线菌的链霉菌等。

2)氨基酸转化

(1)脱氨作用,微生物的脱氨方式有水解脱氨、氧化脱氨、还原脱氨和减饱和脱氨等。

① 水解脱氨。氨基酸水解脱氨后生成羟酸,如丙氨酸的脱氨过程如下:

$$\underset{\text{丙氨酸}}{\begin{array}{c} CH_3 \\ | \\ CHNH_2 \\ | \\ COOH \end{array}} + H_2O \longrightarrow \underset{\text{乳酸}}{\begin{array}{c} CH_3 \\ | \\ CHOH \\ | \\ COOH \end{array}} + NH_3 \tag{5-22}$$

② 氧化脱氨。在好氧微生物作用下进行，生成酮酸和氨。

③ 还原脱氨。由专性厌氧菌和兼性厌氧菌在厌氧条件下进行，产生饱和酸和氨。

$$\underset{\text{甘氨酸}}{\begin{matrix}CH_2{-}NH_2\\|\\COOH\end{matrix}} + 2H^+ \xrightarrow{\text{梭状芽胞杆菌}} \underset{\text{乙酸}}{\begin{matrix}CH_3\\|\\COOH\end{matrix}} + NH_3 \tag{5-23}$$

④ 减饱和脱氨。氨基酸在脱氨基时，在 α、β 键减饱和成为不饱和酸。

$$\underset{\text{丙氨酸}}{\begin{matrix}CH_3\\|\\CHNH_2\\|\\COOH\end{matrix}} + 1/2\,O_2 \longrightarrow \underset{\text{丙酮酸}}{\begin{matrix}CH_3\\|\\CO\\|\\COOH\end{matrix}} + NH_3 \tag{5-24}$$

$$\text{丙酮酸} \xrightarrow{\text{三羧酸循环}} CO_2 + H_2O$$

以上经脱氨基后形成的有机酸和脂肪酸可在不同的微生物作用下继续分解，要么被氧化成二氧化碳，要么被发酵成低分子有机醇、酸或碳氢化合物。

(2)脱羧作用，腐败细菌和霉菌可引起氨基酸脱羧作用，经脱羧后生成胺。二元胺对人有毒，因此，肉类蛋白质腐败后不可食用，以免中毒。

$$\underset{\text{丙氨酸}}{\begin{matrix}CH_3\\|\\CHNH_2\\|\\COOH\end{matrix}} \longrightarrow \underset{\text{乙胺}}{CH_3CH_2NH_2} + CO_2 \tag{5-25}$$

$$\underset{\text{赖氨酸}}{H_2N(CH_2)_4CHNH_2COOH} \longrightarrow \underset{\text{尸胺}}{H_2N(CH_2)_4CH_2NH_2} + CO_2 \tag{5-26}$$

人、畜尿中含有尿素，印染工业的印花浆用尿素作为膨化剂和溶剂，所以印染废水也含尿素。尿素能被许多细菌水解产生氨。

$$O{=}C\begin{matrix}\diagup NH_2\\ \diagdown NH_2\end{matrix} + 2H_2O \xrightarrow{\text{尿酶}} (NH_4)_2CO_3 \longrightarrow 2NH_3 + CO_2 + H_2O \tag{5-27}$$

分解尿素的细菌有尿八联球菌(*Sporosarcina ureae*)[图 5-4(a)，是球菌中唯一能形成芽孢的种]、尿素芽孢杆菌[图 5-4(b)]、尿小球菌和巴斯德氏芽孢杆菌(*Bacillus pasteurianus*)。尿素细菌是好氧的，在强碱性培养基中生长良好，pH 为 7 以下时不生长。尿素分解时不放出能量，因而不能作为碳源，只能作为氮源。

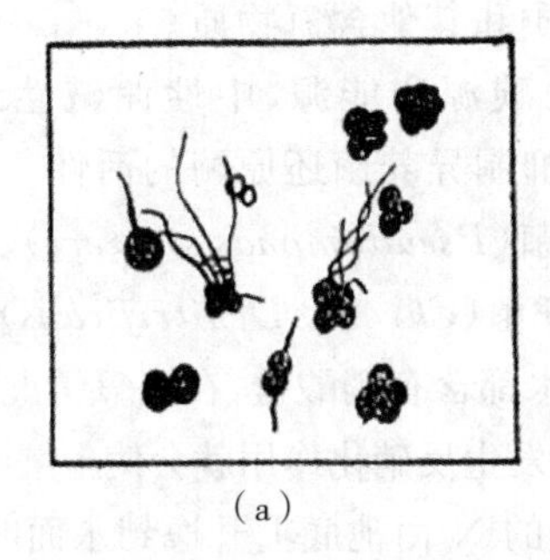
(a)

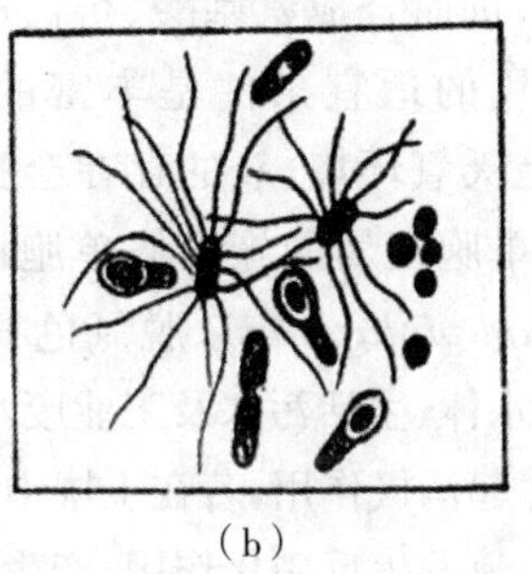
(b)

图5-4　尿八联球菌(a)和尿素芽孢杆菌(b)

5.2.3　硝化作用

氨基酸脱下的氨，在有氧条件下，经亚硝酸细菌和硝酸细菌的作用转化为硝酸，这个过程称为硝化作用。由氨转化为硝酸分两步进行：

$$2NH_3 + 3O_2 \longrightarrow 2HNO_2 + 2H_2O + 619\ kJ \quad (5-28)$$

$$2HNO_2 + O_2 \longrightarrow 2HNO_3 + 201\ kJ \quad (5-29)$$

亚硝酸单胞菌属(*Nitrosomonas*)、亚硝酸球菌属(*Nitrosococcus*)及亚硝酸螺菌属(*Nitrosospira*)可把氨氧化成亚硝酸。硝化杆菌属(*Nitrobacter*)、硝化球菌属(*Nitrococcus*)等可把亚硝酸氧化成硝酸。亚硝酸细菌和硝酸菌都是好氧菌，适宜在中性和偏碱性环境中生长，不需要有机营养。有报道说，它们能利用乙酸盐缓慢生长。亚硝酸细菌为G^-，在硅胶固体培养基上长成细小、稠密的褐色、黑色或淡褐色菌落。硝酸细菌在琼脂培养基和硅胶固体培养基上长成小的、由淡褐色变成黑色的菌落，且能在亚硝酸盐、硫酸镁和其他必需盐的无机培养基中生长。其世代时间约31 h。

5.2.4　反硝化作用

兼性厌氧的硝酸盐还原细菌将硝酸盐还原的过程，称为反硝化作用。还原程度不同，可生成不同的还原态产物，如亚硝酸、一氧化氮、分子态和氨等。反硝化作用通常有三种情况：

1)硝酸盐还原为亚硝酸。

$$HNO_3 + 2[H] \longrightarrow HNO_2 + H_2O \quad (5-30)$$

2)反硝化细菌(兼性厌氧的)在厌氧条件下将硝酸盐还原为氮气。

$$12H^+ + 2NO_3^- \longrightarrow 6H_2O + N_2 \quad (5-31)$$

3)过度还原。硝酸盐被还原成负价的化合态物质氨，而不是分子态的氮，这种还原就是过度还原。

$$2HNO_3 \xrightarrow[-2H_2O]{+4H^+} 2HNO_2 \xrightarrow[-2H_2O]{+4H^+} 2HNO \xrightarrow{+4H^+} 2H_2NOH \xrightarrow[-2H_2O]{+4H^+} 2NH_3 \quad (5-32)$$

植物(含藻类)、大多数细菌、放线菌及真菌利用硝酸盐为氮素营养，通过硝酸还原酶的作用将硝酸还原成氨，进而合成氨基酸、蛋白质和其他含氮物质。

微生物反硝化作用的适宜条件是丰富的碳源和能源，中性偏碱性 pH，中温（25 ℃左右）。最重要的条件是厌氧环境，氧的存在会抑制异养菌还原酶的活性。

反硝化细菌有假单胞菌属的施氏假单胞菌（*Pseudomonas stutzeri*）、色杆菌属中的紫色杆菌（*Chromobacterium violaceum*）、脱氮色杆菌（*Chrom. Denitrificans*）。

自然界中的土壤、水体、生活污水及工业废水都含有硝酸盐，在缺氧情况下，总会发生反硝化作用。反硝化作用有时起消极作用，若在土壤中发生反硝化作用就会使土壤肥力降低。若在污水生物处理系统中的二沉池发生反硝化作用，产生的 N_2 由池底上升逸到水面时会把池底的沉淀污泥带上浮起，使出水含有泥花，影响出水水质。有些污（废）水经生物处理后出水硝酸盐含量高，在排入水体后，若水体缺氧发生反硝化作用，会产生致癌物质亚硝酸胺，造成二次污染，危害人体健康。在污水处理工程上，可利用硝化作用、反硝化共同作用进行脱氮，如 A/O 工艺。

5.3 其他无机元素循环

5.3.1 无机元素循环转化规律

无机元素的循环与转化的一般途径主要有无机物的有机化与有机物的矿化作用，在这其中发生着物质的氧化（oxidation）与还原（deoxidation）、溶解（dissolution）与沉淀（sediment）。

1）无机物的有机化

无机物的有机化是指在生物循环中微生物同化 C、H、N 和 O，合成有机物，同时吸收和利用其他无机元素（如 S、P、Fe、K、Mg 等），合成相应的生命代谢物质或营养有机物。如 S、P 等常被吸收到生物体内合成生命的最基本而又最重要的有机物——核酸与蛋白质。

2）有机物的矿化

有机物的矿化是指含无机元素的有机物经微生物分解成无机态后，回归于自然环境中。

3）无机物的氧化与还原

在微生物作用下，无机物可从还原态氧化成氧化态。如 Cr^{3+} 氧化成 Cr^{6+}，而一些异养菌可以使砷酸（As^{5+}）还原成亚砷酸（As^{3+}）。

4）无机物的溶解与沉淀

产酸菌产生的强酸可使环境中的矿质物质溶解，如硫化作用产生的硫酸可把铁管中的单质铁溶解，生成 Fe^{2+}。而铁细菌可将 Fe^{2+} 氧化成 Fe^{3+}，Fe^{3+} 又容易变成 $Fe(OH)_3$ 沉淀。无机物的溶解和沉淀是伴随氧化与还原而发生的。

5.3.2 硫循环

在自然界中硫有三态：元素硫（S^0）、无机硫化物（四价硫包括 SO_2、SO_3^{2-}，六价硫包括 SO_4^{2-}）及含硫有机化合物（R—SH）。这三者在化学和生物作用下相互转化，无机硫酸盐被植物、藻类吸收后转化为含硫有机化合物，动植物体内的含—SH 的蛋白质在厌氧条件下进行腐败作用产生 H_2S，在好氧条件下，H_2S 被无色硫细菌氧化为 S，并进一步氧化为硫酸盐，在厌氧条件下，被硫酸盐还原菌（例如脱硫弧菌）还原为H_2S，又能被光合细菌用作供氢体，氧化为硫或硫酸盐。这样就构成硫循环（sulphur cycle）（图 5－5）。自然界的硫素就是这样无限循环着，永不停止。

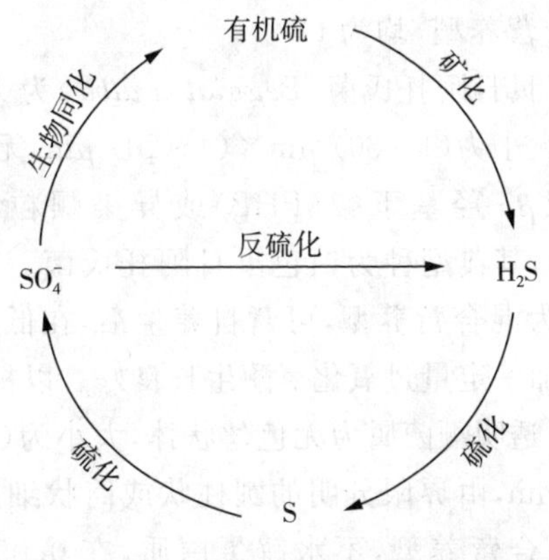

图 5－5　微生物参加的硫循环

1）含硫有机物的转化与分解

含硫有机物在动、植物、微生物机体中的主要形式是蛋白质。蛋白质在微生物作用下，生成氨基酸，氨基酸再进一步脱硫，同时也进行脱氮作用。分解含硫有机物的微生物很多，引起含氮有机物分解的氨化微生物都能分解含硫有机物产生H_2S。含硫氨基酸（例如蛋氨酸、半胱氨酸和胱氨酸）被氨化微生物分解产生H_2S和NH_3。如变形杆菌（*proteusbacillus vulgaris*）将半胱氨酸水解为乙酸、甲酸、氨和硫化氢：

$$\underset{\text{半胱氨酸}}{\begin{array}{l}COOH\\ |\\ CHNH_2\\ |\\ CH_2SH\end{array}} + 2H_2O \longrightarrow CH_3COOH + HCOOH + NH_3 + H_2S \tag{5-33}$$

$$H_2S + FeSO_4 \longrightarrow H_2SO_4 + \underset{(\text{黑色})}{FeS\downarrow} \tag{5-34}$$

$$H_2S + Pb(CH_3COO)_2 \longrightarrow 2CH_3COOH + \underset{(\text{黑色})}{PbS\downarrow} \tag{5-35}$$

含硫有机物如果分解不彻底，会有硫醇［例如硫甲醇（CH_3SH）］暂时积累，硫醇再进一步氧化转化为H_2S。

2）无机硫的转化

（1）硫化作用

在有氧条件下，通过硫细菌的作用将硫化氢氧化为元素硫，进而再氧化为硫酸，这个过程称为硫化作用（sulfidation）。参与硫化作用的微生物有硫化细菌和硫黄细菌。

① 硫黄细菌。将硫化氢氧化为硫，并将硫粒积累在细胞内的细菌，统称为硫黄细菌（sulphur bacteria）。它们包括丝状硫黄细菌和光能自养的硫细菌。

丝状硫黄细菌氧化硫化氢为硫的过程如下：

$$2H_2S + O_2 \longrightarrow 2S + 2H_2O + \text{能量} \tag{5-36}$$

能将硫化氢氧化为元素硫的丝状细菌有贝日阿托氏菌属（*Beggiatoa*）、透明颤菌属（*Vitreoscilla*）、辫硫菌属（*Thioploca*）、亮发菌属（*Leucothrix*）和发硫菌属（*Thiothrix*）（亦叫丝硫菌属）。除透明颤菌和亮发菌外，其他的均能将硫粒累积在细胞内。当环境中缺乏H_2S时，它们就将积累的硫粒氧化为硫酸，并从中获得能量。能将硫化氢氧化为硫的好氧型细菌有透明颤菌、亮发菌；微量好氧型细菌有贝日阿托氏菌、发硫菌和辫硫菌。丝状硫黄细菌为混合营养型，均为 G^-。

贝日阿托氏菌(*Beggiatoa alba*)为无色、不附着的丝状体，大小为(1～30) μm×(4～20) μm，无鞘，滑行运动，体内有聚 β-羟基丁酸(PHB)或异染颗粒，DNA 的 G+C 为 37%，其典型种为白色贝日阿托氏菌。有些株已获得纯培养，为混合营养型，可营自养生活，在低浓度醋酸盐培养基中，加一定量过氧化氢酶生长良好。以杆状体进行繁殖。

图 5-6 透明颤菌

透明颤菌属为无色丝状体，大小为(1.2～2) μm×(3～70) μm，由界限分明的圆柱状或筒状细胞组成，滑行运动，为混合营养型，不水解蛋白质，在 0.05%～0.1%蛋白胨培养基中很易分离培养。有的菌株在 0.5%蛋白胨中生长。透明颤菌(*Vitreoscilla beggiatoides*)为该属典型种类(图 5-6)。

辫硫菌属细菌为一束平行的或发辫样组成的柔软丝状体，由一个公共鞘包裹而成。氧化硫化氢积累硫粒于体内，鞘常破碎成片，单独的丝状体独立滑行运动。

发硫菌(图 5-7)能氧化 H_2S 并积累硫粒于细胞内，丝状体外有鞘，一端附着在固体物上，不运动。而在游离端能一节一节断裂出杆状体，能滑行，经一段游泳生活呈放射状地附着在固体物上。污水处理构筑物、淡水和海水中均可找到。微量好氧，混合营养型。污水处理中低溶解氧时大量繁殖。它对有机营养物的需求量比贝日阿托氏菌大。

亮发菌(图 5-8)的若干丝状体交织在一起组成花瓣状，其他特征基本与发硫菌相同，不同的是氧化硫化氢后硫粒不积累在体内。严格好氧，化能异养型，海洋种需要 NaCl，最适温度为 25 ℃，最高温度为 30～35 ℃。

图 5-7 发硫菌

图 5-8 亮发菌

上述 5 种丝状硫细菌常在生活污水和含硫工业废水的生物处理过程中出现，与活性污泥丝状膨胀有密切关系。当曝气池溶解氧在 1 mg/L 以下时，硫化物含量较多，贝日阿托氏菌和发硫菌过度生长会引起污泥丝状膨胀。

此外，环境中还存在光能自养硫细菌，这类细菌含细菌叶绿素，在光照下，将硫化氢氧化为元素硫，在体内或体外积累硫粒。

$$CO_2 + 2\ H_2S \xrightarrow[\text{光合色素}]{\text{日光}} [CH_2O] + 2S + H_2O \tag{5-37}$$

② 硫化细菌

把环境中的各种还原态硫氧化成硫酸的细菌为硫化细菌，它们从氧化 H_2S、元素硫、硫代硫酸盐、亚硫酸盐及多硫磺酸盐(例如四连硫酸盐)中获得能量,产生 H_2SO_4,同化 CO_2 合成有机物。

硫化细菌归属于硫杆菌属(*Thiobacillus*),为革兰氏阴性杆菌。它们多半在细胞外积累硫,有些菌株在细胞内积累硫。硫作为能源被氧化为 H_2SO_4,使环境 pH 下降至 2 以下。硫杆菌广泛分布于土壤、淡水、海水、矿山排水沟中。有氧化硫硫杆菌(*Thiobacillus thiooxidans*)、排硫杆菌(*Thiobacillus thioparus*)、氧化亚铁硫杆菌(*Thiobacillus ferrooxidans*)、新型硫杆菌(*Thiobacillus novellus*)和脱氮硫杆菌(*Thiobacillus denitrificans*)等。除脱氮硫杆菌是兼性厌氧菌外,其他均为好氧菌。生长最适温度为 28～30 ℃。有些种能在强酸条件下生长,例如氧化硫硫杆菌最适 pH 为 2.0～3.5,在 pH 为 1～1.5 环境中仍可生长,仍能将硫氧化为 H_2SO_4,但在 pH 为 6 以上环境中不生长。氧化亚铁硫杆菌的最适 pH 为 2.5～5.8。有些种适宜于中性和偏碱性条件下生长,如排硫杆菌。

a. 氧化硫硫杆菌。其氧化元素硫能力强、迅速,为专性自养菌。

$$2S + 3O_2 + 2H_2O \longrightarrow 2H_2SO_4 + \text{能量} \tag{5-38}$$

$$Na_2S_2O_3 + 2O_2 + H_2O \longrightarrow Na_2SO_4 + H_2SO_4 + \text{能量} \tag{5-39}$$

$$2H_2S + O_2 \longrightarrow 2H_2O + 2S + \text{能量} \tag{5-40}$$

b. 氧化亚铁硫杆菌。它们能生成 H_2SO_4,并从氧化 $FeSO_4$、硫代硫酸盐中获得能量,还能将 $FeSO_4$ 氧化成 $Fe_2(SO_4)_3$:

$$4FeSO_4 + O_2 + 2H_2SO_4 \longrightarrow 2Fe_2(SO_4)_3 + 2H_2O \tag{5-41}$$

硫化细菌生成的 H_2SO_4 及硫酸高铁溶液是有效的浸溶剂,可将铜、铁等金属转化为硫酸铜和硫酸亚铁从矿物中流出,流出的硫酸铜和硫酸亚铁可以溶解于水成为溶液。

$$FeS_2 + 7Fe_2(SO_4)_3 + 8H_2O \longrightarrow 15FeSO_4 + 8H_2SO_4 \tag{5-42}$$

硫酸高铁盐也可以与不溶性的辉铜矿(Cu_2S)作用生成 $CuSO_4$ 与 $FeSO_4$。

$$Cu_2S + 2Fe_2(SO_4)_3 \longrightarrow 2CuSO_4 + 4FeSO_4 + S \tag{5-43}$$

这种通过硫化细菌的生命活动产生硫酸高铁将矿物浸出的方法叫作湿法冶金(hydrometallurgy)。生成的 $CuSO_4$ 与 $FeSO_4$ 溶液通过置换、萃取、电解或离子交换等方法回收金属,达到冶炼的目的。

(2)反硫化作用

在缺氧条件下,硫酸盐、亚硫酸盐、硫代硫酸盐和次亚硫酸盐在微生物的还原作用下形成硫化氢的过程,叫作反硫化作用(或硫酸盐还原作用,desulfurication)。反硫化作用常常发生于土壤淹水、河流、湖泊等水体中。

脱硫弧菌(*Desulfovibrio desulfuricans*)利用葡萄糖和乳糖还原硫酸盐的过程如下:

$$C_6H_{12}O_6 + 3H_2SO_4 \longrightarrow 6CO_2 + 6H_2O + 3H_2S + \text{能量} \tag{5-44}$$

$$2CH_3CHOHCOOH + H_2SO_4 \longrightarrow 2CH_3COOH + 2CO_2 + H_2S + 2H_2O \tag{5-45}$$

脱硫弧菌氧化乳酸不彻底,积累有机物和硫化氢。

脱硫弧菌为略弯曲的杆菌，革兰氏阴性，大小为(0.5～1) μm×(1～5) μm，呈单个，有时呈对或呈短链，外观像螺旋状，具有一根极端鞭毛而活泼运动。严格厌氧，适宜温度25～30 ℃，最高耐受温度为40 ℃，适宜pH为6～7.5，老细胞因沉积硫化铁而呈黑色。除利用葡萄糖、乳酸为供氢体外，还能利用多种有机物(如蛋白质、天门冬素、甘氨酸、丙氨酸、天门冬氨酸、乙醇、甘油、苹果酸及琥珀酸)作为供氢体，为反硫化作用的能量。

如果硫酸盐存在于缺氧环境的土壤中或混凝土排水管和铸铁排水管中，由于不通气缺氧，硫酸盐被还原为H_2S；H_2S上升到污水表层或逸出空气层，与污水表面溶解氧相遇，被硫化细菌或硫黄细菌氧化为H_2SO_4；H_2SO_4再与管顶部的凝结水结合使混凝土管和铸铁管受到腐蚀(图5-9)。为了减少管道的腐蚀，除要求管道有适当的坡度，使污水流动畅通外，还要加强管道的维护工作，如进行及时的排气。

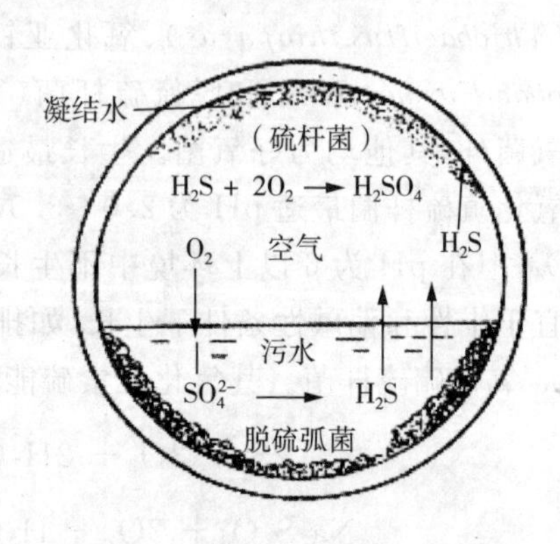

图5-9 硫化氢对管道的腐蚀

硫酸盐和H_2S腐蚀河流、海洋港口码头的钢桩的结果。码头建造前要测表面水、中部水和底部泥层中硫酸还原菌的个数，判定硫酸盐污染的严重程度，制定防腐蚀措施。

5.3.2 磷循环

磷是一切生物的重要营养元素。微生物可以吸收可溶性的磷并合成核酸、ATP、磷脂等有机物质。磷在土壤和水体中以含磷有机物(如核酸、植酸及卵磷脂)、无机磷化合物(如磷酸钙、磷酸钠、磷酸镁、磷灰石矿石)及还原态PH_3三种状态存在。然而，大量的含磷有机物和不溶性的磷酸钙，不能直接被植物和微生物利用，必须经过微生物分解转化为溶解性的磷酸盐才能被植物和微生物吸收利用。当溶解性的磷酸盐被植物吸收后变为植物体内含磷有机物；动物食用植物后变成动物体内含磷有机物；动、植物尸体在微生物作用下，分解转化为溶解性的偏磷酸盐(HPO_4^{2-})；HPO_4^{2-}在厌氧条件下被还原为PH_3，这样就构成了磷素循环(图5-10)。

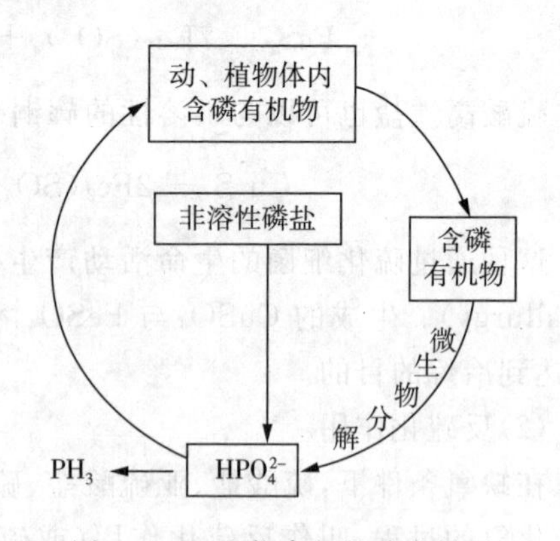

图5-10 生物参与的磷素循环

1)含磷有机物的转化

动、植物和微生物体内的含磷有机物有核酸、磷酸酯、植素，它们均可被微生物分解。

(1)各种生物的细胞含有大量的核酸，它是核苷酸的多聚物。核酸在微生物核酸酶的作用下，被水解成核苷酸，又在核苷酸酶作用下分解成核苷和磷酸，核苷再经核苷酶水解成嘧啶(或嘌呤)和核糖(或脱氧核糖)。

$$核酸 \xrightarrow[H_2O]{核酸酶} 核苷酸 \xrightarrow{核苷酸酶} \begin{cases} 核苷 \longrightarrow \begin{cases} 嘌呤或嘧啶 \\ 核糖或脱氧核糖 \end{cases} \\ 磷酸 \end{cases} \tag{5-46}$$

生成的嘌呤或嘧啶继续分解，经脱氨基生成氨。如腺嘧啶经脱氨酶作用，产生氨和次黄嘌呤，次黄嘌呤再转化为尿酸，尿酸先氧化成尿囊素，再水解成尿素，尿素进一步分解为氨和二氧化碳。

(2)卵磷脂是含胆碱的磷脂，它可被微生物卵磷脂酶水解为甘油、脂肪酸、磷酸和胆碱，胆碱再分解为氨、二氧化碳、有机酸和醇。

$$卵磷脂 \xrightarrow{卵磷脂酶} 甘油 + 磷酸 + 脂肪酸 + 胆碱 \tag{5-47}$$

能分解有机磷化物的微生物有蜡状芽孢杆菌(*Bacillus cereus*)、蕈状变种(*B. cereus* var. *mycoides*)、多黏芽孢杆菌(*Bacillus polymyxa*)、解磷巨大芽孢杆菌(*Bacillus megaterium* var. *phosphaticum*)和假单胞菌(*Pseudomonas* sp.)。

2)无机磷化合物

在土壤中存在难溶性的磷酸钙，它可以和通过异养微生物的生命活动产生的有机酸、碳酸以及硝酸细菌产生的硝酸、硫细菌产生的硫酸等作用生成溶解性磷酸盐，如：

$$Ca_3(PO_4)_2 + 2H_2SO_4 \longrightarrow Ca(H_2PO_4)_2 + 2CaSO_4 \tag{5-48}$$

可溶性磷酸盐被植物、藻类及其他微生物吸收利用，组成卵磷脂、核酸及 ATP 等。无色杆菌属(*Achromobacter*)中有的种能溶解磷酸三钙和磷矿粉。

磷酸盐(或磷酸)在厌氧条件下，被梭状芽孢杆菌、大肠杆菌等还原成 PH_3，其大致过程如下：

$$H_3PO_4 \longrightarrow H_3PO_3 \longrightarrow H_3PO_2 \longrightarrow PH_3 \tag{5-49}$$

5.3.3　铁循环

自然界中铁以无机铁化合物和含铁有机物两种状态存在。无机铁化合物有溶解性的 Fe^{2+} 和不溶性的 Fe^{3+}。二价的亚铁盐易被植物、微生物吸收利用，转变为含铁有机物。二价铁、三价铁和含铁有机物三者可互相转化，构成铁循环(iron cycle)。

1)二价亚铁盐的氧化与沉淀

所有生物都需要铁，而且要求是溶解性的二价亚铁盐。但有些微生物能将二价铁氧化成三价铁。能完成上述过程的微生物叫铁细菌。无氧时，存在大量二价铁。当环境中 pH 为中性和有氧时，二价铁会被铁细菌氧化为三价铁，三价铁又生成氢氧化物。

$$2FeSO_4 + 3H_2O + 2CaCO_3 + 1/2O_2 \longrightarrow 2Fe(OH)_3 \downarrow + 2CaSO_4 + 2CO_2 \tag{5-50}$$

$$4FeCO_3 + 6H_2O + O_2 \longrightarrow 4Fe(OH)_3 \downarrow + 4CO_2 + 能量 \tag{5-51}$$

环境中常见的铁细菌有嘉氏铁柄细菌(*Gallionella ferruginea*)(图 5-11)、氧化亚铁硫杆菌(*Thiobacillus ferrooxidans*)、多孢泉发菌(*Crenothrix polyspora*)、纤发菌属

(*Leptothrix*)和球衣菌属(*Sphaerotilus*)。上述铁细菌在有机物存在时,可以将 Fe^{2+} 氧化为 Fe^{3+},沉积在鞘内。铁细菌氧化二价铁时产生的能量可以用于合成细胞物质。

在含有机物和铁盐的阴沟和水管中一般都有铁细菌存在。典型铁细菌有锈色纤发菌(*Leptothrix ochracea*)和浮游球衣菌(*Sphaerotilus natans*)。两者形态和生理特性都很相似,纤发菌有一束极端生鞭毛,球衣菌有一束亚极端生鞭毛。它们常以一端固着于河岸边的固体物上旺盛生长成丛簇而悬垂于河水中。球衣菌与活性污泥丝状膨胀有密切关系。在含有低分子糖类和有机酸、低溶解氧含量、温度为25～28℃的水中,不管有机负荷高或低,都会大量生长,引起活性污泥丝状膨胀。

图 5-11　锈色嘉氏铁柄细菌

铁细菌以碳酸盐为碳素来源,通过氧化二价铁获得能量,但反应产生的能量很小。细菌为了获得较多的能量,必须增强反应,形成大量的高铁化合物[如 $Fe(OH)_3$],不溶性的高铁化合物被排出菌体后就形成沉淀。

当铁细菌生活在铸铁水管中,同时有硫化、反硫化细菌存在时,通过硫化细菌与反硫化细菌的共同作用,使水管中产生酸性水(含 H_2SO_4)。酸性水又将铁转化为溶解性的二价铁,铁细菌将二价铁转化为三价铁(锈铁)并沉积于水管壁上,越积越多,以致阻塞水管。这样就造成两方面的影响:一方面使铁管腐蚀,另一方面使水管发生堵塞。所以,工业用水管道中常投加杀菌剂,降低微生物的危害。

2)高铁的还原与溶解

环境中的高铁化合物在微生物及其代谢活动产生的酸的作用下发生溶解,或者在通气不良的环境中因氧化还原电位的降低而引起铁的还原。

$$Fe_2O_3 + 3H_2S \longrightarrow 2FeS + 3H_2O + S \qquad (5-52)$$

Reading Material

The Carbon Cycle

The prime source of carbon for living organisms is the carbon dioxide in the air. Carbon dioxide from the air is fixed into biological tissue by the primary-producing photoautotrophs, the plants and algae. Chemical-autotrophs also fix atmospheric carbon dioxide. However, their importance as a means of capturing carbon for biological processes is far less than the photoautotrophs.

The foodweb is the vehicle for carbon to be cycled through living organisms. Heterotrophs consume autotrophs, utilizing their carbon as a substrate for growth and energy. Heterotrophic microorganisms obtain their substrate for growth and energy by degrading carbon compounds in plants, algae, animals, and other microorganisms. Organic excreta are also utilized by microorganisms as a carbon source.

Nonliving organic matter plays an important part in the carbon recycling process. There is a pool of organic compounds in soil and water produced by the microbial degradation of dead organisms and by excretion products. This organic matter is the source of nutrients for large populations of heterotrophic microorganisms living in natural habitats. In addition, the pool is utilized as a store for inorganic nutrients required for plant growth as well as a source of essential growth factors that plants and algae are incapable of synthesizing. A significant portion of the carbon dioxide utilized in biological processes is returned to the air. Plants respire in the dark, releasing carbon dioxide. All animals respire, continually returning carbon dioxide to the air. Microorganisms, in their continual turnover of organic matter, convert part of the organic substrate to cells, part to other organic extracellular metabolites, and a portion to carbon dioxide.

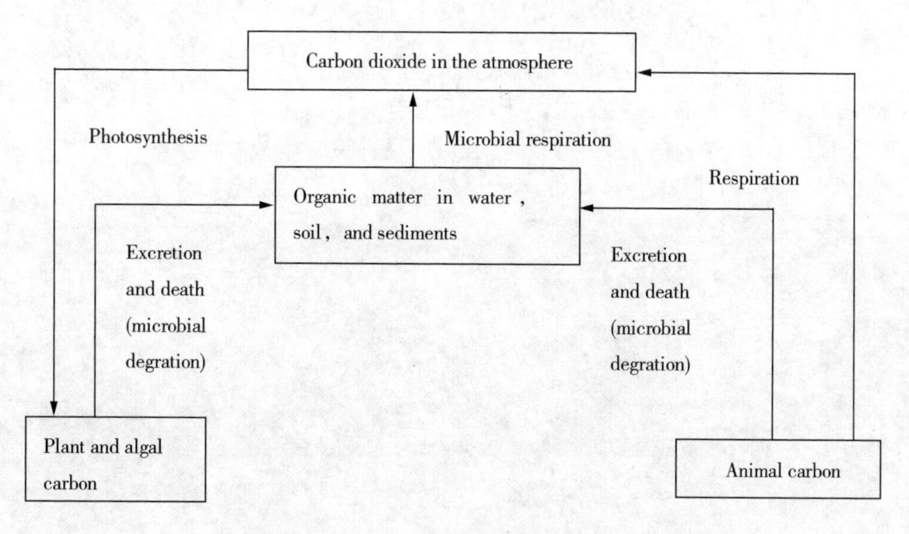

Figure 5-12 The carbon cycle in aquatic ecosystem

A wide range of organic compounds continuously bombard the microbial environment. There is an equally complex system of microorganisms present in the ecosystem producing enzymes that degrade these substrates. The indigenous microflora is in a continuous state of flux as it adapts to changing substrate. The microflora that predominates in the presence of one substrate may be almost totally replaced when another substrate enters the habitat.

The rate of decomposition is also tied to the concentration of other elements in the system. The ratio of C∶N∶P in the bacterial cell is approximately 100∶10∶1. There is a direct proportionality between the rate of decomposition of organic substrates and the concentration of nitrogen and phosphorus in the ecosystem. This relationship is only valid at C∶N∶P ratios below 100∶10∶1.

Decomposition continues until some essential element becomes limiting. In the turnover of algae in lakes in the sea, nitrogen usually becomes deficient and prevents further decomposition.

第6章　生态系统中污染物的生物转化与降解

✣ 内容提要

本章阐述微生物降解中的一些重要的概念：生物降解、可生物降解性、基质呼吸线、矿化作用、共代谢、水体自净作用等。介绍可生物降解性的研究意义和测定方法，介绍影响微生物降解与转化污染物的生态学因素，阐明水体自净作用过程及其机理。介绍水体生物对污染物的吸收与转化作用过程，阐明动植物在维护水体生态系统稳定和水质净化中的贡献。

✣ 思考题

(1)从理论上分析，为什么说“微生物具有分解与转化有机物的巨大潜力”？

(2)大型水生植物(hydrophyte)主要有哪些生态类型？它们在水质净化(water purification)中起什么作用？

(3)什么是水体自净，它的主要作用机理有哪些？

(4)水体自净作用对什么样的污染能发挥作用？

(5)什么是微生物的共代谢作用？共代谢作用在水处理中有何意义？

(6)微生物为什么能降解(biodegradation)和转化(transformation)污染物？

(7)什么是生物富集(bio-enrichment)？生物富集的机理是什么？

(8)水生动物如何吸收水中的污染物质？

6.1　微生物对污染物的降解

天然水环境中，自然产生的各种有机物均有与之相对应的降解与转化的微生物，一般情况下，不会产生水环境污染。现代工业不断发展的今天，由于工业生产产生了各种非天然的、人工合成的化合物，如有机氯农药(六六六、DDT、2,4-D)、多氯联苯、合成洗涤剂、染色剂、抗生素等，不易被微生物分解，积累在水体中保留较长时间，严重污染环境。微生物对水体、污(废)水中污染物的分解速度往往决定了水质工程的可行性，污染物质不仅要能被微生物分解，而且要彻底、快速分解，才能满足工程的需要。

6.1.1　微生物对污染物降解能力

1)微生物具有降解污染物的巨大能力

实际上，微生物可以降解几乎所有的有机污染物质(不管是自然的还是人工合成的)，只不过难易程度与降解时间不同而已。这是由于：

(1)微生物有一个显著特点——容易变异。变异的结果:①形成新的可降解污染物的突变种;②形成诱导酶和新的酶体系以适应环境中的污染物,从而可以降解新的人工合成的污染物。例如微生物变异产生抗药性与赖药性。微生物经常与次致死剂量的杀菌物质接触后,经自然突变改变了代谢类型,产生了抗药性;进而将杀菌物质作为不可缺少的营养物质,产生完全依赖性。如野生的大肠埃希氏菌可变成依赖链霉素的类型。

(2)微生物体内存在另一种调节系统——降解性质粒(degradative plasmid)。它是独立于染色体外而稳定延续遗传的闭合环状DNA分子。质粒的得失不会导致细菌的死亡,但在特殊的环境下(如有毒物)关系到细菌的生死与繁殖,因为它能编码降解毒物的酶系统。例如,细菌降解农药2,4-D就是依靠质粒,当细胞中的质粒被去除后,细菌的降解性也消失了。大多数人工合成物的降解都可能是由质粒编码的。

所以,微生物对污染物的降解具有巨大的潜力。

2)有机污染物的可生化降解性

(1)可生物降解性(biodegrability):指复杂大分子有机化合物在微生物作用下降解成小分子化合物的可能性与难易程度。

根据可能性大小和难易程度把有机污染物分成三类:①可生物降解物质,如淀粉、单糖、二糖、蛋白质、脂肪等;②难生物降解物质,如纤维素、农药、烃类等,它们可被微生物降解,但是时间较长;③不可生物降解物质,如塑料、尼龙等高分子合成材料。它们可被降解,但时间很长,在工程上不可行。在对污染物进行处理时,对于可生物降解物质,考虑采用生物法处理;对于难生物降解物质,一般是先进行预处理,提高可生化性后,再进行生化处理;对于不可生物降解物质,一般采用物理和化学作用去除。

(2)可生物降解性的测定方法如下:

① 基质的可生物氧化率由以下公式计算而来:

$$\text{氧化率}=\text{微生物作用下的实际耗氧量}\times 100\% / \text{基质完全氧化的理论耗氧量}$$

在瓶中装入培养基,加入有机污染物,接种微生物,用华氏(瓦氏、Warburg)呼吸仪或测压仪测定反应瓶中微生物作用的耗氧量或者CO_2释放量。

② 基质的耗氧(oxygen consumption)曲线,由以下方法绘制。在不投加基质时,微生物处于内源呼吸状态,此时,微生物利用自身的细胞物质作为呼吸基质,测定其呼吸(氧气的消耗、二氧化碳的生成)随时间的变化得到内源呼吸线;给微生物加入待测物质,再进行基质呼吸作用的测定;根据氧的消耗量随着时间的变化,绘出耗氧曲线。将内源呼吸线与基质呼吸线绘在同一个图中(图6-1)进行比较,有三种可能:

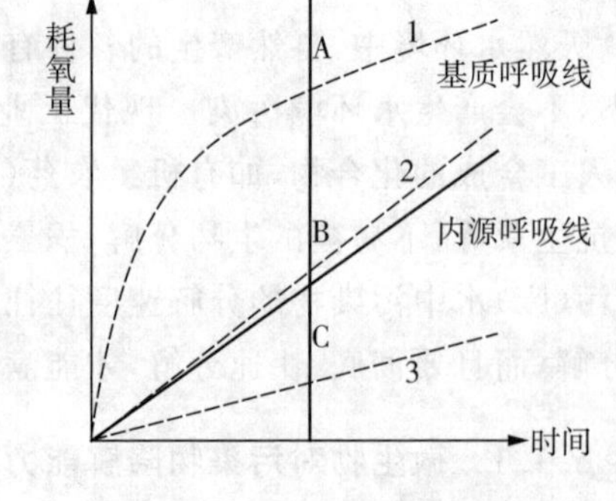

图6-1 生化呼吸耗氧曲线

a. 基质呼吸线(虚线)在内源呼吸线(实线)以上(图6-1中曲线1),说明加入基质后,微生物的呼吸作用加强了,因此,加入的基质是可生物降解的。曲线的斜率越大,则可生化性越大。当曲线超过A点后,基质呼吸线与内源呼吸线几乎平行，则说明此时加入的基质已全部被微生物分解，又重新进行内源呼吸，但这时的内源呼吸速率已比未加入基质前高，因为微生物总生物量增大了。

b. 基质呼吸线与内源呼吸线几乎重叠平行(图 6-1 中曲线 2)，则说明加入的基质不可生物降解，因为加入基质后，微生物仍处于内源呼吸，并没有因为加入基质而进行分解增加耗氧量。

c. 基质呼吸在内源呼吸线下方(图 6-1 中曲线 3)，则不仅说明加入的基质是不可生物降解，而且基质对微生物反而有毒性，使微生物本身的内源呼吸受到影响而减小耗氧量。

同时也可以通过测定如下指标，反映污染物降解特性。

第一，脱氢酶活性。有机物分解过程的本质是氧化脱氢，所以分解过程中脱氢酶活性越强，则降解作用越大。

第二，测定 ATP。生物体内的 ATP 含量与生物的活性是成正相关的，当加入污染物后，如果 ATP 增加了，说明微生物对该污染物是可降解的。

第三，用放射性 ^{14}C 标记待测污染物，测定土壤或水体释放 $^{14}CO_2$ 量，计算回收率，从而评价该污染物的可生化降解性。

在实际工程中，常用 BOD_5/COD(B/C)作为污染物的可生化性的衡量指标。当 B/C 大于 0.45，可生化程度高；B/C 大于 0.3，为可生化处理；B/C 小于 0.3 为较难生化处理；B/C 小于 0.25 为不宜生化处理。城市生活污水的 B/C 为 0.58 左右，表明污水中有机物易分解，可用生物处理。工业废水中焦化废水、印染废水、制药废水、造纸废水等，B/C 小，为难处理废水。直链烷基苯磺酸盐(LAS)洗涤剂较易分解，丙烯四聚物型烷基苯磺酸盐(ABS)则很难分解。因此含有 ABS 的废水一般不用生物法进行处理，而应考虑采用物理、化学方法。

6.1.2　微生物对污染物降解方式与影响因素

1)微生物降解污染物的作用方式

(1)矿化作用

前面已经论述，矿化作用是有机污染物在微生物的作用下最终分解成二氧化碳、水以及含氮、含硫、含磷化合物等无机物质的过程。矿化作用主要利用氧化、还原、水解、脱水、脱氨基、脱羧基等化学方式，完成对污染物的彻底分解。而在这个过程中，微生物则可以获得自己生长发育所需的营养物质(如碳源、氮源等)和能量。

(2)共代谢作用(协同代谢作用)

有些污染物不能作为微生物的唯一碳源和能源，必须有另外的化合物存在或在其他微生物的共同作用下，才能被分解，这种现象为共代谢(cometabolism)。其有三种形式：①一种污染物的降解，依靠其他化合物提供能源，如直肠菌(*Clostridium rectum*)降解农药 666 时，须有蛋白存在才能完成；②依靠其他微生物共同作用，污染物的分解过程是很多步骤组成的一个生化反应长链，其中的每一个反应都需要不同的酶来催化，这样就需要多种微生物来分泌不同的生化反应酶；③微生物的酶需其他物质的诱导才能被激活，如一种铜绿假单胞菌只有经过正庚烷的诱导后才能产生羟化酶系，才能把链烷烃羟基化形成相应的醇类物质。

因此，在实际污染物处理时，常用混合菌种为种源进行接种，发挥多种微生物的共代谢作用,而使某些特殊的污染物质得以降解。同时,也不能只以一种物质作为微生物代谢的碳源和能源,而要适当投加一些易降解物质或诱导物质,促进对难降解物质的分解。

2)影响微生物降解与转化污染物的因素

(1)污染物的化学结构

污染物的化学结构不同、降解所需能量不同、从而决定其生化可降解性不同。

① 结构简单的污染物的降解易于结构复杂的,分子量小的污染物的降解易于分子量大的。大分子聚合物的结构使微生物作用酶很难靠近。

② 脂肪族化合物、芳香族、多环芳烃的降解难度依次增大。环形结构较稳定,需较高的能量才能打开,较难降解。

③ 不饱和脂肪族化合物一般比饱和的易降解,但可溶性减小,降解难度增大。

④ 分子主链上,除 C 外,还有其他元素,会增加生物降解性。

⑤ 具有取代基团的化合物,其异构体的多样性(如支链的增多),会增加降解的难度;叔醇比伯醇和仲醇难降解。

⑥ 结构上的化学功能团对降解有影响,如苯环上增加了胺基则易于降解。

(2)代谢产物特性。污染物经微生物降解或转化后的生成物(中间产物或终产物),可能毒性更强,比原污染物更为有害。

(3)环境物理化学因素。各种营养成分(N、P、S)、温度、水分、光照、pH 等都会影响降解作用。如污染物中各种营养元素的比例、环境条件是否满足微生物的需要,如能满足,则可加快分解速度。控制污水处理的工艺条件就是为了满足降解微生物的需求。

6.2 水体生物对污染物的吸收与转化

6.2.1 水生生物对污染物的吸收

当污染物质进入水体以后,水生生物首先对各类污染物进行吸收,这是污染物进入生物体的第一个过程,这也为后续污染物的转化、积累与降解奠定基础。

1)水生植物吸收作用

水生植物(植物性微生物、大型植物)对底泥中污染物的吸收方式与陆生植物有相似之处,但因生活型不同、污染物来源不同而不同。沉水植物既吸收水中的污染物,又利用底泥中的污染物;飘浮植物能吸收水体中的污染物;挺水植物、浮叶植物吸收的污染物来源最多,可来源于水、陆(底泥)、空气中。浮游植物和水生微生物是水中污染物的主要吸收者。

微生物和浮游植物(藻类)不仅能吸收水中溶解态的污染物,而且也能迅速地吸收悬浮微粒中的污染物,还能在吸收后很快地将这些微粒转入藻体细胞内部。

研究表明,微生物和浮游植物对有机污染物的吸收中,被动吸收起了重要或主要的作用。微生物和海洋藻类对污染物质的吸收,主动吸收起着主要的作用。比如,被杀死的硅藻细胞,对狄氏剂的吸附量比活细胞少。海藻(*Ascophyllum nodosum*)对 Pb 的吸收主要是耗能的主动吸收。不管培养基中 Zn 浓度的高低,掌状海带(*Laminaria digitata*)在光照条件下对 Zn 的吸收与海带的光合作用有直接关系。

微生物和浮游植物个体小，有相对大的比表面积。在自然条件下，尤其是近岸的水域，当春季浮游植物大量繁殖时，每升海水可含 10^6 个细胞，其接触表面积非常大。因此，微生物、浮游植物对重金属、放射性核素的吸收、吸附起着重要的作用。

高等水生植物和多细胞藻对有些污染物质的吸收方式主要是被动吸收。比如，太平洋巨藻（*Pelagophycus porra*）对 Pb 吸收的开始阶段是吸附作用，吸附量取决于 Pb 的粒子大小、Pb 与藻体表面的接触程度等。离子交换可能是海藻吸收无机离子的一种作用机制。

不同水生生物对污染物的吸收速度快慢不一。通常微生物和单细胞藻从基质中吸收的速度较快，比如产气杆菌（*Aerobacter aerogenes*）和枯草芽孢杆菌（*Bacillus subtilis*）仅 30 s 即能吸收培养基中 80%～90%的 DDT，单细胞菱形藻属（*Nitzschia* sp.）从培养基中吸收狄氏剂，仅 1 min 即达到平衡。据试验，11 种海洋浮游植物对 PCB 的吸收，经 0.5～2 h 即达到平衡。但多细胞生藻类对污染物的吸收要慢得多，如掌状海带对 ^{65}Zn 的吸收经过 25 d 仍未达到吸收平衡状态。

从水体中吸收污染物，在很大程度上与污染物在水中的物理、化学形式有关。根据浮游植物对重金属和放射性核素的吸收的试验，浮游植物只能吸收离子态的污染物，有机物束缚的金属不被浮游植物所吸收。但根据底栖的墨角藻（*Fucus vesiculosis*）中的 Cu、As、Pb、Zn 和 Ag 的浓度与沉积物中这些元素浓度相关分析表明，以粒子态形式存在的元素是底栖生物吸收的一个重要来源。

2）水生动物对污染物的吸收

水生动物对污染物的吸收方式较多，既可以直接从水中吸收各种污染物，又可以通过取食的途径摄取被污染的食物、悬浮物和沉积淤泥中的污染物。水体中的污染物进入生物体内主要有 3 种途径，即经过动物的体表、外骨骼、鳃和消化系统吸收污染物。

（1）体表、外骨骼吸收

无脊椎动物能够直接从水中吸收溶解的有机物质，如氨基酸等。氨基酸被上皮细胞吸收后，首先进入上皮细胞的游离氨基酸库，这时氨基酸仍为游离态，然后再进一步转移或在细胞内进行代谢。水生动物对一些有机污染物的吸收过程都是如此。

伪水蚤（*Pseudodiaptomus coronatus*）进行 Cd 的吸收试验表明，当受 Cd 污染的藻细胞浓度为 5000～10000 个/mL 时，伪水蚤直接从水中吸收 Cd 多于从摄食途径吸收 Cd；当藻细胞浓度为 100000 个/mL 时，则从摄食途径吸收的 Cd 要比直接从水中吸收的多。在短期内，当浮游植物数量不多时，浮游动物直接从水中吸收 Cd 是主要的途径。自然界虾吸收多氯联苯（PCB）的主要方式也是从水中直接吸收。

软体动物的贝壳、甲壳类和棘皮动物的外骨骼以及鱼的表皮均能吸附相当数量的重金属、人工放射性核素。^{106}Ru、^{144}Ce、^{95}Zr、^{95}Nb 等元素大多被吸附在鱼卵的卵壳上，被普通滨蟹（*Carcinus maenas*）吸收的钒大约 90%在外骨骼上。水生动物在体表有一层黏液，对吸附许多种污染物起着重要的作用。如金枪鱼表皮虽然仅占体重的 0.25%，但所含的 Pb 却占鱼体总 Pb 质量的 52%。

（2）鳃吸收

鱼通过鳃从海水中吸收无机汞和甲基汞。罗非鱼（*Tilapia mossambica*）进行 $^{203}HgCl_2$

吸收试验表明,鳃是鱼从海水中直接吸收无机汞的主要途径,也是从水中吸收卤代烃途径。

(3)消化系统吸收

水生动物能从取食的途径吸收污染物。生命必需元素(如 Zn、Fe、Mn 等)比较容易透过浮游甲壳类动物肠壁进入动物组织内部;而非生命必需元素(如 Cd、Hg、Ru、Ce、Pu 等)则不易被肠所吸收,大多很快随粪便排出体外。水溶性烃渗入浮游植物细胞,然后再被浮游动物(如桡足类)摄食,大约有 60%的烃能被同化。

在近海和河口,许多重金属元素是以粒子态形式存在。据报道,在日本 Nagaya 城的河口水中,粒子态的 Pb、Cu、Zn 占总 Pb、Cu、Zn 质量的 50%以上。有些悬浮物对污染物有相当高的吸附能力。因此,摄食这些污染的颗粒也是动物受污的一个重要原因。

总之,水生动物吸收污染物的主要特点有 ①较小的动物个体(或幼体)或处于食物链低营养级的生物,一般直接从水中吸收污染物;而个体较大的动物或处于食物链高营养级的动物,摄食往往是吸收污染物的主要途径。②与食物的供应情况有关。当食物充足时,则从摄食的途径吸收污染物更为普遍。③急性污染情况下,动物从水中吸收是比较重要的途径;而在慢性污染情况下,摄食为重要的途径。④同一种动物,对不同污染物吸收的途径也不完全相同。有时从食物吸收比直接从水中吸收重要,有时直接从水中与从食物吸收量相同。一般地,不易被同化的污染物从水中吸收为主要途径。

6.2.2 水生生物对污染物积累

1)生物富集

生物能吸收环境中的有毒物质,并能把这些有毒物质储存在体内,生物的这种储存毒物量随时间的推移而不断增加的现象,就是生物富集(bio-enrichment),又称为生物浓缩(bio-concentration)。生物富集常随食物链的延伸而急剧增大。

生物富集常用浓缩系数(concentration factor)、富集系数(enrichment factor)表示。它们都是指生物体内毒物浓度与它所生存的环境中该毒物浓度的比值。也有用生物积累(bio-accumulation)、生物放大(bio-magnification)表示。生物积累是指同一生物个体在整个代谢活跃期的不同阶段,机体内富集系数不断增大的现象。生物放大是指在同一食物链上,高位营养级生物机体的富集系数比低位营养级生物机体的富集系数大,即高位营养级生物体内所积累的污染(有毒物)浓度大于低位营养级生物体的污染物浓度。

2)生物富集机理

影响生物富集的原因很多,有物种的生物学特性、毒物的性质以及环境特点等。

(1)生物学特性

生物富集主要取决于生物本身的特性,特别是取决于生物体内存在的和毒物相结合的某类物质活性的强弱和数量的多少。生物体内凡是能和毒物形成稳定结合物的物质,都能增加生物富集量。污染物特别是重金属元素能和生物体内很多成分相结合形成稳定的结合物。有毒污染物和生物成分结合,储存于生物体的有关部位,降低了环境介质或生物体相关部位污染物的浓度,加速生物的吸收作用,进而增加生物的富集量。

① 生物体内的葡萄糖和果糖等分子结构中都含有醛基(果糖是酮糖,但易变为醛糖)。双糖中的麦芽糖、乳糖,多糖中的纤维素等都是由半缩醛烃基与醇烃基缩合而成,其分子结

构中都具有 1,4 -糖苷键,并因此而保留了一个半缩醛烃基,使其中一个单糖有可能转变为醛式而具有还原性。而重金属离子在还原性环境中易被还原,导致活性下降而沉积。蛋白质及氨基酸也具有和重金属以及有机污染物相结合的位点,其中最主要的是金属硫蛋白。蛋白质含有的酸性氨基酸多于碱性氨基酸,故其等电点接近于 5。在中性环境中,蛋白质往往呈阴离子状态,易与金属阳离子结合形成络合物。许多有机物均含有—NH、—SH、—OH 等结合位点,均能与金属结合成金属螯合物。

② 生物体内的脂类物质含有极性的羧基,能和金属元素结合而形成络合物或螯合物,把重金属等储存于脂肪中。

③ 生物体内核酸在生物富集中的作用虽然目前研究的还不多,但它在生物富集中肯定起着重要作用,因为核酸是极性化合物,是既含有磷酸根又含有碱基的两性电解质,在一定 pH 下能解离而带电荷,能与金属离子结合。如鸟嘌呤(G)和腺嘌呤(A)含有—NH、—OH 等,很容易和金属螯合。

(2)污染物的特性

生物富集量的大小,还取决于污染物性质(污染物的物质结构、元素价态、存在形态、溶解度)以及环境因子。如氯代烃化合物具有很高的物理化学和生物稳定性,能随地球化学循环及人类活动迁移到地球的各个角落,而不失去毒性。如双对氯苯基三氯乙烷(DDT)为脂溶性物质,在水中溶解度很低,仅为 0.0002 mg/L,但能大量溶解在脂类化合物中,在脂类化合物中其浓度可达 100000 mg/L,比在水中的溶解度大 5000 万倍。因此当这类污染物与生物接触时,能迅速地被吸收,并储存在体内脂肪中,因其很难被分解,也不易被排出体外,所以在体内大量积累。

(3)影响生物富集因素

① 污染物浓度与毒性

一般来说,水中污染物浓度越高,生物体对污染物的积累量越多。用含不同浓度镉(Cd)的水培养几种水生植物,10 d 后体内 Cd 含量见表 6 - 1 所列。结果表明随水体 Cd 浓度的升高,植物体内的 Cd 含量增高。

表 6 - 1　Cd 浓度对水生植物积累 Cd 的影响

Cd 浓度/(mg/L)	水体	荇菜	凤眼莲	紫背萍
1	0.005	80.73	88.87	13.47
2	1.00	258.02	367.71	298.44
3	2.00	400.98	439.93	1279.67
4	4.00	865.17	910.90	1515.95
5	8.00	1236.36	1561.60	3237.12
6	10.00	2023.20	2225.77	5029.69
平均值	4.17	810.41	932.46	1812.39

含铅污水驯养3种家鱼[草鱼(*Ctenopharyngodon idellus*)、鲤鱼(*Cyprinus carpio*)、鲢鱼(*Hypophthalmichthys molitrix*)]的试验也表明,随水体铅浓度的增加,鱼体内的铅含量相应增加。

毒物性质也是决定植物体内分配差异的一个主要原因。以农药为例,渗透力强的种类,有较强穿透能力,能穿透植物表皮并转移到内部组织;而渗透力弱的种类,则多停留在植物表面上,不能深入植物内部。

环境中污染物的存在形态直接影响生物对污染物的吸收和积累。很多学者认为,水可溶态重金属具有高度的生物可给性;阳离子可交换金属,是沉积物中不稳定部分,对生物亦有较高的生物可给性;碳酸盐结合态金属在弱还原至氧化环境中亦可溶解,具有一定的生物可给性;铁锰氧化物结合态和有机质结合态,在一般条件下是比较稳定的,但在环境变化时,能部分解吸,具有潜在的生物可给性。试验表明,水可溶态、阳离子可交换态、碳酸盐结合态的Pb与生物有较强的亲和性,对生物累积作用影响最大;铁锰氧化物结合态的Pb,对生物的累积作用有一定的影响;有机质结合态和残渣态的Pb,对生物累积作用影响甚微。

② 不同器官富集差异

水稻种植实验表明:同一作物各器官吸收Pb的能力是不同的,以根为最高。根部含量高是因为根是吸收器官,重金属进入根后,很快和根细胞的组分糖、蛋白质、氨基酸、脂类和有机酸等结合,固定和储存在根部。其余的游离元素向地上部分运输,在运输、流通过程中不断被结合而减少,因此其他器官的含量低。水稻中各器官富集铅的顺序是根>叶>茎>谷壳>糙米。因此,生命旺盛的部位(吸收根和绿叶)含量较高,营养物质的储存器官(籽实、块根、块茎)含量较低。

水生维管束植物体内重金属分配,也有上述同样的规律,但器官之间差异不明显,特别是沉水植物(如藻类)。它的所有器官(根、茎、叶)都能吸收水中的毒物,都为吸收器官。试验表明:水浮莲、凤眼莲对阴离子表面活性剂(LAS)、邻苯二甲酸酯(DEHP)、五氯苯酚(PCP)、六氯苯(HCB)均有一定的积累能力,根部的积累能力尤为明显。

③ 污染物浓度与富集系数

生物体内污染物含量与环境介质中污染物浓度呈极显著相关,但富集系数与环境中毒物浓度没有显著相关性。但在一定的浓度范围内,富集系数不依赖于水体浓度,水体污染物浓度过高或过低,富集系数均有较大的变化。试验研究表明,贻贝对Cd的吸收,在海水含Cd浓度为0.01~0.1 mg/L范围内,富集系数和Cd浓度呈直线相关,贻贝体内Cd的含量可反映水体Cd的污染情况。牡蛎对DDT的吸收与富集试验结果见表6-2所列。

表6-2 牡蛎对DDT的吸收与富集试验

海水中DDT的浓度/(μg/L)	10	1.0	0.1	0.01	0.0001
残留量/(mg/kg)	150	30	7	0.72	0.07
富集系数	15000	30000	70000	72000	700000

注:海水中DDT对照浓度为0.06 μg/L。

随着海水DDT浓度的增高,牡蛎体内DDT的残留量也随之增大(但并不是等比例增加),然而随着海水DDT浓度的增加,富集系数却是降低的。因此,富集系数仅能反映生物从海水中累积污染物的能力，而不能反映海水受污染的程度。至于海水污染物含量越高，富集系数趋于下降，原因可能是多方面的。如高浓度污染物对生物的正常生理、生化机能有影响，生物对某些污染物有调节能力等。水生植物也是如此。

④ 食物链与生物富集

食物链和食物网是生态系统的基本营养结构，也是污染物在生态系统迁移和转化的重要途径。大多数污染物能够沿着食物链转移，部分污染物在一定条件下，能够沿着食物链扩大。污染物能沿着食物链积累，由以下三个条件所决定：污染物在环境中是比较稳定的；污染物是生物能够吸收的；污染物是不易被生物体在代谢过程被转化或分解的。

⑤ 环境因子

温度、盐度和光照等环境物理因素能明显地影响海洋生物对污染物质的吸收和积累。比如，较高的温度能促进巨蛎（*Crassostrea virginica*）对 Cd 以及另一种贝类棘刺牡蛎（*Saccostrea echinata*）对 Cd、Hg 的吸收。提高温度也显著地促进旋花墨角藻（*F. spiralis*）对 Cd 的累积。滨螺（*Littorina littoralis*）在 26 ℃条件下对 As 的吸收要比 10 ℃时高 2 倍。

据报道，贻贝（*M. galloprovincialis*）在 19～31 盐度范围内，对 As 的吸收和积累量与盐度成反比。海带（*Laminaria japonica*）的藻块对碘的吸收试验表明，无论是经过 6 h，还是 24 h，在光照条件下藻块对碘的吸收要比在暗的条件下约高 32%。

6.3　大型水生植物对污染物去除与生态效应

6.3.1　大型水生植物对水中污染物去除

大型水生植物指不同分类群植物通过长期适应水环境而形成的趋同性适应类型，主要包括水生维管束植物和高等藻类。水生维管束植物具有发达的机械组织，个体比较高大。

1)对污染物的吸收去除

植物的生长和繁殖离不开营养物质，水体中相当一部分污染物被植物当成营养物转化或保存在植物体内，从而从水中去除。不同生活型水生植物中，漂浮植物的吸收能力强于挺水植物，而挺水植物的吸收能力强于沉水植物。与木本植物相比，草本植物对污水中的污染物则具有较高的去除率，如有芦苇湿地对 NH_4^+—N 的去除率接近 100%，而无芦苇时，对 NH_4^+—N 的去除率仅为 40%～75%。植物的存在有利于硝化、反硝化细菌的生存，植物对污水的净化作用是植物吸收和微生物综合作用的结果。

大型水生植物生长过程中，从水层和底泥中吸收大量的 N、P 等营养物质，并同化为自身结构的组成物质（蛋白质和核酸等），同化速率与大型水生植物的生长速度、水体营养物的质量浓度水平呈正相关。有研究表明，在人工湿地中香蒲对 N 的吸收为 565 mg/(m^2·d)，蒲草则为 261 mg/(m^2·d)。水葫芦对太湖水质的净化能力研究表明，夏季水葫芦对 N、P 的吸收能力分别为 0.79 t/(km^2·d)和 0.13 t/(km^2·d)。在合适的环境中，大型水生植物往往以营养繁殖的方式快速积累生物量。相对藻类而言，大型水生植物生命周期较长，N、P 在其体内的储存也较稳定，因而对这些物质的固定能力非常强。当水生植物被移出水生生态系统时,被吸收的营养物质随之从水体中输出,从而达到净化水体的作用,与此同时还可收获水生植物生物资源。

水生植物根系发达,还能吸收富集重金属离子、农药和其他污染物质。植物把重金属离子、农药和其他人工合成有机物等污染物富集、固定在体内或土壤中,以减少水体中污染物的量。

2)对污染物的吸附、沉降

研究表明,内源污染的主要贡献者是水体中的有机碎屑。漂浮植物发达的根系与水体接触面积很大,能形成一道密集的过滤层,当水流经过时,不溶性胶体(特别是其中的有机碎屑)会被根系黏附或吸附从而沉降下来。与此同时,附着于根系的细菌在进入内源生长阶段后会发生凝集,部分被根系吸附,部分则凝集成菌胶团,把悬浮性有机物和新陈代谢产物沉降下来。

6.3.2 大型水生植物生态效应

1)为水体微生物构建良好的微生态环境

大型水生植物光合作用产生的 O_2 向水中扩散,在水生植物周围形成富氧区域。水生植物根系通过释放 O_2 和分泌一些有机物质促进微生物的代谢,为好氧微生物群落提供了一个适宜生长的根际区域微生态(micro-ecological)环境。而根区以外则适于厌氧微生物群落生存,进行反硝化和有机物的厌氧降解。水生植物根系还能分泌促进嗜 N、P 细菌生长的物质,间接地降低 N、P 浓度,提高净化率。同时,植物代谢产物、残体以及溶解的有机碳还可为根际区的菌落提供食物源。根系可作为微生物附着的良好界面,大量微生物在水生植物根系表面和底泥基质表面形成灰色生物膜,增加了微生物的数量和分解代谢的面积。

水生植物根际区微生物能大大加速富集或沉降截留在根系周围的有机胶体(organic colloid)或悬浮物(suspended solids),并经微生物分解矿化利用,或者经生物代谢途径而降解去除。如芽孢杆菌能将有机 P、不溶解 P 降解为无机的、可溶的磷酸盐,从而被植物直接吸收利用。水体中 N 的去除,尽管可以通过植物吸收,但硝化和反硝化作用才是主要的去除机制。因此,大型水生植物不仅能直接吸收水体中的 N、P 等营养物质,还构建了良好的微生态环境,使微生物对 N、P 等营养物质的去除发挥了至关重要的作用。

2)克藻作用

水生植物和浮游藻类在营养物质和光能的利用上是竞争者,前者个体大、生命周期长,吸收和储存营养盐的能力强,通过竞争能很好地抑制浮游藻类的生长。而且,某些水生植物根系还能分泌出克藻物质,破坏藻类正常的生理代谢功能,迫使藻类死亡,达到抑制藻类生长的目的。实验表明,使用培植石菖蒲的水培养藻类,可破坏藻类的叶绿素 a,使其光合速率、细胞还原的能力显著下降。水生植物根圈还会栖生某些小型动物,如水蜗牛,能以藻类为食。

水生植物表现出对不同藻类不同程度的克制效应,这可能与各种水生植物自身代谢的强弱导致克藻物质的分泌量不同有关。据报道,金鱼藻等 9 种水草含有克制小球藻的生物碱,并且能抵抗食草动物的危害。水葫芦的根系能够向水域分泌化感物质,抑制藻类生长,使水变澄清。石菖蒲对多种绿藻和蓝绿藻有显著的抑制效果,可用于治理富营养化水体中的藻类。

水生植物的克藻效应表现为2种类型:一种是较快速的类型,如水葫芦、金鱼藻等。另一种则有一个明显的效应积累过程。有效应积累过程的原因可能是分泌物的种类、分泌的速度、藻类对分泌物的耐受性影响克藻进程。

(1)漂浮植物的克藻效应

许多常见的漂浮植物具有克藻效应,如水葫芦、水浮莲、浮萍、紫萍、满江红等,这些漂浮植物的分泌物能够促进藻细胞叶绿素降解,抑制氧化物歧化酶(SOD)活性,促进脂质过氧化反应,导致胞内可溶性蛋白及光合速率急剧下降。其中,水葫芦表现出的克藻效应最为明显。这似乎与水葫芦代谢旺盛、生长速度快、根系分泌的克藻物质量较多有关。

(2)沉水植物的克藻效应

水域生态系统中,许多沉水植物如金鱼藻、苦草、微齿眼子菜、菹草和伊乐藻等,与"水华"藻类之间相互作用复杂,包括空间竞争、营养竞争,分泌化感物质(allelochemical)和改变周围的水体环境等。对沉水植物而言,挥发性物质特别是气味化合物可能是重要的化感物质。沉水植物化感物质的产生受"水华"藻类的诱导,采用铜绿微囊藻代替普通的绿藻,沉水植物产生化感物质的种类更多,活性更强,克藻作用更大。

3)环境作用

覆盖于湿地中的水生植物,使风速在近土壤或水体表面降低,有利于水体中悬浮物的沉积,降低了沉积物质再悬浮的风险,增强底质的稳定和降低水体的浊度。植物的存在对基质具有一定的保护作用,在温带地区的冬季,当枯死的植物残体被雪覆盖后,植物则对基质起到很好的保护膜作用,可以防止基质在冬季冻结,以维持冬季湿地系统仍具有一定的净化能力。植物对基质的水力传导性能产生一定的影响,植物的根在生长时对土壤具有干扰和疏松作用,当根死亡或腐烂后,会留下一些管型的大孔隙,在一定程度上增加了基质的水力传导性。淹没水中的水生植物的茎和叶上形成的生物膜,为大量的光合细菌、藻类和原生微生物等的生长提供了一定空间,埋藏于土壤中的根和根区也为微生物的活动提供了巨大的物理活动表面,植物根系也是重金属和某些有机物的沉积场所。因此,植物地上和地下的生物膜对于湿地中发生的所有微生物过程都具有重要作用。

沉水植物有利于形成一道屏障,使底泥中营养物质溶出速度明显受到抑制。水生植物能通过植物残体的沉积将部分生物营养元素埋入沉积物中,使其脱离湖泊内的营养循环,进入地球化学循环过程。湖边以挺水植物为主的水路交错带,有利于对面源污染物的去除和沉淀等。总之,水生植物的存在,有利于形成一个良性的水生生态系统,并能在较长时间内保持水质的稳定。

6.4　水体环境的自净作用

6.4.1　水体自净作用过程

天然淡水水体是人类生活和工业生产用水的水源,也是水生动、植物生长繁殖的场所。

在正常情况下，各种水体有各自的生态系统。土壤中动、植物残体及生活污水等排入河流后，水中细菌由于有丰富的有机营养而大量生长繁殖。随着有机物含量逐渐降低，藻类的含量逐渐增多，原生动物因以细菌和藻类为食料而大量繁殖，并成为轮虫和甲壳动物的食料，轮虫和甲壳动物大量繁殖为鱼类提供食料，鱼被人食用，人的排泄物及废物被异养细菌分解为简单有机物和无机物，同时构成自身机体。随后各种生物又按前述顺序循环。河流中的这种生物循环构成如下食物链(图 6-2)，形成稳定生态系统。

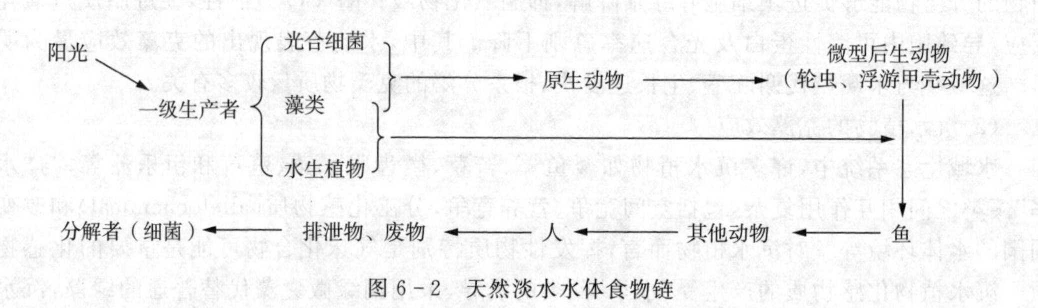

图 6-2　天然淡水水体食物链

天然水体受到污染后，在没有人为干预的条件下，在物理、化学和水生物(微生物、动物和植物)等因素的综合作用后得到净化，水质恢复到污染前的水平和状态，这种现象称为水体自净(self-purification)。水体自净过程大致如下(图 6-3)：

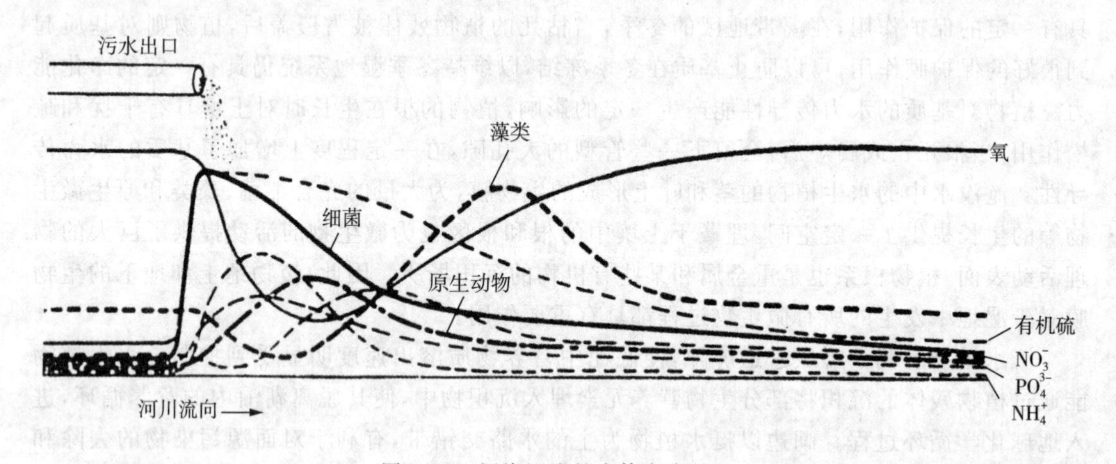

图 6-3　污染河流的水体自净过程

(1)污水中有机污染物排入水体后被物理稀释，有机和无机固体物沉降至河底，在底泥中被分解或积累。

(2)水体中好氧细菌利用溶解氧把有机物分解为简单有机物和无机物，并用以组成自身有机体，水中溶解氧急速下降至零，此时鱼类绝迹，原生动物、轮虫、浮游甲壳动物死亡，厌氧细菌大量繁殖，对水中、底泥中的有机物进行厌氧分解。有机物经细菌完全无机化后，产物为 CO_2、H_2O、PO_4^{3-}、NH_3 和 H_2S。在河流污染的中、后段，NH_3 和 H_2S 继续在硝化细菌和硫化细菌作用下生成 NO_3^- 和 SO_4^{2-}。

(3)水体中溶解氧在异养菌分解有机物时被消耗，大气中的氧刚溶于水就迅速被用掉，尽管水中藻类在白天进行光合作用放出氧气 但复氧(reoxygenation)速度仍小于耗氧速度。再往下游的有机物渐少，耗氧速度逐渐变慢，先等于河流的复氧速度然后变得小于复氧速度，复氧速度先等于后大于耗氧速度。如果河流不再被有机物污染，河水中溶解氧逐渐恢复到原有浓度，甚至达到饱和。

(4)随着水体的自净，有机物缺乏和其他原因(如阳光照射、温度、pH变化、毒物及生物的拮抗作用等)使细菌死亡，在一次污水污染后的第4天存活细菌数约为最大菌数的10%～20%，病毒在水体中存活时间比细菌长得多。

6.4.2　水体自净作用机理

水体自净是水体综合作用的结果。其机理主要包括水体稀释、污染物的沉降与扩散等物理作用，污染物在水环境中的氧化、还原、分解、絮凝等化学作用，水体中微生物对有机物的降解和动、植物对N、P、重金属等的吸收作用。其中生物净化作用是水体自净的主要动力。

在水体中，对污染物的去除起主要作用的是微生物降解作用，在上层水体中的异养微生物以有机污染物为呼吸基质，进行好氧分解代谢；在水体下层的微生物则主要是通过厌氧呼吸的方式对污染物进行降解。藻类等吸收水中的氮、磷等污染物作为自己的营养物质。处于消费营养级的水生动物，则主要是通过食物链的传递和能量的消耗来保持水体生态平衡。

水体正常生物循环与生态代谢过程中能够同化的有机污染物的最大数量称为自净容量。任何水体都有其自净容量。人类可在一定程度上利用水体的自净作用来对污染物进行处理，但是必须要注意水体的环境容量，因为水体的自净能力是有一定限度的。当污染物量过大，超过水体的自净能力的极限，不仅污染物得不到降解，水体的生态系统反而遭到破坏。一旦水体生态系统受到破坏，恢复就相当困难。最典型的例子莫过于英国伦敦的泰晤士河，受污染后，治理了100年左右的时间后，水体才恢复到正常。

Reading Material

Beneficial Effects of Algae

1. Primary productivity

Primary productivity in the oceans due to algae is estimated to be 5×10^{10} tons per annum. Carbon can be released from the algae either as dissolved organic matter(80～90) or as particulates(10%～20%). The algal cells, associated saprophytic bacteria and dissolved organic matter together form the basis of the aquatic food chain.

In the ocean, the total plant biomass(as phytoplankton)is estimated to be 4×10^{9} tons (dry weight). Annual net primary production is around 5×10^{10} tons, diatoms accounting for 31%, dinoflagellates 28%, flagellates 25% and blue-green bacteria 16% of productivity. Productivity ranges from 25g carbon m^{-3} in oligotrophic waters to 350 g carbon m^{-3} in eutrophic waters. This is released from living algae as dissolved organic matter (DOM), which accounts for 80%~90% of organic matter present in the sea. The DOM is used as a nutrient source by heterotrophic bacteria; populations between 10^4 ml^{-1} and 10^6 ml^{-1} are commonly found in nutrient-poor (oligotrophic) waters, and much higher populations are found in nutrient-rich (eutrophic) waters. The algal cells (both alive and as dead particulates), DOM and bacterial populations form the base of the aquatic food chain.

2. Symbiosis

Symbiotic associations can occur between algae, fungi and animals. In these associations, carbohydrates from algal photosynthesis are exchanged for nutrients from the fungus or animal partner.

Both dinoflagellates and green algae can form symbiotic relationships with fungi as lichens and with many animals. The zooxanthellae are symbiotic dinoflagellates that are found as coccoid cells within animal cells. They are enclosed in intracellular double membrane-bound vacuoles which remain undigested. They are found in protozoa, ciliates, radiolaria, hydroids, corals and clams where they provide glycerol, glucose and organic acids for the animal, and the symbiotic alga gains CO_2, inorganic nitrogen, phosphates and some vitamins from the animal.

Zoochlorellae, green algal symbionts, are found in other ciliates, amebae, hydrae, flatworms, bivalves and foraminifera. With in their host, they provide a supply of maltose, alanine and glycollic acid from photosynthesis, and gain CO_2, inorganic nitrogen and some other macronutrients from the animal partner.

Reef-building corals are only able to build reefs if they have their symbiotic algal partner, and many of the animal hosts are at least partly dependent on the algal partner for carbohydrates. Radiolaria, responsible for massive primary productivity in the oceans, are wholly dependent on their algal symbiont for carbohydrate.

3. Diatomaceous earth

Diatomaceous earth is formed from the silica-containing shells of diatoms. It has several commercial uses that take advantage of its chemically inert.

At death, diatom cells fall through the water column to the sea bed. The inert nature of the frustule silica, silicon dioxide (SiO_2), means that it does not decompose but accumulates, eventually forming a layer of diatomaceous earth. This material has many commercial uses to humans, including filtration, insulation and fire-proofing and as an active ingredient in abrasive polishes and reflective paints. Recently, it has been used as an insecticide, where the abrasive qualities of diatomaceous earth are used to disrupt insect cuticle waxes, causing desiccation and death.

4. Bioluminescence

Bioluminescence is found in several of the algal phyla. and is associated with luciferin-luciferase reactions that occur in the algal cell. The function of this reaction is unknown.

Many of the marine dinoflagellates are capable of bioluminescence, where chemical energy is used to generate light. The light is in the blue-green range, 474 nm, and can be emitted as high intensity short flashes(0.1 sec) either spontaneously, after stimulation, or continuously as a soft glow.

Bioluminescence is created by the reaction between a tetrapyrrole(luciferin), and an oxygenase enzyme(luciferase). The entire reaction is held within membrane-bound vesicles called scintillon, where the luciferin is sequestered by luciferin-binding protein (LBP) and held at pH 8. Release of light is stimulated by either a cyclical or mechanical stimulation of the scintillon, which leads to pH changes within it. Luciferin is released from LBP, and luciferase is able to activate it. Activated luciferin exists for a very brief time before it returns to its inactivated form, releasing a photon of light.

The distribution of scintillon within the algal cell varies over 24 h. During the night they are distributed throughout the cytoplasm, but in daylight they are tightly packed around the nucleus.

The function of bioluminescence for the algae is uncertain. It appears to be useful in defense against predators. It has become important in medicine and science because the coupled system of luciferin/luciferase can be used to mark cells. Once tagged with the bioluminescent marker, marked cells can be mechanically sorted from other cells, visualized by microscopy or targeted for therapy.

第3篇

水处理与监测中的生物学

第7章　水环境中有害生物控制

✣ 内容提要

本章重点介绍水质工程生物学中影响人体健康的主要病原微生物的分类、种类及其危害，从影响微生物的环境因素方面分析水中病原菌的有效控制方法；阐述水体中因N、P引起的藻类过多繁殖而导致的水体富营养化的危害及其治理技术方法；介绍影响水体生态环境的大型有害动植物的特征及其控制途径。

✣ 思考题

(1)叙述水环境中的主要病原微生物的来源、分类及主要种类。

(2)如何从源头上进行水体中的病原微生物控制?

(3)什么是水体富营养化(eutrophication of water body)，发生需要哪些条件?

(4)水体富营养化主要危害有哪些，如何防治?

(5)从营养来源上说，防止水体富营养化为什么不是一蹴而就的事情，必须持续维护?

(6)大型有害植物有哪些，它们是如何影响水体生态环境的?

(7)入侵的水生动物有哪些，对水体产生了哪些危害，如何防治?

7.1　水环境中病原微生物的控制

7.1.1　水中病原微生物及其危害

水体环境中存在大量的有机物质，为微生物提供丰富的营养，因此水体中存在大量的微生物，其中包括大量的能引起疾病的微生物，即致病性微生物(病原微生物，病原菌，pathogenic microorganism/bacteria)，包括细菌、病毒与原生动物。它们不是水体中原有的微生物，它们主要来自土壤、人类和动物排泄物。

病原菌能引起水传播疾病的暴发。与水有关的微生物感染疾病一般分为饮水传播疾病、水洗疾病、水生疾病和水相关疾病。饮水疾病是由于饮用了被污染的水而传染与传播的疾病，如流行性的霍乱与伤寒。水洗疾病是不良卫生水环境而引起的疾病，如不洁用水导致结膜炎、疥疮、妇科炎症等。水生疾病是生活在水中或依赖水而生存的病原体引起的疾病，如血吸虫病、军团病等。水相关疾病是指在水中繁殖或在水边生活的昆虫传播的疾病，如登革热、疟疾、丝虫病等。

不同病原菌在不同水质的水中的存活时间不同(表7-1)。它们在水中的存活时间越长，引发疾病的可能性越大，因此病原菌在水中的存活时间是水质工程重点关注的问题。

表 7-1 典型病原菌在不同水中的存活时间 (单位:d)

病原菌	污水	井水	河水	自来水
大肠杆菌	/	/	21～183	2～262
痢疾杆菌	10～56	2～19	12～92	15～27
伤寒杆菌	24～27	0～547	7～157	2～93
结核杆菌	197	/	107～211	/
霍乱弧菌	30	1～92	7～92	4～28
脊髓灰质病毒	6～50	/	140	5～14

7.1.2 水中病原细菌

水中的细菌来源于土壤、污水、垃圾、死亡的动植物、空气等，种类很多，大部分是不致病的，少数是致病菌。下面介绍几种常见的病原菌。

1)沙门氏菌

沙门氏菌属(*Salmonella*)种类繁多，主要有伤寒沙门氏菌(*Salmonella typhi*)、副伤寒沙门氏菌(*Salmonella paratyphi*)和乙型副伤寒沙门氏菌(*Salmonella schottmuelleri*)。它们是没有芽孢、荚膜的 G^-，杆状[图 7-1(a)]，借助周生鞭毛运动。不耐热，加热到 60 ℃保持 30 min 即可死亡。有些对人和动物均有致病力，如肠炎沙门氏菌、鼠伤寒沙门氏菌和猪霍乱沙门氏菌等，能引起人类伤寒症、急性胃肠的溃疡和败血症等，经粪—口传播，污染食品、药用动物脏器等，因此在口服用药和食品中不得检出。

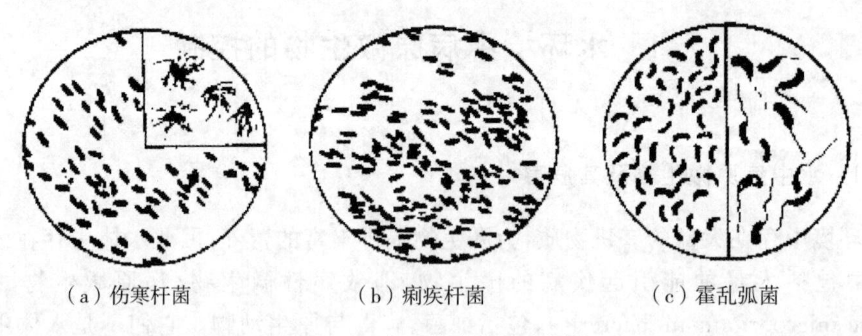

(a) 伤寒杆菌 (b) 痢疾杆菌 (c) 霍乱弧菌

图 7-1 水环境中常见病原菌

2)志贺氏菌

痢疾志贺氏菌(*Shigella dysenteriae*)、副痢疾志贺氏菌(*Shigella paradysenteriae*)为痢疾杆菌[图 7-1(b)]，能引起人类细菌性痢疾。痢疾杆菌没有芽孢、荚膜，G^-，加热到 60 ℃能耐受 10 min。痢疾杆菌的感染剂量小，10 个细菌即可产生致病症状，因此，在水中浓度不高时仍可引起感染。痢疾杆菌引起急性发作的夏季流行性疾病，常伴以腹泻，有时也引起发烧、便血等。

3)霍乱弧菌

霍乱弧菌(*Vibrio cholerae*)呈微弯曲的杆状[图 7-1(c)]，具有 1 根较粗的鞭毛，能运动，没有芽孢、荚膜，G^-，加热到 60 ℃能耐受 10 min。疾病较轻时，表现为腹泻；较重时，不仅腹泻，还伴有呕吐、腹部疼痛，甚至昏迷；严重时，症状出现 12 h 内死亡。易传播、易造成疾病大面积暴发。

4)铜绿假单胞菌

铜绿假单胞菌(*Pseudomonas aeruginosa*)也称绿脓杆菌，为革兰氏阴性、具有单根鞭毛的细小杆菌，存在于人畜粪便及污水中，可作为粪便污染指示菌。还存在于人的皮肤和上呼吸道，是常见条件致病菌，当生态环境发生改变时可引起疾病，常被作为药品、化妆品、游泳池水的指示菌。

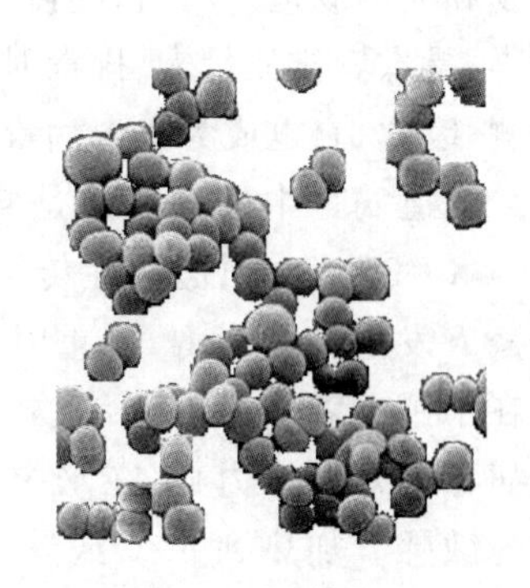
图 7-2　金黄色葡萄球菌

5)金黄色葡萄球菌

金黄色葡萄球菌(*Staphylococcus aureus*)为 G^{+}，排列呈葡萄状的球菌(图 7-2)，存在于正常人的皮肤、鼻咽部、肠道及家畜的皮肤和肠道。此菌侵入破损的皮肤和黏膜，可引起局部化脓性炎症，严重者可引起败血症。有些菌株污染食品可产生肠毒素，达到一定剂量时可引起食物中毒。因此，在食品、化妆品、外用药品以及游泳池等的监测中都被作为重要的卫生指示菌之一，如我国规定 1 g(mL)化妆品中不得检出金黄色葡萄球菌。

6)军团菌

军团菌(*Legionnaires*)引起高度暴发性、流行性呼吸道疾病军团菌病。军团病表现为高烧、咳嗽、胸痛、呼吸困难、腹泻、休克等，甚至死亡。军团菌为革兰氏阴性杆菌，不形成芽孢，无荚膜。军团菌喜水，在水源、土壤等自然环境中广泛分布，但在水温较低、营养较贫乏的天然水体中，不易繁殖。在水温较高的供水管道内壁、蓄水池壁上的积垢和生物膜中大量繁殖。因此，供水系统及其冷却塔、空调系统是军团菌的污染源。受感染的动物的排出物污染的水源也是一个污染源。气溶胶是军团菌传播、传染的重要载体。在大中城市，军团菌的影响越来越大，多个国家已把军团菌肺炎列为法定传染病。

7)破伤风梭菌

破伤风梭菌(*Clostridium tetani*)属专性厌氧梭状芽孢杆菌属，广泛分布于泥土中。通过外伤后经皮肤感染，在坏死组织中厌氧繁殖，产生外毒素致病。以根、茎类植物为原料的药品易受破伤风梭菌污染，因此在外用药，特别是用于深部组织、创伤、溃疡的外用药中不得检出。

8)致病性大肠杆菌

大肠埃希菌(*Escherichia coli.*)，即为通常所说的大肠杆菌，为人和动物肠道中的常居细菌，多不致病。但某些菌株能引起腹泻，为致病性大肠杆菌。根据其致病的机理，可分为 4 类：产肠毒素大肠杆菌(*Enterotoxigenic E. coli.*)、肠致病性大肠杆菌(*Enterophathogenic E. coli.*)、肠侵袭性大肠杆菌(*Enteroinvasive E. coli.*)、肠出血性大肠杆菌(*Enterohemorrhagic E. coli.*)。致病性大肠杆菌通过污染的饮用水、娱乐水体、食品等引起疾病暴发流行。

7.1.3　水中病毒

1)肠道病毒

肠道病毒(*Enterovirus*)属于小 RNA 病毒科(Picornaviridae)。肠道病毒的特征为：核酸为单股正链 RNA，病毒体为球形，衣壳为二十面体对称，直径为 22～39 nm，无囊膜；耐乙醚、酸(pH 为 3～5)，对氧化剂、高温、干燥、紫外线敏感，在粪便与污水中存活数月；均能在动物和人的肠道中增殖，能侵入血液产生病毒血症。肠道病毒是水体环境中最常见的一类病毒，是患者排放量大、排毒时间长、对外界抵抗力强、存活时间长的病毒，比其他病毒易于检测，因此，它也成为水中病毒学研究最多的一类病毒。

肠道病毒中最常见的是脊髓灰质炎病毒(*Poliovirus*)，它是一种圆形的微小病毒，直径为 8～30 nm，引起急性传染病脊髓灰质炎。感染神经系统，发病后发热，肢体疼痛，部分病人发生神经麻痹，严重时出现瘫痪。此病多见于幼儿，故又名小儿麻痹症。此病毒可存在于感染者的鼻咽分泌物、粪便中，通过食物与水进行传播，水传播易引起病毒流行。此病毒体外存活力强，在水中、粪便中可存活数月，低温下长期保持活性，但对高温、干燥较为敏感。加热到 60℃或紫外线照射 0.5～1.0 h 灭活，0.3～0.5 mg/L 的余氯接触 1 h 也可灭活。

2)肝炎病毒

肝炎临床表现为食欲减退、恶心、肝疼、乏力，肝脏肿大。肝炎主要由甲型肝炎、乙型肝炎，还有丙型肝炎、丁型肝炎、戊型肝炎等病毒引起。甲型肝炎是传染性肝炎，病毒潜伏期短。甲型肝炎病毒(Hepatitis A virus，HAV)是细小核糖体病毒，对一般化学消毒剂的抵抗力强，在干燥或冰冻环境下能生存数月乃至数年，紫外线照射 1 h 或煮沸 30 min 可灭活。感染者通过粪便排出肝炎病毒，水源或食物被污染后，经过口传染，可能引起暴发性流行。

3)轮状病毒

轮状病毒(*Rotavirus*)属于呼肠孤病毒科(Reoviridae)病毒。病毒体呈圆球形，有双层衣壳，每层衣壳呈二十面体，大小为 70～75nm。轮状病毒的病毒体呈放射状排列，形同车轮辐条。对各种理化因子有较强的抵抗力，耐酸、碱，在 pH 为 3.5～10.0 均有感染力，在粪便中可存活数日至数月。轮状病毒通过口—粪途径传播，污染食物和饮水而感染人群，是引起儿童急性腹泻的最常见病因之一，流行高峰主要在秋冬季节，故常称为“秋季腹泻”。

7.1.4 水中病原原生动物

病原性原生动物是引起水传播疾病的主要原因之一，具有暴发次数多、暴发比例高、致病人数多、治疗效果差的特点。其主要有贾第鞭毛虫和隐孢子虫两种，这两种常简称为“两虫”。

1)贾第鞭毛虫

贾第鞭毛虫又称为蓝氏贾第鞭毛虫(*Giardia zambia*)，生活史有滋养体、包囊两个时期。滋养体似倒置纵切的半个梨形，两侧对称，大小为(9.5～21) μm×(5～15) μm，前端钝圆，后端尖细，侧面观时背面隆起，前半部向内凹陷形成左右 2 个吸盘。其有前侧鞭毛、后侧鞭毛、腹鞭毛和尾鞭毛各 1 对。虫体以胞饮和体表渗透作用获取营养物质。其包囊椭圆形，囊壁厚，大小为(8～12) μm ×(7～10) μm，成熟包囊有 4 个核、轴柱、鞭毛及丝状物。

人和动物摄入含有贾第鞭毛虫成熟包囊的水或食物后，感染的贾第鞭毛虫病经胃肠消化液的作用，在十二指肠脱囊形成滋养体。滋养体寄生在人体的十二指肠、空肠肠壁上皮，靠吸盘吸附固着，以二分裂法繁殖。如滋养体落入肠腔则随食物达到回肠及大肠内形成包囊，随粪便排出体外。临床表现主要为腹泻，因多见于旅游者，又称“旅游者腹泻”。近年国外报道该病是艾滋病的并发症之一，故引起了人们的重视。

2)隐孢子虫

隐孢子虫(*Cryptosporidium Tyzzer*)为体积微小的球虫类寄生虫，广泛存在于多种脊椎动物体内。寄生于人和大多数哺乳动物的隐孢子虫主要是微小隐孢子虫(*C. parvum*)，其引起的疾病称为隐孢子虫病(cryptosporidiosis)，是人畜共患性原虫病。

隐孢子虫生活史有滋养体(trophozoite)、裂殖体、配子体、合子和卵囊(oocyst)5个发育阶段，其中卵囊是感染阶段。卵囊呈圆形或椭圆形，直径为4～6 μm，囊壁光滑、无色，成熟卵囊内含4个呈月牙形的子孢子(sporozoite)和1个残留体(residual body)。隐孢子虫繁殖方式包括无性裂体增殖和孢子生殖及有性配子生殖，三种方式在同一宿主体内完成。卵囊随宿主粪便排出后即具有感染性，被人和易感动物吞食后，在消化液的作用下，子孢子逸出，侵入肠上皮细胞，发育为滋养体，再裂殖成“工”型裂殖体。裂殖子释出后侵入肠上皮细胞发育为第2代滋养体，发育成第2代裂殖子，再侵入上皮细胞发育成雌、雄配子，两者结合后形成合子发育成卵囊。成熟卵囊含4个裸露的子孢子，或直接侵入肠上皮细胞，裂殖体增殖形成自体感染或随宿主粪便排出体外。整个生活史5～11 d。

隐孢子虫主要寄生于小肠上皮细胞的纳虫空泡内，严重者可扩散到整个消化道。寄生于肠黏膜的虫体，使黏膜表面出现凹陷。寄生数量多时，可导致肠上皮细胞的绒毛萎缩、变短、变粗，细胞老化和脱落速度加快。艾滋病患者并发隐孢子虫性胆囊炎、胆管炎时，除呈急性炎症外，尚可引起炭疽病样坏死。亦可寄生在呼吸道、肺脏、扁桃体、胰腺、胆囊和胆管等器官。免疫功能正常的宿主症状一般较轻，潜伏期一般为3～8 d，急性起病，主要症状为腹泻，大便呈水样或糊状，一般无脓血。严重感染的幼儿可出现喷射性水样便，量多。常伴有痉挛性腹痛、腹胀、恶心、呕吐、食欲减退或厌食、口渴和发热，持续时间为7～14 d。

3)溶组织阿米巴

溶组织内阿米巴(*Entamoeba histolytica*)为内阿米巴科的内阿米巴属的变形虫类原生动物。溶组织内阿米巴可分包囊和滋养体两个不同时期，成熟的4核包囊为感染期。其滋养体大小为10～60 μm，借助单一定向的伪足而运动，有透明的外质和富含颗粒内质，具1个球形的泡状核，纤薄的核膜边缘有单层均匀分布、大小一致的核周染色质粒。滋养体在肠腔内逐渐缩小，停止活动变成近似球形的一核包囊并进行二分裂增殖。胞质内有拟染色体(chromatoid body)，是特殊的营养储存结构，呈短棒状，这对虫株鉴别有重要意义。成熟包囊有4个泡状核，圆形，直径为10～16 μm，包囊壁光滑。

溶组织内阿米巴活动阶段只存在于宿主和新鲜松散粪便中。包囊存活在水、土壤和食物中，经口摄入，通过胃和小肠，在回肠末端或结肠中性或碱性环境中，囊内虫体伸长，伪足伸缩，虫体脱囊而出形成4核的虫体，分裂发育成8个滋养体虫体，滋养体可侵入肠黏膜，吞噬红细胞，破坏肠壁，引起肠壁溃疡，也可随血流进其他组织或器官，引起肠外阿巴病。滋养体在肠腔内下移的过程中形成包囊，并随粪便排出。包囊在外界潮湿环境中可存活并保持感染性数日至1个月，但在干燥、高温和冰冻环境下易死亡。滋养体阶段很容易被杀死，无法活着通过酸性胃。

此外，还存在一些借助水传播的寄生虫病(如蛔虫、血吸虫等)，影响人体健康。

7.1.5 水环境病原菌控制

水环境中的各种致病微生物最主要来源于人、畜的排泄物和某些工业废水，因此，必须对排入水体的污水进行消毒处理。为杀灭病原微生物，防止流行疾病的传播，污水消毒成为必不可少的环节，这也是保证水环境安全的关键措施。《城镇污水处理厂污染物排放标准》(GB 18918—2002)中将微生物指标列为基本控制指标，要求城市污水必须进行消毒处理。

对于排量最大的人、畜的排泄物，首先要进入化粪池，利用厌氧高温杀死部分致病菌与虫卵，然后进入污水处理厂进行去除。研究表明，含有大量细菌、病毒、孢囊等的污(废)水，在污水处理厂经传统的二级生化处理后，能去除 90%左右的大肠菌。为了防止病原菌再借助水进行扩散、传播疾病，在二级生化处理后还要对污(废)水进行消毒处理，消除了病原菌的处理水才能排放至受纳水体。

目前，污水处理消毒已成为污水处理的必要处理单元，其主要有物理的紫外线消毒，化学的液氯消毒、氯酸钠消毒、二氧化氯消毒等。相比较而言，污水消毒的研究起步较晚，特别是关于污水消毒风险的研究远远不够系统、深入。与饮用水相比，污水消毒原水(消毒前经过处理的污水)具有病原微生物种类多、数量大、污染物过程复杂等特点，因此污水消毒将面临更复杂的技术挑战。

7.2 水体富营养及其控制

7.2.1 水体富营养化及其危害

1)水体富营养化及其形成

氮、磷是藻类生长所需要的两种关键性无机营养元素。传统的二级处理不能有效地去除污水中氮、磷。由于大量洗涤剂的使用和工业、农业废水的排放，废水中常含有较多的磷、氮。这些含大量氮、磷等营养物质的废水不断流入水体中，在水体中过量积聚，致使水体中营养物质过剩，造成受纳水体(水库、湖泊)中的藻类大量繁殖，破坏水体的生态平衡，产生多种危害，形成水体富营养化(eutrophication of water body)。

由于富营养化水体中的营养物质过多，浮游生物(主要是藻类)等大量繁殖，由于不同的藻类的颜色不同，严重时水面往往呈现绿色、红色、棕色、乳白色等，这种现象在淡水中称作水华(water bloom)，在海水中称作赤潮(red tide，red current)。

"富营养化"这一术语的出现与湖泊营养类型的分类有关。早在 1907 年 Weber 就根据湖水中氮、磷、硅、铁等营养元素的含量将湖泊分为贫营养型湖泊和富营养型湖泊。在没有人为干扰的条件下，湖泊均为贫营养型，虽然它们也会从贫营养型逐步转变为富营养状态(天然富营养化)，但这种自然过程非常缓慢。人类的活动(如大量生活污水和工业废水直接排入水体)会大大加速湖泊从贫营养型向富营养型转变，这种由人类的活动导致的贫营养型向富营养型的转变称为人为富营养化。

影响藻类生长的物理、化学和生物因素极为复杂，关于水华的成因目前还没有形成统一的解释，但一般认为氮、磷等营养物质的浓度升高是藻类大量繁殖的根本原因，其中又以磷为关键性的限制性因素。一些微量元素也是藻类生长所必需的。

温度、光照也是水体富营养化形成的重要条件，一般水体富营养化都发生在夏天高温、阳光强烈照射的天气中。

水体富营养化都发生于水体流动性差的相对静止的水体中，如发生于封闭的湖泊、水库等水流动性差的区域、相对封闭的海湾中。

2)富营养化的微生物特征

在富营养型湖泊中，细菌、浮游植物和浮游动物的数量远高于贫营养型湖泊，但其底栖生物的种类较少。富营养型湖泊的浮游藻类的组成与贫营养型湖泊有显著的差异。能够形成水华的藻类最主要的是蓝藻门与微小藻类的一些种类，其中最常见的有微囊藻(*Microcystis*)、鱼腥藻(*Anabaena*)、颤藻(*Oscillatoria*)、平裂藻(*Merismopedia*)、束丝藻(*Aphanizomenon*)、阿氏项圈藻(*Anabaenopsis*)、螺旋藻(*Spirulina*)等。其他常见的水华藻类还有绿藻门中的衣藻(*Chlamydomonas*)、斜生栅藻(*Scenedesmus obliquus*)、蛋白核小球藻(*Chlorella pyrenoidosa*)、羊角月牙藻(*Selenastrum capricornutum*)、裸藻门中的裸藻(*Euglena*)、硅藻门中的小环藻(*Cyclotella*)等。

赤潮发生时，藻生物量和优势种群均会发生明显变化。如胶州湾水域藻生物量正常时期不超过 10^6 个/m^3，而 1999 年 6 月赤潮爆发时达到 8×10^8 个/m^3。目前已发现的主要藻类有甲藻、硅藻、蓝藻、金藻、隐藻等，其中最主要的为甲藻，常见的有裸甲藻属(*Gymnodinium*)、膝沟藻属(*Gonyaulax*)、多甲藻属(*Peridinium*)等。球型棕囊藻(*Phaeocystis globosa scherffel*)、米氏凯伦藻(*Karenia mikimotoi*)等生物体内含有某种毒素或能分泌出毒素。

3)水体富营养化的危害

赤潮在美国、日本、中国、加拿大、法国、瑞典、挪威、菲律宾、印度、印度尼西亚、马来西亚、韩国等 30 多个国家和地区都频繁发生。我国自 1933 年首次报道以来，至 1994 年共有 194 次较大规模的赤潮。据 2004 年中国海洋灾害公报，我国海域共出现赤潮 96 次，其中渤海 12 次、黄海 13 次、东海 53 次、南海 18 次，较 2003 年减少约 19 次，但赤潮累计发生面积约 26630 平方公里，较 2003 年增加约 83%。其中，渤海仍然是赤潮灾害的高发区。另外，我国 131 个主要湖泊中，已达富营养程度的湖泊有 67 个，占 51.2%。在 39 个代表性水库中，达到富营养程度的有 12 座，占 30%。

水体富营养化已经成为一个突出的、世界性的水环境污染问题，在生态、经济、生活等诸多方面给人们带来了不良影响。赤潮的发生会给海洋生态系统和水产业带来不可估量的影响，湖泊富营养化引起的水华暴发进一步加剧了我国水环境污染，严重制约了经济建设和社会发展。湖泊富营养化的危害主要表现在以下几个方面。

(1)影响水质

形成水华时，出现不同有颜色的藻类，使水体变色。当大量的藻类死亡后，大量地消耗水中的溶解氧后，微生物进行厌氧分解，并产生各种有气味的化合物，使水体散发霉味、土腥味和臭味，影响水质。江河上游的湖泊、水库等大型水体若发生有害水华，浮游藻类释放的毒素和死亡的浮游生物污染水源，会导致水质下降，进而影响以该水体作为水源的自来水厂的正常生产和自来水（running water）的质量，从而给下游城乡居民带来用水不便的困难。如2007年的夏季，太湖发生了严重的水体富营养化，影响到无锡市的水质供应。此外，浮游藻类产生的毒素还可以在鱼虾体内存留和富集，通过生态系统的食物链对人类的身体健康造成潜在的威胁。有学者认为蓝藻毒素是引起我国南方肝癌高发的主要危险因素之一。

（2）导致水生生态系统失衡

水华的浮游藻类的藻体高度密集，一些藻类产生的藻毒素会使水生群落中的物种死亡，造成初级生产量下降，同时浮游藻类的分泌、排泄物以及死亡的水生生物残体沉积于水底，使水体逐渐变浅，使湖泊、沼泽陆地化，使原有的群落结构被破坏，使水生生态系统内的物质循环和能流发生障碍，进而导致整个生态系统平衡严重失调。

（3）危害水域生态环境，造成水产养殖业损失

水华藻类的暴发性繁殖，特别是大量死亡的水华藻类被微生物分解时消耗了水中大量的溶解氧（DO），使水中溶解氧大大降低，当水中溶解氧降至很低时就会使鱼、虾、贝等水生动物因缺氧窒息死亡。浮游的藻体充塞鱼、贝类鳃的空隙，阻碍了鱼、贝类鳃的气体交换功能，也会使鱼、贝等水生动物窒息而死。另外，密集的浮游藻类阻挡了光线的透射，底栖的水生植物因得不到充足的太阳能，光合速率降低，光合作用产物的产量减少，正常的生长发育受到影响。

（4）破坏水域生态景观，影响旅游观光

浮游藻类的大量繁殖往往密集在水面，形成一层薄皮或泡沫，加之死亡的浮游生物和鱼类漂浮在其中，使原来清澈、透明的水体变得混浊；浮游藻类死亡后沉入水底并堆积，加速了湖泊水库的沼泽化进程，破坏了原有的生态景观。同时，水体不断散发出鱼虾腐烂分解时产生的令人厌恶的硫化氢臭味和浮游藻类的鱼腥臭味，大大降低了景观的使用价值，影响旅游业的发展。城市水体发生水体富营养化会影响到城市市容以及市民的休闲娱乐。

4）水体富营养化评价指标与标准

水体富营养化程度的评价指标分为物理指标、化学指标和生物学指标。物理指标主要是透明度，化学指标包括溶解氧和氮、磷等营养物质浓度等，生物学指标包括优势浮游生物种类、生物群落结构与多样性和生物现存量（如生物量、叶绿素a）等。

关于水体富营养化的判断依据，还没有形成统一的标准。目前一般采用的标准是：水体中氮含量超过0.2～0.3 mg/L，磷含量大于0.01～0.02 mg/L，生化需氧量（BOD）大于10 mg/L，pH为7～9的淡水中细菌总数超过10万个/mL，表征藻类数量的叶绿素a含量大于10 mg/L。

7.2.2 水体富营养化控制

1）水体营养水平的控制

控制水体营养水平的主要目的是降低水体中氮、磷等营养物质的浓度，从根本上控制藻类的暴发性生长。污染源控制是降低水体营养水平的根本措施。

（1）外源污染的控制

来源于水体以外的污染称为外源污染。外源污染又分为点污染源（生活污水、工业废水

等)和面污染源(降水、暴雨径流等)。目前点污染源都得到了较好的控制,如许多的湖泊都进行了环湖截污工程,把原先进入湖泊的污水通过环湖的管道截流后送到污水处理厂进行处理,而不进入湖泊。对面污染源的控制,是环境领域面临的国际性难题,虽然也有不少的研究,但还没有很好的控制对策。

(2)内源污染的控制

内污染源主要指来源于底泥和腐烂的水生植物中的污染。水体底泥中的污染物(如磷),可以从底泥中释放出来,进入水体。控制污染物从底泥中溶出的方法主要有底泥疏浚、深层曝气和人工造流、化学固定等。底泥疏浚是将富含高浓度营养物的底泥层除去,以控制藻类生长。底泥疏浚是理论上最彻底的去除内源营养物的方法,但也是最具生态风险的方法,因为可能会彻底破坏底层生态系统。深层曝气和人工造流是通过向湖底充气,使水与底泥界面之间不出现厌氧层,经常保持有氧状态,有利于抑制底泥磷释放。另外,曝气还会促使湖水充分混合,消除或防止热分层,抑制水华发生。

(3)水体中营养物质的去除

稀释冲刷法是一种去除水体中营养物质的应急方法,它是向富营养化水体中加入一定量的清洁水,通过稀释和冲刷作用,降低湖(库)水的磷浓度,从而控制藻类生长;降低蓝藻分泌的毒物浓度,从而改善水质。另外,换水也是工程上常用的暂时性控制方法。它们虽能达到立竿见影的效果,但不可能有长效性,而且还会造成水体污染的转移,没有从根本上解决富营养化问题。

在富营养化水体的生物修复中以投加混合微生物制剂的方式居多,并取得了较好的效果。国际上目前使用的制剂有日本琉球大学比嘉照夫教授发明的EM、美国Probiotic Solutions公司研制的Bio-energizer和美国Alken-Murry公司开发的Clear-flo等。EM由光合细菌、乳酸菌、酵母菌等类群中多属、多种微生物组成。

1998年1—9月,在我国南宁市南湖应用EM菌剂进行了生物修复试验。以1∶100000的比例将EM菌剂喷洒在试验区水面,同时每2 km^2投加一个直径6 cm、固定有EM菌剂的小球,EM菌液投放435 kg。监测结果:氨氮由12.6 mg/L下降为7.91 mg/L,总磷由2.44 mg/L降为1.90 mg/L,透明度由29.5 m增加为39.7 m。同时水体的叶绿素、悬浮物、有机污染指标均有一定程度的降低。

1999年10—12月,华东师范大学、上海徐汇区环科所、美国Probiolic Solutions公司共同采用Bio-enereizer对上澳塘1260 m河道黑臭水体进行了生物修复试验。该水质净化剂可加速水体净化过程中微生物的生长,并逐步增加水体生物的多样性,使水体水质明显改善。

对赤潮的防治,以前主要是采取化学方法,但所施用的化学药剂给海洋带来了新的污染。因此,越来越多的研究转向生物修复技术,目前人们正致力于开发具有抑藻、杀藻作用的细菌(如黄杆菌)、蛭弧菌和藻类病毒。

利用污水处理技术直接去除水体中的污染物是控制水体营养水平的有效方法,一般需优先选用经济、高效的生态技术,如人工湿地技术和植物净化技术、人工浮岛(浮床)技术等,在水体中设置大型水生植物处理系统净化富营养化的水体。水中植物要定期清除出水体,从而将其所积累的营养物质带出水体,以防止植物在水体死亡后又将营养物质返回水体。

2)藻类生长抑制、除藻

藻类生长的抑制是通过各种方法,破坏水体中藻类生长的环境,或把藻类从水中分离去除,以达到抑制藻类过度繁殖的目的,从而避免水华或赤潮的发生。藻类生长抑制与除藻技术按其原理可分为物理技术、化学技术。在实际应用中,往往需要综合各种技术,以达到较好的抑藻效果。主要方法有:

(1)混层法。对于浅小水体,可以在藻类旺盛生长期前,进行水体的搅动,一者在搅动过程中,增加空气中的氧气向水中的扩散,增加了水中的溶解氧,抑制藻类的光合作用;二者搅动时,把水中的污泥搅起,使水变得混浊,从而影响藻类对光的吸收。

(2)遮光法。该方法通过在水面覆盖部分遮光板、遮光棚,通过减少阳光的方法抑制藻类的繁殖,这种方法只适用于小水体。

(3)过滤法。该方法将微网或过滤材料作为过滤器,过滤去除水体中的藻类。据报道,该方法可有效去除湖水中的甲藻,同时对COD、TP及叶绿素等也有一定程度的去除作用。

(4)沉淀法。向水中投加混凝剂或吸附剂,利用混凝或吸附原理,使藻类沉淀,从而达到去除的目的。例如,向水中播撒黏土,即可使藻类发生沉淀,从而被去除。但也只是权宜之计,因为藻类沉入水底分解后,还会将它所积累的营养物质归还水体,因此,这种方法也不能从根本上去除污染物质。

现在,还利用微生物絮凝剂除藻技术来控制藻类。微生物絮凝剂是一种由微生物产生的具有絮凝功能的高分子有机物,其主要有微生物细胞的絮凝剂、微生物细胞壁提取物的絮凝剂和微生物细胞代谢产物的絮凝剂3种类型。

3)杀藻

杀藻是指通过物理、化学和生物的方法,杀死藻类,以达到控制藻类旺盛生长的目的。

(1)物理杀藻技术

① 超声波法。利用超声波与水作用产生的空化现象,损伤藻细胞内的生物分子,从而导致藻类的死亡。另外,由超声波与水或水中的气体作用产生的自由基也具有杀藻作用。由于一定强度的超声波还有可能促进蛋白质的合成,在实际应用中,选择适宜的超声强度至关重要。近年来,有研究者将超声波与臭氧结合起来,用于抑制藻类的生长。

② 紫外线法。利用紫外线的辐射作用,破坏藻类的DNA,从而杀死藻类。

物理抑藻技术存在耗时、费用高、操作困难等缺点,不易普遍和大规模实施。迄今应用最成功的典型是华盛顿湖,治理花费了17年,费用达1.3亿美元。

(2)化学抑(杀)藻技术

化学技术是指通过化学药剂(统称杀藻剂)抑制水中藻类的繁殖。目前已合成和筛选出的杀藻剂有松香胺类、三联氮衍生物、有机酸、醛、酮以及季胺化合物等有机物,铜盐(硫酸铜、氧化铜)、高锰酸钾、磷的沉淀剂等无机物,其中硫酸铜和漂白粉(氯)较为常用。Cu^{2+}可作用于藻胆体抑制其对光能的吸收和传递,从而达到抑制藻类生长的目的。季胺化合物在我国的工业水处理中经常使用。

向水库、湖泊投加化学药剂时,可把药剂装在布袋中,系在船尾上,浸泡在水里,然后在水中按一定路线航行。投药量根据藻的种类和数量以及其他有关条件而定。一般来说,硫酸铜效果好,药效长,投加量为0.3～0.5 mg/L,在几天之内就能杀死大多数产生气味的藻类植物。使用漂白粉或氯,投加量为 0.5～1 mg/L,能破坏死藻放出的致臭物质。但加氯不应过多,否则反而会增加水的气味。药剂的正确用量可通过试验确定。硫酸铜和氯也被用来防止水管和取水构筑物内某些较大生物如贻贝等软体动物的滋生。如水源水中存在着由于死藻而产生的致臭物质,则可在水厂的一级泵房投加一定量的氯,以消除臭味。

在已有的杀藻剂中应用最广泛的是硫酸铜。硫酸铜对鱼类也有毒性,其致命剂量随鱼的种类而异。但鱼类会在施加药剂时,躲藏到药剂浓度不太大的水体部分。有时在灭藻以后,也会发现水中鱼类大量死亡,这往往是由于死藻的分解耗尽了水中的溶解氧。用于水中杀藻的硫酸铜含量,尚不致使用水者发生铜中毒。

化学抑藻技术是现阶段短期效果较好、较为常用的一种技术。这种技术虽能立竿见影,但它不可避免地将破坏生态平衡并造成环境二次污染。一般的化学抑藻剂在杀灭藻类的同时也会杀死其他水生生物,因此有较大的生态风险。

(3)生物杀(抑)藻技术

生物杀(抑)技术主要包括微生物杀藻技术、生物滤食技术和植物化感抑藻技术等。

① 微生物杀藻技术。微生物杀藻技术主要是利用微生物溶解藻类。溶藻微生物包括溶藻病毒、溶藻真菌和溶藻细菌。溶藻病毒广泛存在于水体中,它是通过特异性溶解宿主来维持种群关系平衡的关键因子。主要的溶藻细菌有黏细菌,从污水中分离出的 9 种黏细菌能溶解鱼腥藻、束丝藻、微囊藻和颤藻。

② 生物滤食技术。生物滤食技术是利用生物操纵理论,在水体中引入合适的其他生物,如鱼类、贝类等,它们直接或间接以藻类为食从而抑制藻类的过度生长,控制其危害的程度。以放养滤食性鱼类,直接控制水华的生物操纵技术已在国内外的一些水体中进行了实践,并证明具有一定的效果。武汉东湖在利用鲢鱼控制蓝藻水华方面做了大量研究,并得出结论:鲢鱼的大量放养,是蓝藻水华消失的重要因素。

③ 化学他感。化学他感(简称“化感”)是指一种生物通过代谢分泌一种或几种化学物质抑制或杀死其他生物的现象。化感物质能降低细胞膜的完整性,使细胞内物质大量渗出。从芦苇中分离得到的具有抑藻活性的组分能够造成细胞膜的彻底破坏,使得 K^+、Ca^{2+} 和 Mg^{2+} 外泄,从而造成藻细胞的死亡。化感物质能够使铜绿微囊藻和蛋白核小球藻细胞膜中存在的主要脂肪酸在抑藻活性组分作用后被氧化,被氧化后不饱和度会增加,从而增强细胞膜流动性,对进出细胞物质的选择性降低。化感物质能影响生物体的酶活性,由于酶的特性不同,化感物质在提高某些酶活性的同时又能抑制另外一些酶的活性。芦苇中分离得到的抑藻活性组分能够降低藻细胞中超氧化物歧化酶(SOD)和过氧化物酶(POD)的活性,引起某些脂类的过度氧化。此外,化感物质还影响细胞亚显微结构、蛋白质合成,改变核酸代谢等。

此外,基因工程抑藻也是一种很有潜力的生物抑藻技术。近十年来,蓝藻的分子遗传学研究发展快速,在基因工程载体构建、基因定位、基因转移、基因表达、功能分析等方面都取得了显著进展。利用基因工程,可以培植水华藻类的竞争生物,抑制某些特征性藻类的生长,或者可以用基因工程的方法来改变蓝藻的某些特性,用病毒抑制藻类生长。

总之,上述各种方法都有其优缺点,而且一些技术治标不治本,因此,水体富营养化的控制需采用多种技术的综合才能达到良好的控制效果。此外,由于外源的面源污染控制困难，水体富营养化控制不可能是一劳永逸的事。维持水体水质最好的方法是建立水体稳定的生态系统，利用生态系统强大的自然能力，加上适当的人为干扰，使水体水质长期稳定。同时水体生态系统食物链(网)中作为生产者的植物与作为各级消费者的动物能够产生一定的经济价值，这些经济价值反过来又能用于维护水体生态系统与水质稳定。

7.3 有害水生动、植物及其控制

7.3.1 生物入侵及其危害

1)生物入侵

当某个生物物种出现在其自然分布范围和分布位置以外，在新的分布环境中就被称为"外来物种"(alien species)。外来物种不仅包括物种、亚种或低级分类群，还包括该物种能生存和繁殖的任何部分、配子或繁殖体。当外来物种对原环境中的生物生存产生影响，导致生态失衡，对农林牧渔业生存造成损失，给人类健康造成损害时，这些外来物种就称为入侵生物。入侵生物具体两个基本特点：①物种必须是外来、非本土的；②该外来物种能在当地的自然或人工生态系统中定居、自行繁殖和扩散，最终明显影响当地生态环境，损害当地生物多样性。这种由某种入侵生物从外地自然传入或人为引种后成为野生状态，并对本地生态系统造成一定危害的现象，称为生物入侵(biological invasion)。

2)生物入侵方式

生物入侵的方式主要有以下三种：

(1)自然入侵。这是指通过风媒、水体流动或由昆虫、鸟类的传带，使植物种子，动物幼虫、卵以及微生物发生自然迁移而造成生物危害所引起的外来物种入侵，这种入侵不是人为原因引起的。如紫茎泽兰、薇甘菊以及美洲斑潜蝇都是靠自然因素入侵中国的。

(2)无意引进。这是指在没有意识到生物危害时的人为引进，主要是伴随着进出口贸易、海轮或入境旅游被引入的。如"松材线虫"就是中国贸易商在进口设备时随着木制的包装箱带进来的。航行在世界海域的海轮，其数百万吨的压舱水的释放也成为水生生物无意引进的一个主要渠道。此外，入境旅客携带的果蔬肉类甚至旅客的鞋底，都可能会成为外来生物无意入侵的渠道。

(3)有意引进。这是指为了某种用途，人为有意识地引进外来物种而发生的生物入侵。这是外来生物入侵的最主要渠道。世界各国出于发展农业、林业和渔业需要，往往会有意识地引进优良的动植物品种。但由于缺乏全面综合的风险评估制度，引进的这些优良品种在新环境中由于没有天敌，无限繁殖而成为有害生物。如中国从英美引进大米草保护滩涂，它们在沿海地区疯狂扩散，破坏了近海生态环境；作为养猪饲料引进的水葫芦(凤眼莲)已经遍布我国南方水体。

3)生物入侵危害

(1)抢占本土生物空间，破坏原有生态系统。入侵生物在新环境中，具有超强的生存能力，由于缺乏天敌制约，无限生长，泛滥成灾，成为优势种群；与本土生物竞争有限的空间、资源，导致本土生物的退化甚至灭绝，入侵生物独霸一方水土空间。入侵生物改变了物种的生存环境和食物链，从而摧毁了生态系统，危害了动植物的多样性，影响了遗传多样性。外来物种入侵作为一种全球范围的生态现象已逐渐成为物种灭绝的重要原因。

(2)影响水体水质。旺盛生长的水生植物，很难被及时清理出水体，大量的植物死亡、腐烂，导致水体水质发黑发臭，绝对优势的入侵动、植物还破坏了维持良好水质的稳定水生生态系统，加剧水质恶化。

(3)影响生产活动，造成严重经济损失。据统计，我国至少发现188种入侵植物、81种入侵动物、19种入侵微生物，对农业、林业、水利、畜牧业等造成严重危害。我国每年因此造成的经济损失超过2000亿元。

(4)威胁人类健康。40年前传入中国的豚草，其花粉导致的"枯草热"会对人体健康造成极大的危害。每到花粉飘散的7—9月，体质过敏者便会发生哮喘、打喷嚏、流鼻涕等症状，甚至导致其他并发症的发生。

7.3.2　有害水生植物及其控制

2003年1月7日 我国环保总局和科学院公布了我国第一批外来入侵物种名称，环境保护部和中国科学院于2010年1月公布了第二批名单，环境保护部办公厅2014年8月公布了第三批名单，2016年12月公布了第四批名单。四批名单合计71种生物，其中与水环境相关的入侵植物主要有：

(1)紫茎泽兰(*Eupatorium adenophorum* Spreng.)(图7-3)，又名解放草、破坏草，属于菊科(Compositae)。茎紫色，高1～2.5 m，被腺状短柔毛，叶对生，卵状三角形，边缘具粗锯齿。头状花序，直径6 mm，排成伞房状，总苞片3～4层，小花白色。多年生草本或亚灌木，行有性和无性繁殖，藉冠毛随风传播。根状茎发达，快速扩展蔓延。能分泌化感物质，排挤邻近多种植物。

图7-3　紫茎泽兰

紫茎泽兰在世界热带地区广泛分布。可能经缅甸传入中国，分布于我国云南、广西、贵州、四川(西南部)等地。在其发生区排挤本土植物，常形成单种优势群落；侵入经济林地和农田，影响栽培植物生长；水边生长堵塞水渠，阻碍交通；全株有毒性，危害畜牧业。

可采用如下方法进行控制：①生物防治，泽兰实蝇对植株生长有明显的抑制作用，野外寄生率可达50%以上；②替代控制，用臂形草(*Brachiaria eruciformis*)、红三叶草(*Trifolium pratense*)、狗牙根(*Cynodon dactylon*)等植物进行替代控制有一定成效；③化学防治，2,4-D、草甘膦、敌草快、麦草畏等多种除草剂对紫茎泽兰地上部分有一定的控制作用，但对于根部效果较差。

(2)空心莲子草(*Alternanthera philoxeroides*)，又名水花生、喜旱莲子草(图7-4)。水生型植株无根毛，茎长1.5～2.5 m；陆生型植株有根毛，可形成直径为1 cm左右的肉质贮藏根。株高约30 cm，茎秆坚实，节间最长达15 cm，茎直径3～5 mm，髓腔较小，叶对生，长圆形至倒卵状披针形。头状花序，具长1.5～3 cm的总梗，花白色或略带粉红。为多年生草本，以茎节行营养繁殖；旱地型肉质贮藏根受刺激时可产生不定芽进行繁殖。生长迅速，高峰期每天可生长2～4 cm，花期5—10月，常不结果实。

图7-4　空心莲子草

水花生原产地为南美洲，在世界温带及亚热带地区广泛分布。20世纪50年代，作为猪饲料推广栽培，现在几乎遍及我国黄河流域以南地区，形成水体草灾。水花生疯狂生长，排挤其他植物，使群落物种单一化；覆盖整个水面，影响鱼类生长和捕捞，堵塞航道；在田间沟渠大量繁殖，影响农田排灌；在农田危害作物，减少产量。

其控制方法有：①生物控制，用原产南美的专食性天敌昆虫莲草直胸跳甲（*Agasicles hygrophila*）防治水生型植株的效果较好，但对陆生型植株的效果不佳；②物理机械，在密度较小或新入侵的水体，可采用人工防除；③采用化学除草剂，如草甘膦、农达、水花生净等对水花生进行灭杀，短期内对地上部分有效。

(3)互花米草（*Spartina alterniflora* Loisel.）（图7-5），禾本科植物。秆高1.0～1.7 m，直立，不分枝，根系分布深达60 cm的滩土中。叶长达60 cm，内卷，先端渐狭成丝状，叶舌毛环状、长1～1.8 cm。圆锥花序由3～13个直立的穗状花序组成，小穗长10～18 mm，覆瓦状排列。颖先端急尖，具1脉，第一颖短于第二颖，无毛或沿脊疏生短柔毛；花药长5～7 mm。互花米草为多年生草本，生于潮间带，耐盐耐淹，抗风浪。种子可随风浪传播，单株一年内可繁殖几十甚至上百株。

图7-5　互花米草

互花米草原产美国东南部海岸，1979年引入中国，主要分布于上海、浙江、福建、广东、香港。近年来变成了害草，威胁本土海岸生态系统，使大片红树林消失；破坏近海生物栖息环境，影响滩涂养殖；堵塞航道，影响船只出港；影响海水交换能力，导致水质下降，并诱发赤潮。

其主要控制方法是采用除草剂清除地表以上部分，但对种子和根系的效果较差。

(4)凤眼莲[*Eichhornia crassipes*（Mart.）Solms]，又名水葫芦，为雨久花科（Pontederiaceae）植物（图7-6）。水上部分高30～50 cm。茎具长匍匐枝，叶基生呈莲座状，宽卵形至肾状圆形，光亮，具弧形脉；叶柄中部膨大，内有多数气室。花紫色，蒴果卵形。凤眼莲为多年生草本，浮水或生长于泥沼中。以无性繁殖为主，通过匍匐枝与母株分离而形成新的植株。花序也可以产生种子，一株花序可产生300粒种子，种子沉积水下可存活5～20年。凤眼莲常生于水库、湖泊、池塘、沟渠、流速缓慢的河道、沼泽地和稻田中。

图7-6　凤眼莲

凤眼莲原产地为巴西东北部，现分布于全世界温暖地区。1901年我国台湾把它作花卉从日本引入，20世纪50年代作为猪饲料广泛推广，现分布在我国辽宁南部、华北、华东、华中和华南的19个省（自治区，直辖市）。凤眼莲过度生长，破坏水生生态系统，威胁本地生物多样性；堵塞河道，影响航运、排灌和水产品养殖；吸附重金属等有毒物质，死亡后沉入水底，构成对水质的二次污染；覆盖水面，影响生活用水。

其主要控制方法有：①人工打捞；②采用专食性天敌昆虫水葫芦象甲（*Neochetina eichhorniae*）等进行控制；③采用除草剂在短时间内能有效灭杀。

(5)大薸（*Pistia stratiotes* L.），俗名水白菜、水莲花、大叶莲（图7-7），为天南星科大薸属的唯一物种，为多年生水生飘浮草本。有长而悬垂的根多数，须根羽状，白色成束，密集。从叶腋间向四周分出匍匐茎，茎顶端发出新植株。叶簇生成莲座状，叶片常因发育阶段不同而形态不同，有倒三角形、倒卵形、扇形、倒卵状长楔形，长1.3～10 cm，宽1.5～6.0 cm，先端截头状或浑圆，基部厚，二面被毛，基部尤为浓密；叶脉扇状伸展，背面明显隆起成折皱状。佛焰苞白色，长0.5～1.2 cm，外被茸毛。果为浆果，内含10～15粒种子，椭圆形，黄褐色，花期6—7月。自然条件下，主要靠无性繁殖。喜高温湿润气候，不耐严寒，在15～45 ℃都能生活，适宜温度23～35 ℃。喜氮肥，在肥水中生长发育快，产量高。能在中性或微碱性水中生长，pH宜为6.5～7.5。流动水对其生长不利，不能在河流中放养。

图7-7　大薸

大薸原产巴西，现在广泛分布在热带、亚热带地区，明末引入中国。20世纪50年代作为猪饲料推广，在平静的淡水湖泊、水库、沟渠中极易繁殖，大薸在华南、华东地区的许多内陆湖泊都大范围地出现，甚至灾害性爆发。大面积聚集水面时，堵塞航道，影响水产养殖业，并导致沉水生植物死亡和灭绝，危害水生生态系统。治理极为困难，只能依靠人工打捞。

7.3.3　有害水生动物及其控制

随着我国海洋运输事业的发展、国际贸易的日趋频繁、海水养殖品种的传播和移植，我国外来物种数量越来越多，这对我国水体生物多样性和生态系统安全带来了严重影响。以养殖生物为例，鲍、牡蛎、扇贝、对虾、鱼类、藻类等大量从国外引入新物种，在养殖过程中由于各种原因导致它们进入自然水域，不仅与当地土著生物争夺生存空间、饵料，争夺生态位，而且传播疾病，与土著生物杂交导致遗传污染，降低土著生物的生存能力，导致土著生物自然群体降低，甚至濒于灭绝。主要的外来水生动物有：

(1)福寿螺（*Pomacea canaliculata* Spix），又名大瓶螺、苹果螺、雪螺，属于中腹足目(Mesogastropoda)瓶螺科(Ampullariidae)生物。其贝壳外观与田螺相似，但贝壳较薄，壳顶尖。卵圆形，淡绿橄榄色至黄褐色，光滑，具5～6个增长迅速的螺层。螺旋部短圆锥形，缝合线深，壳口阔且连续。壳高8 cm以上，壳径7 cm以上（最大可达15 cm）。头部有2对触角，前短后长，后触角基部外侧各有一只眼睛。螺体左边有1条粗大的肺吸管。雌雄异体，食性杂，有蛰伏和冬眠习性。在近水挺水植物茎上或岸壁、田埂上产卵，卵圆形，直径2 mm，初产卵块呈鲜艳的橙红色，在空气中卵渐变为浅粉色，后又变为灰白色或褐色，卵内已孵化成幼螺。卵块椭圆形，大小不一，卵粒排列整齐，卵层不易脱落，鲜红色。1只福寿螺每年可产2400～8700个卵。初孵化的幼螺落入水中，以浮游生物等为食物。发育3～4个月后性成熟，繁殖速度比亚洲稻田中土著近缘物种快10倍左右。喜栖于缓流河川以及阴湿通气的沟渠、溪河和水田等处。遇干旱则紧闭壳盖，静止不动，埋藏在湿润的泥中可度过6～8个月。遇水再次活跃。

福寿螺原产地为南美洲的热带和亚热带地区，1979年被华侨从阿根廷作为高蛋白食物引入我国台湾，1981年引入广东，作为特种经济动物广为养殖，后又被引入到其他省份。现广泛分布于广东、广西、云南、福建、浙江等地。

由于养殖过度，口味不佳，被大量遗弃或逃逸，很快从农田扩散到天然湿地。福寿螺威胁入侵地的水生贝类，且其食量极大，可啃食粗糙的植物，还能刮食藻类，破坏水生植物与食物链结构，排泄物还污染水体。福寿螺对水稻、莲、茭白、芋头、荸荠、菱角、芡实、蕹菜等水生作物造成了严重危害。福寿螺还是卷棘口吸虫、广州管圆线虫的中间宿主，能引起致命的嗜酸性粒细胞增多性脑膜炎。

最常用的控制技术方法是化学防治，控螺效果明显，但其对水生生物毒性大，影响生态系统的物质和能量的正常流动，且经济成本高。越冬成螺和第一代成螺产卵盛期前的防治尤为重要，可以整治和破坏其越冬场所，减少冬后残螺量，还可以人工捕螺摘卵和养鸭食螺。也有研究表明鲤鱼、青鱼、中华鳖等对福寿螺有控制作用。

(2)牛蛙(*Rana catesbeiana* Shaw)，又名美国青蛙，因繁殖季节鸣叫的“哞哞”声音洪亮似牛而得名，属于两栖纲(Amphibia)无尾目 Anura(Salientia)蛙科(Ranidae)生物。体大粗壮，体长70～170 mm，皮肤光滑，背部皮肤略显粗糙，无背侧褶，头长宽相近，吻部宽圆，鼻孔近吻端朝向上方，鼓膜甚大。第四趾甚长，蹼不能完全达趾端。不同地区的牛蛙体色不同，背部从绿色至棕色均有，但多为绿色，通常杂有棕色斑点，有时有灰色或棕色的网状花纹。腹面白色，成体的喉部常有黄色条纹。在水草繁茂的水域生存和繁衍，成蛙除繁殖季节集群外，一般分散栖息在水域中。蝌蚪多底栖生活，常在水草间觅食活动。食性广泛且食量大，包括昆虫及其他无脊椎动物，还有鱼、蛙、蝾螈、幼龟、蛇、小型鼠类和鸟类等，甚至有互相吞食行为。3～5年性成熟，寿命6～8年。1年可产卵2～3次，每次产卵10000～50000粒，卵粒小，卵径1.2～1.3 mm，蝌蚪长可达100 mm以上。

牛蛙原产地为北美洲落基山脉以东地区，营养丰富、味道鲜美、生长速度快，已被世界上多数国家引种养殖。1959年牛蛙从古巴引入我国，20世纪90年代左右开始大范围推广养殖，现已成为我国水产养殖重要的名特水产品之一。在我国福建、广东、浙江等沿海地区均有较大规模养殖。养殖和管理方法不当造成其逃逸而扩散，现几乎遍布北京以南除西藏、海南、香港和澳门外的所有地区。牛蛙适应性强、食性广、天敌较少、寿命长、繁殖能力强，具有明显的竞争优势，易于入侵和扩散。牛蛙使本土两栖类生物、鱼类与一些昆虫种群面临减少甚至灭绝的危险，影响到生物多样性。《北京市湿地保护条例》明文规定：在湿地保护范围内擅自引入牛蛙等外来物种，造成严重后果的，处5万～50万元罚款。

牛蛙常用防治方法：①在蝌蚪阶段进行清塘性处理控制种群数量；②捕捉和消耗牛蛙成体资源，控制在自然生境中的数量。

（3）克氏原螯虾（*Procambarus clarkii*），又称红螯虾和淡水小龙虾，属于甲壳纲十足目螯虾科生物。形似虾，体形较大呈圆筒状，体长 6～12 cm，甲壳坚厚，头胸甲稍侧扁，前侧缘不与口前板愈合，侧缘也不与胸部腹甲和胸肢基部愈合。第 1 触角较短小，双鞭；第 2 触角有较发达的鳞片。3 对颚足都具外肢，步足全为单枝型，前 3 对螯状。因其中第 1 对特别强大、坚厚，故称螯虾。后 2 对步足简单、爪状。克氏原螯虾具有食性杂、生长快、繁殖力强、对环境条件要求低、抗病力强等特点，自然分布于平缓的溪流、沼泽、沟渠、泥沼和池塘等静水生境，尤其喜欢富有植被、落叶的水环境。它们白天躲在洞穴里，黄昏出来觅食。以昆虫、幼虫、碎屑等为食，喜食动物性食物，同时也会取食各种水草与藻类。

螯虾原产北美洲，1930 年进入我国；1960 年食用价值被发掘，肉味鲜美广受人们欢迎，并开始养殖；1980—1990 年大规模扩散。现分布于 20 多个省市，南起海南岛，北到黑龙江，西至新疆，东达崇明岛，且华东、华南地区尤为密集。克氏原螯虾取食本土生物，改变食物网，降低生物多样性，使浮游植物占优势、水体浑浊、富营养化。克氏原螯虾通过作为中间宿主携带和传播致病源等方式危害土著物种。

此外，巴西红耳龟（*Trachemys scripta elegans*）、红腹锯鲑脂鲤（*Pygocentrus nattereri*）、尼罗罗非鱼（*Oreochromis niloticus* Linnaeus，1758）等列入中国第三批外来入侵物种名单，食蚊鱼（*Gambusia affinis*）被列入中国第四批外来入侵物种名单。

外来物种在全世界均有分布，典型案例——亚洲鲤鱼。

19 世纪早期，在欧洲和亚洲很常见的、以昆虫为食的鲤鱼被引进美国。1963 年，草鱼被引入美国，成功控制了水生植物疯长。19 世纪 70 年代，以水螺、蚌类为食的黑鲤鱼、胖头鱼及银鲤鱼被带入美国。在美国，以青、草、鲢、鳙“四大家鱼”为主的 8 种亚洲本土鱼类，统称为亚洲鲤鱼。它们在进入美国部分水系后，生长迅速，密西西比河中可常见体重近 30 kg 的亚洲鲤鱼跃出水面。一般鲤鱼习惯在湖泊和河流的底部觅食，这样会造成水质浑浊，降低水域质量；胖头鱼和银鲤鱼会改变藻类和其他浮游生物的聚集，对本土鱼类产生很坏的影响；黑鲤鱼也可能使贝类濒临灭绝。当民众发现鲤鱼威胁着具有重要生态价值的五大湖区域时，才意识到问题的严重性，并要求政府采取手段治理。

1998 年，亚洲鲤鱼“入侵”密苏里河，为保护当地生态美国政府于 2009 年底曾大规模捕杀亚洲鲤鱼，清理了芝加哥地区接近五大湖的一小部分水域，造成了一小部分胖头鱼及数以千计的本土鱼类死亡，此后，美国不再使用毒素来控制亚洲鲤鱼的数量。

2010—2014 年，美国政府投资了将近 1 亿美元在控制鲤鱼数量的研究上。在五大湖的支流伊利诺伊河建立了巨大的电网来驱赶鱼类，避免它们向两个水域连接处移动。2012 年 5 月，中美绿色合作伙伴关系框架中增加了“密西西比河—长江”绿色合作伙伴项目，把中国对淡水鱼类的科研、管理经验带到美国，为密西西比河亚洲鲤鱼的治理提供指导和帮助。2014 年 9 月，美国亚洲鲤鱼专家组团受邀于中国一直致力于解决长江生态及鱼类资源恢复和亚洲鲤鱼问题的大自然保护协会（TNC），来中国寻找解决亚洲鲤鱼泛滥的方法。

Reading Material

Schistosomiasis(血吸虫)

The parasitic trematodes or blood flukes, although not strictly microorganisms, are by far the most important waterborne human pathogens. These organisms are tiny worms between 15 and 20mm large. The genus *Schistosoma* is responsible for the debilitating disease schistosomiasis. A conservative estimate of the number of people suffering from the disease is 114 million. The species attack humans:

1. *Schistosoma japonicum* occurs in the waters of Japan, Korea, the Philippines, and China. The frequency of infection is from 10% to 25% of the population.

2. *S. hematobium* is prevalent is East Africa. In some areas more than 50% of the population is infected.

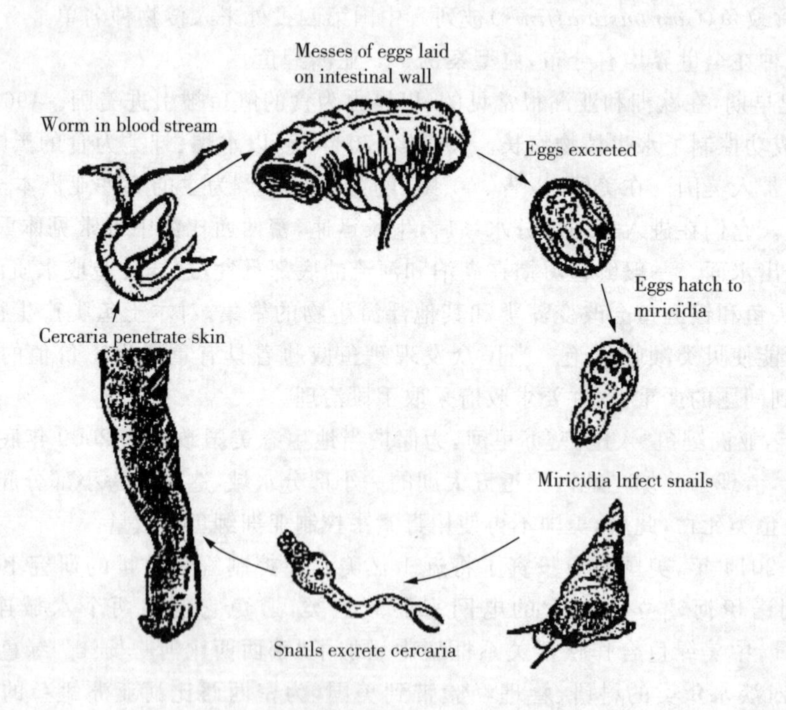

Figure 7 - 8 The life cycle of *Schistosoma*

3. *S. mansoni* is predominant in Africa, Egypt, and South America.

The symptoms of schistosomiasis are enlargement of the liver, diarrhea, and anemia. The disease is chronic and leads to intestinal ulceration. Excretion of the eggs in feces or urine into natural waters frequently leads to reinfection and serves to spread the disease.

The life cycle of *schistosoma* is illustrated in Fig. 7 – 8. The female worms are narrower than the males and live within a groove along the length of the male. In human hosts they live in the veins and lay eggs on the intestinal walls. Each worm may excrete thousands of eggs each day.

The eggs hatch in water to yield motile miricidia. Each miricidium can only live for a few hours. If it cannot find a suitable snail host, it dies. The miricidia that infect snails undergo morphogenesis in a month to yield another motile form, the *cercaria*. This cell is about 150μ long and has a forked tail. The cercariae have a life span in the water of 2 or 3 days. Huge numbers are excreted by the snail so that there is ample opportunity for human infection. The cercariae attach to the skin by suckers. They produce an enzyme hyaluronidase, which dissolves body tissue and allows them to enter the blood stream. They flow through the circulatory system to the liver where they mature to adult trematodes.

Control is difficult because of the lack of adequate sanitation in endemic areas. The eggs are being continuously excreted into water used for bathing, washing, and drinking. With the development of modern irrigation methods, the disease is spreading at a much more rapid pace in the irrigation waters. The use of molluscicides to control the snail host is partially effective. No adequate immunization or mass chemotherapeutic agent has been developed. The ultimate control of schistosomiasis must await the development of modern water and sewage treatment facilities in those areas of the world where it is endemic.

第8章 水源水生物处理与给水中有害生物控制

✣ 内容提要

对微污染水源水如何进行生物处理以提高水质,有害生物如何控制以保护水体生态?本章从微污染水源水的生物处理、给水处理中的病原菌控制、水的使用中的其他有害生物控制三个方面进行论述。在介绍微污染水的定义、特点及危害的基础上,阐述微污染水常用的生物处理途径,微污染水生物处理的基本原理与工艺,微污染水处理中微生物特点。重点阐述给水中病原菌的消毒与灭菌等控制技术方法。

✣ 思考题

(1)什么是微污染水?微污染水的特点及其危害有哪些?

(2)水中简述微污染水源水的生物处理方法及各自的优缺点。

(3)水中病原菌的控制方法有哪些?

(4)饮用水中病原菌的消毒(disinfection of potable water)方式主要有哪些,各有何特点?

(5)给水中的有害生物有哪些,会产生哪些不良影响?

(6)给水中不同的有害生物控制方法又有哪些?

8.1 微污染水源水生物处理

8.1.1 微污染水源水的特点及其危害

1)微污染水的定义

由于环境污染在加剧,部分水源水也会受到污染而成为微污染水源水(slight polluted water source)。微污染水源水是指因受到排入的工业废水和生活污水影响,其部分水质指标超过饮用水源卫生标准要求的水源水。在江河水源上表现为氨氮、总磷、色度、嗅味、有机物等指标超出饮用水源卫生标准。在湖泊水库水源上,表现为水库和湖泊水体的富营养化,并在一定时期藻类滋生,造成水质恶化,臭味明显增加。微污染水源水的污染物主要是有机污染物,一部分属天然有机化合物,如水中动、植物分解而形成的产物(如腐殖酸等),另一部分则是农药等人工合成有机物,还含有重金属离子、氨氮、亚硝酸盐氮、硝酸盐氮、挥发酚、氰化物、藻毒素及放射性物质等有害污染物质。

微污染水源中的水为微污染水(slightly-polluted water)。

2)微污染水的特点及其危害

微污染水具有有机物综合指标值(高锰酸盐指数)较高、氨氮浓度较高、异味明显和浊度较低等特点，其危害具体表现为：

(1)水中可溶性有机物质含量大幅增加，易产生异味、臭味；微污染水中的有机物含量较高，使得给水厂处理出水中产生消毒副产物的风险较大；

(2)氮、磷过高造成水体富营养化污染，过度生长的藻类引起水体腥臭，并释放一定量藻毒素，使水质恶化；

(3)水中部分有害微生物(如隐孢子虫、贾第氏鞭毛虫、病毒等)指标超标，常规给水处理工艺难以去除；

(4)含有内分泌干扰物质(又称环境荷尔蒙)，不仅具有“三致”(致畸形、致突变、致癌)作用，还会严重干扰人类和动物的生殖功能，常规给水处理工艺难以去除它们。

8.1.2　微污染水的生物处理方法

1)微污染水处理概述

常规的给水处理工艺对微污染水中的氨氮和有机物去除率较低，出水水质稳定性差，特别是难以去除溶解性有机物会大量残留在处理后用水中，导致细菌二次繁殖，严重影响水质。工程中，常从三个方面进行工艺改进，提高微污染水的处理效果。

(1)增加预处理工艺。预处理单元通常采用生物预氧化、聚合氯化铝与粉末活性炭(PAC)预吸附、化学预氧化等技术去除部分污染物。

(2)强化常规工艺。通常是在水质、水量、技术经济合理和安全可靠的前提下，通过改变投药方式、投药条件和地点，采用新型的药剂，改变池型及工艺参数等手段，提高及强化现有常规工艺对原水中污染物的去除效率。强化常规工艺包括强化混凝、强化澄清、强化过滤、强化消毒等措施。

(3)增设深度处理工艺。在常规工艺后，弥补常规工艺对微污染物处理效果的不足，通常包括生物活性炭、臭氧氧化和膜分离等技术，生物活性炭是通过活性炭的吸附和活性炭上生长的微生物降解作用去除氨氮、有机物等污染物。

在实际应用中，当微污染水源水中高锰酸盐指数和氨氮等污染指标较高时，需要根据原水和出厂水的水质特点和要求、技术经济等条件，采用预处理、常规处理、深度处理等多种组合工艺，从而达到符合标准的出水水质。

2)微污染水的生物处理原理与方法

(1)微污染水的生物处理原理

针对微污染水源中含有的主要污染物为有机物和氨氮的特点，生物处理是利用微生物群体的新陈代谢活动，采用内部具有厌氧环境可以进行以生物膜法为主的反硝化脱氮工艺方法去除水中的有机物、氨氮、亚硝酸盐、硝酸盐、金属等。微污染水源中有机物的去除主要依靠异氧菌分解：在生物膜系统中，有机物、溶解氧首先要经过液相传送到生物膜表面，而扩散到生物膜内部才能有机会被微生物所分解与转化，最终形成各种代谢产物。微生物对有机物的去除机理主要有以下几个方面：微生物在好氧条件下对小分子有机物的降解、微生物胞外酶对大分子有机物的分解作用、生物吸附絮凝作用。微污染水源中氨氮的去除是通过生物膜外层的亚硝化菌和硝化菌的硝化作用、生物膜内层的反硝化菌作用而完成的，硝化细菌为自养菌，增长速度慢，世代周期长，需要在反应器中有较长的停留时间，因此，常采用较大比表面积、较大孔隙率的生物载体生物膜法工艺培养硝化细菌而去除微污染水源中氨氮。

(2)微污染水处理中的微生物特点

相对于污水而言,微污染水源水是一种贫营养环境,适合该水源水处理的低营养下生长良好的微生物是贫营养环境微生物,如土壤杆菌、嗜水气单胞菌、节杆菌等。这些贫营养微生物对可利用基质有较大的亲和力,且呼吸速率低,能在有机物浓度极低情况下迅速生长繁殖。同时,贫营养微生物在贫营养环境中生存,微生物细胞结构上发生一定的适应性变化,主要借助细胞柄或丝状体类似物来增大细胞表面积,增加与有机物分子接触的机会,也就增加了捕获营养物的机会。贫营养微生物体内积累大量贮存物,如黏液层和荚膜,自行凝聚力强,易于挂膜生长,好氧贫营养微生物吸附能力强,速度快,吸收容量大,源水中低浓度的可生物降解的有机物、氨氮和亚硝酸氮等首先很快被填料(载体)上的生物膜所吸附,然后迅速被膜上的好氧贫营养微生物所吸收,逐渐被生物降解并加以利用。

采用生物接触氧化工艺对处理微污染原水进行处理,运行 28 d 后对高锰酸盐指数和 NH_4^+-N 的去除率分别达到 29.1%和 68.8%。通过对挂膜期间生物相的观察,发现挂膜成功后,砾石填料表面覆盖了一层黄褐色的生物膜,其主要包括球菌、杆菌、丝状菌、原生动物(钟虫)和少量微型后生动物(轮虫),这标志着生物膜结构处于稳定状况。分子生物学检测结果显示,砾石填料在挂膜 10 d 左右即可形成较稳定的微生物群落结构。生物膜上富集的细菌主要是贫营养菌,其中以有机物好氧降解紫色杆菌最多,优势氨氧化菌为亚硝化单胞菌和亚硝化螺菌属。

(3)处理工艺技术方法

微污染水的生物处理方法包括活性污泥法(悬浮型微生物)和生物膜法(附着型微生物)两大类。对于生物膜法采用较多,它对水中氨氮、有机物具有较高的去除率,主要包括生物滤池、生物接触氧化法、生物流化床和生物转盘等工艺。

在深度处理单元中,常用的是臭氧氧化与生物活性炭吸附联用技术。臭氧与水接触,氧化水中有机物,将大分子有机物转化成小分子有机物,通过活性炭的吸附作用加以去除时,活性炭作为载体会依附微生物,微生物通过生物作用可去除氨氮、有机物等污染物。

有报道称,经过生物活性炭吸附后的排出水中有部分细菌,如肺炎克雷伯氏菌(*Klebsiella pneumoniae*)、栖稻黄单胞菌(*Flavimonas oryzihabitans*)、人苍白杆菌(*Ochrobactrum anthropi*)、浅白隐球酵母(*Cryptococcus albidus*)等可引起免疫力低下及体弱人群感染的条件致病菌。以次氯酸钠为消毒剂,对水中的微生物杀灭率大于 99.98%,但消毒后仍残留浅白隐球酵母和一些未知的致病菌,需要进一步深入研究致病菌的杀灭方法。

8.2 给水中病细菌的控制

为了防止病原菌通过水的媒介进入人体,使人致病,危害人体健康,需控制给水中的病原细菌。给水中病原菌的控制就是采用消毒的方式将其消除或控制在不会对人体健康或水体造成有害影响的范围内。常用的消毒方式有物理消毒方法、化学消毒方法。物理消毒方法有高温消毒、紫外线消毒、超声波消毒等,化学消毒方法有氯消毒、臭氧消毒等。

8.2.1 病原细菌的控制方法

1)物理消毒

(1)高温消毒

高温消毒就是将饮用水加热到 100 ℃,使得微生物的蛋白质变性,活性丧失,从而杀死绝大多数的病原微生物的方法。该方法适于小水量的消毒。这是生活中最简单实用的物理消毒方法,因此,在夏天要养成“不喝生水而喝凉开水”的习惯。

(2)紫外线消毒

紫外线消毒(disinfection by ultraviolet light)是一种较新的消毒技术,对细菌、原生动物以及病毒有很强的杀灭作用。

微生物细胞中的 RNA、DNA 吸收光谱的最大吸收峰值范围为 240～280 nm,对可见光中的波长 255～260 nm 的紫外线有最大吸收,紫外线消毒灯产生此范围内光波的波长。紫外光照射微生物细胞,被微生物的核酸所吸收,一方面可使核酸突变,阻碍其复制、转录,阻止蛋白质的合成;另一方面,产生自由基,可引起光电离,从而导致细胞的死亡,达到杀菌效果。

紫外线的杀菌能力直接受 253.7 nm 紫外线的照射剂量的影响,照射剂量越大杀菌能力越强。紫外线强度是直接照射到微生物细胞的实际强度,由于水质条件的影响,紫外灯发射出来的紫外线在水中会逐渐衰减。紫外线消毒的实际效果受紫外灯、处理水的物理和化学性质以及反应器的水力条件等因素的影响。

紫外线消毒具有快速、高效特点,与水接触数秒即可完成。紫外线消毒不需要添加化学药品,不会有消毒剂的残存,不会产生有机氯化物类有毒有害消毒副产物。

紫外线为短波,穿透能力差,适于表面消毒。消毒的主要缺点是没有持续消毒效果,有时不能完全杀死细胞,被灭活的细胞在一定条件下(如受到光照后)会“死而复活”,大大限制了紫外线消毒在饮用水消毒方面应用。

(3)超声波消毒

超声波(ultrasonic wave)是利用超声空化效应进行消毒杀菌的水处理技术能引起原生动物和细菌的死亡。在一定功率超声辐射作用下,高强度超声波在液体介质中传播时,产生纵波,形成交替压缩和膨胀区域,这些压力改变区域易引起空穴现象,并在介质中形成微小气泡核。微小气泡核在绝热收缩及崩溃瞬间,其内部呈现 5000 ℃以上高温及 50000 kPa 压力,从而使细菌死亡,甚至使体积较小微生物细胞壁遭到破坏。同时,超声空化效应使得水分子裂解为·OH、·H 等自由基,进入细菌体内,氧化病原微生物,达到杀菌消毒功效。在薄层水中,超声波 1～2 min 可使 95%的大肠杆菌死亡。

2)化学消毒

(1)氯消毒

① 氯消毒基本原理

氯消毒(chlorination disinfection)是目前最为常用的消毒方法,它可使用液氯,也可以使用漂白粉(漂白粉中约含有 25%～35%的有效氯)。常温常压下,氯气是具有异臭味的黄绿色气体,具有很强的氧化能力。水中加氯气后,生成次氯酸(HClO)和次氯酸根(ClO^-)。

HClO 和 ClO^- 都有氧化能力，但 HClO 是中性分子，可以扩散到带负电的微生物细胞表面，并渗入微生物体内，破坏体内的酶，使微生物死亡，而 ClO^- 带负电，难于靠近带负电的微生物细胞，所以虽有氧化能力，但很难起到消毒作用。所以，HClO 比 ClO^- 的效果好，有实验证明，前者比后者的杀菌效果高 80 倍左右。

$$Cl_2 + H_2O \longrightarrow HClO + H^+ + Cl^- \tag{8-1}$$

$$HClO \longrightarrow H^+ + ClO^- \tag{8-2}$$

各种氯化物都含有一定量的氯，氯可形成最高为+7 价的化合物，如过氯酸钠 $NaClO_4$。也可形成最低价为-1 价的化合物，如 NaCl。但对消毒或氧化来说，氯化物中的氯不一定全部起作用，甚至完全没有氧化能力，如 NaCl，因 NaCl 中的 Cl 是-1 价，不能再接受电子，不能被还原，没有氧化性。凡是化合价高于-1 的氯化物都有氧化能力、消毒效果。消毒水体所投加的氯量一般都以有效氯计算，有效氯表示氯化物中有杀菌氧化能力的有效成分。

② 余氯

在饮用水消毒时，加入的氯量要大于实际需要量，加入水中后，一部分被能与氯化合的杂质消耗掉，剩余的部分称为余氯(residual chlorine)。水中的 Cl^-、HClO、ClO^- 都具有消毒能力，它们被称为游离性余氯(free residual chlorine)，而氯与水中氨所形成的氯胺化合物被称为化合性余氯(combined residual chlorine)，两者之和为总余氯。余氯的作用是对在输送的过程中可能被污染的饮用水进行持续的消毒。我国生活饮用水卫生标准规定，加氯接触 30 min 后，游离性余氯不应低于 0.3 mg/L，集中式给水厂的出厂水除应符合上述要求外，管网末梢水的游离性余氯不应低于 0.05 mg/L。

上述规定只能保证杀死肠道传染病菌，即伤寒、霍乱和细菌性痢疾等几种病菌。一般说，当水的 pH 值为 7 左右时，为杀死病毒，需投加更多的氯。

③ 影响消毒效果的主要因素

a. 水体 pH 值

当水中 pH 稍低一些，所含的 HClO 就较多，越有利于氯的消毒作用。当水中 pH<5 时，水中氯以 100% 的 HClO 形式存在；当 pH>7 时，HClO 的含量急剧减少。因此，在消毒时，要控制水中的 pH 值在中性以下，才能保持较好的杀菌效果。

b. 水温

高水温时杀菌作用快，在 20～25 ℃时全部杀灭一定量的大肠杆菌所需的时间只是 0～5 ℃的三分之一。

c. 水浊度

当水的浑浊度高时，水中的悬浮物质往往较多，这时水中微生物很容易附着在悬浮颗粒上，使氯和微生物的接触增加了难度，氯的氧化能力不易在微生物体上发挥，从而降低杀菌效果。因此，消毒处理应该设置在过滤或混凝沉淀等处理之后。

此外，药剂的投加量、水与药剂的接触时间等也会影响杀菌的效果。

④ 氯消毒副产物

氯和次氯酸不仅能与微生物作用，杀死微生物，还能与水中的氨等无机物和有机物作用，从而消耗过量的氯，并生成消毒副产物。

a. 与氨的作用

氯和次氯酸极易与水中的氨作用生成各种氯胺：

$$NH_3 + HOCl = H_2O + NH_2Cl \tag{8-3}$$

$$NH_2Cl + HOCl = H_2O + NHCl_2 \tag{8-4}$$

$$NHCl_2 + HOCl = H_2O + NCl_3 \tag{8-5}$$

反应生成的氯胺类化合物（一氯胺、二氯胺和三氯胺）也具有消毒能力。

b. 与还原型无机物的作用

氯和次氯酸还能与水中的 Fe^{2+}、NO^{2-}、S^{2-} 等还原性无机物作用，特别是在污水消毒中，因此也要消耗一部分的投加氯。

c. 与有机物的作用

可能形成致癌性的消毒副产物。水消毒过程中，氯与某些有机物化合可能产生三卤甲烷（THMS）、卤乙酸（HAAS）、卤化脂（HANS）和卤化酮（HKS）等具有毒性和三致（致突变、致畸形、致癌）效应的副产物。这些消毒副产物会给人体健康和生态环境带来不良的影响。目前，国内外都在探索新的消毒方法、消毒工艺，以减少和控制消毒副产物的生成，研究去除消毒副产物的方法，保证饮用水安全。

⑤ 氯化-脱氯消毒工艺

通过技术、经济和消毒效果等各方面比较，尽管臭氧和紫外线等消毒方法在生态安全性方面有较大的优势，但氯作为消毒剂仍具有明显的优势，水消毒处理中应用最多的消毒剂仍将是氯及其化合物。因此，如何降低氯化消毒的健康与生态风险成为重要的课题。研究显示，余氯对水生生物有强烈的毒性效应，且远高于许多消毒副产物。此外，剩余消毒剂会与受纳环境中的有机物反应，生成其他有毒有害物质，产生二次污染的风险。为保证氯消毒的生态安全，氯化-脱氯消毒工艺于 20 世纪 70 年代初期逐渐在美国发展起来。氯化-脱氯消毒是消毒后将余氯完全或大部分脱除，以消除余氯对生态安全的威胁。

(2)氯化物消毒

① 二氧化氯消毒

二氧化氯（ClO_2）在常温下是一种黄绿色气体，具有与氯相似的刺激性气味，是氧化能力很强的氧化剂。大量研究表明，二氧化氯能够有效杀灭细菌繁殖体和芽孢、真菌、病毒、原生动物、藻类和浮游生物等有害微生物，并在实际应用中表现出了比氯更强的消毒能力。同时，二氧化氯可以去除还原性无机物和部分致色、致臭、致突变的有机物。达到同样的效果，二氧化氯所需要的接触时间更短，投加量更少。二氧化氯消毒的缺点是费用较高，存在一定安全风险。

② 氯胺消毒

氯胺的消毒效果比游离氯弱，但氯胺消毒会减少某些有毒消毒副产物的生成，同时在水中保持的时间长。饮用水采用氯胺消毒时，须先向水中添加氨，待其与水充分混合后再加氯。

(3)臭氧消毒

臭氧（O_3）是很强的氧化剂，能直接破坏细菌的细胞壁，分解 DNA、RNA、蛋白质、脂质和多糖等大分子聚合物，使微生物的代谢、生长和繁殖遭到破坏，继而导致其死亡，达到消毒目的。臭氧的杀菌能力大于氯气，既可杀灭细菌繁殖体、芽孢、病毒、真菌和原虫孢囊等多种致病微生物，还可破坏毒素及立克次氏体等。

由于臭氧的强氧化能力，在杀灭微生物的同时还能氧化分解水中的有机污染物，并具有很好的脱色效果。在同样的水质条件下，臭氧消毒产生的消毒副产物低于氯化消毒，具有较低的健康和生态风险。

臭氧消毒的缺点是易于自我分解，不能在水中长时间残留(半衰期约为 8min)，消毒效果持久性差。臭氧消毒通常可与氯化消毒组合使用，即在臭氧消毒之后，还应添加含氯消毒剂，可防止病原微生物的二次污染。

(4)碘消毒

碘及其有机化合物，如碘仿也具有杀菌能力。一些游泳池采用碘的饱和溶液进行消毒。在对天然水源的消毒中，碘的剂量一般在 0.3～1 mg/L。

(5)重金属消毒

银离子(Ag^+)能凝固微生物的蛋白质，破坏细胞结构，具有较强的杀菌和抑菌能力。水中的杂质对 Ag^+ 的消毒效果有很大影响。如较高浓度的氯离子能降低氯化银的溶解度，从而削弱消毒效果。该方法的缺点是杀菌慢、成本高，重金属离子消毒也可能产生健康风险。

8.2.2 饮用水消毒

虽然高温消毒是一种最简单的消毒方法，但在市政集中大量供水消毒中不能采用煮沸的方法。考虑到成本和安全问题，目前，我国绝大多数给水厂采用氯消毒。氯消毒效果好，具有持续消毒作用(管网余氯)，且费用较其他消毒方法低，同时还能抑制沉淀池和滤池中藻类生长。采用氯气消毒时，将氯气从高压液体状态减压释放成液体，然后溶于水中配成消毒剂再投加于水中消毒。由于氯气是刺激性的有害气体，对金属有极强的腐蚀性，因此为保证加氯的安全性，采用氯消毒必须有专门的加氯机、加氯间和氯库。氯库和加氯间内安置漏气探测报警仪，以监测氯气泄漏。在加氯间设有应急处理池，预防和处理泄露氯气。

小型水厂也采用漂白粉消毒，因漂白粉所含有效氯易挥发，故漂白粉使用前需进行有效氯含量的测定。存放漂白粉仓库保持阴凉、干燥和良好的自然通风条件。

企业给水厂的供水量较小时，管网相对集中，比较方便，消毒方法较多，主要有氯化消毒、漂白粉消毒，也采用臭氧消毒、紫外线消毒和二氧化氯消毒方法。

8.3 给水中有害生物控制

给水中，不论在水处理过程中，还是在供水使用过程中，水中的有害微生物都会产生一些危害，必须进行有效的控制。

8.3.1 有害微生物影响

1)藻类。水中含有藻类生长所需的无机营养物质，只要有光照条件，藻类就会生长，甚至大量繁殖。在给水处理的构筑物中，藻类细胞生长成为黏性物，附在混凝土池壁表面，形成一层润滑层，既影响制水过程中的感官质量，又增加了冲洗的频率与工人劳动强度。大量繁殖的藻类物质会使滤料层堵塞，使过滤周期缩短，减少产水量，增加冲洗水量并影响出水水质。藻类还会使水的 pH 值、溶解氧、碱度、硬度、有机物发生变化，干扰水处理运行。工业循环冷却水系统被广泛应用于化工、冶金、化纤、制药、发电、石油开采等行业。在工业冷却循环水中，藻类会在冷却塔、水池中大量繁殖，变成厚厚一层类似橡胶的物质，在冷却塔的盖板上繁衍，干扰塔内空气与水的流动，降低冷却效果。

2)腐蚀。在工业冷却水中的微生物包括细菌、真菌和藻类，除了藻类，细菌危害最为普遍，细菌可分为厌氧菌和好氧菌。厌氧菌种类很多，主要是硫酸还原菌，产生氢化酶，发生电化学反应，促进设备中的铁变成 Fe^{2+}，溶于水，产生腐蚀，水中的硫杆细菌在新陈代谢过程中产生的硫酸也对金属产生腐蚀作用。好氧的铁细菌的总数超过 100 个/mL，在水中能吸收 Fe^{2+}，氧化形成 $Fe(OH)_3$ 锈瘤。

3)黏泥(软垢)。在工业循环水中，养分的浓缩、水温的升高和日光的照射，给细菌和藻类创造了迅速繁殖的条件。大量细菌分泌出的黏液像黏合剂一样，能使水中飘浮的灰尘杂质、有机物和化学沉淀物等黏附在一起，形成黏糊糊的沉积物黏附在换热器、管道等系统部件的传热表面上，形成黏泥。黏泥由颗粒细小的泥沙、尘土、不溶性盐类的泥状物、胶状氢氧化物、杂物碎屑、腐蚀产物、油污、菌藻的尸体及其黏性分泌物等组成。黏泥影响热传导，降低传热效果；大量的黏泥将堵塞换热器(水冷器)中冷却水的通道，从而使冷却水无法工作；黏泥覆盖在换热器内的金属表面，阻止缓蚀剂和阻垢剂到达金属表面发挥作用，阻止杀生剂杀灭黏泥中和黏泥下的微生物；黏泥覆盖在金属表面，形成差异腐蚀电池，使这些金属设备腐蚀。

8.3.2　控制措施与方法

1)藻类控制

在给水处理时，在反应池前采用折点加氯法灭杀藻类。据研究表明，这种方法除藻率为 50%左右，同时可以去除部分异味。为了具有更好的除藻与除臭效果，水厂也有采用二氧化氯进行灭藻，能有效地控制卤代烃的生成量，改善水质。由于藻类表面带有负电荷，可采用阳离子絮凝剂，进行电中和，使藻类失稳，絮凝成团，沉淀去除。在藻类旺盛繁殖的季节，原水藻类含量高时，可采用粉末活性炭(PAC)作为应急措施，进行吸附、助凝去除水中藻类，防止藻类暴发，严重影响水质。

2)综合控制

在工业循环水中，同时存在各种有害微生物腐蚀设备和管道，形成粘泥堵塞管道，因此，需要进行综合治理，比如，保持冷却水清洁，保护金属设备表面不被腐蚀，采用阴极保护法及加入杀菌剂等各项措施都会减少其危害等，但最主要的是采用能控制微生物繁殖的药剂进行灭菌处理。

水处理剂(俗称水质稳定剂)是用于工业循环冷却水系统的一大类精细化工产品，包括阻垢剂、分散剂、缓蚀剂、混凝剂、助凝剂、杀生剂。杀生剂为杀灭水中细菌、藻类等微生物的药剂，又分为杀菌剂、杀藻剂。

杀菌剂可分为氧化型和非氧化型两类。

(1)氧化型杀菌剂:①氯类:主要有氯、漂白粉、漂粉精、二氧化氯等。②溴类:主要有溴素、次溴酸盐、能缓慢释放的次溴酸以及药效长的溴氯烷基海因。③臭氧类:能够释放出新生态的氧,杀生效果优良,同时净化水质,有利于水的闭路循环,但成本较高。

(2)非氧化杀生剂:①季铵盐类:最常用的两种药剂是洁尔灭和新洁尔灭。毒性小、成本低,具有杀菌灭藻的性能,应用较广;②氯酚类:主要有双氯酚、三氯酚和五氯酚的化合物。毒性很大,但杀生效果较好;③有机胺类:常用的有松香胺盐、β-胺及β-二胺;④有机硫类:二硫氰基甲烷、二甲二硫代氨基甲酸钠等,对硫酸盐还原菌十分有效;⑤异噻唑啉酮为抑菌剂,杀生性能适应较宽pH值范围。

杀藻剂有卤素类(如氯气、ClO_2、次氯酸钠)、酚类(如五氯酚、二氯苯酚)、醛类(如邻羟基苯甲醛、丙烯醛)、季铵盐类(如季铵盐、十二烷甲基苯基氯化铵)、胺类、三氮杂苯、二羟基二氯二苯甲烷、乙基硫代亚磺酸乙酯等。

Reading Material

The Impact of Water, Sanitation and Hygiene Interventions to Control Cholera(霍乱)

Taylor, Dawn L. , Kahawita, Tanya M. ,
Cairncross, Sandy, Ensink, Jeroen H. J

Cholera is a diarrhoeal disease caused by infection with the bacteria *Vibrio cholera*. It is a water-and-foodborne disease with person-to-person transmission resulting from poor hygiene, limited access to sanitation, and inadequate water supply, which all contribute to the rapid progression of an outbreak. Cholera outbreaks can occur during emergencies, such as earthquakes and flood events, or in refugee settings when water supply, sanitation and hygiene (WASH) infrastructure is compromised. The World Health Organization (WHO) estimates that there are between 3 - 5 million cholera cases and 100,000 - 120,000 deaths every year, of which only a fraction are officially reported. In 2013, 129,064 cases and 2,102 deaths were reported worldwide, with 44% of cases reported in Africa, and 45% in Haiti alone, where as of December 2013, 696,794 cases have been reported with 8,531 deaths since the outbreak began. When an outbreak is detected the WHO recommends a response focusing on reducing mortality by ensuring prompt case management, and reducing morbidity by providing safe water, adequate sanitation and health promotion (for improved hygiene and safe food handling practices) for the affected community. Consequently cholera epidemics require the same interventions used to prevent and control diarrhoeal diseases. The first responders to an outbreak will generally employ activities such as water trucking of chlorinated water, chlorinating individual water containers or distribution of products for household water treatment. This will most likely be accompanied by personal and food hygiene promotion as well as household disinfection and hygiene kit distribution. Due to the need for a quick response to contain the spread of the outbreak, multiple interventions may be implemented at the same time as community education, but this can be potentially limited according to the responder's resources and capacity. Despite a wide body of evidence investigating the effectiveness of WASH interventions against endemic diarrhoeal disease, many studies are considered to be of poor quality and the relative impact of each separate WASH intervention remains a contentious issue. Assessing the impact of WASH interventions is challenging due to methodological issues; for example, a blinded trial of sanitation is impossible because people cannot be induced to use a toilet without their knowledge. The alternatives-blinding the subjects to the choice of outcome, has been used relatively rarely and blinding of outcome assessors or data analysts is not used enough. A further challenge relates to epidemiological issues where for example, improvements in the amount of water available will likely also have an impact on water quality and hygiene in the household. A systematic review and meta-analysis evaluating the impact of WASH interventions on diarrhoeal disease concluded that each intervention type had a similar degree of effect and that water quality interventions were more effective than previously considered. This was subsequently challenged when water quality studies were shown to suffer from bias and other methodological flaws.

This paper presents a systematic literature review investigating the function, use and impact of WASH interventions implemented to control cholera.

The review yielded eighteen studies and of the five studies reporting on health impact, four reported outcomes associated with water treatment at the point of use, and one with the provision of improved water and sanitation infrastructure. Furthermore, whilst the reporting of function and use of interventions has become more common in recent publications, the quality of studies remains low. The majority of papers(>60%)described water quality interventions, with those at the water source focusing on ineffective chlorination of wells, and the remaining being applied at the point of use. Interventions such as filtration, solar disinfection and distribution of chlorine products were implemented but their limitations regarding the need for adherence and correct use were not fully considered. Hand washing and hygiene interventions address several transmission routes but only 22% of the studies attempted to evaluate them and mainly focused on improving knowledge and uptake of messages but not necessarily translating this into safer practices. The use and maintenance of safe water storage containers was only evaluated once, underestimating the considerable potential for contamination between collection and use. This problem was confirmed in another study evaluating methods of container disinfection. One study investigated uptake of household disinfection kits which were accepted by the target population. A single study in an endemic setting compared a combination of interventions to improve water and sanitation infrastructure, and the resulting reductions in cholera incidence.

This review highlights a focus on particular routes of transmission, and the limited number of interventions tested during outbreaks. There is a distinct gap in knowledge of which interventions are most appropriate for a given context and as such a clear need for more robust impact studies evaluating a wider array of WASH interventions, in order to ensure effective cholera control and the best use of limited resources.

第9章　废水生物处理及生物特性

✣ 内容提要

本章介绍了污水生物处理的基本原理与基本概念，阐述了污水好氧处理、厌氧处理、生物脱氮除磷、污水生态处理的基本原理与方法，重点叙述了污水生物处理中的微生物、生物群落特征及其作用，分析了好氧、厌氧、生物脱氮除磷等主要工艺中对微生物直接或间接的影响因素。

✣ 思考题

(1)有机污水生物处理(biologic treatment)的基本原理是什么？

(2)什么是 TOD、COD_{Cr}和 BOD_5，同一种污水的各个指标大小如何排列？

(3)污水好氧、厌氧处理对水质要求(requirement for water quality)有何不同？

(4)图示生物处理的基本生化过程。

(5)图示常规的“活性污泥法工艺”流程图，并用文字标出单元名称，说明其作用。

(6)请从微生物在自然物质循环中的作用原理角度，分析“为什么污水放置一段时间后会发臭？”

(7)什么是活性污泥(activated sludge)，什么是活性污泥絮凝体(floc)，两者有何区别？菌胶团多的污泥好还是少的好？活性污泥絮凝体有哪些功能？

(8)活性污泥中常见的丝状菌的种类有哪些？活性污泥中的丝状菌多好还是少好，为什么？

(9)活性污泥中的生态系统如何，其中的原生动物的作用有哪些？

(10)请设计一个实验方案，测定活性污泥的参数 SV、SVI、MLSS 和 MLVSS，并写出测定过程的主要步骤。

(11)生物膜法(wastewater treatment process of biofilm)有何特征，为什么说其有脱氮作用？

(12)生物膜法与活性污泥法在生物学方面主要有哪些不同？

(13)什么是厌氧生物处理发酵(ferment)的三阶段理论(three-stage theory)？处理什么样的废水需要有厌氧处理单元？

(14)图示氧化塘(oxidation pond)污水处理生物学原理。

(15)叙述污水生物除磷(phosphorous removal)的方法原理及其主要条件。

(16)请比较说明污水的人工湿地与土地处理原理。

(17)大型水生植物主要有哪些生态类型？它们在水质净化(water purification)方面起什么样的作用，有何不同？

(18)原生动物与微型后生动物在污(废)水生物处理中的作用有何不同？

9.1 污水生物处理基本原理

9.1.1 污水特性及主要污染物指标

1)污水特征

污水(wastewater)是指使用后所排放的、携带污染物质的、影响使用和环境的水。污水包括生活污水、工业废水、农业污水和其他被污染的水等。习惯上,生活用水排水被称为污水,生产用水排水被称为废水。目前,我国水污染越来越严重的趋势没有得到彻底的遏制,水污染问题依旧严重影响着人们的生活。江、河、湖泊水污染负荷超过了水环境容量,水质较差。全国多数水系、多数城市地下水受到不同程度污染。水环境污染对社会经济发展及人类生存构成严重威胁。因此,污水处理直接关系到人类健康与社会的发展。

污水中含有各种各样的化学污染物,其特点是种类多、成分复杂多变、物理性质多样、可生物处理性差异大。水中污染物可分成无机与有机两大类。无机污染物包括氮、磷等植物性营养物质,非金属、金属与重金属(如汞、铜、铬等)以及主要因无机物存在而形成的酸碱度的改变。许多重金属对人体和生物有直接的毒害作用。

污水中可生物降解性有机污染物(多为天然化合物)排入水体以后,在微生物的作用下得到降解,消耗水中的溶解氧,引起水体缺氧和水生生物的死亡,破坏水体功能。在厌氧条件下有机物被微生物降解产生 H_2S、NH_3、低级脂肪酸等有害或恶臭物质。人工合成的难生物降解性污染物,特别是持久性污染物(persistent organic pollutants,POPs),如农药、卤代烃、芳香族化合物、聚氯联苯等,一般具有毒性大、稳定性强、易于在生物体内富集等特点。它们被排入环境以后在环境中长时间滞留,可直接或通过生物链对人体健康造成危害。

2)污染物指标

水质污染指标是评价水质污染程度的指标,污水处理中常用指标如下。

(1)需氧量

由于污水中的有机污染物的种类繁多,因此对所有的污染物逐个进行定性定量分析在技术上是不可能的,也是没有必要的。根据有机物被氧化时都需要消耗氧的这样一个共同特点,可用污水的需氧量来表示污水中有机物的含量。需氧量有三种表示方法:

① 总需氧量(total oxygen demand,TOD)指水中全部有机物在被彻底氧化成 H_2O、CO_2、NO_3^-、SO_4^{2-} 等无机物过程中所消耗的氧的量。其中也包括污水中能被氧化的还原性无机物的需氧量。

② 化学需氧量(chemical oxygen demand,COD)指用强氧化剂氧化污染物所消耗氧的量,所有能被氧化剂氧化的有机物与无机物均包括在内。由于某些物质不能被氧化剂氧化,一般情况下 COD≤TOD。用 $K_2Cr_2O_7$ 与 $KMnO_4$ 为氧化剂测定化学需氧量时,测定结果分别称为 COD_{Cr}、COD_{Mn}。由于 $KMnO_4$ 氧化能力低于 $K_2Cr_2O_7$,COD_{Mn} 现多被用作水环境指标,此时 COD_{Mn} 则被称为高锰酸盐指数。通常情况下,没有下标的 COD 就是指 COD_{Cr}。

③ 生化需氧量(biochemical oxygen demand,BOD)指微生物在有足够溶解氧存在的条

件下，分解有机物所消耗的氧量。通常用 BOD_5(5 日生化需氧量)表示，即在 20℃条件下培养 5 日时氧的消耗量。未加特殊说明的 BOD 均指 BOD_5。

在污水处理厂，广泛应用 BOD 作为有机污染物含量的指标。必须指出，这是一种间接指标，具有一定的局限性。它只能评价有机污染物中易生物降解的部分，不能全部反映污水中有机物含量，特别对于某些含难降解有机物的污水则更是如此。

污水分析中，也常用总有机碳量(total organic carbon，TOC)表示污水有机污染物含量。

(2)总氮

污水中的有机氮化合物、氨、硝酸根和亚硝酸根中的氮分别称为有机氮、氨氮、硝酸氮和亚硝酸氮。污水中所有含氮化合物的总含氮量，为总氮(total nitrogen，TN)，是表示污水被氮污染的综合指标。

(3)总磷

总磷(total phosphorus，TP)指污水中所有含磷化合物(包括有机磷化合物、无机的正磷酸根和偏磷酸根等)的总含磷量，是表示污水被磷污染的综合指标。

9.1.2　污水生物处理

1)污水处理方法分类

污水处理的目的是利用各种技术方法，将污水中的污染物质分离去除或将其转化为无害物质，使污水得到净化。污水处理技术可分为物理处理法、化学处理法、物理化学处理法和生物处理法。

由于污水中的污染物具有成分复杂、可处理性差异大等特点，一种处理方法往往不能满足处理的要求，因此在实际工作中常采用物理/化学方法与生物处理相结合的组合工艺。

生物处理法主要是利用微生物的代谢作用分解与转化污水中的胶体性或溶解性污染物以及氮、磷等营养物质，使之成为无害物质。亦用于某些重金属离子和无机盐离子的处理。水生植物可以吸收污水中的 N、P 污染物，也是生物处理技术。

生物处理法具有投资少、运行成本低、工艺设备较简单、运行条件平和，能彻底降解污染物而不产生二次污染等特点，自 19 世纪末生物处理法开始出现以来，已成为污水处理的主要技术，广泛用于生活污水和工业废水的处理中。目前世界各国 90%以上的污水处理厂都采用生物处理技术。

2)处理程度分级

根据处理对象与程度，污水处理可分为三级。

一级处理(primary treatment)：有时也称为预处理，主要通过过滤、沉淀等物理方法去除污水中粗大固形物及部分悬浮物、浮油等。

二级处理(secondary treatment)：在一级处理基础上，主要去除水中可溶性的有机污染物。二级处理主要方法是生物法，因此，生物处理或生化处理几乎成为二级处理的代名词。近年来，二级处理也采用以化学或物理化学为主体的污水处理工艺。为达到《城镇污水处理厂污染物排放标准》一级 A 或更高标准，新建污水厂设计中必须有深度处理。

三级处理(tertiary treatment)：也称深度处理(advanced treatment)是指采用各种方法(物理、化学、生物学等)使二级处理后的出水进一步净化，如脱氮除磷、降低 SS 等，满足水体环境的高标准要求，或达到某种用途的处理。

20 世纪七八十年代，水体富营养化问题日益严重，污水处理逐步进入污水深度处理阶段。采用物理、化学方法对传统生物处理出水进行脱氮除磷处理及去除有毒有害有机化合物的深度处理技术也发展起来。目前，很多污水处理厂正在由二级处理升级改造为深度处理工艺。为达到《城镇污水处理厂污染物排放标准》一级 A 或更高标准，新建污水厂必须有深度处理。

3)有机污水生物处理

(1)有机污水生物处理的基本原理

自然界中很多微生物有分解与转化有机物等污染物的能力。实践表明，利用微生物氧化分解污水中的有机物是十分有效的。人为创造微生物生长的适宜条件，使微生物高浓度地富集在污水处理装置(特定的构筑物)中，充分利用微生物的代谢作用，快速高效率地分解、转化污水中的污染物，从而使污水得到净化。有机污水的生物处理具有相似的基本生化过程，有机污水生物处理总生化过程如图 9－1 所示。

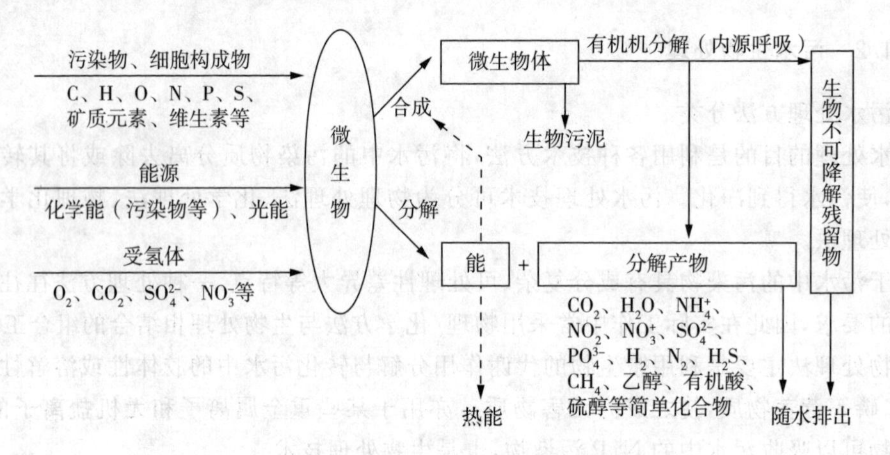

图 9－1　有机污水生物处理总生化过程示意图

污水中的小颗粒固体、胶体等不溶性有机物先附着在菌体外，由微生物细胞分泌的胞外酶将其分解为可溶性物质，随同污水中原有可溶性有机物，透过细胞壁和细胞质膜被菌体吸收，渗入细胞内。再通过微生物体内的氧化、还原、分解、合成等生化作用，把一部分吸收的有机物转化为微生物体所需营养物质，组成新的微生物体(好氧菌 40％～60％、厌氧菌 4％～20％)。把另一部分有机物氧化分解为 CO_2 及 H_2O 等简单无机物(厌氧性处理中生成 H_2S、CH_4、NH_3 等还原性物质)，同时释放出能量，供微生物生长与活动需要。分解后的对环境无害的产物随着出水排出，少量不能被降解的有机污染物也随出水排出生化池。

另外，当污水中有机物不足或消耗完时，一部分微生物把自身细胞物质当成基质来氧化释放出能量，发生“内源呼吸”。最后这一部分微生物就会因饥饿而死亡，它们的尸体将成为另一部分微生物的“食料”。呼吸后不能被分解的部分物质，也随着污水中不能被降解的部分一起被排出构筑物。所以，生化处理出水中仍有少量有机物，出水 BOD 可以不断降低，但很难达到 0 mg/L。

(2)污水生物处理的基本类型

根据处理过程中微生物对氧气要求不同,可将污水生物处理分为好氧生物处理、厌氧生物处理两大类。根据微生物(污泥)生长方式不同,可将污水生物处理分为悬浮生长型和附着生长型两类。污水生物处理常用的工艺方法有好氧生物处理法、厌氧生物处理法、生态处理法等。

(3)污水生物处理中的微生物生态系统

各类污水生物处理系统中的微生物都是混合培养微生物系统,其中有多种多样的微生物。从生态学角度看,生物处理构筑物中包含一个完整的微生物生态系统。各类生物构成一个食物网,形成一个食物金字塔。在这种食物网金字塔中具有不同层次的营养水平。

9.2　污水好氧生物处理中微生物特征

好氧生物处理是在有氧情况下,利用微生物(主要是好氧菌)进行有机污染物的降解。细菌等异养微生物通过自身的生命活动氧化、还原、合成等作用,把一部分被吸收的有机物氧化成简单的无机物,并释放细菌生长、活动所需要的能量,而把另一部分有机物转化为生物体所必需的营养物质,组成新的细胞物质,细菌生长繁殖,产生更多的细菌。

当污水中有机物较多时(超过微生物生活所需时),合成部分增大,微生物总量增加较快。微生物以悬浮的状态存在于水中,同污水中的其他一些物质(包括一些被吸附的有机物和某些无机的氧化产物以及菌体的排泄物等)在好氧生化池中通过生物絮凝作用形成悬浮的絮状活性污泥(其中含有大量微生物);而在生物膜法污水处理中,微生物则附着生长在填料(载体)表面上形成固着态的活性污泥。活性污泥在沉淀池中通过物理凝聚作用形成结构更加紧密的污泥沉淀下来,完成泥水分离。

好氧法处理污水,基本上没有臭气,处理所需的时间比较短,如果条件适宜,一般可除去80%～90%的BOD_5,有时甚至为95%以上。污水好氧处理的方法主要有:活性污泥工艺、生物膜工艺(生物滤池、生物转盘)等。

9.2.1　活性污泥中的微生物群落

1)活性污泥法

(1)活性污泥工艺

活性污泥法处理污水的基本工艺流程如图9-2所示,污水的原水(进水,influent)经过预(一级)处理,去除不溶性物质后,进入曝气生化池中进行二级处理,曝气池中的主体是含有大量微生物的活性污泥,污水和污泥接触后,水中有机污染物被微生物所吸收分解,微生物生长产生了大量污泥。泥水混合物再流入二沉池中进行泥水分离,上清液(出水,effluent)排放。二沉池的污泥一部分返回到曝气池中,补充流失的污泥,多余的污泥(剩余污泥)排出系统。

(2)活性污泥的概念和性质

活性污泥(activated sludge)是由多种多样的好氧微生物和兼性厌氧微生物(可能有厌

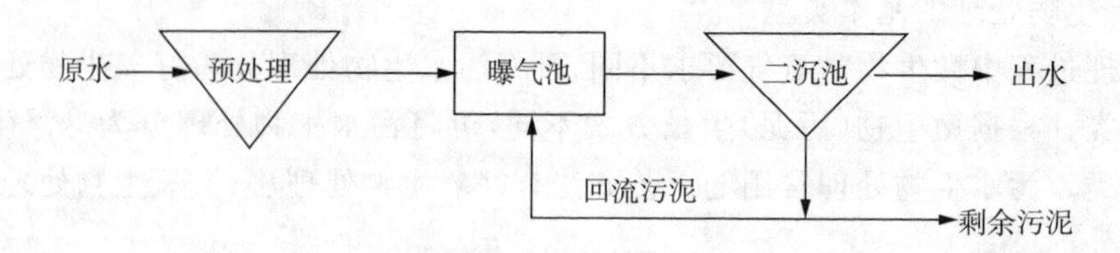

图 9-2 活性污泥法处理污水的基本工艺流程

氧微生物)与污(废)水中有机、无机固体物混凝交织在一起,形成的絮凝体(絮体,floc)颗粒。它均匀分布在曝气池中。处理不同污水的活性污泥颜色不同,如生活污水处理污泥为灰黑色,焦化废水处理污泥为红褐色。常见污泥的含水率在99%左右,比重为1.002～1.006,回流污泥比重为1.004～1.006。污泥颗粒大小为0.02～0.2 mm,比表面积为20～100 cm^2/mL,呈弱酸性(pH 约6.7)。活性污泥能自我生长与繁殖,有吸附、氧化有机物的能力,具有沉降性能和生物活性。工程上的活性污泥来自培养或者驯化(acclimation)。

(3)菌胶团与微生物群落生态学

在污水中微生物不断生长与繁殖,并形成活性污泥颗粒,但一般的活性污泥颗粒不太稳定,形态不规则、比较松散,沉降性较差。但细菌可以与原生动物分泌出一些胶质(蛋白质、多糖、核酸等胞外物质)把污泥颗粒凝聚成形态比较规则、质地均匀的污泥颗粒,即菌胶团(zoogloea)(图 9-3)。当污泥菌胶团数量所占比例很高,分散的颗粒较少时,活性污泥性能良好,且在二沉池容易沉淀。

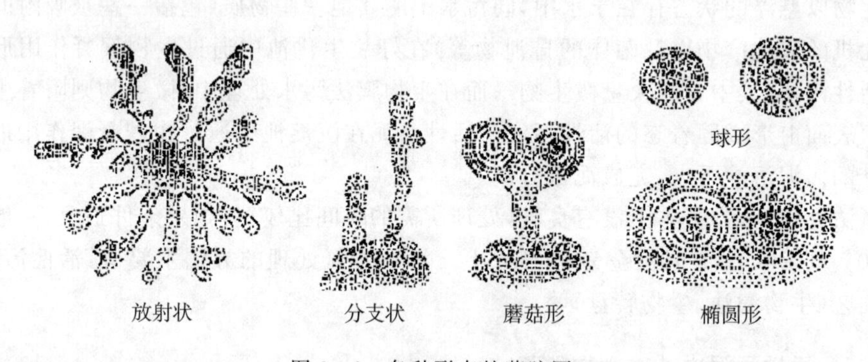

图 9-3 各种形态的菌胶团

菌胶团是活性污泥的结构和功能的中心,表现为在数量上占绝对优势(丝状膨胀的活性污泥除外),其作用主要有:

① 为微生物(特别是细菌)提供栖息场所,以免被其他生物所吞食;

② 有很强的吸附能力和分解有机物的能力。污水与活性污泥接触后,1～30 min 的时间内,被吸附到污泥菌胶团上。一旦菌胶团受到各种因素的影响和破坏,污(废)水的有机物去除率明显下降,甚至无去除能力。

③ 为微型动物提供良好生存环境。菌胶团对有机物的吸附和分解可去除毒物、提供食料,为微型动物(原生动物和微型后生动物)创造良好生存环境,同时也为它们提供附着场所。通过菌胶团的颜色、透明度、数量、颗粒大小及结构的松紧程度可衡量活性污泥的性能。例如新生菌胶团颜色浅、无色透明、结构紧密,生命力旺盛,吸附和氧化能力强。老化菌胶团

颜色深、结构松散,活性不强,吸附和氧化能力差。

④ 菌胶团紧密成团状,使污泥密度增大,使污泥具良好沉降性。这样可在污水处理的二沉池中很好地完成泥水分离。

2)活性污泥中微生物

活性污泥系统中生长着许多起氧化有机物作用的细菌和其他较高等的微生物,如酵母菌、霉菌、放线菌、藻类、原生动物和某些微型后生动物(轮虫、线虫)等。不断的人工充氧和污泥回流,使曝气池不适于某些水生生物生存,特别是那些比轮虫和线虫更大型的种群和那些生命周期长的微生物。但其他种群如剑水蚤属,甚至某些双翅目的幼虫也偶尔可见。图 9-4 是活性污泥中微生物的营养金字塔,这类人工生态系统完全受运行方式的控制,并受食物(有机负荷)和供氧的限制。

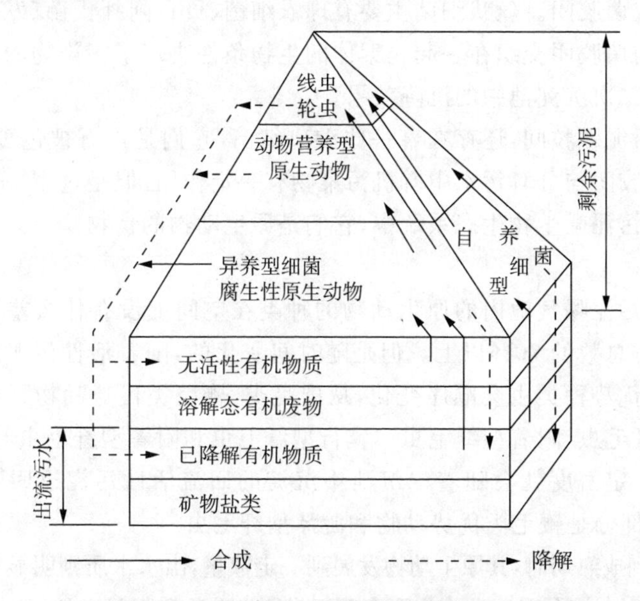

图 9-4　活性污泥中微生物的营养金字塔

(1)细菌

活性污泥的细菌从本原上讲,都是来源于土壤、水和空气。但具体到污水处理的构筑物,来源各不相同。它们多数是 G^-,也有 G^+。这些细菌能迅速稳定废水中有机污染物质,有良好的凝聚能力和沉降性能。现已鉴别确认的活性污泥中的微生物见表 9-1 所列。

表 9-1　活性污泥中的微生物

名称	数量	名称	数量
动胶菌属(*Zoogloea*)	优势菌	短杆菌属(*Brevibacterium*)	较多
丛毛单胞菌属(*Comamonas*)	优势菌	固氮菌属(*Azotobacter*)	少量
产碱杆菌属(*Alcaligenes*)	较多	浮游球衣菌(*Sphaerotilus natans*)	少量
微球菌属(*Micrococcus*)	较多	微丝菌属(*Microthrix*)	少量
棒状杆菌属(*Corynebacterium*)	一般	大肠埃希氏杆菌(*Escherichia coli*)	少量

（续表）

名称	数量	名称	数量
黄杆菌属（*Flavobacterium*）	一般	产气肠杆菌（*Enterobacter aerogenes*）	少量
无色杆菌属（*Achromobacter*）	一般	诺卡氏菌属（*Nocardia*）	少量
芽孢杆菌属（*Bacillus*）	一般	节杆菌属（*Arthrobacter*）	一般
假单胞菌属（*Pseudomonas*）	较多	螺菌属（*Spirillum*）	少量
亚硝化单胞菌属（*Nitrosomonas*）	较少	酵母菌（Yeast）	少量

曝气池中的异养细菌形成了池中生物絮体的主体，个体细菌凝聚或者由丝状菌促使它们聚集在一起，形成菌胶团。丝状细菌主要有球衣细菌、贝日阿托氏菌、发硫菌等，它们常附着于菌胶团上，或与菌胶团交织在一起。絮体的生物条件决定了污染物的去除率，其物理结构又决定了它们在二次沉淀池中的沉降效果。

另外，在活性污泥颗粒间，还存在着一些游离细菌，它们是没有被包裹到菌胶团中的细菌。它们对形成菌胶团与分解污水中有机污染物有一定作用，但是过多，不易沉降又会影响出水水质。在活性污泥微生物生态系统中，它们是原生动物的食物。

(2)原生动物

完全混合活性污泥曝气池内的原生动物的种类在空间上没有什么差别，原生动物以纤毛虫为主，纤毛虫占总数的70%以上。但是随时间变化的，随着活性污泥的逐步成熟，混合液中的原生动物的优势种类也会顺序变化，从肉足类、鞭毛类优势动物开始，依次出现游泳型纤毛虫、爬行型纤毛虫、附着型纤毛虫。爬行型纤毛虫和附着型纤毛虫与活性污泥絮体紧密连接，一旦达到一定密度就会随着二沉池中沉淀的回流活性污泥返回曝气池，而被冲洗(wash out)掉的大部分是鞭毛类优势动物和游泳型纤毛虫。

当活性污泥达到成熟期时，其原生动物发展到一定数量，出水水质则明显得到改善。新运行的曝气池或运行得不好的曝气池，池中主要含鞭毛类原生动物和根足虫类，只有少量纤毛虫；出水水质较好的曝气池混合液中，只有少量鞭毛型原生动物和变形虫，主要为纤毛虫。占优势的是固着型的钟虫属（*Vorticella* spp.）的一些种类，如沟钟虫（*Vorticella convallaria*）、小口钟虫（*Vorticella microstoma*）等；常见的游泳型纤毛虫优势种属有斜管虫属（*Chilodonella* spp.）、豆形虫属（*Colpidium* spp.）、楯纤虫属（*Aspidisca* spp.）和某些独缩虫属（*Carchesium* spp.）等。

(3)微型后生动物

活性污泥中出现的微型后生动物主要有轮虫、线虫等，它们以原生动物、活性污泥为食物，是活性污泥微生态系统的高级消费者。

某焦化厂污水处理活性污泥中的微型动物见表9-2所列。

表9-2 某焦化厂污水处理活性污泥中的微型动物

类群	种类	出现频率/%	平均多度/(个·mL^{-1})
鞭毛虫 flagellates	大型鞭毛虫 Large flagellates(>20μm)	16	774
	小型鞭毛虫 Small flagellates(≤20μm)	63	256

（续表）

类群	种类	出现频率/%	平均多度/(个·mL^{-1})
匍匐型纤毛虫 Crawling ciliates	有肋楯纤虫 *Aspidisca costata*	38	475
	锐利楯纤虫 *Aspidisca lynceus*	41	213
	盘状游仆虫 *Euplotes patella*	6	244
固着型纤毛虫 Sessile ciliates	小口钟虫 *Vorticella microstoma*	100	815
	沟钟虫 *Vorticella convallaria*	69	202
	扩张钟虫 *Vorticella extensa*	28	46
	杯钟虫 *Vorticella cupifera*	22	19
	湖累枝虫 *Epistylis lacustris*	47	50
肉食性纤毛虫 Carnivorous ciliates	楔形双膜虫 *Dichilum cuneiforme*	19	90
	固着吸管虫 *Podophrya fixa*	31	23
变形虫 amoebae	有棘鳞壳虫 *Euglypha acanthophora*	2	6
	蛞蝓鞭变形虫 *Mastigamoeba limax*	0	234
鞭毛虫 flagellates	大型鞭毛虫 Large flagellates	16	244
	小型鞭毛虫 Small flagellates	63	196
微型后生动物 Micro-metazoa	轮虫 Rotifers	97	427

注：鞭毛虫没有鉴别种类，按照其大小进行统计，个体>20μm 的为大型鞭毛虫，个体≤20μm 的为小型鞭毛虫。

该焦化废水处理活性污泥中微型动物群落总多度最高达到 6.5×10^3 个·mL^{-1}，固着型和匍匐型纤毛虫为共优势种群，其平均相对多度分别为 16.67%、17.04%，总多度最大达(940±866)个·mL^{-1}。但由于焦化废水中含有毒物质(酚、氰)，其数量小于城市污水处理厂。

微型动物在污(废)水生物处理中的作用有：

① 促进絮凝

有的原生动物能分泌黏液，促进微生物的絮凝作用，形成较大的絮凝体，从而改善活性污泥的泥水分离特性与效果。

② 指示作用

低等生物对环境适应性强，对环境因素的改变不甚敏感，而较高等生物则对环境敏感。如钟虫等纤毛虫类原生动物对毒物特别敏感，在含有毒废水生物处理的生化池中较少出现。所以，水体中的排污口、废水生物处理的初期或推流系统的进水处，只生长大量的细菌，其他微生物很少或不出现。随着污(废)水净化程度增加，相应出现许多较高等的微生物，污水净化过程中的微生物演替如图 9-5 所示，与污染河流自净过程中微生物出现顺序类似。

它们出现的先后次序是：细菌→植物性鞭毛虫→动物性鞭毛虫→肉足类(变形虫)→游泳型纤毛虫、吸管虫→固着型纤毛虫→轮虫。上述微型动物可作为指示生物，根据它们的活动规律判断活性污泥培养成熟程度，水质和污(废)水处理程度，活性污泥不同时期的微生物相见表 9-3 所列。

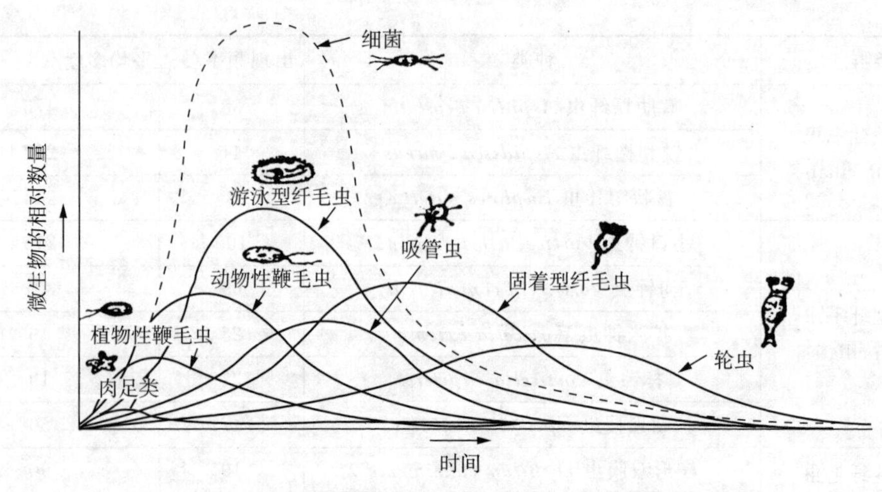

图 9-5　污水处理过程中的微生物演替

表 9-3　活性污泥不同时期的微生物相

污泥培养初期	污泥培养中期	污泥培养成熟期
鞭毛虫、变形虫	游泳型纤毛虫、鞭毛虫	固着型纤毛虫、楯纤虫、轮虫

原生动物在环境条件恶劣时，虫体发生由正常向胞囊过渡的一系列变态，可通过这些变态判断水质。如果废水水质改善，虫体可恢复原状。

在污(废)水生物处理正常运行时，进水流量、有机物浓度、溶解氧、温度、pH 值、毒物等的突然变化，影响正常的处理效果，使出水水质达不到排放标准。通过分析可以得知水质的变化，但有机物浓度、有毒物质等的测定时间较长，故不易做到经常测定。而微生物镜检很简便，随时可了解到原生动物种类变化、相对数量和生长状况等。根据原生动物与微型后生动物消长规律，可初步判断污泥的状况与污(废)水净化程度，或根据原生动物个体形态、生长状况的变化预测进水水质和运行条件是否正常。一旦发现原生动物形态、生长状况异常，要及时分析原因，及时调整工艺参数，恢复正常。因此，活性污泥及其微生物的镜检也是污水处理厂(站)的日常管理工作之一。

③ 净化作用

原生动物的营养类型多样，腐生性营养的鞭毛虫通过渗透作用吸收污(废)水中溶解性有机物。大多数原生动物是动物性营养，它们吞食有机颗粒和游离细菌，改善出水水质。尽管原生动物的数量和代谢途径不及菌胶团多，净化作用也不及菌胶团，然而，原生动物和微型后生动物通过吞食菌胶团及其他微生物起到一定程度的净化作用。从表 9-4 中可看出，纤毛虫对出水水质有明显改善。

表 9-4　纤毛虫在污水净化中的作用

项　　目	未加纤毛虫	加入纤毛虫
出水平均 BOD_5/(mg/L)	54～70	7～24
过滤后 BOD_5/(mg/L)	30～35	3～9

（续表）

项　　目	未加纤毛虫	加入纤毛虫
出水平均有机氮/(mg/L)	31～50	14～25
出水悬浮物/(mg/L)	50～73	17～58
沉降30分钟的悬浮物/(mg/L)	37～56	10～36
出水10 μm时的光密度	0.340～0.517	0.051～0.219

(4)其他微生物

活性污泥中还有一定数量的真菌，以霉菌为主，如毛霉属、根霉属、曲霉属、青霉属、地霉属等，常出现在低pH值的污水中，与污泥絮凝体与污泥膨胀有关。

因为污水处理构筑物暴露在阳光下，在混合液中、池壁上也可见到藻类，但数量极少，很难生长。来自生活污水的病毒、立克次氏体、支原体、衣原体、螺旋体及其他病原微生物，也存在于活性污泥中，所以处理后的水应经消毒后才能排入自然水体中。

(5)活性污泥的微生物生态系统

与所有生物处理过程一样，活性污泥系统中有混合培养的许多起氧化有机物作用的细菌、其他较高级的水生微生物，形成了具有不同营养水平的生态系统。曝气池内的活性污泥是在不同的营养、供氧、温度及pH等条件下，形成以最适宜增殖的细菌为中心与多种多样的其他微生物集居所组成的一个生态系统，形成一个食物网。活性污泥在曝气池内因曝气搅动始终与污(废)水完全混合，总以悬浮状态存在，并处于激烈运动当中。因此，从完全混合式曝气池的任何一点取出的活性污泥的微生物群落基本相同。推流式曝气池则是每一区段中任何一点的活性污泥的微生物群落基本相同，各区段之间的微生物种群和数量有差异，随推流方向微生物种类依次增多。在处理不同污水构筑物中的活性污泥微生物种群不同，营养(废水种类、化学组成、浓度)、温度、供氧、pH等环境条件改变，导致主要细菌种群改变。

3)活性污泥法中微生物造成的运行问题

活性污泥颗粒的尺寸的差别很大，其幅度从游离的个体细菌的0.5～5.0 μm，到直径超过1000 μm(1 mm)的絮凝体。絮凝体大小尺寸取决于它的黏聚强度和曝气池中紊流剪切作用的大小。而絮凝体大小不同又会影响到结构的稳定性。

在活性污泥运行中，污泥絮体结构不正常，如污泥膨胀、不絮凝、微小絮体、起泡沫和反硝化等，会造成活性污泥沉降性问题，导致二沉池中泥水的分离困难。

(1)丝状菌引起的污泥膨胀

污泥膨胀(bulking of activated sludge)是指污泥结构松散、沉降性能恶化，随出水飘浮溢出曝气池，导致出水水质变差的异常现象。开始时，尽管膨胀污泥比正常活性污泥的沉速慢，但出水水质仍然很好。即使污泥膨胀已较严重，但延伸的丝状菌会过滤掉形成浊度的细小颗粒，出水仍能是清澈的上清液。只有当沉降性很差，泥面上升，以致大的絮凝体也溢出沉淀池时，最终出水中SS和BOD才会升高。

引起污泥膨胀原因主要有两种：丝状菌引起的和非丝状菌引起的。大多数情况下，都是由丝状菌过度生长引起的。理想絮体的沉降性能好，最终出水中SS和浊度极低，丝状菌与絮体形成均保持平衡，丝状菌都留在絮体中，增加絮体强度并保持其固定结构。即使有少数丝状菌伸出污泥絮体，但其长度足够短小而不会影响污泥沉降。相反，大量丝状菌伸出絮凝体，使污泥密度减小，悬浮起来难以沉降而形成污泥膨胀。

一般认为这是因温度、pH 值不适引起丝状菌大量生长而造成的。已知大约有数十种丝状细菌可造成活性污泥膨胀，如浮游球衣菌（*Sphaerotilus natans*）、贝氏硫细菌、放线菌、地霉等。

非丝状细菌引起的污泥膨胀根本原因目前还不太清楚，一般认为是曝气池中生态平衡遭到破坏时，污泥、营养和氧气等要素发生紊乱所造成的；或者是有机物过多，氮磷等营养缺乏、比例失调而造成污泥膨胀。

目前控制污泥膨胀的主要方法有如下几种。

① 投加化学药剂，如漂白粉、次氯酸钠、过氧化氢等。这些化学剂用于有选择地控制丝状微生物的过量增长。

② 投加混凝剂。投加三氯化铁或高分子絮凝剂以改善污泥的絮凝，同时也会增加絮体的强度。

③ 控制污泥负荷。污水处理厂的一般处理系统的正常负荷为 0.2～0.45 kg BOD_5/(kg MLSS·d)，发生污泥膨胀时，负荷常超出此范围。将污泥负荷率控制在正常负荷范围内，也是控制污泥膨胀的一个重要手段。

④ 控制营养比例。一般曝气池正常的碳、氮和磷的比例为 BOD∶N∶P＝100∶5∶1。当 BOD∶P 偏高时，丝状微生物能将多余部分碳源储存在体内。当营养浓度不足时，丝状微生物仍有储存，这就增强了丝状微生物对絮体形成细菌的竞争。

⑤ 控制 DO 浓度。为防止丝状微生物的猛增，增加曝气中的溶解氧（DO），一般应不小于 2.0 mg/L，最好控制在 2～4 mg/L。

⑥ 调节水中酸碱度。因为引起污染膨胀的主要微生物球衣菌的适宜 pH 范围为 5.2～9.0，可在几天内将池水中 pH 维持在 9.0 以上或在 5.0 以下，抑制丝状菌的生长。

(2)不凝聚（污泥解体）

不凝聚是絮凝体变得不稳定而碎裂，或者因过度曝气形成的紊流将絮体剪切成碎块而造成的一种絮凝体微细化现象。也可能是细菌不能凝聚成絮体，微生物成为游离个体或非常小的丛生块。它们在沉淀池中呈悬浮态，并随出水连续流出。一般认为不凝聚是由溶解氧浓度低、pH 低或冲击负荷造成的。某些有毒废水也可形成微小絮凝体。分析其具体原因，改变工艺条件，消除不凝聚现象。

(3)起泡沫现象

在曝气池运行过程中，常常出现很厚的白色泡沫，有时厚达 0.5 m，甚至溢出池外。而在白色泡沫的上面又常浮起污泥。引起泡沫的原因主要是：水中存在合成洗涤剂，或者是微生物产生了一些表面活性物质。

微生物造成的泡沫是一种很密实的、棕色的泡沫，是由于某些诺卡氏菌属（*Nocardia*）的丝状微生物超量生长，曝气系统的气泡进入其群体而形成泡沫。这种泡沫以一种密实稳定的状态或一层厚浮渣的形式浮在池面上。

气泡附着于诺卡氏菌属的机理是相当复杂的。有时，虽然这种丝状微生物在混合液中的种群密度也很高，但却不会造成污泥难沉降问题。其原因是诺卡氏菌属产生许多分枝使絮体成为很坚固的宏结构，生成一种大而牢固、很容易沉降的絮体。

能促使诺卡氏菌属生长的原因尚不甚清楚，但在高温(大于 18 ℃)、高负荷和长泥龄(大于9 d)的条件下，诺卡氏菌生长较快。在活性污泥法处理厂中广泛应用的控制诺卡氏菌属生长的方法是减少泥龄，用增加剩余污泥排放量的方法将诺卡氏菌属冲洗出处理系统。水温愈高则要求泥龄愈低，才愈易控制这类微生物生长。

9.2.2　生物膜法及其主要微生物

污水处理的生物膜法中最常用的形式为生物滤池(biological filter)。生物滤池(滴滤池)为附着型或固定膜反应器。在这种反应器内微生物形成生物膜附着在滤料(填料、载体)上。早期的生物滤池的处理负荷低，为低负荷生物滤池，后发展为高负荷生物滤池，后来又发展出了若干改进型生物膜反应器，如生物转盘、生物流化床、曝气生物滤池等。各种生物膜反应器内的微生物种类及作用基本相同，下面就生物滤池中的各种微生物及其生态学内容进行论述。

1)生物膜

(1)生物膜的概念和组成

生物膜(biofilm)是由多种多样的好氧微生物和兼性厌氧微生物黏附在载体(生物滤池滤料、生物转盘盘片)上所形成的一层带黏性、薄膜状的微生物混合群体。生物膜是净化污(废)水的主体。生物膜在填料表面上不连续和非均相分布，颜色、厚度、密度分布不均。生长在膜内的微型动物连续不停地捕食、挖洞，使生物膜变得疏松，孔洞、沟渠结构普遍存在。污水与 DO 可穿过膜表面直至相当的深度，其穿透限度取决于膜厚和滤池的水力负荷等。

人们对生物膜结构的认识是一个逐步深入过程。由早期的均质生物膜模型经分层生物膜模型，发展到目前被多数学者认同的异质生物膜模型(图 9－6)。均质模型认为胞外聚合物和生物量是均一的一维模型，后针对多底物、多生物种群的生物膜，又提出了分层的一维生物膜模型，认为沿生物膜深度方向上生物量呈不均匀性；随着定量分析生物膜技术的发展，如共聚焦显微镜(CLSM)和微电极的应用，对生物膜的动态进行了三维成像，表明生物膜内外沿深度方向以及膜内部深度上呈现梯度分布，并存在中孔(cavity)、空隙(void)及通道，因而提出异质模型，建立了生物膜三维方向传质的数学模型。

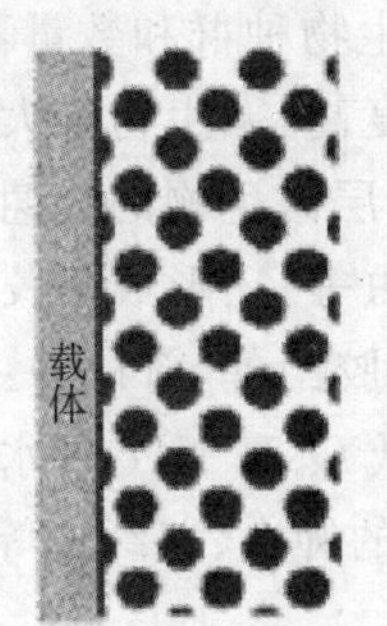

(a) 均质生物膜

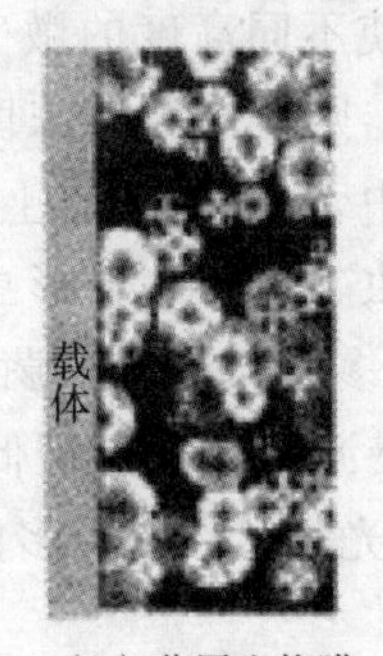

(b) 分层生物膜

(c) 异质生物膜

图 9－6　生物膜结构模型

生物膜有一个形成、生长、成熟和衰老脱落的动态过程。往往先在载体表面的一些凹凸不平处有一些微生物附着，然后污水的有机物和无机物逐步在其上积累，加上微生物的增殖，在微生物分泌的胶质物质作用下，慢慢形成小的微生物斑块（类似于活性污泥中的菌胶团），很多斑块相互连接起来就形成了薄薄的生物膜。然后生物膜又慢慢增厚，达到一个相对稳定的厚度后，保持平衡，形成成熟的生物膜。

生物滤池建成后，就开始进水培养生物膜，污水中含有各种微生物，不需要接种。在夏天3～4周在滤料上就能长成正常的生物膜，冬天约需2个月。成熟生物膜厚度为2～3 mm，在BOD负荷大、水力负荷小时生物膜增厚。由于传质的阻力增大，生物膜的里层供氧不足，形成内部厌氧膜层，而外层始终保持好氧状态。当进水流速增大时，一部分脱落，在脱落处又开始形成新的生物膜，把脱落处重新弥补起来形成完整的生物膜。在春、秋两季发生生物相的变化。

(2)生物膜中的微生物群落

生物膜上生长着一个复杂的生物群体，含有各种微生物，其生物相与活性污泥中相差不多。

① 细菌。生长在生物滤池中的细菌大多是G^-，例如，无色杆菌、黄杆菌、极毛杆菌、产碱杆菌等。其中很多都能形成菌胶团。丝状细菌则有球衣细菌、贝氏硫细菌等。在生物滤池下层，主要是硝化细菌。

② 真菌。有镰刀霉、青霉、毛霉、地霉、枝抱属以及多种酵母菌。

③ 藻类。仅生长在滤池表面，主要有小球藻、席（蓝）藻、丝（绿）藻等。

④ 原生动物。最常见的有固着型的纤毛虫，如钟虫、累（等）枝虫、独缩虫等，以及游泳型纤毛虫，如楯纤虫、斜管虫、尖毛虫、豆形虫和草履虫等。它们加快滤池净化速度，提高滤池整体的处理效率。

⑤ 微型后生动物和其他种类的小型动物。微型后生动物有：轮虫、线虫、寡毛类的沙蚕、颗体虫等。其他小动物有蠕虫、昆虫的幼虫，甚至灰蝇等小动物也会在滤池内生长繁殖。它们有去除池内污泥、防止污泥积聚和堵塞的功能。

(3)生物膜中微生物生态学

对于生物滤池，生物膜在其中的分布不同于活性污泥中的均匀分布，生物膜附着在滤料上不动，废水自上而下淋洒在生物膜上。即滤池内不同高度（不同层次）的生物膜所得到的营养（有机物的组分和浓度）不同，致使不同高度的微生物种群和数量不同。微生物相是分层的。若把生物滤池分上、中、下三层，则上层营养浓度高，微生物绝大多数为细菌，只有少数鞭毛虫；中层微生物得到的除废水中营养外，还有上层微生物的代谢产物，微生物的种类比上层稍多，有球衣菌、鞭毛虫、变形虫、豆形虫、肾形虫等，还形成菌胶团；下层有机物浓度低，低分子有机物较多，微生物种类更多，除球衣菌、菌胶团外，有以钟虫为主的固着型纤毛虫和少数游泳型纤毛虫，如楯纤虫和漫游虫。若处理低C、高NH_3污水时，生物膜上层除长菌胶团外，还长较多的藻类（因上层阳光充足），有较多的钟虫、盖纤虫等。中、下层菌胶团长得不好。

活性污泥法只为生物提供液态生长环境，而生物滤池既为水生生物也为陆生生物提供生长环境；生物膜中既有水生的微生物，又有陆生的小动物。因此，生物滤池中的食物链比活性污泥的多几级营养水平。水质净化的最基本部分是异养性膜，它将进水中溶解的和悬浮的有机物转化成细菌和菌类生物膜。原生动物居留在生物膜上，有些与游离细菌在一起，还有一些靠捕食其他原生动物或腐生植物(saprophytes)生存。生活在膜上的还有轮虫和线虫。小动物主要是真蝇类的幼虫和寡毛纲蠕虫，以生物膜中线虫等为食物。

2)生物膜法污水处理原理

生物滤池滤料(载体)上生长了生物膜，生物膜吸附形成液膜(附着水层)，再往外是流动水，最外侧是空气。污水中有机物、外部空气中的 O_2 穿过水层液膜传递给生物膜的生物体部分，愈往膜内部传递，氧的浓度愈低，甚至靠近滤料处会出现厌氧状态。生物膜内的细菌将传入生物膜内的有机物进行分解，内部为厌氧分解所产生的中间产物，包括还原性的气体(H_2S、NH_3 等)，表层好氧分解所产生的简单无机物质，如 H_2O、CO_2、NO_3^- 等)，向外传输回到水中。生物膜污水处理原理如图 9-7 所示。

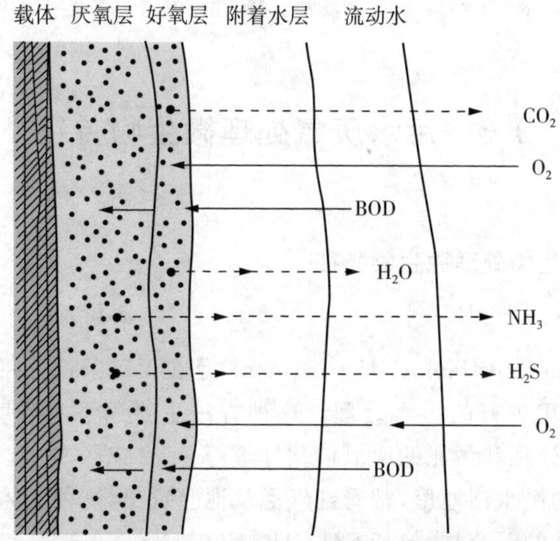

图 9-7　生物膜处理原理示意图

3)生物膜法处理污水的特点

和活性污泥法相比，生物膜法有以下特点：

(1)生物种类的多样性高。原因是更代时间长的微生物，如生长很慢的生物(硝化菌、水蚯蚓)都能在生物膜中生存，营养等级多、食物链长。

(2)产生的污泥少。微生态系统中，食物链长(图 9-8)，后生动物摄食细菌和原生动物，使最后积累在生物膜中的生物量小，昆虫、鸟类还将一定的生物量带出处理系统。同时，形成的生物膜脱落污泥比较密实，比活性污泥易于处理。

(3)节省能源，生物膜法处理中，不需要活性污泥法那样用大功率的风机给活性污泥充氧，因而可以节省运行成本。

(4)去除 N。在生物膜内部存在着厌氧区域，可进行反硝化作用，把硝化作用生成的硝酸盐反硝化成 N_2 释放到大气中去，因而具有脱氮功能。

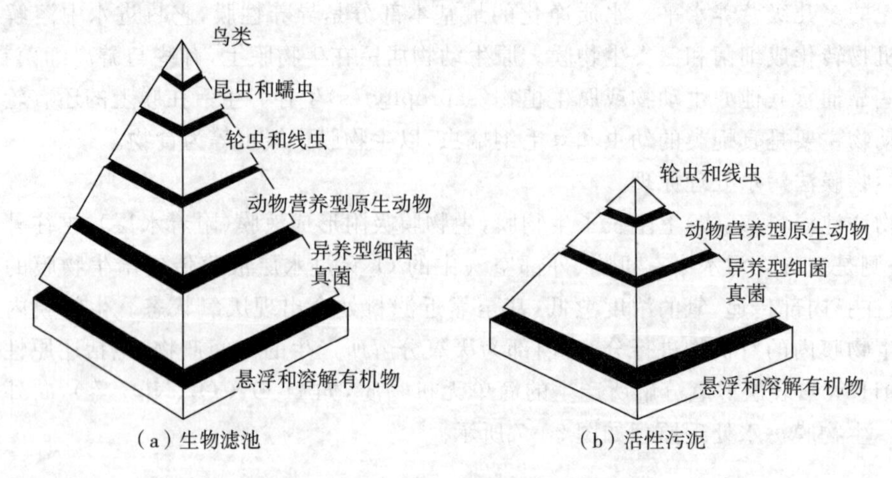

图 9-8　生物膜法(生物滤池)与活性污泥法营养金字塔比较

9.3　污水厌氧处理微生物特征

9.3.1　污水厌氧生物处理微生物特征

1)概述

厌氧生物处理(anaerobic biological treatment)是在无氧条件下,依靠厌氧微生物(包括兼性微生物)的分解作用进行的污水处理。这种方法主要用于高浓度有机污水、难处理污水、需脱氮除磷污水的处理和污泥的厌氧消化处理等。

在含腐烂有机质的淤水沼池里,常看到气泡从池底冒出,这种气体就是厌氧生物产生的沼气。沼气是多种气体的混合物,包括 CH_4、H_2、CO_2、CO、N_2、NH_3 和 H_2S。沼气以 CH_4 为主,约占 50%～75%,CO_2 约占 25%～50%。沼气分布很广,淡水湖泊、河流、池沼淤泥和海洋的沉积物都可产生沼气。地层中存在天然沼气,已被大量地应用于工业生产和人们的日常生活中。

早在 19 世纪末到 20 世纪初时,许多国家的微生物学者就对纤维素的发酵进行研究。发现在厌氧条件下,经微生物作用后,纤维素和其他有机物发酵产生沼气。苏联微生物学者奥梅梁斯基提出沼气发酵理论,并为开辟沼气应用的途径奠定了基础。随后人们将城市的垃圾、粪便、污水、工业废水及生物处理的剩余污泥等,放在发酵罐(消化池)内进行厌氧发酵,从中取得可燃性气体甲烷(CH_4),应用于发电,既清洁了城市又可获得能源。对粪便污水进行厌氧消化,除净化污水取得能源外,还能杀死致病菌和致病虫卵。例如蛔虫在 12 ℃消化池内停留 3 个月死亡。产甲烷菌存在时,致病菌,例如伤寒杆菌、霍乱弧菌无法生存。经消化的污泥符合卫生标准,消化期间几乎所有病原菌和蛔虫卵都被杀死。消化污泥还是很好的有机肥料,施用后不会散发臭气、不会引起土壤板结,相反还能改善土壤结构。

(1)厌氧分解三阶段理论

甲烷发酵是如何完成的呢,其过程如何? 1979 年 Bryant 提出甲烷发酵三个阶段理论,甲烷发酵的三阶段过程如图 9－9 所示:

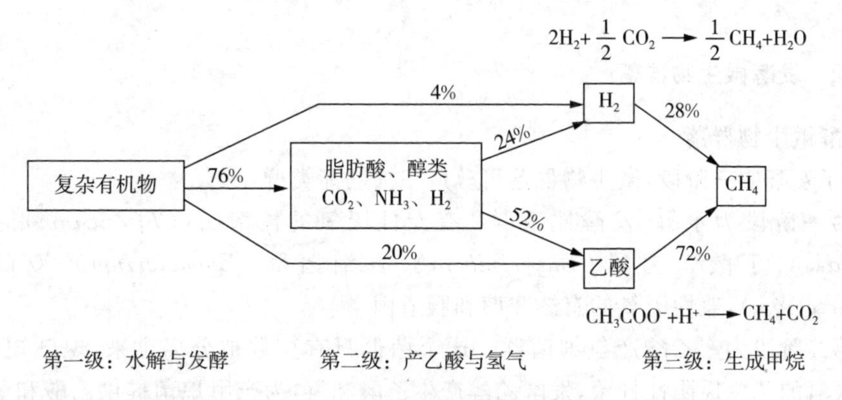

图 9－9　甲烷发酵的三阶段示意图

① 第一阶段——水解(hydrolysis)。水解和发酵性细菌群将复杂有机物(如纤维素、淀粉等)水解为糖类,再酵解为丙酮酸;将蛋白质水解为氨基酸,脱氨成有机酸和氨;将脂类水解为各种低级脂肪酸和醇(如乙酸、丙酸、丁酸、长链脂肪酸、乙醇),无机物(如 CO_2、H_2、NH_3 和 H_2S)等。此阶段的作用就是把大分子有机物水解为小分子有机物。

② 第二阶段——产酸(acidogenesis)产氢。产乙酸和产氢细菌群把第一阶段的产物进一步分解为乙酸和氢气。

③ 第三阶段——产甲烷(methanogenesis)。产甲烷菌利用 CO_2、H_2 或 CO、H_2 合成甲烷,或将甲酸、乙酸、甲醇及甲基胺裂解为甲烷。

(2)产甲烷过程

不同的产甲烷菌通过不同的途径产生甲烷,主要过程:

① 由酸和醇的甲基形成甲烷。

$$CH_3COOH \longrightarrow CH_4 + CO_2 \quad (9-1)$$

$$4CH_3OH \longrightarrow 3CH_4 + CO_2 + 2H_2O \quad (9-2)$$

② 利用醇的氧化使二氧化碳还原形成甲烷及有机酸。

$$2CH_3CH_2OH + CO_2 \longrightarrow 2CH_3COOH + CH_4 \quad (9-3)$$

$$2C_3H_7CH_2OH + CO_2 \longrightarrow 2C_3H_7COOH + CH_4 \quad (9-4)$$

③ 脂肪酸有时用水作还原剂或供氢体,产生甲烷。

$$CO_2 + 2C_3H_7COOH + 2H_2O \longrightarrow CH_4 + 4CH_3COOH \quad (9-5)$$

④ 利用氢使二氧化碳还原形成甲烷。

$$CO_2 + 4H_2 \longrightarrow CH_4 + 2H_2O \quad (9-6)$$

⑤ 在氢和水存在时,巴氏甲烷八叠球菌(*Methanosarcina barkerii*)与甲酸杆菌(*Metha-*

nobacterium formicicum)能将一氧化碳还原形成甲烷。

$$CO + 3H_2 \longrightarrow CH_4 + H_2O \tag{9-7}$$

$$4CO + 2H_2O \longrightarrow CH_4 + 3CO_2 \tag{9-8}$$

9.3.2 发酵微生物群落

1)发酵微生物群落

对应于发酵的三阶段,微生物群落可分成三大功能类群:

(1)第一阶段为水解、发酵性菌群。有专性厌氧的梭菌属(*Clostridium*)、拟杆菌属(*Bacteroides*)、丁酸弧菌属(*Butyrivibrio*)、真细菌属(*Eubacterium*)、双歧杆菌属(*Bifidobacterium*),兼性厌氧的有链球菌和肠道菌。

(2)第二阶段为产乙酸产氢细菌群。这个菌群只有少数被分离出来,现已知的有S菌株,它是厌氧的革兰氏阴性杆菌,发酵乙醇产生乙酸和氢,为产甲烷菌提供乙酸和氢气,促进产甲烷菌生长。S菌株是Bryant于1967年从奥氏甲烷杆菌(*Methanobacterium omelianskii*)中分离出来的,同时还分离出布氏甲烷杆菌(*Methanobacterium bryantii*)。奥氏甲烷杆菌实际是S菌株和布氏甲烷杆菌的共生体,此外,还有将第一阶段的发酵产物,如三碳以上的有机酸、长链脂肪酸、芳香族酸及醇等分解为乙酸和氢气的细菌。硫酸还原菌,如脱硫弧菌(*Desulfovibrio desulfuricans*)在缺乏硫酸盐,有产甲烷菌存在时,脱硫弧菌与产甲烷菌之间存在协同作用能将乙醇和乳酸转化为乙酸、氢气和二氧化碳。

(3)第三阶段是专性厌氧的产甲烷菌群。分两类,一类是将氢气和二氧化碳转化为甲烷,另一类是将乙酸脱羧生成甲烷和二氧化碳。产甲烷菌的代表菌有布氏甲烷杆菌、嗜树木甲烷短杆菌(*Methanobrevibacter arboriphilus*)、沃氏甲烷球菌(*Methanococcus vannielii*)、运动甲烷微菌(*Methanomicrobium mobile*)、亨氏甲烷螺菌(*Methanospirillum hungatei*)、卡列阿科产甲烷菌(*Methanogenium cariaci*)(为海洋细菌)、巴氏甲烷八叠球菌(*Methanosarcina barkeri*)、索氏甲烷杆菌(*Methanobacterium soehngenii*)及嗜热自养甲烷杆菌(*Methanobacterium thermoautotrophicum*)。其中亨氏甲烷螺菌、索氏甲烷杆菌及嗜热自养甲烷杆菌通常长成很长的丝状体。产甲烷菌的各种形态如图9-10所示。

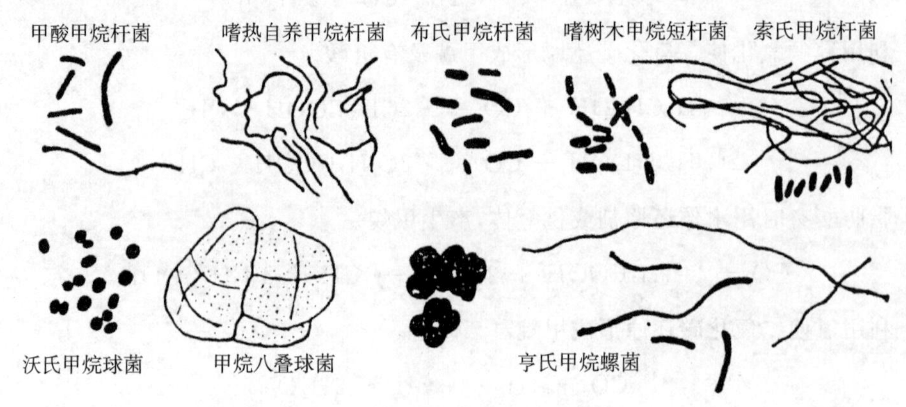

图9-10 产甲烷菌的各种形态

厌氧处理有多种不同过程,虽然各种过程的反应器中微生物种群基本是相同的,但由于运行条件的不同,各类微生物在数量上会有不同。反应器若不是完全混合式,微生物在垂直方向上的生态分布也会不同。

厌氧微生物群落与有氧环境中的不同,它们是由分解蛋白质、脂肪、淀粉、纤维素等的专性厌氧菌,兼性厌氧菌及专性厌氧的产甲烷菌等组成的。一般的,厌氧的活性污泥运动缓慢,它的微生物群落分布与生物膜相似,有分层现象,但不及好氧生物膜明显。

2)产甲烷菌的分布与影响因素

(1)产甲烷菌的生态分布

在一定深度范围内,产甲烷菌在水体中的垂直(水上部、中部及水底部)分布的数量随水的深度增加而增加。在水表层有溶解氧,氧化还原电位 Eh 值高,产甲烷菌不易生长。在淡水底沉积物的垂直分布中,除接近水底的表层外,产甲烷菌数量和甲烷含量都随深度的增加而增加,以 2～17 cm 深处数量最高,再随深度逐渐减少,在 25～30 cm 处,甲烷的含量极低。沿海底泥的上部 10～20 cm 内有产甲烷菌。

(2)影响产甲烷菌的生长、分布的因素

① 温度:产甲烷菌对于温度相当敏感。几度的温度变化就会在较大程度上影响有机物的分解。产甲烷菌基本上都是中温性的,最适宜的温度在 25～40 ℃,高温性产甲烷菌的适宜温度则在 50～60 ℃。在污水厌氧分解处理构筑物内,如果要保持较高的温度则需进行保温处理。工程上常采用 30～35 ℃的发酵温度。

② 酸碱度:产甲烷菌生长最适宜的 pH 在 6.8～7.2 之间。当环境中的 pH 值稍超过适宜范围时,如 pH 值低于 6 或高于 8,细菌的生长繁殖将受到极大影响。产酸细菌对酸碱度不及产甲烷菌敏感,其适宜的 pH 范围(4.5～8.0)也较广。所以厌氧法处理污水时,有机物的酸性发酵和碱性发酵在同一构筑物内进行,为了维持产酸和产甲烷之间的平衡,避免产生过多的有机酸,常保持处理构筑物内的 pH 值在 6.5～7.5 范围内。为了避免产甲烷菌与产酸菌需要不同 pH 值的冲突,出现了两相厌氧处理,即把产酸与产甲烷阶段分别置于不同的反应器中完成,这样可分别调节不同 pH 值,满足各自微生物的需要,提高发酵效果。

在实际工程中,有机酸的控制较 pH 值更为重要,因当酸量积累至足以降低 pH 值时,厌氧处理的效果已经显著下降,甚至停止产气。虽然有机酸本身不毒害产甲烷菌,但是 pH 值的下降则会抑制产甲烷菌的生长。

③ 氧和氧化还原电位:产甲烷菌要求绝对无氧环境和低氧化还原电位。淡水沉积物中氧化还原电位 Eh 值在 −150 mV 以下,产甲烷菌生长活跃,在 −200～−250 mV 或更低,产甲烷菌数量最多。Eh 值的高低与沉积物中有机物含量和 NO_3^- 含量有关。有机物含量高,Eh 值低,产甲烷菌数量和甲烷生成量就多。NO_3^- 含量高,Eh 值高,会降低产甲烷作用强度。

④ 产甲烷底物:由于产甲烷菌的底物限于 H_2、CO_2、CO、甲酸、乙酸、甲醇、甲基胺等简单物质,这些物质要靠水解、发酵性细菌和产氢产乙酸细菌的协同作用,从纤维素、淀粉、蛋白质、脂类等分解而来。所以甲烷的生成速度和生成量取决于有机物的分解速度。

⑤ 硫酸盐还原菌:淡水沉积物中硫酸盐还原菌的数量和作用强度对产甲烷菌有直接影响,两者成反比关系,因硫酸盐还原菌还原硫酸盐时要与产甲烷菌争夺 H_2,影响甲烷生成量。同时,硫酸盐还原菌产生 H_2S 对产甲烷菌有毒害作用。

9.3.3 污水厌氧处理特征

1)厌氧处理特征

与好氧生物处理比较,厌氧生物处理具有以下一些特征:

(1)处理时间比好氧处理长。厌氧法处理有机物所需的时间一般比用好氧法处理长,产生臭气,但不需要有氧的供应和比较复杂的处理设备。

(2)更能适应高浓度污水。当污水中有机物浓度太高时,好氧分解所需要的氧得不到充足的供应,不能很好处理。处理高浓度有机污水时,往往先采用厌氧生物处理,将有机污染降至一定浓度后,再采用好氧法处理至达到排放标准。

(3)厌氧处理还有可能使难以好氧生物降解的有机物转化为较易好氧降解的物质,提高可生化性。

(4)污水厌氧法处理所产生的甲烷气体可以作为燃料使用;但由于有硫化氢等气体存在,臭气大;同时,由于存在硫化铁等黑色物质,处理后的污水颜色深。

2)厌氧处理生物反应器

目前应用得最普遍的是“消化池”。消化池可以设成单级,也可设成两级,两级的第一级设置搅拌装置,第二级不设搅拌装置。现又出现了一种两阶段厌氧消化池(两相厌氧消化池),第一阶段是酸化阶段,第二阶段是产甲烷阶段。从运行温度上划分,消化池又分中温(35 ℃)和高温(55 ℃)两种。

在污水处理实践中,新型厌氧反应器不断出现,如厌氧生物滤池、升流式厌氧污泥床(UASB)、厌氧流化床等都已经在生产中发挥着作用。清华大学钱易院士几十年坚持研究厌氧处理技术,把 UASB、流化床工艺成功地应用到高浓度有机废水处理的生产实践中。

9.4 污水生物脱氮除磷微生物

9.4.1 生物脱氮及参与微生物

某些工业废水和生活污水中的有机氮经微生物降解为无机的 NH_3,在好氧条件下 NH_3 会被亚硝酸菌和硝酸菌氧化成亚硝酸盐和硝酸盐。排入水体就会形成富营养化,有时也会污染给水水源。目前常采用的生物脱氮的流程是首先经过硝化过程,然后利用反硝化细菌进行反硝化,将 NO_2^- 和 NO_3^- 转化为 N_2,逸入大气,完成脱氮过程。

1)硝化作用微生物

硝化作用分为两个阶段,即亚硝化(氨氧化)和硝化(亚硝酸氧化),分别由两类化能自养微生物完成,亚硝化细菌进行氨的氧化,硝化细菌完成亚硝酸氧化。在《伯杰细菌鉴定手册》(第八版)中将它们统归于硝化杆菌科 7 个属:硝化杆菌属(*Nitrobacter*)、硝化刺菌属(*Nitrospina*)、硝化球菌属(*Nitrococcus*)、亚硝化单胞菌属(*Nitrosomonas*)、亚硝化螺菌属(*Nitrosospira*)、亚硝化球菌属(*Nitrosococcus*)和亚硝化叶菌属(*Nitrosolobus*),共 14 种。除上述 7 个属外,还有另外 2 个属(硝化螺菌属 *Nitrospira* 和亚硝化弧菌属 *Nitrosovibrio*),共 20

种。这些微生物广泛分布于土壤、湖泊及底泥、海洋等环境中。

2)反硝化作用微生物

反硝化细菌是所有能以 NO_3^- 为最终电子受体、利用低分子有机物作供氢体、将 NO_3^- 还原为 N_2 的细菌总称。反硝化细菌种类很多,主要反硝化细菌及其特性见表9-5所列。其中的假单胞菌属内能进行反硝化的种最多,如铜绿假单胞菌(*Pseudomonas aeruginosa*)、荧光假单胞菌(*Pseudomonas fluorescens*)、施氏假单胞菌(*Pseudomonas stutzeri*)、门多萨假单胞菌(*Pseudomonas mendocina*)、绿针假单胞菌(*Pseudomonas chlororaphis*)、致金色假单胞菌(*Pseudomonas aureofaciens*)。

表9-5　主要反硝化细菌及其特性

反硝化细菌	革兰氏染色	温度/℃	pH	是否需氧	营养类型
假单胞菌属(*Pseudomonas*)	阴性	30	7.0～8.5	好氧	—
脱氮副球菌(*Paracoccus denitrificans*)	阴性	30	—	兼性	—
胶德克斯氏菌(*Derxia gummosa*)	阴性	25～35	5.5～9.0	兼性	能固氮
产碱菌属(*Alcaligenes*)	阴性	30	7.0	兼性	兼性营养
色杆菌属(*Chromobacterium*)	阴性	25	7～8	兼性	兼性营养
脱氮硫杆菌(*Thiobacillus denitrificans*)	阴性	28～30	7	兼性	—

3)脱氮工艺

生物脱氮处理工艺是以生物脱氮原理为基础,主要包括以下三个生化反应过程:①污水中一部分氮通过微生物的合成代谢转化为微生物量,进而通过泥水分离从污水中得以去除;②污水中的氨氮及有机氮通过微生物的硝化反应而转变为硝酸盐;③在缺氧或厌氧条件下,硝酸盐被反硝化细菌最终转化为氮气而从污水中去除。生物脱氮处理工艺的设计必须保证上述三个生化反应过程的顺利进行。

常用的缺氧-好氧活性污泥法脱氮工艺(A/O脱氮工艺),是在20世纪80年代初创立的,其主要特点是将反硝化反应器放置在系统之首,故又称为前置缺氧反硝化生物脱氮系统,A/O脱氮工艺流程如图9-11所示。

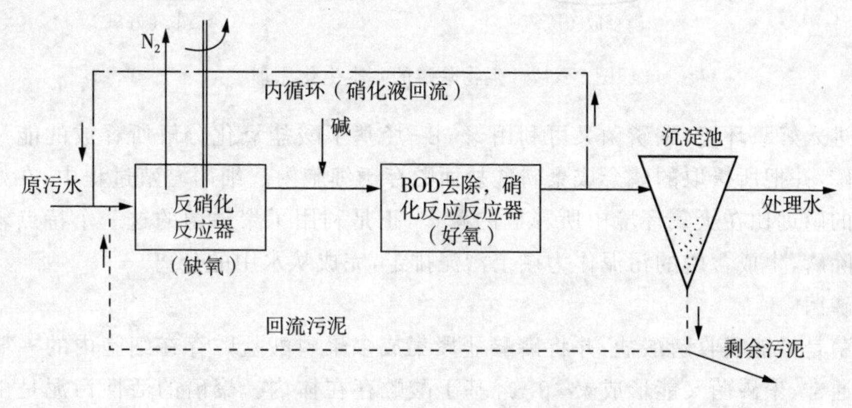

图9-11　A/O脱氮工艺流程

该系统为分建式缺氧-好氧活性污泥脱氧系统，即反硝化、硝化与 BOD 去除分别在两座不同的反应器内进行。

硝化反应器内的已进行充分反应的硝化液的一部分回流至反硝化反应器中，而反硝化反应器内的脱氮菌以原污水中的有机物作为碳源，以回流液中硝酸盐的氧作为电子受体，进行呼吸和生命活动，将硝态氮还原为气态氮(N_2)，不需外加碳源(如甲醇)。

除了 A/O 脱氮工艺，还有很多工艺可以完成脱氮过程，如分段进水多级 AO 工艺、后置缺氧反硝化脱氮工艺、三级活性污泥法脱氮工艺、SBR 工艺等。

9.4.2　生物除磷及其微生物

1)微生物除磷原理

20 世纪 70 年代末，有些学者发现多种有明显除磷能力的细菌，统称除磷菌或聚磷菌(Phosphate accumulating organisms，PAOs)。它们在有氧环境中，能超量摄取磷，聚磷菌可摄取的磷为正常需要 10 倍以上。

图 9－12 显示了聚磷菌在厌氧与好氧条件下释放和吸收磷的基本生化原理。在厌氧环境中，因污水中没有溶解氧和缺乏氧化态氮 NO_x^-，一般无聚磷能力的好氧菌和脱氮菌不能产生 ATP，不能摄取细胞外的有机物。但聚磷菌却能分解细胞内的聚磷酸盐(Poly Pn)和产生 ATP，并利用 ATP 将污水中的脂肪酸等有机物摄入细胞，以 PHB(聚－β－甲烃基丁酸盐)等有机颗粒的形式贮存于细胞内，同时还将分解聚磷酸盐所产生的磷酸排出体外。

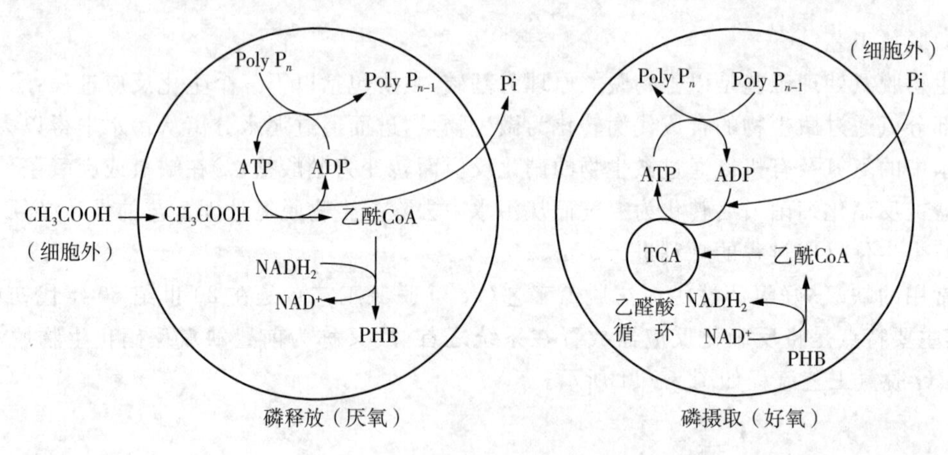

图 9－12　生物除磷的基本生化原理

一旦进入好氧环境，聚磷菌又可利用聚－β－烃基丁酸盐氧化分解所释放的能量来摄取污水中的磷，并把所摄取的磷合成聚磷酸盐而贮存于细胞内。细菌增殖过程中，在好氧环境中所摄取的磷远比在厌氧环境中所释放的磷多，正是利用了聚磷菌的这一个特点才能进行污水生物除磷，生成含磷的污泥作为剩余污泥排走，完成从水中的分离。

2)聚磷菌

聚磷菌是指能吸收磷酸盐，并将磷酸盐聚集成多聚磷酸盐贮存在细胞内的一群微生物的统称。通常，聚磷菌又能形成聚－β－羟基丁酸贮存在体内。聚磷的活性污泥是由许多好氧异养菌、厌氧异养菌和兼性厌氧菌组成的，实质是产酸菌(统称)和聚磷菌的混合群体。有文献报道，从活性污泥中分离出来的聚磷菌种类多，其中聚磷能力强、数量占优势的聚磷菌是不动杆菌的莫拉氏菌群、假单胞菌属、气单胞菌属、黄杆菌属和费氏柠檬酸杆菌等60多种。有聚磷能力的还有硝化细菌中的亚硝化杆菌属、亚硝化球菌属、亚硝化叶菌属、硝化杆菌属和硝化球菌属等。从《伯杰细菌鉴定手册》(第九版)可以查到形成多聚磷酸盐(异染颗粒)和聚-β-羟基丁酸(PHB)的细菌还有很多。

在生物除磷工艺中还存在发酵产酸菌和异养好氧菌等，聚磷菌和发酵产酸菌有密切相关的互生关系。大多数聚磷菌一般只能利用低级脂肪酸等小分子的有机质，不能直接利用和分解大分子有机质。而发酵产酸菌的作用是将大分子物质降解为小分子，供聚磷菌用。如果没有发酵产酸菌的存在，聚磷菌则因有机质不足而不能放磷和摄磷。

3)除磷工艺

(1)厌氧/好氧(Anaerobic/Oxic，A/O)工艺，为典型的除磷工艺，其流程如图9-13所示。

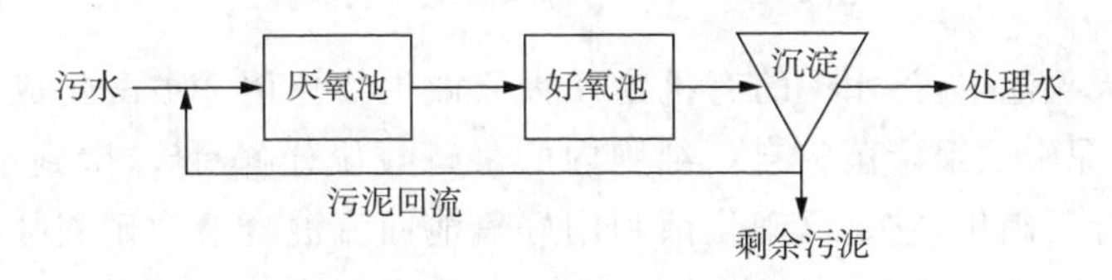

图9-13　A/O法除磷工艺流程

A/O工艺影响生物除磷的主要因素：

① 碳源。厌氧池内 BOD_5/TP是影响聚磷菌释磷和摄磷的重要因素。聚磷菌利用的有机碳源不同，其释磷速度存在明显差异。甲酸、乙酸、丙酸等低分子脂肪酸是聚磷菌优先利用的碳源，乙醇、甲醇、柠檬酸、葡萄糖等只有在转化为低分子脂肪酸后才能被利用。为了给聚磷菌提供足够的有机碳源，达到较好的除磷效果，进水的 BOD_5/TP比值一般应大于15。

② 溶解氧。好氧池内的溶解氧浓度对聚磷菌的摄磷有很大的影响。为了获得较好的吸磷效果，溶解氧浓度应保持在2.0 mg/L以上，以满足聚磷菌对其贮存的PHB进行氧化的需求，获取能量，供大量摄磷之用。

③ 氧化还原电位。Eh＞0时，聚磷菌不能释放磷；而Eh＜0时，其绝对值越大，磷的释放能力越强。一般认为在厌氧池内，Eh应控制在－200～－300 mV的范围内，才有较好除磷效果。

④ 硝酸盐与亚硝酸盐浓度。一般应控制硝酸盐浓度在0.2 mg/L以下。因为厌氧池内存在硝酸盐与亚硝酸盐时，一些发酵菌会将它们作为最终电子受体，进行反硝化反应，这样会抑制对有机物发酵产酸的作用，从而影响聚磷菌的释磷和合成PHB的能力。

⑤ 污泥龄。污泥龄的长短对聚磷菌的摄磷作用和剩余污泥排放量有直接的影响，从而对除磷效果产生影响。污泥龄越长，污泥中的磷含量越低，加之排泥量的减少，会导致除磷效果的降低。相反，污泥龄越短，污泥中的磷含量越高，加之产泥率和剩余污泥排放量的增加，除磷效果越好。因此，在生物除磷系统中，一般采用较短的污泥龄。

⑥ 温度。虽然温度对聚磷菌的生长速率有一定的影响，但对生物除磷效果的影响不大。有资料显示，在8～9 ℃的低温时，出水磷浓度仍趋稳定，保持在2.0 mg/L水平。

⑦ pH值。生物除磷系统的适宜pH值范围为中性-弱碱性。

(2)A^2/O 除磷脱氮工艺

A^2/O 工艺(anaerobic /anoxic/oxic phosphorus removal and denitrification process)是厌氧-缺氧-好氧三个处理单元所组成的工艺,能同时除磷与脱氮。A^2/O 工艺除磷脱氮工艺流程如图 9－14 所示。

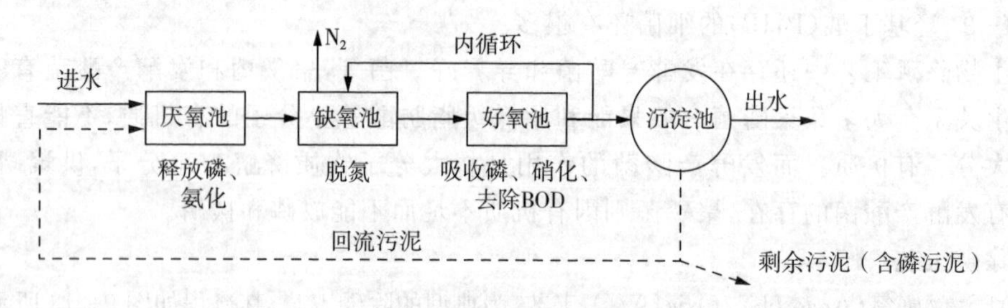

图 9－14 A^2/O 除磷脱氮工艺流程

污水先进入厌氧池中,污水中的有机物在厌氧微生物作用下被酸化成挥发性有机酸等中间产物,同时污泥中的聚磷菌将自己细胞内的聚磷酸盐分解,释放磷到水中。然后,污水进入缺氧池中进行反硝化,它是反硝化菌利用好氧池回流混合液中硝酸盐和污水中的有机物而进行的,将 NO_3^- 还原成 N_2,释放到大气中去,从而完成污水的脱氮作用。缺氧处理后的出水又进入好氧池中,微生物聚磷菌又过量地摄取污水中的磷而完成污水中除磷作用。

近年来,随着对生物脱氮除磷的机理研究不断深入,同步脱氮除磷工艺不断产生,如 Bardenpho 工艺、phoredox 工艺、UCT 工艺、VIP 工艺、SBR 工艺及其改良工艺等。2015 年,彭永臻院士主导的"污泥双回流-AOA"深度脱氮除磷技术取得重大突破,已在生产中得到应用。他们在"短程反硝化与厌氧氨氧化"领域的基础理论和工程应用研究都处于国际领先地位。

9.5 污水处理的生态方法

城市污水处理的工艺适合大水量的污水处理,处理技术、成本均较高。而对于一些比较分散、不易集中收集、相对污染比较轻的污水,如小城镇、广大农村的污水,不适于采用城市的污水处理工艺。自然生态系统本身就有污水净化的能力,但其处理能力较小。因此,工程上基于自然生态净化原理,对自然生态系统进行适当的人为干预,将其改造成为污水处理的生态处理系统。污水生态处理方法主要有氧化塘、土地处理和人工湿地等几种。

9.5.1 氧化塘

1)氧化塘

氧化塘(oxidation pond),又称为稳定塘。它是一种大面积敞开式的污水处理池塘。氧化塘进行污水处理的基本原理是利用藻类与细菌的共生系统来分解水中的污染物质(图 9－15)。藻类光合作用放出的氧气则可被好氧微生物利用,氧化分解水中的有机污染物;细菌将有机物分解产生无机物(CO_2、无机离子等),供藻类生长。这样不仅可以净化污水,还可收获大量有营养价值的藻类。根据塘的深浅，氧气或曝气的状态，氧化塘可分为：厌氧塘、兼性塘、好氧塘、曝气塘等。

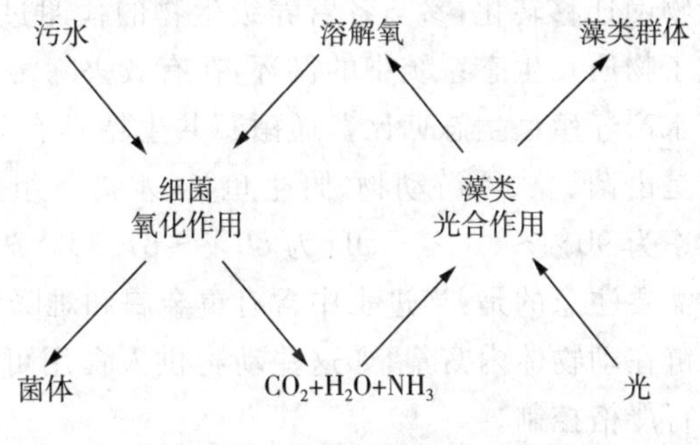

图9-15　氧化塘法原理示意图

2）水生植物塘

为了更好地处理污水，增加生物系统，在氧化塘内种植高等的水生植物，主要是水生维管束植物，形成水生植物塘。一些池塘系统可以通过有效地接种浮游水生植物，形成水生植物塘，更好地处理污水。种植于塘中的维管束植物由一种或几种组成，根据其存在状态，水生植物可为三种生态类型：挺水植物系统、浮水植物系统、沉水植物系统。

（1）挺水植物系统。其作用主要有：①同化和贮存污染物；②向根区输送氧气；③为微生物存活提供条件。

（2）浮水植物系统。其自净功能主要通过三种途径实现：①植物对污水中固体和水中产生的大量生物沉积物进行截留；②通过寄居在悬浮于水体中植物根系上的和水底泥沙中的混合兼氧微生物的新陈代谢对有机污染物分解；③通过反硝化作用能有效地去除硝酸盐中的氮。如果这些植物能定期被收割，总氮和总磷就能连续被去除。

浮水植物系统的深度较浅，如风信子的深度在0.4～1.2 m之间，浮萍深度为1.2～1.8 m，在用此系统进行二次净化处理时，BOD负荷应小于100 kg/(ha·d)，系统在用于污水深度处理和营养物去除时，有机负荷应保持在35 kg/(ha·d)以下。

浮水植物净化塘是当前研究和应用最广泛的植物净化系统，其中最常用的浮水植物为水葫芦，水葫芦塘的深度应保证其须根分布在大部分水流区，以提供充分的净化机会，一般水深应小于等于0.9 m。其有机污染负荷小于等于30 kg BOD/(ha·d)时，该系统可保证良好的运行效果。水葫芦塘的水力停留时间一般为5～7 d。为了使塘中水葫芦保持快速生长，需经常捞出衰老的株体，收获的水葫芦可用作家禽或家畜饲料，也可用于生产沼气和堆肥。同时，要防止水葫芦过度生长而破坏水体生态。

浮水植物系统有一些潜在的缺点，由于这些系统的植物为一种或少数几种，因此系统易出现在一个短时期内植物部分或全部死亡的灾害性事件。例如，水葫芦易因低温或大量害虫的袭击而死亡；浮萍虽对低温和害虫不敏感，但在冬季也易死亡。在浮水植物消失后、新植物长成前的前几周以至几个月的时间内，它的自净功能都将受到严重的损害。

（3）沉水植物系统。此系统水生植物完全淹没于水中。系统中水的浊度不能太高，否则会影响植物的光合作用。因此，该系统适于处理二级出水。

3）生态系统塘

普通氧化塘由于缺乏对藻类的控制，出水中藻类含量往往过多，造成受纳水体的二次污染。在氧化塘中培养多种动物，在水体中形成由原生动物、浮游动物、底栖动物、鱼类、禽类等参与的多条食物链，成为生态系统塘。这种塘系统将水处理与利用相结合，以太阳能作为初始能源，对进水中多种多样的污染物进行降解与净化，并通过多条食物链交错构成的复杂的食物网迁移转化，参与各营养级生物的代谢过程，最后转变为可供人类食用的动物食品，完成了物质在生态系统中的循环，在有效去除污染物的同时，实现了污水的资源化。

水产养殖型生态塘比普通菌藻共生塘具有更高的污水净化效能，如齐齐哈尔的一个氧化塘是由菌、藻、浮游动物、野生鱼类、水禽等组成的生态系统塘。5—10 月，BOD_5 和 SS 的去除率为 90%～95%，COD 为 80%～87.5%，7—9 月出水的 SS 和 BOD_5 均小于 10 mg/L。

需要注意的是：当进水中含有重金属和难降解有机物时，重金属和难降解有机物可通过食物链在动物体内富集，如这些动物供人食用可对健康造成威胁，因此，必须对进塘污水水质实行严格控制。

9.5.2 土地处理系统

污水土地处理系统也称土地灌溉系统和草地灌溉系统，是一种通过合理利用自然土地处理污水的系统。此系统将污水经过一定程度的预处理后有控制地投配到土地上，利用土壤-微生物-植物生态系统的自净功能和自我调控机制，通过一系列物理、化学和生物化学等过程，使污水达到预定处理效果。

1）土地处理系统内涵

污水土地处理系统（wastewater land treatment system）是利用土壤-植物系统的自我调控机制和对污染物的综合净化功能处理城市污水及某些类型的工业废水，使水质得到改善的半自然系统，是通过营养物质和水分生物地球化学循环，促进绿色植物生长、增产，实现废水资源化与无害化的常年性生态系统工程。

2）土地处理系统中植物选择

系统能否有效处理污水的一个重要因素是能否选择合适的植物种类，目前，全球发现的湿地高等植物多达 6700 余种，但已被用于处理污水且产生效果的不过几十种，绝大多数植物还从未试用过。一般来说，土地污水处理选种的植物应适合沼泽湿地生长并尽可能满足下列条件：①通气组织比较发达，叶、茎及根内细胞间隙和气腔相通，以满足植物根部通气的需要；②具有不定根和特殊的无性生殖能力；③能生长在污水环境中，对各种污染物的耐受性较强。植物选种应立足当地，同时考虑引种适合当地气候的植物种类，植物最好能利用其生长前、中期，然后及时收割，将污染物输出系统。

不同植物对于不同污染物的处理效果各异。芦苇可分解酚；香蒲能去除污水中的有机、无机污染物，吸收铜、钴、镍、锰及氯化烃，根部能分泌天然抗生物质，降低污水中的细菌浓度，去除病原体；水葱能在含酚量 600 mg/L 的污水中迅速生长，每 100 g 水葱经 100 h 可净化酚 200 mg，两周内可使食品工业废水的 BOD 降低 60%～90%；大米草可吸收污水中 80%～90%的氮、磷；芦苇和香蒲能絮凝胶体，消除病原体。

单一物种的净化能力是有限的，还应选择各物种的合理搭配。比如芦苇通气组织较发达，具有较强的输氧能力，而茭白生长量最大，具有较强的吸收氮、磷的能力，芦苇与茭白混种对污水的处理效果好于单一植物。单一植物污水土地处理系统中，在春夏季节，植物生长迅速，对磷的吸收加快，磷去除效果好；而在秋季植物枯萎后，吸收速度放慢，冬季死亡植株释放磷到湿地中致使出水磷含量上升，无机磷含量甚至高于进水。合理搭配生长期不同的植物，增加越冬植物，使系统运行稳定，保证系统在冬季的正常运行。

本地高效植物已经适应了本地的气候、生态环境，处于目标污染物浓度相对较大的环境中，比较容易驯化。对于非本地植物的引种，要特别慎重，以免引起本地生态环境的恶化，凤眼莲曾被引种到非洲 Victoria 湖区处理污水，但是不久就发现凤眼莲过度繁殖，成为入侵生物，危及本地土族植物的生存，引起一系列的生态和经济问题。

3)土地处理系统的净化机理

结构良好的土壤由固-液-气三相体系组成。在这一个体系中，土壤胶体和土壤微生物是土壤能够容纳、分解和缓冲多种污染物的关键因素，如果配以合理的设计、构造和管理，所构建的污水土地处理系统就成为一个充分利用生态系统净化功能的污水处理系统。土地处理工程集预处理、贮存、布水、集水、植物和监测系统于一体，构成了一个高效、安全、具有可调控功能的污水自然处理工艺体系。对各种污染物的去除中，生物起主导作用。

(1)BOD 去除：BOD 的去除机理包括土壤吸附和生物氧化作用。BOD 的去除基本上都在土壤表层进行，微生物的生长和表层中形成的生物膜对污水中有机物的去除起主要作用。

(2)SS 去除：主要依靠土壤的过滤和吸附作用，沉淀和生物的截留作用也可去除 SS。

(3)氮、磷去除：城市污水中的氮通常以有机氮和氨的形式存在。在土壤-植物系统中，有机氮首先被截留或沉淀，氨态氮通过挥发、植物吸收以及土壤吸附方式而减少，土壤对氨氮的吸附能力可通过氨氮被转化为硝态氮和亚硝态氮的途径而恢复。硝态氮在随渗水向下迁移时，通过反硝化作用而最终变为氮气。

土地处理系统中磷的去除主要通过土壤吸附固定与植物吸收途径实现，植物吸收磷的能力为 20～60 kg P/(hm^2 · a)，土壤作为一个磷的储存库，对磷具有极大的吸附固定能力，污水中 99%的磷可被吸附而贮存于土壤中。

(4)金属去除：污水中的金属在土壤中去除包括吸附、沉淀、阳离子交换等作用，质地细密和有机质含量高的土壤对金属的吸附能力要比砂质土壤大。在控制重点污染源的情况下，污水土地处理系统的金属污染负荷较低，一般不会产生金属污染问题。

(5)痕量有机物去除：美国 EPA 所列的优先污染物(priority organics)有 88%是痕量有机物，我国也很重视该类物质的研究与监测工作。痕量有机物在土地处理系统中的去除主要依靠挥发、光解和生物降解，各种类型的土地处理系统对痕量有机物均有很高而且稳定的净化效果。但此类物质在土壤-植物系统中的累积和长期生态效应一直是人们所关注的焦点问题之一。

(6)病原体去除：通过土壤-植物系统的吸附、干燥、辐射、过滤、生物性吞噬等作用实现对病原体的去除。

4)工艺类型

(1)地表漫流处理系统

地表漫流处理系统(overland flow - land treatment system，OF - LTS)是将污水有控制地投配到生长多年生牧草、坡度和缓、土地渗透性能低的坡面上，使污水在地表沿坡面缓慢流动过程中得以净化的土地处理工艺类型。地表漫流处理系统对预处理要求程度较低，出水以地表径流收集为主，对地下水影响最小。在处理过程中，除少部分水量蒸发和渗入地下外，大部分再生水经集水沟回收，其水力路径如图 9 - 16 所示。

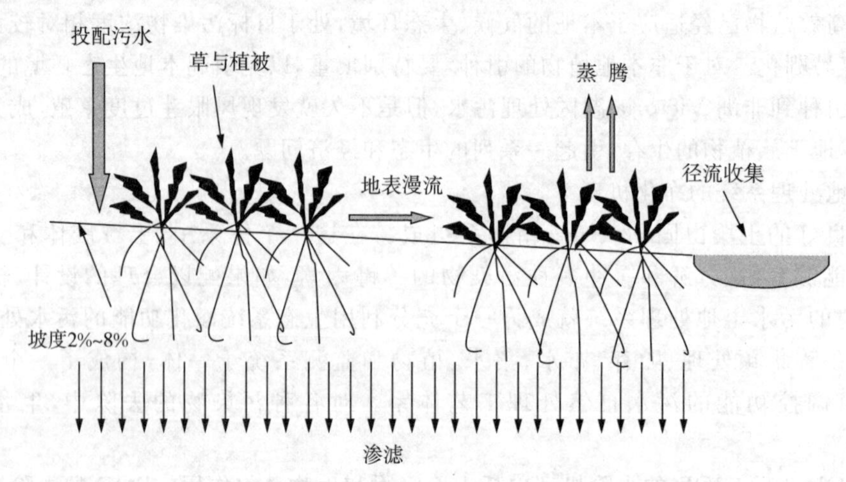

图 9－16　地表漫流处理系统水力路径

(2)慢速渗滤处理系统

慢速渗滤处理系统(slow rate－land treatment system,SR－LTS)是将污水投配到覆盖植物的土壤表面,污水在流经地表土壤-植物系统时得到充分净化的一种土地处理工艺类型。污水一部分被作物吸收,一部分渗入地下,一般要求流出场地的水量为零。系统的水流途径取决于污水在土壤中的迁移以及处理场地下水的流向,其水流途径如图 9－17 所示。

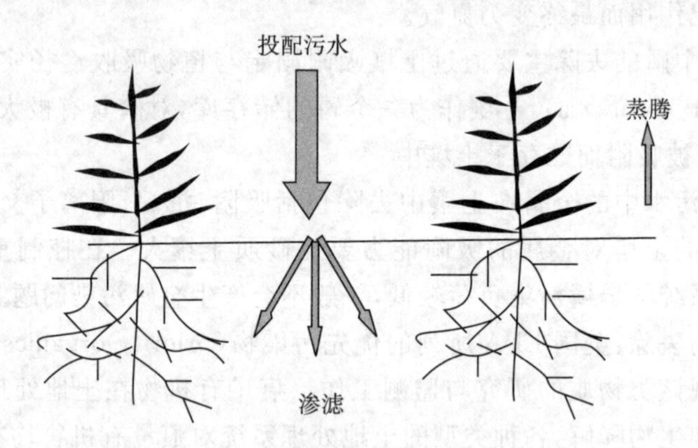

图 9－17　慢速渗滤处理系统的水流途径

慢渗土地处理系统处理污水时,常选择多年生牧草作为覆盖作物,对氮的利用率高,可耐受较高的水力负荷,以谷物种植为主的慢渗系统是典型的利用型慢渗系统,有较高的经济效益,但对污水贮存与调节的要求很高,森林型慢渗系统可与污泥利用相结合。土地处理工艺,除了地表漫流处理系统、慢速渗滤处理系统以外,常见的还有快速渗滤处理系统和地下渗滤处理系统等。

5)应用前景

以植物为主的污水土地处理系统较之传统二级生化处理具有很多的优越性,低投资、低能耗、管理方便,不产生二次污染,是环境友好型污水处理系统,应用越来越广泛。土地处理系统作为我国污水处理技术的重要组成部分,处理效果较好,尤其是对于中小城镇污水的处理,具有一定的优势,在我国的不同地区有着广阔的应用前景。

9.5.3 人工湿地系统

虽然很多企业自建了污水处理系统，绝大多数城市建有污水处理系统，但这些污水处理大多数还只达到二级处理程度。国家对排水水质标准不断提高，目前，环境敏感地区均要达到《城镇污水处理厂污染物排放标准》一级 A 的要求，甚至要达到《地表水环境质量标准》的Ⅳ、Ⅲ类水标准。而基于自然湿地的"地球之肾"水质净化原理的人工湿地生态处理技术是提高水质的重要的技术方法之一。

1)人工湿地概述

(1)人工湿地定义

人工湿地(constructed wetland)是模拟自然湿地人工建造的并优化结构的、可控制的工程化湿地系统，其设计和建造是通过对湿地自然生态系统中的物理、化学和生物作用的优化组合来进行废水处理的，是用于水质改善功能的工程化湿地。

人工湿地不同于天然湿地主要有两个区别，一是人工湿地可建于高地或需要的地方，可建于地上或地下；而天然湿地一般位于低洼区域。如果地下水位较高，人工湿地需要进行周边和地面防水，防止间歇进水或进水量较小对植物生长造成的影响。防水材料可以是黏土、黏土和膨润土混合物，也可以是人工材料(如 PVC 和 HDPE 等)。二是人工湿地的结构组成、利用范围与自然湿地不同，结构分层清晰，可以更好地传质，整个湿地均能很好地起到污水净化作用，而自然湿地主要是利用表面进行水质净化。

(2)人工湿地的组成

人工湿地系统结构剖面如图 9-18 所示。人工湿地一般由基质、水生植物及水体等部分组成，具体可分为 5 部分：①透水性的基质：如土壤、砂子、砾石；②水体环境，在基质表面上或基质内部流动的待处理的污水；③适合在水环境或厌氧基质中生长的植物，如芦苇、蒲草、各种花卉植物等；④基质中或植物根系表面附着的好氧或厌氧微生物；⑤小型无脊椎或脊椎动物。各部分相互作用构成一个复杂的物理、化学、生态系统，通过过滤、吸附、沉淀、植物吸收、微生物降解等途径来实现污染物质的高效分解与净化。

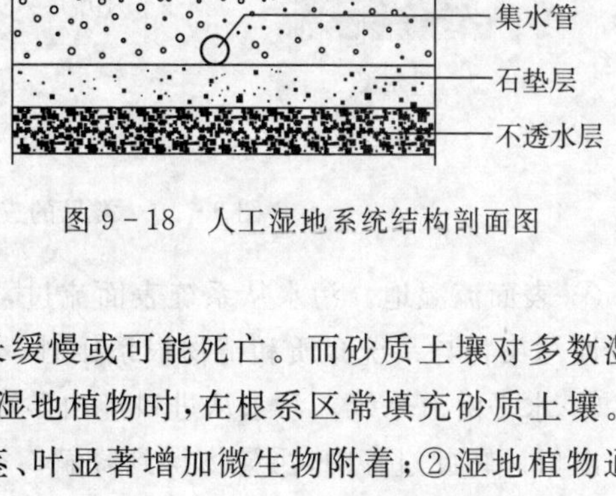

图 9-18　人工湿地系统结构剖面图

湿地系统由土壤和填料(如砾石等)混合组成填料床，污水在床体填料缝隙中流动或在床体表面流动，并在床体表面种植具有性能好、成活率高、抗水性强、生长周期长、美观及具有经济价值的水生植物(如芦苇、蒲草等)，从而形成一个独特的动植物生态系统，对污水进行处理。

植物的生长是人工湿地的关键。多数湿地植物在密实的泥土或尖锐的砾石中生长缓慢或可能死亡。而砂质土壤对多数湿地植物的繁殖和生长是非常有利的，因此在种植湿地植物时，在根系区常填充砂质土壤。植物还具有 3 个重要的间接作用：①植物的根、茎、叶显著增加微生物附着；②湿地植物通气系统可向地下部分传输大气氧，为根际好氧和兼氧微生物提供良好环境；③增加或稳定土壤的透水性。植物数量对土壤导水性有很大影响，芦苇的根可松动土壤，死后可留下相互连通的孔道和有机物，可稳定根际的导水性。

(3)人工湿地主要类型

根据水的流动状态，人工湿地分为三种类型(图 9－19)：自由水面系统(free water system，FWS，又称表面流湿地)，水平潜流系统(horizontal subsurface flow，HSF)和垂直潜流系统(vertical subsurface flow ，VSF)。

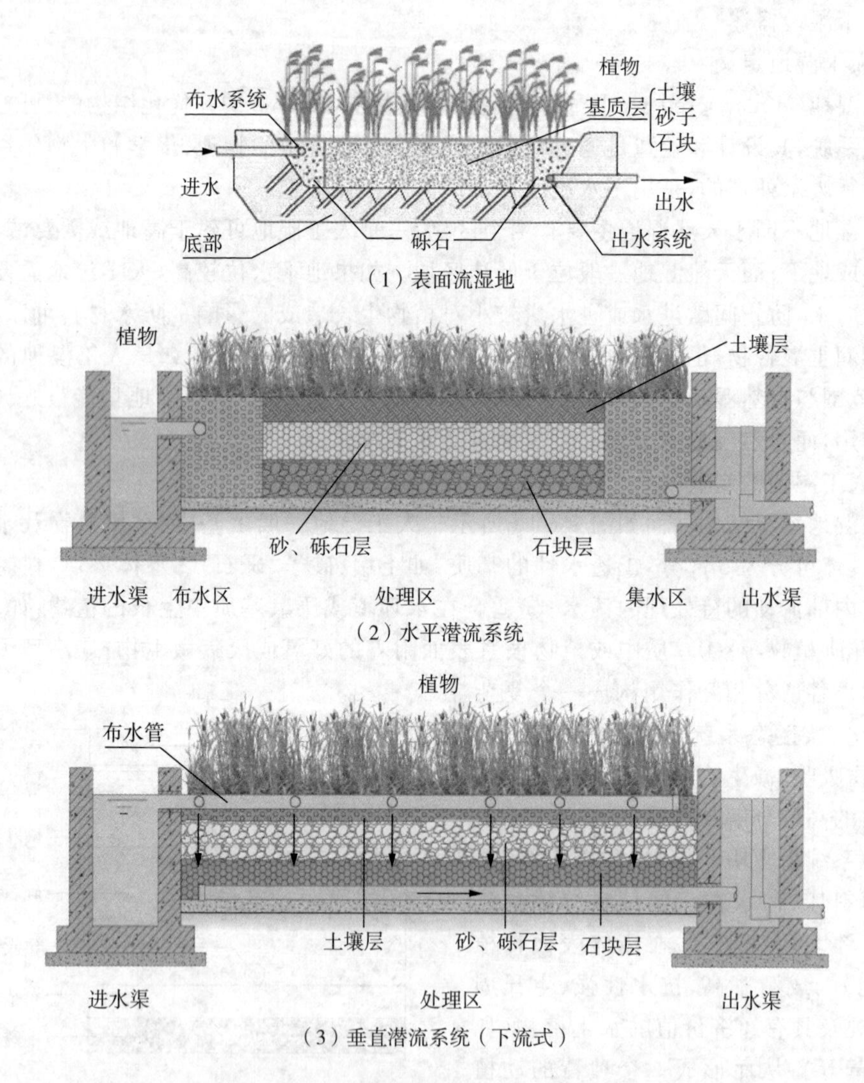

图 9－19　常见的三种人工湿地剖面示意图

① 表面流湿地。污水从系统表面流过，氧通过水面扩散补给。进水中所含的溶解性和颗粒性污染物与系统介质和植物根系接触。常用的植物包括香蒲、芦苇、慈姑、菹草等。

② 水平潜流系统。污水从进口经由砂石等系统介质，以近水平流方式在系统表面以下流向出口。在此过程中，污染物得到降解。介质通常选用水力传导性良好的材料。氧主要

通过植物根系释放。

③ 垂直潜流系统。该系统通常在整个表面设置配水系统，并周期性进水。系统下部排水，水流处于系统表面以下。系统可以排空水，以最大限度地进行氧补给。

2)人工湿地去除污染的机理

人工湿地是三个相互依存要素(即土壤、植物和微生物)的组合体。在土壤层中的微生物(细菌和真菌)对有机物的去除起主要作用，湿地植物根系将氧气带入周围的土壤，但远离根部的环境处于厌氧状态，形成处理环境的变化带，这就强化了人工湿地去除复杂污染物和难处理污染物的能力。大部分有机物的去除依靠土壤微生物，但某些污染物(如重金属、硫、磷等)可通过土壤、植物作用降低浓度。

(1)有机物的去除

由于湿地特有的环境，形成了系统中好氧菌、兼性菌及厌氧菌的良好生存状态。土壤表层微生物活性较高，对有机物的去除能力较强，但当表层土壤被淹没时，就会形成好氧-厌氧环境，通过好氧呼吸、厌氧消减和硫酸盐还原等生化过程去除BOD。

(2)脱氮

污水除氮机理包括挥发、微生物转化(氨化、硝化/反硝化)、植物吸收、介质吸附和沉淀过滤等。但主要通过微生物硝化/反硝化作用完成除氮。

① 微生物转化。在湿地系统中氨化菌作用下，将有机氮转化为氨氮。好氧和厌氧环境皆可产生氨化作用，但由于厌氧环境中异养菌分解效率较低，因此氨化作用较慢。但无论是好氧环境还是厌氧环境，氨化较硝化快。因此，湿地中沿水流方向会产生氨的积累。

人工湿地可同时发生硝化和反硝化作用。污水流过植物的根系区，植物根系为硝化细菌栖息提供了丰富的表面，在微氧环境下发生硝化作用。当污水流出根系区而进入土层(缺氧和厌氧环境)，反硝化作用就会很快发生。因此，影响氮去除的主要限制过程是氨的硝化作用，冬季较低的气温抑制硝化作用。

氨氮的去除是人工湿地的难点，提高氨氮的去除率需要增加水生植物的传氧能力。但水生植物的传氧能力并不足以既去除高负荷的有机物。因此，需要采取一定的措施解决土壤中氧量不足问题。无预曝气氨氮去除率为45%，而预曝气条件下氨氮去除率为51%，硝化作用提高但氮去除有限，可能是因为在反硝化中缺少适宜的碳源。应用三段芦苇床系统对水进行循环处理，BOD_5、氨氮去除率分别达到99.1%、61%，处理水在循环中补充了部分溶解氧。显然曝气和水循环可以提高氨氮的去除率。

② 植物吸收。植物对污水中营养物的吸收受植物生长情况的限制。虽然植物生长需要一部分氮，但这个量相对于总量很小。大致范围：浮游水生植物吸收氮41～611 g/(m^2·a)；其他水生植物10～263 g/(m^2·a)。例如，芦苇吸氮率为22.2 g/(m^2·a)，纸莎草为17.5 g/(m^2·a)，香蒲为103.2 g/(m^2·a)。

(3)除磷

污水中含有无机磷和有机磷，但经微生物氧化后，磷多以无机磷形式存在。天然湿地中，通过泥炭沉积可使磷得到长期存储。但在潜流人工湿地中介质吸收是主要的除磷机理。

湿地对磷的去除能力与土壤类型有关。溶解性无机磷可以与土壤中铝、铁、钙盐发生吸附、沉淀反应而被矿物稳定下来。因此，主要由矿物土壤和高铝含量土壤构成的湿地较由高含量有机物构成的湿地除磷能力强。在湿地系统中吸附和沉淀的磷并非永久性地被去除，如果溶解性磷的浓度减小，譬如在植物吸附或稀释情况下，这些磷就会溶解并释放。因此矿物性的土壤实际上是作为缓冲器来控制磷的浓度。植物吸收有限而且需要定期收割以防止磷的再释放。磷去除率在30%～40%。

(4)金属

潜流系统可去除一定量金属，其主要去除机理为离子交换、植物吸收、化学沉淀和微生物氧化后的沉淀等。发生在叶片及根系的金属离子沉积层以及微生物对离子的氧化，对微生物活动过程起到重要作用。通过燃烧藻细胞分析胞外沉积层，以及对悬浮藻细胞内含有胞内结晶体的研究表明，藻类死亡、沉淀以及埋藏可以将金属稳定很长时间。植物吸收所去除的金属可以再释放，但微生物氧化的金属是热力学稳定的。

20世纪80年代，我国开始使用人工湿地进行污水处理。1989年建成潜流式植物碎石体和兼性稳定塘相组合的深圳白泥坑人工湿地，北京昌平区表面流芦苇湿地示范工程；1998年，建成成都市活水公园人工湿地塘床系统；2000年，建成云南省抚仙湖湿地、江苏泗洪人工湿地污水处理系统；2003年建成澄江县马料河人工湿地污水处理工程，2009年萍乡市芦溪县建成南坑人工湿地污水处理工程。此后，人工湿地在全国得到广泛应用。

人工湿地系统优点有：建造和运行费用便宜，一般投资与运行成本只有常规处理的20%～50%；工业设备较少，易于维护与管理；节省能源，是真正意义上的生态处理工艺；可直接和间接提供效益，如水产、畜产、造纸原料、建材、绿化、野生动物栖息、娱乐和教育；人工湿地处理污水的植物可以创造一定的景观，可以和自然环境相互协调。

人工湿地系统不足有：占地面积大，植物易受病虫害影响，主要用于土地资源不是很紧张的小城镇或农村；运行启动周期长，一般要运行2～3个周期后，才能稳定；负荷率低，运行不稳定；人工湿地在我国北方寒冷地区，冬天几乎不能应用，虽然潜流湿地对这方面要求较低，但温度很低时还是会严重影响去除率；随着运行时间延长，人工湿地中填料会出现堵塞，甚至吸附饱和问题，需要寻找新方法来解决这些问题，确保湿地长期稳定运行。

Reading Material

1. Hybrid Biofilm/Suspend-Growth Processes

Activated sludge processes can be enhanced in terms of capacity and reliability through the introduction of biofilm media that create hybrid biofilm/suspended-growth systems. Existing activated sludge processes can be upgraded by adding biofilm surface area inside the aeration basin. Immobile biofilm include plastic screens, ribbons, or lace strings that are held inside the aeration basin by fixed frames immersed in the mixed liquor. Mobile biofilm carriers are mixed into and travel with the mixed liquor. They include sponges, plastic mesh-cubes or cylinders, porous cellulosic pellets, or polyethylene glycol pellets. The latter can be imbedded with bacteria, although this is not necessary to achieve the mobile-biofilm effect. The mobile biofilm carriers must be easily separated from the mixed liquor and held in the aeration basin. Screens or wire wedges at the aeration basin outlet are effective. When mobile carriers are used, the system can be called a moving-bed biofilm reactor.

Whether immobile or mobile biofilm carriers are employed, the goal is to increase the total mass of active bacteria in the system and to increase the SRT. The suspended and biofilm bacteria can have quite different SRTs. Normally, the biofilm SRT is longer, which makes it especially important for accumulating slow-growing species, such as nitrifiers.

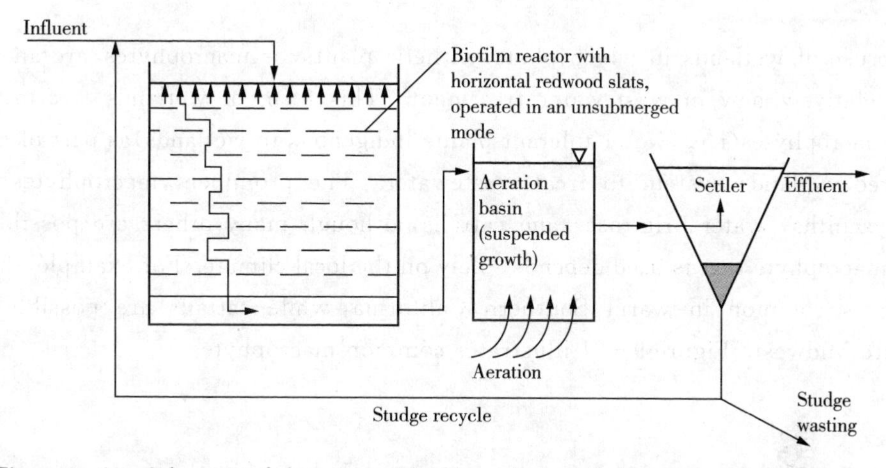

Figure 9 - 20　Schematic of the activated biofilter-a hybrid biofilm/activated-sludge process

Another hybrid process is the Activated Biofilter (ABF) process. Figure 9 - 20 is a schematic of how the ABF process combines a biofilm reactor with suspended growth. The biofilm reactor is comprised of horizontal redwood slats. The applied water " trickles" down over the slats in an unsubmerged mode that allows oxygen supply from the air. This design accommodates the applied liquor, which contains suspended biomass recycled from the settler underflow. Between the biofilm reactor and the settler is an activated sludge aeration basin in which the MLVSS is maintained at around 2, 500 mg/L. ABF practice generally fixes the BOD loading to the biofilm process at about 9 kg $BOD_5/m^3 \cdot d$. Although this surface loading is relatively large for a biofilm process, the subsequent aeration basin is used to ensure adequate BOD removal and nitrification, if desired. The size of the aeration basin is adjusted to achieve the desired treatment. With no nitrification, an aeration basin detention time of 1 to 2 h is typical, while nitrification generally requires 3 to 6 h.

A final hybrid process is the PACT process, which is an acronym for Powdered Activated Carbon Treatment. Originally developed by Zimpro to be accompanied by its wet-air oxidation of spent activated carbon, PACT is used most often for the biological treatment of industrial wastewater, which often contains organic chemicals inhibitory to bacteria. Powdered activated carbon (PAC) is added to the process influent at a dosage of 10 to 150 mg/L. The primary purpose of the PAC is to adsorb inhibitory organic components. Experience also shows that the PAC can improve sludge flocculation and settling and adsorb slowly biodegraded components, such as BAP, that otherwise add to effluent BOD, COD, color, and toxicity to microorganisms. The main disadvantage of PACT is the high cost of the PAC.

2. Wetlands Treatment of Wastewater

The use of wetlands in which photosynthetic plants, or macrophytes, are an integral part is relatively new in wastewater treatment. This form of wetlands treatment uses aquatic macrophytes(i. e. , water-tolerant plants indigenous to wetlands)as part of a simple engineered wetlands system to treat wastewater. The prominent macrophytes include water hyacinths, water primrose, and cattails, although many others are possible. The type of macrophyte that is used depends solely on the local climate. For example, the water hyacinth is common in warm Southern California, while cattails are possible in the temperate Midwest. Figure 9 - 21 illustrates common macrophytes.

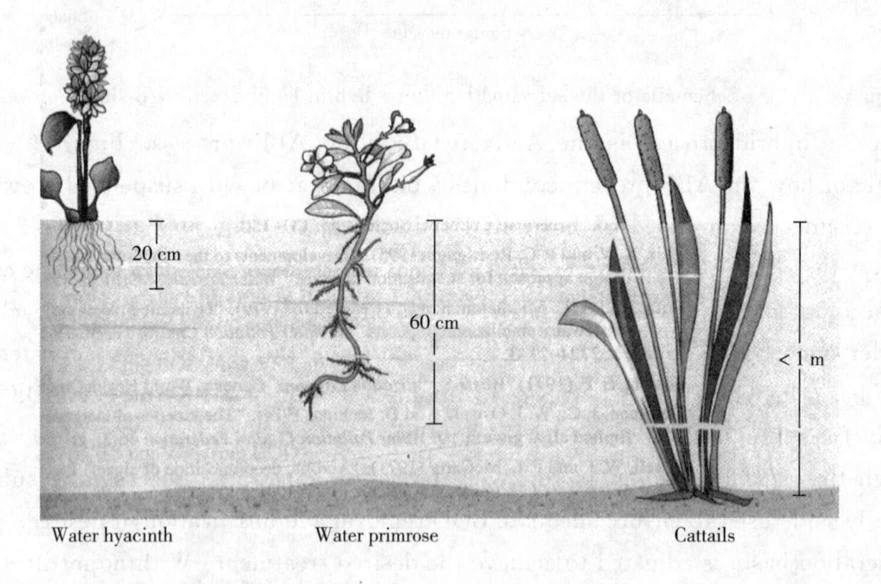

Figure 9 - 21 Sketches of common aquatic macrophytes used in wetland treatment

Although heterotrophic bacteria (as normal) carry out BOD removal, wetlands treatment is successful because of the benefits of the macrophytes. These benefits include:

1) Leaves and stems above the water shield the water column from sunlight and reduce algal blooms.

2) Leaves and stems above the water insulate the water from heat loss.

3) Stem and roots in the water column are colonized by biofilm and help accumulate a

large bacterial population.

4) Stems and roots help to capture colloids.

5) Stems and roots may give off O_2 during photosynthesis and stimulate bacteria metabolism.

Wetlands treatment can be effective for removal of nutrient, BOD and SS. Nutrient removal is a combination of microbial and macrophytic function. The macrophytic part is brought about by incorporation of N and P into the plant mass, which is harvested. Major removal of nitrogen, however, is more likely due to microbial nitrification and denitrification.

Design of wetlands lagoons remains rather empirical. A depth of about 1.5 m and a length-to-width ratio of 3:1 have been used successfully. Surface BOD loads of up to 220 kg BOD_5 $ha^{-1} \cdot d^{-1}$ gave good BOD and SS removals.

第10章 水环境修复的生物学方法

✣ **内容提要**

本章介绍生物修复的概念与分类，阐述基于生物学特性的强化污染水体生物修复的技术方法，结合污染水体生物修复的技术在实际工程中的应用，介绍典型的污染水体（黑臭水体、污染地下水）修复技术途径。

✣ **思考题**

(1)什么是生物修复(bioremediation)？如何进行分类？

(2)水环境生物修复与污水人工处理有何区别，分别适用于何种情况？

(3)影响生物修复的因素有哪些？

(4)利用微生物制剂进行水体修复的优缺点各有哪些？

(5)哪些方法可以强化自然水体中的生物更好地修复污染的水体？

(6)增氧法进行污染水体修复的理论依据是什么？

(7)污染水体为何会发黑发臭？如何进行黑臭水体的生物修复？

(8)地下水如果被地表的有机物污染了，如何采用生物法进行修复？

10.1 生物修复概述

任何水体中都存在可以降解有机污染物、转化无机污染物的微生物，它们是环境中的土著微生物。但当水体污染物浓度超过水体自净能力时，或出现了水体本身没有的难以降解的污染物时，水体出现污染，这时就需要借助人工的力量进行修复。修复的方法有很多，其中生物修复是一种重要的修复方法。

10.1.1 生物修复概念与分类

生物修复(bioremediation)是指利用生物特别是微生物，将存在于土壤、地下水和海洋等环境中的有毒、有害的污染物降解为 CO_2 和 H_2O，或转化为无害物质，将污染生态环境修复为正常生态环境的工程技术体系。

自然情况下发生的、不受人为干扰的目标化合物被降解的生物修复速度很慢，远远达不到生产实践的要求。生产上一般采用工程化手段来加速生物修复的进程，这种在受控条件下进行的生物修复又称强化的生物修复(enhanced bioremediation)或工程化的生物修复(engineered bioremediation)。工程化生物修复采用一些方法加快修复速度：①生物刺激

(biostimulation),满足土著微生物生长所必需的环境条件,诸如提供电子受体、供体、氧以及营养物等;②生物扩增(bioaugmentation)通过各种手段,将参与降解环境污染物的微生物菌群进行扩增。

根据是否需要将污染物进行移动而将生物修复分为原位、异位两种类型。

1)原位生物修复

不需要移动污染物而进行的生物修复称为原位生物修复(in situ bioremediation)。原位修复虽然在操作过程中通常较难维持,但因为运行成本低,一般作为优先采用的方法。

(1)微生物扩增法

当污染环境中缺少降解微生物时,应用土著或接种菌去降解环境中的有机污染物。接种降解菌就是将非土著微生物引入到污染场所,这就需要投入已具有降解能力或适应所在地污染物的优势菌种。构建遗传工程菌可能是处理毒性较大污染物的一种有效手段。

(2)微生物培养法

因为土壤和水体中微生物数量与活性常受到营养等因素的制约,向污染生境中添加外源生物活性物质,比如,N、P 营养,O_2,NO_3^-、SO_4^{2-} 等电子受体,可大幅度地增强微生物降解功能,大大促进生物修复的进行。目前已开发出的亲油肥料,不但含有 N、P 营养,而且还含有许多易降解的碳源,即使在寒冷的气候条件下,使用后,烃降解菌的数量也大大增加,从而增加了烃的降解速率和程度。

(3)微生物通气法

生物通气法(bioventing)是指在土壤含水层之上,通入空气,为好氧微生物提供最终电子受体的修复方法。通常的工艺是在污染物现场打井,通入空气或抽真空。生物通气修复柴油污染土壤的研究表明,在两年内,大部分土壤中的柴油浓度降低了 55%～60%,其中微生物降解贡献超过 90%。生物通气修复方法还成功地应用于燃料油、发动机油、单一芳香烃污染的土壤修复中。

修复时,一方面,可以通入空气将含水饱和层中的挥发性有机物转移到不饱和层内,被微生物降解。另一方面,采用生物注气法(biosparging)将空气通入地下水位以下的饱和层中,进行地下水的修复(图 10-1)。

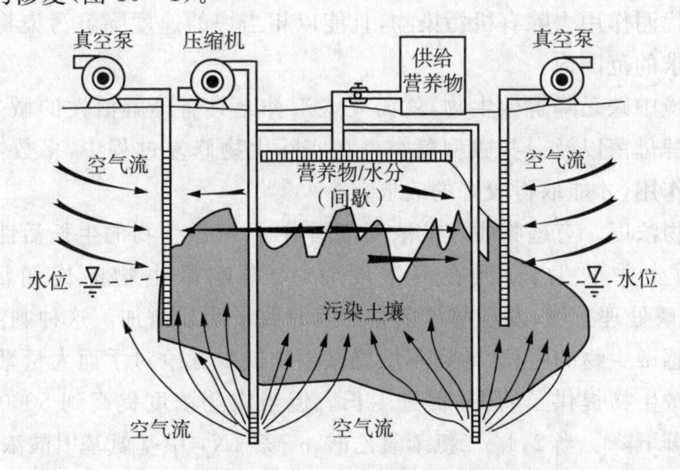

图 10-1　生物注气法修复地下水工作原理示意图

(4)植物修复

直接或间接利用高等植物去除污染物的技术被称为植物修复(phytoremediation),过程包括植物对污染物质的吸收及植物根际(rhizosphere)附近土壤中微生物对污染物的降解。根际(根及其附近土壤)存在大量微生物,尤其是大量细菌,是植物修复主要部位。植物修复通过3种机制去除环境中有机污染物,即直接吸收、刺激根区微生物活性与转化作用、增强根区矿化作用。

常见的作物,如豆、麦子、水稻、麦草、玉米等对许多有机物,包括农药、表面活性剂、除草剂等的降解都有促进作用。有人将烷烃和多环芳烃的混合物加入土壤中,然后在上面种植黑麦草(*Lolium perenne*),有效提高了碳氢化合物的去除速度和去除量。

植物修复技术对土壤和水体中重金属污染的治理具有特殊的优势,植物生长过程中吸附、积累重金属,然后将高重金属含量的植物收割移走,从而将重金属从环境中去除。

植物修复技术费用低廉,适于污染土壤的深度在1~2 m或更深时的修复。缺点是速率较低,修复时间较长。且对于吸附力极强的有机物不宜采用。

2)异位生物修复

在许多情况下,尤其是污染程度较高时,采用原位生物修复往往达不到预期效果,这时就需要应用异位生物修复(exsitu bioremediation)方法,即将污染的土壤(水)从污染环境中取出,在人为构建的生物反应器中进行可控条件下的修复。主要方法有泥浆反应器法(slurry bioreactor)、预制床法(prepared bed reactor)、生物堆层(biopiles)修复技术等,易位生物修复技术主要用于土壤修复。

有时,联合使用原位生物修复和易位生物修复技术,充分发挥两种技术的优势,更高效地去除环境中的污染物。如冲洗-生物反应器法(washing-bioreactor),用水冲洗土壤中污染物,并将含有该污染物的废水经回收系统引入生物反应器中,同时连续供给营养、氧气和降解菌以清除污染物。

10.1.2 生物修复影响因素

生物因素是最主要的生物修复影响因素,污染环境中必须存在具有代谢活性的生物,通过矿化分解和共代谢作用去除有机污染物,且能以相当快的速度降解污染物,并使污染物浓度降低到环境要求的范围内。

如果污染环境中缺乏降解微生物,就需要人工补充具有降解活性的微生物,如细菌、放线菌、丝状真菌、酵母菌以及一些微型藻类。在实际生物修复过程中,多数需要两种或更多种类微生物协同作用,才能取得较好的效果。

环境中污染物浓度。有些物质在低浓度范围内时,对微生物的生长活性没有抑制,甚至可以刺激某些微生物的生长,但在高浓度时,会影响微生物的代谢活性。Bollen用200 mg/L的对硫磷处理土壤,发现酵母菌和细菌的数量明显增加。这种刺激作用是由于农药抑制了其他敏感微生物的生长,导致不敏感微生物缺少竞争对手而大量繁殖,又由于死亡的菌体为存活的微生物提供了营养,促进生长。但当农药浓度提高到5000 mg/L时,所有微生物数量都显著下降。当2,4-二氯苯氧乙酸、α-萘-N-甲基氨基甲酸浓度为2~3 μg/L或更低时,几乎不被微生物代谢,但当浓度较高时,6 d内60%以上被降解为CO_2。据此,人们认为，自然环境中，极低浓度的化合物可能是限制生物降解的一个主要因素。而这些痕量有机污染物可以经过食物链富集放大，最终危害人类的生命健康。

异养细菌及真菌的生长除需要有机物提供的碳源和能源外，对营养物质和电子受体的需求也很高。多数生物修复中需要添加氮、磷以促进生物代谢。许多细菌和真菌还需要一些生长因子，如氨基酸、B 族和脂溶性维生素及其他有机分子。

生态条件中，影响最大、研究最充分的是氧气。由于土壤孔隙较少，或者距离表层远，氧气常常成为原位生物修复的限制因子。深层土壤的供氧技术已经成为生物修复领域的一个极其活跃的研究方向。许多有机物也能够在厌氧环境下被降解，但一般降解速度较慢。某些特定的微生物能够利用硝酸根、硫酸根、Fe^{3+}、Mn^{3+} 作为电子受体，从而在缺氧条件下降解有机污染物。人们已经发现某些物质（例如卤代烃、硝基苯类化合物等）在厌氧情况下降解得更加迅速和彻底。

其他生态因子，例如温度、pH 值、湿度、盐度、有毒物质、静水水压（对土壤深层或深海沉积物）都会影响有机物的生物降解性。

10.2　污染水体生物修复技术

水体污染后的修复往往是采用组合的技术，即综合技术进行修复。水体修复中，除了物理方法（如清淤、换水）、化学方法（如化学固定、化学絮凝）外，很多采用生物法进行修复。由于污染水体面积大、水量多，一般情况下，均进行原位修复，只有在水量较小或污染去除要求较高时，才在水体边建立污水处理设施，进行异位修复。污染水体的原位生物修复是从增加有降解能力的生物种类和数量、增强其生物活性、改善生活条件等方面而研发的生物修复技术，主要包括：微生物制剂法、生物激活剂法、水体增氧法、构建水生植物体系法等。

10.2.1　微生物制剂法

从长期污染的水体或废水生物装置中筛选、分离、富集培养可得到净化水质的高效降解菌株，或者通过诱变、原生质体融合、基因工程等技术研制出混合微生物制剂（mixed microbes preparation）。微生物制剂中的活菌可分解水中的有机物质，减少氨氮、亚硝氮及硫化氢等有害物质在水体中的含量。微生物能直接利用这些有害物质实现自身生长，也可以通过微生物胞内酶和胞外酶的作用，将其转化为对水体环境和生物无害的物质，使水体有毒物质处于较低浓度。

微生物制剂常用菌种，除了应用较多的 EM 菌（Effective Microorganisms）以外，还有：

1）硝化细菌。硝化细菌是一类化能自养型微生物，包括亚硝化菌属和硝化杆菌属，可将水中有毒的氨和亚硝酸盐离子最终氧化成硝酸离了，减少它们对水产动物的毒害性。在淡水水体施放硝化细菌，能有效降低淡水水体中 COD、氨氮、亚硝氮的浓度。

2）芽孢杆菌。这是一类好氧或兼性厌氧的非致病芽孢杆菌，能够产生多种营养物质和酶类，提高动物免疫机能，促进有益菌群增殖，在其他微生物的共同作用下净化水质。常见的用于制备微生物菌剂的芽孢杆菌有枯草芽孢杆菌、地衣芽孢杆菌、蜡样芽孢杆菌等，可迅速有效降低水体中的硝酸盐、亚硝酸盐含量，并降低水体 pH。芽孢杆菌克服了当前微生物制剂易失活、热稳定性差的缺点，又具有良好的净化水质的功能。

3)乳酸菌。乳酸菌是动物肠道中常见的有益菌，通过分泌细菌素、过氧化氢、有机酸等方式抑制肠道的有害菌。乳酸菌对硝氮和亚硝氮都有显著降解作用，能使氨氮增加，对有机物作用不明显，因此有研究者提出将乳酸菌与光合细菌、芽孢杆菌等联合使用对水体进行综合处理。

通过向污染水体中投加微生物制剂，调控水体中微生物群体组成和数量，优化群落结构，提高水体中有自净能力的微生物对污染物的去除效率。

微生物制剂的不足是活性受水体中各种环境因子影响较大；耗时长，需长期使用；特定的微生物只能吸收、降解、转化特定的化学物质，结构稍有变化就不能被同一种微生物降解；有时使用单一微生物制剂手段来治理效果并不理想，需要结合其他方法才能达到预期效果，如将微生物制剂固定化或与高等植物联合使用等。

10.2.2 生物激活剂法

生物激活剂法是指通过向受污染水体中投加无毒且不含菌种的可促进土著微生物生长的制剂，达到水体修复目的的一种方法。生物激活剂中一般含有多种可降解污染物的酶以及可以促进微生物生长的有机酸、微量元素、维生素等成分，这些物质的加入可以明显提高土著微生物的活性和加速生物的演替，并直接依靠酶的作用和微生物的生长代谢达到污染物降解的目的。

有研究报道，向污染水体投加生物激活剂，投加量为 1 mg/L 时，COD、NH_3-N 的最终去除率比空白对照分别提高了 21.3%、38.4%；对上海漕河泾、文化园 2 个不同水质水体的修复效果明显，其 COD 去除率分别为 40.3%、39.6%，NH_3-N 去除率分别为 31.9%、85.4%。生物激活剂对鱼类无害，在对上海植物园的湖水进行修复后，显著提高水体 COD、BOD、TP、浊度去除效果与水体 DO 含量。

10.2.3 水体增氧法

针对污染水体中微生物降解效率不高问题，采用人工增氧的方式，将底泥中的微生物扰动，释放到水体中，改变水体微生物群落。研究表明：水体曝气和底泥曝气均能增加底泥中细菌总量和反硝化细菌数量，曝气强度增加细菌优势类群的多样性提高；为水体好氧微生物分解有机物提供受氢体，提高污染物去除效率。人工曝气复氧是污染水体提升水质的重要技术措施之一，已被广泛应用于黑臭水体治理工程中，并取得了良好的效果。上海市徐汇区环境保护局在治理上澳塘潘家桥河段试验中使用鼓风机微孔布气管曝气技术，曝气充氧 1 个月后，水体中 BOD_5、COD_{Cr} 去除率分别为 56.4%～72.5%、48.5%～61.0%。

水体增氧的方式主要有：①将水体水流设置成跌水，进行曝气，这种方式是结合水体景观进行的，其能耗低，维护管理简单，但充氧效率不高；②水体扰动，如采用机械设备对水体(底泥、上覆水)进行扰动，增加空气的复氧；③机械曝气，在水中安装曝气机，电能或太阳能为动力，叶轮转动搅动水面，利用旋桨在进气口附近造成负压吸入空气，并随叶轮循环进入水中，充氧效率高，也有的结合景观设计，利用喷泉曝气；④鼓风曝气，鼓风机通过管道系统将空气送到水底的扩散装置，空气以气泡形式释放到水体中，空气中的氧气进入水中。

10.2.4　构建水生植物体系法

通过种植水生植物，利用其对污染物的吸收、降解作用，取得净化水质的效果。水生植物在生长过程中，吸收大量的氮、磷等水中的营养物质，通过富集作用去除水中的营养盐。因此，在水体中种植着生底泥茎秆伸出水面的挺水植物、覆盖水面的浮水植物、在水底固定的沉水植物、在水体的岸边种植湿生植物，构建立体水生植物体系（图10－2）。

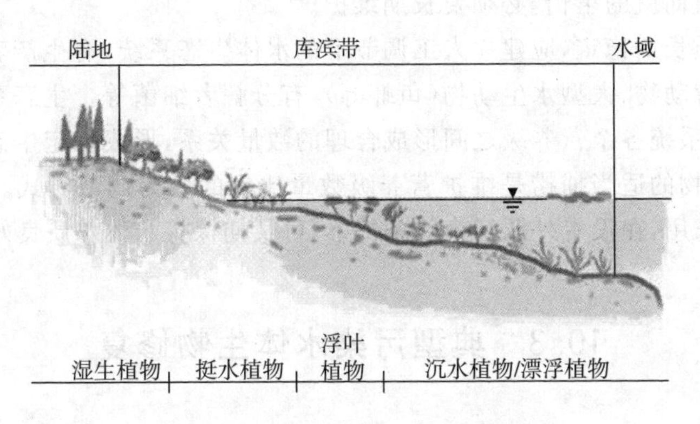

图 10－2　立体水生植物体系示意图

水生植物中积累了营养物质，必须在其衰老死亡之前移出水体，否则植物枯死后沉入水中，经微生物分解腐烂，又将其积累的营养物质、重金属等污染物重新释放到水体中，循环污染，达不到去除的目的。针对在实际水体管理过程中，进行水生植物的采集比较困难、费时费力的问题，近年来，人们研发出来便于管理的植物种植方式。其中人工浮床/岛（constructed floating bed/island）已成为比较广泛使用的技术。它是将植物固定在一定的载体，如塑料泡沫板上，载体悬浮于水体表面，其上种植水生植物（图 10－3）。植物的根系伸入水中吸收水中的氮、磷等营养物质。同时，植物根系及载体表面上生长着大量的微生物，促进水体中的有机营养物质的分解。此外，植物还可以将光合作用产生的氧气，通过自己的通气系统，从根系扩散到水体，改善水体环境。

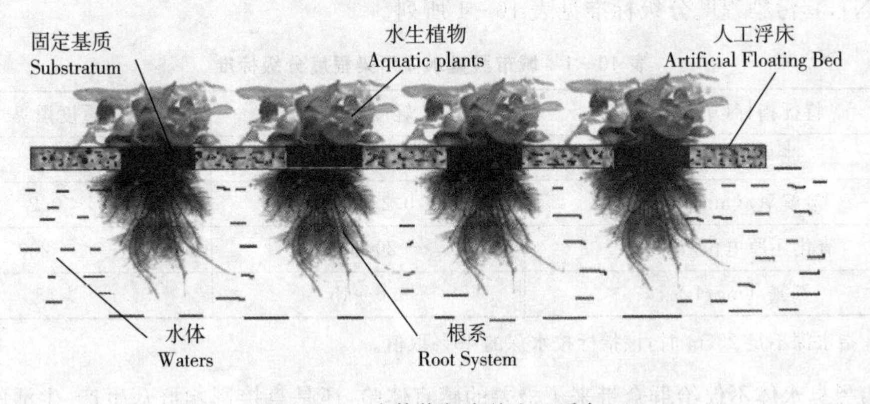

图 10－3　水体修复中的人工浮岛

人工浮岛进行水体修复的同时，还具有美化环境作用，浮岛上在不同的季节可以种植不同的花卉植物，或在不同的浮岛上种植不同的植物，进行景观构图，美化水体。人工浮岛可以在水面上进行移动，创造不同的水景。

10.2.5 建立完整的水体生态系统法

即使对污染水体完成了修复，水体水质恢复到良好状态，环境中的污染物也会通过自然的方式（如地表雨水、大气降雨等）进入水体，并在水体中逐步积累，让水体水质恶化。因此，水体修复不是一蹴而就的事情，必须要长期维护。

为了水体水质长期稳定，应建立人工调节下的水体生态系统，有生产者水生植物、藻类，有消费者水体浮游动物、大型水生动物（鱼虾等），有分解者细菌等。生态系统中食物链形成食物网，使得生态系统各个营养级之间形成合理的数量关系，形成稳定生态系统。对水生植物的收割、水生动物的适当捕捞是维护营养级数量比例的人为调节方式。通过水体稳定的生态系统的自净作用，在没有外源污染的条件下，可长期保持水体水质良好。

10.3 典型污染水体生物修复

10.3.1 黑臭水体的生物修复

1）黑臭水体

城市黑臭水体（black-odorous waters）是指城市建成区内，呈现令人不悦的颜色和（或）散发令人不适气味水体的统称。水体黑臭是一种生物化学现象，当水体遭受严重有机污染时，有机物的好氧分解使水体中耗氧速率大于复氧速率，造成水体缺氧，致使有机物降解不完全、速度减缓，在厌氧生物降解过程中生成硫化氢、氨、硫醇等发臭物质，同时生成黑色物质，使水体黑臭。水体黑臭是严重的水污染现象，使水体完全丧失使用功能，并影响景观以及人类生活和健康。

城市黑臭水体分级的评价指标包括透明度、溶解氧（DO）、氧化还原电位（ORP）和氨氮（NH_3-N），其污染程度分级标准见表 10-1 所列。

表 10-1 城市黑臭水体污染程度分级标准

特征指标（单位）	轻度黑臭	重度黑臭
透明度/cm	25～10*	<10*
溶解氧/（mg/L）	0.2～2.0	<0.2
氧化还原电位/mV	−200～50	<−200
氨氮/（mg/L）	8.0～15	>15

注：* 指水深不足 25cm 时，该指标按水深的 40%取值。

城市黑臭水体不仅给群众带来了极差的感官体验，还是直接影响群众生产、生活的突出水环境问题。国务院于 2015 年 4 月颁布的《水污染防治行动计划》，提出"到 2020 年……地级及以上城市建成区黑臭水体均控制在 10%以内……到 2030 年……城市建成区黑臭水体总体得到消除”的控制性目标。2015 年 8 月住房和城乡建设部颁布了《城市黑臭水体整治工作指南》。

2)黑臭水体的生物治理

黑臭水体的修复是一些综合型的工程，除了进行控源截污、内源治理以外，最主要的是采用生物技术，“水质净化、生态修复”，促进水体生态系统的构建，提高水体自净能力，维护水体水质长期稳定。主要的生物治理技术有：

(1)投加微生物制剂。有研究表明，在黑臭水体中投加浓度为 0.5～1 mg/L 的微生物菌剂后，上覆水中 COD 去除率可达 87.37%，TN 和 NH_4^+ - N 去除率分别达到 90.7%和 95.24%，水体透明度显著提高，底泥厚度从平均 3.7 cm 下降到平均 2.3 cm，生态系统进入良性循环，生物多样性得到初步恢复。

(2)增加水体溶解氧。一般采用固定式充氧设备(如水车增氧机、微孔曝气等)和移动式充氧设备(如增氧曝气船)，采用跌水、喷泉、射流等方式有效提升水体的溶解氧水平。研究表明，曝气能有效地去除黑臭水体中的污染物，NH_4^+ - N、COD_{Cr} 和 BOD_5 去除率分别为 3.2%～45.6%、19.5%～84.8%和 56.4%～88.2%，底泥曝气下污染物的去除率比水曝气下污染物的去除率高 20%以上。

(3)水生植物修复技术。通过种植水生植物，利用其对污染物的吸收、降解作用，达到水质净化的效果。水生植物生长过程中，需要吸收大量的氮、磷等营养元素及水中的营养物质，通过富集作用去除水中的营养盐。种植大量除污效果好、生命力强的沉水植物，利用沉水植物的过滤吸附、抑制和吸收作用，降低小流域中的悬浮物浓度，提高水体感观效果；改善河底淤泥的形状，使淤泥矿化、减量化。

采用人工浮岛的水生植物种植技术方法时(图 10 - 4)，尽量选用净化效果好的土著物种，利用土壤-微生物-植物生态系统有效去除水体中的有机物、氮、磷等污染物。将水质净化与景观提升有机结合，在水体中进行植物的合理搭配与空间布局。在合适的季节进行植物收割。

图 10 - 4　人工浮岛修复黑臭河流水体

(4)底泥生物氧化技术。底泥是河道多年污染的积累,是河道黑臭和富营养化的重要原因。底泥生物氧化根据由氨基酸、微量营养元素和生长因子等组成的底泥生物氧化配方,利用靶向给药技术直接将药物注射到河道底泥表面进行生物氧化,利用硝化和反硝化原理,除去底泥和水体中的氨氮和耗氧有机物。

(5)异位修复。采用多种技术组合进行黑臭水体水质修复。福州市某黑臭河道治理中采用"旁路治理、生态净化、人工增氧、活水循环"的工艺路线提升水质。旁路治理是通过抽取污染较为严重的河水,经"富酶活性填料生物处理工艺"的离线设备处理,削减了污染物总量,富氧出水以"清水补给"的方式回到河道,增加河道的溶解氧量,激活水体流动性。生态净化是分别在本土微生物活化系统设备的缺氧区和好氧区载入微生物生长活性剂和改性悬浮填料,通过控制微生物生长必要的环境因素,激发本土微生物繁殖,大量吸附、分解水体中的 C、N、P 等污染物质。

10.3.2 污染地下水的生物修复

地下水的污染主要来自污染物泄漏以及事故性排放,另外,垃圾填埋场浸出液渗漏也是重要的污染源。污染物中含有大量的脂肪烃、芳香烃以及相当多的酚类和有机氯等。早期地下水污染的修复是通过抽取地下水到反应器中,处理后经表层土壤反渗回到地下水中,处理的方法是一些常规的物理、化学分离方法。20 世纪 80 年代开始形成了较为完整的原位地下水生物修复技术。

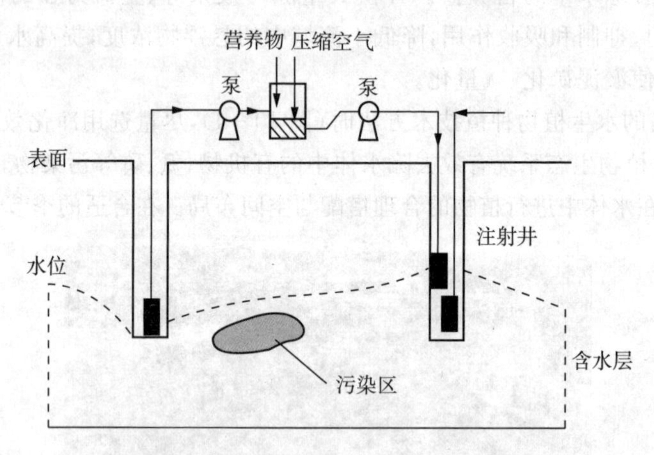

图 10-5 注射井的地下水生物修复

常用的地下水原位生物修复是通过注射井向含水层内通入氧气及营养物质,依靠微生物分解污染物质(图 10-5)。该技术是在修复石油烃类污染的地下水时提出的,其关键环节是提供足够的氧气,因为地下水中的溶解氧浓度很低,自然复氧速度极慢。氧的注入方法有空气注入、纯氧注入、臭氧引入、胶态微气泡引入等。

1999 年赵振亚等对齐鲁石化公司石油污染地下水进行了修复治理。在 5 km^2 范围内建有抽提井、微生物投加井、曝气井、氧化剂投加井等,各井之间距离 50~100 m。采用投加筛选的石油降解菌、曝气、二氧化氯氧化等措施,使地下水中芳香烃化合物明显去除。

目前多主张直接利用地下环境中的土著微生物,它们在接触污染物过程中已经历一段自然驯化期，因此是地下水生物修复的首选菌种。有研究者在处理 400000 L 乙二醇泄露引起的土壤及地下水污染时，外加了商业菌、营养物质和空气，一段时间后，检测井中污染物浓度由 36000 mg/L 下降到 100 mg/L，但发现外加菌的生长率很低。所以只有在土著微生物不能降解或污染物浓度很高，又必须快速处理时，才考虑外加菌种。

Reading Material

Phytoremediation

A new and rapidly developing form of bioremediation is phytoremediation, which uses green plants and their associated biota to destroy, remove, contain, or otherwise detoxify environmental contaminants. Four types of destruction and removal reactions can occur in phytoremediation. Definitions of the four pathways are:

1)Phytovolatilization is an enhancement of the volatilization process from the soil or through the plant's roots or shoots. Enhanced volatilization can occur via plant transpiration of volatile compounds or transformation of contaminants to more volatile forms.

2)Phytodegradation involves uptake by the plant and subsequent metabolism by plant enzymes to form benign products.

3)Phytoextraction involves uptake by the plant and absorption of the contaminant into plant tissue, which subsequently is harvested. Hydrophobic contaminants are most susceptible to photoextraction.

4)Rhizo sphere degradation to benign products is catalyzed by plant enzymes excreted by the roots or by the microorganisms found in the rhizosphere.

In addition, phytoremediation can sequester contaminants, a process called phytostabilization. The benefit of phytostabilization is that it makes the contaminants less bioavailable to humans and other receptors. Three forms of phytostabilization can be identified:

(1)Humification incorporates contaminants into the soil organic matter, or humus, through binding(polymerization)reactions of plant and microbial enzymes.

(2)Lignification incorporates the contaminant into plant cell-wall constituents.

(3)Aging slowly binds the compounds into the soil mineral fraction.

The distinctions among the various stabilization, destruction, and removal mechanisms often are not sharp. For example, rhizosphere peroxidases can catalyze oxidation reactions that lead to contaminant mineralization (degradation) or to polymerization(humification).

Phytoremediation is still in its early stages of research and development. Nonetheless, it has promise for the decontamination of petroleum hydrocarbons, a range of chlorinated aliphatics and aromatics(including PCBs), and pesticides. Phytoextraction of heavy metals is another promising application.

Another aspect of phytoremediation is hydraulic control. During their growing season, plants transpire large volumes of water to the atmosphere. This transpiration can stop the downward flow of precipitation from the vadose zone to the saturated zone. It also can "pump" water from the top of the saturated zone to the atmosphere. Transpiration is being exploited as a means to stop or slow the migration of contaminants that are in the vadose zone or the boundary between the vadose and saturated zones. Of course, this pumping action only occurs when the plants are active in photosynthesis. For example, deciduous trees are ineffective in the winter.

第11章　水质工程中生物检测与监测

✣ **内容提要**

本章主要介绍了水中影响人类身体健康的有害微生物(大肠杆菌、病毒等)的检测原理，采用基于生物活性抑制原理的不同类型微生物、活性污泥进行物质毒性的检测方法，基于生态学原理的水环境污染的生物学检测方法。

✣ **思考题**

(1)为什么要检测水中的细菌总数？如何检测？

(2)按照什么标准进行粪便污染指示菌的筛选？

(3)什么是大肠菌群测定的三步发酵法(three - steps zymotechnics)，主要步骤有哪些？

(4)大肠菌群测定的滤膜法有何优、缺点？

(5)发光细菌进行毒性物质检测的基本原理是什么？

(6)鼠伤寒沙门氏菌/哺乳动物微粒体酶试验(Ames test)检测致癌物质的原理是什么？

(7)污水生物带体系法监测水体环境有何优势？

(8)PFU方法适用于什么样的水体监测？

11.1　水中有害微生物检测

生物(微生物、植物和动物)与其生存环境之间存在着相互影响、相互制约、相互依存的密切关系，生物需要不断直接或间接地从环境中吸取营养，进行新陈代谢，维持自身生命。当空气、水体、土壤等环境要素受到污染后，生物在吸收营养的同时，也吸收了污染物质，并在体内迁移、积累，从而遭受污染。受到污染的生物的生态、生理和生化指标等方面会发生变化，出现不同的症状或反应，利用这些变化来反映和度量环境污染程度的方法称为生物监测法。

环境，尤其是与人类生活密切相关的环境(如饮用水水源水体)、介质(如处理后排放的生活污水)和对环境有影响的物质(如毒性物质)等，都存在着微生物等生物性的污染和化学污染，因此，必须对它们进行必要的检验，才能保证对人体的安全。

生物监测结果能够反映污染因素对人和生物的危害及对环境影响的综合效应。生物监测方法是理化监测方法的重要补充，二者相结合构成综合环境监测手段。这类监测方法主要有生态(群落生态和个体生态)监测，生物测试(毒性测定、致突变测定等)，有害生物的生理、生化指标测定等。

生物检验的结果可反映环境的质量状况与化学物质对生物、人类的毒性大小。

环境中一般性的污染物包括:①化学性污染:如糖类、含氮有机物、脂肪、有机酸等天然有机物及磷、钾、硫等无机物;②生物性污染:细菌、真菌、病毒等各类微生物。目前不可能对种类繁多的化学物质与微生物逐一检测,必须开发有一定代表意义的指示菌以反映环境中常见有机物与微生物的一般性污染状况。

指示微生物(indicator microorganism)或指示菌(indicator bacteria)是在常规环境监测中,用以指示环境样品中污染性质及程度,并评价环境卫生状况的具有代表性的微生物。

11.1.1 细菌总数检测

细菌总数(total bacteria count)是指在一定条件下(培养基成分、培养温度、时间、pH、通气状况等)培养后所得的1mL或1g检测样品中所含的细菌菌落总数。它反映环境中异养型细菌的数量及污染程度,也间接反映一般营养性有机物的污染程度。为保证人类健康及保护环境质量,我国针对各种不同环境制定了环境卫生标准及环境质量标准。

1)方法

(1)液态与固态对象中的细菌总数:对于天然水体、饮用水、饮料等液体物与土壤、污泥、堆肥、食品、化妆品、药品等固态物,常用倾注平板培养法或平板表面涂布培养法。

(2)国家卫生标准中规定最常用的是营养肉汤琼脂培养基,将经过一定倍数稀释的样品悬液,定量接种于琼脂培养基平板,或倾注混匀,或表面均匀涂布;在有氧条件下,37 ℃培养48 h观察平板上菌落生长结果。

2)结果表示

测定平板上长出的菌落数。细菌总数的结果以"cfu/mL"或"cfu/g"为单位表示。cfu(colony forming unit)是指单位体积或单位质量检样中的菌落形成单位。由于检样中出现的菌落不一定都是由单个细菌细胞繁殖形成的,可能是成对、成链甚至成团的细菌共同形成一个菌落,所以不能以"个/mL"表示,而以"cfu"表示则更为科学合理。

11.1.2 粪便污染指示菌检测

1)粪便污染指示菌

在废水和污染水体中,比较容易发现的、重要的病原菌微生物有:志贺氏菌属、沙门氏菌属、肠道致病性大肠埃希氏菌等。病原菌一般在环境中存在的数量不大,而且检测方法较复杂,难以直接测定。因此有必要寻求其他微生物作为代表(指示菌),以间接指示病原菌存在的可能性。而环境中的病原菌主要来自人畜粪便,当粪便被排入水体或施入土壤中后,病原菌经"土壤—人体"的途径传播引起人类疾病。所以,以粪便污染指示菌的检测表示环境中的病原菌污染。

粪便污染指示菌的理想条件是:

(1)是人畜粪便中的正常菌,且在粪便中的数量较多;

(2)在受人畜粪便污染的环境中可检出,而未受污染环境该菌不存在;

(3)排出到环境后,该菌存活时间比肠道致病菌略长;

(4)对消毒剂等不良环境因素的抵抗力略强于肠道致病菌;

(5)检出与鉴定方法比较简便、迅速,操作时间较短。

但在自然界中,没有一种菌完全符合这些条件。相对而言,肠道中的大肠杆菌较理想,在健康成人粪便中可多达 10^9 个/mL,仅次于拟杆菌属与乳杆菌属两种专性厌氧菌,水中粪大肠菌群与肠道病原微生物具有相关性,Geldreich 对水体中的粪大肠菌群及沙门氏菌进行了检测,说明二者有较好的关联性(表 11-1),说明粪大肠菌群是一种较好的水中肠道致病菌的指示菌。

表 11-1　水中检出粪肠菌群数与沙门氏菌数的关联性

水体种类	每 100 mL 水样粪大肠菌群数	沙门氏菌检出情况		
		检样件数	阳性检出	
			数 目	百分率/%
淡　水	1～200	29	8	27.6
	201～2000	27	19	85.2
	>2000	54	53	98.1
海　水	1～70	184	12	6.5
	71～200	74	21	28.4
	201～2000	91	40	44.0
	>2000	75	45	60

由于大肠菌鉴定方法比较复杂,难以用于环境污染的常规监测中。而包含大肠杆菌在内的总大肠菌群与粪大肠菌群基本上能反映污染状况,也便于进行监测,因此,它们被作为粪便污染指示菌而广泛应用。

2)总大肠菌群

总大肠菌群(total coliform group)也称大肠菌群(coliform group)。它们是一群能在 37 ℃、24 h内发酵乳糖产酸产气,需氧或兼性厌氧的革兰氏阴性无芽孢杆菌。大肠菌群不是分类学上的一个名称,而是根据工程需要人为确定的一个名词。符合这些条件的肠杆菌科细菌主要包括 4 个菌属:埃希氏菌属(*Escherichia*),在此菌属中与人类生活密切相关的仅有一个种,即大肠埃希菌也称大肠杆菌;其次有柠檬酸杆菌属〔或称枸橼酸杆菌属(*Citrobacter*)〕、克雷伯菌属(*Klebsiella*)、肠杆菌属(*Enterobacter*)。

总大肠菌群测定方法如下。

(1)多管发酵法(multiple-tube fermentation)或三步发酵法(three-step fermentation)。

① 测定原理

总大肠菌群的测定包括生理生化检测和镜检,生理生化需根据总大肠菌群的生理特点:需氧或兼性厌氧的革兰氏阴性无芽孢杆菌,在 37 ℃条件下,24 h 内发酵乳糖产酸产气。接种水样到含乳糖的液体培养基中,37 ℃培养,观察,在 24 h 内是否有气体产生,是否产生酸。如果不产生气体、酸,水样为阴性,那么水样中不含大肠菌。如果产生气、酸,初步确定含大肠菌群,需要进一步进行镜检,如为杆菌、芽孢、革兰氏阴性菌 G^-,则为阳性,否则为阴性。最后根据再次发酵乳糖所确定的阳性试管数目查找"最可能数(most probable number, MPN)"表,得出样品中的总大肠菌群数。

② 测定方法

大肠菌群测定过程如图 11－1 所示：

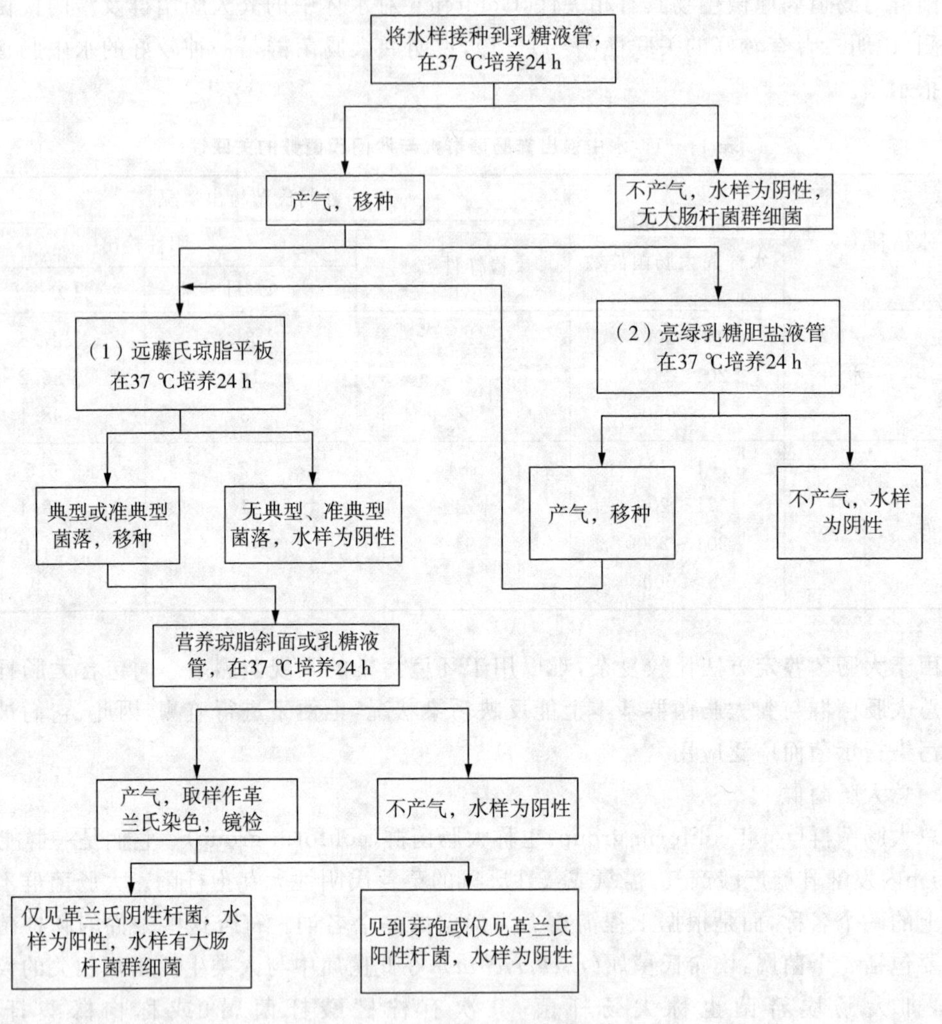

图 11－1　大肠菌群测定过程

a. 初发酵(presumptive test)试验。系将不同稀释度的检样分别加入含有乳糖蛋白胨培养基(液)中，经 37 ℃培养 24 h，观察产酸产气情况以初步判别是否有大肠菌群存在。

b. 平板分离(confirmed test)。由于检样中除大肠菌群外，尚有其他细菌也可引起糖类发酵，故需进一步分离培养。将初发酵试验产酸产气的发酵管分别接种在伊红美蓝琼脂或者远藤氏琼脂平板上，置于 37 ℃培养 18～24 h，观察菌落形态。在 37(或 35) ℃培养 24 h，远藤氏培养基上的具有金绿色金属光泽的菌落为大肠杆菌群菌落。光泽可能遍及整个菌落，也可能只有部分菌落表面具有光泽。挑选可疑为大肠菌群细菌的菌落涂片，革兰氏染色，镜检(图 11－2)，进行证实试验。

c. 复发酵试验(completed test)。将上述可能为大肠菌群的菌落再次接入乳糖蛋白胨培养液，置 37 ℃温箱培养 24 h 后观察结果。

③ 观察结果

复发酵试验中仍有产酸产气者即最后确证为有大肠菌群存在。根据肯定有大肠菌群存在的初发酵管的数目及试验所用的检样量,利用数理统计原理或查阅专用统计表,最后算出每 mL 检样中大肠菌群的最可能数目。

④ 结果表达方式

表示方法有多种,常用“大肠菌群数”“大肠菌指数”表示。地表水环境质量标准、生活饮用水卫生标准、游泳池水卫生标准中以大肠菌群数,单位:个/L 表示。

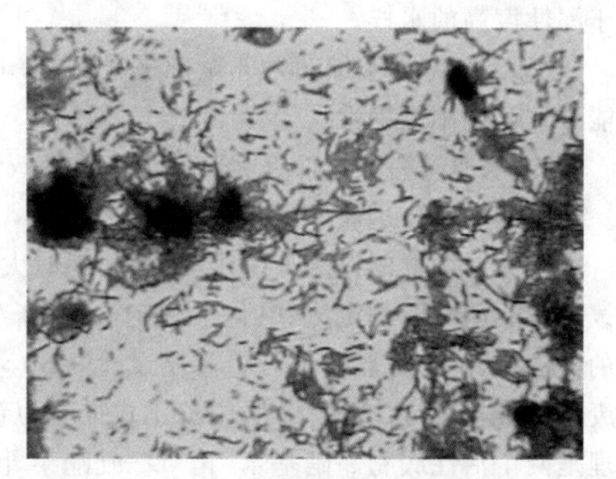

图 11-2　镜检中的大肠杆菌
(图中一个个小点或短杆状的是大肠杆菌个体)

(2)滤膜法(membrane filtration technique,MFT)

① 检验方法原理

将定量水样注入已灭菌、放有滤膜(孔径 0.45 μm)的滤器中,抽滤细菌完全截留在膜面上,然后将带菌滤膜贴于选择性琼脂(一般采用远藤氏琼脂)表面上或饱吸选择性培养液(一般采用远藤氏培养液)的纸垫上的培养基上,在37(或35)℃培养 24 h,鉴定并计数滤膜上生长的典型菌落,计算出每升水样中含有的总大肠菌群数。

② 主要步骤

a. 水样过滤。选用孔径为 0.45 μm 的滤膜过滤检样,细菌被截留在滤膜上。

b. 滤膜培养。将滤膜不截留菌的一面贴附在特定的固体培养基(例如品红亚硫酸钠)上进行培养。

c. 观察结果。通过菌落特征及镜检菌体形态初步确定大肠菌群细菌,革兰氏阴性无芽孢杆菌再接入含乳糖蛋白胨培养基中,能发酵产酸产气的为大肠菌群细菌,最后根据通过水量及滤膜上长出的大肠菌的菌落数换算出每升水中大肠菌群数。

③ 方法特点

a. 滤膜法使用的时间、设备、材料比多管法少,一般可将检验时间控制在 24 h 内。而且可以采用较多的检验水样(即过滤用的水样可以较多),并直接计数。

b. 使用有局限性:(a)受悬浮物(包括藻类等微生物)的干扰;(b)受其他数量多的细菌干扰;(c)受水样中毒物的干扰。所以,多管法仍为主要标准法。滤膜法用于新样点的水样检测时,应与多管法作平行检验。在两者所得结果相同时才能以滤膜法替代多管法。

c. 滤膜法的准确度与水样的水质有关,有些水样(例如饮用水)带菌滤膜需经过增菌后再培养才能取得满意的结果,有些水样(例如含氯废水)不能用滤膜法检验。水样的用量取决于大肠杆菌群的浓度,最好滤膜上的总菌数不超过 200 个,而典型菌落在 50 个左右。

(3)方法评价

① 发酵法(MPN 法)步骤多,耗时长,得到结果需要 72 h,不能及时指导实践工作;滤膜法(MFT 法):操作简单,可现场过滤水样,避免运送水样的麻烦,且缩短时间。但此法不适

用于浑浊度高的水样。

② 总大肠菌群中细菌并非全部来自粪便，可能由腐败的植物、土壤等其他环境带来，故可能导致某些不准确性。

③ 饮水加氯消毒可杀灭大肠菌群而难杀灭肠道病毒，故大肠菌群不能指示水中病毒。

3)检测方法新进展

由于大肠菌群的检测方法步骤太多，耗时太长，近年来科学工作者对其检测方法做了不少改进，如：酶分解测定法、电化学测定法、分子生物学测定法、电子显微镜直接观察法等快速的方法。其中"大肠菌群产色基质试验"(chromogenic substrate coliform test)在美国《水和废水标准检测方法》第 18 版中被正式推荐为新的检测饮用水中大肠菌群的方法。此法的原理是两个活性底物邻硝基苯-β-D-吡喃半乳糖苷(ONPG)及 4-甲基伞形酮基-β-D 葡萄糖醛酸(MUG)，分别被大肠菌群的β-半乳糖苷酶和大肠杆菌的β-葡萄糖醛酸酶分解产生黄色的邻硝基苯和发荧光的化合物。此法仅需 24 h。

4)其他常用指示菌

(1)粪大肠菌群

粪大肠菌群(fecal coliform)是能在 44.5 ℃(44～45 ℃)发酵乳糖的大肠菌群，也称耐热性大肠菌群(thermotolerant coliform)。粪大肠菌群也包括同总大肠菌群一样的 4 个属，但以埃希氏菌属为主，其他 3 个属数量较少。多数大肠杆菌的菌种也可以在 44～45 ℃条件下生长。由于粪大肠菌群数与粪便中大肠杆菌数直接相关，在人粪中粪大肠菌群细菌占总大肠菌群数的 96.4%，而且在外环境中粪大肠菌群不易繁殖，因此，粪大肠菌群较总大肠菌群作为粪便污染指示菌意义更大。我国 2006 年新颁布的《生活饮用水卫生标准》(GB 5749—2006)中已明确增列该菌为饮用水水质常规检查项目，必须要进行常规检测。

(2)粪链球菌

粪链球菌(*Streptococcus faecalis*)是短链状的革兰氏阳性球菌。它在人粪便内数量很多，每克成人粪便中约含有 2×10^8 个，仅次于大肠菌群细菌。其为粪便污染指示菌的优点是在水中不会自行繁殖，但抵抗力弱于病菌。粪链球菌可为水质细菌学评价提供有意义的补充材料。

由于人粪便中粪大肠菌群数多于粪链球菌，动物粪便中则相反，因此，在水质检测时可根据两种菌数量的比值推测粪便污染的来源。粪大肠菌群/粪链球菌的比值(F_c/F_s)大于或等于 4，则认为污染主要来自人粪；如小于或等于 0.7，则认为污染主要来自温血动物的粪便；如比值小于 4 而大于 2，则为混合污染但以人粪为主；如比值小于 1 而大于 0.7，则为混合污染但以动物粪便为主。由于粪大肠菌群与粪链球菌等进入水环境后，数量变化不一样，因此，此比值仅适用于粪便对水体的污染。如在水质细菌学检验中将粪大肠菌群与粪链球菌结合进行检测，可进一步提高水质检验质量。

(3)产气荚膜梭菌

产气荚膜梭菌(*Clostridium perfringens*)为革兰氏阳性、具有芽孢、能还原亚硫酸盐的厌氧杆菌。产气荚膜梭菌存在于人粪(成人每克粪内有 $10^5\sim10^6$ 个)及温血动物的粪便内，因此可作为粪便污染指示菌。目前欧盟已将产气荚膜梭菌作为水质卫生学指标的补充条款，规定 100 mL 饮用水中检出量为 0，才是合格饮用水。WHO 也将其作为水质污染指标。

因为此菌具有芽孢，对氯等消毒剂及外界不良环境具有较强的抵抗力，能在水中较长期存在，特别适用于在含有有毒物质（如氯等）的水体中检测是否有过粪便污染。如水样采集后未能及时检验大肠菌群，此时可检测有无产气荚膜梭菌，如果结果为阳性，表示有粪便污染，但不一定是新近污染，有可能是陈旧污染。如水中未检出粪大肠菌群和粪链球菌而产气荚膜梭菌为阳性，则表示水体曾经有过陈旧的粪便污染。

产气荚膜梭菌的检测方法有：多管发酵法（MPN）、倾注法、滤膜法。因产气荚膜梭菌是厌氧菌，故需进行厌氧培养，而所用培养基为一些选择性培养基，如 SFP 培养基、SPS 培养基、TSN 培养基等。

（4）蛭弧菌

蛭弧菌（*Bdellovibrio*）是一类以捕食细菌为生的寄生菌，依靠对宿主菌的寄生和裂解使自身得到生长繁殖。蛭弧菌是环境中的天然寄居菌，当水体受到粪便污染时，这种水体可供蛭弧菌寄生的宿主增加，蛭弧菌因而大量繁殖，数量增加，从而对污染起到指示作用。

因蛭弧菌的生长繁殖需要一定的时间，故其对污染的指示有一个滞后期。当蛭弧菌数量升高后，可长时间持续较高的水平。因此可以用蛭弧菌联合大肠菌群表示水体所受粪便污染的新旧或区别污染是否持续。例如：蛭弧菌和大肠菌群数均较低时，可能表示水体只有轻度污染；蛭弧菌较低而大肠菌群数较高时，表示水体刚受到污染不久；蛭弧菌较高而大肠菌群数较低时，表示水体以前受到污染而污染未再继续；蛭弧菌和大肠菌群数均较高时则表示水体处于持续污染状态。一般来说作为指示菌的大肠菌群的存活能力与沙门氏菌、志贺氏菌等肠道致病菌类似，但明显低于肠道病毒，在特定的情况下还会低于肠道致病菌。在大肠菌群达标的水体中多次检出病毒和致病菌，说明大肠菌群作为指示菌还存在一定的缺陷，而蛭弧菌指示污染的独特性有可能弥补大肠菌群的不足。

蛭弧菌的检测方法：采用自来水双层琼脂平板法，宿主菌为 *E. coli* ATCC 8099。

11.1.3　病毒的检验

常用的粪便污染指示菌、总大肠菌群等难以作为水中肠道病毒的指示菌。因为大肠杆菌检验合格的饮用水中，仍发现有 9% 的水样中含有病毒，病毒∶噬菌体∶大肠杆菌＝1∶(10^2～10^3)∶(10^5～10^6)。自来水厂处理出水中游离的有效氯在 1 h 后浓度大于 0.5 mg/L，则病毒可被杀死。但在必要时，仍需做病毒的检测。

1）浓缩方法

因为病毒的含量很低，所以病毒检测的关键是对含病毒的水样进行有效的浓缩。病毒的浓缩方法有：

（1）滤膜法：这是最常用的方法，一般用直径 90～142 mm 硝化纤维滤膜，孔径为 0.45 μm。为防止滤膜被水中的混悬颗粒所堵塞，可在此滤膜上再加一层用玻璃纤维制成的预滤膜，以阻留较大的颗粒。水样经过滤后，将滤膜和预滤膜一并取下，用少量的 3% 牛肉膏浸液洗脱。再将洗脱液通过较小的滤膜（直径一般为 47 mm，孔径为 0.45 μm）过滤，可以除去细菌等较大的微生物，滤液中的病毒即可供接种检测使用。

（2）聚乙二醇脱水透析法：将含病毒的水样装在透析袋内，然后将透析袋置于吸湿剂聚乙二醇内，袋内的水分即可被吸出，这样水样可被浓缩200～500倍。浓缩水样即可进行病毒的检测。

(3)氢氧化铝吸附沉淀法：氢氧化铝表面带有正电荷，可吸附带负电荷的病毒。经离心沉淀后，将沉淀物上吸附的病毒用3%牛肉浸膏液洗脱，洗脱液经滤膜过滤得到滤液，再接种于细胞培养基上培养病毒。

2)检测方法

培养基准备。培养基是根据微生物生长需求配制而成的、能提供微生物生长所需营养、并为其生长提供介质的物质。而对于病毒，由于它不能自己合成核酸与蛋白，需敏感的活细胞或组织为专性宿主，如人胚细胞、肿瘤细胞、小白鼠肝脏和猴肾脏。通过酶的降解作用，把胞间质溶解，形成单细胞，制备成单层细胞的膜，悬浮于液体培养基表面进行培养，以备后用。如将猴子的肾脏用胰蛋白酶溶液处理，使肾脏组织的胞间质发生解聚形成分散的细胞，再用培养基将分散的细胞冲洗到细胞瓶中，在培养基的表面形成一层连续的细胞膜。

病毒样品的采集。从动植物的病灶组织、液体、分泌物、下水污泥、污水等中采集病毒样品，样品为固体则用液体培养基制成悬液，空气样品用真空泵抽取。

动物的空斑试验。把病毒样品接种到培养基表面的细胞层上，宿主细胞被病毒腐蚀成肉眼可见的空斑(plaque)。对空斑PFU(plaque formation unit，即为空斑形成单位)进行计数，空斑数等于病毒粒子数，报告单位为pfu/mL。

11.2 生物毒性检测

毒性是指外源化合物与人体肌体接触或进入人体内的易感部位后，引起损害作用的相对能力，毒性越强的物质造成损害所需的剂量或浓度越低。毒性一般分为急性毒性、慢性毒性、遗传毒性等几类。检测毒性的手段主要有动物试验和微生物试验。急性毒性(acute toxicity)的传统内涵是指人或实验动物(如小鼠、大鼠、家兔等)一次或24 h内多次接触受试物之后引起的中毒效应，甚至死亡。动物染毒后的实验观察时间一般为2周，结果常以半数致死量LD_{50}(50% lethal dose)表示，即导致试验动物一半死亡的毒物剂量。以微生物为检测手段时多称为生物毒性(biotoxicity)。研究化学物质的生物毒性，可以显示其是否对人类或生态环境有潜在的危害，是国际上通行的规范化学物质安全性的重要参数之一。

现在人类使用、接触的外源化合物有6万～7万种，每年还以数千种的数量递增，此外还有来源复杂、成分各异的环境污染物质。由于哺乳动物试验的局限性，难以完成如此繁多复杂的毒性测试工作，因此须建立多种快速的微生物学检测方法，在污染物的毒性监控中发挥重要的作用。

毒性的微生物检测方法原理是选择微生物的某一项或几项生理指标作为指征(如细胞生长、呼吸、酶活性等)，根据待测物影响或抑制这些指征的程度来判断毒性的强度。采用的评价指标多为半数有效浓度EC_{50}(50% effective concentration)或半数抑制浓度IC_{50}(50%

inhibition concentration)值,即计算影响或抑制微生物某种正常生理指标值 50%所需的待测物浓度。采用这些指标,易于比较不同方法和实验室的检测结果。

11.2.1　原核微生物检测法

1)细菌生物发光抑制试验

生物发光是自然界中常见的现象,尤以海洋生物为多。20 世纪 70 年代以来,人们主要从海鱼体表分离得到一类能发光的细菌,统称为发光细菌(luminous bacteria)。目前发现的发光细菌分属弧菌属、发光杆菌属和异短杆菌属。发光细菌均为革兰氏阴性、兼性厌氧菌。大小为(0.4～1.0) μm×(1.0～2.5) μm,无孢子、荚膜,有端生鞭毛一根或数根,最适生长温度为 20～30 ℃,pH 值为 6～9,培养基中需浓度 2%～4%的 NaCl。

细菌发光的生物学机制是:

$$FMNH_2 + RCHO + O_2 \xrightarrow{\text{细菌荧光素酶}} FMN + H_2O + RCOOH + \text{光} \quad (11-1)$$

发光细菌利用还原型黄素单核苷酸、长链脂肪醛为底物,在氧的参与下,经细菌荧光素酶催化,发出波长为 420～670nm 的可见光。发光受发光基因(*lux*)及其操纵子的调控。

(1)检测原理

发光是发光细菌生理状况的一个反映,在生长对数期发光能力最强。当环境条件不良或有毒物存在时,因为细菌荧光素酶活性或细胞呼吸受到抑制,发光能力受到影响而减弱,其减弱程度与毒物的毒性大小和浓度成一定比例关系。因此,通过灵敏的光电测定装置,检查在毒物作用下发光菌的光强度变化,可以评价待测物的毒性。

人们筛选对环境敏感而对人体无害的菌株,用以快速监测环境毒物。其中研究并应用得最多的是明亮发光杆菌(*Photobacterium phosphoreum*)。1978 年 Bulich. A. A 开始用发光细菌测定有机化合物的毒性。美国 Beckman 公司将毒性测定过程标准化,研制出系列细菌发光检测仪,命名为"Microtox"。目前该方法是国际通用、使用最为广泛的污染物毒性微生物学检测方法。

(2)检测方法

"Microtox"的核心部分即菌制剂,系从数百株发光菌中筛选出的一株明亮发光杆菌。经培养、浓集而不失去发光菌的特性,通过真空冷冻干燥法制成发光菌的冻干菌种。其外观呈白色粉末状,其中含质量分数为 4%的发光细菌细胞、质量分数为 2%的 NaCl(满足细胞对渗透压的需要),还有保护剂和缓冲物质。冻干菌种贮存于−20～−25 ℃备用,有效使用期限为 1 年。

测试的基本过程如下:

① 菌种复苏。向冻干菌种注入 2% NaCl 使之呈细胞混悬液,稳定时间为 1～2 h。

② 样品处理。将样品进行系列稀释并调节 pH 为 6～8,调节溶液渗透压使之含2% NaCl。

③ 毒性测定。向测试管中定量加入菌液和样品,以苯酚作为阳性有机毒物对照,Zn^{2+} 作为阳性无机毒物对照,蒸馏水为阴性对照。在 15 ℃条件下培养 5 min 或 15 min 后(测定时间国际上有这两种设置),即可通过生物发光光度计直接读出或扫描 5 min 或 15

min 光量抑制百分率(inhibition rate,IR),计算抑制 50%细菌发光强度所需的待测物浓度(IC_{50})。

$$IR=\frac{\text{阴性对照组指标值}-\text{实验组指标值}}{\text{阴性对照组指标值}}\times 100\% \tag{11-2}$$

(3)质量控制

对样品测试结果需进行质量控制以保证结果的可靠性及不同实验室间的可比性。"Microtox"对同一剂量平行测定管间的发光强度差异值应<20%,同时 100 mg/L 苯酚的 $IC_{50,5\ min}$ 应为 13~26 mg/L,100 mg/L 硫酸锌($ZnSO_4 \cdot 7H_2O$)的 $IC_{50,15\ min}$ 应为3~10 mg/L。

由于对细菌荧光素酶活性的抑制动力学过程的差异,有机化合物与重金属对细菌发光抑制的时间-效应曲线模式有所不同。有机物对细菌发光的抑制主要在接触的很短时间(1 min内)达到最大,以后随着时间的推移,影响几乎不变。而重金属对细菌的发光抑制则是持续下降,发光强度的下降与接触时间是成反比例的,即随着时间的延续,抑制作用减小。

(4)方法评价

"Microtox"的测定结果与传统鱼类 96 h 毒性试验具有良好的一致性。1991 年 Diane 对近 100 种化学物质的毒性测试结果表明,两者的相关系数达 0.85。细菌生物发光抑制试验方法十分灵敏、快速,而且检测过程的自动化程度高,为国际标准化组织认可(ISO11348),并成为我国水质评价的国家标准方法:《水质 急性毒性的测定 发光细菌法》(GB/T 15441—1995)。

2)硝化细菌的硝化作用抑制试验

(1)检测原理

硝化细菌属化能自养微生物,在自然界氮素循环和废水处理的氨硝化过程中起着重要作用。硝化作用分两个阶段完成:$NH_3 \rightarrow NO_2^- \rightarrow NO_3^-$。

外界环境因素,如重金属、农药、有机污染物等可通过抑制起硝化作用的酶类(如氨单加氧酶、羟氨氧化酶、亚硝酸氧还酶),导致亚硝化或硝化细菌对底物的利用能力或产物生成量下降,从而影响硝化作用。根据这一特性,可通过硝化作用抑制试验,测量底物或产物的变化来检测污染物毒性作用的程度大小。

(2)检测方法

硝化作用抑制试验中,有的单独选用亚硝化单胞菌属,也有的选用硝化杆菌属,还有的采用活性污泥中的混合菌。混合菌株更容易采集,纯菌株的试验条件容易控制,纯菌株结果重复性和可比性比采用混合菌株好。

以硝化杆菌属为对象的检测过程如下:

① 增殖硝化杆菌菌种至 10^8 个/mL。

② 在测试瓶中定量加入菌液、$NaNO_2$溶液、不同浓度样品,以蒸馏水为对照。

③ 在 30 ℃条件下培养 4 h,每小时取样检测 NO_2^- 含量,分析其随时间的变化,得出硝化作用强度。

④ 比较样品组与对照组硝化作用强度,可得 IC_{50} 值。

11.2.2　真核微生物藻类抑制检测法

1)检测原理

藻类是光能自养微生物,能进行光合作用,依靠体内叶绿素利用光能以同化CO_2,生产藻体有机物并释出氧气,生化反应式为:

$$CO_2 + H_2O \xrightarrow[\text{叶绿素}]{\text{光}} \text{藻体}(CH_2O) + O_2 \qquad (11-3)$$

藻类广泛存在于水体中,它们对水体污染反应十分敏感。例如,在河流中,当水温为20 ℃时,硅藻占优势,30 ℃时,绿藻占优势,当热污染使水温升高到35~40 ℃时,则蓝细菌(蓝藻)占优势。随着水体自净过程的进行,水中无机氮化合物含量不断增加,在光照和温度适宜时,藻类生长量亦相应增加;反之,在含有毒物的水中,由于毒物的抑制作用,使藻体叶绿素浓度降低,影响了光合作用,藻类生长量亦相应减少。

人们广泛利用藻类进行水质监测或物质的毒性检测。因为硅藻、栅藻、小球藻等生长繁殖迅速,对水质变化敏感,可以通过测定水中这些藻类的生长代谢特征的变化来反映水质污染情况或物质毒性程度。藻类的生长代谢特征包括生物量、生长量、光合作用、细胞代谢物质的变化等。

2)检测方法

(1)测定藻类生长量

指标有:①藻体生长量;②氧释放量;③^{14}C摄取量;④细胞中DNA及ATP。其中以测藻体生长量最为直接、简便,应用最广。

(2)测定藻体生长量

方法有:①直接在显微镜下,利用定容载片计算藻细胞数量;②将藻液过滤后,收集藻体,烘干,称干藻质量;③应用比浊计测定藻液浑浊度;④测藻体叶绿素含量等。

3)物质毒性测定主要步骤

(1)繁殖纯藻种。常用的藻种有铜锈微囊藻(*Microcystis aeruginosa*)、水华鱼腥藻(*Anabaena aquae*)等,并培养成具有一定浓度的新鲜藻种液。

(2)配制藻类液体培养基,分装于烧杯或烧瓶中,液层宜浅。灭菌,待冷却后,分别加入不同浓度的待测物,然后接入同量藻种。

(3)恒温28~30 ℃,光照下培养一定时日。

(4)定时测定不同处理杯(瓶)中藻生长量(或溶解氧等其他指标),绘制生长曲线。

(5)通过计算对照样品组最大生长率(μ_{max})或对数期平均相对生长率(RGR)来求得待测物抑制藻类生长的IC_{50}值。

$$\mu_{max} = \ln(X_2/X_1)/(t_2 - t_1) \quad (d^{-1}) \qquad (11-4)$$

式中:X_1——选定时间间隔起点的藻生长量(个/mL);

X_2——选定时间间隔终点的藻生长量(个/mL);

$t_2 - t_1$——选定时间间隔(d)。

11.2.3　活性污泥呼吸抑制检测法

活性污泥法是一种主要的生物处理方法,在废水生化处理中占有极其重要的地位。活性污泥中包含极为丰富的微生物类群，如细菌、真菌、原生动物和后生动物等，是生物毒性检测的良好材料。

1）呼吸抑制试验测试原理

微生物的呼吸是生理活性的一个重要指标。微生物在进行有氧呼吸、分解有机质的过程中会消耗氧并产生 CO_2，因此测定呼吸速率可以反映活性污泥中微生物的代谢速率。废水中有毒物质可以抑制微生物的呼吸，使其耗氧量和 CO_2 产生量下降，下降的程度与毒性物质的浓度和强度有关。

2）测试方法

传统的测定微生物呼吸速率的方法是应用瓦氏呼吸仪，它可以测定微生物代谢过程中的耗氧量。为了消除微生物代谢产生的 CO_2 对压力的影响，利用 KOH 等碱性溶液将产生的 CO_2 吸收，因此反应瓶中压力的降低完全是氧消耗的结果。使用测压计测定氧分压的变化，可以推算出消耗的氧量。

现在污水中的溶解氧(DO)，可用溶解氧仪直接测定，算出耗氧量。毒性物质对活性污泥的抑制检测过程为：

(1)把驯化的活性污泥经离心、磷酸缓冲液洗涤后转入 BOD 瓶中。

(2)以溶解氧饱和的磷酸缓冲液充满 BOD 瓶，作为内源性呼吸耗氧速率测定瓶。

(3)以充氧至饱和的待测废水(或样品)充满 BOD 瓶，作为毒性物质对活性污泥呼吸耗氧速率抑制的测定瓶。

(4)把上述两个 BOD 瓶在 20 ℃条件下培养，瓶塞上的溶解氧电极记录 DO；试验过程控制在 10～30 min，即耗氧速率在 5～40 $mg \cdot h^{-1} \cdot L^{-1}$ 污泥。

(5)计算相对耗氧速率。

$$相对耗氧速率=污泥的呼吸耗氧速率/内源性呼吸耗氧速率\times 100\% \quad (11-5)$$

11.2.4 微生物学检测法评价

1）污染物毒性的微生物学检测法优点

(1)简便快速：与哺乳动物的喂养相比，微生物培养繁殖易掌握和控制，检测方法也很简捷。微生物细胞的繁殖速度快，世代时间短，所以检测时间较哺乳动物试验短。

(2)反应灵敏：许多微生物的代谢活动对毒物干扰十分敏感，可以反映痕量毒物的效应。

(3)经济高效：微生物菌株易于保藏、复苏，且许多检测手段已自动化，试验成本较低。由于检测时间短，可在短时间内完成很多检测，因此，效率高。

2）不同检测方法的结果差异

因为虽然有多种微生物学检测法可供选择，但由于微生物间的生理特性、检测指标、分析手段存在较大差异，所以得出的结果也不尽相同。即使同一种方法选用不同的菌种，检测的结果也有一定的差异，同时微生物检测方法的结果一般都有一定差异。

3）与动物试验的相异性

虽然污染物毒性的微生物学检测方法有许多优点，特别是在大批量毒性污染物质筛选、大范围污染源调查工作中有其独特的优势，但不能完全替代哺乳动物毒性试验。因为哺乳动物与人类的生理、代谢特征更为接近，哺乳动物毒性试验结果的指导意义更为明显。微生物与哺乳动物两类试验方法应互为补充，或者作为哺乳动物试验的前试验。

11.2.5　鱼类急性毒性测试

鱼类是水生食物链的重要环节，也是水体中重要的经济动物。通过鱼类急性毒性试验可以评价受试物对水生生物可能产生的影响，以短期暴露效应表明受试物的毒性。因此在人为控制的条件下所进行的各种鱼类毒性试验，不但可用于化学品毒性测定、水体污染程度检测、废水及其处理效果检查，而且也可为制定水质标准、评价水环境质量和管理废水排放提供科学依据。具体检测方法见第 14 章的实验 10。

11.2.6　致突变致癌物微生物检验

早在 20 世纪 20 年代末，Boverie 等首先提出了体细胞突变是癌变基础的学说，直接将致癌性与致突变性联系起来。癌变和突变可能是一个过程的两个阶段。实践证明，大多数致癌物质(carcinogen)(并非全部)都具有致突变作用，而大多数非致癌物质不具有致突变作用。因此，可通过致突变试验的结果预测化学物质的致癌可能性。

对于人类癌症的起因，普遍认为，80%～90%是由于环境因素所引起的，而环境因素中又以化学因素为主。为克服应用传统的动物实验的局限，发展起了一些快速准确的微生物测试方法。至今已建立了多种初步筛检环境致突变物、致癌物的短期生物学试验，其中鼠伤寒沙门氏菌致突变试验以其灵敏、简便、快速、经济等特点，得到最为广泛的应用。它是美国 Ames 教授等于 1975 年正式建立的一种物质的致突变性测试法，称鼠伤寒沙门氏菌/哺乳动物微粒体酶试验(Ames 试验，或 Ames 致突变试验)。

1)试验原理

Ames 试验是利用鼠伤寒沙门氏菌(*Salmonella typhimurium*)的组氨酸营养缺陷型菌株发生回复突变(back mutation)的性能来检测物质致突变性的方法。常用的组氨酸缺陷型沙门氏菌有 5 种，均含有控制组氨酸合成的基因。当培养基中不含有组氨酸时它们不能生长，当受到某些致突变物诱导时，菌体内 DNA 特定部位发生基因突变而回复为野生型菌，在不含有组氨酸的培养基中，该菌也能生长。野生型与组氨酸缺陷型关系如下：

$$\text{野生型 His}^{+} \underset{\text{回复突变}}{\overset{\text{正向突变}}{\rightleftharpoons}} \text{营养缺陷型 His}^{-}$$

哺乳动物肝、肺细胞微粒体(microsome)酶系统(简称 S9 混合液)中含有混合功能氧化酶系，其中包括细胞色素 P450、NADPH－细胞色素 P450 还原酶、细胞色素 b_5、NADH－细胞色素 b_5 还原酶、芳烃羟化酶等。其中以细胞色素 P450 最为重要，它能氧化进入肝、肺的外源性化学物质。经其氧化代谢可产生两种反应：一是激活作用，使化学物转化为具有亲电子性质，使待测物质的致突变、致癌特性显示出来，活化待测物；二是降解作用，使化学物变为低毒或无毒物排出。试验中，普遍采用的是大鼠肝匀浆，在低温无菌条件下，雄性大鼠经多氯联苯或苯巴比妥等物诱导，取肝制成匀浆，离心 10 min，其上清液即为 S9。临用前再加入辅酶Ⅱ、葡萄糖-6-磷酸等配制成S9混合液而使用。

2)试验方法

采用纸片点试法。在无菌培养皿中先注入基础营养培养基25 mL,平铺待凝,成为底层基础培养基。然后37 ℃振荡培养12 h,将含活菌数10^9/mL的菌液0.1 mL,与S9混合液一起加入2 mL表层培养基中,倾于底层基础培养基上铺平、凝固,以无菌之小圆滤纸片蘸取待测物溶液置于表层培养基上,37 ℃培养48 h后观察结果。

凡在滤纸片外围长出一个密集回变菌落圈者,即为试验阳性,待测物有致突变性。如果没有出现密集菌落圈,而只在培养基上长出少量散分菌落,即为阴性。以TA98测试2-氨基芴(+S9)的点试法阳性结果如图11-2所示。

图11-2 点试法阳性结果

此外,常用的还有平皿掺入法,基本与点试法相似,只是不加纸片。

3)应用

Ames试验法自问世以来,受到广泛的重视与应用,成为良好的环境致突变物与潜在致癌物的初筛手段。1980年Bartsch等报道了180种物质的Ames试验测定结果,其中已知致癌物的吻合率高达95%。全世界超过3000多个政府、企业、科研等部门的实验室应用该试验测定了数千种“纯”化合物,其中包括天然和人工合成的有机物;测定了多种复杂混合物质,如污水、饮用水、大气烟尘、汽车废气、香烟浓缩物、固体废弃物、染发剂、食品提出液、人畜粪尿以及胃液、血液等体液,都获得了许多很有价值的实验结果。

微生物致突变试验作为一种粗筛、报警手段,以其快速、灵敏、经济等优点,在环境致癌物的研究与筛选中具有特殊作用。但是不能单凭一项微生物致突变试验就确认致癌物,还需要经过其他毒理学试验,特别是与人相近的哺乳动物致癌试验。

11.3 水环境污染生物监测评价

11.3.1 污水生物带体系法

1)水污染指示生物

水污染指示生物是指能对水体中污染物产生各种定性、定量反应的生物,如浮游生物、着生生物、底栖动物、鱼类和微生物等。

浮游生物是水生食物链的基础,在水生生态系统中占有重要地位,对环境变化反应很敏感,可作为水质的指示生物。所以,在水污染调查中,常被列为主要研究对象之一。

当水体受到污染后,由于受到污染物的影响,环境改变,水生生物的群落结构和个体数量就会发生变化，自然生态平衡系统被破坏，最终结果是敏感生物消亡，抗性生物旺盛生长，群落结构单一。根据水体中的生物种类与数量，可对水体的污染程度进行监测与评价。德国学者 Kolkwitz 和 Marson 于 20 世纪初提出污水生物系统，其原理基于将受有机物污染的河流按照污染程度和自净过程，自上游向下游划分为 4 个相互连续的河段，即多污带段、a-中污带、β-中污带和寡污带，每个带都有自己的物理、化学和生物学特征(表 11－2)。丹麦人 Fjierdingtag 根据生活污水中优势群落(主要是微生物)，把污水生物系统划分为 9 个带。在 4 带基础上，增加了一个清水带，另外，多污带和中污带分别根据污染程度被划分为 3 个带：甲型，乙型和丙型。

表 11－2　污水系统生物学、化学特征

项目	多污带	α-中污带	β-中污带	寡污带
化学过程	分解、还原作用明显开始	水和底泥里出现氧化作用	氧化作用更强烈	因氧化使无机化达到矿化阶段
溶解氧	没有或极微量	少量	较多	很多
水中有机物	有大量蛋白质、多肽等高分子物质	高分子化合物分解为氨基酸、氨等	大部分有机物已完成无机化过程	有机物全分解
BOD	很高	高	较低	低
H_2S的生成	有强烈的 H_2S 臭味	没有强烈 H_2S 臭味	无	无
底泥	常有黑色 FeS 存在，呈黑色	FeS 氧化成 $Fe(OH)_3$	有 Fe_2O_3存在	大部分氧化
水中细菌	大量存在，大于 100 万个/mL	细菌较多，大于 10 万个/mL	数量减少，小于 10 万个/mL	数量少，小于 100 个/mL
栖息生物的生态学特征	存在的都是摄食细菌动物，且耐受 pH 值的强烈变化，耐低溶解氧，对 H_2S、NH_3等毒物有强烈抗性	摄食细菌动物占优势，肉食性动物增加，对 DO 和 pH 变化表现出高度适应性，对氨有一定耐性，对 H_2S耐性较弱	对溶解氧和 pH 变化耐性较差，并且不能长时间耐腐败性毒物	对 pH 和溶解氧变化耐性很弱，特别是对腐败性毒物(如 H_2S 等)耐性很差
原生动物	有变形虫、纤毛虫，无太阳虫、双鞭毛虫、吸管虫	没有双鞭毛虫，但逐渐出现太阳虫、吸管虫等	出现太阳虫、吸管虫中耐污性差的种类与双鞭毛虫	出现少量鞭毛虫、纤毛虫
后生动物大型动物	有少数轮虫、蠕形动物、昆虫幼虫出现，淡水海绵、水螅、苔藓、小型甲壳类、鱼类不能生存	没有淡水海绵、苔藓动物，有贝类、甲壳类、昆虫出现，角类中的鲤、鲫、鲶等可在此带栖息	淡水海绵、苔藓动物、水螅、贝类、小型甲壳类、两栖类动物、枝角类均有出现	昆虫幼虫种类很多，其他各种动物逐渐出现

（续表）

项目	多污带	α-中污带	β-中污带	寡污带
植物	没有硅藻、绿藻、接合藻及高等植物出现	出现蓝藻、绿藻、接合藻、硅藻等	多种类的硅藻、绿藻、接合藻，是鼓藻的主要分布区	水中藻类少，但着生藻类较多

从重污染带开始到寡污带，水中的有机污染物被逐步降解，由于污染物的降解过程需要较长的时间，由此也形成了不同环境中的微生物，它们形成特定污染环境下的食物链与食物网。随着水体环境的逐步好转，水中的大型生物（植物、动物）也依次出现，形成了生物带谱。

这种方法评价水体污染程度只是定性的，由于缺乏定量衡量的标准，不能进行定量的分析。同时，也无法反映有毒污水污染程度，因为毒性物质往往会抑制，甚至杀死生物，不能形成完整的生物带体系。

11.3.2 微型生物群落监测 PFU 法

1）方法原理

微型生物群落是指水生态系统中在显微镜下才能看到的微生物，包括细菌、真菌、藻类、原生动物和小型后生动物等。它们彼此间有复杂的相互作用，在一定的生境中构成特定的群落，其群落结构特征与高等生物群落相似。在清洁的河流、湖泊、池塘中，有机质含量少，微生物也很少，但受到有机物污染后，群落平衡被破坏，种数减少，多样性指数下降，随之结构、功能参数发生变化，微生物数量大量增加。所以水体中含微生物的多少可以反映水体被有机物污染的程度。

该方法中最成熟、应用最广泛的是 PFU（polyurethane foam unit，聚氨酯泡沫塑料块）法。它是以 PFU 作为人工基质沉入水体中，经一定时间后，水体中大部分微型生物种类均可群集到 PFU 内，微生物把 PFU 当成一个良好的生存环境。微生物有进，也有出，经过一定的时间后，PFU 内的微生物种数达到平衡，通过观察和测定该群落结构与功能的各种参数来评价水质状况。还可以用毒性试验方法预报废水或有害物质对受纳水体中微型生物群落的毒害强度，为制定安全浓度和最高允许浓度提出群落级水平的基准值。

2）检测方法

（1）制作多块（一般 7～10 块）PFU 块，放入水体同一个位置，PFU 在水体中放置方式如图 11-3 所示，为了防止被破坏，可不用悬绳，而是标记放样点，便于打捞。需在对照水体和调查水体中分别设置放样点。因为在一定时间内，PFU 中原生动物种群构成会达到平衡，而有害污染物会破坏这一个平衡。通过比较试验组和对照组的群落结构和功能参数，即可评价

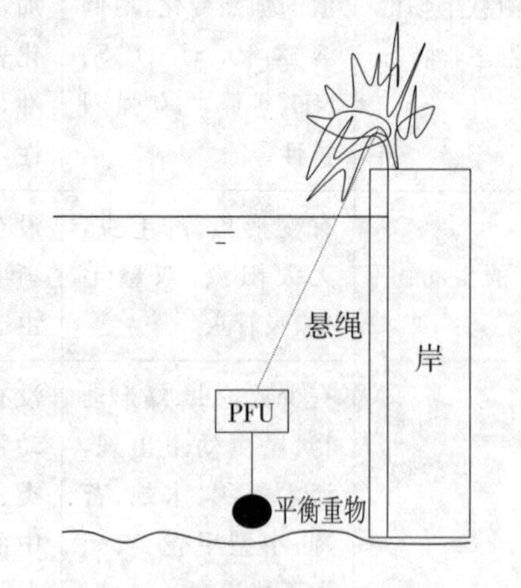

图 11-3 PFU 在水体中放置方式

水体质量与污染程度；

(2)经过一定时间后，将一块 PFU 取回，挤出 PFU 中液体，用显微镜对不同时段、采样点的液体中各种微型生物鉴定和计数。当 PFU 中微生物达到平衡后，取出 PFU 块，进行统计分析；

(3)同时采集水样，采用化学方法测定微型生物灰分量和叶绿素 a 量；

(4)计算 PFU 中微型生物群落的结构与功能参数 HI、d、S_{eq}、G、T_{90} 等参数。

① 异养性指数(HI)：HI＝微型生物灰分量/叶绿素 a 量

② 微型生物群落多样性指数(d)：

$$d=(S-1)/\ln N \tag{11-6}$$

式中：S——PFU 中所收集的微型生物种类数；

N——PFU 挤出液 10 mL 中的微型生物个数；

HI、d 为结构性参数。

③ 微型生物平衡模型：

$$S_t=S_{eq}(1-e^{-Gt}) \tag{12-7}$$

式中：S_t——t 时间微型生物种数；

S_{eq}——平衡时微型生物种数；

G——微型生物群集速度常数。

④ T_{90}：达到 90％ S_{eq} 所需的时间。

S_{eq}、G、T_{90} 为功能性参数。

一般情况下，随着污染程度的升高，微型生物种类数(S)会减少，多样性指数(d)会降低，S_{eq} 会下降；在一个以异养性生物为主的水体中，异养性指数(HI)高，表示存在有机污染，此时群集速度常数(G)会增大，T_{90} 会缩短。

3)方法评价

PFU 法的聚氨酯泡沫塑料块的孔径为 100～150 μm，微型生物可以进入 PFU 内，能收集到 85％的种类，具有环境真实性。1991 年我国颁布了水质检测 PFU 法的国家标准：《水质　微型生物群落监测　PFU 法》(GB/T 12990—1991)。

4)应用实例

运用 PFU 法对安徽省马鞍山市雨山湖水体中的微型生物群落进行了采样观测，并对生物多样性指数和水体水质关系做出分析，试图找出生物多样性指数与水体水质关系，为雨山湖水质监测与进一步治理提供依据。结果表明：

(1)在雨山湖水体中共采集到水生生物 112 种，以原生动物为主，主要是纤毛虫，少量的微型后生动物，主要是轮虫和水蚤。

(2)PFU 内微型生物群集达到平衡所需的时间为 15 d，不同样点的集群过程有所不同，不同采样点的 Shannon-Wiener 多样性指数 H 不同。

(3)多样性指数 H 与水中高锰酸盐指数、NH_3-N 和总磷(TP)之间呈明显的负相关，与水的透明度之间有较好的正相关性，和溶解氧(DO)也存在着一定的正相关。污染物浓度越高，则水中微型生物多样性指数 H 越小；多样性指数 H 越大，水质越好。

Reading Material

Chemosphere 58(2005)605-614

Effect of Copper in the Protistan Community of Activated Sludge

Ana Nicolau, Maria João Martins, Manuel Mota, Nelson Lima
Centro de Engenharia Biológica, Universidade do Minho,
Campus de Gualtar, 4710—057 Braga, Portugal

Introduction

The presence of toxicants in the aquatic environment has become, in the past years, a problem of common occurrence. Originated mostly by industrial sewage, they reduce the effciency of wastewater biological treatments due to sludge intoxicant phenomena. Heavy metals are toxic to most microorganisms even at moderate concentrations, but the mechanisms by which they affect the biological systems are not well defined. Though the general response of biological water treatment systems to varying concentrations of heavy metals is well documented, only in the last two decades investigators became aware of the importance that these class of pollutants may have in activated sludge microfauna. Different species can present a variable sensitivity to chemicals and, moreover, the sensitivity of a single species can vary from one toxicant to another. This means that a model of action of a set of chemicals found for one species can hardly be applied on another one. However, the toxicity of a chemical or set of chemicals can be demonstrated by testing the whole microfauna community inhabiting the activated sludge in terms of depletion of both organisms and species.

The activated sludge treatment process is based in the formation of bacterial aggregates and other associated organisms that may be easily separated from the effluent in sedimentation tanks. Ciliated protists often reach densities of about 107 cells per litre in the aeration tank and play an essential role in the purification process by removing, through grazing, the majority of dispersed bacteria, which would cause high turbidity in the final effluent. They are very sensitive to environmental variations and, on the other hand, it is recognized that changes in the protistan community may affect the whole food web of those artificial ecosystems, thus affecting the biological performance of the wastewater treatment plants; the structure of the protistan community is therefore an indicator of the operating conditions of the plants.

Most of ciliates present in biological wastewater treatment plants feed, by filtration processes, upon dispersed populations of bacteria and can be divided into three main groups according to their feeding behavior: free swimmers, which swim in the sludge liquid fraction and remain in suspension in the sedimentation tank; attached ciliates, which are attached to the bacterial aggregates and settle in the sedimentation tank; and crawlers, which live in the fioc surface, and settle in the sedimentation tank as well. A population of organisms associated to the fioc has a great advantage comparing to those that swim in the liquid fraction and, thereby, can be washed out of the system. Furthermore, free swimming and attached ciliates are food competitors for the dispersed bacteria while the crawling ciliates, with a "ventral mouth", feed on the lightly adherent bacteria of the fioc surface, living in an exclusive ecological niche. In healthy established activated sludge, the latter are, therefore, prevalent.

A true trophic web is established in the aeration tank, including also carnivorous ciliates and metazoa that feed upon filter-feeding ciliates and other protists. Competition, predation and other trophic relations, along with plant management practices, lead to a succession of populations until dynamic stability is reached. In the end, an efficient activated sludge plant should present in the aeration tank: (1) high microfauna density, at least 106 cells per litre; (2) specific composition based in attached and crawling ciliates, with the absence of flagellates which, along with the free-swimming forms, are typical of the colonisation stage; (3) a diversified community, where no group dominates numerically by a factor greater than 10.

In the present work, an experimental wastewater plant was exposed to several copper concentrations, in order to provide better understanding of the protistan community changes along with the performance of the treatment plant. A first set of assays was carried on with synthetic sewage; the assays were further repeated with real sewage, allowing for the comparison of results.

第 12 章　生物技术在水质工程中的应用

✣ **内容提要**

本章介绍了由微生物及其代谢产品形成的絮凝剂及其在水处理中的应用，介绍提高微生物量的生物固定化技术、微生物传感器的原理与应用，分析了废水资源化的主要途径，简述了用于生物处理的机理研究的主要分子生物学方法。

✣ **思考题**

(1)微生物絮凝剂从何而来？与化学絮凝剂相比，微生物絮凝剂有何特点？

(2)生物固定的概念是什么？

(3)生物固定化方法有哪些，各有什么特点？

(4)固定化细胞与固定化酶在水处理中有何作用？

(5)微生物传感器在水环境监测中有何作用？

(6)污水处理与资源综合利用技术有哪些？

(7)生物处理的主要分子生物学方法有哪些，各有何特点？

(8)PCR、FISH 和 DGGE 的基本检测原理是什么？它们在水质工程中有何作用？

12.1　生物絮凝剂

12.1.1　微生物絮凝剂来源与特点

1)微生物絮凝剂来源

传统的絮凝剂为无机和有机合成高分子两类化学絮凝剂，它们存在使用安全性弱、对环境易造成二次污染等不足。20 世纪 70 年代，日本学者发现具有絮凝作用的微生物培养液，20 世纪 80 年代后期开始，研发出微生物絮凝剂(microbial flocculant/coagulant)。作为一种高效、廉价、无毒、无二次污染的水处理剂，微生物絮凝剂不仅能快速絮凝各种颗粒物质，还在处理高浓度有机废水、废水脱色等方面具有独特的效果。

至今发现的具有絮凝性的微生物有 20 种以上，涉及各种微生物，有霉菌、细菌、放线菌和酵母菌等，表 12－1 是常见的絮凝微生物。

表 12-1　常见的絮凝微生物

种　类	种　类
协腹产碱杆菌(*Alcaligenes cupidus*)	红色诺卡氏菌(*Nocardia rubra*)
酱油曲霉(*Aspergillus sojae*)	拟青霉菌属(*Paecilomyces sp.*)
棕曲霉(*A. ochraceus*)	铜绿假单胞菌(*Pseudomonas aeruginosa*)
寄生曲霉(*A. parasiticus*)	荧光假单胞菌(*P. fluorescens*)
嗜虫短杆菌(*Brevibacterium insectiohilium*)	粪便假单胞菌(*P. faecalic*)
棕状杆菌(Brown rot bacillus)	红平红球菌(*Rhodococcus erythropolis*)
棒状杆菌(*Corynebacterium brevicate*)	粟酒裂殖酵母(*Schizosaccharomyces pombe*)
白地霉(*Geotrichum candidum*)	金黄色葡萄球菌(*Staphylococcus aureus*)
赤红曲霉(*Monascus anka*)	灰色链霉菌(*Streptomyces griseus*)
椿象虫诺卡氏菌(*Nocardia rhodnii*)	酒红链霉菌(*S. vinaceus*)
石灰壤诺卡氏菌(*N. calcarea*)	白腐真菌(White rot fungi)

微生物絮凝剂包括利用微生物细胞壁提取物的絮凝剂、利用微生物代谢产物的絮凝剂、直接利用微生物细胞的絮凝剂和克隆技术所获得的絮凝剂。絮凝剂常用提取方法有以下三种:① 凝胶电泳。将细菌培养物处理后,用 DEAE 琼脂糖凝胶(A-50)色谱和琼脂糖凝胶柱(G-200)色谱分离提纯。② 溶剂提取。用丙酮或其他溶剂提取,得到絮凝剂的粗制剂。粗制剂可以应用在实验室研究或工业生产中。③ 碱提取。用 NaOH 从活性污泥或细菌培养物中提取微生物絮凝剂。

2)生物絮凝剂结构与絮凝机理

近年来,研究者借助各种技术手段对多种微生物絮凝剂组成和结构进行了分析,表 12-2 列出了部分微生物絮凝剂组成。

表 12-2　部分微生物絮凝剂的组成

絮凝剂产生菌	絮凝剂名称	组　成
Aspergillus parasiticus	AHU7165	相对分子质量为 30 万～100 万,由半乳糖胺残基以 α-1,4 糖苷键相连的直链分子。含量为 55%～65%,氮未取代的半乳糖残基随机分布在多糖链上
Paecilomyces sp.	PF-101	相对分子质量为 30 万,由半乳糖胺形成的多糖。含 85%半乳糖胺、2.3%的 2-乙酰基和 5.7%的甲酰基。还含有氮未取代的半乳糖胺,大部分以 α-1,4 链相连
Aspergillus sojae	AJ7002	相对分子质量大于 20 万,含 20.9%的半乳糖胺、0.3%的葡糖胺、35.3%的 2-酮葡糖酸、27.5%的蛋白质。其中,半乳糖胺和葡糖胺均非乙酰化
Alcaligenes cupules	KJ201 AL-201	相对分子质量超过 200 万的一种多聚糖,含 42.5%的葡萄糖、36.38%的半乳糖、8.52%的葡糖醛酸和 10.3%的乙酸

（续表）

絮凝剂产生菌	絮凝剂名称	组　成
R－3 mixed microbes	APR－3	相对分子质量超过200万。是由葡萄糖、半乳糖、琥珀酸和丙酮酸(物质的量之比为5.6∶1.0∶2.5)组成的酸性多糖
Rhodococcus erythropolis	S－1	由多肽和脂质组成
Nocardia amarae UKL	FIX	由三种以上物质组成的混合物。其中主要组分可能是多肽，其组分之一含有25.6%的甘氨酸、13.8%的丙氨酸和12.3%的丝氨酸
Arcuadendron sp.	TS49	可能含有氨基己糖、糖醛酸、中性糖和蛋白质

现已能够初步确定，微生物所产生的絮凝剂，从化学本质上看，主要是微生物代谢过程中所产生的各种多聚糖类。这类多聚糖有些由单糖单体组成，有些是由多糖单体构成的杂多聚糖，有些微生物絮凝剂是蛋白质（或多肽），或者含有蛋白质（或多肽）。另外，一些絮凝剂中还含有无机金属离子，如Ca^{2+}、Mg^{2+}、Al^{3+}和Fe^{3+}等。

生物絮凝剂作用机理有不同的学说。普遍接受的是“桥联作用”机理。该学说认为絮凝剂大分子借助离子键、氢键和范德华力，同时吸附多个胶体颗粒，在颗粒间产生“架桥”，从而形成一种网状的三维结构而沉淀下来。在电子显微镜下能够看到聚合细菌之间有胞外聚合物(extracellular polymeric substances，EPS)搭桥相联，使细胞丧失了胶体的稳定性而紧密聚合成絮状物从而在液体中沉淀。

絮凝剂分子为线形结构，效果好，如果是交联或支链结构，则絮凝效果就差。相对分子质量越大，絮凝剂活性越高，微生物絮凝剂经过蛋白酶处理后活性会不同程度下降，其原因就是蛋白质被水解导致多聚物相对分子质量降低。一些特殊基团可帮助絮凝剂维持颗粒物质的吸附部位或一定的空间构象，对絮凝剂活性影响很大。

絮凝的形成是一个复杂的过程，“架桥”机理并不能解释所有的现象，絮凝剂的广谱性表明其吸附机理不是单一的，需要对特定絮凝剂和胶体颗粒的组成、结构、性质及反应条件对它们的影响进行更深入的研究。

3)微生物絮凝剂特点

与无机或有机高分子絮凝剂相比，微生物絮凝剂具有许多独特的性质。

① 微生物的种类多、比表面积大、转化能力强、生长繁殖快、容易变异的特点，使得微生物絮凝剂的来源广泛，生产周期短且效率高。

② 絮凝效果很好，与常用的聚铁、聚铝、聚丙烯酰胺等絮凝剂相比，微生物絮凝剂的絮凝速度快，沉淀易过滤。

③ 微生物絮凝剂对人体和动物无任何危害，其成分来自生物，具有可生化性，易被降解，因而可防止絮凝后带来的二次污染，不会产生新的环境问题。

④ 使用范围广。能广泛应用于各种污水的处理。

微生物絮凝剂不足之处在于它容易受到有毒物质的干扰，当废水中存在妨碍菌体生长的因素时，其处理效率会下降。另外，微生物絮凝剂用量大、成本高等问题也限制了它在工业生产上的广泛应用。因此,寻找高效微生物絮凝剂产生菌、提高絮凝活性、降低成本是微生物絮凝剂进一步发展推广的关键所在。

12.1.2　微生物絮凝剂在水处理中的应用

微生物絮凝剂絮凝范围广、絮凝活性高,而且作用条件粗放,因此被广泛应用于污水和工业废水处理中。下面列举几个例子。

(1)高浓度有机废水处理。畜牧业生产产生的废水有机物、SS 含量很高。从猪场污泥和厌氧池废水中筛选出絮凝剂菌株对畜禽养殖废水中 BOD、氮磷等处理,去除率最高可达 97%;用 NOC-1 生物絮凝剂加 Ca^{2+} 处理畜牧废水,处理 10 min,上清液接近透明。在鞣革工业废水中加入 C-62 菌株产生的絮凝剂,其浊度去除效率可达 96%。造纸废水成分复杂,是典型的难降解的有机废水。运用微生物絮凝剂处理,COD 去除率达到 67%,氨氮去除率高达 95%。

(2)有色废水的脱色。染料废水成分复杂、水质变化大、色度高,是目前较难降解和处理的工业废水之一。分离、筛选高效脱色菌投加到生物处理系统中,可强化生化处理系统的脱色效果,是解决染料废水处理的有效方法。研究表明,微生物具有极高的降解有机染料的能力,人们分离到的脱色微生物有真菌(酵母菌、曲霉、青霉等)、藻类(小球藻、颤藻等)和细菌(假单胞菌、芽孢杆菌、肠道菌、产碱杆菌、转化杆菌等)。用微生物絮凝剂处理造纸有色废水,脱色率为 94.6%。微生物絮凝剂还能应用于糖蜜废水、墨水废水等的脱色。

(3)乳化液油水分离。用产碱弧菌(*Alcaligenes latus*)培养物(微生物絮凝剂)可以很容易地将棕榈酸从其乳化液中分离出来。原来细小均一的乳化液很快形成明显的油层浮于表面,下层清液的 COD 从 450 mg/L 下降到 235 mg/L,其效果要好于无机和高分子絮凝剂。这种微生物絮凝剂不仅能用于乳化液油水分离,还可用于水体溢油事故的处理。

(4)活性污泥的脱水处理。为了有效地沉淀悬浮污泥,提高脱水率,应用酱油曲霉产生的絮凝剂调理活性污泥,使污泥脱水率高达 83%,污泥脱水后体积可减至原来的 1/5。将从红串红球菌(*Rhodococcus erythropolis*)中分离得到的絮凝剂加入发生膨胀活性污泥中,污泥体积指数 SVI 从 290 mL/g 下降到 50 mL/g。在活性污泥中加入微生物絮凝剂可促进污泥的沉降,但不降低有机物的去除效率。

12.2　生物固定化技术

12.2.1　生物固定概念

生物固定技术(biological immobilization technology)是将游离的微生物细胞或酶等生物催化剂用化学或物理方法保留或限定在某一个特定的空间区域,并使其保持活性,不断被循环利用的技术。主要有固定化酶技术与固定化细胞技术。

固定化酶(immobilized enzyme)技术是 20 世纪 60 年代发展起来的一项新技术。它是通过物理的或化学的手段,将酶束缚于不溶于水的载体上,或将酶束缚在一定的空间内,限制酶分子的自由流动,但能使酶充分发挥催化作用。

细胞固定化(immobilized cell)技术是指利用物理或化学手段将游离细胞固定于限定的空间区域并使其保持活性和可以反复使用的一种基础技术,它是在固定化酶技术的基础上发展起来的。1959 年,Hattori 和 Furusaka 首次将大肠杆菌 *E. coli.* 吸附在树脂上,实现了细胞的固定化。

12.2.2 生物固定化方法

1)生物固定化载体

(1)天然高分子载体。对微生物无毒性、传质性能好,但强度低,厌氧条件下易被微生物分解,寿命短。常见的有琼脂、明胶、角叉莱胶、海绵、甲壳素、海藻酸钠、壳聚糖等。琼脂具有较大空隙,但机械强度和化学稳定性差。海藻酸钠具有化学稳定性好、包埋效率高等优点,适用于固定活细胞或敏感细胞,但其凝胶不能抵抗细胞生长所必需的高浓度磷酸盐和 Na^+、K^+、Mg^{2+} 等阳离子,不耐热、易破碎溶解。壳聚糖生物相容性好,室温下凝胶化,在磷酸盐缓冲液和 Na^+、K^+、Mg^{2+} 离子存在条件下稳定,固定化细胞高密度、高活性,已逐渐被用于工业生产。

(2)无机载体。有多孔陶珠、红砖碎粒、沙粒、微孔玻璃、高岭土、硅藻土、活性炭、氧化铝等,大多具有多孔结构,利用吸附作用和电荷效应将微生物或细胞固定。此类载体具有机械强度大、对细胞无毒性、不易被微生物分解、耐酸碱及寿命长等特性,多用于吸附法固定化细胞。陶瓷拉西环也被作为酵母细胞的固定化载体使用。

(3)合成有机高分子载体。抗微生物分解性好,机械强度高,化学稳定性好,但传质性能较差,细胞在包埋过程中活性会降低。常见的有聚乙烯醇(PVA)、聚丙烯酰胺(PAM)、光硬化树脂、聚丙烯酸凝胶等。聚乙烯醇凝胶强度较高,化学稳定性好,抗微生物分解性能强,生物毒性很小,细胞的活性损失小,是目前国内外研究最为广泛的一种包埋固定化载体。

(4)复合载体。是由有机材料和无机材料结合而成的载体,实现了两类材料在许多性能上的优势互补。如磁性高分子微球,内部含有磁性金属的超细粉末,表面引入了多种反应性功能基团,通过共价键结合酶或细胞。

2)固定化方法

生物固定化方法主要有:吸附法、共价键结合法、交联法、包埋法,酶与细胞固定方法如图 12-1 所示。

(1)吸附法

① 物理吸附法:通过氢键、疏水作用和 π 电子亲和力等物理作用,将酶固定于不溶于水的载体上制成固定化酶。常用的载体有:纤维素、骨胶原、火棉胶、面筋及淀粉等有机载体,氧化铅、皂土、白土、高岭土、多孔玻璃、二氧化钛等无机载体。

② 离子交换吸附法:将酶与含有离子交换基的不溶于水的载体相结合而达到固定化的一种方法。酶吸附较牢,在工业上有广泛的用途。常用的载体有阴离子交换剂,如二乙基氨乙基(DEAE)-纤维素、混合胺类(ECTEDLA)-纤维素、四乙氨基乙基(TEAE)-纤维素、DEAE-葡聚糖凝胶等;有阳离子交换剂,如羧甲基(CM)-纤维素、纤维素柠檬酸盐、IRC-

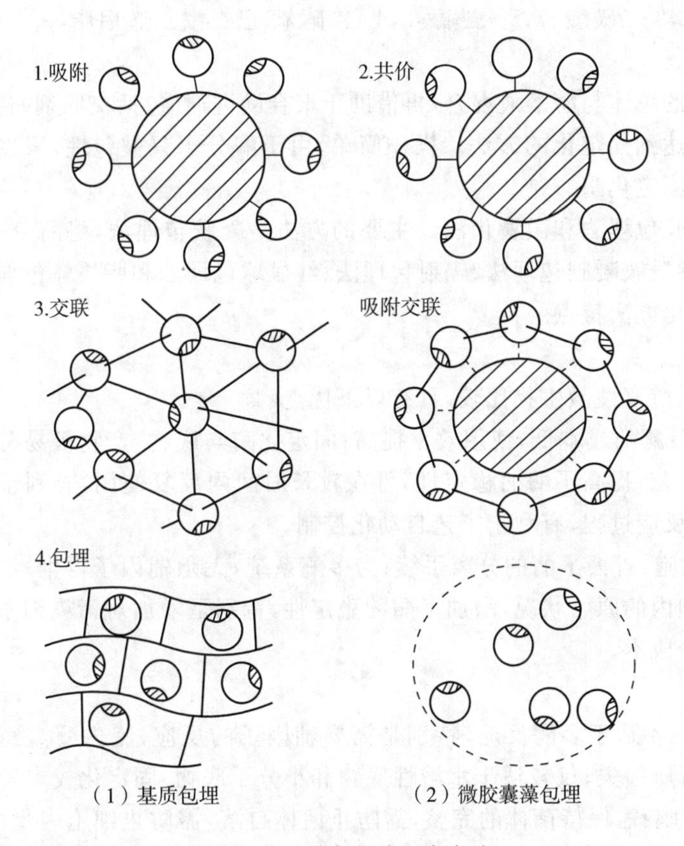

图 12-1　酶与细胞固定方法

50 等。

吸附法制备固定化酶操作简单，可充分选择不同电荷、不同形状载体。在吸附过程中可同时纯化酶，固定化酶在使用失活后可重新被活化，同时，载体可以回收再利用。但吸附法制备的固定化酶易脱落，影响产物纯度和酶的操作稳定性。

(2)共价键结合法

是在酶蛋白的侧链基团和载体表面上的功能基团之间形成共价键而固定的方法。优点是：酶与载体结合牢固，酶不易脱落，但反应条件较激烈，酶易失活，固定步骤亦较烦琐。

① 酶分子和载体连接的功能基团：酶蛋白上可供载体结合的功能基团有以下几种：酶蛋白 N-端的氨基或赖氨酸残基的氨基、酶蛋白 C 端的羧基以及天冬氨酸(Asp)残基的 α-羧基和谷氨酸(Glu)残基的 γ-羧基等。在实际中偶联最普遍的基团是氨基、羧基以及苯环。被偶联的基团还应是酶活性的非必需基团，否则将导致酶失去活性。

② 酶和载体的连接反应：酶和载体的连接反应取决于载体上的功能基团和酶分子上的非必需侧链基团，在十分温和的 pH 值、中等离子强度和较低温的缓冲液中进行连接固定化。现已有许多种偶联反应都能制备固定化酶。

(3)交联法

交联法是利用双功能或多功能试剂在酶分子间或酶与载体间，或酶与惰性蛋白间进行交联反应，以制备固定化酶的方法。最常用的交联试剂是戊二醛，其他还有苯基二异硫氰、双重氮联苯胺-2,2′二磺酸、1,5-二氟-2,4-二硝苯、己二酰二胺甲脂等。

(4)包埋法

是将聚合物的单体与酶溶液混合,再借助于聚合助进剂(包括交联剂)进行聚合,酶被包埋在聚合物中以达到固定化的方法。操作简单,由于酶分子只被包埋,未发生化学反应,可制得较高活力的固定化酶。

包埋法有凝胶包埋法和微囊化法。主要的方法是凝胶包埋法,将酶分子包埋在凝胶格子中。如:聚丙烯酰胺凝胶包埋法、辐射包埋法、红血球包埋法和脂质体包埋法等。

3)生物固定化方法特点

(1)优点

和水溶性酶、游离性微生物比较,具有以下优点:

① 固定化酶:酶的成本低,使用效率提高;固定化酶与底物、产物极易分开,没有酶的残留,简化了提纯工艺;提高了酶的稳定性,可在较长时间内反复使用,有利于工艺的连续化;可以严格控制酶反应过程,有利于工艺自动化控制。

② 固定化细胞:省去了酶的分离手续;为多酶系统,无须辅因子再生;细胞生长快、反应快;保持酶在细胞内的原始状况,增加了酶的稳定性,特别是增加对污染因子的抵抗力;连续发酵,节约了生产成本。

(2)缺点

① 固定化酶:不适于多酶反应,特别是需要辅因子的反应;胞内酶需经分离后,才能固定化,酶的活力有所损失;仅较适于水溶性底物和小分子底物;固定化成本较高。

② 固定化细胞:需保持菌体的完整,需防止菌体自溶,需防止细胞内蛋白酶对所需酶的分解,需抑制胞内其他酶的活性,阻止副产物的形成;细胞膜、壁会阻碍底物渗透和扩散。

12.2.2 固定化技术在水处理中的应用

1)含氮废水处理

采用聚乙烯醇固定化硝化菌颗粒,投加在三相流化床中,对NH_3-N去除率为98%以上。对任何氮源,固定化反硝化细菌的脱氮速率明显高于游离的反硝化细菌,并且对低温有较好的抗性。因此,利用固定化细胞技术处理含氮废水,可提高硝化与反硝化速度,还可使低温时易失活的反硝化细菌保持较高的活性。

2)难降解有机废水处理

固定化微生物技术在难降解有机废水的处理方面已有诸多成功的例子。此类废水应用常规的生物处理工艺进行处理时,一般效率低下,主要是因为微生物难以在常规的生物处理构筑物中大量存留。利用固定化微生物技术则可有目的地筛选一些特殊的优势菌种将其固定在载体上,从而提高其在生物处理构筑物中的浓度,达到高效处理的目的。经试验研究,利用结合固定化法可成功处理苯酚废水,去除率可达90%以上。对含氰废水的处理也得到较多的研究。据报道,英国帝国化学工业公司利用固定化微生物技术处理含氰废水,使CN^-含量由2500 mg/L降至小于10 mg/L。国内专家以海藻酸钙为载体包埋经驯化的活性污泥细胞,制成好氧生物处理反应器处理含氰废水,在pH为8.0~9.0,进水CN^-含量为20 mg/L,停留时间为4 h的条件下,经37 d的连续运行,CN^-去除率达

80.9%～99.5%。除含酚、含氰废水的处理外，固定化微生物技术对含 DDT、乙醛废水也有较好的去除效果。

3)含重金属废水处理

利用固定化微生物技术处理废水中的重金属的实例也有不少。利用 ACAM 包埋固定化柠檬酸细菌处理废水中的镉，在最优条件下，去除率可达 96%～100%，这种方法对于去除铅、铜及其他金属离子同样有效。用海藻酸钙固定化细菌去除废水中的镉、锌、锰、铅、铜、锶等重金属离子，当溶液中各种离子的含量在 12～117 mg/L 时，铅、铜、锶和镉的去除率均可达 95.9%以上。此外，固定化微生物技术在废水的脱氮处理已显示出其巨大的优越性。研究表明，当水力停留时间为 1 h，进水 NO_3^- - N 浓度为 8～16 mol/m^3时，应用固定化微生物技术可获得 90%以上的脱氮率。

4)高浓度有机废水处理

高浓度有机废水用常规的活性污泥法处理由于其能耗高而难以实施，目前多用厌氧-好氧的两级或多级处理工艺进行达标处理。研究表明，采用固定化微生物技术处理此类废水具有负荷高、处理效率高、剩余污泥量少等优点。经试验发现，当进水 COD 在 2400～5500 mg/L时，在低氧和好氧条件下可分别达到 88.2%和 97.3%的去除率。处理效率明显优于未固定微生物的常规工艺。

5)印染废水的处理

印染废水水质成分复杂，含较多有害物质而难以使常规的生物处理得以良好的运行，尤其是废水中的色度大而难以达标排放。采用海藻酸钠固定化技术对多菌灵降解菌进行包埋固定后用来处理洋红染料废水，染料废水的脱色率达 96%。

12.3　废水生物资源化

达标排放是污水处理的基本要求，而实现污水资源化才是更高的目标。废弃污染物(包括污水)在经微生物转化后可成为资源，供人类利用，其途径很多，主要有：①直接利用微生物菌体，作为人类及动物的食物和营养品。②利用微生物体内酶或制成酶制剂，用以加工某些产品。③应用微生物的代谢产物，如有机酸、醇类、维生素、氨基酸、抗生素等各种有机物，制备生化试剂、医药化工产品。④应用微生物开发生物能源，如利用微生物产生沼气、醇类、氢气等。下面对单细胞蛋白质、微生物燃料电池技术进行介绍。

12.3.1　单细胞蛋白

单细胞蛋白(Single Cell Protein，SCP)，又称微生物蛋白、菌体蛋白，是人类蛋白质的一种新资源。20 世纪 80 年代后我们国家的 SCP 生产发展迅速，主要产品为酵母、饲料酵母，2000 年产量约为 15 万 t。由于我国地少人多，农牧业比重也不合理，全凭传统的农牧业生产，要迅速解决我国人民所需的蛋白质缺乏问题是比较困难的，而单细胞蛋白质的研究与应用为解决这一个问题提供了新的途径。

单细胞蛋白生物学特性如下：

1)单细胞蛋白营养极为丰富

单细胞蛋白的蛋白质达 40%～80%,比大豆高 10%～20%,比肉、鱼、奶酪高 20%以上。可利用氮比大豆高 20%,添加蛋氨酸时,可利用氮为 95%以上。氨基酸组成齐全,含人畜生长代谢必需的 8 种氨基酸,尤其是含有谷物中含量较少的赖氨酸,其量相当于鱼粉而高于大豆粉。

此外,还含有多种 B 族维生素、维生素 D_2、脂肪、糖类、无机盐,并具有丰富的酶系及多种生理活性物质,如辅酶 A、辅酶 Q、细胞色素 c,谷胱甘肽等。

2)微生物世代周期短,生产效率高。微生物质量倍增时间快,生产蛋白质的速率较动植物高千万倍。250 g 微生物与一头 250 kg 重的母牛生产蛋白质的能力相当。

1)生产单细胞蛋白的微生物

生产单细胞蛋白的微生物类群极为广泛,包括细菌、放线菌、酵母菌、霉菌、藻类以及某些原生动物。其中应用较多的是酵母菌。

多年以来,SCP 生产工程中多应用各种酵母菌。酵母菌有两类,一是只利用六碳糖进行酒精发酵的发酵型酵母,大多数属于酵母菌属(*Saccharomyces*);二是较弱或无酒精发酵力、氧化力强的氧化型酵母,它们种类很多,如假丝酵母(*Candida*)、红酵母(*Rhodotorula*)、球拟酵母(*Torulopsis*)等属。它们的特点是能利用多种有机物,如简单糖类(五碳糖、六碳糖)、有机酸、醇、醛等,有的能利用复杂化合物(尤其是氧化型酵母);酵母菌适宜偏酸环境(pH 为 4～5)生长,能抑制其他腐生细菌生长。酵母菌还具有繁殖快、个体大、易于收获菌体等优点。

此外,光合细菌,特别是红螺菌科的某些种,真菌中的青霉、曲霉、毛霉、根霉、拟内孢霉(*Endomycopsis*)、镰孢霉、毛壳菌(*Chaetomium*),藻类中的小球藻、衣藻、栅藻、卵囊藻和螺旋蓝藻(*Spirulina*)等都可产生 SCP。

2)单细胞蛋白生产工艺流程

SCP 生产的工艺流程图如图 12-2 所示。主要过程有:

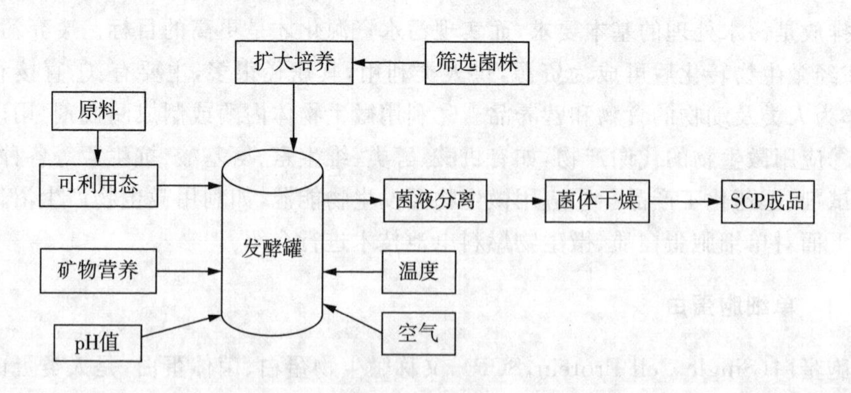

图 12-2　SCP 生产的工艺流程图

(1)单细胞蛋白生产菌的准备。先筛选适当菌种,必要时可通过遗传工程或其他育种手段加以改造。再将选出的菌种在适宜培养条件下逐步扩大繁殖,由试管经三角瓶等逐渐扩展至种母罐中,直至繁殖足够菌量,供接种入发酵罐使用。

(2)发酵液准备。SCP 的原料可为各种废物,如农业废物废水、城市生活废物废水、工业废物废水、其他含多糖和单糖等营养物的有机废水、含纤维素废渣与废水、石油与天然气及相关产品等。对待转化物质(发酵基质)进行预处理,主要是利用物理方法(切割与粉碎、沉淀与过滤等),化学方法(酸、碱或溶剂处理等),或生化方法(如利用特定的水解酶类)等方法,将待用基质转化为微生物可以利用状态。如含纤维材料,需经切割、磨碎,并经水解成简单糖类,供微生物直接利用。

按所选单细胞蛋白生产菌的要求添加氮、磷等无机养料到发酵液中,并将 pH 值调节至该菌所适范围,然后进行消毒或灭菌。如生产菌生命力强、繁殖甚快,或发酵条件不利于杂菌生长,则可不进行消毒或灭菌。

(3)发酵罐培养。按一定比例将上述菌液接种入发酵罐中,通常菌液与发酵液比例为 1∶10。同时要控制好适宜的发酵条件,使菌种得以迅速繁殖。对一般中温需氧微生物而言,发酵液需保温在 25～35 ℃,并需通气与搅拌。必要时在培养过程中添加营养并调控 pH 值。

(4)菌体收获与成品制备。在发酵罐中培养一段时间后,可通过离心、沉淀、压滤等不同方法使液菌分离而收集菌体。对一些易于自溶的微生物,如酵母菌,培养生长成熟后,应及时将菌体与培养液分开,进行处理,以免营养损失。湿菌体经高温干燥或浓菌液经喷雾干燥,被制成干粉状单细胞蛋白成品,进行贮存或使用。

新型食品原料,都会产生营养价值、可接受性、安全性和生产成本等问题。对于用微生物(特别是细菌类)生产的单细胞蛋白,人们通常持有戒备心理而较难接受,必须对其生物安全性进行彻底的研究后,才能真正使其成为有用的资源。

12.3.2　微生物燃料电池

微生物燃料电池(microbial fuel cells,MFCs)是将富集在阳极电极的微生物作为催化剂,通过降解有机物,使储存在内部的化学能转化成电能的一种装置。1911 年,Potter 等将金属铂电极置于富含酵母和大肠杆菌悬浮液中发现有微弱的电流产生,首次利用微生物产电。MFC 因原料来源广泛、清洁无污染等特点,为可再生能源的开发和废弃物的处理提供了一条新途径,对缓解能源短缺和治理环境具有重要的现实意义。

1)MFC 工作原理

MFC 是一种较为特殊的燃料电池,以典型的双室微生物燃料电池为例(图 12-3)进行叙述。MFC 由阴极区和阳极区组成,阳极槽保持厌氧环境,阴极槽保持有氧环境,质子交换膜等作为分隔材料隔开两个区域,H^+ 可以自由通过质子交换膜,氧气则被截留在阴极槽。阳极的产电微生物通过代谢将底物氧化,产生电子、质子和二氧化碳。底物在氧化过程中释放的质子与电子基本以 $NADH_2$ 与 $FADH_2$ 形式存在,电子可分别以细胞直接接

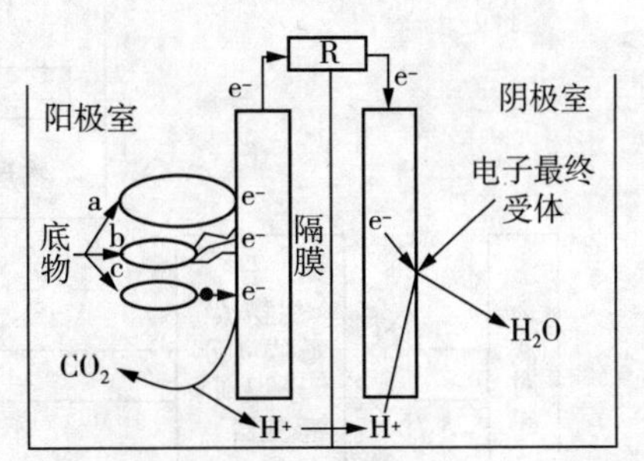

a—细胞接触传递机制; b—纳米导线传递机制;
c—借助外源中介体传递机制。

图 12-3　MFC 工作原理

触、纳米导线传递和中介体转移3种方式传递给最终受体,并与质子在阴极和氧气发生反应生成最终的反应产物——水。

2)MFC工作微生物

产电微生物来源较为广泛,主要包括河底底泥、厌氧颗粒污泥等。近年来发现,单一菌种电流输出较低,而天然厌氧环境下混合菌种经过驯化后可以使输出电流成倍增加。利用天然厌氧环境中的混合菌进行接种已成为最常见的接种形式。经国内外文献调研,产电微生物的种类较为分散,包括细菌、古菌和酵母菌,但主要来自细菌域,且多为兼性厌氧菌,主要分布在变形菌、酸杆菌和厚壁菌三大细菌分支中。

3)MFC的应用

(1)替代化石燃料,应用生物燃料电池,可用其他材料作为能源,有效地缓解化石燃料燃烧造成的不良影响,减轻相关的环境问题。研究证实,1 L浓缩的碳水化合物溶液可以驱动一辆车行驶25~30 km。(2)应用在医学中,能够为移植在人体内的医学装置提供能量。比如,葡萄糖生物传感器就可以应用生物燃料电池,其中葡萄糖氧化酶为阳极,细胞色素C为阴极。(3)应用在污水处理中,污水可以作为生物燃料电池原料,产生电能。这样不仅能够获得能源,同时还能去除废水中的有机污染物,对污水起到净化的作用。

12.4 微生物传感器

微生物传感器(microbial biosensor)是利用微生物作为敏感材料的生物传感器。1970年以来,细胞固定化技术有了极大的发展,有力地推动了微生物传感器的研制。

微生物传感器原理如图12-4所示。

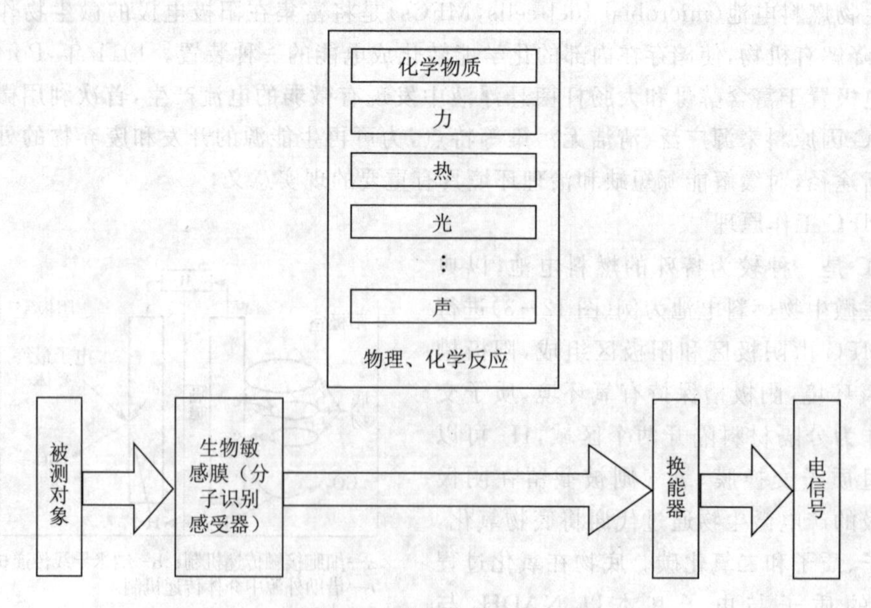

图12-4 微生物传感器原理

环境化学物质与微生物膜接触，进入微生物细胞；细胞对化学物质进行代谢、转化，而换能器则将这一个过程转变为可读出并具有定量关系的信号（如电化学信号或光信号）加以分析。

12.4.1　微生物传感器的构建

1)微生物细胞的固定化

为了使微生物细胞保持较长时间的代谢活性和稳定性，更好地将代谢转化信号传递给换能器，一般在制作微生物传感器时将微生物细胞进行固定化处理。微生物经固定化处理后，根据产生信号的不同，可用相应的换能器组合构建不同类型的微生物传感器。

2)微生物传感器的类型

微生物传感器检测的信号主要有电化学信号和光学信号两种，由此可以分为电化学型和生物发光型两大类：

(1)电化学型微生物传感器

此类微生物传感器主要检测微生物的呼吸活性或代谢物质含量。

① 呼吸活性型微生物传感器：好氧性微生物在利用底物（待测物质）过程中要消耗氧。当把固定化好氧性微生物与隔膜式氧电极（通常由铂阴极、Ag/AgCl 阳极、电解液组成）结合，插入含待测物质的溶液中时，微生物在利用待测物质的过程中呼吸活性增强，扩散到氧电极上的氧量下降，这一变化量与待测物质的浓度有关。因此通过测定扩散电流可以间接得知待测物质的含量。

② 代谢物质型微生物传感器：微生物在利用底物过程中，生成各种代谢中间产物或终产物，其中一些物质是电极敏感的活性物质（如 H_2、CO_2、NH_3、H^+ 等）。目前已有灵敏检测这些物质的 H_2燃料电池型电极、CO_2电极、NH_3电极、pH 电极。将固定化微生物膜与上述电极结合，浸入含有待测物质的溶液中，微生物在利用待测物质的过程中生成电极敏感的代谢中间产物或终产物，这些活性物质与电极发生氧化还原反应，形成电流。所产生的电流值与活性物质的生成量成比例，而这些活性物质又与待测物的浓度成正比。

(2)生物发光型微生物传感器

此类微生物传感器主要检测微生物的生物发光强度。自然界中有一部分发光细菌可以发出波长为 600 nm 左右的可见光，也可利用基因工程技术将发光基因导入一些微生物中使其发光。人们将发光细菌固定于光纤的顶部，通过光电倍增管等器件记录发光强度。当细胞毒性物质进入发光细菌细胞时，发光强度即会下降，由此来分析待测物质的毒性强度。11.2 节介绍的毒性分析仪 Microtox 就是此类传感器的应用实例。

12.4.2　微生物传感器在水环境监测中的应用

自从 1977 年 Karube I. 首次报道了生化需氧量（BOD）传感器以来，微生物传感器已被越来越多地应用于环境监测工作，许多已经商品化。微生物传感器不但可以灵敏、动态地检测一些化学分析方法难以测定的参数，如急性毒性、致突变性，而且赋予检测结果一定的生物学意义。

一些用于环境监测中的微生物传感器见表 12-3 所列。微生物传感器检测水环境化学物质时，其特异性取决于微生物对底物利用的选择性。

表 12-3　一些用于环境监测中的微生物传感器

待测物	微生物	检测指标
NH_3	欧洲亚硝化单胞菌 *Nitrosomonas europa*	溶解氧(DO)
NO_2^-	硝化杆菌属 *Nitrobacter* sp.	溶解氧(DO)
NO_3^-	铜绿假单胞菌 *Pseudomonas aeruginosa*	电流强度
PO_4^{3-}	小球藻 *Chlorella vulgaris*	溶解氧(DO)
BOD	假单胞菌属 *Pseudomonas* sp. 酵母菌属 *Saccharomyces* sp. 丝孢酵母 *Trichosporon cutaneum*	溶解氧(DO) 溶解氧(DO) 溶解氧(DO)
CH_4	鞭毛甲基单胞菌 *Methylomonas flagellata*	溶解氧(DO)
急性毒性	亚硝化单胞菌 *Nitrosomonas* sp.	溶解氧(DO)
急性毒性	明亮发光杆菌 *Photobacterium phosphoreum*	发光强度
急性毒性	聚球藻属 *Synechococcus* sp.	电流强度
急性毒性	大肠杆菌 *Escherichia coli*	电流强度
致突变性	枯草芽孢杆菌 *Bacillus subtilis*	溶解氧(DO)
致突变性	鼠伤寒沙门氏菌 *Salmonella typhimurium*	溶解氧(DO)

固定化毛孢子菌(*Trichosporon brassicae*)传感器对乙醇有良好的响应关系。随着待测乙醇浓度的增加，电流下降值亦增大。同时通过覆盖透气膜、调整反应体系的 pH 值等手段，可以使传感器对乙醇保持很高的选择性，而对甲醇、甲酸、乙酸、丙酸和葡萄糖等均不响应。

BOD 是分析水体污染程度的重要指标之一，衡量废水中可被微生物同化的有机物量。传统方法耗时 5 d，且操作烦琐。BOD 传感器由微生物与氧电极组成(图 12-5)，微生物耗氧量的大小取决于样品的 BOD。目前 BOD 传感器已被商品化，测定一个样品只需 10～30 min，与 5 d 培养法的结果有良好的相关性。根据固定的微生物种类，传感器的稳定时间可达 10～30 d，BOD 测量范围为 1～100 mg/L。

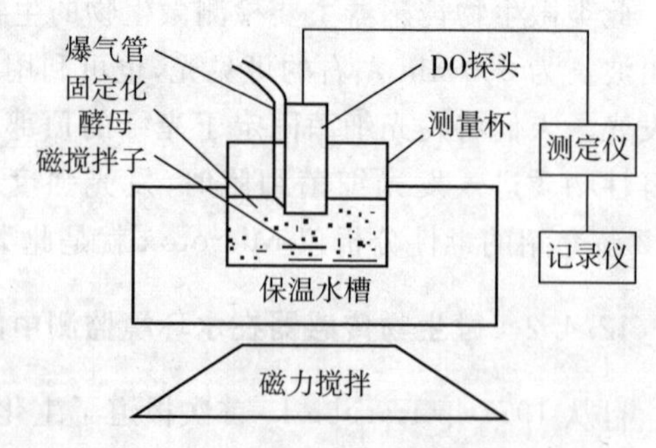

图 12-5　BOD 生物传感器示意图

BOD 传感器的基本原理为：将微生物的单一菌种或混合菌种群固定在溶解氧(DO)探头上，当加入样品时，样品溶液中渗透过多孔膜的有机物被固定化的微生物吸收，消耗氧，使氧电极电流随时间急剧减少，通过对电流的测定，与标准曲线对比来确定BOD值。

针对不同的污染物的监测需要，人们开发了一些专门的微生物传感器，如酚类微生物传感器、硝酸盐微生物传感器、阴离子表面活性剂传感器、水体富营养化监测传感器等。

许多有毒化学物质与微生物接触后会抑制细胞内的酶促反应过程，导致细胞代谢活性下降，耗氧量、CO_2产生量、发光强度等信号发生改变，微生物传感器通过对这些信号强度的实时、在线监测来分析急性毒性的大小。

尽管在微生物固定化、传感器使用寿命等方面还有许多有待改进的地方，但微生物传感器技术具有快速、灵敏、在线动态监测的特点，在水环境监测领域已显现出诱人的前景。

12.5　分子生物学在水处理中的应用

在进行水处理的机理研究时，我们需知道是哪些微生物在起作用，不同工艺条件下它们是如何变化的，这就需要对水处理中的微生物进行鉴别分析。传统的微生物分析方法主要为分离和鉴定，存在耗资多、检测速度慢、准确性差、制约因素较多等缺点，且由于微生物的不可实验室培养性会导致严重低估微生物多样性。现代分子生物学自1953年Watson等提出DNA双螺旋结构后开始兴起，此后分子生物学技术蓬勃发展。有基于PCR(聚合酶链式反应)扩增的微生物DNA鉴别技术，如DGGE/TGGE(变性/温度梯度凝胶电泳)技术、基因克隆文库法、高通量测序技术等；有基于DNA分子杂交的特定DAN鉴别技术，如FISH技术(荧光原位杂交)、基因芯片等(表12-4)，它们逐渐被引入水处理行业中，为水处理机理解析、效果评估和工艺改良提供了新的分析方法，推动了水处理行业的发展。

表12-4　微生物群落分析的几种分子生态学技术

方　法	应　用
DNA片段体外扩增(PCR)	目标基因的体外快速扩增技术
变形梯度凝胶电泳(DGGE)	利用基因序列和长度差异分析群落多样性
克隆文库(Cloning library)	群落中各种群系统分类，为新引物和探针设计提供信息
高通量测序(High-throughput sequencing)	一次对几十万到几百万条DNA分子进行序列测定，是对传统测序一次革命性的改变
荧光原位杂交(FISH)	原位定量和识别特定菌群
基因芯片(Microarray)	高通量快速检测群落多样性，鉴定微生物并明确其生态作用

12.5.1　DNA扩增技术PCR

聚合酶链式反应(Polymerase Chain Reaction，PCR)是20世纪80年代中期由Mullis发展起来的一种对特定DNA片段进行体外快速扩增的技术。它是在DNA聚合酶催化下，以母链 DNA 为模板,以特定引物为延伸起点,通过变性、退火、延伸等步骤,体外复制出与母链模板 DNA 互补的子链 DNA 的过程。它可仅以单链的 DNA 或 RNA 扩增出足量的 DNA。这项能快速特异地在体外扩增任何目的 DNA 的技术,可用于基因分离克隆、序列分析、基因表达调控、基因多态性研究等许多方面。

在水处理中,将样品中的微生物 DNA 提取,形成不同微生物的 DNA 混合物,经过 PCR 扩增后,其产物是序列等长但不同源 DNA 片段的混合物。混合物中序列的多样性和丰度在一定程度上反映了原始样品中微生物种群的多样性和不同物种的丰度。将这些序列等长但不同源 DNA 片段分离开,可对样品中微生物群落的组成进行初步分析。PCR 应用于微生物的种类、生物多样性等研究时,往往将 PCR 与其他技术联合应用,形成衍生的分离与检测一体化技术,如逆转录 PCR(Reverse transcription PCR, RT-PCR)、定量 PCR(Quantitative PCR, Q-PCR)、实时荧光定量 PCR(Quantitative Real-time PCR, QRT-PCR)等。QRT-PCR 是一种在 DNA 扩增反应中,以荧光化学物质检测聚合酶链式反应(PCR)循环后产物总量的方法,它是迄今为止定量最准确、重现性最好的定量方法,现已广泛应用于基因表达、药物疗效检测、病原体检测等多个领域。

研究表明,采用 PCR 技术检测水样中的肠道病毒与甲肝病毒,其耗时比传统细胞培养缩短了 50%。Q-PCR 能够较好地对城市污水处理厂反应器中亚硝酸氧化细菌以及氨氧化细菌定量分析。有研究者采用 QRT-PCR 成功检测和定量分析了厌氧生物处理系统和其他不同环境中的甲烷球菌目(Methanococcales)、甲烷杆菌目(Methanobacteriales)和八叠球菌目(Methanosarcinales)菌种。QRT-PCR 研究表明,污水厂活性污泥种群结构受工艺参数影响显著,有的污水处理厂污泥的群落结构受温度的影响最大,有的则受总氮、总磷与氨氮的共同影响。

12.5.2 DGGE/TGGE 技术

环境样品中的微生物 DNA 提取后,经过 PCR 扩增形成序列等长但不同源 DNA 片段的混合物。经过多年研究,已形成了多种 DNA 指纹图谱技术(多态性分析技术),可用于 DNA 片段的分离与微生物分析,如变性梯度凝胶电泳(Denaturing Gradient Gel Electrophoresis, DGGE)、末端限制性片段长度多态性分析(Terminal-Restriction Fragment Length Polymorphism, T-RFLP)和单链构象多态性分析(Single Strand Conformation Polymorphism, SSCP),其中 DGGE 技术应用较多。

DGGE 是根据 DNA 在不同浓度的变性剂中解链行为不同而导致电泳迁移率发生变化的原理,将片段大小相同而碱基组成不同的 DNA 片段分开的方法。基本原理是将特定的双链 DNA 片段在含有从低到高的线性变性剂梯度的聚丙烯酰胺凝胶中电泳,DNA 片段向高浓度变性剂方向迁移,当到达其变性要求的最低浓度变性剂处时,双链 DNA 形成部分解链状态,其迁移速率变慢,最后停滞。不同大小 DNA 分子泳动受阻在凝胶中的停留位置不同,从而得以分离。后来又发展出温度梯度凝胶电泳(temperature gradient gel electrophoresis, TGGE)。DGGE/TGGE 指纹图谱不仅直观反映了微生物群落的结构和多样性,还可方便判断出优势菌或功能菌。DGGE 技术现已被广泛应用于分析自然环境中细菌、蓝细菌、古菌、微型真核生物和病毒群落的生物多样性,进行亲缘关系鉴定、基因突变检测等。该技术主要操作过程如下：①样品预处理；②样品 DNA(或 RNA)提取及纯化；③16S rDNA 或基因片段的 PCR(或 RT-PCR)扩增；④预实验(DGGE 条件优化)；⑤制胶；⑥样品的 DGGE 分析；⑦图谱分析；⑧条带序列分析。

应用基因扩增-梯度变性凝胶电泳(PCR-DGGE)对深圳市一个水库水源和水厂处理工艺中的微生物群落结构特征的研究结果表明，受污染的河水中含致病菌，水厂的处理工艺能够引起微生物群落结构的大幅度变化，水厂原水、砂滤池及活性炭池出水中的优势菌群几乎完全不同。对芜湖市天门山污水处理厂曝气池活性污泥微生物种群结构的 DGGE 分析表明，微生物种群结构不稳定，随着进水水质的变化呈现出动态变化过程，BOD_5与微生物种群结构的关联度最高。还有 DGGE 研究表明，再生水处理过程中存在鞘氨醇单胞菌、黄杆菌属和假单胞菌属，前两者可降解有机污染物，后者具有脱氮作用。这些细菌也具有一定致病性和腐蚀性，在再生水管网中繁殖，可能导致供水水质恶化，加速管网腐蚀。

12.5.3　基因克隆文库法

微生物群落组成一般通过建立 16S rRNA 基因克隆以及序列测定来进行深入分析。这种方法包括核酸提取、扩增和 16S rRNA 基因克隆、序列鉴定以及借助系统发育软件对克隆子进行聚类分析。获取质粒中的 16S rDNA 序列，通常采用全细胞 PCR 扩增或质粒提取方法。全细胞 PCR 扩增是利用先前进行 PCR 扩增的引物对，或是靶位点位于“PCR 插入”两端的质粒上的引物对，直接挑取克隆单菌落中的细胞作为模板进行 PCR 反应，从而扩增并回收质粒中插入的 16S rDNA 片段。质粒提取与全细胞 PCR 扩增相比，工作量较大，但提取到的质粒质量较好，一般不需进一步纯化就可以直接用于 DNA 测序，而全细胞 PCR 扩增得到的 PCR 产物通常需要纯化后才能用于测序。

从序批式反应器样品中提取微生物 DNA 基因组进行克隆，确定了反应器多磷酸盐聚集的主要微生物是红环菌(*Rhodocyclus* sp.)和丙酸杆菌(*Propionibacter pelophilus*)。采用平板菌落计数法和 16SrRNA 基因克隆文库分析法研究鳗鲡养殖循环水处理系统中细菌组成与数量的结果表明，养殖水经过各处理环节后，水体中细菌浓度逐渐降低，如由养殖池中的 2.98×10^6 个/L 降低至牡蛎壳填料过滤池中的 9.30×10^5 个/L，紫外消毒后，水体中细菌降低至 3.53×10^4 个/L，减少了 96%。生物膜池尼龙丝挂网载体、滤池中牡蛎壳填料上附着细菌数量较多，密度分别高达 1.39×10^8 个/g 和 1.52×10^8 个/g。牡蛎壳上附着细菌主要为变形菌门(包括 α-、β-和 γ-变形菌纲)、拟杆菌门和异常球菌-栖热菌门，大部分细菌对环境有机物具有良好的分解作用。

12.5.4　高通量测序技术

高通量测序技术(High-throughput sequencing)又称“下一代”测序技术(“Next-generation” sequencing technology)，能一次并行对几十万到几百万条 DNA 分子进行序列测定。与第一代测序技术相比，无须烦琐的克隆过程，使用接头进行高通量的并行 PCR、测序反应，并结合微流体技术，利用高性能的计算机对大规模的测序数据进行拼接和分析，测序效率大幅提高。高通量测序使得对一个物种的转录组和基因组进行细致全貌的分析成为可能，所以又被称为深度测序(deep sequencing)。2010 年前后这项技术在国内水处理领域逐步得到广泛使用，成为研究中比较流行的技术手段之一。

有人采用Illumina MiSeq高通量测序技术解析O_3-BAC(生物活性炭)饮用水处理过程细菌多样性变化。各处理单元出水中细菌群落具有高度多样性，预臭氧和臭氧氧化对水体中细菌多样性及丰度的影响最大，可杀灭部分细菌，通过控制臭氧浓度可杀灭部分耐氯菌。絮凝沉淀、沙滤处理可恢复细菌多样性，使水中细菌种属进一步增多。生物活性炭滤池处理增加细菌多样性，丰度分布更为均匀。高通量测序技术解析BAF(曝气生物滤池)处理受氨氮污染源水的菌群特性研究表明，低温期的生物膜菌群多样性虽较常温期低，但硝化细菌在低温环境下是可以增殖、驯化的。有学者运用高通量测序技术来快速探索"MBBR(移动床生物膜反应器)+卡鲁塞尔氧化沟"工艺污水处理厂提标改造后处理效果提高的原因，结果表明，系统内载体上的优势硝化菌群硝化螺旋菌属(*Nitrospira* sp.)比例提高是其水质处理提高的主要原因。

12.5.5 FISH技术

荧光原位杂交(fluorescence in-situ hybridization，FISH)技术是一项利用标记的DNA或RNA探针直接在染色体、细胞或组织水平定位特定靶核酸序列的分子细胞遗传学技术。其基本技术原理是：如果被检测的染色体或靶DNA与带有荧光物质的核酸探针是同源互补的，二者经变性—退火—复性，即可形成靶DNA与核酸探针的杂交体，采用荧光显微镜即可直接观察目标DNA所在的位置。可对待测DNA进行定性、定量或相对定位分析，得到特定微生物在环境中的存在、分布、丰度以及整个微生物群落的组成、结构及其多样性等全面信息。FISH技术还与其他技术相结合，例如共聚焦激光扫描显微镜(CLSM)、显微放射自显影术(MAR)和微生物传感器等，为环境微生物的研究提供更多信息。

运用FISH技术分析处理生活污水推流式反应器中氨氧化细菌和亚硝酸盐氧化细菌，运用4个属的特异性探针分别鉴定出具有氨氧化功能的亚硝酸菌(*Nitrosomonas*)和亚硝化螺旋菌(*Nitrosospira*)以及具有亚硝酸氧化功能的硝化杆菌(*Nitrobacter*)和硝化螺旋菌(*Nitrospira*)。国内学者利用FISH技术对A^2/O工艺中的污泥膨胀、污泥上浮分析表明，微生物主要为微丝菌。FISH技术分析发现，在微生物快速增殖阶段，聚磷菌体型较小、结构上也很松散，随着菌体体积逐渐增大，最后形成一个具有一定密度的团状结构，具有良好的除磷效果。

12.5.6 基因芯片技术

基因芯片，又称微阵列(Microarray)，20世纪90年代中期发展起来的一门新的技术。它是将成千上万的基因探针以点阵列方式有序地排列在特定的固相支持物上，可以通过已知碱基顺序的DNA片段来结合被标记的具有碱基互补序列的DNA或RNA，检测出环境样品的复杂菌群中的特异菌种，还可测定群落结构和多样性已知的群落的变化。三种主要的环境基因芯片形式——功能基因阵列(FGA)、群落基因组阵列(CGA)和系统发育寡核苷酸阵列(POA)已被用于环境样品的微生物群落分析。

有文献报道了利用POA对来自活性污泥的微生物菌群进行研究，利用罗氏454测序技术有效揭示了活性污泥中微生物的优势种群。有学者利用基因芯片研究了我国几个铜矿的酸矿水环境中微生物功能基因多样性，检测到大量的诸如碳氮降解基因等关键功能基因，说明在酸性环境中仍存在大量微生物。针对酸矿水中微生物群落结构特点已开发出一类专一性的功能基因芯片，将其检测结果与微生物纯培养的特异性试验结果相比较，专一性的功能基因芯片具有良好的特异性、灵敏性和定量性，有助于揭示嗜酸性微生物和常规微生物在酸性环境群落组成之间的关系。

Reading Material

Application of a Novel Biopolymer for Removal of *Salmonella* from Poultry Wastewater

Ghosh Moushumi, Ganguli Abhijit, Pathak Santosh

This study evaluated the potential of an extracellular, novel biopolymeric flocculant produced by a strain of *Klebsiella terrigena* for removal of *Salmonella*, a potent pathogen prevalent in poultry wastewater. The purified biopolymer was applied to poultry wastewater containing 3 log CFU cells of *Salmonella*. An optimized dosage of 2 mg L^{-1} of the purified bioflocculant was sufficient to remove 80.3% *Salmonella* spp. at ambient temperature. This bioflocculant showed high flocculating activity (90%) against kaolin particles and proved to be far more effective than the other synthetic flocculants used in this study. Fluorescent in situ hybridization(FISH) with the genus specific Sal 3 probe hybridized with the *Salmonella* present in the agglomerated matrix of the bioflocculant. Confocal laser scanning micrographs(CLSM) allowed a clear visualization of the spatial distribution of the total flocculated bacterial population(with DAPI and Eub338 probe) as well as *Salmonella*(with the Sal 3 probe), indicating that the removed *Salmonella* remained bound and embedded within the flocculant matrix. Scanning electron microscopic(SEM) analysis exhibited a porous surface morphology. The bioflocculant was characterized to be a polysaccharide by FTIR, HPLC, CHN and chemical analysis. A viable alternative treatment technology of poultry wastewater using this novel bioflocculant is suggested.

This study evaluated the potential of an extracellular, novel biopolymeric flocculant produced by a strain of *Klebsiella terrigena* for removal of *Salmonella*, a potent pathogen prevalent in poultry wastewater. The purified biopolymer was applied to poultry wastewater containing 3 log CFU cells of *Salmonella*. An optimized dosage of 2 mg L^{-1} of the purified bioflocculant was sufficient to remove 80.3% *Salmonella* spp. within 30 min, at ambient temperature. Also this bioflocculant showed high flocculating activity(90%) against kaolin particles and proved to be far more effective than the other synthetic flocculants used in this study. FISH with the genus specific Sal 3 probe hybridized with the *Salmonella* present in the agglomerated matrix of the bioflocculant. Confocal laser scanning micrographs(CLSM) allowed a clear visualization of the spatial distribution of the total flocculated bacterial population(with DAPI and Eub338 probe)as well as *Salmonella* (with the Sal3 probe), indicating that the removed *Salmonella* remained bound and embedded within the flocculant matrix. SEM analysis exhibited a porous surface morphology. The bioflocculant was characterized to be a polysaccharide by FTIR, HPLC, CHN and chemical analysis. A viable alternative treatment technology of poultry wastewater using this novel bioflocculant is suggested.

第 4 篇

水质工程生物学实验

第13章　微生物学基本实验操作方法

✣ **内容提要**

本章主要介绍水质工程微生物培养的培养基制备与灭菌，微生物的分离、接种、培养、染色、形态观察及大小测定等的一系列操作方法，为进行具体的微生物实验提供基本的方法，为培养学生的微生物实验的基本技能奠定基础。

✣ **思考题**

(1)如何配制微生物的培养基？

(2)无菌水(bacteria-free water)、液体培养基的灭菌与实验器皿的灭菌方法有何不同，为什么？

(3)微生物常见的接种(inoculation)方法有哪些，每种方法分别适于哪种情况的接种？

(4)微生物常见的染色方法(staining method)有哪些？

(5)光学显微镜(microscope)的结构如何？能否采用光学显微镜观察病毒的结构？

(6)观察微生物时，不同放大倍数(magnification times)的物镜使用的顺序如何？

(7)微生物很小，在实验室中是如何测量其大小？

(8)实验室是如何分离与保存菌种的？

13.1　微生物培养基的配制

培养基是人工配制的适于微生物生长、繁殖或保存的营养基质。培养基种类繁多，一般应具备以下几个条件：含有适量的水分，含有适宜的碳源、氮源、无机盐类、生长因素等营养成分，具有适宜的酸碱度。

根据来源成分不同，培养基可分为合成培养基、天然培养基和半合成培养基。

根据物理性状培养基可分为液体、固体和半固体培养基。液体培养基中加一定量的凝固剂(常加琼脂1.5%～2%)，溶化冷凝后即成固体培养基。半固体培养基含琼脂0.2%～0.5%。

为了分离和保藏菌种及鉴定微生物的需要，常用固体培养基。固体培养基可制成平板和斜面培养基。

1)几种常用培养基配方

① 肉膏蛋白胨培养基(表13-1)

表13-1　肉膏蛋白胨培养基

成分	牛肉膏(beef extract)	蛋白胨(peptone)	NaCl	蒸馏水(distilled water)
用量	3 g	10 g	5 g	1000 mL

pH值为7.2～7.4，121 ℃高压蒸汽灭菌20 min。

② 营养琼脂培养基(肉膏蛋白胨固体培养基)(表 13-2)

表 13-2 营养琼脂培养基(肉膏蛋白胨固体培养基)

成分	牛肉膏	蛋白胨	NaCl	蒸馏水	琼脂(agar)
用量	3 g	10 g	5 g	1000 mL	15～20 g

pH 为 7.2～7.4,121 ℃高压蒸汽灭菌 20 min。

③ 高氏一号培养基(表 13-3)

表 13-3 高氏一号培养基

成分	可溶性淀粉	KNO_3	NaCl	K_2HPO_4	$MgSO_4 \cdot 7H_2O$	$FeSO_4$	蒸馏水	琼脂
用量	20 g	1 g	0.5 g	0.5 g	0.5 g	0.01 g	1000 mL	15～20 g

pH 为 7.2～7.4,121 ℃高压蒸汽灭菌 20 min。

④ 查氏培养基(表 13-4)

表 13-4 查氏培养基

成分	$NaNO_3$	KCl	蔗糖	K_2HPO_4	$MgSO_4 \cdot 7H_2O$	$FeSO_4$	蒸馏水	琼脂
用量	2 g	0.5 g	30 g	1 g	0.5 g	0.01 g	1000 mL	15～20 g

自然 pH,121 ℃高压蒸汽灭菌 20 min。

⑤ 马丁氏培养基(表 13-5)

表 13-5 马丁氏培养基

成分	葡萄糖	蛋白胨	NaCl	KH_2PO_4	$MgSO_4 \cdot 7H_2O$	蒸馏水	琼脂
用量	10 g	5 g	0.5 g	1 g	0.5 g	1000 mL	15～20 g

自然 pH,121 ℃高压蒸汽灭菌 20 min。

⑥ 马铃薯培养基(表 13-6)

表 13-6 马铃薯培养基

成分	马铃薯	蔗糖或葡萄糖	NaCl	蒸馏水
用量	200 g	20 g	5 g	1000 mL

自然 pH,121 ℃高压蒸汽灭菌 20 min。

2)培养基制备

(1)配制溶液:按培养基的配方称取各种原料,依次将各种原料加入、溶解。难溶的原料如蛋白质、肉膏、琼脂等需加热溶解,当原料全部溶解后应加水补充因蒸发损失的水量。加热时应不断搅拌以防原料在杯底烧焦。

(2)调整 pH:用 pH 试纸(或酸度计)测定培养基溶液的 pH,采用 10% HCl 或 10% NaOH 调整至所需的 pH。

(3)过滤:用纱布、滤纸或棉花过滤均可。如培养基内杂质很少,可不经过滤。

(4)分装:将培养基分装在培养容器中。将培养基直接倒入管内或瓶内,不要沾污上段管壁或瓶壁。装入培养基量,视试管或锥形瓶的大小及需要而定。

(5)斜面培养基的制作:将装有含琼脂的培养基的试管经灭菌后,趁热搁置在木条或木棒上,使试管呈适当的斜度(切勿倾斜过度而使培养基沾污棉塞)。待培养基凝固后即成斜面(图 13-1)。

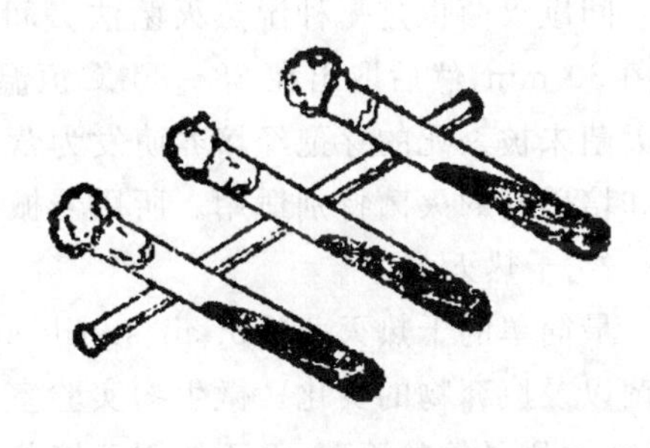

图 13-1　制作斜面培养基的方法

(6)平板培养基的制作:灭菌后待培养基温度降至 50 ℃左右时以无菌操作将培养基倒入无菌培养皿内,每皿 15～20 mL,平放冷凝即成平板培养基,简称平板。

(7)无菌检查:灭菌后培养基,尤其是存放一段时间后才用的培养基,应置于 37 ℃温箱内 1～2 d,确定无菌后才可使用。

天然马铃薯培养基按照如下步骤进行配置。

(1)将新鲜马铃薯去皮,切成薄片,称 200 g,加蒸馏水 1000 mL,煮沸 30 min,用纱布过滤,补足因蒸发而减少的水量,即制成 20%马铃薯汁。

(2)在马铃薯汁中加入琼脂,煮沸溶化,加糖搅拌,补足水分,115 ℃高压蒸汽灭菌 20 min。

(3)培养不同微生物的马铃薯汁培养基加糖差异:自然 pH 值时,加入蔗糖,用于培养霉菌;加入葡萄糖,用于培养酵母菌;将 pH 调至 7.2～7.4,加入葡萄糖,用于培养放线菌及芽孢杆菌。

13.2　灭菌与无菌操作

(1)灭菌

所有培养基和微生物的用具在使用前必须经过严格的灭菌。高温灭菌法是微生物实验中常用的灭菌法,包括高压蒸汽灭菌、干热烘烤和烧灼等方法。

① 高压蒸汽灭菌

高压蒸汽灭菌是一种湿热灭菌法。在湿热情况下,菌体吸收水分,使蛋白质易于凝固。湿热的穿透力强,且当蒸汽与被灭菌物体接触冷凝成水时,又可放出热量使温度迅速升高,从而增加灭菌效力。随着压力增高,达到饱和蒸汽时温度更高。高压蒸汽灭菌,微生物体受热、湿及压力的共同作用而被杀死。

由于高压蒸汽灭菌具有灭菌效果好、适用面广的特点,因此是实验室最常用的灭菌方法。培养基、药物、实验器械、玻璃器皿和衣物等均可用此法灭菌。

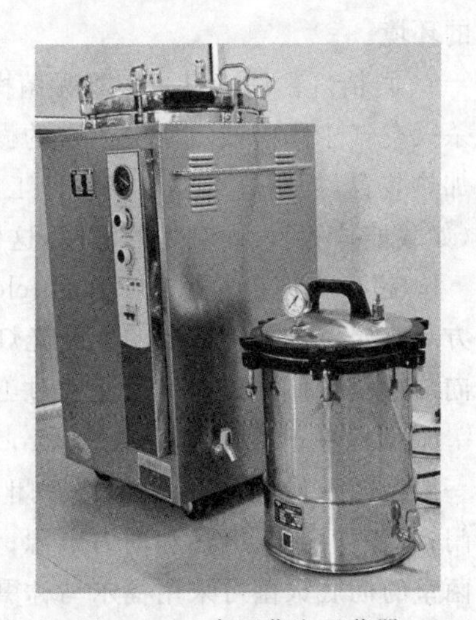

图 13-2　高压蒸汽灭菌器

高压蒸汽灭菌器(high-pressure sterilizer,图 13-2)具有多种不同结构和规格,有自动控制的也有人工控制的,热源有用电的,也有通蒸汽的,无论哪种结构其基本工作原理都是利用饱和蒸汽灭菌。

② 间歇灭菌

间歇灭菌也是一种湿热灭菌法。间歇灭菌的过程是把灭菌物放在灭菌器中，100 ℃下灭菌 30 min，然后取出在 28～30 ℃恒温箱中培养 24 h。灭菌、培养反复进行 3 次。这样前次灭菌未被杀死的芽孢经培养萌发为营养体而被再次灭菌杀死。此法对某些不耐高温的物品和培养基的灭菌特别适用。所用器械多为阿诺氏流动蒸汽灭菌器或普通蒸笼，不需加压。

③ 干热灭菌

最简单的干热灭菌(hot-air sterilization)是烧灼法，可用于接种环、接种针、试管口等的灭菌以及废弃物的焚化。微生物实验室中常用干热灭菌是指干热空气灭菌，它适宜玻璃器皿、金属用具等的灭菌，但不能用于培养基等含水分物品的灭菌。

干热灭菌使用的器械为恒温干燥箱(烘箱)，在操作中将包扎好的待灭菌物放入箱内，注意不要放得太挤，以利于空气流通。关门，接通电源，拨动开关，旋动恒温调节器至 160～170 ℃，超过 180 ℃后易使包扎用纸炭化。温度上升至指定温度后维持 2 h。灭菌完毕后中断电源，待温度降至 70 ℃以下时再开箱取物。

(2)无菌操作

在微生物学操作中，要牢固树立"无菌"概念，严格执行无菌操作。要做到不使被接种的微生物受到杂菌污染，也不容许该微生物污染其培养皿以外的环境。

微生物的分离、接种等实验最好在无菌室或无菌箱内进行，要严格注意无菌操作。在没有无菌室或无菌箱的情况下，当实验精度要求不高时，可以在一般的实验室内进行，但要求做到无菌操作。

无菌操作是指在微生物实验室中所采取的预防杂菌污染的一切操作措施，主要包括创造无菌环境、使用无菌器材和遵循无菌操作规范。

① 创造无菌环境

无菌环境是指人们通过理化手段使微生物数量降至最少，形成接近于无菌的空间。在微生物实验室中，常见的无菌环境有：酒精灯火焰附近的空间，超净工作台内的空间，无菌室内的环境。

a. 酒精灯。酒精灯是实施无菌操作的简单而有效的工具：第一，作为高温热源，酒精灯可杀灭空气中降落或气流中携带的微生物，在火焰附近产生一个小小的无菌环境；第二，作为加热装置，酒精灯可以灼烧接种工具避免带入杂菌；第三，酒精灯还经常用于引燃玻璃器具(如载玻片等)表面粘带的酒精，这样就可以有效杀灭玻璃表面的微生物。

b. 超净工作台。超净工作台(clean bench)是一种提供高洁净度工作环境的设备。台内上方装有照明灯和能灭菌的紫外光灯。工作台内空气经过滤，将尘埃和生物颗粒截留，形成单向洁净空气流并以一定流速通过工作区，从而形成无菌的工作环境。

c. 无菌室。无菌室(bioclean room)是一种提供高洁净度工作环境的房间。无菌室的房间一般经特殊设计，如要求严格密闭，或者所有通风口安装空气过滤装置；设置缓冲间和推拉门；有各种照明、电热和动力电源；无菌室的工作台应抗热、抗腐蚀，便于清洗消毒。对于无菌室的彻底灭菌可采用福尔马林熏蒸，每次使用无菌室前，要打开紫外光灯进行空气灭菌 30 min。每次操作前，可向工作台和地面喷洒石炭酸溶液，用以防尘抑菌。另外，为了解无菌室灭菌效果，需要定期对室内空气进行杂菌检测。

② 使用无菌器材

使用无菌器材是无菌操作的重要组成部分。对从事微生物工作所需的器材，必须预先灭菌或消毒处理。玻璃器皿、金属器皿、培养基、工作服等要灭菌处理，凳子、试管架、天平要消毒处理。可以包裹的物品，应先用包装纸包裹，再灭菌，以便长期保存。

微生物实验常用玻璃器皿的洗涤、灭菌方法为：

a. 洗涤：玻璃器皿在使用前必须洗刷干净。培养皿(culture dish)、试管(test tube)、锥形瓶(conical flask)等可先用去污粉洗刷，然后用自来水冲洗。吸管则先用洗液浸泡，再用水冲洗。洗刷干净的玻璃器皿应放在烘箱中烘干。

b. 包装：培养皿由一底一盖组成一套，按实验所需的套数一起用牛皮纸包装。吸管应在吸端用铁丝塞入少许棉花，构成 1～1.5 cm 长的棉塞，以防止细菌吹入管内。棉花要塞得松紧适宜，吸时即能通气，又不致使棉花滑入管内。将塞好棉花的吸管的尖端，放在 4～5 cm宽的长纸条的一端，吸管与纸条约成 45°交角，折叠包装纸包住尖端，用左手将吸管压紧，在桌面上向前搓转，纸条即螺旋式地包在吸管外面，余下纸头折叠打结。按照实验需要，可单支包装或多支包装，以备灭菌。培养皿和吸管也可不经包装放在特制容器内进行灭菌。

试管和锥形瓶等的管口或瓶口均需用棉花塞堵塞。棉塞的大小及形状应如图 13-3 所示。做好的棉塞四周应紧贴管口和瓶口，不留缝隙以防空气中微生物会沿棉塞皱褶侵入。棉塞不宜过紧或过松，以手提棉塞，管、瓶不掉下为准。棉塞的 2/3 应在管内或瓶口内，上端露出少许以便拔塞。待灭菌的试管口、瓶口塞上棉塞后都要用牛皮纸包裹(用纸包裹是为了避免灭菌时冷凝水淋湿棉塞)，并用线绳捆扎后放在铁丝篓内以备灭菌。

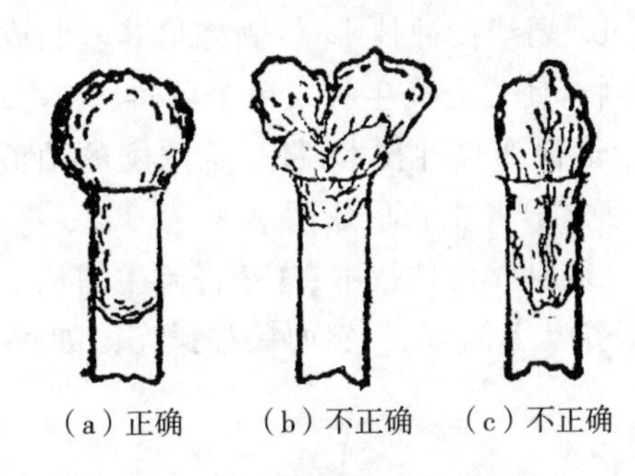

(a) 正确　(b) 不正确　(c) 不正确

图 13-3　棉塞的大小及形状

③ 无菌水

在试管或瓶内先盛以适量的自来水(不用蒸馏水)，管口或瓶口用棉塞塞好，并用牛皮纸扎紧，然后灭菌取用的待灭菌自来水体积由实验需要量确定，也可以多制备一些灭菌无菌水，再用无菌吸管定量取用。无菌水常用来稀释水样。

无菌操作有严格的规范，在各种操作步骤中应严格执行。

13.3　微生物接种与培养

1)微生物接种(microbial inoculation)

(1)接种工具

① 接种环、接种针、接种钩：由金属丝与接种棒组成。金属丝常用铂丝、镍丝或 0.5 mm 粗细的电炉丝，接种环直径为 0.4～0.5 cm，接种棒市面有售，亦可用直径约 0.6 mm 的玻璃棒自制。

② 接种铲：可用车条将其一端砸扁至呈平铲状，另一端套上橡皮管作棒柄。

③ 玻璃涂布棒：用直径为 0.5 cm 的玻璃棒烧灼弯曲而成。用纸包裹并干热灭菌后备用。

(2)接种要求

接种工作应使用无菌用品，应在无菌室、无菌接种柜或超净工作台上进行。缺乏接种环境时，应在火焰附近(常用酒精灯)进行操作，且必须做到以下几点：

① 试管、三角瓶等均应在火焰附近拔除棉塞。拔塞后的试管与三角瓶口端应始终向着火焰并保持在火焰附近。试管和三角瓶应处于倾斜状态，不得垂直向上，以防空气中杂菌落入。

② 棉塞拔除后用手指夹住，不得随意乱放。除棉塞头外，操作者不应沾碰棉塞的其他部位。棉塞进出管口均需通过火焰。

③ 无菌培养皿的接种工作也需在火焰附近进行。培养皿向着火焰一边少许开启，开盖程度以能供接种工具操作即可。

(3)微生物接种技术

① 平板接种技术：将菌种接种在形成平板的固体培养基中的接种方法。

a. 混匀接种技术：将合适浓度的微生物加入无菌培养皿，然后倒入融化的固体培养基，摇动均匀，使菌体分散在培养基内，培养基冷凝成平板，再进行培养。

b. 划线接种技术：将固体培养基制成平板，用接种环蘸取菌液，以不同方式划线分散开微生物，使之分离生长成单个菌落。

c. 涂布接种技术：将一定浓度的菌液加在固体培养基平板表面，用无菌涂布棒涂开菌液，使之分开生长形成菌落。

② 斜面接种技术：这是将微生物从一个斜面培养基(或平板培养基)上接种到另一个斜面培养基上的方法，斜面接种操作图如图 13-4 所示。

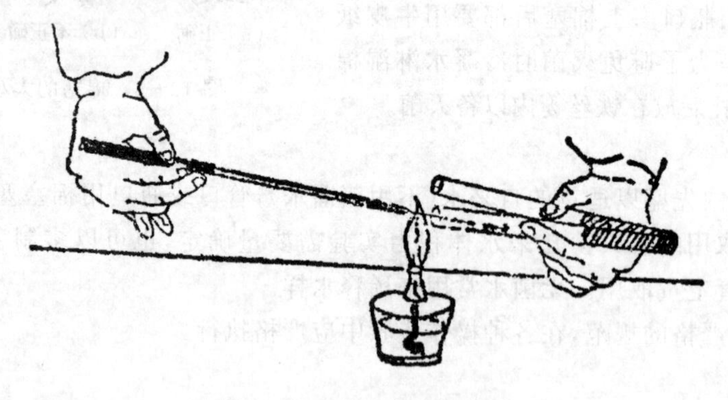

图 13-4 斜面接种操作图

具体操作过程如下：

a. 在试管上贴上标签，注明菌名、接种日期等。

b. 点燃酒精灯，在火焰周围可形成无菌区。

c. 将培养好的菌种和斜面培养基的两支试管用大拇指和其他 4 指握在左手中，使中指位于两试管之间的部分。管口齐平，并使它们位于水平位置。

d. 将棉塞用右手拧转松动以利于在接种时拔出。

e. 右手拿接种环，在火焰上将环烧灼灭菌，环上凡是在接种时可能进入试管的部分都应用火烧灼。

f. 在火焰旁用右手拔掉棉塞夹在手中，用火焰微烧试管口一周，烧灼时要不断地转动管口，使管口上可能沾污的少量菌或带菌尘埃得以烧去。

g. 将烧过的接种环伸入菌种管内，先用环接触没有长菌的培养基部分(如斜面的顶端)，使其冷却以免烫死被接种的菌种。然后轻轻挑取少许菌种，抽出接种环并迅速将接种环伸进另一支试管，在培养基上轻轻划线(由底部向顶部划线)。划线时勿划破培养基。

接种完毕，将试管口通过火焰并在火焰旁塞回棉塞。将接种环再经烧灼灭菌，放回原处。

③ 液体接种

a. 由固体培养基(平板或斜面)接种到液体培养基

在操作中将取有菌种的接种环送入液体培养基时，可使接种环在液体表面与管壁接触的部分轻轻摩擦，接种后，塞上棉塞，晃动液体培养基，使菌体在培养基中均匀分散。

b. 由液体培养基接种到液体培养基

使用无菌吸管或滴管吸取一定量的有菌的培养液到另一管液体培养基中，塞好棉塞，摇匀。

④ 穿刺接种技术

这是由斜面菌种接种到固体深层培养基的方法。可将培养基装于大试管(20 mm×220 mm)内，每管装12～15 mL。

操作方法同前面的斜面接种，但用接种针(必须很挺直)取出少许菌种，然后用左手斜握盛有固体深层培养基的试管，用右手将接种针移入培养基，自中心刺入，直到接近管底，但不要穿透。然后沿穿刺途径慢慢将针拔出。这样，接种线整齐，易于观察.

2)微生物的培养

微生物的培养方法主要有以下几种：

(1)静置培养：是最常用的培养方法，即将已接种的试管、三角瓶、培养皿等待培养物置于恒温箱或恒温室中进行培养。环境中的一般中温型腐生菌培养温度为25～30 ℃，致病菌则为37 ℃。注意培养时需将培养皿倒置，使皿盖在下，以减少水分散失及杂菌污染。

(2)振荡培养：需氧性微生物液体培养时，除采用浅层培养液静置培养外，还可以置于振荡装置上培养，振荡通气。

(3)通气培养：当培养大量的需氧微生物或培养藻类等需获取空气中的CO_2、N_2等营养时，可进行通气培养。

(4)厌氧培养：有深层液体培养法、倒扣培养皿法、碱性焦性没食子酸法、钢丝棉法等。

13.4　微生物纯种分离与菌种保藏

微生物在自然界中都是很多种混杂在一起生活的。微生物微小看不见，摸不着，如何把它们一一分开，从中分离所需要的菌来研究利用？这就需要进行纯种分离。近年来，为提高污水生物处理的效率，国内外进行了分离和培养纯菌种处理污水的实验及应用研究。

在进行纯种分离以前，先要寻找含有所需微生物的样品，采样地点要根据具体目标确定。土壤是微生物的大本营，1 g 土壤含有几千万到数亿个微生物，种类丰富，所以许多微生物的分离筛选常从土壤样品开始。

如果样品中含有所需的微生物较多，可直接进行纯种分离；如果含所需的微生物较少，在分离前需要进行增殖培养处理，目的是提供有利条件使所需的微生物大量生长，利于筛选。

微生物分离培养的基本原理是，选用不同成分和酸碱度的培养基，在不同的温度和不同的通气条件下进行培养，使只有适合该条件的微生物得以生长。由于土壤、活性污泥等菌样中菌数大，常需进行一定量稀释，使微生物能在培养基上长成单个菌落，以达到分离的目的。

怎样把所需的纯种微生物从样品中分离出来呢？纯种分离一般用稀释平板法进行。将样品或经增殖培养后的样品中的微生物用无菌水稀释后倒入培养皿，然后再倒入融化的固体培养基溶液，摇匀使菌体分散在培养基内。培养基冷凝成平板时分散的菌体就被固定，经一定时间的培养后，这种被固定的单个菌体便繁殖形成一个个能被肉眼所见到的菌落。这种由单个菌体发展成的菌落就是我们所需要的纯种。

分离也可采用划线接种的方式来完成。可以用接种环蘸取样品稀释液，采用不同的形式轻轻地在平板培养基上顺序划线。由于蘸到接种环上的微生物多，在开始的一些线段上，微生物可能分离不开，但后续就可以逐渐分离出单个菌落了。

样品稀释的目的是使平板上形成的菌落不过于密集，影响菌种的分离。如果样品中含微生物不多，可以不做稀释。

1)微生物纯种分离方法

(1)稀释平板分离法

① 样品的稀释

利用无菌移液管吸取富集培养液或水样 10 mL，接入 90 mL 无菌水中混匀制成 1∶10 的稀释菌液(10^{-1})。再另取一支无菌移液管，从 10^{-1} 菌悬液中吸取 1 mL，移入有 9 mL 无菌水试管中制成 10^{-2} 稀释液。依照上述步骤可将菌悬液稀释成 10^{-1}、10^{-2}、10^{-3}、……其菌液浓度分别为 0.1、0.01、0.001、……稀释度视样品中含菌数量而定，一般稀释到 10^{-5}～10^{-7}，如污染较严重的样品需稀释到 10^{-8}～10^{-9}。分离土壤中微生物，则称土样10 g，放入装有 90 mL 无菌水的三角瓶中，充分振荡混匀，制成 10^{-1}浓度菌液，然后依照上述方法逐级稀释成不同浓度的菌液(图 13－5)。

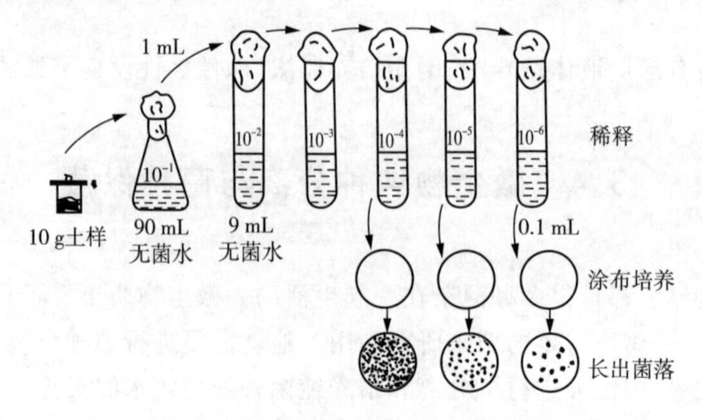

图 13－5　菌液稀释及平板接种分离

② 接种、倒平板

在无菌培养皿上贴好标签，注明水样名称、稀释倍数及日期。

用无菌移液管吸取上述稀释菌液 0.5 或 1 mL，注入已灭菌空培养皿中，再将已熔化并冷却到 45～50 ℃的培养基倾入，盖上皿盖，平放桌上，轻轻转动使培养基和稀释菌液充分混匀，冷却后即成平板培养基。同一个水样取连续三个稀释度，每一个稀释度做三个重复平行样。

③ 培养

凝固后，将培养皿倒置于温箱中适温培养。一般细菌在 25～30 ℃温箱中培养 1～2 d，放线菌于 25～28 ℃培养 5～7 d，霉菌于 25～28 ℃培养 1～7 d，直至长出单个菌落。

(2)平板划线分离法

① 制备平板培养基(倒平板)：将熔化的固体培养基冷却到 45～50 ℃后，以无菌操作倒入无菌的空培养皿内，加盖，在平桌上转动混匀，凝固后就制成了平板。贴好标签。

② 划线：以无菌操作，在火焰旁左手托住培养皿并微启皿盖(用中指、无名指和小指托住皿底，拇指和食指夹住皿盖稍倾斜，左手拇指和食指将皿盖掀起一些。)，右手执无菌接种环沾取一环菌液在培养基表面轻轻划线，注意勿划破平板。划线方法很多，有平行划线、扇形划线等(图 13－6)。

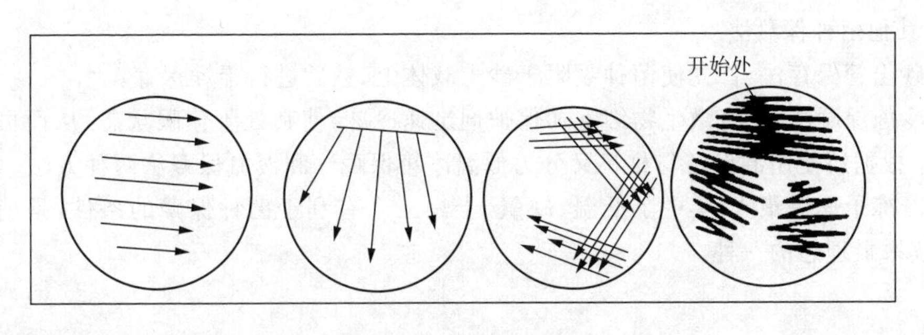

图 13－6　划线分离过程

③ 培养：将接种后的平皿倒置于恒温箱中，28～30 ℃培养。

2)菌种保藏

菌种保藏是根据不同的目的要求以及不同微生物种类的生活特性，选用适宜的方法长期而稳定地保存微生物菌种的过程。实验室常采用各种措施创造一个极限生存环境，例如缺营养、低温、干燥、缺氧等，抑制菌种的代谢活动，使其相对地处于不活跃状态。要求保藏的菌种不死亡和不发生变异。

(1)斜面传代保藏法

根据菌种的营养要求，选用合适的斜面培养基。做好标记，如菌种名称、保存日期、培养基等。采用无菌操作法将菌种接种于培养基中，置于适宜温度下培养一定的时间，待获得健壮的菌体后，用牛皮纸包扎好塞有棉塞的管口上部，放入 4 ℃冰箱内保存。定期传代移种，细菌应每月移种一次，放线菌、霉菌及有芽孢的细菌每 3～4 个月移种一次，酵母菌应每隔 2 个月移种一次。斜面传代培养保藏法简便易行，但需经常传代，突变型菌株不宜采用此法保存。

(2)液体石蜡保藏法

该方法是在琼脂斜面基或穿刺培养基表面覆盖一层液体石蜡(亦称石蜡油)。既可防止培养基中水分蒸发,又能减少氧气的供给而使需氧菌种不能继续生长,从而延长菌种的保藏时间。操作方法和步骤如下:

① 选用化学纯液体石蜡(中性,比重为 0.8～0.9 g/mL),121 ℃高压蒸汽灭菌 60 min,然后在 110 ℃烘干 1 h 或 40 ℃温箱中放置 2 h,以使蒸汽灭菌时带进的水分蒸发干净,备用。

② 将所要保存的菌种接种于适宜的斜面培养基上,使其充分生长(形成菌落或产生孢子)。

③ 用无菌吸管吸取灭菌的液体石蜡注入斜面培养基中,石蜡深度以高出琼脂斜面的顶端(若为穿刺培养则要高出琼脂培养基表面)1 cm 左右为宜,使菌种与空气隔绝。

④ 将试管直立,置低温或室温下保存,保存期为一至数年。

液体石蜡保藏法是一种实用而有效的微生物保藏法。操作简便,适于保存细菌、放线菌和真菌。一般情况下,霉菌、放线菌和芽孢细菌每两年移种一次,酵母菌及无芽孢细菌一年移种一次。

移种或培养时,沿管壁倒去附着在菌体上的液体石蜡,然后将菌种移接到适当的新鲜培养基上,待繁殖后再移种至新培养基上培养。

(3)其他菌种保藏法

① 砂土管保存法:首先使菌种吸附于砂土载体上,然后进行干燥保存。

② 冷冻保藏法:是将微生物细胞加保护剂迅速冷冻,使其处于休眠状态,从而可长期保存菌种。根据所使用的设备与材料又分为低温冰箱保藏法和液氮保藏法两种方法。

③ 冷冻干燥保藏法:集中了低温、缺氧、干燥三个有利于菌种保藏的条件,是菌种保藏方法中效果最理想的一种。

13.5 微生物染色

微生物微小,无法直接用肉眼观察,须借助显微镜放大后才能看到。因为微生物个体大多是无色半透明的,尤其是细菌,用普通显微镜放大后,只能粗略看到其大小和形态。要观察清楚,必须进行染色着色后,才能较好地在光学显微镜下观察其个体形态与部分结构。

1)固定染色法,把微生物固定在载玻片上,进行染色。

(1)单染色法(普通染色法),它是利用细菌与各种不同性质的染料,如石炭酸复红、结晶紫、美蓝等具有亲合力而被着色的原理,采用一种单色染料对细菌进行染色,适用于具有一般形态菌体的观察。单染色的操作步骤如下:

① 涂片:取干净载玻片一片,滴一小滴蒸馏水或生理盐水(菌悬液可不加水)在中央,用接种环以无菌操作挑取少许菌落于载玻片上的水滴中调匀,涂成极薄的菌膜。

② 风干:使载玻片上菌液在空气中自然干燥(可用吹风机稍加吹干)。

③ 固定:涂片面向上,用大拇指与食指夹住载玻片一端的侧边,使载玻片在酒精灯火焰上来回通过 3～4 次加热以固定菌体于载玻片上而不易脱落。注意不是用火烤。

④ 染色：在已固定的涂片上，滴加适当染色液，染色时间随不同染色液而异。石炭酸复红染色液，染色 1～2 min，碱性美蓝染色 2～3 min。

⑤ 水洗：用细水流将涂片染料洗去，水流勿过急过猛，应由载玻片上端倾斜流洗至冲下的水无色时为止。再将涂片自然干燥或吹风至干。

(2)革兰氏染色法(gram staining method)，是细菌学中一个重要的鉴别染色法。根据细菌的染色结果，可将细菌区分为两大类：菌体呈紫色者为革兰氏阳性细菌(G^+)，呈红色者为革兰氏阴性细菌(G^-)。革兰氏染色法应使用新鲜幼龄的菌体进行涂片，应用结晶紫与番红两种不同性质的染料进行染色。染色成败的关键在于严格掌握酒精脱色程度。操作步骤如下：

① 涂片、风干、固定：方法同简单染色法，固定时载玻片通过火焰 2～3 次即可。

② 初染：加草酸铵结晶紫染液染色 1 min，水洗。

③ 碘液固定：滴加鲁哥氏碘液冲去残水，覆盖涂片 1 min，水洗。

④ 酒精脱色：用 95%酒精滴洗涂片处至流洗出的酒精不呈紫色时，立即用水冲净酒精。脱色时间约 20 s，或视涂片厚薄而略有差异。

⑤ 复染：用番红(或称沙黄)染色 1～2 min，水洗。

⑥ 镜检：涂片风干或吸干后在显微镜下观察。

(3)芽孢染色法，在显微镜下观察用普通染色法制成的标本片时，菌体着色而芽孢不着色。由于细菌芽孢着色较难，脱色也不易，因此芽孢染色的方法是采用着色力强的染料，如孔雀绿、石炭酸复红等加热染色，使菌体和芽孢都着色，再通过脱色剂使菌体脱色而芽孢不脱色。然后用其他染料使菌体再着色，这样菌体与芽孢形成不同颜色的鲜明对照。操作步骤如下：

① 制片：涂片、风干、固定。

② 初染：滴 3～5 滴孔雀绿染色液于涂片上。用木夹夹住载玻片在酒精灯火焰上加热，使染液冒气但不沸腾，注意勿使染液蒸干，必要时可添加孔雀绿染色液。从冒气开始计算 6～8 min，倾去染液，待载玻片冷却后水洗至不再褪绿色为止。

③ 复染：用番红染色液染 2～3 min，水洗，风干。

④ 镜检：芽孢呈绿色，菌体呈红色。

(4)荚膜染色法，荚膜为多糖类物质，不易着色，因此常用衬托染色法，即将菌体及背景着色以衬托出不着色的荚膜。操作步骤如下：

① 制片：在干净载玻片的一端滴 1 滴蒸馏水或生理盐水，用接种环以无菌操作取少许菌落，制成细菌悬液，加一滴黑色素水溶液或绘图黑墨水与菌液混合。另取一块边沿平整的载玻片将上述混合液顺载玻片表面刮过，使成为一匀薄菌层并很快风干。

② 固定：用纯甲醇固定 1 min(或用 95%乙醇固定，不可加热固定)。

③ 染色：用番红染色液冲去残留甲醇，染色 0.5～1 min，用细水流冲洗，再用滤纸小心地吸去余水。

④ 镜检：油镜下观察，背景呈黑色，细胞呈红色，衬托出不着色的荚膜。

(5)鞭毛染色法，细菌鞭毛直径为 10～20 nm，普通光学显微镜不能分辨。鞭毛染色是使染料在鞭毛上沉淀堆积，加粗其直径以便于在普通光学显微镜下进行观察。选择幼龄、壮龄的细菌进行观察，其鞭毛生长健壮(老龄易脱落)。鞭毛染色必须采用新配制的染色液以及高度清洁的载玻片才能保证染色质量。操作步骤如下：

① 初检:制水浸标本片检查细菌的运动性。用接种环以无菌操作挑取少许菌落置于载玻片上已滴好的蒸馏水中,用镊子小心地从菌液一侧向另一侧盖好载玻片,注意勿产生气泡。将水浸标本片置于高倍镜下观察活菌是否运动,此时视野背景光线宜稍弱。如运动性很强,则可制片进行鞭毛染色。

② 制片:在清洁载玻片的一端加蒸馏水 1 滴,用接种环挑取少许菌落,在载玻片水滴中轻沾使之成菌悬液。倾斜载玻片使菌悬液下流形成薄菌膜,然后平置载玻片使其自然干燥。

③ 染色:滴加鞭毛染色液 A 液染色 3~5 min,用蒸馏水轻轻冲洗。再用鞭毛染色液 B 液小心冲去残水后,滴加 B 液,并将载玻片在酒精灯上稍稍加热至微冒气,但不能干,约染 0.5~1 min,然后小心地用水冲洗,风干。

④ 镜检:扫描整个涂片,寻找鞭毛着色的菌体,因有时只在涂片上部分区域染出鞭毛,故需多观察几个视野。着色菌体呈深褐色,鞭毛呈褐色。

2)常用染色液的配制

(1)齐氏(Ziehl)石炭酸复红染色液

溶液 A:	碱性复红(basic fuchsin)	0.3 g
	95%酒精	10 mL
溶液 B:	石炭酸	5.0 g
	蒸馏水	95 mL

将碱性复红在研钵中研磨后,逐渐加入 95%酒精,继续研磨使之溶解,配成溶液 A。将石炭酸溶解在蒸馏水中,配成溶液 B。

将溶液 A 与溶液 B 混合即成。通常将此混合液稀释 5~10 倍使用。因稀释液易变质失效,故一次不宜多配。

(2)吕氏(Loeffler)碱性美蓝染液

溶液 A:	美蓝(methylene blue,亦称亚甲蓝)	0.3 g
	95%酒精	30 mL
溶液 B:	KOH	0.01 g
	蒸馏水	100 mL

分别配制溶液 A 和溶液 B,配好后混合即可。

(3)草酸铵结晶紫染液

溶液 A:	结晶紫(crystal violet)	2.0 g
	95%酒精	20 mL
溶液 B:	草酸铵[$(NH_4)_2C_2O_4 \cdot H_2O$]	0.8 g
	蒸馏水	80 mL

分别配制溶液 A 和溶液 B,配好后混合,静置 48 h 后使用。

(4)鲁哥氏(Lugol)碘液

I_2	1.0 g
KI	2.0 g
蒸馏水	300 mL

先将 KI 溶解在少量蒸馏水中,再将 I_2 溶解在 KI 溶液中,然后加水至 300 mL。

(5)番红染色液

番红(safranine O,亦名沙黄)	2.5 g
95%酒精	100 mL
蒸馏水	90 mL

将上述配好的番红酒精溶液 10 mL 与 90 mL 蒸馏水混合即成。

(6)孔雀绿染色液

孔雀绿(malachite green)	5.0 g
蒸馏水	100 mL

(7)黑色素水溶液

黑色素(nigrosin)	5.0 g
蒸馏水	100 mL
福尔马林(40%甲醛)	0.5 mL

将黑色素在蒸馏水中煮沸 5 min,然后加入福尔马林作防腐剂(antiseptics),用玻璃棉过滤。

(8)鞭毛染色液

溶液 A:	单宁酸(鞣酸)	5.0 g
	$FeCl_3$	1.5 g
	蒸馏水	100 mL
	15%甲醛	2 mL
	1%NaOH	1 mL

配成后,只供当日使用。

溶液 B:	$AgNO_3$	2.0 g
	蒸馏水	100 mL

待 $AgNO_3$ 溶解于水后,取出 10 mL 备用。向其余 90 mL $AgNO_3$ 中滴入浓氨水,使之成为很浓厚的悬浮液,再继续滴加氨水,直至新形成的沉淀又重新刚刚溶解为止。再将备用的 10 mL $AgNO_3$ 慢慢滴入,则出现薄雾,轻轻摇动后,薄雾状沉淀消失后,再滴入 $AgNO_3$,直至摇动后仍呈轻微而稳定的薄雾状沉淀为止。如雾轻,染色剂可使用一周;如雾重,则银盐沉淀析出,不宜使用。

13.6 显微镜的使用

显微镜有普通光学显微镜(optical microscope)、电子显微镜(electron microscope)等。观察微生物的一般形态,常用普通光学显微镜,观察其内部细微结构则要采用电子显微镜。

1)显微镜结构

微生物检验常用的显微镜(图 13-7)构造分机械和光学两部分。

(1)机械部分

① 镜筒。镜筒(lens cone)长度一般是 160 mm,它的上端装有接目镜,下端有回转板,回转板上一般装有 3~4 个接物镜。

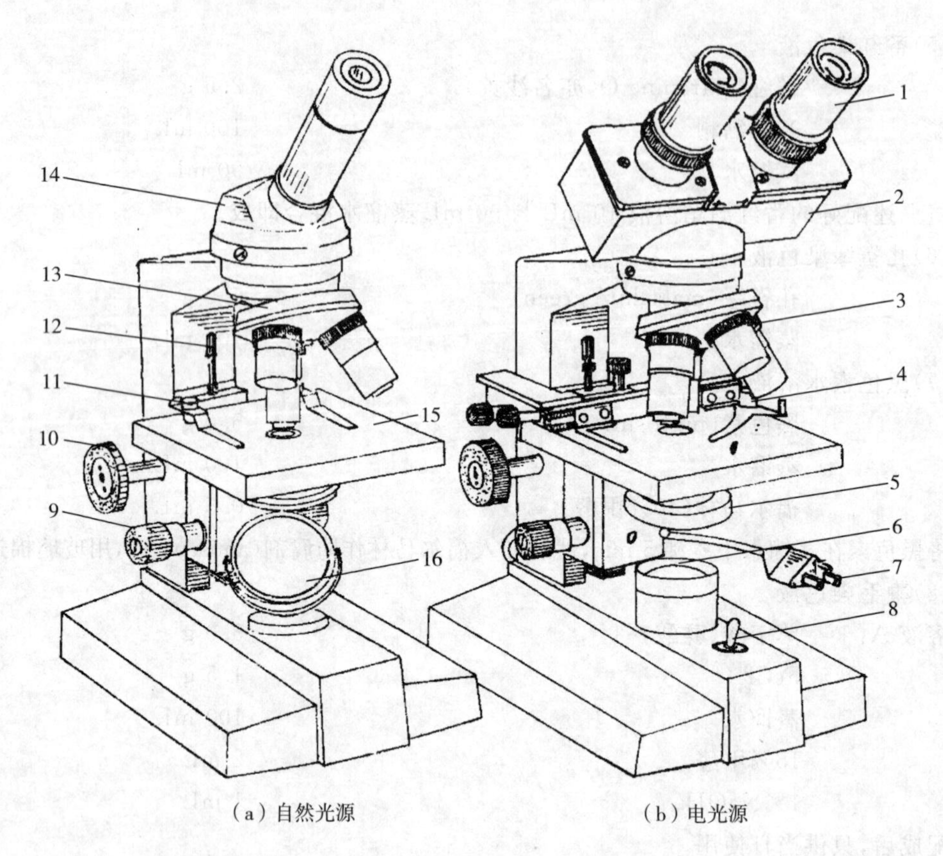

（a）自然光源　　（b）电光源

1—目镜；2—双目镜体；3—物镜；4—移动尺；5—聚光镜；6—集光镜；7—电源线；8—开关；9—微调焦旋钮 10—粗调焦旋钮；11—切片压片；12—定位钉；13—转换器；14—单目镜体；15—载物台；16—反光镜。

图 13-7　显微镜结构

② 载物台。载物台(microscope stage)是放置标本的平台，中央有一圆孔，使下面的光线可以通过。两旁有弹簧夹，用以固定标本或载玻片。有的载物台上装有自动推物器。

③ 调节器。调节器(regulator)为镜筒内旁的两个螺旋，大的为粗调节器，小的为细调节器，用以升降镜筒，调节接物镜与所需观察的物体之间的距离。

(2)光学部分

① 目镜。一般使用的显微镜具有 2～3 个目镜(eye lens)，其上常刻有“5×”“10×”“16×”等数字及符号，使用时可放大 5 倍、10 倍或 16 倍。观察微生物时常用放大 10 倍或 16 倍的目镜。

② 物镜。物镜(object lens)装在回转板上，可分低倍镜、高倍镜和油镜 3 种，其相应的放大倍数是 10、40、100。通常显微镜的放大倍数等于物镜与目镜放大倍数的乘积。例如，用放大 40 倍的物镜(高倍镜)与放大 10 倍的目镜时所得的物象的放大倍数为40×10＝400 倍，如果用放大 16 倍的目镜则放大倍数为 40×16＝640 倍。

油镜(iol-immersion lens)的放大倍数(90 或 100)最大。放大倍数大的镜头，焦距就很短，视野直径就很小，所以自标本载玻片透过的光线因介质(从载玻片至空气)密度不同，有些光线因折射或全反射，就不能进入镜头，致使射入的光线较少，物象显现不清。所以为了不使通过的光线有所损失，须在镜头与载玻片中间加入和玻璃折射率(n=1.52)相仿的油镜(香柏油，n=1.515)。因此，称为油镜。

使用低倍镜和高倍镜时，一般做活体的观察，不进行染色。观察细小动物时，低倍镜容易看到标本的全貌，主要用来区别动物的种类和看出它们的活动状态，而高倍镜则可看清动物的结构特征。油镜在大多数情况下用来观察染色的涂片。

③ 集光器。集光器在载物台的下面，用来聚合由反光镜反射来的光线。集光器可以上下调整，中央装有光圈，用以调节光线的强弱。当光线过强时，应缩小光圈或把集光器向下移动。

④ 反光镜。反光镜装在显微镜的最下方，有平凹两面，可自由转动方向，用以反射外源光线到集光器。现在的显微镜多自带电光灯，接通电源就有光源。

2)显微镜使用方法

(1)低倍镜的使用

① 打开镜箱，右手紧握镜臂，左手托住镜座，轻放于固定的实验桌上，窗外不宜有障碍视线之物(如自带电光源，则不用考虑挡光)。

② 检查各部件是否完好，镜身、镜头必须清洁。

③ 拨动回转板，把低倍镜移到镜筒正下方，和镜筒连接并对直。

④ 拨动反光镜向着光线的来源处。一般在光线较强的天然光源下宜用平面反光镜，光线较弱的天然光源或人工光源宜用凹面镜。或直接打开电光源开关。同时用眼对准接目镜(选用适当放大倍数的接目镜)仔细观察，使视野完全成为白色，这表明光线已经进入镜中。

⑤ 将标本置于载物台上，要观察的部分放在圆孔的正中央。

⑥ 将粗调节器向下旋转，同时眼睛注视接物镜，以防接物镜和载玻片相碰，把载玻片压碎。当接物镜的尖端距载玻片约 0.5 cm 时即停止旋转。

⑦ 把粗调节器向上旋转，同时左眼向接目镜里观察，如标本物像显出，但不十分清楚，此时再用细调节器调节至物像完全清晰为止。将合适的目标物用推物器移至视野中央，以备高倍镜观察。

⑧ 如因旋转粗调节器太快，致使超过焦点，标本物像不能出现时，不应在眼睛注视接目镜的同时向下旋转粗调节器，必须把粗调节器重新旋转上升，从第⑥步做起，再次观察。

⑨ 观察时，最好两眼都能同时睁开。如用左眼看显微镜，右眼看桌上纸张，便可一边观察一边画出所看到的物像。

(2)高倍镜的使用

① 移动载玻片，将标本上低倍镜检查后需要进一步观察的目标放到视野正中间。

② 拨动回转板使高倍镜和低倍镜互相对换。当高倍镜移动到载玻片时，往往镜头十分靠近载玻片。这时必须注意是否因高倍镜靠近的缘故而使载玻片也随着移动。如果载玻片有移动的现象，则应立刻停止推动回转板，把高倍镜退回原处，再按照使用低倍镜的方法校正标本的位置，然后旋动调节器使镜筒稍微向上，再对换高倍镜。

③ 高倍镜已被推到镜筒下面时，向镜内观察所显现的标本物像，往往不很清楚，这时可旋转细调节器，上下移动，但不要过分移动。

(3)油镜的使用

① 如用高倍镜放大，倍数还不够，则须采用油镜。先用高倍镜检查，把要观察的标本放

到视野正中,再用油镜观察。

② 用油镜时,在载玻片上加一滴镜油。拨动回转板对换高倍镜,使镜头尖端和油接触,而后观察目镜。假如不清晰,可稍微转动细调节器,切记不要用粗调节器。

③ 用过油镜后,必须用擦镜纸或软绸将载玻片和油镜上所粘附的香柏油拭净。必要时可略蘸少许二甲苯揩拭镜头,最后用擦镜纸或软绸擦干。

3)显微镜的保养

① 显微镜应放置在干燥的地方,使用时须避免强烈的日光照射。

② 物镜或目镜不清洁时,应当用擦镜纸或软绸揩净。

③ 用完显微镜后,将接物镜转成"八"字形,放平反光镜,降下集光器,下旋镜筒,擦拭干净后放入镜箱中。

4)目测微尺和物测微尺的使用

微生物大小可以用目测微尺来测量。目测微尺(ocular micrometer)是一块可以置放在接目镜中隔板上的圆形载玻片,中央有刻有精确的刻度的标尺。目测微尺不直接测量微生物,而是观测显微镜放大后的物像。因目测微尺每小格所表示的长度由使用的目镜和物镜的放大倍数及镜筒的长度而定,所以在使用前,需用物测微尺(镜台测微尺)进行校正,以求得在特定的显微镜光学系统下目测微尺每小格所实际代表的长度。

物测微尺(object micrometer)是一块厚载玻片,中央有一块圆形载玻片,上有100等分刻度,每等分的长度为1/100 mm即10 μm。其刻度非常精确,专门用来校正目测微尺。

(1)先用物测微尺校定目测微尺的长度

① 将目测微尺刻度朝下装入接目镜的隔板上;把物测微尺放在载物台上,使刻度朝上并对准集光器。

② 先用低倍镜观察,调焦距,看清物测微尺后,转动接目镜使目测微尺与物测微尺平行对正。

③ 移动推物器,使二尺的一端重合,然后找出另一端第二条重合的线。如图13-8中的AB线与A′B′重合,另一端CD与C′D′重合。

④ 计算目测微尺每小格实际长度。

数出两个测微尺两端对齐的部分的格数,再按下面公式计算。

$$\text{目测微尺每小格长度}=\frac{\text{物测微尺格数}\times 10}{\text{目测微尺格数}}$$

⑤ 同法,在高倍接物镜下找出二尺的重合线,计算目测微尺的每小格长度。

⑥ 在物测微尺上加一滴香柏油,同法求出使用油镜时目测微尺的每小格长度。

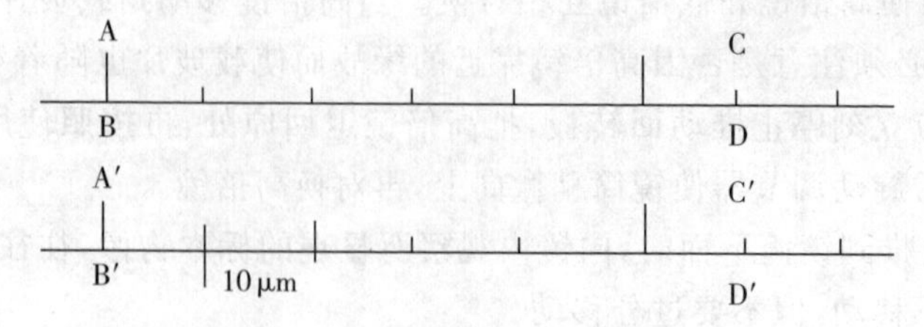

图13-8 目测微尺与物测微尺校正

(上:目测微尺的一部分,下:物测微尺的一部分)

(2)实测微生物的大小

取下物测微尺,换上待测标本片,观察。先量出菌体的长和宽各占目测微尺的格数,然后换算成微米数。一般测量细菌时,在同一块标本片上,需测定 10～20 个菌体,求出平均值及变化范围。

13.7　微生物观察

普通光学显微镜最大能将物体放大 1600 倍。一般观察霉菌、放线菌和酵母菌时,采用 100～400 倍的放大率就够了,但在观察细菌时,往往需要放大到 640 倍以上。

一般先使用低倍镜找到要观察的区域,观察微生物的大致轮廓,然后采用高倍镜观察细致结构或局部结构,最后采用油镜观察微小的生物或细微结构。

有时可采用活菌观察法对微生物直接进行显微观察,一般有两种方法。

(1)压滴法:取一小滴菌液,放在洁净的载玻片中央,盖上盖玻片,注意不要产生气泡(待盖玻片中央接触水滴后再放下盖玻片),放在显微镜下观察,先用低倍镜,后用高倍镜。

(2)悬滴法:取一小滴菌液放在洁净的盖玻片中央,然后把盖玻片翻转放置在凹面载玻片的中央,使菌液正好悬在凹窝正中,在凹窝的边缘先涂一层凡士林,这样可使悬液滴密封在一个潮湿的小空间中,不易干燥,可直接在显微镜上观察。

由于微生物大都是无色半透明的,活菌观察即使有显微镜放大也只能粗略看到其大小和形态,要观察清楚,必须进行染色。染色后才有可能识别细菌的不同结构,并可协助鉴别细菌。因此,在实验室,通常是先对微生物进行染色,然后再利用显微镜对染色的切片进行其形态结构的观察。

第14章　水质工程生物实验

✣ **内容提要**

本章列出了水质工程生物学中主要实验，包括：微生物基本实验，如培养基制备与灭菌、细菌的分离培养与菌落观察，显微镜的使用与微生物个体观察实验；给水水质分析中的细菌总数、大肠菌群数的分析实验；污水处理中的活性污泥生物学观察与活性污泥性能测定、酚降解菌的分离与测定实验；水体环境中的生物分析，如大型水生植物的观察与采集、水体浮游与着生生物的测定等实验，全面培养学生的实验技能。

✣ **思考题**

本章思考题，以讨论的形式安排在每个实验后面。

实验1　无菌器皿准备及培养基制备与灭菌

一、实验目的

1. 学会玻璃器皿的洗涤和灭菌前的准备工作；
2. 掌握培养基配制和无菌水(bacteria-free water)制备的方法；
3. 学会几种灭菌技术。

二、实验器材

1. 培养皿(平皿，直径90 mm)、试管、吸管、锥形瓶、烧杯等；
2. 纱布、棉花、报纸、牛皮纸；
3. pH试纸(6～8.4)、10% HCl、10% NaOH；
4. 牛肉膏、蛋白胨、氯化钠、琼脂、蒸馏水等；
5. 高压蒸汽灭菌器、烘箱、冰箱、电炉等。

三、实验内容及步骤

1. 玻璃器皿洗涤与包装

1)洗涤

玻璃器皿在使用前必须洗刷干净。培养皿、试管、锥形瓶等可先用去污粉洗刷，然后用自来水冲洗。吸管则先用洗液浸泡，再用水冲洗。洗刷干净的玻璃器皿应放在烘箱中烘干。

2)包装

(1)将实验所需的培养皿一起用牛皮纸包装。

(2)吸管应按照实验需要,单支包装或多支包装,以备灭菌。培养皿和吸管也可不经包装放在特制容器内进行灭菌。

(3)试管和锥形瓶等的管口或瓶口均需用棉花塞堵塞,或使用特制透气硅胶塞堵塞。做好的棉塞四周应紧贴管口和瓶口,不留缝隙。棉塞松紧,以手提棉塞,管、瓶不掉下为准。棉塞的 2/3 应在管内或瓶口内,上端露出少许以便拔塞。在制作培养基的过程中,如不慎将棉塞沾上培养基,应用清洁棉花重做棉塞。待灭菌的试管和瓶子的口塞上棉塞后都要用牛皮纸包裹,并用线绳捆扎后放在铁丝篓内以备灭菌。

2. 培养基制备

1)步骤

(1)配制溶液:按培养基配方称取各种原料,加入烧杯中,先加入定量容积水的一部分溶解各种原料,并用剩余的水清洗称牛肉膏的容器,一并加入烧杯中,加热溶解。当原料全部溶解后应加水补充因蒸发损失的水量。加热时应不断搅拌以防原料在杯底烧焦。

(2)调整 pH:用 pH 试纸(或酸度计)测定培养基溶液 pH,用 10%HCl 或 10%NaOH 调整至 pH 为 7.4~7.6。

(3)过滤:用纱布、滤纸或棉花过滤均可。如培养基内杂质很少,可不经过滤。

(4)分装:将培养基分装在试管和锥形瓶内。要使培养基直接流入管内或瓶内,注意防止沾污上段管壁或瓶壁,并避免浸湿棉塞。装入试管或锥形瓶的培养基量,视试管或瓶子的大小及需要而定。一般制备斜面培养基时,每支试管装入的量为试管高度的 1/4~1/3。

(4)平板制作及检查:灭菌后待培养基温度降至 50 ℃左右时以无菌操作将培养基倒入无菌培养皿内,每皿约 15~20 mL,平放冷凝即成平板培养基(简称平板)。

2)几种实验用培养基配方及制法

(1)营养琼脂培养基(肉膏蛋白胨固体培养基)(表 14-1)

表 14-1　营养琼脂培养基(肉膏蛋白胨固体培养基)

成分	牛肉膏	蛋白胨	NaCl	琼脂	蒸馏水	pH
用量	0.75 g	2.5 g	1.25 g	4~5 g	250 mL	7.4~7.6

配制好的培养基,于 121 ℃高压蒸汽灭菌 20 min。

(2)品红亚硫酸钠培养基(表 14-2)

表 14-2　品红亚硫酸钠培养基

成分	牛肉膏	蛋白胨	酵母浸膏	乳糖	K_2HPO_4	琼脂	无水亚硫酸钠	5%碱性品红乙醇溶液	蒸馏水
用量	1 g	2 g	1 g	2 g	0.7 g	4 g	约 1 g	4 mL	200 mL

配制要点:

① 储备培养基制备:先将琼脂加入 180 mL 蒸馏水中,加热溶解,然后加入 K_2HPO_4、蛋白胨混匀溶解,调 pH 为 7.2~7.4,再用蒸馏水补足到 200 mL。如果需要,先用纱布过

滤，再加入乳糖，混匀后定量分装于锥形瓶中，115 ℃高压蒸汽灭菌 20 min，冷暗处储存备用。

② 平板培养基：根据锥形瓶内培养基的量，用灭菌吸管按比例吸取 5%碱性品红乙醇溶液置于灭菌试管中，将无水亚硫酸钠置于另一支灭菌试管中，加少许无菌水使其溶解，沸水浴中煮沸 10 min 以灭菌。将已灭菌的亚硫酸钠滴加于碱性品红液中，至褪成粉红色为止，再将此混合液全部加入储备基内，充分混匀，倒皿。此平板倒置储于冰箱内，如颜色由淡红变为深红则不能再用。

(3)乳糖蛋白胨半固体培养基(表 14－3)

表 14－3　乳糖蛋白胨半固体培养基

成分	牛肉浸膏	蛋白胨	酵母浸膏	乳糖	琼脂	蒸馏水
用量	1 g	2 g	1 g	2 g	1 g	200 mL

配制好的培养基，调节 pH 为 7.2～7.4，分装于小试管中。115 ℃高压蒸汽灭菌 20 min。

3. 无菌水制备

在试管或瓶内先盛 9 mL(用管)或 99 mL(用瓶)自来水，用棉塞塞好管口或瓶口，并用牛皮纸扎紧，使其灭菌。本实验，取 8 支洗净的试管，每支中加入 9 mL 自来水，另取 1 个锥形瓶，加入 5～6 颗玻璃珠和 90 mL 自来水。试管和锥形瓶都塞棉塞，用牛皮纸扎紧。

4. 灭菌

(1)高压蒸汽灭菌

采用高压蒸汽对配制的培养基、无菌水进行灭菌。

常规灭菌压力一般在 0.145～0.165 MPa，温度 124～126 ℃，在仪器安全阀设定值范围内，温控仪只能低于安全阀设定值才有效，否则将由安全阀控制灭菌压力、温度。

灭菌结束时，须先将电源切断停止加热，待其冷却直至压力表指针回复零位时，打开上排气阀再待数分钟排去余气后，才能将锅盖开启。

(2)干热灭菌

微生物实验室中常用干热灭菌是指干热空气灭菌，它适用于玻璃器皿、金属用具等的灭菌，但不能用于培养基等含水分物品的灭菌。

干热灭菌使用的器械为恒温干燥箱(烘箱)，操作步骤如下：

① 将包扎好的待灭菌物放入箱内，注意不要放得太挤，以利于空气流通。关门，接通电源，拨动开关，旋动恒温调节器至 160～170 ℃。

② 温度上升至指定温度后维持 2 h。

③ 灭菌完毕后中断电源，待温度降至 70 ℃以下时方可开箱取物。

四、讨论

1. 为什么培养皿、实验用品需要包扎后再去灭菌？
2. 为什么品红亚硫酸钠培养基颜色变深后就不能使用了？
3. 能不能用蒸馏水作无菌水用，为什么？

实验2　活性污泥中细菌分离培养与菌落观察

一、实验目的

1. 学习活性污泥中微生物的分离培养方法；
2. 学习掌握微生物接种及培养技术；
3. 学习掌握观察微生物菌落特征的方法与要点。

二、实验器材

1. 无菌培养皿(直径90 mm)、无菌吸管、无菌锥形瓶、无菌试管、无菌水(1个锥形瓶中加入5～6颗玻璃珠和90 mL无菌水、6支试管中每管有9 mL灭菌过的自来水)；
2. 营养培养基(已灭菌的)、活性污泥；
3. 接种环、酒精灯(或煤气灯)、恒温培养箱等。

三、实验内容及步骤

1. 活性污泥的纯种分离与培养

1)稀释平板分离

(1)取样

从好氧生物处理的曝气池中取活性污泥，置于无菌的容器中。

(2)稀释水样

① 将5支装有9 mL无菌水的试管，依次编号。

② 利用无菌移液管吸取10 mL活性污泥，接入90 mL无菌水中吹吸3次，经过吹吸将移液管壁上的菌悬液全部洗下，并充分混匀制成1∶10的稀释菌液(10^{-1})。再另取一支无菌移液管，从10^{-1}菌悬液中吸取1 mL，移入有9 mL无菌水试管中，吹吸3次，制成10^{-2}稀释液。依次将菌悬液稀释成浓度分别为0.1、0.01、0.001、0.0001……

(3)平板的制作

① 将无菌培养皿编号。

② 另取1支1 mL或0.5 mL无菌吸管从浓度最小的稀释菌液开始，依次分别吸取0.5 mL菌液于相应编号的培养皿内。每个浓度做3个平板。每次吸取时，吸管都应在菌液中反复吸洗几次。

③ 在稀释菌液的同时，将营养琼脂培养基加热熔化，待熔化的培养基冷到45～50 ℃(温度不可过高，否则微生物容易被烫死；温度过低，培养基易凝固，平板不平)。如果经验不足，可将培养基瓶置于50 ℃水浴锅中降温。

④ 将培养基倾注到上述盛有菌液的培养皿内(向每一个培养皿中加入的培养基量以能形成1/3培养皿底高的薄层为宜)。对于常用的直径为90 mm的培养皿，一般加入的培养基

量为10～15 mL。

在倾注前，应先将拔去棉塞的盛装培养基的管、瓶口在火焰上微烧一周。培养基倾入后迅速盖上皿盖，平放桌上，轻轻转动，使培养基和菌液充分混合均匀，冷却后成为平板。将培养皿倒置于 30 ℃的恒温箱中培养 24 h，观察有无菌落长出。

2)平板划线分离

(1)制平板

将熔化后冷却到 45 ℃左右的培养基以无菌操作倒入无菌的空培养皿内，加盖，在桌面上轻轻转动混匀，冷凝后即形成所需的平板。

(2)划线接种培养

以无菌操作，右手持经烧灼灭菌冷却的接种环从装有活性污泥的器皿中取一环活性污泥。同时左手持培养皿，以中指、无名指和小指托住皿底，拇指和食指夹住皿盖稍倾斜，左手拇指和食指将皿盖掀起一些，右手把接种环伸入培养皿，将一环活性污泥在平板表面轻轻地划线，可作平行划线、扇形划线，或其他连续划线。划线后，将皿盖盖好，并将培养皿倒置于 30 ℃恒温箱内培养 24 h，即可观察平板上生长出的菌落。接种环用过后再烧灼灭菌。

2. 菌落形态特征的观察

由于微生物个体的表面结构、分裂方式、运动能力、生理特性以及产生色素的能力等各不相同，因而个体在固体培养基上的情况各有特点。按照微生物在固体培养基上形成的菌落的特征，可粗略地辨别是何种类型微生物。辨别依据为菌落的形态、结构、大小、菌落厚度、颜色、透明度、气味及黏滞性等。一般来说，细菌和酵母菌的菌落比较光滑湿润，用接种环容易将菌体挑起。放线菌的菌落硬度较大，干燥致密，且与基质紧密结合，不易被针或环挑起。霉菌菌落常长成绒状或棉絮状。

如果要鉴定菌种，则对微生物在斜面培养基上及液体培养基中生长的特征都应比较详细地观察。在斜面培养基上观察菌落生长旺盛程度、形状、颜色及光泽等。在液体培养基中则观察浑浊度、有无沉淀、液体表面生膜与否、膜的形状等。在穿刺接种时则观察菌落在基质表面的情况、菌落的延伸情况以及是否液化培养基的情况等。观察时绘出菌落形态特征图。在菌落特征确定的基础上，还需进行一些生理生化的实验，才能最终完成菌种鉴定。本实验只学习观察一般微生物菌落形态特征，不要求作菌种鉴定。所以，只做琼脂平板的观察，并同时结合微生物个体形态观察，以达到了解和熟悉几种微生物的菌落形态和个体形态特征的目的。

2)微生物个体形态观察

观察已培养好的各种微生物形态后，用革兰氏染色法染色，进行显微镜观察，绘制微生物的形态图。

四、讨论

1. 为什么活性污泥需要稀释后再接种到培养基上进行培养？
2. 通过菌落的观察，可以初步判断活性污泥中主要的微生物有哪些类型？
3. 在固体平板培养基上生长的细菌菌落对氧的需求情况如何？

实验 3　显微镜使用及微生物染色、形态观察和大小测定

一、实验目的

1. 学习普通光学显微镜的使用方法；

2. 学习微生物涂片染色操作，掌握微生物单染色及革兰氏染色的方法；

3. 学习测微尺的使用，掌握微生物大小测定方法。

二、实验器材

显微镜、测微尺、载玻片、盖玻片、接种针(inoculating needle)、染色剂(staining agent)等。

三、实验步骤

1. 认识学习显微镜的结构和各部分作用，具体内容见 13.6 节。

2. 熟悉显微镜使用和保养方法

1)接通电源，调节亮度旋钮，选择合适的亮度。

2)打开移动尺夹片，将需观察的切片固定在载物台的移动尺上，调节推物器，将标本移入光路。

3)转动物镜转换器，将 10× 物镜转入光路，先转动粗调手轮找到观察物，再细调焦看清。

4)再转动物镜转换器将 40× 物镜转入光路，细调焦至清晰。

5)油镜的使用，先将 40× 物镜调焦清晰后移出光路，在标本上方光斑处滴一滴浸油(香柏油)，然后将 100× 物镜移入光路。此时应轻轻转动物镜转换器或微微转动微调焦手轮，以排除浸油中的气泡，以免影响成像效果。油镜观察完毕，应立即用擦镜纸蘸用无水酒精和乙醚(1：4)的混合液将仪器、镜头和切片上的浸液擦拭干净。

6)显微镜的保养：放置在干净干燥的地方，镜头需清洁时，应使用擦镜纸或软绸。

3. 目测微尺和物测微尺的使用

1)先用物测微尺校定目测微尺的长度。具体方法见 13.6 节。

2)实测微生物的大小。取下物测微尺，换上待测标本片，观察。先量出菌体的长和宽各占目测微尺的格数，然后换算成微米数。一般测量细菌的大小，在同一个标本片上，需测定 10～20 个菌体，求出其平均值及变化范围。

4. 微生物的染色

细菌个体微小，菌体透明，必须通过染色使其着色后，才能较好地在光学显微镜下观察其个体形态与部分结构。制片，完成下列常用染色：

1)单染色法(普通染色法)。操作步骤：涂片→风干→固定→染色→水洗风干→镜检。具体见 13.5 节。

2)革兰氏染色法。操作步骤如下：涂片→风干→固定→初染→水洗→碘液固定→水洗→酒精脱色→水洗→复染→水洗→风干→镜检。具体见 13.5 节。

四、讨论

1. 为什么既要进行单染色，又要进行革兰氏染色？
2. 单染色和革兰氏染色分别用于什么条件下？

实验 4　饮用水中细菌总数的检测

细菌总数主要作为判定被检水样污染程度的标志。在水质卫生学检验中，细菌总数是指 1 mL水样在肉膏蛋白胨琼脂培养基中，于 37 ℃经 24 h 培养后，所生长的细菌菌落的总数(CFU)。我国生活饮用水卫生标准中规定生活饮用水的细菌总数 1 mL 中不得超过 100 个。

本实验采用标准平皿法对水样中细菌计数，这是测定水中好氧和兼性厌氧异养细菌密度的方法。由于细菌在水体中能以单独个体、成对、链状、成簇或成团的形式存在，由于没有单独的一种培养基或其环境条件能满足一个水样中所有细菌的生理要求，所以由此法所测得的菌落数实际上要低于被测水样中真正存在的活细菌的数目。

一、器材与用品

1. 仪器：高压蒸汽灭菌器、干热灭菌器、恒温箱(thermostat)、冰箱。
2. 玻璃器皿：放大镜、试管、培养皿(ϕ9 cm)、刻度吸管等。
3. 药品：肉膏蛋白胨琼脂培养基。

二、操作步骤

1. 准备工作

将试管、培养皿、刻度吸管洗净包扎置于干热灭菌器中 160 ℃灭菌 2 h。将培养基置于高压蒸汽灭菌器中灭菌。具体操作见 13.2 节。

2. 水样的采集

供细菌学检验用的水样，必须按一般无菌操作的基本要求进行采样，并保证在运送、储存过程中不受污染。为了正确反映水质在采样时的真实情况，水样在采取后应立即送检，一般从取样到检测不应超过 4 h。条件不允许立即检验时，应存于冰箱，但也不应超过 24 h，并应在检验报告单上注明。

1)自来水：先将自来水龙头打开放水，使水流 5 min 以排除管道内积存的死水，然后关闭水龙头，用酒精灯(或酒精棉)火焰烧灼灭菌或用 70%的酒精溶液消毒水龙头；再打开水龙头，放水 1 min，然后再用无菌容器接取水样，以待分析。如水样内含有余氯，则在采样瓶内按每采 500 mL 水样加 3%硫代硫酸钠($Na_2S_2O_3 \cdot 5H_2O$)溶液 1mL 的体积比预先加入药剂，用以中和采样后水样内的余氯，以消除其继续存在的杀菌作用，再进行灭菌。

2)水源水：可应用采样器，器内的采样瓶应先灭菌。采水样时，直接将水灌入已灭菌的采样瓶，不需再用样水洗采样瓶。采样后，采样瓶内的水面与瓶塞底部间应留有一些空隙，以便在检验时可充分摇动混匀水样。

3. 水中细菌总数的测定

1)水样的稀释:根据水被污染程度的不同,选择适宜的稀释度,以期在平皿上的菌落总数介于30～300。如果预测水样中细菌较多,可用无菌吸管作10倍系列稀释。

2)接种:以无菌操作方法用无菌吸管吸取原水样1 mL或取2～3个适宜浓度稀释液1 mL,注入灭菌平皿中。倾注约15 mL已熔化并冷却到45 ℃左右的肉膏蛋白胨琼脂培养基,并立即旋转平皿,使水样与培养基充分混合,每个稀释度设平行三皿。另设三皿空白对照。

3)培养:待冷却凝固后翻转平皿,使底面向上,置于37 ℃恒温箱内培养24 h。

4)菌落计数:先计算同一稀释度的平均菌落数,若有一个平皿有较大片状菌落,则不予采用,而以无片状菌落生长平皿作为该稀释度的平均菌落数。若片状菌落不到平皿的一半,其余一半中菌落数分布又很均匀,则将此半皿计数后乘以2以代表全皿菌落数,然后再计算该稀释度的平均菌落数。菌落数就是1 mL水中的细菌总数。

各种不同情况的计算方法:

① 首先选择平均菌落数在30～300的平皿进行计算,当只有一个稀释度的平均菌落数符合此范围时,则即以该平均菌落数乘以稀释倍数报告(表14-4例次1)。

② 若有二个稀释度其平均菌落数均在30～300,则应按两者菌落总数之比值来决定。若其比值小于2应报告两者的平均数;若大于2则报告其中较少的菌落总数(表14-4例次2及3)。

③ 若所有稀释度的平均菌落数均大于300,则应按稀释度最高的平均菌落数乘以稀释倍数报告(表14-4例次4)。

④ 若所有稀释度的平均菌落数均小于30,则应按稀释度最低的平均菌落数乘以稀释倍数报告(表14-4例次5)。

⑤ 若所有稀释度的平均菌落数均不在30～300则以最接近300或30的平均菌落数乘以稀释倍数报告(表14-4例次6)。

表14-4　计算菌落总数的方法例子

例次	不同稀释度的平均菌落数			两个稀释度菌落数之比	菌落总数/(个/mL)	报告方式/(个/mL)	备注
	10^{-1}	10^{-2}	10^{-3}				
1	1365	164	20	—	16400	16400或1.6×10^4	对于两位以后的数字采取四舍五入的方法去掉
2	2760	294	46	1.6	37700	38000或3.8×10^4	
3	2800	271	60	2.2	27100	27000或2.7×10^4	
4	无法计数	1650	513	—	513000	510000或5.1×10^5	
5	27	11	5	—	270	270或2.7×10^2	
6	无法计数	305	12	—	30500	31000或3.1×10^4	

四、讨论

1. 为什么测定饮用水中细菌总数,同时还须测定水源水中的细菌总数?
2. 测定的细菌总数是死菌还是活菌?是好氧菌还是厌氧菌?

实验5 大肠菌群生长曲线测定

一、实验目的

1. 学习摇床动态进行微生物培养的方法；
2. 学习间歇培养微生物生长曲线的测定和绘制方法。

二、器材与用品

1. 浊度计、高压蒸汽灭菌锅、培养箱、摇床、冰箱等。
2. 试管、吸管、移液管、烧杯等。
3. 培养基及大肠杆菌菌液(具体配制方法见13.1节)

1)营养琼脂斜面培养基(配方见13.1节表13-2)

2)肉膏蛋白胨液体培养基(配方见13.1节表13-1)

3)浓肉膏蛋白胨液体培养基:配制方法与肉膏蛋白胨液体培养基相同,但浓度为5倍。

4)大肠杆菌培养液:将大肠杆菌接种于营养琼脂斜面培养基上,在37 ℃下培养18 h后,用无菌水冲洗斜面将菌洗下,制成一定浓度的细菌悬液,直接用于实验接种。或者取0.3 mL细菌悬液,接种到装有20 mL肉膏蛋白胨液体培养基的大试管(20×220 mm)内,在37 ℃下,振荡培养18 h。

三、实验方法与步骤

1. 实验方法

测量微生物生长的方法有多种。如果需要测量活菌数,可用平板菌落计数法或稀释计数法。总菌数(包括活菌和死菌的个数)可在显微镜下直接计数求得,由于细菌悬液的浓度与浑浊度成正相关,因此可以利用浊度计测定细菌悬液的浊度来推知菌液的浓度,也可用光度计测定透光率或光密度来测得。

将一定浓度的细菌悬液分别接种在12支液体培养基中,在培养过程中,间隔不同时间取出放冰箱保存,最后用比浊法测定菌体生长情况。

为阐明生长曲线形成的原因,做3个不同条件下的实验处理:正常生长曲线;加酸处理;追加营养液处理。

2. 实验步骤

1)接种 取12支装有20 mL灭菌过的肉膏蛋白胨液体培养基试管,贴上标签注明菌名、培养时间、处理条件等。用1支无菌吸管于每支试管中准确加入0.2 mL培养18 h的大肠杆菌培养液,接种后,轻轻摇荡使菌体均匀分布到肉膏蛋白胨液体培养基内。

2)培养 将接种后的12支液体培养基置于摇床上,37 ℃振荡培养。

(1)其中9支试管,分别在培养0、1.5、3、4、6、9、10、12、14 h后取出,放入4 ℃冰箱储存。

(2)其中1支试管,在培养4 h后取出,加1 mL无菌酸溶液(甲酸∶乙酸∶乳酸的体积比为 3∶1∶1)处理后继续振荡培养 14 h 后取出，放入 4 ℃冰箱储存。

(3)另外 2 支试管，在培养 6 h 后取出，各加入 1 mL 无菌浓肉膏蛋白胨液体培养基(追加营养液)后继续振荡培养，在培养 8、14 h 后取出，放入 4 ℃冰箱储存。

3)比浊　把在不同时间和条件下培养形成的不同浓度细菌培养液，分别用浊度计或光度计测定浊度或光密度。

在测定时，要以未接种的肉膏蛋白胨液体培养液为空白对照，从浓度最小的细菌悬液开始依次测定。如果浓度过大，应适当稀释后测定，一般光密度控制在 0.0～0.4。

四、实验报告

1. 实验结果记录

把测定的菌液浊度(光密度)值填入实验结果记录表中。

表 14-5　实验结果记录

培养时间/h	0	1.5	3	4	6	8	10	12	14
浊度(光密度)									
加酸									
加营养									

2. 实验结果处理

以细菌悬液的浊度(光密度)为纵坐标，培养时间为横坐标，绘出大肠杆菌正常、加酸和追加营养液培养的 3 条生长曲线，并加以比较，标出正常生长曲线中对数期的大概位置。

五、讨论

1. 常用的测定微生物生长的方法有哪几种，各有什么特点？
2. 通过实验，你认为活性污泥的增长曲线应怎样测定比较合适？

实验 6　水中总大肠菌群的检测

大肠菌群系指一群需氧及兼性厌氧的，在 37 ℃生长时能使乳糖发酵，在 24 h 内产酸产气的革兰氏阴性无芽孢杆菌。主要包括有埃希氏菌属、柠檬酸细菌属、肠杆菌属、克雷伯氏菌属等。由于其在水体中存在的数目与肠道致病菌呈一定的正相关，抵抗力也略强，且易于检验，在水质检测中常将其作为水体受粪便污染的指示。总大肠菌群数是指每升水样中所含有的总大肠菌群的数目。大肠菌群的检测方法有多管发酵法及滤膜法两种。多管发酵法可适用于多种水样，实验周期较长。滤膜法则适用于杂质较少的水样，特别适用于自来水厂作为常规监测之用。

一、三步发酵法

发酵过程需要用到多支(最多15支)试管,因此,三步发酵法又被称为"多管发酵法"(multiple-tube fermentation technique)。根据大肠菌群所具有的特性,利用含乳糖的培养基培养不同稀释度的水样,经三个主要检验步骤,最后根据发酵管数查"最可能数MPN"表得出水样中的总大肠菌群数。

1. 器材与用品

1)一头盲端的小玻璃倒管、刻度吸管、试管、培养皿及其他细菌培养及观察的有关器材。

2)乳糖蛋白胨培养液(表14-6)

表14-6 乳糖蛋白胨培养液

成分	牛肉膏	蛋白胨	乳糖(lactose)	NaCl	蒸馏水	1.6%溴甲酚紫(bromocresol purple)乙醇溶液
用量	3 g	10 g	5 g	5 g	1000 mL	1 mL

其中的1.6%溴甲酚紫乙醇溶液是酸碱指示剂,当培养基由棕红色变成嫩黄色时,表明发酵产酸。

将培养液pH调至7.2,分装于置有小玻璃倒管的试管中,每管10 mL,小倒管中预先用注射器注满培养液,115 ℃高压蒸汽灭菌20 min。

3)三倍浓乳糖蛋白胨培养液:除蒸馏水外,上液各成分均为三倍,制法同上,将培养液分装于置有小玻璃倒管(预先注满培养液)的试管中,每管5 mL,115 ℃高压蒸汽灭菌20 min。

4)伊红美蓝培养基(表14-7)

表14-7 伊红美蓝培养基

成分	蛋白胨	乳糖	K_2HPO_4	蒸馏水	琼脂	2%伊红(曙红,eosin)水溶液	0.5%美蓝(亚甲蓝 methylene blue)水溶液
用量	10 g	10 g	2 g	1000 mL	20~30 g	20 mL	13 mL

配制要点:除伊红和美蓝外,其余成分混匀溶解,115 ℃高压蒸汽灭菌20 min。灭菌后再加入已分别灭菌的伊红液及美蓝液,充分混匀,注意勿产生气泡。混合好的培养基应稍冷(50 ℃左右)再倒平板,太热会产生过多的凝集水。将平皿倒置于冰箱备用。

2. 方法和步骤

1)水样的采取与前述细菌总数的测定方法相同。

2)初发酵

(1)以无菌操作于5支三倍浓乳糖发酵管中各加入待测水样10 mL,于5支单倍乳糖发酵管中各加入水样1 mL,于另5管单倍乳糖发酵管中加入按1∶10稀释的水样各1 mL(相当于原水样0.1 mL),此即15管法,其接种水样总量为55.5 mL。各管经混匀后,置37 ℃恒温箱中培养24 h。

(2)如水样污染严重,例如未经处理的医院污水等,其接种量可为上述的1/10(即分别接种 1 mL、0.1 mL、0.01 mL 三个梯度)或继续 10 倍稀释下去,此时乳糖发酵管可全部采用单倍乳糖发酵管。

3)平板分离:培养 24 h 后,乳糖发酵管颜色变黄为产酸,小玻璃倒管内有气泡为产气。将产酸产气及只产酸或只产气的乳糖发酵管用接种环划线接种于伊红美蓝培养基上,37 ℃培养 18～24 h,挑选深紫黑色、紫黑色带有或不带有金属光泽的菌落,或淡紫红色、中心色较深的菌落,将其一部分分别进行革兰氏染色观察。

4)复发酵:如上述菌落经涂片、染色、镜检后被证实为革兰氏阴性无芽孢杆菌,则将菌落的另一部分接种于置有小玻璃倒管的单倍乳糖发酵管中,每管可接种分离自同一支发酵管的典型菌落 1～3 个。37 ℃培养 24 h,产酸产气表明该管有大肠菌群存在。

5)结果计算:根据阳性管组合(即数量指针)查实验后附注 4 表 14-13 的"五次重复测数统计表"的细菌最可能数,然后乘以 100 即换算成 1 L 水样中总大肠菌群数。如果接种的原水样量仅为 1/10(总量为 5.55 mL),则将所查得的最可能数乘 1000,即为 1 L 水含菌数。

二、滤膜法

由于三步发酵法非常耗时,为了缩短时间,人们发明了滤膜法(filtering membrane process)。

将水样注入已灭菌的放有滤膜的滤器中,抽滤截留细菌,然后将滤膜贴于一定的培养基上进行培养,鉴定并计数滤膜上生长的典型菌落,计算出每升水样中含有的总大肠菌群数。

1. 器材与用品

1)容量 500 mL 的蔡氏滤器,微孔滤膜(孔径 0.45 μm),以及抽气设备,无齿镊子等。其余的同"多管发酵法"。

2)滤膜法用品红亚硫酸钠培养基(表 14-8)

表 14-8　滤膜法用品红亚硫酸钠培养基

成分	蛋白胨	乳糖	K_2HPO_4	蒸馏水	琼脂	牛肉浸膏	酵母浸膏	无水亚硫酸钠	质量分数为 5% 的碱性品红乙醇溶液
用量	10 g	10 g	3.5 g	1000 mL	20 g	5 g	5 g	约 5 g	20 mL

① 储备基:除无水亚硫酸钠和碱性品红乙醇溶液外,其余成分混匀溶解,调 pH 值为 7.2～7.4,115 ℃高压蒸汽灭菌 20 min。

② 平板培养基:用灭菌吸管吸取 5%碱性品红乙醇溶液置于灭菌试管中,将无水亚硫酸钠置于另一支灭菌试管中,加少许无菌水使其溶解,沸水浴中煮沸 10 min 以灭菌。将已灭菌的亚硫酸钠滴加于碱性品红液中,至褪成粉红色为止,再将此混合液全部加入储备基内,充分混匀,倒皿。将此平板倒置储于冰箱内。

(3)乳糖蛋白胨半固体培养基(表 14-9)

表 14-9　乳糖蛋白胨半固体培养基

成分	蛋白胨	乳糖	牛肉浸膏	酵母浸膏	蒸馏水	琼脂
用量	10 g	10 g	5 g	5 g	1000 mL	5 g

调 pH 为 7.2～7.4，分装小试管。115 ℃高压蒸汽灭菌 20 min。冷却后置于冰箱保存。

2. 方法和步骤

1)安装滤器。将已灭菌的滤器装在接液瓶上，用橡皮管将接液瓶、缓冲瓶和真空泵相连(图 14－1)。

2)放置滤膜。用灭菌镊子取经高压蒸汽灭菌的滤膜一张，使其毛面向上平放在滤器隔板之上。再在膜上放一个“O”形橡皮垫圈，使滤器漏斗与底座旋紧时密闭性更好，以避免漏水，过滤装置安装如图 14－2 所示。

3)加水样。注意，如检测水样量少于 10 mL 应先加少量无菌水，以使细菌在滤膜上分布均匀。

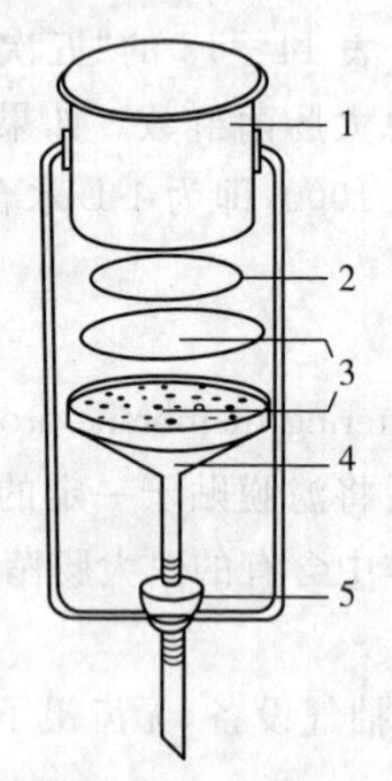

1—漏斗体部；2—橡皮垫圈；
3—微孔滤膜；4—金属隔板；5—漏斗底部。

图 14－1 蔡氏滤器结构示意图

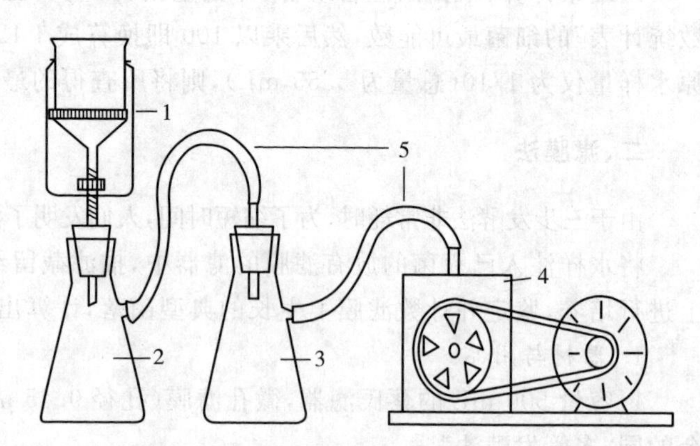

1—滤器；2—接液瓶；3—缓冲瓶；4—真空泵；5—橡皮管。

图 14－2 过滤装置安装示意图

4)水样过滤，接通电源开始抽吸，至滤膜上水全部滤过而又不使滤膜过干为止。

5)将截留有细菌的滤膜面向上平贴于品红亚硫酸钠培养基上，倒置于 37 ℃温箱内培养 16～18 h，挑选深红色或紫红色、不带或带有金属光泽的菌落，或淡红色、中心色较深的菌落进行革兰氏染色观察。

6)经染色证实为革兰氏染色阴性无芽孢杆菌者，再穿刺接种乳糖蛋白胨半固体培养基，经37 ℃培养 6～8 h，产气者判定为大肠菌群阳性。观察此培养基产气必须掌握时间，时间过长气泡可能消失。亦可用多管发酵法中的单倍乳糖管来观察产气。

7)结果计算，根据滤膜上证实的大肠菌群数及滤过水样量，按比例求出 1 L 水样中所存在的大肠菌群数。计算公式为：

$$\text{总大肠菌群数}=\frac{\text{滤膜上生长菌落数}\times 1000}{\text{过滤水样量(mL)}}(\text{个/L}) \qquad (14-1)$$

滤膜上菌落数以 20～60 个/片较为适宜。

3. 实验结果

将实验结果记入表 14－10 中。

表 14-10　总大肠菌群数测定结果记录表

检样名称:________________　　　　检验者________________

多 管 发 酵 法

	第一组	第二组	第三组
各组水样管数			
初发酵管数			
复发酵管数			

总大肠菌群数________________ 个/L

滤膜法

	第一皿	第二皿	第三皿
过滤样本量(mL)			
肉眼观察菌落数			
最终证实菌数			

总大肠菌群数________________ 个/L

4. 附注 MPN 法(Method of most probable number)测数统计表(表 14-11～表 14-13)

表 14-11　三次重复测数统计表

数量指针	细菌最可能数/(个/L)	数量指针	细菌最可能数/(个/L)	数量指针	细菌最可能数/(个/L)
000	0.0	201	1.4	302	6.5
001	0.3	202	2.0	310	4.5
010	0.3	210	1.5	311	7.5
011	0.6	211	2.0	312	11.5
020	0.6	212	3.0	313	16.0
100	0.4	220	2.0	320	9.5
101	0.7	221	3.0	321	15.0
102	1.1	222	3.5	322	20.0
110	0.7	223	4.0	323	30.0
111	1.1	230	3.0	330	25.0
120	1.1	231	3.5	331	45.0
121	1.5	232	4.0	332	110.0
130	1.6	300	2.5	333	140.0
200	0.9	301	4.0		

注:指针三个数分别代表接种原水 0.1 mL、1 mL、10 mL 的阳性试管数目,下同。

表 14-12 四次重复测数统计表

数量指针	细菌最可能数/(个/L)	数量指针	细菌最可能数/(个/L)	数量指针	细菌最可能数/(个/L)
000	0.0	140	1.4	332	4.0
001	0.2	141	1.7	333	5.0
002	0.5	200	0.6	340	3.5
003	0.7	201	0.9	341	4.5
010	0.2	202	1.2	400	2.5
011	0.5	203	1.6	401	3.5
012	0.7	210	2.0	402	5.0
013	0.9	211	1.3	403	7.0
020	0.5	212	1.6	410	3.5
021	0.7	213	2.0	411	5.5
022	0.9	220	1.3	412	8.0
030	0.7	221	1.6	413	11.0
031	0.9	222	2.0	414	14.0
040	0.9	230	1.7	420	6.0
041	1.2	231	2.0	421	9.5
100	0.3	240	2.0	422	13.0
101	0.5	241	3.0	423	17.0
102	0.8	300	1.1	424	20.0
103	1.0	301	1.6	430	11.5
110	0.5	302	2.0	431	16.5
111	0.8	303	2.5	432	20.0
112	1.0	310	1.6	433	30.0
113	1.3	311	2.0	434	35.0
120	0.8	312	3.0	440	25.0
121	1.1	313	3.5	441	40.0
122	1.3	320	2.0	442	70.0
123	1.6	321	3.0	443	140.0
130	1.1	322	3.5	444	160.0
131	1.4	330	3.0		
132	1.6	331	3.5		

表14-13　五次重复测数统计表

数量指针	细菌最可能数/(个/L)	数量指针	细菌最可能数/(个/L)	数量指针	细菌最可能数/(个/L)
000	0.0	240	1.4	500	2.5
001	0.2	300	0.8	501	3.0
002	0.4	301	1.1	502	4.0
010	0.2	302	1.4	503	6.0
011	0.4	310	1.1	504	7.5
012	0.6	311	1.4	510	3.5
020	0.4	312	1.7	511	4.5
021	0.6	313	2.0	512	6.0
030	0.6	320	1.4	513	8.5
100	0.2	321	1.7	520	5.0
101	0.4	322	2.0	521	7.0
102	0.6	330	1.7	522	9.5
103	0.8	331	2.0	523	12.0
110	0.4	340	2.0	524	15.0
111	0.6	341	2.5	525	17.5
112	0.8	350	2.5	530	8.0
120	0.6	400	1.3	531	11.0
121	0.8	401	1.7	532	14.0
122	1.0	402	2.0	533	17.5
130	0.8	403	2.5	534	20.0
131	1.0	410	1.7	535	25.0
140	1.1	411	2.0	540	13.0
200	0.5	412	2.5	541	17.0
201	0.7	420	2.0	542	25.0
202	0.9	421	2.5	543	30.0
203	1.2	422	3.0	544	35.0
210	0.7	430	2.5	545	45.0
211	0.9	431	3.0	550	25.0
212	1.2	432	4.0	551	35.0
220	0.9	440	3.5	552	60.0
221	1.2	441	4.9	553	90.0
222	1.4	450	4.0	554	160.0
230	1.2	451	5.0	555	180.0
231	1.4				

四、讨论

1. 实验测定的水中总大肠菌群数是不是一个准确的数值？饮用水标准中允许的数值是多少？

2. 将大肠菌群数检测作为水质指标的意义是什么？

3. 用滤膜法测定时，过滤水样的量如何确定？

实验7 活性污泥(生物膜)中菌胶团、生物相观察

活性污泥是悬浮态的污水处理生物系统，生物膜是附着于载体上的固着态的生物系统。这些生物系统中的生物相比较复杂，以细菌、原生动物为主，还有真菌、后生动物等。某些细菌能分泌胶粘物质形成菌胶团，进而组成污泥絮体(絮粒)。在正常的成熟污泥中，细菌大多集中于菌胶絮体中，游离细菌较少，此时污泥絮绒体可具有一定形状、结构稠密、折光率强、沉降性能好。原生动物常作为污水净化指针，当固着型纤毛虫占优势时，一般认为污水处理池运转正常。丝状微生物构成污泥絮体的骨架，少数伸出絮体外，当其大量出现时，常可造成污泥膨胀或污泥松散，使污泥池运转失常。当后生动物轮虫等大量出现时，意味着污泥极度衰老。

一、实验目的

本实验学习观察活性污泥(生物膜)中的絮体(菌胶团)结构及生物相的方法，初步判断生物处理池内运转是否正常。

二、器材及用品

1. 活性污泥或生物膜：取自污水处理厂曝气池。

2. 实验用品：100 mL 量筒(measuring cylinder)、载玻片(object slide)、盖玻片(coverslip)、吸管(sucker)、镊子(tweezer)。

3. 显微镜。

三、方法和步骤

1. 肉眼观察：取曝气池的混合液置于 100 mL 量筒内，直接观察活性污泥在量筒中呈现的絮绒体外观及沉降性能。

2. 制片镜检：取混合液 1～2 滴于载玻片上，加盖玻片制成水浸标本片，在显微镜低倍或高倍镜下观察生物相。

1)低倍镜观察。注意观察污泥絮绒体的形状、大小，污泥结构的松紧程度，菌胶团和丝状菌的比例及其生长状况，并加以记录和做必要的描述。观察微型动物的种类、活动状况，

对主要种类进行计数。

污泥絮粒性状是指污泥絮粒的形状、结构、紧密度及污泥中丝状菌的数量。镜检时可把近似圆形的絮粒称为圆形絮粒；与圆形截然不同的称为不规则形状絮粒。絮粒中网状空隙与絮粒外面悬液相连的称为开放结构；无开放空隙的称为封闭结构。絮粒中菌胶团细菌排列致密，絮粒边缘与外部悬液界限清晰的称为紧密絮粒；絮粒边缘界限不清的称为疏松絮粒。实践证明，圆形、封闭、紧密絮粒相互间易于凝聚，浓缩、沉降性能良好；反之沉降性能则差。

污泥絮粒大小对污泥初始沉降速率影响较大，絮粒大的污泥沉降快，污泥絮粒大小按平均直径可分成三类：大粒污泥，絮粒平均直径大于 500 μm；中粒污泥，絮粒平均直径为 150～500 μm；细小污泥，絮粒平均直径小于 150 μm。

活性污泥中丝状菌占优势时，可从絮粒中向外伸展，阻碍了絮粒间的浓缩，使污泥 SV 值和 SVI 值升高，造成活性污泥膨胀。根据活性污泥中丝状菌与菌胶团细菌的比例，可将丝状菌分成五个等级。

2）高倍镜观察。可进一步看清微型动物的结构特征。观察时注意微型动物的外形和内部结构，如钟虫体内是否有食物泡、纤毛环的摆动情况等。观察菌胶团时，应注意胶质的厚薄和色泽、新生菌胶团出现的比例、游离菌数量的多少。观察丝状菌时，注意丝状菌生长、细胞排列、形态和运动特征，用以判断丝状菌的种类，并记录。

3）油镜观察。鉴别丝状菌的种类时，需要用油镜。这时可将活性污泥样品先制成涂片后再染色，应注意观察丝状菌是否存在假分支和衣鞘，菌体在衣鞘内的空缺情况，菌体内有无贮藏物质的积累和贮藏物质的种类等，还可借助鉴别染色技术观察丝状菌对该染色的反应。

四、实验报告

将镜检结果填于表 14－14 中，并绘制所见主要微生物图。

表 14－14　活性污泥观察记录表

采样日期＿＿＿＿＿＿＿　采样人＿＿＿＿＿＿＿

污泥来源	污泥絮体					丝状菌	微型动物	
	形状	大小	结构	紧密度	游离菌		优势种	其他种

五、讨论

1. 试比较生活污水中活性污泥与工业废水处理中的活性污泥性状以及微型动物的种类、数量等有何差异？

2. 根据实验观察情况，试对污水厂活性污泥质量及运行情况作初步评价。

3. 比较活性污泥和生物膜的结构差异，分析形成原因。

实验8 活性污泥(生物膜)性能的测定

一、活性污泥 SV、MLSS、MLVSS 的测定

活性污泥(生物膜)的特性，如密度、沉降性直接影响活性污泥(生物膜)的处理效果与泥水分离效果。因此，对活性污泥的特性进行检测、分析，也是污水处理运行中的必要工作。目前，污水处理厂主要分析污泥指标 MLSS、MLVSS、SV、SVI。MLSS[mixed liquid suspended sludge，混合液固体(悬浮污泥)浓度]表示活性污泥的含量，MLVSS(mixed volatile liquid suspended sludge，混合液中挥发性固体浓度)表示活性污泥中有机物(主要是微生物)含量，污泥浓度越大说明污泥含量越高；SV(settling volume)为污泥沉降比；SVI(settling volume index，污泥容积指数)表示单位干质量的活性污泥的体积。污泥沉降性能反映污泥沉淀速度的快慢，如果 SV、SVI 过大，说明污泥不易沉淀，容易发生污泥膨胀。

1. SV 的测定

将待测定的活性污泥混匀后取 100 mL 倒入 100 mL 量筒中，静置沉降 30 min 后，读取沉降污泥所占的体积数 V，计算 $SV(\%)=\frac{V}{100}\times100\%$。

2. MLSS 的测定

① 将蒸发皿洗净，放在 105～110 ℃烘箱内约 30 min，取出放在干燥器内冷却 30 min 后，在分析天平上称其重量，然后再烘烤称重至恒重(W_1)，2 次称重相差不超过 0.0004 g。

② 取 100 mL 混匀活性污泥，经离心后弃去上清液。用蒸馏水冲洗，再离心弃去上清液。

③ 用少量蒸馏水将沉淀污泥洗入上述恒重蒸发皿中，在 100 ℃的水浴锅上蒸发至干，再放入 105～110 ℃烘箱内约 1 h 取出，置于干燥器内冷却 30 min，称重。

④ 反复在 105 ℃下烘干，冷却并称重直至恒重(W_2)。

⑤ 计算

$$MLSS(mg/L)=\frac{(W_2-W_1)\times1000\times1000}{V} \tag{14-2}$$

式中：W_1——蒸发皿重量(g)；

W_2——蒸发皿和总固体重量(g)；

V——水样体积(mL)。

3. SVI 测定

$$SVI(mL/g)=\frac{V}{W_2-W_1} \tag{14-3}$$

式中各参数同 MLSS 计算。

4. MLVSS 的测定

将上述已烘至恒重的干物质，再置于 550～600 ℃的马福炉内灼烧至恒重。一般约需灼

烧 15～20 min。待温度降至 100 ℃以下，再取出蒸发皿移入干燥器内，放置 30 min 冷却后称重(W_3)。灼烧失重量即为挥发性固体，主要包括生物体及有机物重量。根据以下公式计算：

$$MLVSS(mg/L)=\frac{(W_2-W_3)\times 1000\times 1000}{V} \tag{14-4}$$

式中，W_2——蒸发皿和总固体的重量(g)；

W_3——蒸发皿和总固体灼烧后的重量(g)；

V——水样体积(mL)。

二、活性污泥(生物膜)活性测定

活性污泥(生物膜)是由大量微生物凝聚而成的，具有很大的表面积。因此，性能优良的活性污泥(生物膜)应具有很强的吸附性能和氧化分解有机污染物的能力，并具有良好的沉降性能。吸附性能、生物降解能力大小反映活性污泥(生物膜)的活性高低。

1. 吸附性能测定

1)意义

进行活性污泥(生物膜)吸附性能的测定，不仅可以判断污泥再生效果，不同运行条件、方式、水质等状况下污泥性能的好坏，还可以选择污水处理运行方式，确定吸附、再生段适宜比值，在科研及生产运行中具有重要的意义。

2)原理

任何物质都有一定的吸附性能，由于活性污泥(生物膜)比表面积很大，特别是再生良好的活性污泥具有很强的吸附性能，因此污水与活性污泥接触初期由于吸附作用而使污水中底物得以大量去除，即所谓初期去除。随着外酶作用，某些被吸附物质经水解后又进入水中，使污水中底物浓度又有所上升。随后由于微生物对底物的降解作用，污水中底物浓度随时间而逐渐缓慢地降低。

3)设备及用品

(1)2 个 10 L 搅拌罐；

(2)离心机、水分快速测定仪；

(3)100 mL 量筒、烧杯、三角瓶、秒表、玻璃棒、漏斗等；

(4)COD 回流装置或 BOD_5 测定装置。

4)实验步骤

(1)活性污泥制备：取曝气池再生段末端与回流污泥，或普通曝气池回流污泥，经离心机脱水，倾去上清液。分别称取一定重量的污泥(污泥量为配制搅拌罐内混合液，使 MLSS≈2～3 g/L)，在烧杯中用待测水搅匀，分别放入 2 个编号搅拌罐内，注意两罐内的浓度应保持一致。生物膜从载体上直接剥离(刀刮、离心)而获得。

(2)取待测定水注入搅拌罐内，容积 7～8 L，同时取原水样测定 COD 或 BOD_5 值。

(3)打开搅拌开关，同时记录时间，在 0.5、1.0、1.5、2.0、5.0、10、20、40、70 min，分别取出约 200 mL、100 mL 的混合液各一份。

(4)将所取的 200 mL 水样静沉或过滤，取其上清液或滤液，测定其 COD 或 BOD_5 值，用

100 mL 的混合液测定其污泥浓度。

5)实验记录

将活性污泥吸附性能测定数据填写在表 14－15 中。

表 14－15　活性污泥(生物膜)吸附性能测定数据记录表(COD 或 BOD mg/L)

污泥种类	吸附时间/min									
	0.5	1.0	1.5	2.0	3.0	5.0	10	20	40	70
吸附段										
再生段										
生物膜										

6)实验结果整理

以吸附时间为横坐标,以水样 COD 值为纵坐标绘图。

2. 活性污泥(生物膜)生物降解能力测定(摇床生物降解实验)

1)原理

在底物与氧气充足的条件下,由于微生物的新陈代谢作用,微生物将不断地消耗污水中底物,使底物数量逐渐减少,即活性良好的污泥降解能力强,底物降低得快。因此用单位时间、单位重量污泥对底物降解的数量——活性污泥(生物膜)降解力,可以反映并评价活性污泥活性。

2)设备及用品

(1)恒温振荡器 1 台;

(2)离心机;

(3)分析天平;

(4)锥形瓶、烧杯等玻璃仪器;

(5)COD 或其他指标测定所需的仪器及试剂。

3)实验步骤

(1)活性污泥的制备:取不同曝气方式或不同运行方式的活性污泥系统的回流污泥,用纱布过滤,用离心机脱水,测定脱水后污泥含量。

(2)用分析天平称取干重为 0.20 g(可根据实验改变),经上述处理后的污泥放入 250 mL锥形瓶中,加入一定量待处理的污水,配制成相同污泥负荷的混合液,负荷约为 0.2～0.3 kg/(kg・d)。

(3)将锥形瓶放到摇床上,振荡 1～2 h,实验时保持温度为 20～30 ℃。

(4)将振荡水样静沉 30 min,取上清液。

(5)测定实验前后水样的 COD 值或其他相关指标。

4)计算活性污泥对底物的降解能力

$$G(\mathrm{kg/kg \cdot h})=\frac{(C_1-C_2)\cdot V}{10^6\cdot q\cdot t} \tag{14-5}$$

式中：C_1、C_2——污水实验前后 COD 或其他指标的浓度(mg/L)。

V——底物的体积(mL)；

q——活性污泥(生物膜)干重(g)；

t——振荡时间(h)。

5)注意事项

该实验条件一定要严格控制一致，做到负荷一致、水温一致、搅拌强度一致。

三、讨论

1. 活性污泥的 MLSS、SV 一般在什么范围内比较好？
2. 分析活性污泥对生活污水、工业废水的降解能力有何差异？
3. 分析影响污泥活性的因素有哪些？
4. 活性污泥吸附性能和生物降解能力测定的时间为什么不同？

实验 9　酚降解菌的分离及其性能测定

在工业废水的生物处理中，对污染成分单一的有毒废水常可选育特定的高效菌种进行处理。这些高效菌具有处理效率高、耐受毒性强等优点。本实验通过筛选分离酚降解菌来掌握特定高效菌种的常规分离方法。筛选所得的高效酚降解菌种除了具有较强的酚降解能力外，还必须能形成菌胶团，才能在活性污泥系统中保存下来。

一、实验仪器材料

1. 恒温摇床(shaker with constant temperature)、培养箱、培养皿、锥形瓶、试管、接种针等；
2. 培养基：肉膏蛋白胨液体培养基、肉膏蛋白胨琼脂培养基、尿素培养基、蛋白胨培养基。

二、实验步骤

1. 采样

为了获得酚降解能力较强的菌种，可在高浓度含酚废水流经的场所采样，如从排放含酚废水下水道的污泥、沉渣中采集。为获得既能降解酚又有良好的形成菌胶团能力的菌株，可在处理含酚废水的构筑物中采集活性污泥或生物膜进行分离。

2. 单菌株分离

1)将采得的样品分别置于装有适量无菌水和玻璃珠或石英砂的无菌锥形瓶中，在摇床上振荡片刻，使样品分散、细化。

2)分别以稀释平板法和划线分离法在肉膏蛋白胨琼脂培养基平板上对样品进行分离。为减少无关杂菌的生长，可在培养基内添加少量酚液，方法是：在无菌培养皿中加入数滴浓酚液，再将加热熔化并冷却至 48 ℃左右的肉膏蛋白胨琼脂培养基倾入平皿中，使培养基内最终酚浓度为 50 mg/L 左右，然后再进行划线分离或稀释分离。

3)倒置平皿,在 28 ℃下培养 48 h 和 72 h,分别挑取单菌落,接入肉膏蛋白胨琼脂斜面上,28 ℃下培养 48 h。

4)将斜面培养物再次在营养肉膏琼脂平板上做划线分离,培养长出单菌落,将无杂菌的接入斜面,培养后置于冰箱中待测。

3. 酚降解能力的测定

1)将菌株在营养肉膏液体培养基中振荡培养到对数生长期(28 ℃约 16～28 h)。

2)在培养物中加入少量浓酚液,使培养液内酚浓度达到 10 mg/L 左右,进行酚分解酶的诱发。

3)继续振荡培养 2 h 后再次加入浓酚液,使培养液内酚浓度提高到 50 mg/L 左右,继续振荡培养 4 h。

4)用 4-氨基安替比林比色法测定培养液中残留酚的浓度,并算出酚的去除率。

4. 菌胶团形成能力实验

1)将已筛选分离的酚降解能力较强的菌株,分别接种在盛有 50 mL 灭菌的尿素培养基和蛋白胨培养基的锥形瓶内。

2)28 ℃摇床振荡培养 12～16 h,凡能形成菌胶团的菌株,可形成絮状颗粒,静置后沉淀,液体澄清。显微镜观察,活性污泥絮体结构良好。测定酚降解菌菌胶团沉降性能的 SV。

凡酚降解能力较强且又能形成菌胶团的菌株即为入选菌株,经扩大培养后即可供研究及生产上使用。

三、实验结果

1. 描述分离出的酚降解菌菌落形态;
2. 计算酚降解菌对酚的去除率;
3. 计算出酚降解菌菌胶团的沉降性能。

四、讨论

1. 用什么方法可以获得纯菌种?
2. 要分离形成菌胶团能力强的菌种,在何处取样作为种源为好?

实验 10 鱼类急性毒性实验

鱼类是水生食物链的重要环节,也是水体中重要的经济动物。鱼类毒性实验在研究水污染及水环境质量中占有重要地位。通过鱼类急性毒性实验可以评价受试物对水生生物可能产生的影响,以短期暴露效应表征受试物的毒害性。在人为控制的条件下的各种鱼类毒性实验,可用于化学品毒性测定、水体污染程度检测、废水及其处理效果检查。

一、受试物及必备资料

对于化学受试物,要求以下必备资料:

1. 水溶解度、蒸汽压、结构式、纯度、pK_a值、在水中和光中的稳定性、正辛醇-水的分配系数、快速生物降解实验结果、水溶液中的定量分析方法。

2. 对于环境样品，采集样品时应将采样瓶充满水样不留顶上空间，样品采集后立即进行实验。如果样品采集后 6 h 之内不能进实验，则必须将水样在 0～4 ℃下保存，废水稀释浓度可用体积百分比表示。

二、仪器设备

1. 培养设备

1)实验容器或装置：用化学惰性材料制成的水族箱或水槽，规格一致，体积适宜。如使用流水实验装置，应具有温控、充气、流速控制等功能。

2)抄网：由尼龙或其他化学惰性材料制成。对照组和实验组容器分用。

2. 分析监测设备

1)溶解氧测定仪、水硬度计、温度控制仪、pH 计。

2)分析天平。

3. 受试鱼种

可选用一个或多个鱼种，根据需要自行选择。但建议结合相应的标准来确定鱼种，如全年可得、易于饲养、实验方便等。实验用鱼应健康，无明显畸形。还应考虑来源可靠、稳定。建议受试物为化学品时采用表 14－16 中的推荐鱼种。受试物为环境样品时，除可采用上述推荐鱼种外，亦可采用当地具有代表性的鱼种。如白鲢(*Hypophthamichthys nobilis*)，鳙鱼(*Aristichthys nobilis*)，草鱼(*Ctenopharyngodon idellus*)，鲤鱼(*Cyprinus carpio*)等。

表 14－16　推荐的实验用鱼及条件

鱼　种	实验温度/℃	实验鱼的体长/cm
斑马鱼(*Brachydanio rerio*)	21～25	2.0±1.0
稀有鮈鲫(*Gobiocypris rarus*)	21～25	2.0±1.0
剑尾鱼(*Xiphophorus helleri*)	21～25	2.0±1.0

四、实验程序

1. 准备

1)供试鱼的驯养

(1)供试鱼于实验之前，必须在实验室至少驯养 12 d。临实验前，应符合下列条件(表 14－17)。

表 14－17　推荐的实验用鱼驯化条件

驯化条件	要求
驯养时间	7 d
水	与实验用稀释水水质相同

（续表）

驯化条件	要求
光	每天 12～16 h 光照
温度	与实验鱼种相适宜
溶解氧浓度	高于空气饱和值的 80%
喂养	每周 3 次或每天投食，至实验开始前 24 h 为止

(2)驯养开始 48 h 后，记录死亡率，并按下列标准处理：7 d 内死亡率小于 5%，可用于实验；死亡率在 5%～10%，继续驯养 7 d，死亡率超过 10%，该组鱼全部不能使用。

2)实验用水

使用清洁的自然水或标准稀释水，也可以使用饮用水(必要时应除氯)。水的总硬度为 10～250 mg/L(以 $CaCO_3$ 计)，pH 为 6.0～8.5。

3)标准稀释水的配制

配制标准稀释水，所用试剂必须是分析纯，用全玻璃蒸馏水或去离子水配制。

表 14-18　实验用水配制药剂

溶液	配制方法
氯化钙溶液	将 11.76 g $CaCl_2 \cdot 2H_2O$ 溶解于水中，稀释至 1 L
硫酸镁溶液	将 4.93 g $MgSO_4 \cdot 7H_2O$ 溶解于水中，稀释至 1 L
碳酸氢钠溶液	将 2.59 g $NaHCO_3$ 溶解于水中，稀释至 1 L
氯化钾溶液	将 0.23 g KCl 溶解于水中，稀释至 1 L

蒸馏水或去离子水的电导率应≤10 μS/cm。

将这 4 种溶液各 25 mL 加以混合并用水稀释至 1 L。溶液中钙离子和镁离子的总和是 2.5 mmol/L。Ca 与 Mg 的比例为 4∶1，Na 与 K 的比例为 10∶1。

稀释用水需经曝气直到氧饱和为止，储存备用。使用时不必再曝气。

4)实验溶液

(1)将受试物贮备液稀释成一定浓度的实验溶液。低水溶性物质的贮备液可以通过超声分散或其他适合的物理方法配制，必要时可以使用对鱼毒性低的有机溶剂、乳化剂和分散剂来助溶。使用这些物质时应加设助溶剂对照组，其助溶剂含量应为实验组使用助溶剂的最高浓度，且不得超过 100 mg/L 或 0.1 mL/L。

(2)不需调节实验溶液的 pH 值。如果加入受试物后水箱内水的 pH 值有明显变化，建议加入前，调节受试物贮备液的 pH 值，使其接近水箱内水的 pH 值。调节贮备液的 pH 值时不能使受试物浓度明显发生改变，或发生化学反应或沉淀。最好使用 HCl 和 NaOH 来调节。

5)暴露条件

推荐的实验暴露条件见表 14-19 所列。

表 14-19　推荐的实验暴露条件

条件	要求
时间	96 h
承载量	静态和半静态实验系统最大承载量为1.0 g鱼/L,流水式实验系统承载量可高一些
光照	每天12～16 h
温度	与实验鱼种相适宜,温控范围±2 ℃,对于较严格的实验温控±1 ℃范围
溶解氧	不低于空气饱和值的60%,曝气时不能使受试物明显受损
不喂食	避免会改变鱼行为的干扰

2. 实验操作

在实验之前,应根据受试物的化学稳定性确定采用的实验方法,即静态、半静态和流水式实验,从而选定需用的容器和装置。

1)预备实验

用以确定正式实验受试物所需浓度范围,可选择较大范围的浓度系列,如1000 mg/L、100 mg/L、10 mg/L、1 mg/L、0.1 mg/L。每个浓度组放入5尾鱼,可用静态方式进行,不设平行组,实验持续48～96 h。每日至少两次记录各容器内的死鱼数目,并及时取出死鱼。

如果一次预备实验结果无法确定正式实验所需的浓度范围,应另选一个浓度范围再次进行预备实验。

2)正式实验

根据预备实验结果,在包括使鱼全部死亡的受试物最低浓度和96 h鱼类全部存活的最高浓度之间至少应设置5个浓度组,并以几何级数排布。浓度间隔系数应≤2.2。

每个实验浓度组应设≥3个平行,每一个系列设一个空白对照。每一个浓度组和对照组至少使用7尾鱼,条件允许,建议使用10尾鱼。

实验溶液调节至相应温度后,从驯养鱼群中随机取出鱼并随机迅速放入各实验容器中。转移期间处理不当的鱼均应弃除。同一实验,所有实验用鱼应在30 min内分组完毕。

在24 h、48 h、72 h和96 h后检查受试鱼的状况。如果没有任何肉眼可见的运动,如鳃的扇动、碰触尾柄后无反应等,即可判断该鱼已死亡。观察并记录死鱼数目后,将死鱼从容器中取出。应在实验开始后3 h或6 h观察各处理组鱼的状况,并记录实验鱼的异常行为(如鱼体侧翻、失去平衡,游泳能力和呼吸功能减弱,色素沉积等)。

实验开始和结束时要测定pH值、溶解氧和温度。实验期间,每天至少测定一次。至少在实验开始和结束时,测定实验容器中实验液的受试物浓度。

3)极限实验

在进行鱼类毒性测定时,可以进行浓度为100 mg/L的极限实验。如极限实验结果表明LC_{50}>100 mg/L,可直接给出实验结果及评价:LC_{50}>100 mg/L,属于低毒。极限实验至少使用7尾鱼。

二项式理论表明:使用10尾鱼,无一死亡,那么LC_{50}>100 mg/L的概率为99.9%;使用7～9尾鱼,无一死亡,那么LC_{50}>100 mg/L概率至少为99%。

如果实验鱼发生死亡,则应按本方法前述实验操作1)、2)的实验程序进行实验。

3. 质量保证与质量控制

(1)实验结束时,对照组鱼死亡率不得超过10%。

(2)实验期间,实验溶液的溶解氧含量应>60%的空气饱和值。

(3)实验期间,受试物实测浓度不能低于设置浓度的80%。如果实验期间受试物实测浓度与设置浓度相差超过20%,则以实测受试物浓度来表达实验结果。

(4)实验期间,尽可能维持恒定条件。如果有必要,应使用半静态或流水式实验方式。

五、数据与报告

1)数据处理

(1)以暴露浓度为横坐标,死亡率为纵坐标,在计算机或对数-概率坐标纸上,绘制暴露浓度对死亡率的曲线。用直线内插法或常用统计程序计算出24 h、48 h、72 h、96 h的LC_{50}值,并计算95%的置信限。

(2)如果实验数据不适于计算LC_{50}。可用不引起死亡的最高浓度和引起100%死亡的最低死亡浓度的几何平均值估算LC_{50}的近似值。

2)结果评价

鱼类急性毒性可按以下分级标准(表14-20)进行分级。

表14-20 鱼类急性毒性分级标准

96 h LC_{50}/(mg/L)	<1	1~10	10~100	>100
毒性分级	极高毒	高毒	中毒	低毒

3)编写报告

实验报告应包括:实验名称、目的、实验原理、实验的准确起止日期,以及:

(1)受试物质:对于化学品,应给出其化学名称、其他名称(商品名等)、化学式、成分、制造厂商、批号、纯度等级和理化性质等;对于废水或环境样品,给出来源、采样时间、地点、保存条件等。

(2)实验用鱼

实验用鱼名称、学名、品系、大小、来源、驯化(养)情况、实验开始时的鱼龄、规格等。

(3)实验条件

① 使用的实验方式,如静态、半静态或流水式,以及曝气、承载量等。

② 实验溶液配制方法,如果使用助溶剂,应注明使用浓度及对受试物的毒性影响。

③ 稀释用水,来源、类型、水质(pH值、硬度、碱度和温度等)。

④ 实验容器,质地、规格、体积及清洗情况。

⑤ 实验溶液,体积、浓度、每个浓度组平行数,实验液更换情况、更换方法、流动情况,以及受试物的加入系统、流速、清洗周期及方法,受试物的规定浓度、实测浓度及测定日期。最好用表格列出实验期间实验温度、pH、溶解氧的全部实测值。

⑥ 每一个实验浓度的用鱼数目。

⑦ 光照，如光的性质、强度、周期。

(4)实验报告

① 无死亡发生 LC_0 的最高浓度。

② 导致 100%死亡 LC_{100} 的最低浓度。

③ 24 h、48 h、72 h、96 h 时的每个浓度的累计死亡率。

④ 24 h、48 h、72 h、96 h 的 LC_{50}，及其 95%的置信限。

⑤ 浓度-死亡率曲线图。

⑥ 确定 LC_{50} 值的统计学方法。

⑦ 对照组的死亡率。

⑧ 实验期间，可能会影响实验结果的隐患。

⑨ 鱼的异常反应。

(5)结果讨论。

六、讨论

1. 为什么选用鱼类作为急性毒性实验的对象？

2. 鱼类急性毒性检测与微生物急性毒性检测相比，有何特点？

实验 11　大型水生植物采集与观察

一、实验目的

水生生物的环境影响评价，是对建设项目的开发影响所能涉及的地域范围，以及该地域内的水生生物及其生息环境的破坏程度和变化情况进行预测和评价。评价调查的水生生物，包括所有的水草、湿生植物、盐生植物、海藻等大型水生植物，以及浮游生物、浮游动物和游泳动物等。通过实验可了解并掌握水生生物各类群调查的基本工作要领及其采集处理、分类鉴定方法。

本实验主要对水体的水生高等植物环境进行调查，对生活型进行分类与种类的鉴别。

1. 学习对自然水体的初步调查及评价方法；

2. 学习大型水生植物的采集与检验方法。

二、实验内容与要求

1. 自由选择水体进行水生生物的现状调查；

2. 采集大型水生植物进行鉴别与分类；

3. 撰写相关调查报告。

三、实验方法

1. 概述

大型水生高等植物主要由水生维管束有花植物组成，这些植物反映了它们生长水环境的水质特征，分析它们对水质评价具有重要意义。

水生维管束植物具有以下特征：

1)维管束植物为多细胞植物，细胞分化明显，形成各种不同功能的组织。有根、茎、叶、花、果实的分化。

2)植物体具有由特化的细胞组成的维管束，承担支持和运输的功能。

3)生殖器官构造复杂，特别是被子植物有完整的花结构。胚由受精卵细胞形成。

4)世代交替明显而有规律，不受外界条件影响而变化。无性世代占优势，越高等有性世代越退化。

2. 水生维管束植物的生态类群与其特点

根据水生植物与水环境的关系，以及它的形态、构造特点，水生植物可分为以下几类生态类群。

1)挺水植物

分布在水边湿地到水深 1.5 m 地区，在浅水湖塘、港湾中生长，在浅水区生长最旺盛。挺水植物的根、茎(根茎、地下茎)生于泥中，茎、叶挺出水面，几乎都为水陆两栖种类，水生性弱。在空气中的部分具有陆生植物特征，在水中部分(主要是根、根茎)则具有水生植物特征。典型水生植物有芦苇、香蒲等。在挺水植物间常杂有浮叶植物、沉水植物等。

2)浮水植物

植物植株的主体部分浮在水面上，浮水植物又可细分为两个小类型。

(1)浮叶植物

植物体分布在水深 1～2 m 的地区。有时亦可生长在更深处，但生长不旺盛。植物体根、茎在泥水中，叶具有长柄浮于水面。叶的腹面具有气孔。常有沉水叶和浮水叶之分。常见的种类有菱、睡莲等，其间常杂有一些沉水植物。

(2)漂浮植物

植物体一般分布在静止或流动性不大的水体以及湖泊的港湾。植物体漂浮于水面或水中，根系退化成须状根，起平衡和吸收营养的作用。常在叶柄或叶背面具有浮囊(气囊)，使叶浮于水面，或挺出水面。植物体的细胞间隙特别发达。植物体浮于水面的种类，其茎、叶具有浮叶植物的特征。植物体完全沉没水中的种类，其茎、叶具有沉水植物的特征。漂浮水面的典型种类有紫萍、凤眼莲、满江红等。

3)沉水植物

植物体分布在水深 1～2 m 处，有的达 4 m，最多可达 6～8 m 处。光照度决定沉水植物的分布下限。若在洪水期水位突然上涨，同时水的浑浊度增大，淹没在水中的维管束植物就会因缺乏光照而生长不良或死去。沉水植物根(根茎)生在泥中，茎、叶全部沉没水中，仅在开花时花露出水面。植物体各器官的形态、构造都是典型的水生性。透气组织特别发达，气腔大而多，叶片多呈丝状。植物多呈墨绿或褐色，有助于吸收射入水中的微弱光线。它们不具有抑制水分蒸发(蒸腾)的结构。植物体柔软，细胞含水多，渗透压很低。一般不能离开水环境，一旦失水很快枯死。但有的种类由于长期适应的结果，亦能生长在湖边潮湿地带。有的种类甚至生长在过分遮阴的水域，植物体挺出水面生长。典型的沉水植物多为眼子菜科、茨藻科种类，轮叶黑藻、苦草、水车前等是常见的种类。

3. 实验步骤

1)选择池塘、河流等水体，首先对周围环境进行观察，记录水体的性质、地形、水相(水体的水量情况、流速、进出水情况等)、水质、周围人为因子等情况。

2)观察记录环境中水生植物生长情况，如各种植物密度和高度，在水体中的生物状况，各类植物间的组合等。

3)采集水生植物，仔细观察植物的叶、茎形态，叶在茎上的着生方式，花、果实的形态等，并根据附图(附录3)对采集的植物进行种类鉴别和分类。

4)填写调查报告表(表14-21)。

表14-21　水体大型植物调查报告表

序号	水体名称	水体环境	水生植物生长情况	优势类群及种类

四、报告内容

1. 以调查报告形式，记录、描述你所选择观察的水体的环境状况、水生植物生长情况、种类等方面内容。

2. 根据调查情况，对水体水质作出初步评价。

五、注意事项

1. 采集植物时，尽量采集整株(包括茎、叶、花、果)，以便进行种类鉴别。

2. 注意安全，去水体边一定要多人一起，并准备好植物采集工具。

3. 只采集水边易采到的植物，不要探出身体，以免掉入水中发生危险。

六、讨论

1. 不同生态类型的水生植物形态结构是如何适应其生境的?

2. 如果采集的水生植物标本需要保存，该如何处理?

实验12　水体浮游生物的测定

水生生物评价，是对一定地域范围内的水生生物及其生息环境的破坏程度和变化情况进行预测和评价。调查评价的水生生物包括浮游生物。

浮游生物(plankton)是指悬浮在水体中的生物，它们个体小，游泳能力弱或完全没有游泳能力，过着随波逐流的生活。浮游生物可划分为浮游植物和浮游动物两大类。在淡水中，浮游植物主要是藻类，它们以单细胞、群体或丝状体的形式出现。浮游动物主要由原生动物、轮虫、枝角类和桡足类组成。浮游生物是水生食物链的基础，在水生生态系统中占有重要地位。许多浮游生物对环境变化反应很敏感，可作为水质的指示生物。本实验对浮游生物进行调查、样本采集、分类鉴定。

一、采样

1. 采样点设置

采样点设置要有代表性，采到的浮游生物才能真正反映一个水体的实际状况。在江河中，应在污水汇入口附近及其上下游设点，以反映受污染和未受污染的状况。在较宽阔的河流中，河水横向混合较慢，需要在近岸的左右两边设置采样点。受潮汐影响的河流，涨潮时污水可能向上游回溯，设点时应考虑。在排污口下游往往要多设点，以反映不同距离受污染和恢复的程度。对整个调查流域，必要时按适当间距设置。在湖泊或水库中，若水体是圆形的，则从此岸到彼岸至少设两个互相垂直的采样断面。若是狭长的水域，则至少设三个互相平行、间隔均匀的断面。第一个断面设在排污口附近，另一个断面在中间，再一个断面在靠近湖库的出口处。采样点的设置尽可能与水质监测的采样点一致。整个水体均受污染，则须在邻近找一个非污染的类似水体设点作为对照点，用于在整理调查结果时做比较。

2. 采样深度

浮游生物在水体中不仅在水平分布上有差异，而且在垂直分布上也有不同。要根据各种水体的具体情况采取不同的取样层次。湖库垂线采样点的设置见表 14 - 22 所列。

表 14 - 22 湖库垂线采样点的设置

水深	水体情况	采样点数
≤2 m	—	1 点（水面下 0.5 m 处）
	透明度小	2 点（除 0.5 m 处外，在下层加取 1 样，两样混合）
≤5 m	—	5 点（水面下 0.5 m、1 m、2 m、3 m、4 m 处，采样后混合）
>5 m	透明度一般	按 3～6 m 间距设置采样（变温层以下可适当少采样）
深水水体	透明度大	6 点（在表层、透明度 0.5 倍处、1、1.5、2.5、3 倍处各取一样混合均匀后取定量样品）

在江河中，由于水不断流动，上下层混合较快，只需在水面下 0.5 m 左右处采样或在下层加采一次，两次混合即可。

若需了解浮游生物垂直分布状况，那么在不同层次分别采样，不需混合。

3. 采样量

采样量要根据浮游生物的密度和研究的需要量而定。一般原则是：浮游生物密度高，采水量可少；密度低采水量则要多。常用于浮游生物计数的采水量：对于藻类、原生动物和轮虫，以 1 L 为宜；对于甲壳动物则要 10～50 L，并通过 25 号网过滤浓缩。若要测定藻类叶绿素和干重等，则需另外采样。

采集定性标本，小型浮游生物用 25 号浮游生物网，大型浮游生物用 13 号浮游生物网，在表层至 0.5 m 深处以 20～30 cm/s 的速度作“∞”形循回缓慢拖动 1～3 min，或在水中沿表层拖滤 1.5～5.0 m^3 水。

4. 采样频率

浮游生物由于漂浮在水中，群落分布和结构随环境的变更而变化较大，采样频率一般全年应不少于 4 次(每季度一次)，条件允许时，最好每月一次。根据水体排污状况，必要时可随时增加采样次数。

5. 采样工具

在湖泊、水库和池塘等水体中，可用有机玻璃采水器采样。有机玻璃采样器为圆柱形，上下底面均有活门。采水器沉入水中，活门自动开启，沉入哪一个深度就能采到哪一个水层的水样。采水器内部有温度计，同时测量水温。有机玻璃采水器有 1000 mL、1500 mL、2000 mL等容量和不同深度的型号。

在河流中采样，要用颠倒式采水器或其他型号采水器。

定性标本用浮游生物网采集。浮游生物网呈圆锥形，网口套在铜环上，网底管(有开关)接盛水器。网的本身用筛绢制成，根据筛绢孔径不同划分网的型号。25 号网网孔为 0.064 mm(200 孔/in)(1 in＝0.0254 m)，用于采集藻类、原生动物和轮虫。13 号网网孔为 0.112 mm(130 孔/in)，用于采集枝角类和桡足类。

二、固定和浓缩

水样采集后，马上加固定液固定，以免时间延长标本变质。对藻类、原生动物和轮虫水样，每升加入 15 mL 左右鲁哥氏液(Lugol's solution)固定保存。可将 15 mL 鲁哥氏液事先加入 1 L 的玻璃瓶中，带到现场采样。固定后，送实验室保存。鲁哥氏液配制方法：将 40 g 碘溶于含碘化钾 60 g 的 1000 mL 水溶液中。对枝角类和桡足类水样，在 100 mL 水样中加 4～5 mL 福尔马林固定液保存，福尔马林固定液也是在现场加入，配制方法：把福尔马林(市售的质量分数为 40％的甲醛溶液)4 mL、甘油 10 mL、水 86 mL 混匀即可。浮游动物中的甲壳类动物样品用质量分数为 5％的甲醛溶液固定。

从野外采集并经固定的水样，带回实验室后必须进一步沉淀浓缩。为避免损失，样品不要多次转移。将 1000 mL 的水样直接静置沉淀 24 h 后，用虹吸管小心抽掉上清液，余下 20～25 mL 沉淀物转入 30 mL 定量瓶中。为减少标本损失，再用少许上清液冲洗容器几次，将冲洗液加到 30 mL 定量瓶中。用鲁哥氏液固定的水样，作为长期保存的浮游植物样品，在实验室内浓缩至 30 mL 后补加 1 mL质量分数为 40％的甲醛溶液然后密封保存。浮游动物也可用如图 14－3 所示装置进行浓缩。中间带有橡皮吸球的玻璃管用于吸掉滤液，圆柱筒底部的筛网必须足以阻止浮游动物进入。另外可采用医用输液泵、管浓缩浮游动物，该方法比较简便、适用。

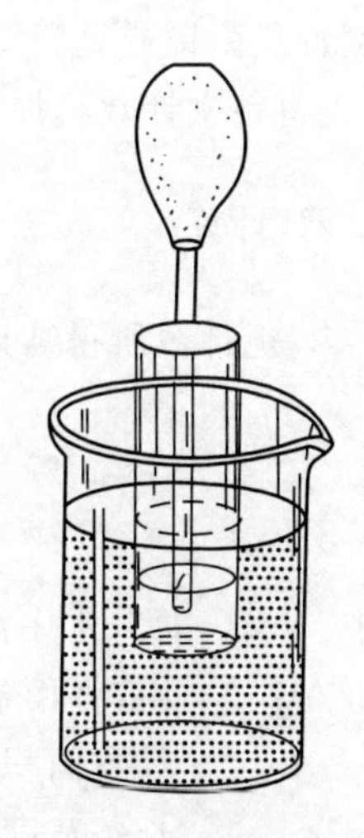

图 14－3　浮游生物浓缩装置

三、计数

浮游生物计数时，要将样品充分摇匀，将样品置入计数框内，在显微镜或解剖镜下进行计数。常用计数框容量有 0.1 mL、1 mL、5 mL 和 8 mL 4 种。用定量加样管在水样中部吸液移入计数框内。移入之前要将载玻片斜盖在计数框上(图 14-4),样品按准确定量注入,在计数框中一边进样,另一边出气,这样可避免气泡产生。注满后把载玻片移正。计数片制成后,稍候几分钟,让浮游生物沉至框底,然后计数。不易下沉到框底的生物,则要另行计数,并加到总数之内。

1. 藻类和原生动物的计数:吸取 0.1 mL样品注入 0.1 mL 计数框,在 10×40 倍或8×40 倍显微镜下计数,藻类计数 100 个视野,原生动物全片计数。对于轮虫则取 1 mL样品注入1 mL计数框内,在 10×8 倍显微镜下全片计数。以上各类均计数 2 片取其平均值。如 2 片计数个数相差 15%以上,则进行第 3 片计数,取其中个数相近两片平均值。

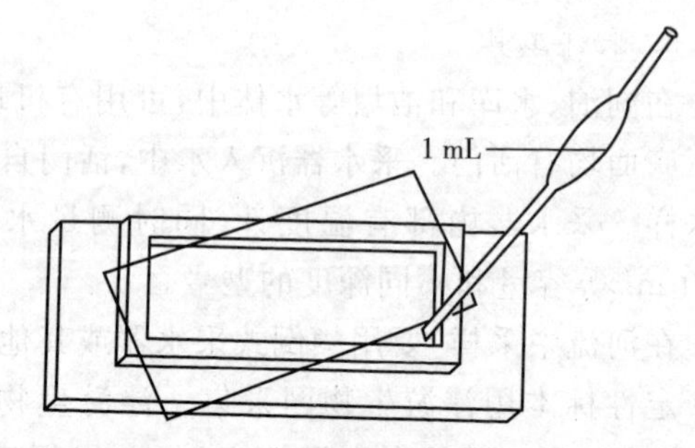

图 14-4 浮游生物计数框加样方法

藻类计数亦可采用长条计数法,选取两个相邻刻度,从计数框的左边一直计数到计数框的右边称为一个长条。与下沿刻度相交的个体,应计数在内,与上沿刻度相交的个体,不计数在内,与上、下沿刻度都相交的个体,以生物体的中心位置作为判断的标准,也可在低倍镜下,按上述原则单独计数,最后加入总数之中。一般计数 3 条,即第 2、5、8 条,若藻体数量太少,则应全片计数。硅藻细胞破壳不计数。

若计数种属的组成,则分类计数 200 个藻体以上。用划“正”的方法,则每一划代表一个个体,记录每个种属的个体数。

2. 甲壳动物的计数:将浓缩样吸取 8 mL(或 5 mL),注入计数框,在 10×10 或 10×20 倍倒置显微镜或显微镜下,计数整个计数框内的个体。亦可将 30 mL 浓缩样分批按此法计数,再将各次计数相加得到 30 mL 样的总个体数。

四、计算

1. 把计数所得结果按下式换算成每升水中浮游植物的数量:

$$N=\frac{A}{A_C}\times\frac{V_w}{V}n \tag{14-6}$$

式中:N——每升水中浮游植物的数量(个/L);

A——计数框面积(mm^2),常用 400 mm^2(20 mm×20 mm);

A_C——计数面积(mm^2),即视野面积×视野数或长条计数时长条长度×参与计数的长条宽度×镜检的长条数;

V_w——lL 水样经沉淀浓缩后的样品体积(mL);

V——计数框体积(mL);

n——计数所得的浮游植物的个体数或细胞数(个)。

2. 每升水样中某计数类群浮游动物个体数 N 可按下式计算：

$$N=\frac{n \cdot V_1}{V_2 \cdot V_3} \tag{14-7}$$

式中：n——计数所得个体数(个)；

V_1——浓缩样体积(mL)；

V_2——计数体积(mL)；

V_3——采样量(L)。

原水样中每升内浮游动物总数等于各类群个体数之和。

五、结果报告

浮游生物调查完成后，整理出各类群的种类和数量的数据，如何利用这些数据来说明水体受污染的程度或污染消除的状况，目前尚无统一的表达方式。

由于各种不同污染程度的水体各有其作为特征的生物存在，因此，可利用自然出现的生物种类和数量来指示水体污染的程度。

六、讨论

1. 如何进行浮游生物的采集布点，才能具有代表性？
2. 为什么采集的水样要进行浓缩？
3. 水体浮游生物是动物还是植物，它们在维护水体水质中起到什么作用？

实验 13　水体着生生物的测定

着生生物即周丛生物(periphyton)，是指生长在浸没于水中的各种基质表面上的有机体群落(organisms community)。由于悬浮颗粒也沉淀在基质上，故这些有机体往往被一层黏滑的，甚至毛茸的泥沙所覆盖。基质的性质也会影响周丛生物的群落组成。基质有植物的、动物的、树木的、石头的，相应地就有附植生物(epiphyton)、附动生物(epizoon)、附树生物(epidendron)、附木生物(epixylon)和附石生物(epilithon)。周丛生物包括许多生物，如细菌、真菌、藻类、原生动物、轮虫、甲壳动物、线虫、寡毛类、软体动物、昆虫幼虫，甚至鱼卵和幼鱼等。着生生物可指示水体污染程度，在河流中应用较多，亦可应用于湖泊和水库中。

一、采样

1. 采样点及采样频率的确定

采样点的设置及其数量可视被调查水体的形态和大小而定，关键是要有代表性，要顾及水体(或污染水体)的污染源及不同地段。在河流中，上游的采样点可做对照，对于湖泊或水库则根据深度和其他形态特征选择断面及采样点，并尽可能与水化学监测断面(或点)相一致，以利于时空同步采样。一般讲，采样(或监测)频率每年不少于两次。建议春秋各一次。

2. 人工基质采样

着生生物采样的人工基质有：聚氨酯泡沫塑料(polyurethane foam，孔径为 100～150 μm，简称 PFU)、硅藻计-载玻片和聚酯薄膜等。PFU 块为 50 mm×75 mm×65 mm 的泡沫塑料，用来采集微型生物群落。硅藻计采样器(图 14-5)可用有机玻璃或木材制成，包括一个用以固定载玻片(26 mm×76 mm)的固定架，漂浮装置(可用泡沫塑料或浮子、木块等)，固定装置(可用绳索绑在其他物体上或用重物固定，或用棍棒插入水底。在江河流水中使用时，前端需有挡水板，以分开或疏导水流和阻挡杂物)。聚酯薄膜采样器(图 14-6)，系用 0.25 mm厚的透明、无毒聚酯薄膜作基质，规格为 4 cm×40 cm，一端打孔，固定在钓鱼的浮子上，在浮子下端缚上重物作重锤。此采样器轻便，且不易丢失。

将 PFU、硅藻计采样器载玻片和聚酯薄膜放置于采样点时，必须固定好，在河流中须避开急流和旋涡。深度一般为 5～10 cm，使之得到合适的光照。放置的时间为 14 d，或根据测定目的确定。

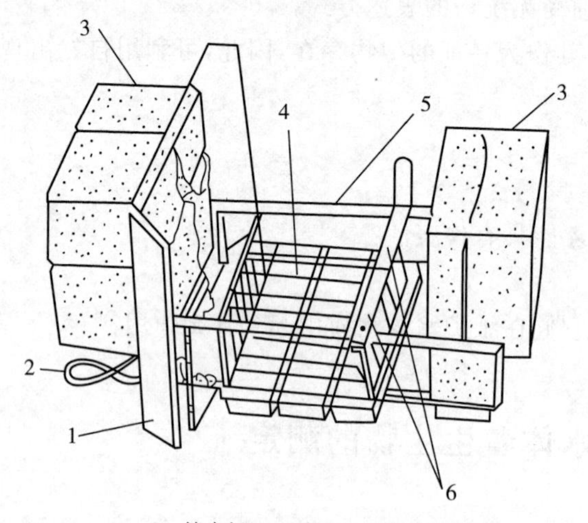

1—挡水板；2—系绳；3—浮子；
4—载玻片；5—有机玻璃框架；6—活动压片

图 14-5　硅藻计采样器

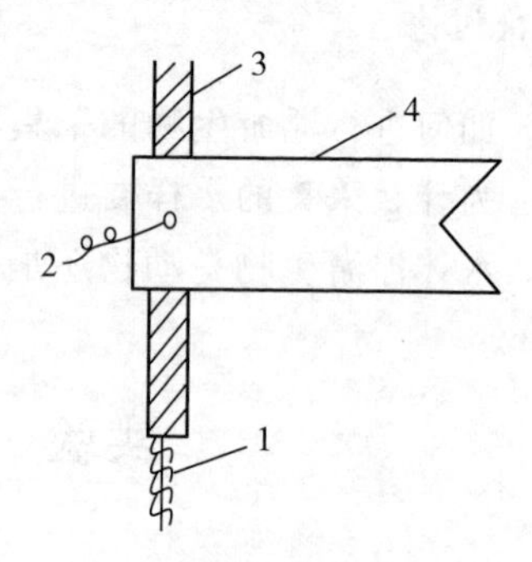

1—重物；2—尼龙系绳；
3—浮子；4—聚酯薄膜

图 14-6　聚酯薄膜采样器

3. 天然基质采样

水中的动物、植物、石块、木块都是天然基质，从中可采到大量的着生生物。采样时需测量采样面积，做好记录。此方法采样方便、经济实用，在实际监测中采用较多，但采样面积不够准确。

二、样品的制作和保存

1. 载玻片和聚酯薄膜样品

1)着生藻类

(1)定量样品的制作和保存

用毛刷或硬胶皮将基质(人工基质取载玻片 3 片或聚酯薄膜 4 cm×15 cm)上所着生的藻类及其他生物全部刮到盛有蒸馏水的玻璃瓶中，并用蒸馏水将基质冲洗多次，用鲁哥氏液固定，贴上标签，带回实验室。置沉淀器内经 24 h 沉淀，弃去上清液，定容至 30 mL 备用。

观察后，如需长期保存，再加入 1.2 mL 质量分数为 4%的福尔马林液。取样时，如时间不允许，可在野外将天然基质、载玻片或聚酯薄膜放入带水的玻璃瓶中，带回实验室内刮取，并固定和保存。

(2)定性样品的制作和保存

按上述方法，将全部着生生物刮到盛有蒸馏水的玻璃瓶中，用鲁哥氏液固定，带回实验室做种类鉴定。鉴定后，再按 4%浓度加入福尔马林液长期保存。

2)着生原生动物

将两个盛有该采样点水样的玻璃瓶，分别装入从水体取出的采样质基(天然基质、人工基质)，其中一瓶立即加入鲁哥氏液和 4%福尔马林液固定；另一瓶不加任何试剂，带回实验室作活体鉴定用。

2. PFU 法样品

PFU 空隙很小，只能容纳微型生物，如细菌、真菌、藻类、原生动物和少量轮虫等。PFU 可浸没于各层水中，收取 PFU 的时间由实验要求而定。采样时，只需把挂 PFU 的绳子剪断，把 PFU 装在食品塑料袋内，不必加水。带回实验室后，最好戴上医用薄膜手套，用手握住 PFU，尽可能把水分挤出。也可以在野外直接把水样挤出来，再把 PFU 留在原处，待下次采样。样品需进行活体检查鉴定。

三、种类鉴定和计数

1. 着生藻类

1)定性鉴定

吸取适量备用的定性样品，在显微镜下进行种类鉴定。一般鉴定到属或种，对于优势种尽可能鉴定到种。必要时硅藻可制片进行鉴定，以取得较好的效果。在制片时，将定性样品放到表面皿内均匀旋转，去掉沉淀的泥沙颗粒，用小玻璃管吸取少量硅藻样品放入玻璃试管中，加入与样品等量的浓硫酸，然后慢慢滴入与样品等量的浓硝酸，此时即产生褐色气体。在沙浴或酒精灯上加热至样品变白，液体变成无色透明为止。待冷却后将其离心(3000 r/min，5 min)或沉淀。吸出上层清液，加入几滴重铬酸钾饱和溶液，使标本氧化漂白呈透明，再离心或沉淀。吸出上层清液，用蒸馏水重复洗 4～5 次，直至中性，加入几滴 95%酒精，每次洗时必须使标本沉淀或离心，吸出上层清液可免使藻类丢失。吸出适量处理好的标本并均匀放在载玻片上，在烘台上烘干或在酒精灯上烤干，然后加上 1 滴二甲苯，随即加 1 滴封片胶，将有胶的这一面盖在载玻片中央，待风干后，即可镜检。

2)定量计数

把已定容到 30 mL 的定量样品充分摇匀后，吸取 0.1 mL 置入 0.1 mL 的计数框里，在显微镜下，横行移动计数框，逐行计平行线内出现的各种(属)藻类数。视藻类密度大小，一般计算 10 行、20 行或 40 行以至全片。必须使计量出的优势种类个体数为 100 个以上。

2. 着生原生动物及其他微生物

收集的定性定量样品，皆应采用活体观察，而且应在最短的时间内鉴定完毕。从理论上讲，载玻片上的周丛生物，如鞭毛虫、硅藻以及着生原生动物，可以直接进行观察，不要把它们刮下来，但往往由于层次过多或蓝藻绿藻的附着，而实际上不可能直接进行载玻片观察。

用0.1 mL计数框，微型生物一般检查3～4片，即可看到80%的种类，其种（属）数量可分为总的、新见的、复见的和消失的种类（多数情况下，着生原生动物仅进行定性检测）。

四、计数方法

1. 着生藻类

依据下面公式，将定量计数的各种类的个体数进行计算，并换算为1 cm^2基质上着生藻类个体数量。

$$N_i=\frac{C_1 \cdot L \cdot n_i}{C_2 \cdot R \cdot h \cdot S} \tag{14-8}$$

式中：N_i——单位面积 i 种藻类的个体数（个/cm^2）；

C_1——标本定容水量数（mL）；

C_2——实际计数的标本水量（mL）；

L——藻类计数框每边的长度（μm）；

h——视野中平行线间的距离（μm）；

R——计数的行数；

n_i——实际计数所得 i 种藻类个体数；

S——刮取基质的总面积（cm^2）。

2. 着生原生动物

根据定量计数结果，依据下列公式，求出单位面积各种类的个体数，一般以个/cm^2表示。

$$N_i=\frac{n_i}{S} \tag{14-9}$$

式中：N_i——单位面积 i 种原生动物的个体数（个/cm^2）；

n_i——在显微镜中数得种（属）的个体数；

S——刮取人工基质的总面积（cm^2）。

五、结果报告

着生生物定性的和定量的结果都应汇总并分别列成表。着生藻类可按中国科学院水生生物研究所胡鸿钧等编写的《中国淡水藻类》一书中分类顺序排列。着生原生动物及其他微型动物可按照沈蕴芬等编著的《微型生物监测新技术》进行种类鉴别，按湖北省水生生物研究所第四研究室无脊椎动物区系组编的《废水生物处理微型动物图志》中有关分类顺序排列，并按规定的方法进行结果分析，提出监测和评价的结果。

用微型生物评价水质，较早是应用指标种类，说明不同污染区的指示生物。用其结构特征，并以多样性指数的变化来表示，似更合理和可靠。现在又发展为用微型生物群落的功能来评定水质。这样不仅反映种类的差别，更重要的是反映了它们的生命活动。

六、讨论

1. 在什么样的水体中，着生生物种类比较多？

2. 如何采用着生生物的特征反应水体水质状况？

附录1　水质工程生物学中常见的英文词汇

A

absorption 吸收
acclimation 驯化
acidity 酸度
acidogenesis 产酸
acidophilic microorganism 嗜酸微生物
acidotolerant microorganisms 耐酸微生物
actinomycete 放线菌
activated sludge 活性污泥
active transport 主动运输
acute toxicity 急性毒性
adsorption 吸附
advanced treatment 深度处理
aeration basin 曝气池
aerial mycelium 气生菌丝
aerobic respiration 好(有)氧呼吸
aerobium aerobe 好(需)氧菌
agar 琼脂
agglomeration 絮凝性
algae 藻类
alien species 外来物种
amino acid 氨基酸
ammonia 氨
ammonification 氨化作用
amoeba 阿米巴,变形虫
amphibian 两栖的,两栖动物
amphimicrobe 兼性菌
amylase 淀粉酶
amylose 多糖
anabolism 合成代谢
anaerobe 厌氧菌
anaerobic biofilter 厌氧生物滤池
anaerobic digestion 厌氧消化
anaerobic phosphorus removal process 厌氧除磷工艺
anaerobic respiration 厌氧呼吸
anaerobium 厌氧菌
anoxic denitrification process 厌氧脱氮工艺
antagonism 拮抗
antigenicity 抗原性
antiseptic 防腐剂,抗菌剂
aquatic 水生动物
archaea 古菌
asepsis water 无菌水
asexual spore 无性孢子
aspergillus 曲霉
assimilation 同化
autotrophic microorganism 自养微生物
auxotroph 营养缺陷型

B

bacillus/bacilli 杆菌(单数/复数)
back mutation/reverse mutation 回复突变
bacteria-free water 无菌水

bacterial colony 菌落

bacterial conjugation 细菌接合

bactericide 杀菌剂

bacteriophage (phage) 噬菌体

bacterium/bacteria 细菌(单/复数)

BAF (biological aerated filter) 曝气生物滤池

batch culture 分批培养

benefit syntrophism 互生

benthonic organism 底栖生物

bioaugmentation 生物扩增

bioclean room 无菌室

biodegradability 可生化降解性

biodiversity/biologic diversity 生物多样性

bio-enrichment 生物富集

biofilter 生物滤池

bioflocculation 生物絮凝作用

biological contact oxidation process 生物接触氧化法

biological film/biofilm 生物膜

biological flocculants 生物絮凝剂

biological invasion 生物入侵

biological immobilization 生物固定

biological nitrogen fixation 生物固氮作用

biological oxidation 生物氧化

biological phosphorus removal 生物除磷

biological reduction 生物还原法

biomass 生物量

bioremediation 生物修复

biosparge 生物注气法

biosphere 生物圈

biosynthesis 生物合成

biotoxicity 生物毒性

biotrickling 生物滴滤法

bioventing 生物通气法

bird flu 禽流感

black-odor waters 黑臭水体

bluestone 硫酸铜

BOD (biochemical oxygen demand)生化需氧量

budding reproduction 出芽生殖(芽殖)

bulking of activated sludge 污泥膨胀

C

calvin cycle 卡尔文循环

capsomere 衣壳粒

capsule 荚膜

carbon cycle 碳循环

carbohydrate 碳水化合物

carcinogen 致癌物

carnivore 食肉动物

carotene 胡萝卜素

carotenoid 类胡萝卜素

cell membrane 细胞膜

cellularity 细胞结构

cellulose 纤维素

cell wall 细胞壁

centriole 中心粒,中心体

chemoautotrophy 化能自养

chemoheterotroph 化能异养型

chemotroph 化能营养型

chlamydia 衣原体

chloride of lime 漂白粉

chlorine 氯

chlorophyll 叶绿素

chloroplast 叶绿体

chondriosome 线粒体

chromosome 染色体

chromosomal aberration 染色体畸变

ciliata 纤毛虫

clarifier 沉淀池,澄清池

clinging bacteria 附着微生物

clone libraries 克隆文库

coagulant 混凝剂

coccus/cocci 球菌(单数/复数)

cocoon 卵茧

COD(chemical oxygen demand) 化学需氧量

codon 密码子

coenzyme 辅酶

coliform/coliform group 大肠杆菌/大肠菌群

colloid 胶体

cometabolism 共同代谢作用、协同代谢

commensalism 偏利共生

community 生物群落

completed test 复发酵

complete metamorphosis 完全变态

complex medium 天然培养基

confirmed test 平板分离

constructed wetlands 人工湿地

consumer 消费者

continuous culture 连续培养

COVID - 19 (coronavirus disease 2019)新冠病毒肺炎

crystal violet 结晶紫

culture dish 培养皿

culture medium 培养基

cyanobacteria 蓝细菌

cyst 胞囊

cytochrome 细胞色素

cytoplasm 细胞质

D

daphnia 水蚤

decline phase 衰亡期

decolor 脱色

degradative plasmid 降解性质粒

decomposer 分解者

decomposition 分解

dehydrogenase activity (DHA) 脱氢酶活性

denaturalize 变性

denitrification 反硝化

deoxidization 还原作用

deposition 沉积作用

desulfuration 反硫化

detoxification 解毒作用

DGGE (denaturing gel gradient electrophoresis)变性梯度凝胶电泳

differential medium 鉴别培养基

digesting tank 消化池,发酵罐

dinoflagellate 甲藻

diplococcus 双球菌

disinfection 消毒

dissimilation 异化作用

dissolution 溶解

division 分裂

DNA (deoxyribonucleic acid)脱氧核糖核酸

DO (dissolved oxygen) 溶解氧

duplicate 复制

dwell-bottom bacteria 底栖微生物

dyeing 染色

E

ecology 生态学

ecosystem 生态系统

ecological floating island 生态(人工)浮岛

eelworm 线虫

effluent 出水,排水

ektexine layer 外壁层

emergent macrophyte 挺水植物
endogenous respiration 内源呼吸
endomembrane system 内膜系统
endoplasmic reticulum 内质网
enhanced bioremediation 强化生物修复
enrichment medium 加富培养基
envelope 囊膜
enzyme 酶
epistylis 累枝虫
EPS (extracellular polymeric substance) 胞外聚合物
eucaryote 真核生物
eutrophication of water body 水体富营养化
ex situ bioremediation 异位生物修复
extracellular enzyme 胞外酶
extremophiles 极端微生物
eyespot 眼点

F

facilitated diffusion 促进扩散
fatty acid 脂肪酸
fecal coliform 粪大肠菌
ferment/fermentation 发酵
filtering membrane method 滤膜法
FISH (fluorescence in situ hybridization) 荧光原位杂交
fission 裂殖
fixed cell 固定化细胞
flagellates 鞭毛虫
flagellum/flagella) 鞭毛(单/复数)
floating bacteria 浮游微生物
floating macrophyte 浮水植物
floating-leave macrophyte 浮叶植物
floc 絮凝体,絮体
food to microorganism ratio F/M 比
food web 食物网
forward mutation 正向突变
fragmentation 断裂生殖
fungus/fungi 真菌(单/复数)

G

gas vacuole 气泡
gene chips/microarray 基因芯片
gene engineering 基因工程
gene mutation 基因突变
gene recombination 基因重组
generation time 世代时间
genetically engineered bacteria 基因工程菌
genetic code 遗传密码
glucose 葡萄糖
glycerinum 甘油
glycogengranule 肝糖粒
glycolysis 糖酵解
glycoprotein 糖蛋白
golgi body 高尔基体
gram staining method 革兰氏染色法
granular sludge 颗粒污泥
grease 脂类
growth curve 生长曲线
growth factor 生长因子

H

halophilic microorganism 嗜盐微生物
hemicellulose 半纤维素
herbivore 食草动物
hereditary 遗传
heterocyst 异形胞

heterotrophic bacterium 异养型微生物
histidine-auxotroph 组氨酸营养缺陷型
histone 组蛋白
hornwort 金鱼藻
hot-air sterilization 干热灭菌
human immunodeficiency virus (HIV) 人类免疫缺陷病毒
hybridization 杂交
hydrocarbon 碳氢化合物，烃类
hydrolase 水解酶
hydrolyze/hydrolysis 水解(动词/名词)
hydrophile base 亲水基
hydrophytes 水生植物
hypha 菌丝
hypochlorous acid 次氯酸

I

imago 成虫
immobilized cell 固定化细胞
immobilized enzyme 固定化酶
inclusions 内含物
indicator/indicator bacteria 指示剂，指示菌
induced enzyme 诱导酶
infective 传染的
influent 流入的，进水，原水
influenza virus 流感病毒
infusorian 纤毛虫
inheritance 遗传性
inoculate/inoculation 接种(动词/名词)
inorganic compounds 无机化合物
in situ bioremediation 原位生物修复
inversion 倒位
invertebrate 无脊椎动物
in situ bioremediation 原位生物修复
in situ hybridization 原位杂交
ionization radiation 电离辐射
isomerase 异构酶

J

jumping genes 跳跃基因

K

karyotheca 核膜

L

lactobacillus 乳酸菌
lactose 乳糖
lag phase 停滞期
land treatment 土地处理
LD_{50} (50% lethal dose) 半致死剂量
lignin 木质素
lipid 脂质
liquid medium 液体培养基
log phase 对数期
luminous bacteria 发光细菌
lysogenic cell 溶源性细胞
lysogeny 溶源性
lysosome 溶酶体

M

macrofauna 大型动物群落
macrophyte 大型水生植物
maladjustment 失调
maltose 麦芽糖

mammalian microsome 哺乳动物微粒体

membrane filtration technique（MFT）滤膜法

metabolize/metabolism 新陈代谢（动词/名词）

metachromatic granules 异染颗粒

metatrophy 腐生

metazoa 后生动物

methane fermentation 甲烷发酵

methane gas 沼气

methanogenic archaea/methane former 产甲烷菌

methanogenesis 产甲烷作用

microbenthos 微型底栖动物

microbial biosensor 微生物传感器

microbial fuel cells 微生物燃料电池

microbial induced corrosion 微生物腐蚀

microbial inoculation 微生物接种

microelement 微量元素

microfauna 微型动物

microorganism/microbe 微生物

microscope 显微镜

microsome 微粒体

mildew/mould 霉菌，使发霉

mineral cycle 矿物质循环

mineralization 矿化作用

minimum medium 基础培养基

mitochondrion 线粒体

MLSS（mixed liquor suspended solids）混合液悬浮固体浓度

MLVSS（mixed liquor volatile suspended solids）挥发性悬浮固体浓度

molecular cloning 分子克隆

monitor 监测

monococcus 单球菌

motorialorgan 运动器官

MPN（most probable number）最大可能数

multiple-tube fermentation 多管发酵法

multiplication 繁殖，增殖

municipal 市政的

mutagen 致突变物/诱变剂

mutagenic 致突变的

mutualism symbiosis 互惠共生

mycelium 菌丝，菌丝体

mycoplasma 支原体

N

nitrate 硝酸盐

nitration/nitrification 硝化/硝化作用

nitride 氮化物

nitrification inhibition test 硝化抑制试验

nitrite 亚硝酸盐

nitrogen 氮

nitrogen fixation 固氮作用

nitrogen oxides 氮氧化物

nucleus 细胞核

nucleic acid 核酸

nucleoid 拟核

nucleolus 核仁

nucleoside 核苷

nucleotide 核苷酸

nucleus 细胞核

O

objective lens 物镜

ocular mcirometer 目测微尺

oil-immersion lens 油镜

operon 操纵子

organelle 胞器
organization 合成,组织
overflow 溢流
oxidant 氧化剂
oxidation pond 氧化塘
oxidative phosphorylation 氧化磷酸化
oxidoreductase 氧化还原酶

P

paramecium 草履虫
parasitism 寄生
passive diffusion 被动扩散
pathogenic bacteria 病原菌
PCR (polymerase chain reaction) 多聚酶链式反应
pectin 果胶
peptide 肽
peptidoglycan 肽聚糖
permeation pressure 渗透压
PFU (polyurethane foam unit) 聚氨酯泡沫块
phage spots 空斑
phosphate 磷酸盐
phosphorus 磷
phosphate accumulating organisms (PAOs) 聚磷菌
photoautotroph 光能自养菌
photoheterotroph 光能异养菌
photophosphorylation 光合磷酸化
phytoplankton 浮游植物
photoreactivation 光复活作用
photosynthesis 光合作用
photosynthetic bacteria (PSB) 光合细菌
phototrophic bacteria 光能营养型细菌
phytoremediation 植物修复
pigment 色素
pilus(pili *pl.*)/fimbria 纤(菌、伞)毛
pinocytosis 胞饮作用
plankton 浮游生物
plant growth-promoting rhizobacteria (PGPR) 植物根圈(际)促生菌
plaque form unit (PFU) 空斑形成单位
plasma membrane 细胞膜,原生质膜
plasmid 质粒
POPs (persistent organic pollutants) 持久性污染物
population 种群
potable water 饮用水
predacity 捕食
pressure of infiltration 渗透压
presumptive test 初发酵
primary treatment 一级(预)处理
probe 探针
procaryotes 原核生物
producers 生产者
promotor 启动子
propagation 繁殖
protease 蛋白酶
protein 蛋白质
protoplast 原生质体
protozoan/protozoa 原生动物(单数/复数)
pseudopod 伪足
purification 净化作用
pyruvic aid 丙酮酸

R

RAPD (randomly amplified polymorphic DNA) 随机扩增多态性
RBC (rotating biological contactor) 生物转盘
recombination repair 重组修复

red current/red tide 赤潮
redox potential 氧化还原电位
reed 芦苇
regulatory gene 调节基因
replication 复制
repressor protein 阻遏蛋白
residual chlorine 余氯
resistant plasmid 抗药性质粒
respiration 呼吸作用
restriction endonuclease 限制性内切酶
ribose 核糖
ribosome 核糖体
rickettsia 立克次氏体
RNA(ribonucleic acid)核糖核酸
rotifer 轮虫
running water 自来水

S

safranine O 番红
salinity 盐分,盐度
sarcodina 肉足虫
SARS (severe acute respiratory syndrome) 严重急性呼吸综合征
SBR (sequencing batch reactor) 序批式反应器
secondary treatment 二级处理
secretion 分泌,分泌物
selective medium 选择培养基
self-purification 自净作用
semisolid medium 半固体培养基
sense organ 感觉器官
sewage-biozone 污水生物带
similar nucleus,nucleoid 拟核
simple diffusion 单纯扩散
single cell protein(SCP) 单细胞蛋白
slime layer 黏液层
slightly-polluted water 微污染水
sludge loading 污泥负荷
sludge volume,SV%污泥沉降比
species 种
sporangium 孢子囊
spore 芽孢
sporeformer 孢子丝
spirillum/spirilla 螺旋菌(单数/复数)
stabilized pond 稳定塘
starch 淀粉
stationary phase 稳定期
sterilization 灭菌
sterilizer 灭菌器(锅)
strain 菌株
submergent macrophyte 沉水植物
substrate level phosphorylation 底物水平磷酸化
subviruses 亚病毒
sucker 吸管虫
sulfate-reducing bacteria (SRB) 硫酸盐还原菌
sulphate 硫酸盐
sulfuration 硫化作用
surplus sludge 剩余污泥
SVI (sludge volume index) 污泥体积指数
symbiosis 共生
synthetase 合成酶
synthetic medium 合成培养基
syntrophism 互生

T

TCA (tricarboxylic acid cycle) 三羧酸循环
temperate phage 温和噬菌体
teratogen 致畸形物

tertiary treatment 三级处理
thalli 菌体
thermostat 恒温箱
thylakoid 类囊体
tissue 组织
TOC（total organic carbon）总有机碳
TOD（total oxygen demand）总需氧量
total bacteria count 细菌总数
total nitrogenTN 总氮
toxicity 毒性
toxin 毒素
TP（total phosphorus）总磷
transcription 转录
transduction 转导
transformation 转化
translation 翻译
translocation 易位
transplantation 移植
tRNA（transfer RNA）转运 RNA
trophozoite 滋养体

U

ultrasonic wave 超声波
ultraviolet radiation 紫外线

V

vacuole 液泡
variation 变异
vegetative mycelium 营养菌丝
velum 菌膜
virino/prion 朊病毒
virion 病毒粒子
viroid 类病毒
virulent phage 烈性噬菌体
virus 病毒
virusoid 拟病毒
vorticella 钟虫

W

wastewater 污(废)水
water bloom 水华
wetland system 湿地处理系统

X

xenobiotics 异生物质

Y

yeast 酵母菌

Z

zoogloea 菌胶团
zooplankton 浮游动物
zymotechnics 发酵法

附录2　水质工程生物学中常见的微生物

1. 细菌与真菌类

1.1　活性污泥中动胶菌属

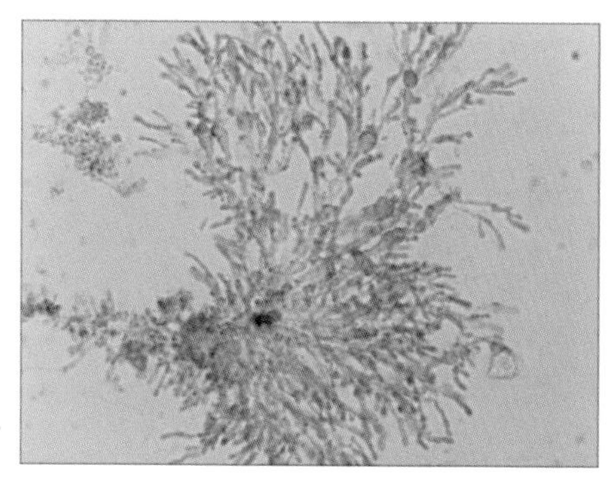

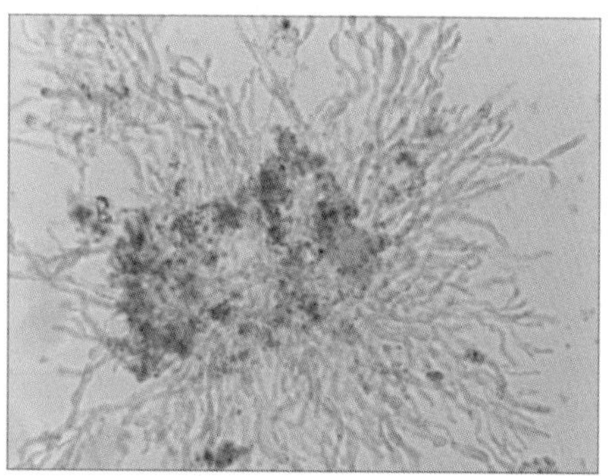

1.2　活性污泥中丝状菌

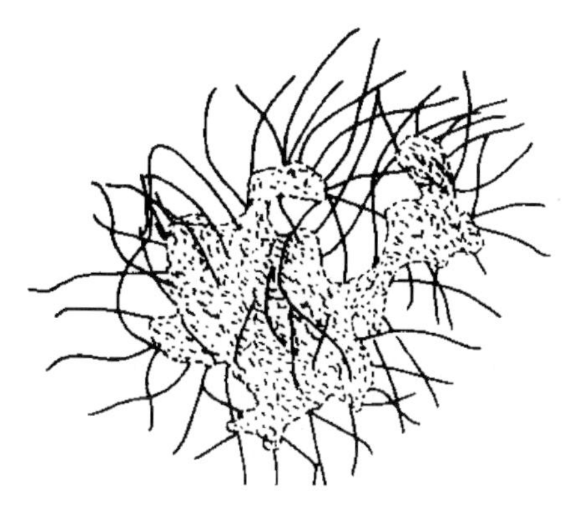

（1）低倍镜下球衣菌

（2）高倍镜下球衣菌

（3）附着于纤维上的硫细菌

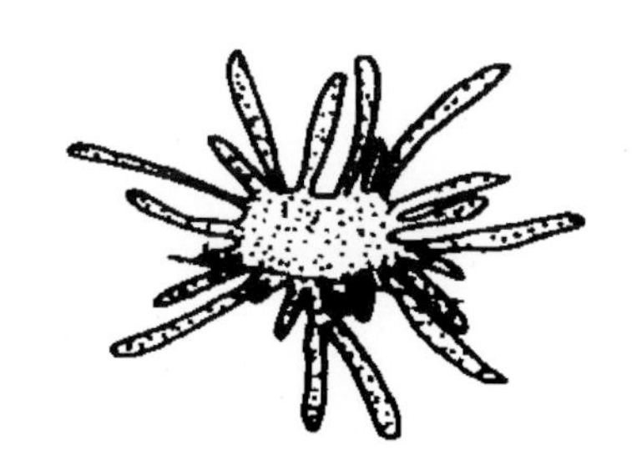

（4）生长于污泥颗粒上的硫细菌

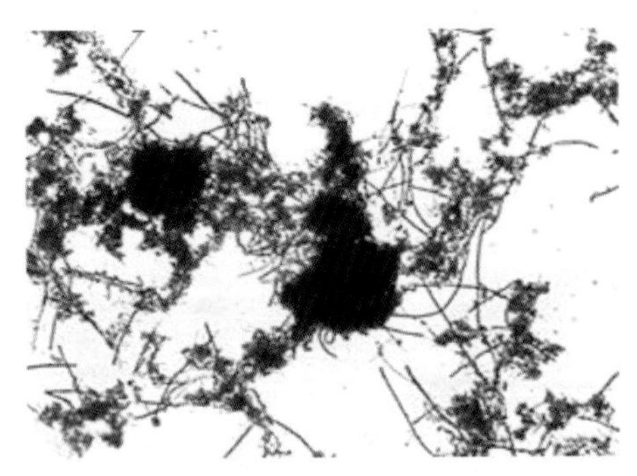
（5）丝状细菌

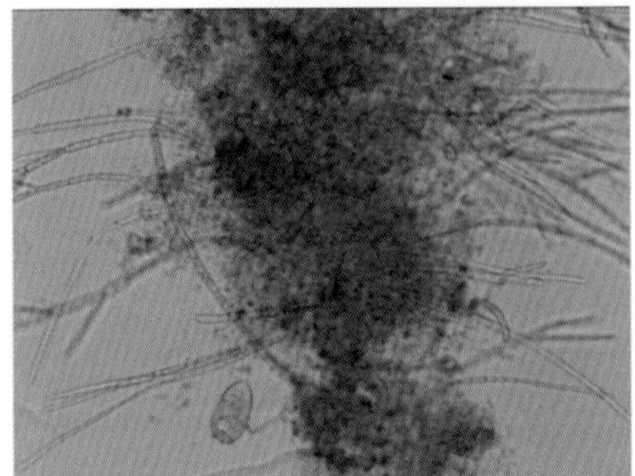
（6）丝状真菌

2. 活性污泥菌胶团

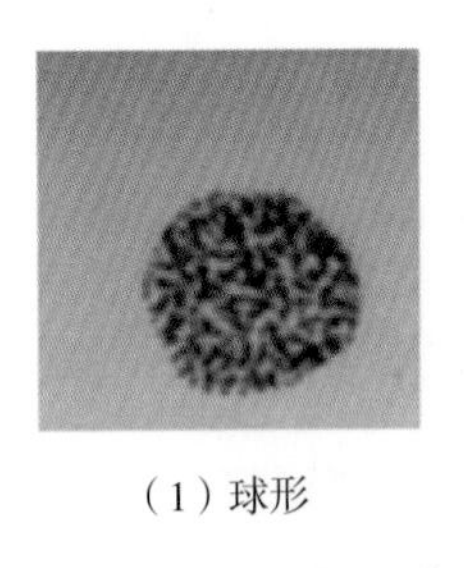
（1）球形

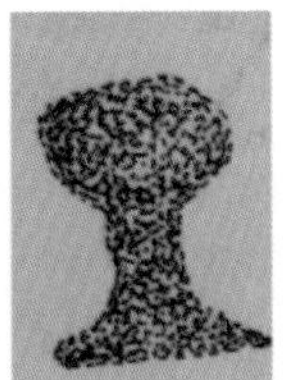
（2）蘑菇形

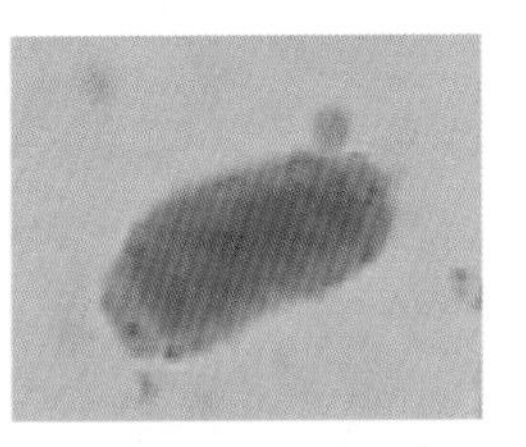
（3）肾形

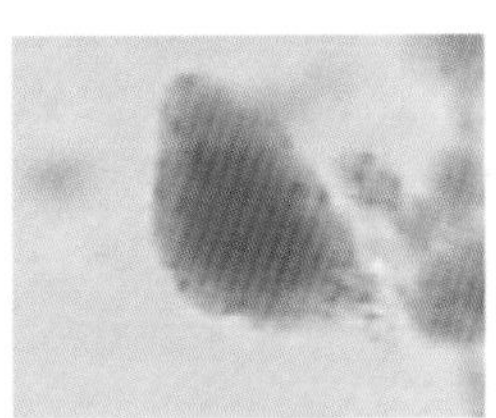
（4）半圆形

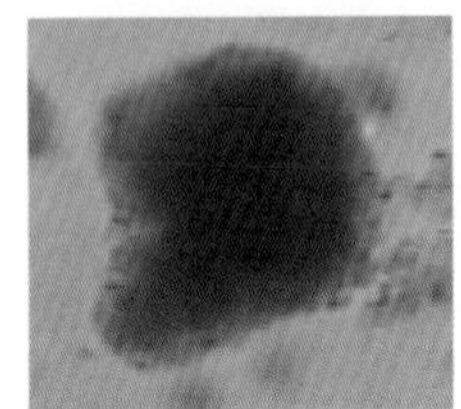
（5）心形

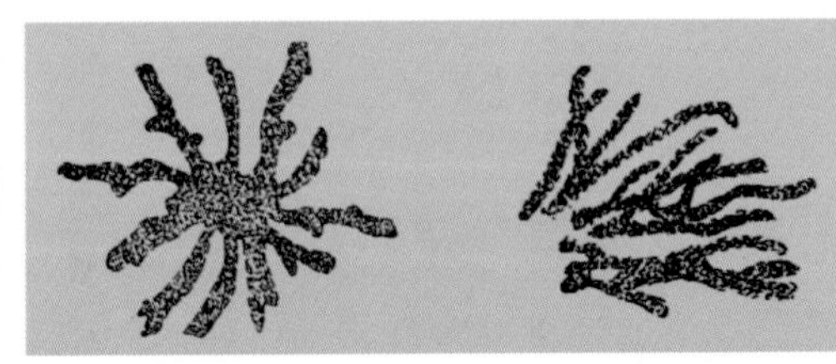
（6）辐射状　（7）分枝形

3. 原生动物

3.1 鞭毛虫

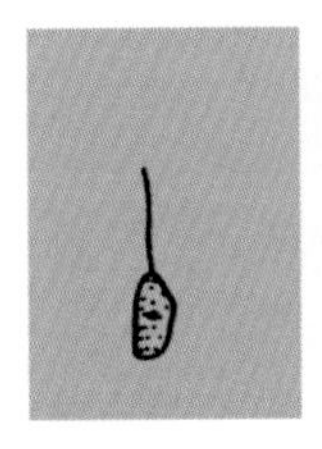
（1）漂眼虫

（2）多波虫

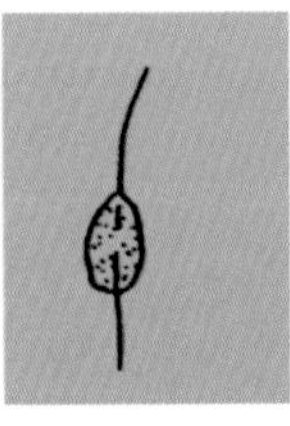
（3）复滴虫

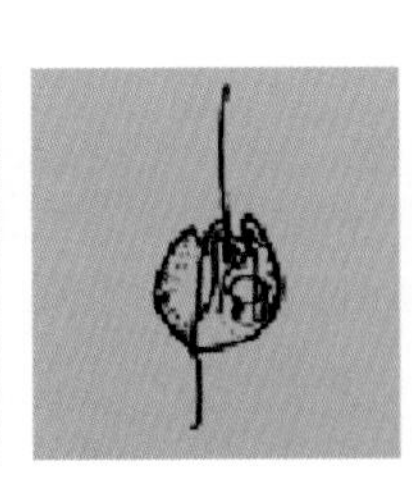
（4）内管虫

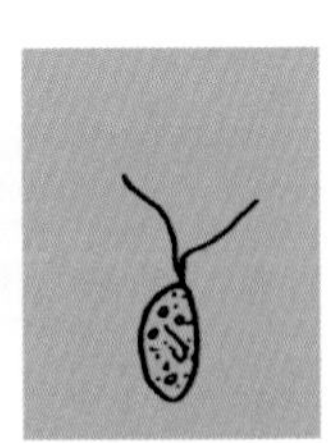
（5）匽滴虫

3.2 纤毛虫

1)游泳型纤毛虫

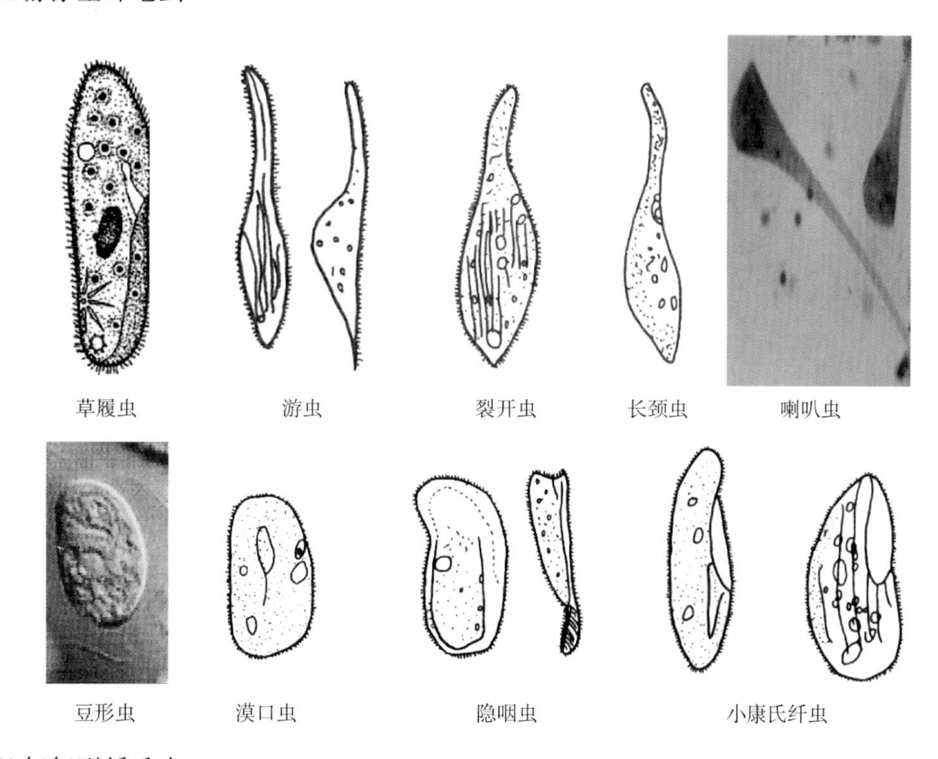

草履虫 游虫 裂开虫 长颈虫 喇叭虫

豆形虫 漠口虫 隐咽虫 小康氏纤虫

2)匍匐型纤毛虫

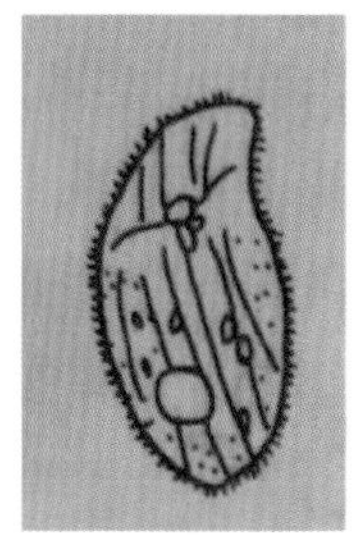

斜管虫

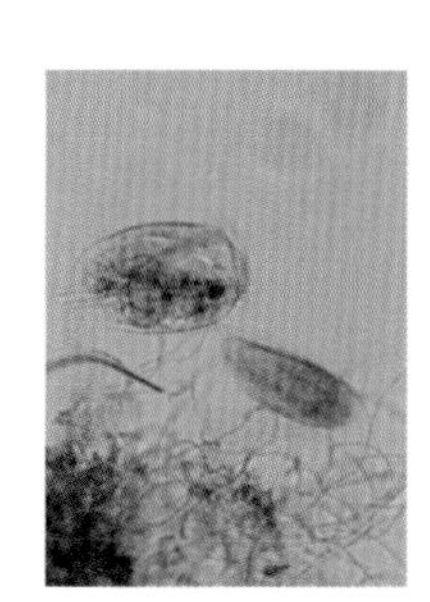

锐利盾纤虫

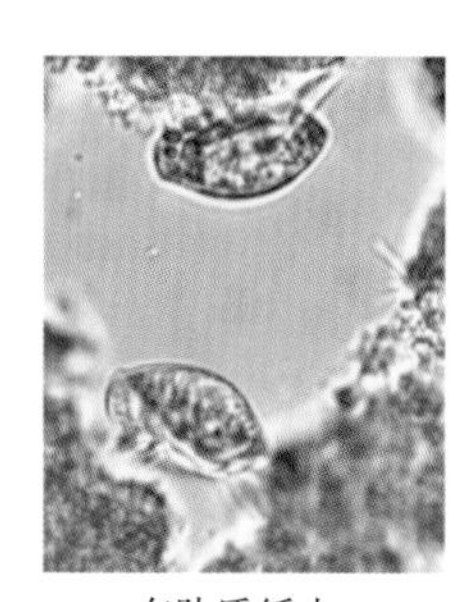

有肋盾纤虫

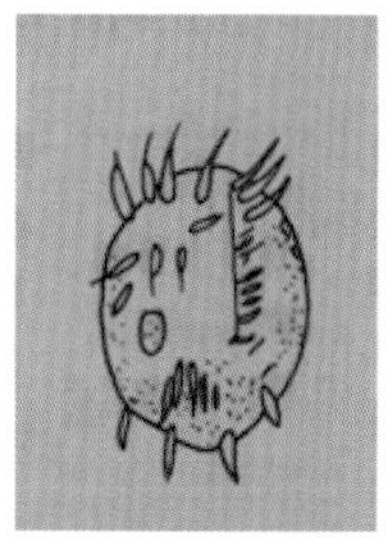

游仆虫

3)固着型纤毛虫

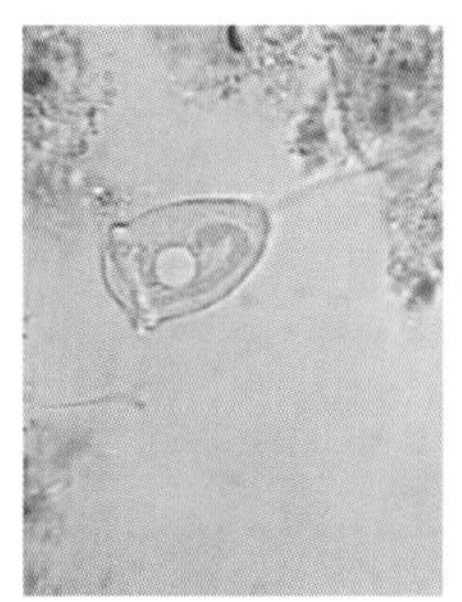

杯钟虫

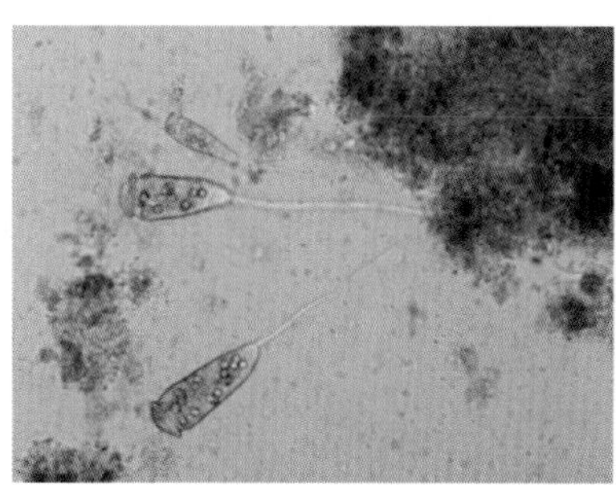

扩张钟虫

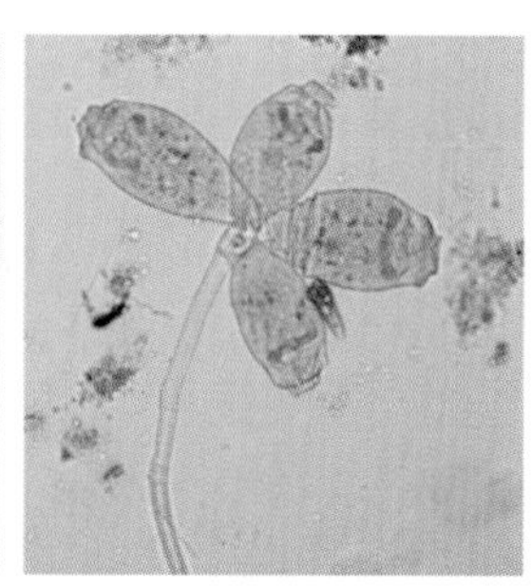

彩盖虫

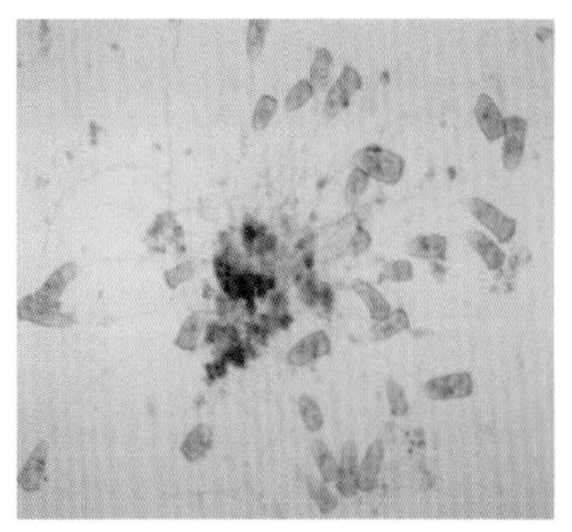

湖累枝虫

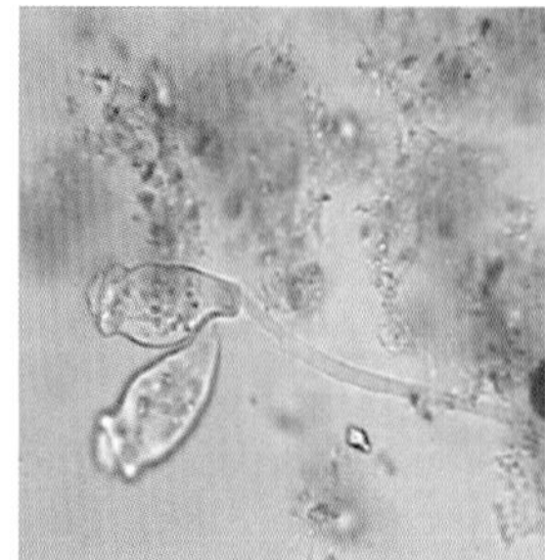

褶累枝虫

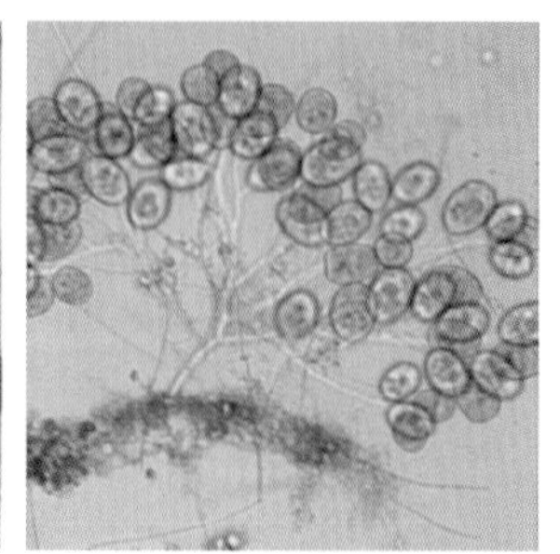

微盘盖虫

3.3 肉足虫

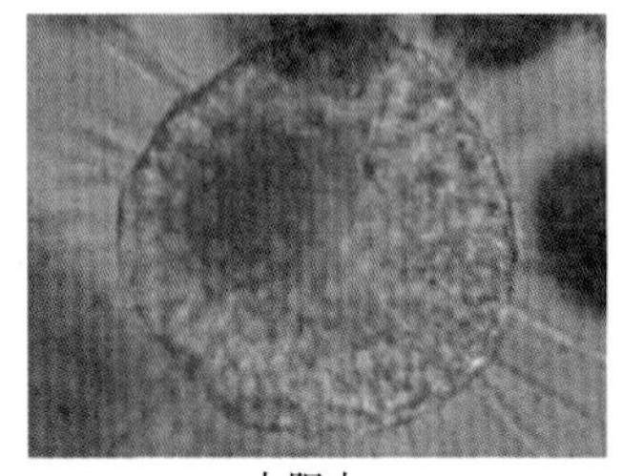

太阳虫

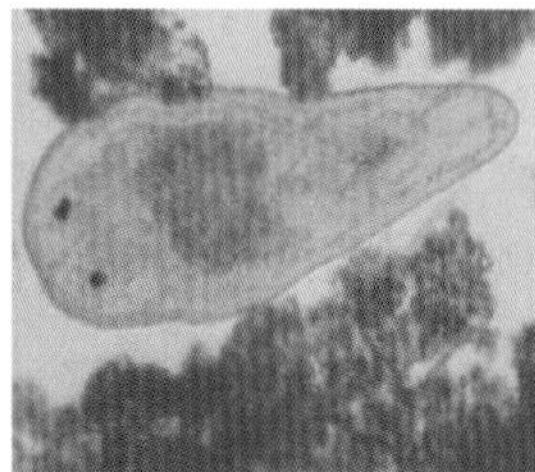

绒毛变形虫

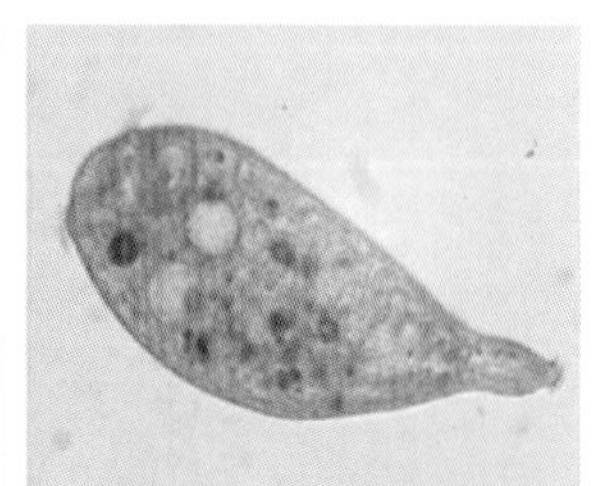

多核变形虫

3.4 吸管虫

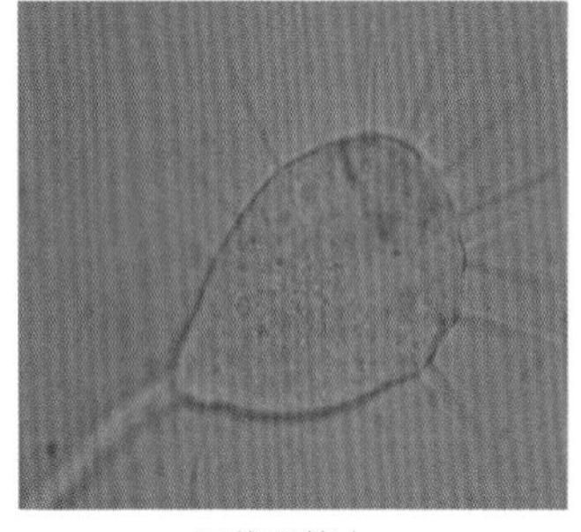

固着吸管虫

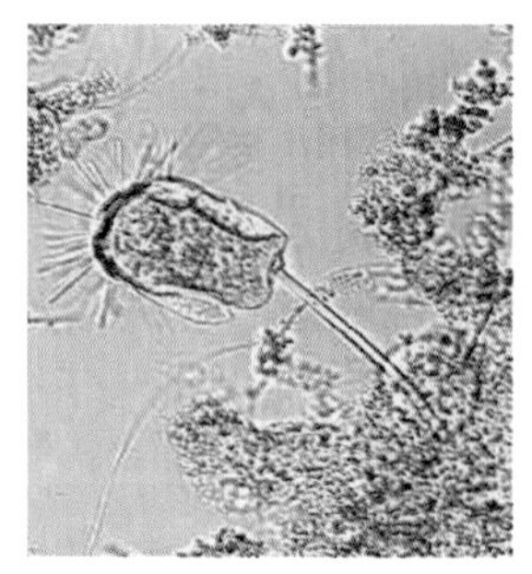

四分锤吸管虫

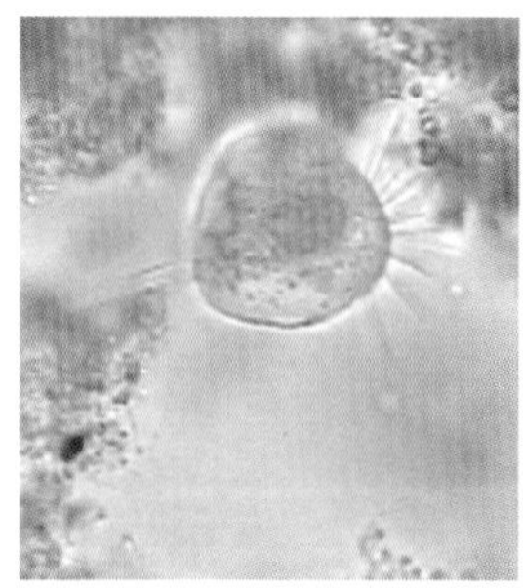

浮萍锤吸管虫

4. 微型后生动物

4.1 轮虫

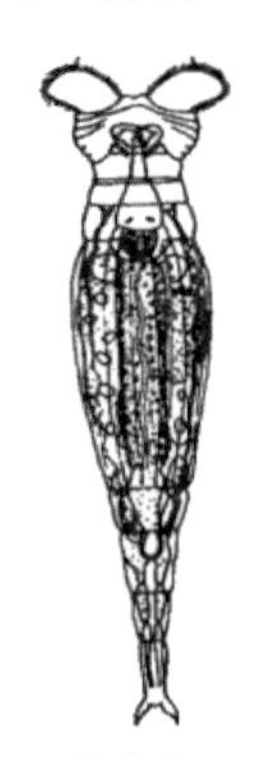

旋轮虫

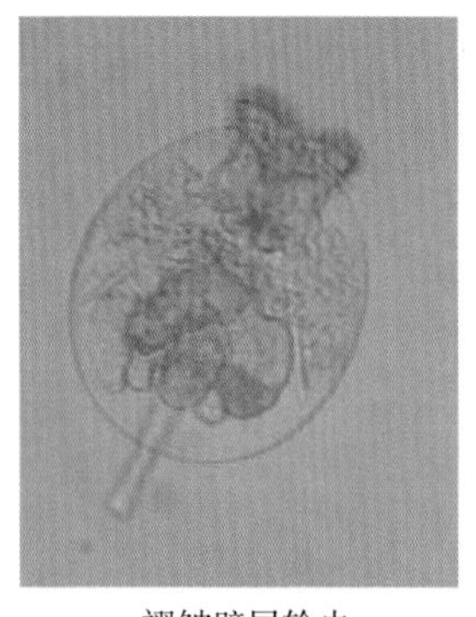

褶皱壁尾轮虫

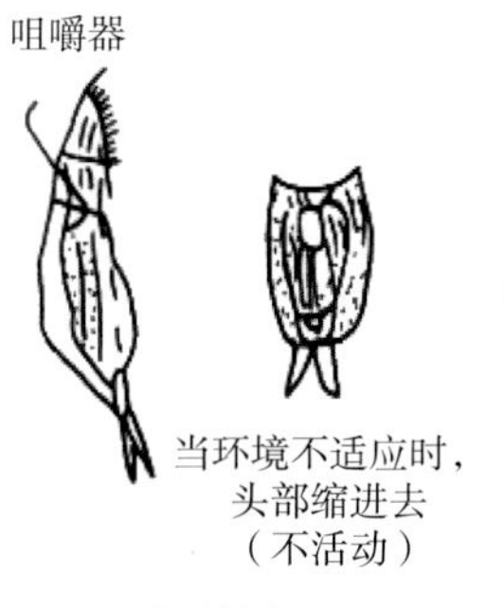

猪尾轮虫

腔轮虫

4.3　线虫与浮游甲壳动物

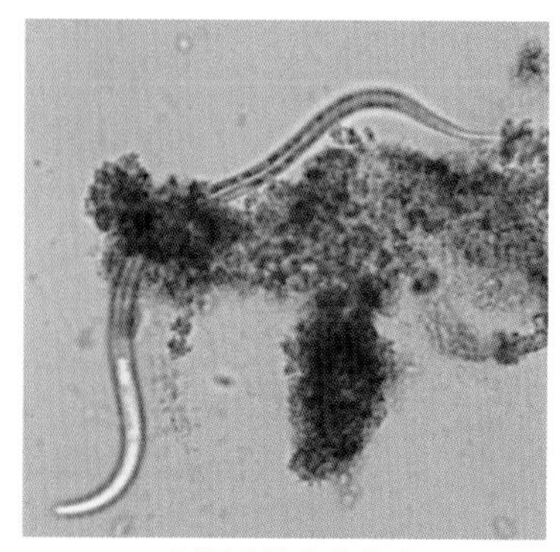

污泥中捕食的线虫

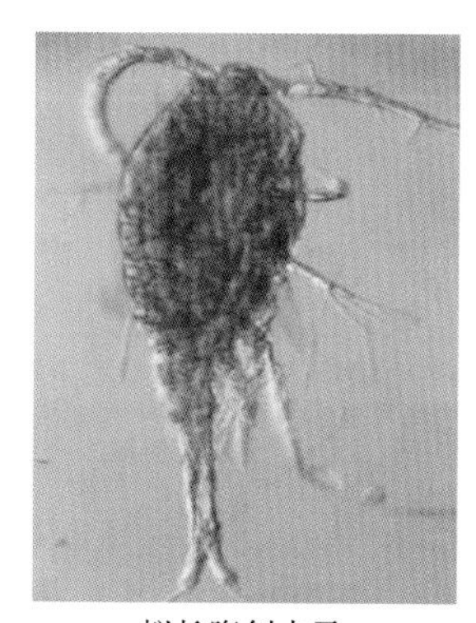

拟长腹剑水蚤

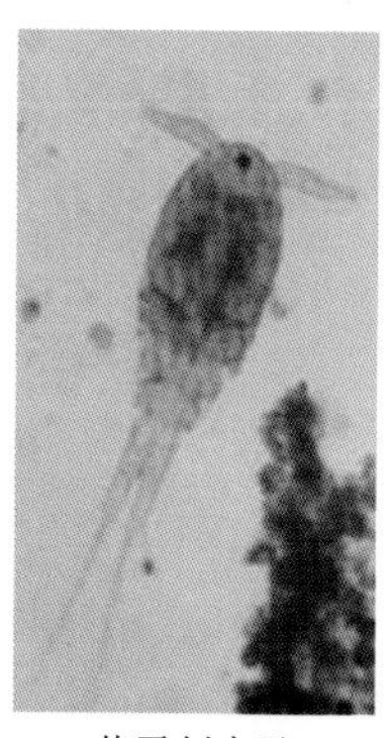

英勇剑水蚤

附录3　水质工程生物学中常见的大型水生植物

1. 挺水植物

水菖蒲属（*Acorus calamus L.*）　香蒲（*Typha orientalis*）　溪荪（*Iris sanquinea*）

水莎草（*Cyperus rotundus*）　灯芯草（*Juncus effusus L.*）　水葱（*Scirpus validus*）

荸荠（*Eleocharis tuberosa*）　黑三棱（*Sparganium stoloniferum*）

2. 浮叶植物

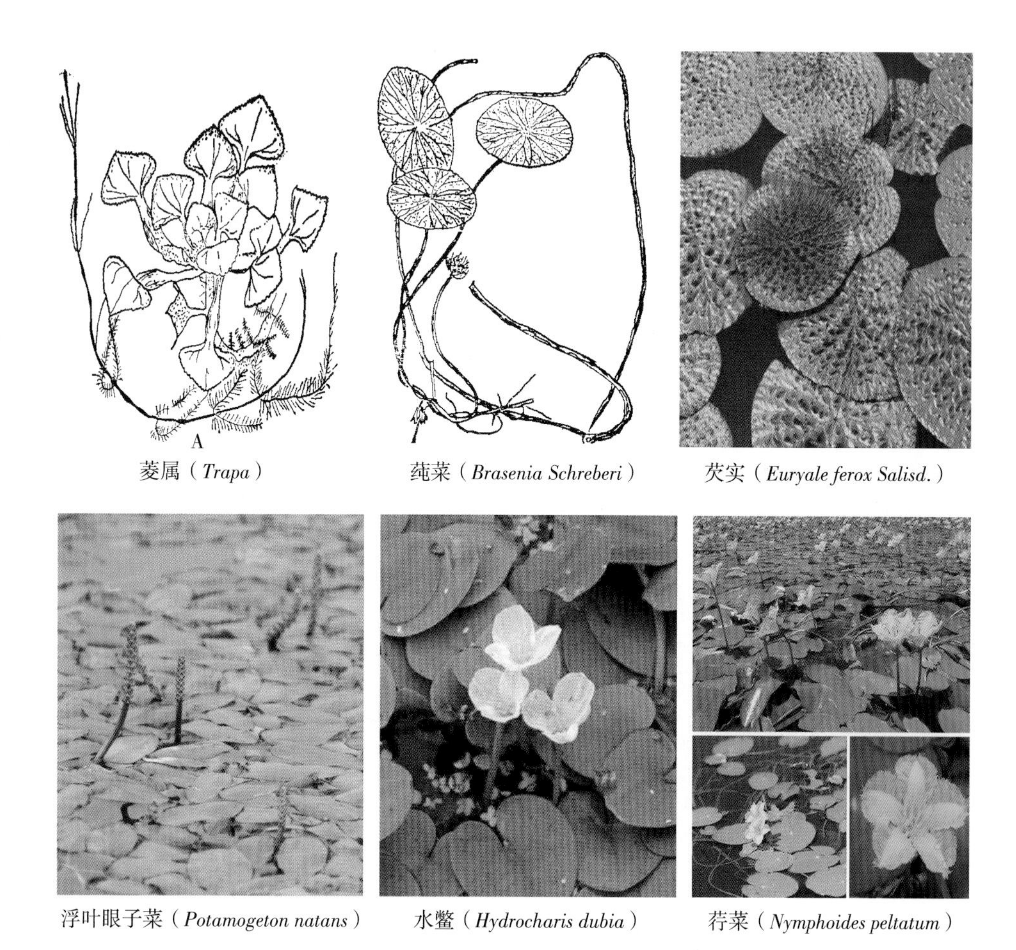

菱属（*Trapa*）　　莼菜（*Brasenia Schreberi*）　　芡实（*Euryale ferox Salisd.*）

浮叶眼子菜（*Potamogeton natans*）　　水鳖（*Hydrocharis dubia*）　　荇菜（*Nymphoides peltatum*）

3. 漂浮植物

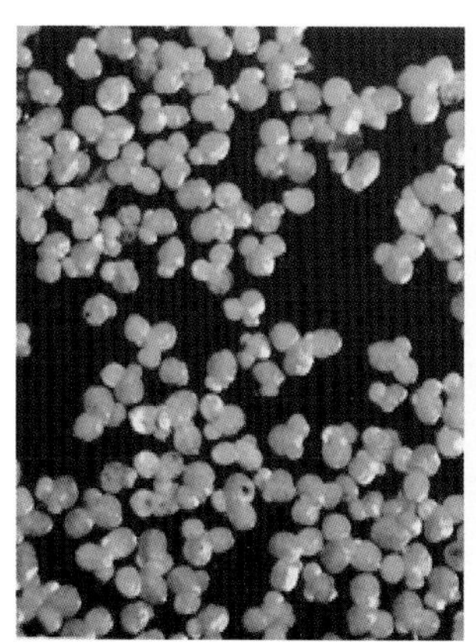

浮萍（*Lemna minor L.*）

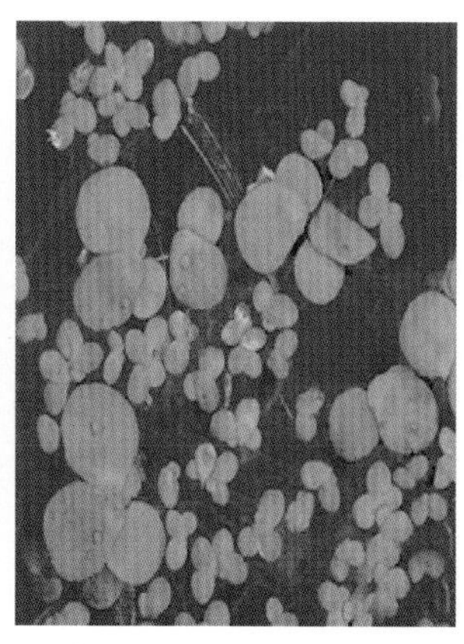

紫萍（*Spirodela polyrhiza*）

槐叶萍（*Salvinia natans*）

满江红（*Azolla imbricate*）

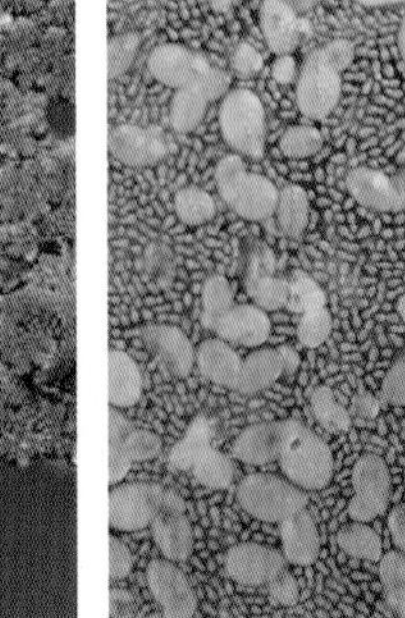

芜萍（*Wolffia arrhiza*）

田字萍（*Marsilea quadrifolia*）

4. 沉水植物

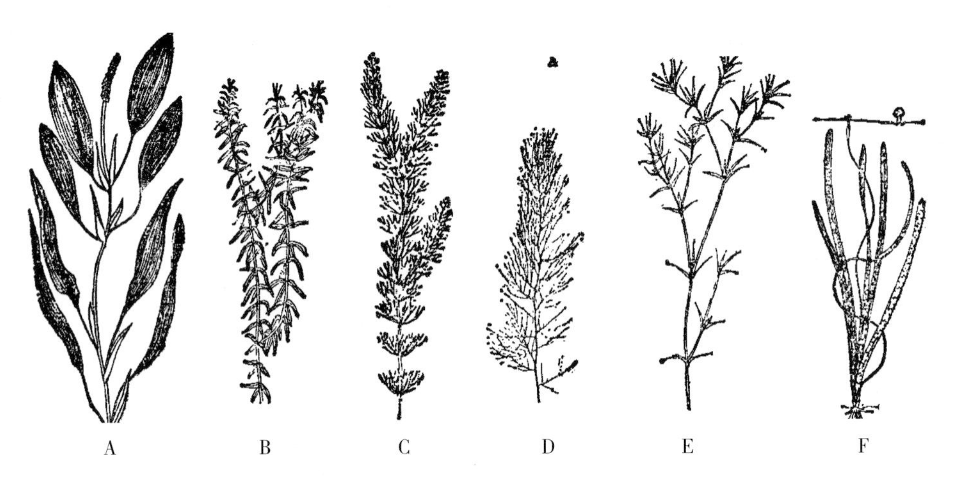

A—眼子菜属（*Potamogeton*）；B—伊乐藻属（*Elodea*）；C—金鱼藻属（*Ceratophyllum*）
D—狐尾藻属（*Myriophyllum*）；E—茨藻属（*Najas*）；F—苦草属（*Vallisneria*）。

水车前（*Ottelia alismoides*）

杉叶藻（*Hippuris Vulgaris*）

黑藻（*Hydrilla verticillata*）

主要参考文献

[1] 曹军卫，沈萍，李朝阳．嗜极微生物[M]．武汉：武汉大学出版社，2004.
[2] 程高胜，罗泽桥，曾克峰．环境生态学[M]．北京：化学工业出版社，2003.
[3] 池振明．微生物生态学[M]．济南：山东大学出版社，1999.
[4] 范瑾初，金兆丰．水质工程[M]．北京：中国建筑工业出版社，2009.
[5] 冯玉杰．现代生物技术在环境工程中的应用[M]．北京：化学工业出版社，2004.
[6] 高廷耀，顾国维，周琪，等．水污染控制工程(下册)[M]．4版．北京：高等教育出版社，2014.
[7] 顾夏声，胡洪营，文湘华，等．水处理生物学[M]．6版．北京：中国建筑工业出版社，2018.
[8] 国家环境保护总局，水和废水监测分析方法编委会．水和废水监测分析方法[M]．4版．北京：中国环境科学出版社，2002.
[9] 黄铭洪．环境污染与生态恢复[M]．北京：科学出版社，2003.
[10] 蒋兴锦．饮水的净化与消毒[M]．北京：中国环境科学出版社，1989.
[11] 孔繁祥．环境生物学[M]．北京：高等教育出版社，2000.
[12] 乐毅全，王士芬．环境微生物学[M]．北京：化学工业出版社，2005.
[13] 李洪远．生态学基础[M]．北京：化学工业出版社，2006.
[14] 刘建康．高级水生生物学[M]．北京：科学出版社，1999.
[15] Maier R M，Pepper I L，Gerba C P．环境微生物学(上、下册)[M]．张甲耀，宋碧玉，郑连爽，等译．北京：科学出版社，2004.
[16] 南京大学环境科学系环境生物学教研室．环境生物学技术与方法[M]．南京：南京大学出版社，1989.
[17] Nickin J，Graeme-Cook K，Paget T，et al. Microbiology[M]．影印版．北京：科学出版社，2002.
[18] Rittmann B E，McCarty P L．环境生物技术：原理与应用[M]．文湘华，王建龙，等译．北京：清华大学出版社，2002.
[19] 沈德中．环境和资源微生物学[M]．北京：中国环境科学出版社，2003.
[20] 沈韫芬，章宗涉，龚循矩，等．微型生物监测新技术[M]．中国建筑工业出版社，1990.
[21] 王家玲．环境微生物学[M]．2版．北京：高等教育出版社，2004.
[22] 王舰，罗恩杰．病原生物学[M]．2版．上海：上海科学技术出版社，2016.
[23] 杨京平．环境生态学[M]．北京：化学工业出版社，2006.

[24] 尹军，崔玉波．人工湿地污水处理技术[M]．北京：化学工业出版社，2006.
[25] 张兰英，刘娜，王显胜．现代环境微生物技术[M].2 版．北京：清华大学出版社，2007.
[26] 张清敏．环境生物学实验技术[M].1 版．北京：化学工业出版社，2005.
[27] 张彦文，周浓．植物学[M]．武汉：华中科技大学出版社，2014.
[28] 郑国香，刘瑞娜，李永峰．能源微生物学[M]．哈尔滨：哈尔滨工业大学出版社，2013.
[29] 周群英，高廷耀．环境工程微生物学[M].3 版．北京：高等教育出版社，2008.
[30] Antonelli M L，Campanella L，Ercole P. Lichen-based biosensor for the determination of benzene and 2 - chlorophenol：microcalorimetric and amperometric investigations [J]. Analytical & Bioanalytical Chemistry，2005，381(5)：1041 - 1048.
[31] Chang I S，Jang J K，Gil G C，et al. Continuous determination of biochemical oxygen demand using microbial fuel cell type biosensor [J]. Biosensors and Bioelectronics，2004，19(6)：607 - 613.
[32] 曹向东，王宝贞，蓝云兰，等．强化塘-人工湿地复合生态塘系统氮和磷的去除规律[J]．环境科学研究，2000，13(2)：15 - 19.
[33] 成小英，王国祥，濮培民，等．冬季富营养化湖泊中水生植物的恢复及净化作用[J]．湖泊科学，2002，14(2)：139 - 144.
[34] 代鹏．混凝及生物技术协同超滤工艺处理微污染水的研究[D]．杭州：浙江工业大学，2017.
[35] 丁嫚，赵翠，温东辉．分子生物学技术在废水生物处理中的应用[J]．环境工程，2010，28(S1)：86 - 92.
[36] 董琦，刘贯一．微生物絮凝剂的应用和前景[J]．化工管理，2018，33(20)：165 - 169.
[37] 董颖博，张曦日，林海，等．曝气生物滤池对微污染水的处理研究进展[J]．环境科学与管理，2019，44(6)：80 - 84.
[38] 杜聪，冯胜，张毅敏，等．微生物菌剂对黑臭水体水质改善及生物多样性修复效果研究[J]，环境工程，2018，36(8)：1 - 7.
[39] 冯萃敏，郭栋，杨童童，等．分子生物学技术在水处理中的应用研究进展[J]．环境工程，2017，35(4)：51 - 54.
[40] 付霖，辛明秀．产甲烷菌的生态多样性及工业应用[J]．应用与环境生物学报，2009，15(4)：574 - 578.
[41] 耿金菊，刘登如，华兆哲，等．混合脱氮微生物菌群的高密度培养[J]．环境科学研究，2002，15(5)：22 - 24+32.
[42] 耿金菊，刘登如，华兆哲，等．清除养殖水体氨氮污染的固态微生态制剂的制备[J]．水处理技术，2003，29(4)：239 - 241.
[43] 关毅，张娟．EM 复合菌群产絮凝剂的絮凝性能[J]．水处理技术，2007，32(7)：42 - 45.
[44] 郭丽芸，周国勤，茆健强，等．微生物制剂在养殖水体修复中的应用及展望[J]．水产

养殖，2015,07(1):36－40.
[45] 何元春，林浩添，张菊梅，等．给水生物处理工艺微生物特性研究[J]．给水排水，2007,33(12):22－26.
[46] 何泽超，章杰，宋昊，等．固定化细胞处理含酚废水[J]．四川大学学报(工程科学版)，2005，37(6):61－64.
[47] 贺锋，吴振斌．水生植物在污水处理和水质改善中的应用[J]．植物学通报，2003，20(6):641－647.
[48] Herkovits J，Perez-Coll C，Herkovits F D. Ecotoxicological studies of environmental samples from Buenos Airesarea using a standardized amphibian embryo toxicity test [J]. Environmental Pollution，2002，116(1):177－183.
[49] 胡小兵,鲍静，周俊．垂直流人工湿地处理生活污水的影响因素分析[J]．中国给水排水，2011，27(11):69－71.
[50] 胡小兵，叶星，饶强，等．纯氧曝气活性污泥培养过程中絮体结构变化[J]．环境科学学报,2016,36(3):907－913.
[51] 胡小兵，饶强,钟梅英，等．SBR工艺活性污泥驯化过程中微型动物群落物种多样性及其稳定性研究[J]．环境科学学报，2016，36(9):3177－3186.
[52] 胡长伟，孙占东，李建龙，等．凤眼莲在城市重污染河道修复中的应用[J]．环境工程学报，2007，1(12):51－56.
[53] 胡志恒．生物滤池处理微污染原水的实验研究[D]．西安:西安建筑科技大学,2015.
[54] Reilly J F，Horne A J，Miller C D. Nitrate removal from a drinking water supply with large free-surface constructed wetlands prior to groundwater recharge [J]. Ecological Engineering，1999，14(1):33－47.
[55] Kargi F，Uygur A. Biological treatment of saline wastewater in an aerated percolator unit utilizing halophilic bacteria [J]. Environmental Technology，1996. 17(3): 325－330.
[56] Leeuwen J H V，Hu Z，Yi T，et al. Kinetic model for selective cultivation of microfungi in a microscreen process for food processing wastewater treatment and biomass production [J]. Acta Biotechnologica.，2003，23(2－3):289－300.
[57] 李博伟，杨军，郦和生．分子生物学技术在污水处理中的应用[J]．工业水处理,2015，35(4):1－4.
[58] 李建伟．污染物的微生物毒性检测方法的比较研究[J]．化学世界，2005(7): 442－445.
[59] Lee L Y，Ong S L，Ng W J. Biofilm morphology and nitrification activities:recovery of nitrifying biofilm particles covered with heterotrophic outgrowth[J]. Bioresour Technol，2004，95(2):209－214.
[60] 李立欣，刘婉萌，马放．复合型微生物絮凝剂研究进展[J]．化工学报,2018,69(10): 4139－4147.
[61] 李洛娜，周颖，蔡琦，等．BOD微生物传感器检测仪(BODs)研究进展[J]．净水技术，

2007，26(6):54－57.
[62] 李猛，张鸿郭，袁嘉智，等．生物固定化技术处理金属废水研究进展[J]．工业催化，2015,23(12):966－969.
[63] 李晓琳，邵坚，田秉晖，等．极端嗜盐古菌嗜盐特性研究及在废水处理中的应用[J]．安徽农业科学，2013，41(18)：7917－7919＋7922.
[64] 李迎霞，弓爱君．硫酸盐还原菌微生物腐蚀研究进展[J]．全面腐蚀控制，2005，19(1):30－32.
[65] 李玉冰，叶群芳，王世栋．浅谈微生物燃料电池研究进展[J]．广东化工，2019,46(12):83－84.
[66] 梁翠红，李园园．微生物絮凝剂在污水处理上的应用[J]．低碳世界，2018,(11):14－15.
[67] 凌慧娇，黄月英，谢鸿，等．微生物絮凝剂的研究现状及前景展望[J]．广州化工，2014,42(7):30－32.
[68] 刘超．组合工艺对微污染水源水处理研究[D]．杭州:浙江工业大学,2017.
[69] 刘春光，邱金泉，王雯，等．富营养化湖泊治理中的生物操纵理论[J]．农业环境科学学报，2004，23(1):198－201.
[70] 刘桂萍，潘多涛，刘长风．产絮凝剂细菌的筛选及其培养条件研究[J]．安全与环境学报，2006，6(5):5－7.
[71] 刘志培,刘双江．硝化作用微生物的分子生物学研究进展[J]．应用与环境生物学报，2004(4)：521－525.
[72] 吕昱，禹丽娥，刘京都，等．基于改性滤料对微污染水的生物处理技术研究与探讨[J]．环保科技,2020,26(1):50－55.
[73] 聂发辉，李田，吴晓芙，等．藻型富营养化水体的治理方法[J]．中国给水排水，2006，22(18):11－15.
[74] 彭会清，余盛颖，赵欢．PCR技术在环境微生物检测中的应用[J]．资源环境与工程，2007,21(5):610－612.
[75] Philip A M. Denitrification in constructed free-water surface wetlands(II)：effect of vegetation and temperature [J]. Ecological Engineering，1999,14(1):17－32.
[76] 濮培民．健康水生生态系统的退化及其修复理论、技术及应用[J]．湖泊科学，2001，13(3):193－203.
[77] 宋碧玉，王健，曹明，等．利用人工围隔研究沉水植被恢复的生态效应[J]．生态学杂志，1999，18(5):21－24.
[78] 苏胜齐，姚维志．沉水植物与环境关系评述[J]．农业环境保护，2002，21(6):570－573.
[79] Tang C，Han R P，Zhou Z K，et al. Identification of candidate miRNAs related in storage root development of sweet potato by high throughput sequencing [J]. Journal of Plant Physiology,2020,251：1－10.
[80] 唐萍，吴国荣，陆长梅，等．太湖水域几种高等水生植物的克藻效应[J]．农村生态环

境，2001，17(3)：42－44＋47.

[81] 唐文锋，胡友彪，孙丰英．改性悬浮填料生物接触氧化预处理微污染水源水[J]．水处理术，2016，42(5)：109－116.

[82] 童昌华，杨肖娥，濮培民．水生植物控制湖泊底泥营养盐释放的效果与机理[J]．农业环境科学学报，2003，22(6)：673－676.

[83] Volk C, Bell K, Ibrahim E, et al. Impact of enhanced and optimized coagulation on removal of organic matter and its biodegradable fraction in drinking water[J]. Water Research, 2000,34(12):3247－3257.

[84] 王保玉，刘建民，韩作颖，等．产甲烷菌的分类及研究进展[J]．基因组学与应用生物学，2014(2)：418－425.

[85] 王嘉斌，李星，王东，等．曝气生物滤池处理低温水源水生物活性及种群结构分析[J]．北京工业大学学报，2015，41(3)：461－467.

[86] 王荣昌，文湘华，李翠珍，等．水体微型生物群落参数与水质指标相关性的研究[J]．环境科学研究，2002，5(4)：43－45＋49.

[87] 王薇，俞燕，王世和．人工湿地污水处理工艺与设计[J]．城市环境与城市生态．2001，14(1)：59－62.

[88] 王卫红，季民．滨海再生水河道中沉水植物的恢复对水质的改善[J]．农业环境科学学报，2007，26(6)：2292－2298.

[89] 王战勇，苏婷婷．葡萄废渣固体发酵生产单细胞蛋白[J]．2005，25(3)：1－4.

[90] 吴庆庆，邱贤华，熊贞晟，等．硫酸盐还原菌处理含硫酸盐有机废水的原理及其应用[J]．安全与环境工程，2015，22(1)：90－96.

[91] 吴益春，赵元凤，吕景才，等．水生生物对重金属吸收和积累研究进展[J]．生物技术通报，2006年(增刊)，133－137.

[92] 肖琳，陈鹏，杨柳燕，等．对苯二甲酸复合降解生产单细胞蛋白的研究[J]．2005，28(6)：37－40.

[93] 肖宁，吴辰平，吴迪，等．新疆某污水厂氧化沟工艺 MBBR 改造效果分析[J]．中国给水排水，2019，35(21)：11－16.

[94] 熊飞，李文朝，潘继征，等．人工湿地脱氮除磷的效果与机理研究进展[J]．湿地科学，2005，3(3)：228－234.

[95] 徐天凯，彭党聪，徐涛，等．城市污水处理厂 A^2/O 工艺污泥膨胀与上浮的诊断[J]．中国给水排水，2016，32(23)：31－35.

[96] 杨秀敏，胡桂娟，杨秀红，等．生物修复技术的应用及发展[J]．中国矿业，2007，16(2)：58－60.

[97] 殷敏，陈桂珠．利用水生高等植物净化污水研究的探讨[J]．广州环境科学，2002，17(1)：6－9.

[98] 尤民生，刘新．农药污染的生物降解与生物修复[J]．生态学杂志，2004，23(1)：73－77.

[99] 张金丽，袁建军，郑天凌，等．Microtox 技术检测多环芳烃生物毒性的研究[J]．中国

农业生态学报，2004，12(2):68-71.
[100] 张雯雯，李峰，明先. 生物燃料电池的研究进展探析[J]. 山东工业技术，2017，(11):268.
[101] 张晓红，姜博，张文武，等. 京津冀区域市政污水厂活性污泥种群结构的多样性及差异[J]. 微生物学通报，2019，46(8):1896-1906.
[102] 赵素芬，周仲魁，胡小英. 复合床人工湿地处理生活污水的实验研究[J]. 武汉科技大学学报，2006，29(2):172-175.
[103] 赵希岳，蔡志强，王利群，等. 60Co在水生生态系中的迁移富集和分布[J]. 农业环境科学学报 2006，25(6):1566-1570.
[104] 赵璇. 新型生物介质净化微污染原水的研究[D]. 昆明:昆明理工大学，2005.
[105] 种云霄，胡洪营，钱易. 大型水生植物在水污染治理中的应用研究进展[J]. 环境污染治理技术与设备，2003，4(2):36，37-40.
[106] 周琳，李勇. 我国的水污染现状与水环境管理策略研究[J]. 环境与发展，2018，30(4):51-52.
[107] 周晓铁，韩昭，孙世群，等. 微生物絮凝剂的应用研究现状和发展趋势[J]. 安徽农业科学，2015，43(32):107-108+114.
[108] 周律，李哿，SHIN Hangsik，等. 污水生物处理中生物膜传质特性的研究进展[J]. 环境科学学报，2011，31(8):1580-1586.
[109] 朱丹，冯贵颖，呼世斌. 微生物絮凝剂产生菌的筛选与培养条件优化[J]. 水处理技术，2006，32(9):76-78.
[110] 朱晓江，尹双凤，桑军强. 微生物絮凝剂的研究和应用[J]. 中国给水排水，2001，17(6):19-22.
[111] 卓露，汪兴兴，吕帅帅，等. 微生物燃料电池技术的研究进展[J]. 现代化工，2017，37(8):41-44.
[112] 左金龙. 微污染水源水水质特点及其处理工艺选择[J]. 中国给水排水，2012，28(16):15-18.

图书在版编目(CIP)数据

水质工程生物学/胡小兵,范廷玉,周来主编.—合肥:合肥工业大学出版社,2022.7
ISBN 978-7-5650-5265-1

Ⅰ.①水… Ⅱ.①胡…②范…③周… Ⅲ.①水处理—微生物学 Ⅳ.①Q938.8

中国版本图书馆 CIP 数据核字(2021)第 040957 号

水质工程生物学

胡小兵　范廷玉　周　来　主编

责任编辑　张择瑞　赵　娜
责任校对　童晨晨　郭　敬
出版发行　合肥工业大学出版社
地　　址　(230009)合肥市屯溪路 193 号
网　　址　www.hfutpress.com.cn
电　　话　理工图书出版中心:0551-62903204
　　　　　　营销与储运管理中心:0551-62903198
开　　本　787 毫米×1092 毫米　1/16
印　　张　23
彩　　插　0.5 印张
字　　数　558 千字
版　　次　2022 年 7 月第 1 版
印　　次　2022 年 7 月第 1 次印刷
印　　刷　安徽昶颉包装印务有限责任公司
书　　号　ISBN 978-7-5650-5265-1
定　　价　56.00 元

如果有影响阅读的印装质量问题,请与出版社营销与储运管理中心联系调换。